사시찬요 역주四時纂要譯註

저자_ 한악(韓鄂: 唐末五代)

역주자_ 최덕경(崔德卿) dkhistory@hanmail.net
문학박사. 주된 연구방향은 중국농업사, 생태환경사 및 농민생활사이다.
현재 부산대학교 사학과 교수이며, 중국사회과학원 역사연구소 객원교수 및 북경대학 사
학과 초빙교수로서 중국 고대사 강의와 생태환경사 공동연구를 수행한 바 있다.
저서로는 『중국고대농업사연구』(1994), 『중국고대 산림보호와 생태환경사 연구』(2009),
『동아시아 농업사상의 똥 생태학』(2016)과 『麗·元대의 農政과 農桑輯要』(3인 공저, 2017)
가 있다. 역서로는 『중국고대사회성격논의』(2인 공역, 1991), 『중국사(진한사)』(2인 공
역, 2004)가 있고, 역주서로는 『농상집요 역주』(2012), 『보농서 역주』(2013)와 『진부농서
역주』(2016) 등이 있다. 그 외에 한국과 중국에서 발간한 공동저서가 적지 않으며, 중국농
업사, 생태환경사 및 생활문화사 관련 국내외의 단독논문이 90여 편 있다.

사시찬요 역주四時纂要譯註

1판 1쇄 인쇄　2017년 12월　9일
1판 1쇄 발행　2017년 12월 15일
—

저　자 | 한악韓鄂
역주자 | 최덕경
발행인 | 이방원
—

발행처 | 세창출판사
　　　　신고번호 · 제300-1990-63호 | 주소 · 03735 서울시 서대문구 경기대로 88 냉천빌딩 4층
　　　　전화 · 723-8660 | 팩스 · 720-4579
　　　　이메일 · edit@sechangpub.co.kr | 홈페이지 · www.sechangpub.co.kr

ISBN　978-89-8411-724-2　93520

이 도서의 국립중앙도서관 출판예정도서목록(CIP)은 서지정보유통지원시스템 홈페이지
(http://seoji.nl.go.kr)와 국가자료공동목록시스템(http://www.nl.go.kr/kolisnet)에서
이용하실 수 있습니다.(CIP제어번호: CIP2017031877)

2017년에 새로 發見된

사시찬요 역주 四時纂要譯註

A Translated Annotation of the Agricultural Manual "Sasichanyou"

崔德卿 역주

세창출판사

역주자 서문

　　본서는 당대唐代 한악韓鄂이 농민의 생활과 민속을 월령月令형식으로 기술한 『사시찬요』를 역주한 것이다. 본서를 역주하면서 저본으로 삼은 것은 2017년 6월에 발굴 소개된 조선 태종 때의 동판【계미자본癸未字本】이다. 이【계미자본】은 1403-1420년에 인쇄된 희귀본으로 이미 1590년 조선에서 중각되어 1961년 일본에서 출판된 중각본『사시찬요』보다 180여 년이 앞서 있다. 이【계미자본】『사시찬요』는 본서를 통해 처음으로 세상에 소개된다는 점에서 의의가 크다.

　　뿐만 아니라 본서에는 몇 년 전 새롭게 발견된【필사본筆寫本】『사시찬요』도 함께 소개하였다. 이【필사본】은 누가 언제 쓴 것인지는 분명하지 않지만, 「사시찬요서四時纂要序」부터 12월까지의 내용이 온전하다. 본서에서는【교기校記】를 통해【중각본重刻本】,【계미자본】과【필사본】을 상호 대조하여 그 내용상의 차이를 밝혀 두었다.

　　사실『사시찬요』는 비록 당대의 서적이지만 중국에서는 이제까지 당대 이후에도 판각되었다는 기록만 남아 있을 뿐 실물은 그동안 발견되지 않았다. 그러던 것이 1961년 일본의 山本서점에서 모리야 미츠오[守屋美都雄]의 해제와 함께 처음으로 세상에 알려지게 되었다. 하지만 그 책은 본래 중국에서 발견된 것이 아니고 만력18년(1590) 조선에서 목판으로 중각重刻된 판본이었다. 이처럼『사시찬요』는 원래 당대에 출판된 서적이나 한국에서 판각되고, 일본에 의해 세상에 알려지게 된 책이다. 그런 점에서『사시찬요』는 동아시아 3국에서 모두 주목했던 농서였음을 알 수 있다.

본 역주서는 최근까지 발견된 3종류의 『사시찬요』를 한꺼번에 소개한다는 점에서 그 의의가 적지 않을 것이라 판단된다.[1] 사실 일본에서 조선 【중각본】이 영인된 이후 1981년 묘치위[繆啓愉]에 의해 『사시찬요교석四時纂要校釋』이 출판되고, 1년 뒤에는 일본의 와타베 다케시[渡部武]가 『사시찬요역주고四時纂要譯注稿』를 내놓았다. 이 책은 비록 조선에서 중각했지만 아직까지 한국에서 역주본이 출판되지 않았다는 사실에 어딘가 부담감을 느껴 왔다. 그래서 몇 년 전부터 번역을 시작했지만 다른 일들에 밀려 속도를 내지 못하고 있다가 지난해 번역을 끝내고 수정, 정리 작업을 하며, 7월에 출판사에 넘기고자 했다. 하지만 마음 한구석에는 중·일에 비해 출판이 늦었다는 자괴감과 함께, 그러면서도 기존의 연구성과를 종합했다는 것을 제외하고 다른 뭔가가 없다는 사실에 아쉬움이 없지 않았다.

그러던 중에 경북대학교 남권희 교수가 경북 예천군 남악종택의 고도서를 정리작업 하던 중 금속활자본 『사시찬요』를 발견하게 되었고, 확인 결과 이 책은 조선 태종 때 계미자(1403-1420)로 찍은 책이었음이 밝혀졌다. 【계미자본】은 국내에서도 그동안 한 권밖에 발견되지 않은 국보급 희귀본으로, 【계미자본】『사시찬요』는 그것과 동일한 판식으로 찍은 책인 것이 확인되었다. 소식을 듣고 남 교수를 찾아가 그동안 『사시찬요』의 번역사실을 알리고 【계미자본】과 【필사본】을 구할 수 있었다. 그날 이후 밤늦게까지 본서의 저본을 【중각본】에서 【계미자본】으로 바꾸고, 그로 인해 발생하는 각종 문제점을 해결하였으며, 더불어 【필사본】까지 검토하여 3책의 단어선택이나 내용상의 차이를 【교기】의 형식을 추가하여 보충하였다. 【계미자본】과 【필사

---

1) 2002년 4월 상해 고적출판사에서 출판된 『속수사고전서(續修四庫全書)』속의 『사시찬요』는 확인 결과 체제와 형식이 조선 【중각본】과 일치하며, 심지어 낙서조차 그대로 발견되고 있는 것을 보면 【중각본】을 그대로 영인하였음을 알수 있다.

본】이 역주본에 추가되면서 비록 늦게 출판하게 되었지만 먼저 느꼈던 역자의 감정이 다소나마 해소되는 것 같은 위안을 받게 된 것이다. 이 공간을 빌려 남 교수의 배려에 감사드린다.

　【중각본】에 대해서는 이미 모리야 미츠오의 상세한 해제가 있었기 때문에 더 이상 첨언할 것이 없다. 따라서 【계미자본】과 【필사본】에 대해 간단하게 소개하고자 한다. 우선 【계미자본】은 흐른 세월만큼이나 낙장된 내용이 적지 않다. 특히 정월과 12월의 훼손 정도가 심하여 중각본에서 볼 수 있는 「사시찬요서四時纂要序」나 북송 지도至道2년(996)의 「각본제기刻本題記와 음주音注」와 각종 「초본의 발문[抄本跋]」을 찾을 수 없다. 낙장비율을 보면 정월편은 84.6%, 3월은 5%, 7월은 12%, 8월은 3.4%, 12월편의 경우 57%의 원문이 훼손되어 있다. 그 외에도 책의 모서리 아랫부분이 떨어져 나간 것도 적지 않다. 하지만 남아 있는 부분은 대체적으로 인쇄가 선명하여 내용파악에는 전혀 문제가 없다. 글자 형태도 【중각본】처럼 두텁고 무거운 느낌이 없으며 날렵하고 자간의 간격도 넓다.

　『사시찬요』의 주된 내용구성은 판본과는 무관하게 대체로 월별로 주술과 점후 → 농경과 생활 → 가축과 질병 → 잡사와 시령불순의 순으로 되어 있다. 그 내용의 비율은 전체 703항목 중에서 점술과 금기 등 민속과 관련된 항목이 304건으로 43%를 차지하고 있다는 것이 본서의 가장 큰 특징이다. 그것은 당대 유행했던 도교와 남북의 다양한 지역문화의 융합이 가져다준 결과 때문이었을 것으로 판단된다. 나머지 400건과 잡사 속의 내용은 당시 농촌의 일상과 관련된 내용인데, 그중에는 農桑과 가축 및 果樹가 가장 많고, 다음이 농부산품의 가공, 의약위생, 일용잡기, 상업과 고리대 및 교육문화 등의 순으로 일상의 전반에 관한 다양한 항목이 소개되어 있다.

　문장을 연결하고 표기하는 방식을 보면 【계미자본】의 경우 특징적으로 각 월月과 항목의 주제가 네모진 검정바탕에 흰색으로 글을 써

항목의 제목이 뚜렷하게 구분되어 있다. 이런 표기방식은 唐代 李石의
『사목안기집司牧安驥集』에서 찾아볼 수 있으며, 아울러 원대『거가필용
사류居家必用事類』도 같은 방식으로 표기하고 있다. 그런데 주목할 만한
것은 명대 광번(鄺璠: 1465~1505)이 편찬하여 萬曆연간에 판각한『편민
도찬便民圖纂』에는 각 월과 제목의 표기방식이 네모로 된 흰 바탕에 검
은 글씨로 표기하고 각 항목은 ○표시로 구분한 것이 북송본北宋本을
저본으로 하여 1590년에 간행된【중각본】과 유사하다는 점이다. 그런
점에서【계미자본】은 최소한 唐-元代의 판본에서 즐겨 사용했던 방식
을 대상으로 동판을 제작했음을 알 수 있다. 그리고【필사본】의 형식
은 사각틀 속에 월月명을 넣지 않았으며, 다만 항목만 ○표시하여 구분
하고 있다. 이런 형식에서만 보면【필사본】은 1590년에 편찬된【중각
본】보다 늦은 17세기 이후에 편찬되었을 것으로 보인다.

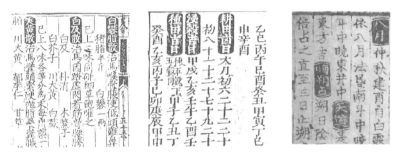

그림 1_ 唐『사목안기집司牧安驥集』— 元『거가필용사류(居家必用事類)』— 癸未字本(1403-1420년)

그림 2_ 明『편민도찬(便民圖纂)』— 重刻本(1590년)—筆寫本(17世紀 이후)

【계미자본】『사시찬요』의 편성방식은 봄 정월이 권1, 2·3월이 권2로 구성되어 있고 나머지는 계절별로 한 권씩 구성되어 있다. 비록 앞, 뒤가 낙장이 되어 간행시기는 확인할 수 없지만, 이것은 당唐 말의 저서 목록에서와 같이 5권으로 편집되어 있다. 흥미로운 것은 【중각본】에는 본문이 끝난 「四時纂要冬令卷之五終」 다음에 이 책의 조인彫印에 대한 「제기題記」와 함께 「음주音注」가 첨부되어 있는데, 그 말미에 "大宋至道太歲丙申九月十五日記. 施元吉彫字."라고 되어 있다. 이것으로 미루어 북송본『사시찬요』는 북송 至道2년(996)에 시원길施元吉이 판각하여 일부 지역을 중심으로 유포했을 가능성이 크다. 「음주」를 단 항주杭州의 반가조潘家彫 역시 그런 점에서 유의미하다. 이후『송회요宋會要』「식화食貨·농전잡록農田雜錄」에서와 같이 북송 진종眞宗 천희天禧4년(1020) 8월에 利州路 전운사 이방李昉의 상언으로 권농의 지침을 위해『사시찬요』를 재차 雕印했으며, 모든 로路의 권농사에게 반포하여 각처에 널리 보급되면서 널리 유포된 것 같다. 하지만 조선 【중각본】이 이들 중 어느 것을 저본으로 했는지는 알 수 없다. 다만 【계미자본】은 북송본을 저본으로 한 【중각본】보다 이른 시기에 판각되고, 이 역시 5권으로 편성되어 있다는 점에서 최소한 至道2년에 판각된 것이거나 그 이전의 唐末에 간행된 원본을 저본으로 했을 가능성도 전혀 배제할 수 없다. 그것은 양자 간의 180년의 간격과 더불어 내용상으로도 적지 않은 차이를 보이기 때문이다.

우선 실제 사용된 글자형태에도 다른 점이 적지 않다. 각 판본은 제각기 독특한 글자를 반복하여 쓰고 있다. 즉 【계미자본】에서 桑, 昬, 煞, 壓, 乹, 軨, 臙, 着, 浸으로 쓴 글자가 【중각본】과 【필사본】에서는 桒, 昏, 殺, 壓, 乾, 軫, 臘, 著, 浸으로 쓰고 있다. 그런가 하면 【계미자본】과 【필사본】에서는 蠡, 娶, 虿, 土라고 쓰는데, 【중각본】에서는 鑫, 娵, 蟲, 土라고 쓰며, 또 【계미자본】과 【중각본】에서는 並, 粂, 縣, 鱉로 쓴 것을 【필사본】에서는 幷, 糶, 綿, 鼈로 쓰고 있다. 때문에 글자형태만으로는 각 본의 선후를 판단하기는 쉽지 않다. 게다가 본문의 【교기】에서 지적한 바와 같이 글자나 간지干支의 배열이 도치되거나 유사한 글자가 쓰이기도 하고 전혀 다른 글자가 치환되기도 하며, 한두 글자가 추가되거나 삭제된 사례, 소주小注를 본문으로 또는 그 역으로 취급한 사례 등 매우 다양하다. 그런가 하면 【계미자본】에서는 독립된 항목을 앞 혹은 뒤의 항목에 포함시켜 서술하는 경우도 종종 보인다. 특히 【필사본】과 【중각본】이 【계미자본】보다 차이의 정도가 심한 것을 볼 수 있다.

특히 【필사본】은 이들보다 누락 및 추가의 정도가 크다. 예컨대 「諸凶日」이나 「推六道」 항목의 경우 도치의 정도가 심하며, 위치의 이동도 적지 않다. 또한 "仙家大忌"와 같은 문구가 자주 누락되거나 몇 행씩 배열과 순서를 달리하는 사례도 발견되고, 게다가 매 계절의 끝부분의 時令불순에서는 하늘의 징계와 교훈을 '國有大恐', '國乃大飢', '戎兵乃來'나 "道路不通暴兵来至.", "邊境不寧, 土地分裂.", "小兵時, 起土地侵削", "國有大兵"과 같은 방식으로 덧붙이고 있다. 이런 내용은 필사과정의 오류라기보다는 抄寫者가 『예기禮記』 「월령月令」의 방식에 근거하여 덧붙인 것으로 보이며, 문구상 大恐, 邊境, 戎兵, 暴兵, 大兵 등의 표현으로 볼 때 【필사본】은 兩難 이후 즉 17세기 중기 이후의 國難 상황에 견주어 時令의 중요성을 의도적으로 첨가하여 경계했던 것이 아니었을까 판단된다. 이처럼 각 판본의 배열과 글자의 차이는 내용에서도 상당한 차이를 야기하고 있다.

조선 【계미자본】이 기존의 【중각본】, 【필사본】과 비교할 때 등장하는 가장 큰 특징은 우선 기존 연구자들의 관심을 모았던 3월의 「行冬令」 다음에 【중각본】과는 달리 「種木綿法」의 내용이 빠져 있다는 것이다. 보통의 월령 형식에는 「行冬令」이 마지막 항목인데, 【중각본】에는 이 다음에 재차 「種木綿法」이란 농업항목이 추가되어 기본 형식을 어기고 있다. 그래서 한중일의 학자들이 일찍부터 모두 「種木綿法」은 조선에서 중각할 때 의도적으로 추가한 항목으로 보았다. 더구나 연구자 중에는 중국에는 없는 '尿灰'법과 같은 조선의 독특한 시비법이 등장한다는 것을 근거로 하여, 조선의 '목면법'을 삽입한 것으로 보았다. 그로 인해 『사시찬요』의 사료적 가치가 폄하되기도 하였다. 【필사본】에도 마찬가지로 「種木綿法」이 누락된 것을 보면 『사시찬요』에는 원래 '목면파종법'이 없었음을 알 수 있다. 물론 12월의 「잡사」이후에도 【중각본】에는 다른 달과는 달리 다양한 항목이 등장하고, 심지어 「行秋令」이후에도 3월의 「種木綿法」과 같이 「臘日取皀角」과 「合藥餌」이 출현한다. 【계미자본】에는 12월편에 낙장이 많아 이 부분의 상황을 구체적으로 알 수가 없다. 다만 【필사본】에서는 【중각본】과는 순서를 달리하여 '잡사雜事' → '12월 행춘령[季冬行春令]' → '행하령行夏令' → '행추령行秋令'으로 마무리되고 있는 것을 보면 【중각본】은 이 부분에도 판각할 때 원본에 손질을 가했음을 짐작할 수 있다. 이런 순서상에서 이해할 수 없는 부분이 【계미자본】에도 등장한다. 즉 6월 마지막 「行冬令」 다음에 「種蕎麥」이란 항목이 출현하는 것인데, 이 경우 【중각본】의 「種木綿法」과 다른 점은 의도적으로 삽입한 것이 아니고 위치가 변경된 것이다. 【중각본】과 【필사본】에서는 「種蕎麥」이 6월의 【32】와 【33】의 사이에 위치하고 있으며, 내용도 동일하다. 문제는 왜 【계미자본】에서만 이 항목을 마지막에 삽입했는가이다.

　　【계미자본】의 「種蕎麥」의 내용은 입추立秋의 시기에 따른 파종시기만 제시되었을 뿐 특별한 내용은 없다. 그런데 1429년 조선에서 편찬된 『농사직설』「種蕎麥」은 「油麻」와 「水蘇子」와 함께 책의 맨 마지막에 위치하고 있지만, 그 내용은 파종시기, 파종량을 비롯하여 토양과 시비법과 수확에 이르기까지 매우 상세하다. 특히 조선에서 메밀의 鄕名을 '木麥'으로 불렀던 것을 보면 일찍부터 널리 재배되었음을 알 수 있다. 만약 조선에서 이를 의도적으로 삽입하려 했다면 보다 상세한 『농사직설』의 내용을 추가했을 것이다. 하지만 그렇지 않은 것을 보면 단

지 인쇄과정에서 누락된 것을 뒤늦게 발견하게 되면서 마지막에 추가한 것으로 판단된다.

　이상과 같이 조선시대에 다양한 판본의 『사시찬요』가 편찬된 것은 기존의 농서와는 달리 『사시찬요』의 내용이 풍부하고 월령형식을 갖춰 권농관이나 농가에서 매우 효과적으로 활용할 수 있었기 때문일 것이다. 특히 무엇보다 기존의 중국농서가 내용이 번잡하여 이용이 불편했다. 그러나 『사시찬요』는 시기에 따라 요점이 잘 정리되어 있었기 때문에 실제적인 측면의 도움은 컸을 것이다. 다만 【중각본】『사시찬요』에는 【필사본】에 없는 북송 지도至道2년(996) 「音注」가 추가되어 있다. 이것은 북송 때에도 이런 농서의 이해가 용이하지 아니했음을 말해 준다. 하물며 비록 400여 년이 지났지만 조선 『세종실록』에도 여러 차례 중국농서의 난해함 때문에 선진 농업기술을 도입하기가 쉽지 않았다는 지적을 하고 있는 것을 보면 이를 더욱 실감할 수 있을 것이다. 실제 조선 『태종실록』에는 중국 『농상집요農桑輯要』 기술의 우수성과 함께 백성에게 유익하다는 사실을 지적하면서도 내용이 어려워 번역하거나 협주夾註를 달아 줄 것을 요청하고 있다. 이런 사실은 농업을 중시했던 세종 때도 마찬가지였다. 『세종실록』에는 『농상집요』, 『제민요술』, 『사시찬요』 등 중국 농서를 언급하면서 절후에 따른 다양한 농경방식을 수령들이 숙지하고 시험한 후 그 기술을 보급하여 농민의 나태함을 깨우칠 것을 요구하고 있다. 그렇지만 이런 기술은 충분히 받아들여지지 못하였다. 그것은 결국 기후나 습속과 같은 풍토에 적극적으로 대응하지 못하고 기존의 時俗에 젖어 쉽게 수용하지 못하였던 것이 주된 원인이었다. 때문에 조선의 농서인 『농사직설農事直說』을 반포하여 "어리석은 백성들에게 쉽게 알게 하려고 했지만, 勸課에 소홀하여 그 실효를 거두지 못하였다."[2]라는 것이다.

---

2) 『세종실록』 78권 세종19년(1437) 7월 23일 辛亥, "撮爲農事直說, 頒于各道, 使愚民亦得明白易知, 第因勸課未盡, 書雖頒而未見其効."

12

하지만 조선시대에【계미자본】,【중간본】이 간행되고【필사본】『사시찬요』까지 등장했으며, 17세기에『사시찬요초』, 18세기에『증보사시찬요』와 같이『사시찬요』의 이름을 모방한 농서가 등장한 것은 농업생산을 제고하기 위한 나름의 노력은 적극적이었음을 짐작할 수 있다. 특히 국초에【계미자】동판으로『사시찬요』를 인쇄하여 당면한 경제문제를 해결하고자 했던 염원에서 잘 드러난다. 그런 점에서【계미자본】『사시찬요』는 唐代에 근접한 새로운 농서의 발견이라는 측면을 넘어 조선 초의 農政과 현실극복의 의지를 살필 수 있다는 점에서 의의가 크다. 흥미로운 것은【필사본】에는「音注」나 발문 대신 수확 후 먼저 납세하고, 어버이를 봉양하고 조상에 제사하며 빈객을 맞고 종자와 식량을 갖추기 위해서는 일 년을 단위로 월별의 지출을 계산하는데, 만약 여유가 있으면 필요한 물품을 미리 준비하여 궁핍한 상황을 대비하도록 요구한「치가요결治家要訣」3)이 끝부분에 한 페이지 반 정도의 분량으로 추가되어 있다. 이것은 농업생산이 단순히 衣食을 해결하기 위한 길이 아니라 전통과 집안의 풍습을 유지하는 도리라는 인식을 함께 지녔다는 점에서도 주목된다.

이상에서 보듯 번역 이후에도 각 판본 간의 출입과 비교작업에 적지 않은 시간이 필요했다. 문장을 다듬고 교정하며, 크로스 체크하여 교기 작업을 하고, 삽도를 편집하는 등에 박희진 선생과 박사과정의 안

---

3) 이「치가요결(治家要訣)」의 내용으로 미루어 농업생산에 따른 가계운영과 지출이『사시찬요』의 내용과 밀접하게 관련되어 있음을 알 수 있다. 이것은『사시찬요』의 현실적인 의미를 필사한 후 깨닫고 필사자가 삽입해 넣은 본인의 작품인지 아니면 이 역시 다른 사람의 작품을 말미에 덧붙인 것인지는 현재로는 알 수가 없다. 1577년 초학 교육을 위해 이이(李珥: 1536~84)가 지은『격몽요결(擊蒙要訣)』이 있다. '요결(要訣)'은 비결이라는 의미로서『고려사』에도 이 단어가 보이지만, 작품명으로 등장한 것은 이때가 처음이다. 따라서「치가요결」은 어쩌면 필사자의 작품일 수도 있다. 중국의「치가요결」은 청대 필사본이 있지만 내용이 전혀 다르며, 그 외 晩淸期 중국번(曾國藩)의「치가요결」도 있으나 시기와 내용에서 이와는 판이하다.

현철 선생의 도움이 컸다. 그리고 【계미자본】을 입수한 이후 원문 대조작업과 "中文介紹"를 도와준 석사생 딩티엔 군에게도 고마움을 전한다. 나아가 초벌 번역작업을 시작할 때 낯선 단어와 씨름하였던 농업사연구회 친구들의 도움도 잊을 수 없다. 그리고 스캔작업과 복사를 도와주었던 사학과 조교와 조무들의 수고도 오래 기억될 것이다.

아울러 매양 이런 일을 편안하게 할 수 있도록 가정사를 도맡아준 우리가족 모두에게 고마움을 전한다. 더구나 잊을 수 없는 분은 시장성이 좋지 않음에도 책의 출판을 선뜻 허락해 주신 세창출판사 사장님과 김명희 실장님께도 감사드린다. 이 모든 분들의 도움이 있었기때문에 시간을 맞춰 이 책이 햇빛을 보게 된 것이다.

2017년 10월 5일
14년간 가족 옆에서 사랑을 가져다준 반려견을 기억하며

부산대학교 미리내 언덕에서 崔德卿 씀

일러두기

1 본서는 2017년 6월에 새로 발견된 조선 태종 때의 동판본銅版本인 계미자본癸未字本 『사시찬요四時纂要』(1403-1420년)를 원문의 저본으로 삼아 역주하였다. 함께 참조한 판본으로는 전북 고창 이상훈씨가 소장하고 있는 필사본(연도 미정), 그리고 1590년에 판각된 목판본木版本 조선중각본『사시찬요』가 있다. 편의상 이들을 【계미자본癸未字本】, 【필사본筆寫本】, 【중각본重刻本】으로 칭한다.

2 【계미자본】의 훼손부분은 정월편은 84.6%, 3월편은 5%, 7월편은 12%, 8월편은 3.4%가 낙장落張되었고, 12월편의 경우 57% 정도가 낙장 내지 훼손되었으며, 그 밖의 달에도 책의 모서리 부분의 일부가 훼손되어 판독이 곤란하다. 이 중 판독 가능한 부분은 최대한 복원 하였다. 최종 훼손된 부분은 원문을 진하게 표시하고 ( )로 묶어 표기했으며, 그리고 누락된 부분의 경우 【중각본】에 근거하여 원문 내용을 보충하였다.

3 본서는 독자의 편리를 위해 2단 편집하고, 원문의 주제에 근거하여 각각 독립적인 제목을 붙였다. 원문의 경우 제목 다음에 (:)를 표기하고, 번역문의 경우 제목을 독립하여 일련번호를 달았다. 그리고 월별 내용을 크게 점술·점후와 금기 - 농경과 생활 - 가축과 그 질병 - 잡사와 시령불순 등 3-4가지로 구분하였다. 페이지 하단에는 역문의 주석을 표기하고, 3종의 판본에 따른 원문의 첨삭에 관한 내용은 【교기】(일부는 각주에 포함)를 만들어 제시하였다.

4 【교기校記】에는 각 판본 간의 차이를 주로 기록했다. 단어 선택과 표현의 차이를 주로 비교하여 제시했으며, 동일한 표현이 반복될 경우 처음 등장하는 글자에만 【교기】하여 제시했다. 아울러 판본의 훼손과 누락부분도 교기나 주석을 통해 안내하였다.

5 이해를 돕기 위해 필요한 내용의 그림을 매월의 각 주제의 끝부분에 삽입했다. 삽도에 일일이 근거를 제시하지는 않았지만 Baidu와 Naver 웹사이트에 힘입은 바 크다.

6 본서의 표기로 서명은 『 』에, 편명은 「 」로 하였다. 예컨대, 『주례周禮』 「지관地官・대사도大司徒」로 하고 처음 등장한 책명과 편명은 한글과 한문을 병기하였다. 다만 자주 등장하는 책명과 편명의 경우 한글로 대체하기도 했다. 단, 각주의 외국 논문과 인용된 원문은 한글을 병기하지 않고 원문을 그대로 두어 필요한 연구자가 활용하도록 했다.

7 판본마다 표현하는 글자가 다르다. 예컨대 【계미자본】의 경우 '嫁娶日'을 표현할 때 어떤 달에서는 '娶', 어떤 달에서는 '娵'로 통일되어 있지 않고, 【중각본】과 【필사본】에서는 '娶'자로 쓰고 있다. 본서는 【계미자본】을 저본으로 했기 때문에 통일하지 않고 원문에 의거하여 표기했음을 밝혀둔다.

8 한자 표기는 뜻으로 표기할 경우 [ ] 안에 한자를 병기했으며, 발음이 동일한 경우 한글 옆에 작게 한자를 부기하였다. 다만 글자체가 작은 각주는 한자와 발음이 동일할 경우 ( ) 속에 한자를 넣어 처리하였다. 그리고 번역문의 원문을 표기할 때도 번역문 다음 [ ] 속에 삽입하였다.

9 그리고 본서를 역주하는 데, 앞서 출판된 묘치위[繆啓愉], 『사시찬요교석四時纂要校釋』, 農業出版社, 1981; 와타베 다케시[渡部 武], 『사시찬요역주고四時纂要譯注稿: 中國古歲時記の硏究 その二』, 大文堂印刷株式會社, 1982의 도움을 적지 않게 받았음을 밝혀 둔다.

10 일본어와 중국어의 표기는 교육부 편수 용어에 따라 표기하였음을 밝혀 둔다.

차 례

四時纂要譯註

사시찬요 춘령 권상 제1 四時纂要春令卷上第一

정월正月 _45

1. 점술 · 점후占候와 금기 _45

사시찬요 춘령 권하 제2 四時纂要春令卷下第二

이월二月 _137

사시찬요 하령 권 제3 四時纂要夏令卷第三

사월四月 _251

사시찬요 추령 권 제4 四時纂要秋令卷第四

칠월七月 _367

팔월八月 _414

시월[十月] _473

1. 점술 · 점후占候와 금기 _473

【1】 맹동건해孟冬建亥　　【2】 천도天道　　【3】 그믐과 초하루의 점 보기[晦朔占]

【4】 10월의 잡점[月內雜占]　　【5】 비로 점 보기[占雨]

【6】 입동의 잡점[立冬雜占]　　【7】 그림자로 점 보기[占影]

【8】 구름의 기운으로 점 보기[占氣]　　【9】 바람으로 점 보기[占風]

【10】 10월 중에 지상의 길흉 점 보기[月內吉凶地]　　【11】 황도黃道

【12】 흑도黑道　　【13】 천사天赦　　【14】 출행일出行日　　【15】 대토시臺土時

【16】 살성을 피하는 네 시각[四煞沒時]　　【17】 제흉일諸凶日

【18】 장가들고 시집가는 날[嫁娶日]　　【19】 상장喪葬

【20】 육도의 추이[推六道]　　【21】 오성이 길한 달[五姓利月]　　【22】 기토起土

【23】 이사移徙　　【24】 상량上樑하는 날[架屋日]

【25】 주술로 재해 · 질병 진압하는 날[禳鎭]　　【26】 음식 금기[食忌]

2. 농경과 생활 _486

【27】 녹골주鹿骨酒　　【28】 구기자술[枸杞子酒]　　【29】 종유석술[鍾乳酒]

【30】 지황 달이기[地黃煎]　　【31】 녹용환 만들기[鹿茸丸]

【32】 외밭 구덩이 갈아엎기[翻區瓜田]　　【33】 동규밭 갈기[耕冬葵地]

【34】 표주박 구종법[區種瓠]　　【35】 삼 파종[種麻]　　【36】 가지 구종법[區種茄]

【37】 고수 덮기[覆胡荽]　　【38】 동과 덮기[冬瓜]　　【39】 동과 거두기[收冬瓜]

【40】 밤나무 밑동 감싸기[苞栗樹]　　【41】 백일유 만들기[造百日油]

【42】 항아리 기름칠하기[塗瓮]　　【43】 구기자 수확하기[收枸杞子]

3. 잡사와 시령불순 _502

【44】 잡사雜事　　【45】 10월 행춘령[孟冬行春令]　　【46】 행하령行夏令

【47】 행추령行秋令

【69】 12월 행춘령[季冬行春令]　　【70】 행하령行夏令　　【71】 행추령行秋令

【72】 납일에 쥐엄나무 꼬투리 취하기[又臘日取皂角]

【73】 12월에 약식 조제하기[合藥餌]

발문[題跋]

부록附錄

사시찬요서

四時纂要序

사시찬요서

四時纂要序

사시찬요서四時纂要序[1]

四時纂要序

무릇 국가라는 것은 농업을 근본으로 하지 않은 적이 없었고, 가정을 가진 자는 식량을 근본으로 삼지 않은 적이 없다. □□[2] 순舜과 우

夫有國者，莫不以農爲本，有家者，莫不以食爲本．□

---

1) 이는 한악(韓鄂)의 자서라고 한다. 이 부분은 【계미자본】에서는 낙장되어 【중간본】의 원문에 근거하여 보충한다. 한악에 대해 『신당서(新唐書)』「재상세계표(宰相世系表)」에서는 한척(韓滌)의 증손인 한악이 해당 인물일 것이라고 하였고(『사고제요(四庫提要)』의 설명), 묘치위[繆啓愉], 『四時纂要校釋』(農業出版社, 1981)(이후 '묘치위 교석'으로 약칭함)에서 이 내용을 한악(韓鄂)의 자서라고 한다. 그러나 사료상 한악에 관한 구체적인 기록은 보이지 않는다. 일본 학자 모리야 미쓰오[守屋美都雄]는 위와는 다른 동명이인이었음을 밝히고 있다. 모리야는 또한 만력(萬曆) 18년 조선 【중각본(重刻本)】 영인(影印) 『사시찬요: 中國古農書・古歲時期の新資料』(東京: 山本書店刊, 1961) 해제(이후 '모리야 해제'라고 약칭)에서 한악이 저술한 책이라는 점에 대해 다음의 이유로 설명하였다. 첫째, 본서 서(序)와 『중흥관각서목(中興館閣書目)』 권31에서 인용된 『사시찬요』의 서의 문장이 거의 일치한다는 점. 둘째, 『사시찬요』는 당(唐)・송(宋)의 서목(書目)에는 5권 또는 10권으로 작성되었다고 기록되어 있는데, 조선 【중각본】도 5권으로 되어 있다는 점. 셋째, 『통지(通志)』 권64 「예문략(藝文略)」에는 『사시찬요』를 '시령류(詩令類)'의 저서로 분류하였는데, 현존하는 『사시찬요』에도 '춘령(春令)', '하령(夏令)', '추령(秋令)', '동령(冬令)'으로 나누어 서술하고 있다는 점이다.

禹3)는 매일 손발에 못이 박히고 갈라질4) 정도로 (치수에) 힘썼고, 신농(神農)5)은 (백성에게 농업을 가르치느라) 야위고 기력이 떨어졌다. 후직(后稷)6)은 백곡(百穀)을 파종했고, 요(堯)임금7)은 조심스럽게 백성에게 사계가 변화해 바뀌는 것[四時]을 가르쳤다.8) 이렇게 해서 이 인덕은 대대로 왕들에게 이어졌고, 이 은택은 만세가 지난 이후에도 전해져 온 것이다.

다시 상앙(商鞅)9)이 경직(耕織)에 힘써 마침내

□舜禹胝胼, 神農
憔悴. 后稷播植百
穀, 帝堯恭受四時.
是以德邁百王, 澤
流萬世者也.

復有商鞅務耕

---

2) 본문과 같이 두 칸이 비어 있는데, 묘치위 교석본에 따르면 이것은 분명 '오문(吾聞)', '시고(是故)'와 같은 문장 첫머리의 접속사일 것이라고 한다.

3) 순(舜)과 우(禹) 모두 중국 고대 전설상의 제왕이다. 순은 어버이에게 효를 다했고, 요에게 등용되어 정치를 하게 되었으며, 4흉을 제거하여 뛰어난 인물로 발탁되어 천하를 다스렸다. 우는 처음 요·순 두 제왕을 모셨고 홍수를 다스려 공적을 올렸다. 이후 하 왕조의 시조가 되었다.

4) '지변(胝胼)': 갈라지고 단단해지는 것이다. 발에 생기는 것을 '지(胝)'라 하고 손에 생기는 것을 '변(胼)'이라 한다. 묘치위 교석본에서는 '지변(胝胼)'을 '변지(胼胝)'가 도치된 것으로 보았다. '순우지변(舜禹胝胼)'에 대해 묘치위 교석본에 의하면, 『제민요술』 가사협의 자서에서는 "舜黎黑, 禹胼胝"라고 쓰여 있으며, 『사시찬요』에서는 모두 "舜胼胝"라고 적고 있다. 예로부터 우(禹)는 역산(歷山)에서 농업을 경작하고 아울러 뇌택(雷澤) 등에서 어업에 종사했다는 전설이 있다.

5) '신농(神農)': 전설상의 고대 제왕이다. 처음으로 백성에게 따비[耒耜] 만드는 법을 가르쳤고 농업을 일으켰기 때문에 신농이라 한다. 후세 농업의 신으로서 민중으로부터 숭배되었다.

6) '후직(后稷)': 주왕조의 시조 기(棄)를 가리킨다. 순임금시기에 오곡 농사를 관장하는 '후직'이라는 관직에 있었으며, 후세에도 농업 신으로서 숭앙받게 되었다.

7) '제요(帝堯)': 전설상의 고대 제왕으로 희(羲)와 화(和)에게 천체의 관측을 시켜백성에게 역(曆)을 가르쳤다. (『사기(史記)』 권1 「오제본기(五帝本紀)」)

8) 요임금은 희씨(羲氏), 화씨(和氏)의 네 사람에게 명하여 사시(四時)의 역법을 창제하게 했으며 백성들에게 농시(農時)를 가르쳤다.(『상서(尙書)』 「요전(堯典)」)

9) '상앙(商鞅: ?-기원전 338년경)': 위(衛)나라 공실의 자손이다. 진(秦)의 효공(孝公)을 받들어서 변법을 시행하고 진(秦)의 부국강병을 강력히 추진하여 진을 대국으로 만들었다.

진의 황제가 패자로 될 수 있는 바탕을 만들었고, 범려范蠡10)는 전토를 개척하여 월왕越王(구천句踐)의 치욕을 씻어 냈다. 시대가 내려와 진의 시황제[祖龍]11)는 천하의 형세를 돌아보고 두려워하여[狼顧] 제후의 영토를 잠식하였고, 마침내 시·서를 불태웠으며 인민을 우매한 상태로 두려고 하였다. 다만 농업기술서와 점치는 책만은 갱유坑儒12)를 면하여 공자의 고택 벽 속에 숨겨 둘13) 필요가 없었다.14) 그래서 (농업에 관한 것은) 현명한 자와 우매한 자가 함께 지켜 나갈 도리였다는 점을 알 수 있다.

織, 遂成秦帝之基,
范蠡開土田, 卒報
越王之恥. 下及祖
龍, 狼顧四海, 蠶
食諸侯, 遂焚詩書,
欲愚黔首. 唯種樹
之法, 卜筮之文, 免
陷秦坑, 不藏魯壁.
故知賢愚共守之
道也.

---

10) '범려(范蠡)': 생몰년 미상. 춘추시대 월왕 구천의 충신이다. 오(吳)와 월(越)이 다툴 때 구천을 도와 20년간에 걸쳐 부국강병을 꾀하여 마침내 오나라를 멸망시켜 '회계산의 치욕[會稽之恥]'을 설욕하고, 월나라를 패자로 만들었다.(『사기(史記)』권41 「월왕구천세가(越王句踐世家)」)

11) '조룡(祖龍)'은 진의 시황제의 이칭(異稱)이다.

12) 여기서 '슝(陸; 모리야[守屋美都雄] 설)'을 '예(陸; 묻다)' 혹은 '정(阱; 함정을 파다)'으로 판독한 견해도 있다.(아마노 모토노스케[天野元之助], 「唐の韓鄂『四時纂要』について」, 『동양사연구(東洋史研究)』24(2), 1965. 이후 '아마노 모토노스케 논문'으로 약칭.)

13) '장노벽(藏魯壁)': 전한(前漢)의 노(魯) 공왕(恭王)이 저택을 지으면서 공자의 구택을 허물었을 때 벽 속에서 고문의 경전이 나왔다. (『한서(漢書)』권53 「경십삼왕전(景十三王傳)」) 이 벽 속의 경전은 진의 분서갱유의 시기에 묻어 두었던 것으로 여겨지고 있다.

14) 한대 공안국(孔安國)이 찬술한 『상서서(尙書序)』에는 "진시황은 전대의 전적을 없애고 분서갱유하여서 … 나의 선인은 그 집안의 책을 집의 벽속에 숨겼다. … 노 공왕(한 경제의 아들 유여의 봉호이다.)이 궁실을 수리하면서 공자의 고택을 허물고 그 집터를 넓혔는데 벽 가운데서 선조가 숨겨 둔 고서인 우·하·상·주대의 책이 발견되었으며 『논어(論語)』·『효경(孝經)』은 모두 과두문자(蝌蚪文字)로 전래되었다."라고 하였다. 농업과 점서는 분서에 포함시키지 아니하였기 때문에 반드시 비밀리에 보관할 필요가 없어서 공개적으로 후대에 전하는 것을 허락하였다고 한다.

관중[管子]15)이 "창고가 가득 차야 예절을 알고, 의식이 풍족해야 영욕을 안다."라고 말한 것은 실로 이를 두고 한 말이다. 만약 부모가 가족들보다 먼저 추위에 떨고 처자가 뒤에 굶주리게 된다면 안회顏回나 민손閔損16)과 같은 덕행을 쌓아 가려는 자가 만에 한 사람이라도 있겠는가? 설령 갑옷을 입은 백만의 병사가 있고 요해에 견고한 성이나 해자가 있다 해도 군대에 군량이 없다면 어떻게 지킬 수 있으리오. 비록 복희伏羲와 헌원軒轅17)의 덕행, 공수龔遂나 황패黃霸18)의 인덕이 있다 해도 백성에게 곡물이 조금이라도 비축되어 있지 않다면 어찌 (교화할[敎] 수)19) 있

管子曰, 倉廩實知禮節, 衣食足知榮辱誠哉, 是言也. 若父母凍於前, 妻子餓於後, 而爲顏閔之行, 亦萬無一焉. 設此帶甲百萬, 金城湯池, 軍無積粮, 其何以守. 雖有羲軒之德, 龔黃之仁, 民無粒儲, 其何以. 知貨殖之

---

15) '관자(管子; ?-기원전 645년)': 제(齊)의 명재상(宰相)인 관중(管仲)을 가리킨다. 인용문은 『관자(管子)』「목민(牧民)」편에 보인다. 조선【중각본】『사시찬요』의 원문에는 이 문장이 등장하며, 와타베 다케시[渡部 武]『四時纂要 譯注稿: 中國古代歲時記の研究その二』(大文堂印刷株式會社, 1982; 이하 와타베 역주고로 약함)에서도 이를 따르고 있는데, 묘치위의 교석본에는 "管子 … 是言也"의 문장이 통째로 빠져 있다.

16) '안(顏)·민(閔)': 공자의 제자 안연(顏淵; 顏回)과 민손(閔損; 閔子騫)이다. 안연은 매우 빈궁하게 살았지만, 도를 즐긴 공자의 애제자이다.(『논어』「옹야(擁也)」) 민손은 어릴 때 계모의 학대를 받았지만 성의를 다해 계모를 감화시킨 덕행의 소유자이다.(『몽구(蒙求)』권중(中)「민손의단(閔損衣單)」)

17) '희(羲)·헌(軒)': 상고의 제(帝)인 복희(伏羲; 庖羲)와 헌원(軒轅; 黃帝)을 가리킨다. 『사기』권1「오제본기(五帝本紀)」에는 "황제는 성이 공손이고 이름이 헌원이다."라고 한다.

18) '공(龔)·황(黃)': 전한의 순리(循吏)인 공수(龔遂)와 황패(黃霸)이다. 공수의 자는 소경(少卿)으로 경전에 밝아서 창읍왕(昌邑王)의 낭중령(郎中令)이 되었고 간언을 잘 하였다. 선제(宣帝) 때 발해 태수가 되어 도적을 소탕하고 백성에게 농상을 장려하여 공적을 쌓았다. 황패의 자는 차공(次公)이다. 처음에 돈으로 관직을 샀지만 이후 청렴한 관료되어 승상(丞相)의 자리에까지 올랐다.(『한서(漢書)』권89「공수전(龔遂傳)」·「황패전(黃霸傳)」)

19) 1590년에 출판된 조선【중각본】에는 '以'와 '知' 사이에 한 칸이 비어 있으나,

겠는가? 농업경영과 재화의 기술[20]을 알게 하는 것이 교화를 실천하는 우선이다.

상商의 주왕紂王[21]은 세계[八荒][22]를 지배하였으면서도 국가의 용도가 부족했고, 주의 문왕[姬昌][23]은 겨우 백리 땅의 왕에 지나지 않았지만 군대와 식량에 여유가 있었다. 하늘이 주周의 곡식에는 비를 내리고 주紂왕에게는 수해와 한재를 내린 것이 아니다. 그것은 권농정책에 힘쓰지 아니하고 재정절약의 방침이 없었기 때문이다.

나는 농서를 두루 읽고[24] 빠짐없이 다양한 점서[雜訣][25]를 살폈으며, 『광아廣雅』[26]와 『이아爾雅』[27]에 의거해서 풍토와 물산을 정하였고,[28] 월

術, 實教化之先.

且 商 辛 之 有 八 荒, 而 國 用 不 足, 姬 昌 之 王 百 里, 而 兵 食 有 餘. 非 夫 天 雨 菽 粟 於 周, 而 降 水 旱 於 紂. 蓋 不 務 勸 農 之 術, 而 無 節 財 之 方.

余 是 以 編 閱 農 書, 搜 羅 雜 訣, 廣 雅 爾 雅 則 定 其 土

묘치위 교석본에서는 문장의 뜻에 의거하여서 '교(敎)'자를 첨가하였다.
20) '화식(貨殖)'은 상업경영과 재화를 증식하는 것을 뜻하는데, 농업경영 역시 상품을 얻기 위한 목적이지만, 묘치위는 교석본에서 『사시찬요』가 여기에서 사용하는 것과는 크게 부합되지 않는 것 같다고 하였다. 그러나 『사시찬요』 중의 거의 모든 농업부산품은 농업경영과 매매의 대상이며, 한악이 농업과 상업의 '화식'경영을 중시한 것을 반영하고 있다.
21) '상신(商辛)': 음란하고 난폭하여 학정을 한 은의 마지막 왕 주왕(紂王)이다. 주(周)의 무왕(武王)에 의해 멸망했다.
22) '팔황(八荒)': 팔방(八方)의 끝으로 전 세계라는 의미이며, 영토가 넓음을 뜻한다.
23) '희창(姬昌)': 주(周)의 문왕(文王)으로, 성은 희(姬)씨이고 이름은 창(昌)이다.
24) '편열(編閱)': 아마노 모토노스케의 교정에 따르면 편(編)은 편(徧)으로 바꾸는 것이 좋을 듯하다고 한다.
25) '잡결(雜訣)'은 잡다한 점서(占筮) 관련 서적이다.
26) '『광아(廣雅)』': 삼국의 위(魏)나라 장읍(張揖)이 찬술한 문자에 관한 설명서로 전10권이다.
27) '『이아(爾雅)』': 한대(漢代) 무렵에 만들어진 문자에 관한 설명서로서, 13경(經)의 하나이다.
28) 묘치위의 교석본에 의하면, 『사시찬요』 중에는 『이아』와 『광아』를 이용해서

령과 가령[29]에 의거하여 적합한 때를 서술하였다.[30] 더욱이 범승范勝의 『종수지서種樹之書』[31]를 채록하고 최식崔寔의 『시곡지법試穀之法』[32]을 취사 선택하였다. 다만 위씨韋氏가 찬한 『월록月錄』[33]

産, 月令家令, 則
敍彼時宜. 采范勝
種樹之書, 掇崔寔
試穀之法. 而又韋

'토산(土産)'을 정한 지역은 많이 반영되지 않았다고 한다. 「삼월」편 【34】 항목에서는 "임은 일명 자소이다.[荏, 一名紫蘇.]"라고 했고, 『광아』「석초」편에 의하면 "임은 소이다.[荏, 蘇也.]"라고 하였으나 『이아』「석초」편의 "소는 계임이다.[蘇, 桂荏.]"라는 사실을 채용하지 않았다. 한편 「유월」편 【23】 항목 등에서는 '황기(黃耆)'를 '황시(黃蓍)'라고 쓰고 있는데, 이 또한 『광아』를 근거로 하였다. 나머지 몇몇 부분에서는 비록 『이아』와 『광아』의 해석과 부합하지만, 통상적인 해석을 하고 있을 뿐 반드시 『이아』와 『광아』에 한정하지는 않는다고 하였다.

29) '가령(家令)': 묘치위의 교석본에서는 이 책에서 자주 인용되는 『가정령(家政令)』으로 보았는데, 아마 이와 동일한 서적으로 여겨지지만, 『수서(隋書)』「경적지(經籍志)」에 남조(南朝) 양(梁)나라의 『가정방(家政方)』이 있다고 한다.

30) 『사시찬요』 중에는 『예기(禮記)』 「월령(月令)」 「삼월」편 【43】 항목이 있음을 분명히 제시하고 있으며, 『가정령』 「정월」편 【84】 항목도 명백하게 제시하고 있다. 그 나머지는 『예기』 「월령」과 최식의 『사민월령』 등에서 인용하고 있으나 모두 분명하게 제시하고 있지는 않다고 하였다.

31) '범승종수지서(范勝種樹之書)': 범승은 범승[氾勝; 혹은 범승지(氾勝之)라고도 칭함]으로 고치는 것이 맞다. 범승은 전한 성제(기원전 32-기원전 7년 재위) 때 활약한 농학자로서, 삼보(三輔)지방의 농업개량에 공적을 쌓았다. 『종수지서(種樹之書)』란 『범승지서(氾勝之書)』 18편 『한서』 권30 「예문지(藝文志)」에 의함. 『수서(隋書)』·『구당서(舊唐書)』 및 『통지(通志)』「예문략(藝文略)」은 모두 2권으로 한다.)을 말한다. 이 서적은 현재 없어지고 말았지만 스성한[石聲漢] 輯 『범승지서(초고)』(1965년, 과학출판사)와 완귀딩[萬國鼎] 집역(輯譯), 『범승지서집역(氾勝之書輯譯)』(1957년, 中華書局) 두 집본이 있다. 묘치위 교석본을 보면, 「정월」편 【66】 항목에서는 명백히 『범승서』라고 제시하고 있고 「삼월」편 【25】 항목에서는 제목이 잘못되어 있다. 그 외 일부분은 명백하게 제시되지 않은 부분도 있다고 한다.

32) '최식 "시곡지법(試穀之法)"': 최식은 후한 사람이다. 『후한서(後漢書)』「열전(列傳)」 권42에 본전(本傳)이 있고 거기에 『사민월령(四民月令)』이 있다. "시곡지법(試穀之法)"이 같은 책인지 아닌지는 모르겠으나, "시곡지법(試穀之法)"은 후세 최식이 가탁한 책일 가능성도 있다. 「십일월」편 【28】 항목 참조.

33) '『위씨월록(韋氏月錄)』': 당(唐)의 위행규(韋行規)가 찬한 『보생월록(保生月錄)』 1권을 말한다. 현재 이 책은 유실되어 전해지지 않으며 중교(重較) 『설부(說郛)』 규(糾) 제75와 내각문고소장(內閣文庫所藏)의 강호사본(江戶寫本) 『양생서오종

40

의 결점은 지나치게 간결한 것에 있고,34) 『제민요술齊民要術』35)은 지나치게 상세한 것이 폐단인데,36) 지금 이 두 사람의 책이 갖는 아주 번잡하고 거친 부분을 빼고 여러 학파의 술수를 취하였다. (농업의 순리[農則]를)37) 꺼리면 공자라도 비웃음을 당하는데, 일찍이 부자였다면 어찌 도주공38)에게 물었겠는가? 게다가 계절마다39) 바람과 구름을 점치고, (점을 쳐서[卜])40) 오곡의 값이

氏月錄, 傷於簡閱, 齊民要術, 弊在迂疏, 今則刪兩氏之繁蕪, 撮諸家之術數. 諱□□可喞孔子, 速富則安問陶朱. 加以占八節之風雲, 五穀之貴

(養生書五種)』에 일부의 문장이 편집되어 있다. 조공무(晁公武)의 『군재독서지(郡齋讀書志)』에서는 이 책을 일컬어 "매월 섭양(攝養), 종예(種藝), 기양(祈禳)의 기술을 잡다하게 편찬하여서 만든 것이다."라고 하였다.

34) '간열(簡閱)': 아마노 모토노스케의 논문 교정에 따르면 열(閱)은 결(缺)의 잘못인 듯하다. 『사시찬요』 중에 구체적으로 제시한 사례는 「십이월」편 【25】 항목에 보이며 나머지 채록한 것은 모두 명확하게 제시되어 있지 않다. '간열'은 『위씨월록』이 선택을 거쳐서 비교적 간결한 책인 것을 반영하고 있지만 『사시찬요』와 마찬가지로 번잡하고 거칠다고 하였다. 그 책의 조목은 많지 않으나 서술은 자못 상세한 것 같다고 한다.

35) '『제민요술(齊民要術)』': 북위의 가사협(賈思勰)이 6세기에 찬술한 농서이다.

36) 『사시찬요』에는 『제민요술』에서 인용한 자료가 매우 많다. 한악은 '번잡하다'고 비평했지만, 가사협이 아주 상세하고 정치하며 명확하게 서술한 것이 장점이다. 『사시찬요』에서는 절을 삭제하고 간결하게 서술하였다.

37) 조선 【중각본】(1590년) 『사시찬요』에는 원래 '휘(諱)'와 '가(可)' 사이에 두 칸이 비어 있다. 묘치위는 교석본에서 '농칙(農則)' 두 글자를 추가하였다. 『논어(論語)』 「자로(子路)」편에서 "번지(樊遲)가 농사에 대해 배우기를 청하자 공자께서 이르기를 '나는 경험 있는 농부보다 못하다.[吾不如老農.]'"라며 답하지 못한 내용을 보충하였다고 한다.

38) '도주(陶朱)': 화식의 재능이 뛰어났던 월왕 구천의 신하인 범려(范蠡)의 다른 이름이다. 도(陶)에 살았으므로 도주공이라 한다.(『사기(史記)』 권129 「화식열전(貨殖列傳)」)

39) '팔절(八節)': 1년 중 여덟 가지 기후가 바뀌는 시기로 입춘(立春)·춘분(春分)·입하(立夏)·하지(夏至)·입추(立秋)·추분(秋分)·입동(立冬)·동지(冬至)를 가리킨다.

40) 조선 【중각본】에는 한 칸 비어 있는데, 묘치위 교석본에서는 문장의 의미에 근거하여 '복(卜)'자를 보충하였다고 한다.

오르고 내리는 것을 판단하고, 반드시 손수 젓갈[41]을 담가서 집안 대대로 전하는 그 효험에 대한 처방서를 확립했다.[42] 말의 관상법[相馬], 소의 치료, 닭과 돼지를 먹이는 데[43] 이르기까지 지식에 두루 보탬이 되니 어찌 버릴 수 있겠는가. 본서는 여러 가지 사실들을 제시하여 다섯 권으로 편집하였다. 비록 경험이 많은 농부에게는 부끄러운 부분도 있지만 자손들에게 전해지기를 바랄 뿐이다. 더불어 일 삼기를 좋아하는 재주 있고 영민한 사람들[庶幾][44]이 이에 대해 너무 비난하지 않기를 바란다. 이러한 까닭[45]에 이것을 『사시찬요[四時纂要]』라 명명하고자 한다.

賤, 手試必成之醯醢, 家傳立效之方書. 至於相馬醫牛餇雞彘, 既貴博識, 豈可棄遺. 事出千門, 編成五卷. 雖慙老農老圃, 但冀傳子傳孫. 仍希好事英賢庶幾不罪於此. 故目之爲四時纂要云耳.)

---

41) '우(醋)': 묘치위 교석본에서는 우(醋)를 혜(醯)로 바로잡고 있다. 혜(醯)는 식초이다. '해(醢)'의 음은 '海'이며, 육장을 의미하며 장류를 두루 가리킨다.

42) 묘치위 교석본을 보면, 『사시찬요』 중에는 각가(各家)의 처방을 인용한 것 이외에, 「정월」편 【36】 항목, 「십이월」편의 '오금고(烏金膏)' 및 '오사고(烏蛇膏)'가 본인의 단방(單方)이라고 명확하게 제시하였다.

43) 조선 【중각본】에서는 '반(飰)'으로 쓰고 있는데, 묘치위에 따르면 이것은 민간에서의 속자로 본서에서는 이에 따라 일률적으로 고쳐서 '반(飯)'으로 쓴다고 한다.

44) '서기(庶幾)': 현인(賢人)의 의미이다.

45) 조선 【중각본】(1590년)에는 '고목(故目)'으로 쓰고 있으나, 묘치위의 교석본에서는 '고인(故因)'으로 고쳐 쓰고 있다.

사시찬요 춘령 권상 제1

四時纂要春令卷上第一

정월正月¹⁾

1. 점술 · 점후占候와 금기

【1】 맹춘건인孟春建寅²⁾

정월[孟春]은 건제建除상으로 건인建寅³⁾에 속

【一】（孟春建

寅：　自立春即得正

---

1) 조선 태종 때의 【계미자본】에서는 「정월」편 【1】 '맹춘건인(孟春建寅)'편부터 【65】까지는 완전히 자료가 남아 있지 않고 【66】에서 【69】까지는 일부가 훼손되었다. 특히 【66】과 【68】 '태사공 평론[按太史曰]', 【69】 '밭을 갈 소를 간택하는 방법[揀耕牛法]'의 내용은 훼손이 심하여 판독이 쉽지 않다. 따라서 훼손된 부분은 ( ) 속에 진한 글자로 표기했으며, 이 부분은 조선 【중각본】의 원문에 의거하여 빠진 부분을 보충했음을 밝혀 둔다.

2) 조선 【중각본】『사시찬요』의 체제에서는 한 달을 한 편으로 하고, 한 편 속의 조항의 내용은 모두 붙이고 별도로 문단을 표시하지 않았다. 오직 양 항목 사이에 'O'와 같은 번호를 달아서 구별하였으며, 이 때문에 매월 첫머리에 첫 항목만 'O표시[圈号]'가 없다. 본서는 문맥을 뚜렷하게 구별하고, 아울러 인용하기에 편리하도록 일괄적으로 매 조항의 첫머리에 '【 】'를 달고 아울러 숫자를 표시하여, 【一】【二】【三】 … 등과 같은 방식으로 구분하였다.

3) '건인(建寅)'은 하력(夏曆)에서 말하는 정월을 가리킨다. 북두성(北斗星)의 두병(斗柄)이 초혼(初昏)에 인(寅)의 방위를 가리킨다. '하력(夏曆: 농력(農曆), 곧 음력이다.)'의 정월은 은력(殷曆)으로서는 2월이고, 주력(周曆)으로서는 3월에 해당되며, 진력(秦曆)으로서는 4월에 해당한다. 다시 말하자면, 하력을 기준으로 하였을 때 은력의 정월은 12월이고, 주력의 정월은 11월이며, 진력의 정월은

한다. 입춘부터 바로 정월의 절기[節]가 된다. 무릇 음양의 꺼리고 피하는 것은 마땅히 정월의 법에 따른다. 이 시기의 황혼[昏]에는 묘수昴宿[4]가 (자오선을 통과하여) 남중南中에 이르고,[5] 새벽에는 심수心宿[6]가 남중한다.[7] 일몰 후 2각(刻) 반을 황혼이라 하고, 일출 전 2각 반을 새벽이라 한다.[8]

月節. 凡陰陽避忌, 宜依正月法. 昏昴中, 曉, 心中. 日入後二刻半爲昏, 日出前二刻半爲曉.

10월로 이를 세수(歲首)로 하였다.

4) 왕리[王力], 이홍진 역, 『중국고대문화상식(中國古代文化常識)』, 형설출판사, 1989, 4-5쪽에서 고대 중국인들은 태양이 1년 동안 시운동하는 궤적인 황도(黃道)와 천구(天球)의 적도(赤道)가 만나는 네 지점의 성수(星宿: 이웃한 몇 개의 별의 집합) 28개를 선택하여 좌표로 삼아 '28수(二十八宿)'라고 불렀다고 한다.

동방(東方) 창룡(蒼龍) 7수(宿): 각(角)·항(亢)·저(氐)·방(房)·심(心)·미(尾)·기(箕).

북방(北方) 현무(玄武) 7수(宿): 두(斗)·우(牛)·여(女)·허(虛)·위(危)·실(室)·벽(壁).

서방(西方) 백호(白虎) 7수(宿): 규(奎)·루(婁)·위(胃)·묘(昴)·필(畢)·자(觜)·삼(參).

남방(南方) 주작(朱雀) 7수(宿): 정(井)·귀(鬼)·유(柳)·성(星)·장(張)·익(翼)·진(軫).

5) 묘수(昴宿)는 28수(二十八宿)의 열여덟째 별자리의 별들을 가리킨다(출처: 국립국어원). 이 별자리는 목우좌이며 묘중의 중(中)은 남중을 의미한다. '남중(南中)'은 천체가 자오선의 남쪽을 통과하는 것을 가리킨다. 와타베 다케시[渡部 武]의 역주고에 의하면 별을 빛의 점으로 보고서 그것이 자오선 상에 오는 것이며, 고대에는 자오선의 좌우15도 각도 이내로 오는 것을 '중(中)한다.'라고 하였다. 또한 중국의 성좌명과 현재의 성좌명의 관계에 대해서는 오사키 쇼지[大崎正次], 「중국성좌명의고(中國星座名義考)」(『천문월보(天文月報)』 第69卷 第3·4號, 1976)를 참조하였다고 한다.

6) '심(心)'은 28수의 제5수, 갈좌(蝎座)에 해당한다.

7) '혼(昏: 일몰 후 40분 전후)'은 황혼을 뜻하며, '효(曉: 일출 전 40분 전후)'는 새벽을 뜻한다. 『예기』「월령」에서는 '명(明)'이라고 쓰고 있다. 두대경(杜臺卿)의 『옥촉보전(玉燭寶典)』 권1에서 한대 채옹(蔡邕)의 『월령장구(月令章句)』를 인용한 것에는 "해가 지고 난 후에 삼각(三刻)까지를 혼(昏)이라 하고, 일출 전의 삼각까지를 명(明)이라 한다. 성신(星辰)은 별을 볼 수 있는 시간이다."라고 하였다. 이것은 중국에서 가장 빠른 별자리의 운행을 통해서 절기와 파종기를 정하여 시후를 측정하는 방법이었다.

우수雨水9)는 정월 중순의 절기[中氣]이다.10) (이 시기의) 황혼에는 필수畢宿11)가 남중하고 새벽에는 미수尾宿12)가 남중한다.

무릇 외출할 때는 반드시 황혼과 새벽의 시점을 알아야 하며, 들보를 올려 상량하는 등의 온갖 일들은 황혼과 새벽의 시점이 빠르고 늦게 변하는 현상을 따르지 않을 수 없다. 이 편의 첫머리에 제시한 것은 실로 중요하기 때문이다.

【2】 천도天道13)

이달은 천도가 남쪽으로 향하기 때문에, 가옥을 수리하고 짓거나 외출하는 것은 마땅히 남쪽방향이 길하다.

雨水爲正月中氣. 昏畢[1]中, 曉尾中.

凡出行, 要知昏曉, 上梁[2]架屋, 所爲百事, 莫不順其早晚. 是以列于篇首, 實爲切務.

【二】天道: 是月天道南行, 修造出行, 宜南方吉.

---

8) 일몰·일출 전후의 2각(刻) 반(하루는 100각이다. 일각은 약 15분이다.)을 혼(昏)·효(曉)로 하는 것은 한(漢)대의 시법으로 '혼'은 태양이 땅속으로 들어간 6도 정도에서 일등성이 보이는 상용혼(常用昏: 시민박명(市民薄明))을 가리키고, '효'는 여기에 준한다. 단(旦)이라 하지 않고 효(曉)라는 글자를 쓰는 것은 당(唐)의 예종(睿宗: 현종(玄宗)의 아버지)의 이름인 '단'을 피하기 위해서였다.

9) 24절기의 하나로서 양력 2월의 절기는 입춘(2월 4일)과 우수(2월 19일)가 있다.

10) 중기(中氣)는 월력에서 월의 중앙의 기를 말하며, 월초의 기를 절기라고 한다. 예를 들면, 동지는 11월의 중기이다. 태음태양력에서는 중기라 하여도 월의 중앙에 오는 것이 아니라 월초 또는 월말에 오기도 한다. 또 중기가 들지 않는 달도 있다. 혹자에 의하면 매 절기는 15일 혹은 16일인데, 단수일 때를 '절(節)'이라 하며, 복수일 때를 '중(中)'이라고 한다.

11) '필(畢)'은 28수의 제19수, 목우좌(牧牛座)에 해당한다.

12) '미(尾)'는 꼬리별이라는 뜻으로, '혜성'을 달리 이르는 말이다(출처: 국립국어원). 와타베 다케시[渡部 武]의 역주고에 의하면, 28수의 제6수, 갈좌(蝎座)에 해당한다고 한다.

13) 천도는 하늘의 원양순리(元陽順理)의 방향을 가리킨다.

【3】 그믐과 초하루의 점 보기[晦朔占]

초하루 아침, 맑고 깨끗하여 구름도 없고 저녁 때까지 바람도 없이 따뜻하면, 그해는 누에의 생산이 좋고 쌀값이 싸다. 만약 바람이 세차고 폭우로 나무가 꺾이고, 지붕이 날아가 버리며, 모래가 날리고 큰 돌이 구를 정도이면, (이해는) 견사와 솜의 값이 매우 비싸지고 누에치기는 엉망이 되며 곡물은 여물지 않는다.

그믐날 아침에 바람이 불고 비가 내리게 되면 곡물값이 매우 올라간다.

초하루에 안개가 끼면 그해는 기근이 온다. 초하룻날에 천둥이 치고 비가 내리면, 하전下田에서도 보리의 작황이 좋고 조와 기장의 수확도 평년을 웃돈다.

초하룻날이 우수雨水14)이면 맹수가 출현하고 늑대는 개처럼 된다. 초하룻날이 입춘立春이면 백성은 안도하지 못한다.

【4】 정월의 잡점[歲首雜占]

『월령점후도月令占候圖』15)에 이르길, "초하

【三】晦朔占: 朔旦, 晴明[3]無雲, 而溫不風至暮, 蠶[4]善而宋賤. 若有疾風盛雨折木發屋, 揚沙走石, 絲緜[5]貴, 蠶敗而穀不成.

晦與旦[6]風雨者, 皆穀貴.

朔日霧, 歲飢.[7] 朔日雷雨者, 下田與麥善, 禾黍小熟.

朔日雨水, 猛獸見, 狼如狗. 朔日立春, 民不安.

【四】歲首雜占: 月令占候圖曰, 自

룻날부터 8일까지는 금수로 점을 친다.[16] 1일은 닭의 날로, 천기가 청량하면 백성은 편안하고 국가는 만사태평하며, 사방의 이민족이 와서 조공을 바친다. 2일은 개의 날로, 풍우가 없으면 크게 풍년이 든다. 3일은 돼지의 날로, 천기가 명랑하면 군주는 안도한다. 4일은 양의 날로, 기온이 온화하면 재해가 없고 신하는 군주의 명령에 따른다. 5일은 말의 날로, 만약 날씨가 청량하면 천하에 풍년이 든다. 6일은 소의 날로, 해와 달이 밝게 빛나고 있다면 그 해는 대풍작이다. 7일은 사람의 날로, 아침부

元日至八日占禽獸. 一日爲雞[8], 天晴氣朗, 人安國泰, 四夷來貢. 二日爲狗, 無風雨即大熟. 三日爲猪, 天氣明朗, 君安. 四日爲羊, 氣色和暖, 無災[9], 臣順君命. 五日爲馬, 如晴明, 天下豐稔. 六日爲牛, 日月光晴,

묘치위 교석본에 의하면, '후(候)'는 원래 '후(侯)'라고 잘못 쓰어 있는데 여기서는 고쳐서 바로잡는다고 한다.

16) 와타베 다케시[渡部 武]의 역주고에 의하면, "自元日至八日占禽獸"는 8일 위곡(爲穀)을 제외하고 정월 1일부터 7일에 금수 및 사람을 배당해서 각각의 날에 해당하는 금수를 죽인다든지 죄인의 형을 집행한다든지 하는 것은 좋은 일이 아니라고 하는 사고방식으로서 후한 대쯤부터 시작되었다고 한다. 가령 『형초세시기역주(荊楚歲時記譯注)』 「금박위인(金薄爲人)・화승상유(華勝相遺)」에 등장하는 삼국의 위나라의 동훈(董勛)이 저술한 『문례곡(問禮俗)』에는 "정월 1일은 닭의 날이며, 2일은 개의 날이고, 3일은 양의 날이며, 4일은 돼지의 날이고, 5일은 소의 날이며, 6일은 말의 날이고, 7일은 사람의 날이니 구름 끼고 맑은 상태로 풍흉을 점치고 정월 초하루에는 문에 닭을 그려 두며, 7일 날에는 장막에 사람에 대한 글귀를 써둔다. 지금 1일에는 닭을 죽이지 않고, 2일에는 개를 죽이지 않고, 3일에는 양을 죽이지 않으며, 4일에는 돼지를 죽이지 않고, 5일에는 소를 죽이지 않고, 6일에는 말을 죽이지 않고, 7일에는 사람에게 형벌을 가하지 않는다는 것도 이와 같은 의미이다."(『형초세시기역주(荊楚歲時記譯注)』, 湖北人民, 1999 참조.)가 있다. 또 1일부터 7일까지 금수와 사람에 해당하는 것에 대해서는 "천지가 처음 열리면서 첫날에는 닭을 창조하고 7일이 되는 날에 사람을 창조하였다.[天地初開, 以一日作雞, 七日作人也.]"(『태평어람(太平御覽)』 권30, 『담수(談藪)』의 작은 주[細字夾註])라는 속설이 있다. 또한 '팔일을 곡식의 날로 한다.[八日爲穀.]'라는 것은 후세에 생각해 낸 것일 것이다. 그런가 하면 조선 영조 42년(1766)에 저술된 『증보산림경제(增補山林經濟)』 권11 『증보사시찬요(增補四時纂要)』 「일월(一月)・험세(驗歲)」편에도 이와 유사한 구절이 등장한다.

터 저녁까지 햇볕이 청량하고 밤에 별이 보이
면 백성은 안도하고 국가는 안녕하며 군주와
신하는 서로 화합한다. 8일은 곡식의 날로, 만
약 주간에 맑고 야간에 별이 보이면 풍년이 든
다. 그 해당되는 날이 맑으면 주체가 된 생물
은 크게 번성하며 구름 끼고 어두우면 쇠퇴하
여 줄어들게 된다."라고 하였다.

【5】이달의 잡점[月內雜占][17]

이달의 초하루가 갑甲일에 해당한다면 쌀
값이 싸지고 사람들은 역병에 걸린다. 을乙일
에 해당한다면 쌀과 밀의 값이 높이 올라가고
백성은 병사한다. 병丙일에 해당하면 40일간
가뭄이 들지만 백성은 편안하다. 일설에는 4월이
라고 한다.[18] 정丁일에 해당하면 견사와 솜이 60
일간 비싸진다. 무戊일에 해당하면 조·밀·
생선·소금의 값이 등귀하고 더욱이 가뭄이
45일간 계속된다. 기己일에 해당하면 쌀값이
올라가고 누에는 흉작이며 비바람이 많다. 경
庚일에 해당하면 금과 동 값이 올라가고 곡식

歲大熟. 七日爲人,
從旦至暮, 日色晴
朗, 夜見星辰, 民安
國寧, 君臣和會. 八
日爲穀, 如晝晴夜
見星辰[10], 五穀豐
熟. 其日晴明, 則所
主之物蕃息, 陰晦
則衰耗.

【五】月內雜占:
是月一日値甲, 米
賤, 人疫.[11] 値乙,
米麥貴, 人病死. 値
丙, 四十日旱, 人
安. 一云四月. 値丁,
絲綿六十日貴. 値
戊, 粟·麥·魚·
塩貴, 又旱四十五
日. 値己, 米貴, 蚕
凶, 多風雨. 値庚,
金銅貴, 穀熟, 人[12]

---

17) '월내잡점(月內雜占)': 일부 같은 내용의 기사가 『제민요술(齊民要術)』권3「잡
설(雜說)」에 있는 '사광점(師曠占)'에 보인다. 1766년 조선에서 발행한 『증보사시
찬요(增補四時纂要)』'입춘(立春)'조에도 이와 같은 내용이 서술되어 있다.
18) 묘치위 교석본에 의하면, "一云四月"은 송대(宋代) 진원정(陳元靚)의 『세시광
기(歲時廣記)』권7의 '점일간(占日干)'에는 『사시찬요』를 인용하여 "日云四月旱"
이라고 적고 있다고 한다.

은 풍년이 들지만 백성은 질병에 걸리기 쉽다. 신辛일에 해당하면 삼과 밀의 값이 올라가고 곡식도 풍년이다. 임壬일에 해당하면 쌀과 밀의 값은 싸지고 비단·포 및 콩[大豆]의 값이 등귀한다. 계癸일에 해당하면 곡물은 피해를 입게 되고 백성은 병에 들기 쉬우며 비도 많다.

이달 갑술甲戌일에 대풍大風이 동남쪽에서 불어와 나무를 휘어 꺾으면 벼는 풍년이 든다. 갑인甲寅일과 경인庚寅일에 바람이 서북쪽에서 불면 또한 볏값이 등귀한다. 신일이 많아지면 [辛深] 밀의 값이 떨어지고 오일이 많으면[午深] 뽕잎의 가격이 등귀한다.19)

또 통상 동짓날로부터 계산해서 정월 첫 번째 오午일에 이르기까지20) 만 50일이면 백성의 식량은 충분하다.21) 하루가 많으면 1개월분의 식량에 여유가 있고, 하루가 모자라면 1개월분의 식량이 부족하게 된다. 이러한 일들에는 근거가 있다.22)

多病. 值辛, 麻麥貴, 穀熟. 值壬, 米麥賤, 絹布大豆貴. 值癸, 穀傷, 人病, 多雨.

月內甲戌大風從東南來折樹, 稻熟. 甲寅、庚寅風從西北來, 亦稻貴. 辛深即麥賤, 午深即桼[13]貴.

又常以冬至數至[14]正月上午日, 滿[15]五十日, 人食. 長一日, 餘一月食, 少一日, 即少一月食. 此有據.[16]

---

19) 행심(辛深)과 오심(午深)의 의미는 분명하지 않다. 행(辛)은 어쩌면 신(辛)의 잘못된 표기로 의심된다. 묘치위 교석본에 의하면, '심(深)'은 바람이 세찬 것을 가리킨다고 하며, '행(辛)'은 '신(辛)'자의 오기로, 유(酉)시의 뒤쪽과 술(戌)시의 앞을 신시(辛時)라고 하여 이치에 맞지 않는 이야기를 하고 있다고 한다.

20) 묘치위는 교석본에서, '상오일(上午日)'은 매달의 첫 번째 오(午)일을 가리킨다고 한다.

21) 【중각본】에서는 '인식(人食)'으로 끝나는데, 묘치위는 『회남자(淮南子)』 권3 「천문훈(天文訓)」과 명대 왕상진(王象晋)의 『군방보(群芳譜)』 권4에서 『사시찬요』를 인용한 것에 의거해 '족(足)'자를 보충하였다.

22) "正月上午日 … 此有據": 이 일절은 뜻이 서로 통하지 않는 부분이 있지만 『회남자(淮南子)』 권3 「천문훈(天文訓)」에는 "동짓날로부터 계산해서 정월 초하룻날에 이르기까지 만 50일이면 백성의 식량은 충분하다. 50일이 차지 않으면 하

초하루가 따뜻한 날이면 정월에 사들이는 곡물 가격이 싸다. (정월 초하루부터) 열이틀까지로 12개월(곡물가격)을 점친다. 가장 바람이 강한 날과 가장 추운 날이 곡물 가격이 가장 비싼 달이 된다. 만약 1일에서 5일까지 비 바람도 없고 날씨가 온화하여 춥지 않다면 곡물값은 싸다.

정월의 무인戊寅일과 기묘己卯일에 약간 바람이 불면 곡물값이 조금 오른다. 바람이 심하다면 곡물값이 60일간 크게 등귀한다. 첫 번째 묘卯일에 바람이 동북쪽에서 불면 곡식 가격은 3배로 올라간다. 동쪽에서 불면 배가 된다. 서쪽에서 불면 싸진다.

이달 안에 갑자甲子일이 있다면 누에의 작황이 좋고 뽕잎의 값이 비싸진다.

기己일이 따뜻하다면 밀의 작황이 좋다. 축丑일이 따뜻하다면 조[禾]의 작황이 좋다. 인寅일이 따뜻하다면 벼의 작황이 좋고, 묘卯일이

朔日溫, 正月籴[17] 賤. 以十二日占十二月. 取最風最寒之日爲最貴之月. 若自一日至五日已來, 不風雨, 調和無寒, 穀賤.

正月戊寅、己卯日小風, 穀小貴. 大風, 大貴[18], 在六十日. 上卯日風從東北來, 穀三倍貴. 東來, 一倍. 西來, 賤.

月內有甲子, 蚕善而桑貴.

己日溫, 麥善. 丑日溫, 禾善. 寅日溫, 稻善. 卯日溫,

루에 한 되씩 양식이 줄고, 넘으면 매일 한 되씩 늘어난다. 늘어나는 것으로 그 해를 살피고 있다.[以日冬來歲正月朔日, 五十日者, 民食足. 不滿五十日, 日減一升, 有餘, 日日益一升. 有其歲司也.]"를 참조해서 번역하였다. 차유거(此有據)란 『회남자(淮南子)』의 이 기사를 가리키는 것일 것이다. 묘치위 교석본에 의하면, 『제민요술』 권1 「종자 거두기[收種]」편에서는 『회남술(淮南術)』을 인용하여 똑같이 말하고 있는데, 다만 '一益一升'을 '一益一斗'로 적고 있다. 『사시찬요』의 기록에는 이와 더불어 큰 차이가 없으며 '此有據'는 바로 이처럼 유사한 기록을 뜻한다. 또 명대 왕상진(王象晋)의 『군방보(群芳譜)』 권4의 '十一月', '占候'에서는 『사시찬요』의 이 항목을 인용하고 있으며 『회남자』와 더불어 마찬가지로 인용하고 있는데, "동짓날로부터 계산해서 정월 초하룻날에 이르기까지 만 50일이면 백성의 식량은 충분하다. 50일이 차지 않으면 하루에 한 되씩 줄고, 넘으면 매일 한 되씩 늘어난다. 최고의 징조이다."라고 하였다.

따뜻하다면 콩의 작황이 좋다.

이달에 무지개가 나타나면 7월에 곡물 값이 등귀한다. 월식이 있으면 좁쌀이 싸지고 백성이 재난을 많이 당하게 된다.

【6】 입춘의 잡점[立春雜占]

보통 입춘의 절일에 들어가면 태양이 남중했을 때 막대기 하나로 표준을 세우고 그림자를 측정한다. 그림자가 한 자[尺]이면 심한 역병·한발·서열[大暑]·기근에 직면한다. 2자라면 천리에 재앙이 들어 토지가 황폐해진다.[23] 3자라면 심한 가뭄에 직면한다. 4자라면 약간 가뭄이 들고 5자이면 하전[下田]에서도 풍작을 이룬다. 6자이면 고전[高田]과 하전에서 풍작이다. 7자라면 길하다. 8자라면 수해를 만나게 된다. 9자 및 1길[丈]이면 큰 수해를 만나게 된다. 만약 그날에 태양이 보이지 않으면 가장 좋다. 다음으로 8자의 막대기[表柱]를 세우고 태양이 남중할 때 그 그림자가 1길 3자 7푼[分] 반半이라면 콩[大豆]의 작황이 좋다. 일반적으로 봄과 여름에 표주의 그림자가 짧으면 가뭄에 직면하게 되고, 그림자의 길이가 길 때는 질병과 수해에 직면하게 된다. 가을과 겨울에 그림자가 짧으면 가뭄을 만나게 되고, 길면 수해나 서리·번개의 해를 입는다. 표준대로라면 길

豆善.

此月虹出, 七月穀貴. 月蝕, 粟賤, 人多災.

【六】 立春雜占:

常以入節日日中時, 立一丈表竿度影. 得一尺, 大疫·大旱·大暑·大飢. 二尺, 赤地千里. 三尺, 大旱. 四尺, 小旱, 五尺, 下田熟. 六尺, 高下熟. 七尺, 善. 八尺, 澇. 九尺及一丈, 大水. 若其日不見日, 爲上. 次立八尺表日中時, 影得一丈三尺七分半, 宜大豆. 凡春夏影短爲旱, 長爲病, 爲水. 秋冬短爲旱, 長爲水霜雷. 如度即[19]吉. 他節准[20]此. 其日陰

---

23) '赤地千里'는 천재가 들어 대량의 토지가 황폐화되어 불모지가 되었음을 뜻한다.

하다. 다른 절기는 이에 준한다. 그날에 구름이 끼면 전후의 날과 점이 동일하다.

【7】 달그림자로 점 보기[占月影]

15일 밤에 달이 남중할 때 7자의 막대기[表柱]를 세우고, 그 그림자가 한 길[丈]·9자[尺]·8자라면 어떤 경우에도 수해에 직면하게 되고 비가 많다. 7자면 좋고 6자면 대체로 좋다. 5자이면 하전에서는 길하고 전반적으로 많은 수확을 얻는다. 4자이면 기근과 충해를 만나며, 3자이면 가뭄에, 2자이면 큰 가뭄에 직면한다. 한 자라면 심한 역병과 큰 기근을 만나게 된다.

또 상현달과 하현달의 색으로도 이런 일을 점친다. 달의 색이 청흑이면서 광택이 나고 밝으면 10일간 비가 계속 내린다. 황적색이라면 그러한 긴 비는 없다. 다른 달은 이것에 준해서 점친다.

【8】 구름의 기운으로 점 보기[占雲氣]

입춘인 날에는 간(艮: 북동 방향)의 괘로24) 사물을 집행한다. 닭이 우는 축시(丑時: 새벽 1-3시)에 간의 방향으로 황색의 운기가 떠올라 있으면 간기[艮氣]가 충만해 있다는 것으로, 콩[大豆]의 수확이 좋아진다. 간기가 충만하지 않으

【七】占月影: 十五夜月中時, 立[21]七尺表, 影得一丈、九尺、八尺, 並澇而多雨. 七尺, 善, 六尺, 普善. 五尺, 下田吉, 並有熟處. 四尺, 飢而蟲, 三尺, 旱, 二尺, 大旱. 一尺, 大病, 大飢.

又上下弦月色占之. 青黑潤明, 主[22]旬有雨. 黃赤, 無其雨. 餘月倣此.

【八】占雲氣: 立春日, 艮卦用事. 雞鳴丑時, 艮上有黃雲氣, 艮氣至也, 宜大豆. 艮氣不至, 萬物不成. 應在其

---

24) 『역경(易經)』 간괘(艮卦)의 괘사에는 "그 등쪽에 머무르고서 그 몸을 얻지 못한다. 그 마당에 나가서 그 사람을 보지 못한다. 허물이 없다."라고 한다.

면 만물은 생육하지 않는다. (간기가 충만해 있
는 곳은) 충衝의 위치를 차지하고 있기 때문이
다. 충(衝)은 7월에 해당한다.25)

　　초하루 아침에 사방으로 황색의 운기가
떠올라 있다면 그해는 대풍작으로, 온 사방이
풍요롭고 잘 익는다. 청색의 운기나 누런 운기
가 떠올라 있으면 메뚜기떼[蝗蟲]의 피해를 입
게 된다. 적색의 기운이라면 큰 가뭄을 만나게
된다. 흑색의 기운이면 큰 홍수를 만나게 된
다.26) 또한 초하루 아침 동쪽에 청색의 기운
이 떠올라 있으면 봄에 비가 많이 내리고 백성
은 역병에 걸린다. 백색 구름이 있으면 8월이
흉하다. 적색 구름이 뻗어 있으면 봄에 가문
다. 흑색 구름이 있으면 봄에 비가 많이 온다.
황색 구름이 길게 뻗어 있으면 봄에 토목공사
가 있다. 남쪽에 적운이 길게 뻗어 있으면 여
름은 가물고 곡가가 올라간다. 흑운과 청운이
길게 뻗어 있으면 여름에 비가 많다. 백운이
길게 뻗어 있으면 여름은 흉작이며, 황운이 길
게 뻗어 있으면 여름에 토목공사가 있다. 서쪽
으로 가을을 점치고 북쪽으로 겨울을 점치는
것은 모두 이 봄의 점침에 준한다. 또 초하루

衝. 衝在七月.

　朔旦, 　四面有黃
雲氣, 其歲大豐, 四
方普熟. 有青雲[23]氣
雜黃雲氣[24], 　有蝗
蟲.[25] 赤氣, 　大旱.
黑氣[26], 大水. 又朔
旦東方有青氣[27], 春
多雨, 人民疫. 白
雲, 八月凶. 赤雲,
春旱. 黑雲, 春多
雨. 黃雲, 春多土[28]
功興. 南方有赤雲,
夏旱, 穀貴. 黑雲,
青雲, 夏多雨. 白
雲, 夏凶, 黃雲, 夏
土功興. 西方占秋,
北方占冬, 　並准此
占之. 又朔旦日初
出時, 　有赤雲如霞

---

25) '충(衝)'은 서로 마주보는 위치에 있는 것이다. 『회남자(淮南子)』 권3 「천문훈
　　(天文訓)」에 "歲星之所居, 五穀豐昌, 其對爲衝, 歲乃有殃."이라고 한다.
26) 『제민요술』 권3 「잡설(雜說)」에도 "물리론에서 이르길 … 정월 초하루 아침
　　에 … 흑색의 기운이 돌면 홍수가 난다.[物理論曰, … 又曰, 正月朔旦, … 黑氣,
　　大水]"라고 한 것을 보면 이미 위진남북조에 이런 점후가 존재했음을 알 수 있
　　다.

아침의 첫 태양이 나올 때 적운이 안개처럼 해를 덮는다면 누에는 흉작이며 솜과 비단의 값이 등귀한다. 또 적운이 사방으로 길게 뻗으면 그해의 수확은 좋지만 약한 가뭄을 만나게 된다.

【9】 바람으로 점 보기[占風]

입춘에 북동[艮]풍이 불면 콩[大豆]의 작황이 좋고 곡물이 잘 여문다. 남서[坤]풍이 불면 추운 날이 많고 콩 가격이 올라가는데, 가격이 비싼 기간이 45일간에 이른다. 서[兌]풍이 불면 질병이 퍼진다. 남동[巽]풍이 불면 바람 부는 날이 많다. 남[离]27)풍이 불면 가무는 날이 많다. 동[震]풍이 불면 작물에 서리의 피해가 나타난다. 서북[乾]풍이 불어도 또한 작물이 서리의 피해를 입어 곡가가 올라간다. 북[坎]풍이 불면 봄에 춥다.28)

입춘 이후 금金: 庚, 辛의 날이 가장 춥고 심한 기근이 나타나며 질병에 걸린다.

입춘에 내리는 비는 오곡에 피해를 준다.

봄의 갑甲일과 을乙일은 바람과 비가 있어야 한다. 바람과 비가 없다면 사람들은 경작에

蔽日, 蚕凶, 緜帛貴. 又四面並有赤雲, 歲猶善, 但小旱.

【九】占風: 立春日, 艮風來, 宜大豆, 又熟. 坤來, 多寒, 大豆貴, 貴29在四十五日中. 兌來, 疾病. 巽來, 多風. 离來, 多旱. 震來, 霜傷物. 乾來, 亦霜害物而穀貴. 坎來, 春寒.

立春以金尤寒, 大飢而疾.

立春雨, 傷五禾.

春甲乙日, 必有風雨. 無風雨, 人民不耕.

---

27) 조선 【중각본】에서는 방향을 나타낼 때는 '리(离)'자를 쓰고, '장가들고 시집가는 날[嫁娶日]' 항목에서 이별수를 언급하거나 거리가 떨어졌음을 표현할 때는 '리(離)'자를 쓰고 있다.

28) 건(乾)·태(兌)·이(离)·진(震)·손(巽)·감(坎)·간(艮)·곤(坤)의 팔괘의 방위는 '문왕팔괘도(文王八卦圖)'에 근거한 것이다.

지장을 받는다.

　또 초하루에 바람이 남쪽에서 불면 여름에 사들이는 곡물이 싸고 그해는 건조하다. 서풍이 불면 봄과 여름에 사들이는 곡물의 가격이 올라가지만 콩은 풍숙한다. 동풍이 불면 사들이는 곡물이 싸다. 북풍이 불면 수해를 입는다. 서북풍이 불면 소두小豆가 풍년들고 또 여름에 사들이는 곡물 값이 오른다. 동북풍이 불면 곡물은 크게 풍년이 든다. 동남풍이 불면 질병에 걸린다. 초하루에 바람이 없고, 잔뜩 찌푸려 더워서 태양이 보이지 않는데 온난하면 그해의 수확은 열 배에 이른다. 만약 대풍이 불어 추우면 사들이는 곡물은 값이 매우 올라간다. 아침부터 사시(巳時: 오전 9-11시)까지 대풍이 불고 추우면 정월에 사들이는 곡물은 올라가고, 사시巳時부터 신시(申時: 오후 3-5시)에 대풍이 불고 춥다면 2월에 곡물이 올라가며, 신시申時부터 유시(酉時: 오후 5-7시)라면 3월에 올라간다. 초하루에 3월까지를 점친다. 다른 달은 모두 이를 본받아 점친다. 바람이 소리를 내면서 불면 질병에 걸리고 재해도 심각하다. 만약 바람이 나뭇잎을 약간 움직일 정도라면 재해는 가볍게 그친다.

　또 정월 초하루부터 3일까지 바람이 불지 않고 날이 흐려 태양이 보이지 않게 되면, 그해는 예년의 10배에 이르는 대풍작이다.

　또 음력 초하루에 8방향으로부터 부는 바

　又朔日風從南來, 夏糴賤, 年中旱. 西來, 春夏糴貴, 豆熟. 東來, 糴賤. 北來, 澇. 西北來[30], 小豆熟, 又夏糴貴. 東北來, 大熟. 東南來, 疾疫. 朔日無風, 沉陰不見日而溫, 歲美十倍. 若大風寒, 菜甚貴. 從旦至巳, 即正月貴, 從巳至申, 即二月貴, 從申至酉, 即三月貴. 一日占至三月. 他皆倣此. 風悲鳴, 疾起災深. 若小小微動葉, 災輕.

　又旦日至三日已來, 不風, 空陰不見日, 其年大善十倍.

　又月旦決八風.

람으로 점친다. 바람이 북쪽으로부터 불면 중간정도의 수확이고 동북으로부터 불면 많은 수확이 있다.

　도읍都邑에 사는 사람들의 소리에 귀 기울이는데 그 소리가 궁성宮聲29)이면 풍작이고 상성商聲이면 병난兵亂이 있으며, 치성徵聲이면 가뭄이 있고 우성羽聲이면 수해가 있으며 각성角聲이면 흉작이다. 궁(宮)성은 혀의 위치가 중간 정도이며 오행의 토(土)에 속한다. 상(商)성은 입을 크게 벌리며 금(金)에 해당한다. 각(角)성은 혀를 모으며 목(木)에 해당한다. 우(羽)성은 입술을 오므리며 수(水)에 해당한다. 치(徵)성은 혀를 치아에 살짝 붙여 화(火)에 속한다.30)

【10】천둥으로 점 보기[占雷]
　정월 초하루에 뇌성이 울리면, 조[禾]・기장[黍]・맥麥이 크게 길하다. 정월에 천둥이 치면, 백성들이 밥을 짓지 않는다.31) 갑자甲子일

風從北方爲中歲, 東北爲上歲.

　聽都邑人民之聲, 聲宮則歲美, 商則有兵, 徵則旱, 羽則水, 角則歲凶.[31] 宮, 舌[32]居中, 屬土. 商, 口[33]開張, 屬金. 角, 舌縮却, 屬木. 羽, 脣撮聚, 屬水. 徵, 舌拄齒, 屬火.[34]

　【十】占雷: 元日雷鳴, 主禾、黍、麥大吉. 正月有雷, 人民不炊. 甲子雷, 主

---

29) '성궁(聲宮)': 궁(宮)은 상(商)・치(徵)・각(角)・우(羽)와 합쳐 오음을 이룬다. 사람의 소리를 들어 점치는 풍습은 중국혁명 이전 중국 각지에 남아 있었던 듯하며 이를 향복(響卜)이라 칭한다. 제야의 심경 초하루가 될 쯤의 시각에 사람들은 거울을 품고서 거리로 나와 만나는 사람의 말을 듣고 다가오는 일 년의 일을 점쳤다.(나가오 류유조[永尾龍造] 著, 『지나민속지(支那民俗誌)』제1권, 大空社, 2002).

30) 순(脣)・치(齒)・아(牙)・설(舌)・후(喉)의 오음(五音)으로서 '궁(宮)・상(商)・각(角)・치(徵)・우(羽)'에 분배하는 것은 이른바 절운법(切韻法)에 해당한다.

31) 와타베 다케시[渡部 武]의 역주고에서는 이 부분을 정월의 원일(元日)로 해석하고 있는데, 그것이 원일을 의미하는지, 정월을 의미하는지는 정확하지 않다. 또한 '인민불취(人民不炊)'의 의미가 정월의 뇌성을 더 많이 수용하기 위해서 인지, 정월의 뇌성으로 인해서 곡식의 수확량이 줄어들어 백성들의 양식이 부족해진 것인지 알 수 없다고 한다.

에 천둥이 치면, 오곡에 풍년이 들 징조이다. | 五穀豐稔.

【11】 비로 점 보기[占雨][32]

(정월) 초하루에 비가 오면, 봄에 가뭄이 들고 사람이 한 되[升][33] 분량의 식사를 한다. 초이튿날 비가 오면, 사람이 2되를 먹을 수 있다. 셋째 날에 비가 오면, 사람이 3되를 먹을 수 있다. 넷째 날에 비가 오면, 사람이 4되를 먹을 수 있다. 다섯째 날에 비가 오면, 크게 풍년이 든다. 이와 같이 일곱째 날까지는 입증이 된다. 그 수를 헤아려 십이일째에 이르면 그날이 그달에 해당되어 수해와 한해를 점쳤다.

【十一】占雨: 朔日雨, 春旱, 人食一升. 二日雨, 人食二升. 三日雨, 人食三升. 四日雨, 人食四升. 五日雨, 主大熟[35] 如此至七日已來, 驗也. 數至十二日, 直其月, 占水旱.[36] 春雨甲子[37], 赤地千里.

---

32) 이 조항은 원래 『사기』 권27 「천관서(天官書)」에 나오는데 원문은 "或從正月旦比數雨, 率日食一升, 至七升而極, 過之不占. 數至十二日, 日直其月, 占水旱."이다. "수지십이일(數至十二日)"에 관해, 배인(裴駰)의 『집해(集解)』에서는 맹강(孟康)의 설을 인용하길, "초하룻날에 내리는 비가 정월에 내리는 비에 해당한다."라고 하였는데, 즉 어느 날에 비가 내리는 것은 그 같은 수의 달에 많은 비가 내린다는 뜻이다. 만약 날이 맑으면 곧 가물게 되는데, 이것은 미신과도 같은 견해이다. "일직기월(日直其月)"은 『한서(漢書)』 권26 「천문지(天文志)」에 "직기월(直其月)"으로 쓰여 있지만, 『사시찬요』는 『한서』와 동일하다.

33) "人食一升"에 대한 시간이 빠져 있는데, 이는 하루에 한 사람이 한 되[升] 분량의 식사를 했음을 의미하는 듯하다. 치우쾅밍[丘光明], 『중국역대도량형고(中國歷代度量衡考)』, 과학출판사, 1992, 502쪽에 의하면, 당대(唐代)의 한 되[升]는 600ml로 오늘날 한 되[升] 1,800ml의 1/3에 해당하며 3.3홉[合]이다. 이것을 진한(秦漢)시대의 『운몽수호지진간(雲夢睡虎地秦簡)』의 창률(倉律)과 비교할 때, 당시 성년 남성인 노역형도(奴役刑徒)에게 지급한 식량이 월 2섬[石]이었는데, 이것은 200되[升]로서 하루에 6.6되[升]가 되며, 치우쾅밍의 계산에 의하면 한대(漢代)의 한 되[升]가 200ml였기 때문에 지금 용량의 약 1/10(약 6.6홉[合])에 해당한다. 이 양은 위의 "人食一升"에 보이는 당대 식사량의 2배가 된다. 다만 이 숫자는 봄에 가뭄이 들었을 때 최소한의 식사량이며, 이튿날 비가 와 "人食二升"을 했을 때의 양과 일치한다. 그리고 당대에 풍년이 들었을 때는 이것의 4-5배 정도의 양을 소비했다고 한다.

봄의 갑자甲子일에 비가 내리면, 천리에 재앙이 들어 토지가 황폐해진다. 5일 내로 안개가 끼면, 곡식이 상하고 백성이 굶주린다. 초하루에 안개가 끼면, 그해에 반드시 굶주린다. 또 춘삼월34)의 갑인甲寅일·을묘乙卯일에 비가 내리면, 여름에 구입하는 곡식이 2배나 비싸다. 여름의 병인丙寅일·정묘丁卯일에 비가 내리면, 가을에 곡식은 2배나 비싸다. 가을의 경인庚寅일·신묘辛卯일에 비가 내리면 겨울에 곡식이 2배나 비싸다. 겨울의 임인壬寅일·계묘癸卯일에 비가 내리면, 봄에 곡식이 2배나 비싸다. 만약 사계절의 이날에 모두 비가 오면, 미米35)한 섬[石]이 금 한 근斤의 값이 나간다. (막대기가) 땅속으로 5치[寸] 정도 들어가는 것을 징후로 삼는다.36)

무릇 갑신甲申일에 비가 오고 바람이 불면 오곡이 매우 귀한데, 비가 적게 오면 값이 약

五日內霧, 穀傷, 民飢. 朔日霧, 歲必³⁸飢. 又春三月甲寅、乙卯, 夏粜貴一倍. 夏雨丙寅、丁卯, 秋穀貴一倍. 秋雨庚寅、辛卯, 冬穀貴一倍. 冬雨壬寅、癸卯, 春穀貴一倍. 若四時皆雨, 米一石直金一斤. 皆以入地五寸爲候.

凡甲申風雨, 五穀大貴, 小雨小貴,

---

34) 묘치위의 교석본에서는 '又春三' 뒤에 '月'자를 넣고 있다. 묘치위는 한 계절에 3개의 갑인일 혹은 을묘일은 있을 수 없고, 아울러 아래 문장 "夏雨丙寅, 丁卯" 등과 「이월」편【5】항목, 「삼월」편【6】항목을 대조해 볼 때, 응당 '月'자가 있어야 한다고 보았다.

35) 이 '미(米)'가 소미(小米)인지 대미(大米)인지 확실하지 않다. 『사시찬요』가 당대 화북지역의 내용을 근거로 편찬한 것으로 보아 소미(小米) 즉, 좁쌀일 가능성이 높다.

36) 이 부분은 두 가지로 해석할 수 있다. 하나는 내린 빗물이 5치[寸] 정도 들어가는 것을 징후로 삼는다는 것이고, 다른 하나는 길이를 재기 위해 막대기를 꽂아 5치[寸] 정도 땅에 들어가는 것을 징후로 삼는다고 해석하는 것이다. 사실 전자의 경우는 매번 파 보지 않고는 빗물이 스며든 깊이를 확인할 수 없다. 따라서 이 문장의 구조가 "以入 … 爲候"로 되어 있는 것으로 볼 때 측정하는 도구를 땅속에 넣었을 가능성이 크다.

간 오르고, 비가 많이 오면 값이 크게 올라간다. 만약 (비가 내려) 도랑이 넘치면, 급하게 오곡을 모아 둔다. 갑신甲申일에서 기축己丑일에 이르기까지 비바람이 불면, 모든 곡식이 비싸진다. 경인庚寅일에서 계사癸巳일에 이르기까지 비바람이 불면, 구입했던 미米를 다시 팔아 돈으로 바꾼다. 모두 땅속에 5치[寸] 정도 빗물이 들어가는 것을 징후로 삼았다. 5월에는 맥麥을 기준으로 하고, 6월에는 기장[黍], 7월에는 조[粟]를, 8월에는 숙菽을 기준으로 하며, 9월에는 곡穀37)을 기준으로 하여 이것으로써 하나의 예로 삼는다. 가령 5월의 경인庚寅일에 비가 내리면, 곧 맥麥을 팔아 돈으로 바꾼다. 다른 달도 이를 따른다.

　봄과 여름의 진辰일에 세 번38) 비가 오면, 벌레가 생긴다. 미未일에 비가 세 번 오면, 벌레가 죽는다. 벌레가 생기고 벌레가 죽는 것은 유독 메뚜기[蝗蜚]39)에만 해당되지는 않으며, 온갖 채소와 오과五果의 벌레도 이와 마찬가지로 점친다.

大雨大貴． 若溝瀆皆㊴滿者， 急聚五穀． 甲申至己丑已來風雨, 皆穀貴. 庚寅至癸巳風雨， 皆主禾折． 皆以入地五寸爲侯． 五月爲麥, 六月爲黍, 七月爲粟, 八月爲菽, 九月爲穀， 以此則之. 假如五月雨庚寅, 即麥折錢． 他月倣此．

春夏㊵三雨辰, 蟲生. 三㊶雨未, 蟲死. 蟲生蟲死， 非獨蝗蜚㊷, 百蔬五果之蟲同占.

---

37) '곡(穀)'이 어떤 곡물인지 정확히 알 수 없다. 만약 오곡 중 하나라고 한다면, 이 '곡'은 도(稻)나 마(麻)일 가능성이 있다. 왜냐하면 6세기 『제민요술』에서의 곡(穀)은 대개 조[粟]를 칭하나, 본문 속에 이미 '七月爲粟'이란 말이 등장하기 때문에 조 이외의 곡물을 뜻한다고 봐야 할 것이다.
38) '삼(三)'자는 3차례를 가리킨다.
39) '비(蜚)'자는 옛날에는 여치[蟲斯]과의 풀여치[草蟲]를 가리켰다. 여기의 '황비(蝗蜚)'는 또한 메뚜기류를 두루 가리킨다.

【12】육자일로 점 보기[占六子]40)

정월 상순에 갑자甲子일이 있으면 비 피해가 있으며, 병자丙子일이 있으면 가뭄이 든다. 무자戊子일이 있으면, 벌레와 메뚜기 피해가 있다. 경자庚子일이 있으면 흉작이 들며, (열심히 거두더라도) 반 밖에 수확할 수 없다. 오직 임자壬子일이 있으면 풍년이 든다.

【13】지원地元

『사광점師曠占』에 이르길, "그해 첫 번째로 나온 식물로 한 해의 징후를 알 수 있다. 냉이[薺]가 먼저 나오면 풍년이 든다. 두루미냉이[葶藶]가 먼저 나오면 삶이 고달플 것을 암시하며, 연[藕]이 먼저 나오면 수재가 난다. 남가새[蒺藜]가 먼저 나오면 가뭄이 든다. 쑥[蓬]이 먼저 나오면 유랑민이 많이 생긴다. 마름[藻]이 먼저 나면 질병이 창궐한다.41)"라고 하였다.

【十二】占六子: 正月上旬有43甲子則雨, 丙子則旱. 戊子則蟲蝗. 庚子則凶, 縱收, 得半. 唯壬子44豐稔.

【十三】地元: 按師曠曰, 其年一物先生, 主一年之侯.45 薺先生, 主豐. 葶藶先生, 主苦, 藕先生, 主水. 蒺藜46先生, 主旱. 蓬先生, 主流亡. 藻先生, 主疾.47

---

40) 조선 영조 42년(1766)에 찬술된 『증보산림경제(增補山林經濟)』 권11 『증보사시찬요(增補四時纂要)』 「정월(正月)·점상순(占上旬)」에 수록된 "占上旬, 即是月上旬內子日, 甲子豐年, 丙子旱, 戊子蝗蟲, 庚子亂, 壬子惟有水稻."와 같은 문장과 비교해 볼 때, 당시 『사시찬요』의 영향을 받았음을 알 수 있다.

41) 『제민요술』 권3 「잡설」편에서 『사광점』을 인용하여 이르길, "그해 질병이 생기려 하면, 병초(원주에는 '쑥[艾]'이다.)가 먼저 생겨난다."라고 하였다. 『태평어람』 권17 '세(歲)'에서 『사광점』을 인용하여 이르길, "그해에 안 좋은 일이 생기려 하면 악초(惡草)가 먼저 나는데, 그것이 바로 물풀[水藻]이다. … 그해 질병이 생기려 하면 병든 풀이 먼저 나는데, 그것이 바로 쑥[艾]이다."라고 하였다. 송대 진원정(陳元靚)의 『세시광기(歲時廣記)』 권1 '험세초(驗歲草)'에 실려 있는 것도 『태평어람』과 동일하다. 각 책에서 인용한 것 모두 병든 풀은 쑥[艾]을 가리키며 나쁜 풀은 물풀[水藻]을 가리키는데, 『사시찬요』에 인용된 것은 이와는 다소 차이가 있다.

또 그달의 궤도와 관련된[42] 별과 태양·바람·구름으로써 그 나라의 운명을 점치는데, 반드시 목성[大歲][43]의 방위를 살펴야 한다. (방위가) 오행 중의 금金이면 풍년이 들고, 수水이면 (풍속이) 훼손되며, 목木이면 굶주리고, 화火이면 가뭄이 든다. 이것이 가장 근본이다.

又月所離列宿、日、風、雲占其國, 然必察大歲所在. 金穰, 水毀, 木飢, 火旱. 此其大經也. [48]

【14】 팔곡만물로 점 보기[占八穀萬物]

무릇 팔곡[44]은 각자 음양이 있어서, 한쪽이 비싸면 한쪽은 싸다. 벼[稻]와 밀[小麥]이 음양이 되고, 기장[黍]과 소두小豆가 음양이 되며, 조[粟]와 콩[大豆]이 음양이 된다. 이 팔곡[八物][45]은 한쪽이 비싸면 한쪽이 싸다. 항상 절일節日에 들어서면서 그 가치를 살피는데, 높은 쪽의 값이 3할 올라가면 낮은 쪽의 값은 4할 떨어진다. 절기의 하루 전과 하루 후에도 역시 점이 동일하다. 만약 서로 비교해서 4-5할 이상 비쌀 때 집적하면 백배 이익을 올릴 수 있다.[46]

【十四】占八穀萬物: 凡八穀, 各自爲陰陽, 主一貴一賤. 稻與小麥爲陰陽, 黍與小豆爲陰陽, 粟與大豆爲陰陽. 此八物一貴一賤. 常以入節日審察其價, 上增三, 下減四. 先一日後一日亦同占. 若相貴十四五

---

42) 『사기』 권27 「천관서(天官書)」의 "月所離列宿"에 대해서 사마정(司馬貞)의 『색은(索隱)』에서는 위소(韋昭)의 견해를 인용하여서, "리(離)는 역(歷)이다."라고 하였는데, 여기서는 달이 지나는 궤도를 가리킨다.

43) 여기서 '대세(大歲)'는 곧 '태세(太歲)'이다. '태(太)'는 강원(江沅)의 『설문석례(說文釋例)』에서 이르길, "고지(古祇)에서는 대(大)로 쓰고, 태(太)를 쓰지 않았다."라고 하였다. 『사시찬요』 중에는 대부분 '대(大)'자를 '태(太)'자로 쓰고 있는데, 「정월」【49】 항목의 '지력대장(地力大壯)'은 곧 '태장(太壯)'과 같다.

44) 묘치위 교석본에서는, '팔곡(八穀)'을 '입곡(入穀)'이라고 쓰고 있다.

45) '팔물(八物)'은 실제로는 '육물(六物)'만이 기록되어 있는데, 빠진 부분이 있어 잘못된 것이다.

46) 묘치위의 교석본에서는 "可積, 百倍."라고 보아 "비축하여 백배의 이익을 올린다."라고 해석한 것에 반해, 와타베 다케시[渡部 武]의 역주고에서는 "백배의 양

또한 절일에 들어서 오곡의 음양 중에서 낮은 쪽의 곡물이 1할에서 3할로 비싸지면 절대 매매의 호기를 놓치지 말아야 하며, 그 기일은 45일 정도이다.[47]

또 만물은 시장을 통해서 그 값을 살피는데, 사람들이 싸다고 말하는 것은 모으고, 백성이 버리면 급히 집적한다.[48] 그 비싼 것이 한 시기[49]를 넘지 않으므로 수배의 가치가 있다. 시기가 짧으면 한 시기[時]90일이고, 시기가 길어도 세 시기[時]270일이다.

【15】정월 초하루[元日]

새로운 역曆을 준비하는 날이다.

뜰 앞에서 폭죽을 터트려서 귀신을 물리친다[辟].『형초세시기(荊楚歲時記)』에 등장한다.

도소주屠蘇酒[50]를 올린다. 방법은 「십이월」에 있다.

已上, 可積, 百倍. 又入節之日[49], 五穀價下一增三, 萬不失一, 期在四十五日中.

又萬物, 入市候之, 人言賤者則聚之, 百姓棄者急之.[50] 其貴不過一時, 皆以數倍矣. 近則一時 九十日, 遠則三時, 二百七十日.

【十五】元日: 備新曆日.[51]

爆竹於庭前以辟. 出荊楚歲時記.

進屠蘇酒. 方具十二

을 비축한다."라고 해석하고 있다. 문장의 흐름으로 봐서 전자의 해석이 더 합리적이다.

47) 와타베 다케시의 역주고에서는 오곡의 값이 1할 싼 것이 3할로 비싸지면 만에 하나라도 매매의 호기를 놓치지 말아야 하며, 그 기한은 4-5일이라고 해석하고 있다.

48) '급지(急之)'의 '급(急)'자 앞에는 '즉(則)'자가 빠진 듯하며, 또는 '급(急)'자 뒤에 '적(積)'자나 '취(取)'자 류의 글자가 빠진 듯하다.

49) '시(時)'는 사시(四時)의 시를 가리키며, 이는 곧 3개월이다.

50) 도소주(屠蘇酒)는 사기(邪氣)를 물리치고 오래 산다 하여 설날 아침 차례(茶禮)를 마치고 세찬(歲饌)과 함께 마시는 찬 술로, 도라지·방풍(防風)·산초(山椒)·육계(肉桂)를 넣어 빚는다.『사시찬요』권5의 「십이월」 끝에 그 제조법과 마시는 법이 기록되어 있는데, 정월에 도소주를 마시는 기록은『형초세시기(荊

선목仙木을 만드는데, 즉 지금의 도부桃符이다. 『옥촉보전玉燭寶典』에 이르기를[51] "선목仙木은 울루欝壘; 鬱壘의 형상과 흡사하다. 산복숭아나무[山桃樹]는 온 귀신이 두려워한다. 새해 아침에 문 앞에 두고 버드나무 가지[柳枝]를 문 위에 꽂으면 모든 귀신이 두려워한다."라고 하였다.

또 새해 아침에 팥[赤小豆] 27알[粒]을 먹고, 얼굴을 동쪽으로 하여 채소절임 국물[虀汁]을 뿌리면 즉 1년 동안 병에 걸리지 않는다. 온 집안사람이 모두 그것을 먹게 한다. 또 새해 아침에 삼씨[麻子] 27알과 소두 27알을 우물에 던지면 전염병[瘟]을 피할 수 있다.

또 초주椒酒[52])와 오신반五辛盤[53])을 가장家長

月門.

造仙木, 即今桃符也. 玉燭寶典云, 仙木, 象欝壘. 山桃樹百鬼所畏. 歲旦置門前, 插柳枝門上, 以畏百鬼.

又歲旦服赤小豆二七粒, 面東以虀汁下, 即一年不疾病. 闔家悉令服之. 又歲旦投麻子二七粒小豆二七粒於井中, 辟瘟.

又上椒酒五辛盤

楚歲時記)』에 처음 보인다.

51) 『옥촉보전(玉燭寶典)』의 "仙木, 象鬱壘山桃樹"에 대해 인용한 것을 보면, 금본 『옥촉보전』(『총서집성(叢書集成)』에서 일본 소장본을 초한 『고일총서(古逸叢書)』를 영인) 권1에서는 『제민요술』을 인용하여 이르기를 "복숭아는 오행의 정수[精]로 사기(邪氣)를 물리치며, 온갖 귀신을 물리친다. 그 때문에 복숭아 판[桃板]을 문에 다는 것을 일러 '선목(仙木)'이라 한다."라고 하였다. 그런데 이 책이 인용한 책에서도 "象鬱壘山桃樹"에 대한 견해는 없다. '울루(鬱壘)'는 전설상에서 모두 신(神) 이름을 가리키는 것으로, 산 이름은 아니다. 그러나 『세시광기(歲時廣記)』 권5 '변도루(辯荼壘)' 조에서는 송(宋) 엄유익(嚴有翼)의 『예원자황(藝苑雌黃)』을 인용하여 이르길, "도루(荼壘)에 대한 부분은 여러 견해가 일치하지 않고, … 『옥촉보전』에서는 울루를 산 이름으로 보고 있으며, 『괄지도(括地圖)』에는 또 울(鬱)과 루(壘)를 나누어 둘로 보고 있으나 신도(神荼)는 아니다."라고 하고 있다.

52) 와타베 다케시[渡部 武]의 역주고에 따르면, 산초의 꽃이나 열매로 만든 풍미를 지닌 술이다. 사악한 악귀를 물리치기 위해 마신다고 한다.

에게 올려 장수를 빈다.

초하루 아침에 (재해를 막는) 부록符錄54)을 받을 수 있다.

또한 초하루에는 마당에 떨어진 신발을 묻으면 관리가 될 자제[印綬]가 나온다. 또 한밤중 자시子時가 시작될 때 무릇 집의 헤진 비[箒]를 모두 뜰 안에서 태우되 그것을 뜰 밖에 버려서는 안 된다. 사람들에게 창고가 비도록 해서는 안 된다.

또 갈대 숯[葦炭]을 실에 매달아55) 참깨 대에 걸어서 문 위에 꽂아 두면56) 전염병을 물리치고 모든 귀신이 들어오지 못한다.

【16】 상회일上會日

(정월) 초이레이다. 재계하기 위해 일찍 일어난다. 남자는 팥[赤小豆] 17알을 삼키고, 여

於家長以獻壽.

朔旦, 可受符錄.

又元日理敗履於庭中, 家出印綬之子. 又曉夜子初時, 凡家之敗箒, 俱燒於院中, 勿令棄之出院. 令人倉庫不虛.

又縷懸葦炭, 芝麻稽排, 插門戶上, 却疫癘, 禁一切之鬼.

【十六】上會日: 七日也.[52] 可齋戒, 早起. 男吞赤小豆

---

53) 오신반(五辛盤)은 다섯 종류의 매운맛을 띠는 채소로서, 와타베 다케시의 역주고에서는 조선의 『농가집성(農家集成)』의 협주(夾註)를 인용하여 파[蔥]·마늘[蒜]·부추[韭]·염교[薤]·생강[薑]이라고 지적하고 있다.

54) '부록(符錄)'의 '록(錄)'은 '록(籙)'자를 빌려 쓴 것이다. 『세시광기(歲時廣記)』 권7에서 『사시찬요』를 인용하여 '부금(符禁)'이라 쓰고 있다.

55) 와타베 다케시의 역주고에서는 '누현위탄(縷懸葦炭)'을 '현위색(懸葦索)' 혹은 '현위교(懸葦茭)'라고 하며, 또 '계배(稽排)'는 '삽도(挿桃)'가 잘못 쓰인 것으로 이해하고 있다.

56) 묘치위 교석본을 참고하면, '계(稽)'는 즉 '화(禾)'자이고 옛 음(音)은 해(楷; kǎi)이다. 『설문(說文)』에서는 "화(禾)는 나무의 끝이 구부러져서 위로 올라갈 수 없다."라고 하였다. 뜻이 확대되어서 화(禾)의 이삭을 제거한 것이 바로 '계(稽)'이며, 이것이 지금의 '개(稭; 짚)'이다. ('개(稭)'의 옛 의미는 이삭을 제거한 조 줄기 짚이다.) '배(排)'는 배열(排列)을 가리킨다. "지마계배(芝麻稽排)"는 갈대 숯을 실로 묶어 참깨 대에 거는 것이다.

자는 27알을 삼기면 1년 동안 병이 없다.

또 초이레날 밤에는 민간에서 귀조鬼鳥가 날아가면 집에서 마루를 치고 문을 두드리며, 개의 귀를 당겨 짖게 하고[57] 등불을 꺼서 그것을 물리친다. 귀조는 머리가 아홉 개 달린 동물[58]로, 그 피 혹은 깃털이 민가에 떨어지면 흉조가 생기며, 그것을 물리치면 곧 길해진다.

또 무릇 자식이 없는 사람은 부부가 같이

一七粒, 女吞二七粒[53], 一年不病. [54]

又初七日夜, 俗謂鬼鳥過行[55], 人家槌床打戶, 拔狗耳, 滅燈以禳之. 鬼鳥, 九頭蟲也, 其血或羽毛落人家, 凶, 壓之則吉. [56]

又凡人無子者,

---

57) 조선 【중각본】에는 '발(拔)'자로 쓰여 있는데, 묘치위의 교석본에서는 이 글자가 '렬(捩)'자의 형태와 가까워 잘못된 글자로 보았다. 이 조항은 남조 양(梁)나라 송름(宋懍)의 『형초세시기(荊楚歲時記)』[청(淸)대 도정(陶珽)이 모은 120권의 『설부(說郛)』본에 동일한 기록이 있으며, "열구이(捩狗耳)"라고 쓰고 있다. 동명의 당대 한악(韓鄂)의 『세화기려(歲華紀麗)』[같은 『설부』본] 권1에도 역시 '열구이(捩狗耳)'라고 쓰고 있다. 이는 개의 귀를 비튼다는 것으로, 억지로 짖게 해서 '귀조'를 쫓아낸다.

58) 귀조(鬼鳥)의 내용이 당대(唐代) 『영표록이(嶺表錄異)』 권하(卷下)에도 있었던 것을 보면, 이 같은 속신(俗信)은 중국에 폭넓게 걸쳐 있었던 것 같다. 6세기 『형초세시기(荊楚歲時記)』(『태평어람(太平御覽)』 권927 「우족부(羽族部)・귀거(鬼車)」)에도 정월 7일에 동일한 귀거조(鬼車鳥)의 내용이 전해지는 것을 보면 적어도 위진 남북조시대부터 유행한 듯하다. '구두충(九頭蟲)'은 곧 민간에서 전하는 구두조(九頭鳥)로, 또한 '창우(蒼鸆)'라고도 한다. 송대 주밀(周密)의 『제동야어(齊東野語)』 권19 '귀거조(鬼車鳥)'에 이르길, "민간에서는 귀거(鬼車)를 구두조(九頭鳥)라고 일컫는다. … 세간에 전하기를 이 새는 옛날에 머리 열 개가 있었다. 개가 하나를 깨물어 피가 인가에 떨어지게 되었는데, 재앙이 되었다. 때문에 그것을 들은 사람은 반드시 개를 짖게 하고 불을 꺼서 그것이 빨리 지나가게 했다. 택국(澤國: 형초지국)에 비바람이 치는 밤에는 종종 그것이 들린다. … 그렇지만 그 모양을 본 사람은 드물다. 순희(淳熙) 연간에 이수옹(李壽翁)이 장사(長沙)를 지키는 날에 일찍이 사람을 모아 그것을 잡았는데, 몸은 둥근 것이 키[箕]와 같고, 열 개의 목이 떨기로 있는데, 그중 9개에 머리가 있고 나머지 하나에는 머리가 없어 새빨간 피가 뚝뚝 떨어지는 것이 세간에 전해지는 바와 같았다. …"라고 하였다.

부잣집의 등잔을 훔쳐 와서 마루 밑에 두면, 곧 그달에 잉태할 수 있다.[59]

夫婦同於富人家盜燈盞以來， 安於床下, 則當月有孕矣.

【17】 상원일上元日

(정월) 15일이다. 재계하고 『황정도인경黄庭度人經』을 읽으면 곧 사람들에게 복과 장수를 가져다준다.

【十七】上元日: 十五日也. 可齋戒讀, 黄庭度人經, 則令人能資福壽.

【18】 정월 중에 지상의 길흉 점 보기

[月內占吉凶地][60]

천덕天德은 정丁의 방향에 있고,[61] 월덕月德은 병丙의 방향에 있으며, 월공月空은 임壬의 방향에 있다. 월합月合은 신辛의 방향에 있고, 월염月厭은 술戌의 방향에 있으며, 월살月殺은 축丑의 방향에 있다. 무릇 집수리는 마땅히 천덕天德·월덕月德·월합月合의 날에 흙을 일으키는 것이

【十八】 月內占吉凶地: 天德在丁, 月德在丙, 月空在壬. 月合在辛, 月厭在戌, 月殺在丑. 凡修造宜於天德、月德、月合上取土, 吉, 厭、殺凶. 凡藏

---

59) 남송의 『세시광기(歲時廣記)』 권12 「상원하(上元下)·투등잔(偸燈盞)」에 의하면, "『쇄쇄록(瑣碎錄)』에는 박사리항(亳社里巷: 村)의 소인(小人)이 상원(上元)일 밤에 남의 등잔을 훔쳐서 자식[人]을 기원[呪詛]하면 길하다.[瑣碎錄, 亳社里巷小人, 偸人燈盞等, 俗得人, 呪詛云, 吉利.]"라고 하는 비슷한 구절이 전해지고 있으며, 이보다 앞선 『사시찬요』에도 이와 같은 사실이 보이는 것으로 보아 이런 속신(俗信)이 이미 당대부터 존재했음을 알 수 있다.

60) 대통력(大統歷)에는 '천월덕합(天月德合)'이 있는데, 이는 오행상계(五行相契)의 '진(辰)'이다. 예컨대 월덕합(月德合)은 2월의 갑(甲)과 기(己)와 합을 하고, 천덕합(天德合)은 2월에 곤(坤)과 손(巽)이 합을 한다. 해(亥)·묘(卯)·미(未)월에 경(庚)의 방향이 월공(月空)이고, 월염(月厭: 月厭)은 2월의 유(酉)에 해당되며, 해(亥)·묘(卯)·미(未)월에 술(戌)의 방향이 월살(月煞)이다.

61) '천간(天干)', '지지(地支)'는 시간 혹은 방향을 가리키는데, 여기의 '정(丁)', '병(丙)', '임(壬)' 등은 모두 방향을 가리킨다.

적합하고 길하며, 월염月厭과 월살月殺의 날에는 흉하다. 무릇 태반을 묻고[藏衣],(62) 임산부가 편안하게 출산하며, 혹은 모든 더러운 일을 할 수 있는 것은 월공月空의 날이 길한 것이다. 집수리와 흙을 일으키는 것은 월공月空의 날이 길하다.

다른 달에는 반복하여 적지 않았으니 이것을 가지고 법칙으로 삼는다.

【19】황도黃道(63)

자子일은 청룡青龍의 자리에 위치하고, 축丑일은 명당明堂의 자리에, 진辰일은 금궤金匱, 사巳일은 천덕天德, 미未일은 옥당玉堂, 술戌일은 사명司命의 자리에 위치한다. 무릇 출군出軍·원행遠行·장사[商賈]·이사移徙·혼인[嫁娵] 등 길흉에 관계되는 온갖 일들은 이날에 실행하면 천복天福을 얻을 수 있다. 장군將軍·목성[大歲: 太歲]·형화刑禍·성묘姓墓·월건月建 등을 피할 필요는 없다. 만약 질병이 있더라도 옮겨 황도黃道일에 하게 되면 즉시 병에 차도가 생긴다.(64) 만약 옮길 수 없는 자는 얼굴을 돌려서 황도로 향하면 이 또한 길하다.

衣, 安産婦或一切掩穢事, 月空上吉. 修造取土, 月空吉.

他月不復編敘, 取此爲例.

【十九】黃道:

子爲青龍, 丑爲明堂, 辰爲金匱, 巳爲天德, 未爲玉堂, 戌爲司命. 凡出軍、遠行、商賈、移徙嫁娵[57], 吉凶百事, 出其下, 即得天福. 不避將軍、大歲、刑禍、姓墓、月建等. 若疾病, 移往黃道[58]下, 即差. 不堪移者, 轉面向之, 亦吉.

---

62) '의(衣)'는 포의(胞衣: 태아를 싸고 있는 막과 태반)를 가리킨다.
63) '황도(黃道)'는 태양의 둘레를 도는 지구의 궤도가 천구에 투영된 궤도이다. 또한 황도는 흉살을 제거할 수 있는 길한 신이기도 하다.
64) '차(差)'는 곧 '차(瘥)'자인데, 치유되는 것을 가리킨다.

【20】 흑도黑道[65]

인寅일에는 천형天刑의 자리에, 묘卯일은 주작朱雀에, 오午일은 백호白虎의 자리에, 신申일은 천뢰天牢에, 유酉일은 현무玄武에, 해亥일은 구진句陳의 자리에 위치한다.[66] 이상의 날은 일처리를 할 수 없는데, 만약 그것을 위배한다면 사망하거나 재물을 잃거나 강도를 당하거나 형옥의 일을 겪게 되므로 절대로 이러한 일에 신중해야 한다.

무릇 황도黃道일에 일을 할 때 천덕天德·월덕月德·월공月空·월합月合의 날과 더불어 거듭 행하면 더욱 길하게 된다. 만약 목성[大歲]·흑방黑方·오귀五鬼·장군將軍의 날이 거듭 합쳐질 경우에는 비록 그날을 피할 필요가 없다 하더라도 마땅히 중지하는 것이 합당하다. 세상 사람들은 늘 위력으로써 그것을 행하는 걸 바라지 않는데, 그렇게 하면 즉시 흉하게 되기 때문이다. 신 또한 천복天福을 능가할 수는 없다. 다른 달에도 이와 같은 예에 따른다.

【21】 천사天赦[67]

봄의 3개월 중 무인戊寅일이 길하다.

【二十】 黑道:
寅爲天刑, 卯爲朱雀, 午爲白虎, 申爲天牢, 酉爲玄武, 亥爲句陳.[59] 已上不可犯, 犯之必有死亡失財劫盜刑獄之事, 切宜愼之.

凡用黃道, 更與天德、月德、月空、月合日者, 用之尤吉. 若値大歲、黑方、五鬼、將軍并者, 雖云不避, 亦宜且罷. 世人尚不欲以威力臨之, 即凶. 神亦不可以天福凌之也. 他月倣此.

【二十一】 天赦:
春三月在戊寅, 吉.

---

65) '흑도(黑道)'는 태음의 궤도이다. 흑도는 흉신이므로 택일 시에 피하는 날이다.

66) 태음의 궤도에는 '천형(天刑)'·'주작(朱雀)'·'백호(白虎)'·'천뢰(天牢)'·'현무(玄武)'·'구진(句陳)' 등의 별자리가 있다.

67) 음력에서 1년 중 네 번 있는 가장 좋은 길일을 말한다. 봄에는 무인(戊寅)일, 여름에는 갑오(甲午)일, 가을에는 무신(戊申)일, 겨울에는 갑자(甲子)일이다.

【22】 출행일出行日

무릇 춘삼월에는 동쪽으로 가서는 안 되는데, (가게 되면) 천자의 길[王方]을 범하게 된다. 또 입춘 후 7일이 되는 날은 밖으로 나갈 수 없는데[往亡],[68] 아울러 입춘 날에도 왔다 갔다 할 수 없다. 그 외에는 원행과 이사를 할 수 없다. 정월 축丑일에는 돌아가는 것을 꺼리므로[69] 출행·귀가·혼인·매장을 할 수 없다. 입춘 전날과 아울러 계해癸亥일 정월 6일·7일·20일은 궁핍한 날[窮日]이다. 인寅일은 재앙[天羅][70]이 있어, 또한 왕망[往亡][71]이라고 한다. 토공신[土公

【二十二】出行日：凡春三月，不東行，犯王方。又立春後七日爲往[60]，并立春日數之。不可遠行，移徙。正月丑爲歸忌，不可出行、還家、嫁娶、埋葬。立春前一日，并癸亥日正月六日七日二十日，是窮日。寅日爲

---

68) 만력(萬曆) 18년에 간행된 조선【중각본】『사시찬요』(東京: 山本書店刊)에는 '왕(往)'자 뒤에 '망(亡)'자가 없는데, 묘치위의 교석본에는 '왕망(往亡)'으로 쓰고 있다. 와타베 다케시[渡部 武]의 역주고에서는 '왕망(往亡)'을 음양도(陰陽道)의 흉일(凶日)로 이해하여 이날은 외출이나 출진(出陣) 등을 꺼린다고 하였다. 『육첩(六帖)』에 의하면, "진무제(晉武帝)가 모용초(慕容超)를 공략하려 할 때 모든 장수가 '왕망(往亡)'일을 피하도록 간청하였다. 황제가 말하길 '나는 가고 그쪽은 도망치니 길함이 누가 더 큰가.[我往彼亡, 吉孰大焉.]'"라고 하였다. 『사시찬요』의 다른 곳에서도 모두 '왕망(往亡)'이라고 쓰고 있다. 묘치위의 교석본에서는 진무제가 '아왕피망(我往彼亡)'이라고 표현한 것은 미신가의 황당무계한 말로 대응할 필요가 없는 표현이라고 한다.

69) 『후한서(後漢書)』 권46 「곽진열전(郭陳列傳)」에는 "환제 때 여남(汝南)지역에는 진백경(陳伯敬)이라는 자가 있었는데 갈 때는 반드시 걸음을 재고 … 또한 사건이 생기면 돌아가기를 꺼려 향정(鄕亭)에서 귀숙했다."라고 하였다. 당대(唐代) 장회(章懷)의 주석에는 『음양서(陰陽書)』 「역법(曆法)」을 인용하여 이르길, "돌아가기를 꺼리는 날은 사맹(四孟: 1월, 4월, 7월, 10월)의 축(丑)일, 사중(四仲: 2월, 5월, 8월, 11월)의 인(寅)일, 사계(四季: 3월, 6월, 9월, 12월)의 자(子)일인데 그날은 먼 길을 가거나, 집으로 돌아가지 못한다."라고 하였다. 장회가 음양설을 인용한 것은 당대의 여재(呂才)의 영향인 듯하며 지금까지 약간의 일문만이 남겨져 있다. 당대에 '귀기(歸忌)'가 일반화되었으며, 그러한 모습은 이미 한대에도 볼 수 있다.

70) '천라(天羅)'는 악한 사람을 잡기 위해 하늘에 쳐 놓았다는 그물을 말한다.

71) '왕망(往亡)'일은 음양도에서 밖으로 나가길 꺼리는 날을 말한다.

에게 제사 지내는 날은 원행과 공사의 착공을 할 수 없다. (그렇게 하면) 사람이 다치거나 재앙을 입는다. 그믐과 초하루 역시 출행을 꺼린다.

天羅, 亦名往亡. 土公[61], 不可遠行, 動土. 傷人, 凶. 晦朔亦忌出行.

【23】 대토시臺土時

정월에는 매일 우중사시[72]에 행인이 가면 돌아올 수 없다.

【二十三】臺土時: 正月每日禺中巳時是, 行者往而不返.

【24】 살성을 피하는 네 시각[四殺沒時][73]

사계절의 첫 달[孟月][74] 갑甲의 날에는 인시(寅時: 오전 3-5시) 이후 묘시(卯時: 오전 7-9시) 이전의 시각, 병丙의 날에는 사시(巳時: 오전 9-11시) 이후 오시(午時: 오전 11시-오후 1시) 이전의 시각, 경庚의 날에는 신시(申時: 오후 3-5

【二十四】四殺沒時: 四孟之月, 用[62]甲時寅後卯前, 丙時巳後午前, 庚時申後酉前, 壬時亥後子前. 已上四時,

---

72) 묘치위의 교석본에 따르면, 하루는 12시로, 예부터 햇빛과 사람의 활동 등을 이용하여서 매우 간단하면서 개괄적인 글자로 나타내었는데, 즉 한밤중인 자시[夜半子], 닭이 우는 축시[鷄鳴丑], 동틀녘 인시[平旦寅], 해가 뜨는 묘시[日出卯], 아침밥 먹는 진시[食時辰], 우중사[隅中巳], 한낮의 오시[日中午], 해질 무렵 미시[日昳未], 저녁밥 먹을 무렵 신시[晡時申], 일몰의 유시[日入酉], 황혼의 술시[黃昏戌], 한밤중의 해시[人定亥]이다. '우(禺)'는 '우(隅)'와 통한다. 『좌전(左傳)』권20 「소공오년(昭公五年)」에는 "故有十時"에 대해 공영달의 소에서 "우(隅)는 동남쪽의 모퉁이이다. 모퉁이를 지나서 아직 정중앙에 도달하지 않았기 때문에 우중(隅中)이다."라고 하였다. 즉 해가 이미 동남 모퉁이를 지났으나 아직 '일중오(日中午)'에 도달하지 않았기 때문에 '우중사(隅中巳)'라고 칭하였다. 『사시찬요』 중에 이러한 시간을 표시하는 법은 또 '계명축(鷄鳴丑)·일출묘(日出卯)·일입유(日入酉)·황혼술(黃昏戌)·인정해(人定亥)' 등이 있으며, 현재에도 이러한 것들이 여전히 사용되고 있다.

73) 와타베 다케시[渡部 武]의 역주고에 의하면, 귀신의 출현을 막는 특정한 네 개의 시각을 가리킨다고 한다.

74) '사맹(四孟)의 달'은 맹춘(孟春)·맹하(孟夏)·맹추(孟秋)·맹동(孟冬)을 가리킨다.

시) 이후 유시(酉時: 오후 5-7시) 이전의 시각, 임壬의 날에는 해시(亥時: 오후 9-11시) 이후 자시(子時: 오후 11시-오전 1시) 이전의 시간을 이용한다. 이상의 네 시간은 귀신이 나타나지 않아 만사를 할 수 있는데, 상량上樑하거나 매장하거나 관청에 나가는 것[上官]75)은 모두 그 시간을 이용해야 한다.

【25】 제흉일諸凶日

자子일은 낭자狼籍하고, 사巳일은 천강天剛: 天岡76)하고, 해亥일은 하괴河魁하는데, 어떠한 일도 행할 수 없다. 시집·장가가는 일과 매장埋葬은 더욱 꺼린다. 다른 달도 이에 따른다.

진辰일은 구초九焦이며, 또 구공九空이라고도 한다. 파종을 하거나 관청에 출두할 수 없으며, 재물을 구하더라도 순탄하지 않다.

축丑일은 피를 꺼리므로 침을 놓고 뜸을 뜨거나 피를 보아서는 안 된다.

자子일은 천화天火, 사巳일은 지화地火77)라

鬼神不見, 可爲百事, 架屋埋葬上官並63宜用之.

【二十五】諸凶日: 子爲狼籍, 巳爲天剛, 亥爲河魁, 不可爲百事. 嫁娵, 埋葬尤忌. 他月倣此.

辰爲九焦, 又爲九空. 不可種蒔上官, 求財爲坎坷.

丑爲血忌, 不可針灸, 出血.

子爲天火, 巳64爲

---

75) '상관(上官)'의 의미는 보통 사람이 관청에 나가는 것, 관리로 진출하는 것, 지방관이 임지에 부임하는 날 세 가지로 해석할 수 있다. 여기서는 구체적인 부분을 알 수 없다.

76) '천강(天剛)': 정월은 【계미자본】이 낙장되어 이 글자를 확인할 수 없으나 훼손되지 않은 달의 제흉일(諸凶日)에서는 '岡'(2월, 3월, 5월, 6월, 9월, 11월에 등장), '剛'(8월) '罡'(10월, 12월에 보임), '罡'(4월) 등으로 다양하게 표기하고 있는 데 반해, 중각본에서는 천강(天剛)(1월)으로 쓰고 있다. 따라서 【계미자본】을 저본으로 하는 본서에서는 【계미자본】의 글자를 번역문에 우선적으로 표기하고, 통일된 표기인 '天岡'을 병기했음을 밝혀 둔다.

77) '지화(地火)'를 '지지(地支)'와 결합한 미신적 견해는 두 종류가 있다. 하나는 정

고 일컫는데, 집을 짓기 위해서 공사를 일으키거나 파종할 수는 없다.

地火, 不可起造種蒔.

【26】 장가들고 시집가는 날[嫁娶日]

부인을 구할 때는 술(戌)일[78]이 길하다. 천웅天雄은 인寅의 위치에 있고 지자地雌는 오午의 위치에 있으므로 장가들고 시집갈 수 없다. 신부가 (신랑 집에 도착해서) 가마에서 내릴 때는 임壬시가 길하다. 이달에 태어난 남자는 4월과 11월에 태어난 여자에게 장가가서는 안 되는데, 가게 되면 남편에게 해를 끼쳐 크게 흉하다.

이달에 납재納財를 받은 상대가 화덕의 명[火命]을 받은 여자라면 자손이 복을 받는다. 수덕의 명[水命]을 받은 여자이면 길하다. 목덕의 명[木命]을 받은 여자이면 그런대로 평범하다.[79] 토덕의 명[土命]을 받은 여자이면 흉하다.

【二十六】嫁娶日: 求婦, 成日吉. 天雄在寅, 地雌在午, 不可嫁娶. 新婦下車, 壬時吉. 此月生男[65], 不可娶四月十一月生女, 害夫, 大凶.[66]

是月納財, 火命女, 宜子孫. 水命女, 吉. 木命女, 自如. 土命女, 凶. 金命女, 孤寡. 是月納

월 사(巳)일, 2월 오(午)일이고, 지지(地支)의 순서에 따라 12월 진(辰)일이 되며 원(元) 말기 유정목(兪貞木)의 『종수서(種樹書)』에서도 이와 같다. 다른 하나는 정월 술(戌)일, 2월 유(酉)일인데 지지의 순서가 거꾸로 되어 12월은 해(亥)일이 되며, 장복(張福)의 『종예필용보유(種藝必用補遺)』에서 이와 같이 지적하고 있다. 묘치위는 『사시찬요』의 배합 방식은 이 두 종류와 모두 합치되지 않고 중복되어 혼란스럽다고 한다.

78) 【중각본】『사시찬요』에는 '성(成)'으로 쓰여 있지만, 묘치위의 교석본에서는 '술(戌)'로 고쳐서 쓰고 있다. 묘치위에 따르면, 고대 건제가(建除家)는 날조하여 "건(建)·제(除)·만(滿)·평(平)·정(定)·집(執)·파(破)·위(危)·성(成)·수(收)·개(開)·폐(閉)" 12개 글자를 제시하고, 한 단위로 하여 지지(地支) 상에 배치함으로써 날짜[日子]의 길흉을 정하였다. 『회남자(淮南子)』 권3 「천문훈(天文訓)」에 보인다. 이달 【67】 항목의 '제(除)'는 곧 '제일(除日)'을 가리킨다고 하였다.

79) 『명사(明史)』 권220 「곽유화열전(霍維華列傳)」에 "숭정(崇禎) 연간에 연호를 바꿀 때 부당자(附璫者)가 많이 내침을 당했는데 오직 유화만이 평소와 다름이

금덕의 명[金命]을 받은 여자이면 과부가 되거나 자식이 고아가 된다. 이달에 납재를 받을 때는 임자壬子·계묘癸卯·임인壬寅·을묘乙卯년에 태어난 상대가 길하다.

이달에 시집을 갈 때, 묘卯일과 유酉일에 시집온 여자는 길하고, 축丑일과 미未일에 시집온 여자는 남편에게 방해가 되며, 인寅일과 신申일에 시집온 여자는 스스로 자신의 운을 막는다. 진辰일과 술戌일에 시집온 여자는 친정부모에게 걱정을 끼치고, 사巳일과 해亥일에 시집온 여자는 시부모와의 관계가 좋지 않으며, 자子일과 오午일에 시집온 여자는 장남과 중매인과의 관계가 좋지 않다.

또 천지의 기가 빠져나가는 날로서 무오戊午일·기미己未일·경진庚辰일·오해五亥의 날80)에는 장가들고 시집갈 수 없으며, 가더라도 이별수가 생긴다. 또 봄 갑자甲子일·을해乙亥일은 구부九夫에 해를 끼친다.

또 음양이 서로 이기지 못하는 날은 병인丙寅일·정묘丁卯일·병자丙子일·정축丁丑일·기묘己卯일·정해丁亥일·기축己丑일·경인庚寅일·신묘辛卯일·기해己亥일·경자庚子일·신축

財[67], 壬子、癸卯、壬寅[68]、乙卯, 吉.

是月行嫁, 卯酉女吉, 丑未女妨夫, 寅申女自妨. 辰戌女妨父母, 巳亥女妨舅姑, 子午女妨首子媒人.

又天地相去日, 戊午、己未、庚辰、五亥不可嫁娵, 主生離. 又春甲子、乙亥, 害九夫.

又陰陽不將日. 丙寅、丁卯、丙子、丁丑、己卯、丁亥、己丑、庚寅、辛卯、己

없었다."라고 하였다. 여기서의 '자여(自如)'는 '평평(平平)'을 말하는 것으로, 좋지도 않고 나쁘지도 않다는 의미이다.

80) '천간(天干)', '지지(地支)'를 조합하여 '육십갑자(六十甲子)'를 만들었는데, 각각의 천간과 다른 지지를 6차례 조합하고 각각의 지지와 다른 천간을 5차례 조합한다. '오해(五亥)'는 곧 을해(乙亥)일·정해(丁亥)일·기해(己亥)일·신해(辛亥)일·계해(癸亥)일이다. 다른 것도 이와 같다.

辛丑일·신해辛亥일이다. 이상 13일은 불장일不
將日로, 결혼하면 길하다.

亥、庚子、辛丑、辛
亥. 已上十三日不將
日, 嫁娶吉.

【27】 상장喪葬[81]

이달에 죽은 사람은 인寅년·신申년·사巳
년·해亥년에 태어난 사람을 방해하므로 시체
가까이 갈 수 없고, (가게 되면) 흉하다.[82] 상복
[斬草; 斬衰][83]을 입는 시기는 정묘丁卯일·신묘辛

【二十七】 喪葬:
此月死者, 妨寅、
申、巳、亥人[69], 不
可臨屍[70], 凶. 斬草[71],
丁卯、辛卯、癸

---

81) '상장'에 대해【계미자본】에서는 6월, 7월, 8월, 11월에는 '상장일'로 표기하고,
나머지 달에서는 '상장'으로 적고 있다. 그런가 하면【중각본】과【필사본】에서
는 '상장'으로 표기하고 있다. 따라서 항목과 목차의 제목을【계미자본】에 의거
하여 통일했음을 밝힌다.

82) 묘지위의 교석본에 의하면, 송(宋)대 유문표(兪文豹)의『취검록(吹劍錄)』(함분
루(涵芬樓)에서 조판한 100권『설부(說郛)』본)에 "살(煞)을 피하는 이야기가 언
제부터 나왔는지 알 수 없다. 당(唐)대 태상박사(太常博士) 이재(李才)의『백기
력(百忌歷)』에 실린 상살손해법(喪煞損害法)에 의하면, … 풍속이 서로 이어져
서 이 시기에 이르면 반드시 그것을 피한다. 그러나 집 떠나 죽은 사람은 곧 해
가 뜨면 염을 하는데 '살'은 어느 곳으로 돌아갔는가? … 속사(俗師)는 또 사람이
죽은 것으로 운명을 점치는데, 자(子)일에 죽으면 곧 자(子)·오(午)·묘(卯)·
유(酉)년생에게 해를 입힌다. 그것을 위반한 자는 수렴할 때 비록 효자라도 피해
야 한다. 심지어 부녀(婦女)는 모두 감히 쳐다볼 수도 없다. 일체 그에게 딸려 있
는 노구(老軀)·가복(家僕)의 이부자리뿐 아니라 금은보석류도 모두 잃게 된다.
… 이것은 오직 늙어 가면서 생긴 것으로, … 일시적인 현상으로 속사(俗師)에게
미혹되어서는 안 된다."라고 하였다. 11월 건자(建子)는『사시찬요』「십일월」편
【20】항목의 '피살(避煞)'에서 바로 이와 같으며, 속사(俗師)가 날조하여 재물
을 속여 훔친 것에서 유래되었음을 알 수 있다.

83) '참최(斬衰)'는 외간상에 입는 상복으로, 옛 상을 가리킨다. 또한 참최복에 해당
되는 친족관계는 직계혈연을 중심으로 하거나, 가계를 직접 잇는 관계와 그 배우
자로 한정한다. 상제가 상복을 입는 제도는 참최(斬衰)·재최(齋衰)·소공(小
功)·시마(緦麻)·대공(大功)의 5복으로 나누어진다. 그중 참최는 정상적인 친족
관계에 있는 사람이 부친상을 당하거나, 혹은 아버지가 안 계시는 아들이 할아버
지 상을 당하였을 때 3년 동안 입는 상복이다.

卯일·계묘癸卯일·을묘乙卯일·임자壬子일이 길하다. 염[殯]은 임자壬子일이 길하다. 매장[葬]은 임신壬申일·계유癸酉일·임오壬午일·정유丁酉일·병신丙申일·병오丙午일·기유己酉일·신유辛酉일이 길하다.

【28】 육도의 추이[推六道]

사도死道는 갑甲과 경庚의 방향이고, 천도天道는 을乙과 신辛의 방향이며, 지도地道는 건乾과 손巽의 방향이다. 병도兵道는 병丙과 임壬의 방향이고, 인도人道는 정丁과 계癸의 방향이며, 귀도鬼道는 곤坤과 간艮의 방향이다. 지도地道와 귀도鬼道는 장사를 지낼 때 오고 가면 길하다. 천도天道과 인도人道는 시집, 장가갈 때 오고 가면 길하다. 다른 달에도 이와 같이 모방한다.

【29】 오성이 길한 해[五姓利年]

궁성宮姓84)은 축丑·미未·사巳·오午·신

卯、乙卯、壬子吉. 殯, 壬子, 吉. 葬, 壬申、癸酉、壬午、丁酉、丙申72、丙午、己酉、辛酉, 吉.

【二十八】推六道: 死道甲庚, 天道乙辛, 地道乾巽. 兵道丙壬73, 人道丁癸, 鬼道坤艮. 地道鬼道, 葬送往來吉. 天道人道, 嫁娶往來吉. 他月倣此.

【二十九】五姓利年: 宮姓74, 丑、

---

84) 옛날에는 다섯 가지 소리의 글자로 오음을 맞추었는데, 곧 어금니 소리 글자[牙聲字]로 각음(角音)을 조합하고, 혓소리 글자[舌聲字: 설두(舌頭), 설상(舌上)]로 치음(徵音)을 조합하며, 입술소리 글자[脣聲字: 경순(輕脣), 중순(重脣)]로 우음(羽音)을 조합하고, 잇소리 글자[齒聲字: 치두(齒頭), 정치(正齒)]로 상음(商音)을 조합하며, 목구멍소리 글자[喉聲字]로 궁음(宮音)을 조합하였다. 이 밖에 나머지는 조합할 수 없어서 반설·반치 소리로써 반치반상음(半徵半商音)을 조합하였다. 음마다 또 전청(全淸)·차청(次淸)·전탁(全濁)·부청부탁(不淸不濁)으로 나뉜다. 여기서 '궁성(宮姓)'은 곧 목구멍소리 글자인 '성(姓)'을 가리키는 것이다. 이 밖에 '상(商)'성 등도 이를 모방하였다. 묘치위의 교석본에 따르면, 이는 원래 옛 사람들의 성운과 음률 상 분류법으로, 성명가(星命家)들이 이용한 황당

申·유酉년이 길하다. 상성商姓은 자子·해亥·
신辛·유酉년이 길하다. 각성角姓은 인寅·묘
卯·자子·해亥년이 길하다. 치성徵姓은 인寅·
묘卯·사巳·오午·축丑·미未년이 길하다. 우
성羽姓은 신申·유酉·자子·해亥·인寅·묘卯년
이 길하다. 다섯 성은 모두 월·일·시를 이용
한 것으로 이와 같다.

未、巳、午、申、酉
年吉. 商[75], 子、亥、
申、酉年. 角, 寅、
卯、子、亥年吉.[76]
徵, 寅、卯、巳、
午、丑、未年. 羽,
申、酉、子、亥[77]、
寅、卯年吉. 五姓用
月日時, 同此.

【30】기토起土

비렴살[飛廉]은 술戌의 방향에, 토부土符는
축丑의 방향에, 월형月刑은 사巳의 방향에 위치
한다. (기토는) 북쪽 방향을 크게 금한다. 흙을
다루기 꺼리는 날[地囊][85]은 경자庚子·경오庚午
일이다. 이상과 같은 땅에서는 흙을 일으키거
나 집수리를 해서는 안 되며, 하게 되면 흉하
다. 이날을 피하면 길하다.

인寅의 위치가 토공土公이고, 월복덕月福德[86]
이 유酉의 방향에 위치하고 있으니 흙을 일으
키면 길하다.[87] 월재지月財地가 오午의 방향에

【三十】起土:
飛廉在戌, 土符在
丑, 月刑在巳. 大禁
北方. 地囊, 庚子、
庚午. 巳上地不可
起土修造, 凶. 日辰
亦避之, 吉.

寅爲土公, 月福
德在酉, 取土吉. 月
財地在午, 此黃帝

무계하고 미신적인 것이었다고 한다.

85) 지낭(地囊)은 흙을 다루는 것을 꺼리는 날로서, 토온(土瘟)·토금(土禁)·토기
(土忌)·지격(地隔) 등과 함께 집터 고르기와 집수리 등에 좋지 않다.

86) 와타베 다케시[渡部 武]의 역주고에 의하면, 비렴(飛廉)·토부(土符)·월형(月
形)·지낭(地囊)·월복덕(月福德)은 총진(叢辰)의 명칭이다. 비렴을 비렴살(飛
廉殺)이라고도 칭한다고 한다.

87) "寅爲土公 … 取土吉"은 「정월」【22】 항목의 "寅日爲 … 土公, 不可 … 動土"와
모순되는데, 음양기피설 자체가 바로 이와 같은 모순이 있다.

위치하고 있으니 이것은 황제黃帝가 재물과 복을 부르는 땅이다. 만약 여기에 집을 지으면 사람들에게 재물과 복을 가져다주고, 병 걸린 사람은 나으며, 구속된 자[繫者88)는 나올 수 있다. 만약 땅을 일으켜 건축하지 않는 경우, 바로 그 땅에 네모지거나 둥글게 3자[尺] 정도를 파서 흙을 취해 집의 네 벽을 바르면 사람에게 부를 가져다준다. 『금궤결金匱訣』에 나온다.

【31】 이사移徙

큰 손실은 신申의 방향에 있고, 작은 손실은 미未의 방향에 있다.89) 오부五富는 해亥의 방향에 있고, 오빈五貧은 사巳의 방향에 있다. 빈貧과 모耗의 방향으로 이사를 가면 재물과 사람을 잃게 된다. 오부五富의 날은 길하다. 나머지는 출행의 조항과 동일하다.

【32】 상량上樑하는 날[架屋日]

갑자甲子일 · 을축乙丑일 · 병자丙子일 · 무인戊寅일 · 신사辛巳일 · 정해丁亥일 · 계사癸巳일 · 기해己亥일 · 신해辛亥일 · 신묘辛卯일 · 기사己巳일 · 임진壬辰일 · 경오庚午일 · 경진庚辰일 · 경자庚子일 · 을사乙巳일 · 병오丙午일이며, 이상의 날

招財致福之地. 若起屋, 令人得財大富, 疾者愈, 繫者出. 如不起造, 即掘其地方圓三尺, 取土泥屋四壁, 令人富. 出金匱訣.

【三十一】移徙: 大耗在申, 小耗在未. 五富在亥, 五貧在巳. 貧耗日, 移徙往其方[78] 立致亡財口. 五富日, 吉. 餘具出行門.

【三十二】架屋日: 甲子、乙丑、丙子、戊寅、辛巳、丁亥、癸巳、己亥、辛亥、辛卯、己巳、壬辰、庚午、庚辰、庚

---

88) '계자(繫者)'는 구속당해 감옥에 있는 사람을 가리킨다.
89) 와타베 다케시[渡部 武]의 역주고에서는, 대모(大耗) · 소모(小耗) · 오부(五富) · 오빈(五貧) · 재구(財口)는 총진(叢辰)의 명칭으로서, 대모(大耗)는 월중의 손실되는 날이고, 소모(小耗)는 한 해 중의 손실되는 날로 보고 있다.

에 상량을 하면 길하다.

【33】 주술로 질병·재해 진압하는 날[禳鎭][90]

정월 초하루에 까치집을 불살라 측간에 매달아 두면 전쟁을 피할 수 있다.[91] 또 측간 앞의 풀을 월 초 상순의 인寅일에 뜰에서 불태우면, 그 집안 식구들이 유행성 질병[天行][92]에 걸리지 않는다.

이달 3일에 죽통 4매枚를 사서 집 안의 네 벽 위에 걸어 두면, 전작田作과 양잠이 만 배가 되어 재물이 저절로 생긴다.[93]

15일에 남은 고미[餻糜][94]를 볶아[95] 태워서

子、乙巳、丙午[79], 已上架屋吉.

【三十三】禳鎭: 正旦元日, 以鵲巢燒之著厠, 辟兵. 又厠前草, 月初上寅日[80]燒中庭, 令人一家不著天行.

月三日, 買竹筒四枚置家中四壁上, 令田蚕萬倍, 錢財自來.

十五日, 以殘餻

---

90) 이 내용은 1766년 조선에서 출판된『증보사시찬요』「정월(正月)·벽온(辟瘟)」에도 "元日鵲巢燒門"의 항목이 출현한다. 이를 통해 볼 때, 조선【중각본】이 발행된 시기(1590년) 이후에도『사시찬요』를 인용했음을 알 수 있다.

91) 나카무라 히로이치[中村裕一],『中國古代의 年中行事』卷1, 汲古書院, 2009(이후 '나카무라의 연중행사(年中行事)'로 약칭), 141쪽에는 원문의 '벽병(辟兵)'의 '병(兵)'은 '병(病)'과는 동음으로 "질병을 피한다."라는 의미로 해석하고 있다.

92) '천행(天行)'은 곧 '하늘의 때에 따라 유행한다.[天時流行.]'라는 의미로서, 전염병·급성 열병을 가리키며, 옛 사람들은 이를 천재(天災)라고 인식하였다.

93) 이 문장은『태평어람(太平御覽)』권765「기물부(器物部)·기추(箕帚)」의 "雜五行書曰, 常以正月三日, 買箕四枚, 懸堂上四壁, 令人治生大得, 治田蠶萬倍, 錢財自入."과 유사하다. 그런데『태평어람』에서는 이 문장을『잡오행서(雜五行書)』의 기록이라고 한다. 나카무라의 연중행사, 153쪽에서는『사시찬요』와『태평어람』의 문장을 대조하여『사시찬요』의 '죽통(竹筒)'은 '기(箕)'의 오류라고 지적하고 있다.

94) '미(糜)'는 원래 죽[餬粥]을 가리키지만 여기서는 가루를 뜻한다. '고미(餻糜)'는 쌀가루로 만든 떡을 가리킨다.

95) 현재의 '초(炒)'는 옛날에는 '오(熬)'라고 불렀다.

곡물의 종자와 함께 파종하면 벌레를 피할 수 있다.

그달의 갑자甲子일에 흰 머리를 뽑는다. 그믐날에 정화수井花水96)를 길어 마시면 콧수염과 머리털이 하얘지지 않는다.

정월 초하루에 다섯 가지 매운 채소[五辛]를 구해서 먹으면,97) 사람의 오장이 활발해져 삼복더위를 이길 수 있다.

정월 초하루에 소변을 모아 겨드랑이 아래를 씻으면, 암내[腋氣]를 치료하는 데 큰 효과가 있다.

초나흘98) 새벽에 흰 털을 뽑으면 영원히 나지 않는데, 그것은 신선이 흰 털을 뽑는 날이기 때문이다. 다른 달도 이와 같다. 흰 콧수염과 머리털을 뽑는다.

초여드레에 목욕을 하면 재앙을 물리칠 수 있는데, 이는 신선이 목욕하는 날이기 때문이다.99)

糜, 熬令焦, 和穀種種之, 辟蟲.

月內甲子, 拔白. 晦日, 汲井花水服, 令髭髮不白.

元日, 取五辛湌之, 令人開五臟, 去伏熱.

元日, 取小便洗腋下, 治腋氣, 大効. 81

四日, 凌晨拔白, 永不生, 神仙拔白日. 82 他月倣此. 拔白髭髮.

八日, 沐浴, 去災禍, 神仙沐浴日. 83

---

96) '정화수(井花水)'는 새벽에 제일 처음 길어 온 우물물을 가리킨다.

97) 1590년에 발행된 조선【중각본】『사시찬요』에는 '식(食)' 앞에 '수(氵)'변이 뚜렷하지 않지만, 묘치위의 교석본에서는 이 글자를 '찬(湌)'으로 읽고 있으며, 이것은 곧 '찬(餐)'의 의미라고 한다. 그러나 와타베 다케시의 역주고에서는 이 글자를 '식(食)'으로 보고 있다.

98) 원(元)대 구우(瞿祐)의 『사시의기(四時宜忌)』에서 『사시찬요』를 인용한 것에는 '사일(四日)' 아래에 여전히 '인일(寅日)'이 있으며, "是月四日, 寅日, 宜拔白."이라고 쓰여 있다.

99) 류팡[劉芳], 「『四時纂要』的道教傾向研究」, 『관자학간(管子學刊)』第1期, 2015에서 『손진인섭양론(孫眞人攝養論)』과 『사시찬요』에 등장하는 매월 목욕재계의 기록을 비교하였는데, 『사시찬요』의 이 내용이 『손진인섭양론』보다 많은 것으로 미루어 볼 때 당 말기 사람들이 도교에 더욱 심취했을 것으로 추측된다.

【34】 쥐 쫓는 날[禳鼠日]

이달의 진辰일에 구멍을 막으면 쥐는 자연히 죽게 된다. 또 전달에 자른 쥐꼬리를 모아서[100] 이달 초하루에 해가 아직 뜨지 않았을 때 집안의 가장이 잠실蠶室에서 "쥐와 해충을 없애서 일절 다닐 수 없도록 해 주십시오."라고 주문을 외운다. 3번 주문을 외우고 모은 쥐꼬리를 벽에 걸어 두면 영원히 쥐로 인한 피해가 생기지 않는다.

【35】 음식 금기[食忌][101]

이달에는 호랑이[虎]·승냥이[豺]·살쾡이[狸]

【三十四】禳鼠日: 此月辰日, 塞穴, 鼠當自死.[84] 又取前月所斬鼠尾, 於此月一日日未出時, 家長於蠶室祝曰, 制斷鼠蟲, 切不得行. 三祝而置於壁上[85], 永無鼠暴.

【三十五】食忌: 此月勿食虎、豹、

---

100) 쥐꼬리를 자르는 것에 관해, 『제민요술』권5「뽕나무·산뽕나무 재배[種桑柘]」편에서 『용어하도(龍魚河圖)』를 인용한 것에도 서로 같은 기록이 있다. 『사시찬요』「십이월」편【45】항목은 『잡술(雜術)』을 인용하여 적고 있다.

101) 본 항목은 원(元)대 구우(瞿佑)의 『사시의기(四時宜忌)』에서 당(唐)대 손사막(孫思邈)의 『천금방(千金方)』을 인용한 것에도 서로 동일한 기록이 있다. 이 외에도 소위 "손사막(孫思邈)의 『식기(食忌)』"가 있다. 본초(本草)와 의방(醫方) 등의 책은 연단도사(煉丹道士)와 밀접하게 연관된 것이 많아서 손사막은 곧 손진인(孫眞人)이라고도 불린다. 그들은 특별히 "음식 금기[食忌]"를 중시하였는데, 대개 금석약(金石藥)을 복용하는 것과 관련되어 있다. 이 때문에 『사시찬요』에서 각각의 월마다 기록한 "음식 금기"는 또 대부분 『도장(道藏)』의 책에도 보인다. 류팡[劉芳], 앞의 논문, 「『四時纂要』的道敎傾向硏究」에서 『손진인섭양론(孫眞人攝養論)』에는 '식기(食忌)'의 내용이 매월마다 있으나, 『사시찬요』에서는 「오월」과 「구월」에는 없다. 『사시찬요』「십일월」'식기'의 내용에서 '동구월(同九月)'이라고 하고 있지만 실제 「구월(九月)」에는 '식기'에 관한 내용이 없다. 이 때문에 니끈진[倪根金], 「『四時纂要』硏究二題」, 『남도학단(南都學壇)』卷20 第4期, 2000, 13쪽에서는 이것을 조선시대에 판각을 잘못하여 생긴 오류라고 주장하고 있다. 하지만 류팡[劉芳]은 『손진인섭양론』과 비교해 볼 때, 당 전기에는 9월에도 '식기'가 있었지만, 이후 한악이 『사시찬요』를 저술하면서 오류가 났을 것으로 보고 있다. 이에 관해서 명확하게 판단을 내리기는 힘들지만, 이미 당대부터 농민들은 도교의 영향을 많이 받았을 것으로 추측된다.

고기를 먹어서는 안 되는데, 먹으면 사람의 신경을 손상시킨다. 생파[葱]를 먹어서는 안 되는데, 먹으면 사람에게 두드러기[遊風]를 일으킨다. 여뀌[蓼]를 먹어서는 안 된다.[102]

【36】 아동의 입학 시기[命童子入學之暇][103]

이달은 아동[童子]이 입학하는 시기로서, 의약, 점후 등[方術][104]을 익히게 하고 육박六博과 바둑은 허락하지 않는다. 각종 환약[丸]·산약[散]을 배합하고, 고약膏藥을 달인다. 나에게는 2개의 고약 처방[105]이 있어 시험해 보니 신통한 효험이 있고 많은 사람을 구하여서 이미 「십이월」 중에 기록하였다.

狸[86]肉,　令人傷神. 勿食生葱[87], 令人起游風. 勿食蓼.

【三十六】是月也,　命童子入學之暇: 習方術,　止博弈. 合諸丸[88]、散, 煎膏藥.　余有二膏方, 手試神效, 救人甚多, 已載在[89]十二月中.

---

102) 왕푸창[王福昌], 「中國古代農書的鄉村會史料價值: 以『齊民要術』和『四時纂要』爲例」, 『중국과기사잡지(中國科技史雜志)』, 2009에 따르면 『제민요술』에서는 동물이 가축 위주로 서술되어 있으나 『사시찬요』의 기록을 보면 가축 이외에 승냥이[豺]·호랑이[虎]·노루[獐]·살쾡이[狸]·원앙(鴛鴦)·거북이[龜]·자라[鱉]·게[蟹] 등의 야생동물들이 등장하고 있다. 또한 채소의 경우 『제민요술』에는 야채(野菜)가 10종류밖에 없지만, 『사시찬요』에는 구기(枸杞)·상추[萵苣]·황청(黃菁)·결명(決明)·마[署預]·쇠무릎[牛膝] 등 30종류가 추가되었다고 하였다.

103) 이 제목은 원문에서는 표기되지 않지만, 내용으로 미루어 본문과 같이 명기했음을 밝혀 둔다.

104) '방술(方術)'을 묘치위[繆啓愉], 『사시찬요선독(四時纂要選讀)』, 농업출판사. 1984(이하 묘치위 선독으로 약칭)에서는 '의약, 점술 등의 잡예'라고 번역하고 있다.

105) "2개의 고약 처방[二膏方]"은 「십이월」편 '오금고(烏金膏)'와 '오사고(烏蛇膏)' 2개의 처방을 가리킨다. 이 2개의 처방은 한약 집안에서 전해져 내려오는 것이다.

【37】 문호門戶와 토지에 대한 제사[祀門戶土地]

『세시기歲時記』에 이르기를, "보름이 되면 버드나무 가지를 문 위에 꽂고 술과 포脯를 준비해서 제사 지낸다."라고 하였다. 『제해기齊諧記』에 이르기를, "오현吳縣의 장성張成은 밤에 집 동쪽에서 한 부인을 보았는데, 그 부인이 말하기를, '나는 지신地神이다. 내일 15일에 고미饋糜106)와 흰죽107)으로 나에게 제사 지내면 당신 집의 누에와 뽕나무[蠶桑]는 만 배倍가 될 것이다.'라고 하였다. 후에 과연 그 말과 같이 되었다. 사람들에게108) 그것을 본받게 하였는데, 이를 일러 '점전재黏錢財'109)라 한다."라고 하였다.

【三十七】祀門戶土地: 歲時記云⑨, 望日以柳枝插戶上, 致酒脯祭⑨之. 齊諧記云, 吳縣張成, 夜於宅東見一婦人, 曰我是地神. 明日月半, 宜以饋糜, 白粥祭我, 令君家蠶桑萬倍. 後果如言. 令人效之, 謂之黏錢財.

---

106) 이 책에서 말하는 『세시기(歲時記)』는 마땅히 양(梁)나라 종름(宗懍)의 『형초세시기(荊楚歲時記)』이다. 이 책의 주는 『속제해기(續齊諧記)』에서 인용한 것으로, "'… 이듬해 정월 보름에 마땅히 흰죽을 끓이고, 그 위에 두루 기름을 쳐 나를 제사 지내라.[明年正月半, 宜作白粥, 泛膏其上, 以祭我.]' … 말과 같이 기름 올린 죽[膏粥]을 만들었다."라고 하였다. '고미(饋糜)'는 죽 위에 기름을 더한 것으로 옛날에는 '고죽(膏粥)'이라 하였다. '미(糜)'는 일반적으로 호죽(餬粥)을 가리키므로 즉 '고미(饋糜)'는 마땅히 '고미(膏糜)'로 써야 한다. 그러나 『사시찬요』에서 특별히 가리키는 '고미(饋糜)'는 쌀가루로 만든 떡[饋]이다.

107) 『형초세시기』에서는 흰죽을 '콩죽[豆粥]'이라고 적고 있다.

108) 【중각본】에서는 '령(令)'으로 적혀 있으나, 묘치위의 교석본에서는 '령(令)'은 '금(今)'이 잘못 쓰인 것으로 보고 있다.

109) 와타베 다케시[渡部 武]의 역주고에 의하면, '점(黏)'은 부착한다는 의미로서, '점전재(黏錢財)'는 재물을 확보한다는 의미라고 한다.

🏵 교 기

1 '필(畢)': 【필사본】에서는 '畬'으로 쓰고 있다. 이하 동일하여 별도로 교기하지 않는다.

2 '양(梁)': 【필사본】에서는 '樑'으로 쓰고 있다. 이하 동일하여 별도로 교기하지 않는다.

3 "朔旦晴明": 【필사본】에서는 '旦'은 '朝'로, '晴'은 '淸'으로 쓰고 있다.

4 '잠(蚕)': 【필사본】에서는 '蠶'으로 쓰고 있다. 이하 동일하여 별도로 교기하지 않는다.

5 '면(緜)': 【필사본】에서는 '綿'으로 쓰고 있다. 그런데 후술하는 낙장되지 않은 【계미자본】에서는 '緜'로 쓰고 있다.

6 '단(旦)': 【필사본】에서는 '朝'로 쓰고 있다. 이하 동일하여 별도로 교기하지 않는다.

7 '세기(歲飢)': 【필사본】에서는 '歲'와 '飢'사이에 '必'자가 있다.

8 '계(雞)': 【필사본】에서는 '鷄'로 쓰고 있다. 훼손되지 않은 【계미자본】에도 '鷄'자로 쓰고 있다. 이하 동일하여 별도로 교기하지 않는다.

9 '재(災)': 최근 발견된 【계미자본】과 필사본에서는 '灾'로 쓰고 있다. 이하 동일하여 별도로 교기하지 않는다.

10 【필사본】에서는 "民安國寧, 君臣和會. 八日爲穀, 如晝晴夜見星辰" 부분이 누락되어 있다.

11 '역(疫)': 【필사본】에서는 '瘟'으로 쓰고 있다.

12 '인(人)': 【필사본】에서는 '民'으로 쓰고 있다.

13 '상(桒)': 【필사본】에서는 '桒'으로 쓰고 있다. 이하 동일하여 별도로 교기하지 않는다.

14 【필사본】에서는 "冬至數至" 사이에 '日'이 추가되어 있다.

15 '일만(日滿)': 【필사본】에서는 '滿日'로 쓰여 있다.

16 "此有據": 【필사본】에서는 "此最有據"로 쓰여 있다.

17 '적(籴)': 【중각본】에서는 '籴'으로 표기하였으나, 【필사본】에서는 '糴'으로 쓰고 있다. 이하 동일하여 별도로 교기하지 않는다.

18 '대귀(大貴)': 【필사본】에서는 '大貴' 앞에도 '穀'을 쓰고 있다.

19 '즉(卽)': 【필사본】에는 이 글자가 없다.

20 '준(准)': 【필사본】에서는 '準'으로 쓰고 있다.

21 【필사본】에서는 '立' 대신에 '六'으로 표기하고 있다.

22 '주(主)': 【필사본】에는 이 글자가 없다.

23 '운(雲)': 【필사본】에는 이 글자가 없다.

24 '기(氣)': 【필사본】에는 이 글자가 없다.

25 '충(蟲)': 【필사본】에서는 '虫'으로 쓰고 있다. 이하 동일하여 별도로 교기하지 않는다.

26 '기(氣)': 【필사본】에서는 '雲'으로 쓰고 있다.

27 '기(氣)': 【필사본】에서는 '雲'으로 쓰고 있다.

28 '토(土)': 【필사본】에서는 '圡'로 쓰고 있다.

29 '귀(貴)': 【필사본】에는 '貴貴' 대신 같은 글자를 연달아 쓴다는 표시로 '貴〃'로 표기하고 있다.

30 '서북래(西北來)': 【필사본】에서는 '西來北'으로 되어 있다.

31 【필사본】에서는 "角則歲凶, 徵則旱, 羽則水"로 문장배열 순서를 달리하고 있다.

32 '길(吉)': 【필사본】에는 '舌'로 표기되어 있다.

33 '구(口)': 【필사본】에는 '舌'로 쓰고 있다.

34 【필사본】에서는 "徵, 舌拄齒, 屬火"를 "屬木" 뒤에 적고 있다.

35 【필사본】에서는 '春旱' 이후에 "正月旦比數雨, 率日食一升, 至七升而極. 數至十二日, 直其月, 占水旱, 為其環域千里內占, 即為天下候. 竟正月(注月三十日, 周天歷二十八宿, 然後可占天下.), 正月一日雨, 民有一升之食, 二日雨, 民有二升之食"이라고 하여 다소 다른 내용이 삽입되어 있다.

36 【필사본】에서는 "數至十二日, 直其月, 占水旱"이 빠져 있다.

37 "春雨甲子": 【필사본】에서는 "春甲子雨"로 쓰고 있다.

38 "民飢, 朔日霧, 歲必": 【필사본】에는 이 문장이 누락되어 있다.

39 '개(皆)': 【필사본】에는 이 글자가 없다.

40 '하(夏)': 【필사본】에는 이 글자가 누락되어 있다.

41 '삼(三)': 【필사본】에는 이 글자가 생략되어 있다.

42 '비(蜚)': 【필사본】에서는 '飛'로 되어 있다.

43 "正月上旬有": 【필사본】에서는 "正月上旬內有"로 쓰고 있다.

44 "唯壬子": 【필사본】에서는 "唯有壬子"라고 쓰여 있다.

45 【중각본】에는 '一年之侯'라고 되어 있는데, 묘치위의 교석본에서는 여기서의 '侯'를 '候'라고 쓰고 있다.

46 '질려(蒺藜)': 【필사본】에서는 '藜蒺'이라고 한다.

47 【필사본】에는 "主疾" 뒤에 '病'자가 있다.

48 【필사본】에는 이 문장에서 '也'자가 없다.

49 【필사본】에는 "節之日"에서 '之'자가 없다.

50 "急之": 【필사본】에서는 "急聚之"로 쓰고 있다.

51 【필사본】에서는 【15】[元日]의 전체의 내용이 이 위치에 있지 않고, 【16】[上會日] 속에 순서를 달리하여 편입되어 있다.

52 【필사본】에서는 【중각본】과는 달리 제목을 "七日上會日"로 표기하고 있다.

53 【필사본】에서는 "二七粒"과 "一年" 사이에 "而面東以薑汁下即"이라는 문장이 들어 있다.

54 【필사본】에서는 '病'을 '疾病'으로 쓰고 있다. 또한 본문은 【중각본】과는 달리 【필사본】에서는 【15】[元日]의 내용이 그 문장의 순서를 달리하여 "一年不病" 다음에 "闔家悉令服之. 又歲旦投麻子二七粒小豆二七粒於井中. 辟瘟. 備新曆. 爆竹於庭前以辟. 出荊楚歲時記. 造僊木. 即今桃符也. 玉燭寶典云. 仙木. 象欝壘. 山桃樹百鬼所畏. 歲旦置門前. 插竹枝以畏百鬼. 又上椒酒五辛盤於家長前以獻壽. 又進屠蘇酒. 方具十二月門中. 又元日埋敗履庭中. 家出印綬之子. 又曉夜子初時. 凡家敗箒. 焚於院中. 勿令棄之出院. 令人倉庫不虛. 又縷懸葦炭. 芝麻稭排. 插門戶上. 却疫癘. 禁一切之鬼."라는 문장이 중간에 포함되어 있다.

55 【필사본】에는 이 문장에서 '行'자가 빠져 있다.

56 "壓之則吉": 【중각본】에는 '壓'이라고 쓰여 있으나, 묘치위의 교석본에서는 '厭'으로 고쳐 쓰고 있다. 묘치위에 따르면 두 글자가 서로 통용되지만, 최근 조선 태종 때 발견된 【계미자본】『사시찬요』에는 '壓'으로 표기하고 있다. 아울러 【필사본】에서는 '吉'을 '大吉'로 쓰고 있다.

57 '취(娵)': 【중각본】에서는 '娵'로 쓰고 있으나, 【필사본】에서는 '娶'로 쓰고 있다. 【계미자본】에서는 기본적으로 '娶'를 쓰면서 간혹 '娵'자도 보인다. 이하 동일하여 별도로 교기하지 않는다.

58 '황도(黃道)': 【필사본】에서는 누락되어 있다.

59 【필사본】에는 "寅爲天刑"에서 "亥爲句陳"까지 6곳 중 "寅爲天刑"에서만 '爲'자를 쓰고, 나머지 5곳에는 '爲'를 생략하고 있다.

60 【필사본】에서는 '往亡'으로 쓰고 있다.

61 '토공(土公)': 【필사본】에서는 '亦名土公'으로 적고 있다.

62 '용(用)': 【필사본】에서는 이 글자가 생략되어 있다.

63 '병(並)': 【필사본】에서는 '幷'으로 쓰고 있다.

64 '사(巳)': 【필사본】에서는 '戌'로 쓰고 있다.

65 【필사본】에서는 이 문장을 '人'으로 적고 있다.

66 "害夫大凶": 【필사본】에서는 "害大人凶"으로 적고 있다.

67 "是月納財": 【필사본】에서는 "納財日"로 표기하고 있다.

68 "癸卯壬寅": 【필사본】에서는 "壬寅癸卯"로 쓰고 있다.

69 '해인(亥人)': 【필사본】에서는 '亥生人'으로 적고 있다.

70 '시(屍)': 【필사본】에서는 '尸'로 쓰고 있다.

71 '참초(斬草)': 【필사본】에서는 '斬土'로 쓰고 있다.

72 "丁酉丙申": 【필사본】에서는 "丙申丁酉"로 쓰고 있다.

73 【필사본】에서는 이 단락을 "天道乙辛, 地道乾巽. 人道丁癸, 兵道丙壬, 死道甲庚"로 표기하고 있다.

74 【필사본】에는 '宮姓'에서 '姓'자가 누락되어 있다.

75 '상(商)': 【필사본】에서는 '啇'으로 쓰고 있다. 이하 동일한 경우에 별도로 교기하지 않는다.

76 【필사본】에서는 "申酉年吉. 商子亥申酉年. 角寅卯子亥年吉"을 "申酉年吉. 角寅卯亥子年吉"로 표기하였다.

77 【중각본】의 "丑未年吉. 羽, 申酉子亥"가 【필사본】에서는 "丑未年吉. 羽, 申酉亥子"로 표기되어 있다.

78 "往其方": 【필사본】에서는 이 문장이 누락되어 있다.

79 【필사본】에서는 "丁亥、癸巳、己亥、辛亥、辛卯、己巳、壬辰、庚午、庚辰、庚子、乙巳、丙午"을 "庚辰、丙午、壬辰、癸巳、丁亥、己亥、辛亥、辛卯、乙巳、庚午、庚子、乙巳"로 적고 있다.

80 '상인일(上寅日)': 【필사본】에서는 '上寅'으로 쓰고 있다.

81 '효(効)': 【필사본】에서는 '效'로 표기하고 있다.

82 "神仙拔白日": 【필사본】에는 이 문장이 누락되어 있다.

83 【필사본】에서는 "去災禍" 이후 "神仙沐浴日"이란 문장이 없다.

84 "鼠當自死": 【필사본】에서는 '自'자가 누락되어 있다.

85 "於壁上": 【필사본】에서는 '於'자가 없다.

86 '이(狸)': 【필사본】에서는 '貍'로 쓰고 있다.

87 '총(葱)': 【중각본】과 【필사본】에서는 '蔥'으로 쓰고 있다. 이하 동일하여 별도로 교기하지 않는다.

2. 농경과 생활

【38】 과일나무의 해충을 피하는 법

[辟五果蟲法]110)

정월 초하루 닭이 울 때, 불을 잡고 오과五果와 뽕나무 위아래로 두루 비추면 해충이 없게 된다. 뽕나무와 과일나무에 해충의 피해가 생기는 해에는 초하룻날에 불을 비추면 반드시 피할 수 있다.

【三十八】辟五果蟲法: 正月旦雞鳴時, 把火遍照五果及桑樹上下, 則無蟲. 時年有桑果災生蟲者, 元日照者必免也.

【39】 나무 시집보내는 법[嫁樹法]111)

초하룻날 아직 해가 뜨지 않았을 때, 도

【三十九】嫁樹法: 元日日未出時,

---

110) 본 항목은 『제민요술』 권4 「대추 재배[種棗]」편에서 채록한 것으로, 그 내용은 "무릇 오과와 뽕나무는 정월 초하루 날에 첫닭이 울 때 햇불을 잡고 나무 아래에 한 차례 비추면 벌레의 해가 생기지 않는다.[凡五果及桑, 正月一日雞鳴時, 把火遍照其下, 則無蟲災.]"인데, 이것은 『사시찬요』의 "時年有桑果災生蟲者, 元日照者必免也."와 내용상 거의 동일하다.

111) 본 항목은 『제민요술』 권4 「대추 재배」편에 나온다. 『제민요술』의 원문은 "정월 초하루 해가 뜰 무렵에 도끼머리로 군데군데 두드려 주는데, 이것을 '나무 시집보내기'라고 한다.[正月一日日出時, 反斧斑駮椎之, 名曰嫁樹.]"이고, 원래의 주는 "도끼를 사용하지 않으면 꽃은 피나 열매는 없고, 그것을 베면 열매는 시들

끼머리로 과일나무를 군데군데 치면[112) 곧 열매가 많아지고 떨어지지 않는데, 이를 '나무 시집보내기[嫁樹]'[113)라고 한다. 정월의 그믐날도 이와 같이 한다.

자두나무를 시집보내려면, 돌을 나뭇가지 사이에 끼워 둔다.[114)

以斧斑駁椎斫果木等樹, 則子繁而不落, 謂之嫁樹. 晦日同.

嫁李樹, 則以石安樹丫間.

어 떨어진다.[不斧則花而無實, 斫則子萎而落也.]'라고 한다. 또『제민요술』권4 「내임금(柰林檎)」편의 "능금나무는 정월과 2월에 도끼를 뒤집어 (등 부분으로) 군데군데 두드려 주면 결실이 많아진다.[林檎樹以正月, 二月中, 翻斧斑駁椎之, 卽饒子.]'에서 "추지(椎之)"는『사시찬요』에서는 '추작(椎斫)'으로 적고 있고, "회일동(晦日同)"은『사시찬요』에서 별도로 덧붙인 것이다.

112) '추(椎)'는 도끼 등을 이용해 때리는 것이고, '작(斫)'은 도끼날을 이용해 베는 것이다. 베면 목질부에 손상이 갈 수 있으며, 뿌리 부분의 수분과 양분이 위로 가는 데 영향을 준다. 이러한 종류의 방법을 이용하여 동시에 비수와 관리조치를 밀접하게 결합함으로써 과일나무 생장에는 영향을 미치지 않으나, 항상 사용하면 과일나무 수명에 영향을 줄 수 있다. '가수(嫁樹)'는 또 '개갑(開甲)'이라고도 한다. 묘치위 교석본에 의하면, 깨지거나 상한 인피부(靭皮部)가 땅 위의 양분이 아래로 향하는 걸 막음으로써 개화와 열매 생장을 촉진시키는 데 목적이 있으며, 이를 통해 열매가 맺히는 비율을 높인다. 현재 산동·산서·하북·하남·섬서 등에서는 항상 작은 대추를 재배하는 데 응용하여 꽃과 열매를 보호하는 주요 조치로 쓰이고 있다. 또 나무줄기 위 혹은 가지의 밑 부분을 환상 박피(環狀 剝皮)하는 방법도 있다. 환상 박피는 시험에 의하면 수세가 가장 왕성한 품종에 효과가 가장 좋은데, 방법은 3mm 정도의 좁은 폭으로 하는 것이 좋으며, 꽃이 활짝 피는 시기가 이상적이다.

113) 1655년에 조선에서 저술된『사시찬요초(四時纂要抄)』'정월(正月)' 조항과『증보사시찬요(增補四時纂要)』의 '가수(稼樹)' 조항에는 각각 이 조항과 비슷한 내용이 서술되어 있다.『사시찬요초』'정월'에는 "해 뜨기 전 벽돌을 과일나무 가지 사이에 둔다. 이를 일러 '나무 시집보내기[嫁樹]'라고 한다.[日未出以, 磚石着之中, 謂之嫁樹.]'라고 하며,『증보사시찬요』에는 "사경(四更: 새벽 2시)에 복숭아나무를 벗겨 시집보내고, 여러 과일나무를 가지치기한다.[是夜四更, 嫁樹割桃, 皮騙諸果樹.]'라고 쓰여 있다.

114) 이 단락은『제민요술』권4「자두 재배[種李]」편에 보이며, "嫁李法, 正月一日 或十五日, 以塼石著李樹歧中, 令實繁."이라고 한다.

【40】 연 파종[種藕][115]

초봄에 땅을 파 연뿌리를 캐낸다. 연뿌리의 마디를[116] 잘라 진흙 속에 넣어서 심으면 그해에 꽃이 핀다.

【41】 땅에 붙여 닥나무 베기[附地刈楮]

그 사실은 「칠월」[117]의 닥나무를 파종하는 항목에 상세하게 갖추어져 있다. 만약 지난해 파종한 느릅나무라면, 이 달에 또한 이 방법을 사용한다.[118]

【42】 염교 이랑 관리[治薤畦][119]

이달의 첫 번째 신辛일에 염교 이랑 속의

【四十】種藕：[1]
初春, 掘取藕根. 取
藕根[2]頭, 著[3]泥中
種之, 當年著花.

**【四十一】附地
刈楮**: 事具二月種楮
門中. 若種榆, 此月
亦同此法.

**【四十二】治薤
畦**: 此月上辛日, 掃

---

115) 이 항목은 『제민요술』 권6 「물고기 기르기[養魚]」편의 '종우법(種藕法)'에서 채록한 것이다.

116) '절(節)'은 원문에 없는데, 『제민요술』과 원(元)대 오름(吳懍, 어떤 사람은 오찬(吳攢)이라 쓴다.)의 『종예필용(種藝必用)』에서 『사시찬요』를 초사한 것에는 '절(節)'자를 보충하고 있다.

117) 【계미자본】과 조선 【중각본】 『사시찬요』에는 '이월(二月)'로 표기되어 있지만 묘치위의 교석본에서는 '이월(二月)'을 '칠월(七月)'로 표기하고 있다. 묘치위에 따르면, 2월은 닥나무를 심는 달이지만 그것을 심는 방법은 실제로 '칠월(七月)'편 【54】의 '곡저 수확하는 방법(收穀楮法)' 조항 속에 들어 있어 '칠월(七月)'이라 고쳤다. 정확히 말하자면, 마땅히 "「칠월」편 속 이월에 닥나무를 파종하는 조항 중[七月內二月種楮門中]"이라 써야 하는데, 어떤 것은 바로 "七月門中"이라고 쓰여 있다고 한다.(「사월」편 【31】 항목의 예시와 같다.)

118) 이른바 "亦同此法"은 올봄에 파종하고 다음해 정월 땅에 붙여서 그루를 베고 불을 놓는 방법을 가리키며, 닥나무와 느릅나무는 서로 동일하다. 이 방법은 원래 『제민요술』에 나오는데, 『제민요술』 권5 「느릅나무 · 사시나무 재배[種榆白楊]」편과 「닥나무 재배[種穀楮]」편에 보인다.

119) 최식의 『사민월령』 「정월」에는 "상순 신일에 부추 이랑 속의 마른 잎을 쓸어 낸다."라고 하였고, 『제민요술』 권3 「부추 재배[種韭]」편에서는 "정월에 이르러 이랑 속에 묵은 잎을 걸어 낸다. 땅이 풀리면 쇠 이빨이 달린 누리[鐵杷樓]로 갈

마른 잎을 쓸어 내고, (호미질 하여) 물을 주며 거름을 한다.

【43】 신수 저장하기[貯神水]120)

입춘立春일에 물을 저장하는 것을 일러 '신수神水'라고 하는데, 이것으로 술을 빚으면 변질되지 않는다.

【44】 밭갈이[耕地]

『제민요술』에 이르길,121) "이 달에 땅을 갈면 평소의 5번 가는 것에 상당한다."라고 하였다.

去薤畦中枯葉, 下水加糞.

【四十三】 貯神水: 立春日貯水, 謂之神水, 釀酒不壞.

【四十四】 耕地: 齊民[四]要術云, 比月耕地, 一當五.

이하고 물을 주며 잘 썩은 거름을 준다."라고 하였다. 『사시찬요』의 이 조항은 곧 부추 종류에서 염교를 말하는 것이다. 『농상집요』에서는 『제민요술』의 이 조항을 인용하여 『사시유요(四時類要)』라고 쓰고 있는데, 문장은 전부 동일하다. 묘치위의 교석본에서는 『사시유요』가 실제로 곧 『사시찬요』라고 하였다. 모리야 미쓰오[守屋美都雄]의 『四時纂要: 中國古農書·古歲時期の新資料』의 해제에서 『농상집요(農桑輯要)』에 등장하는 『사시유요』의 문장과 『사시찬요』의 문장을 비교한 결과 양자의 구문(構文)은 대부분 같으나, 글자가 다소 첨삭된 것이 차이점이라고 한다.

120) 이 항목은 이름이 같은 한악의 『세화기려(歲華紀麗)』 「정월」 조항에 "신수를 저장함으로써 그 효력이 상세했다."라는 문장 아래의 주에서 "四時要"를 인용한 문장과 완전히 동일하다. 『사시요』는 분명히 『사시찬요』에서 '찬'자가 빠진 것 같다.

121) "『제민요술』에서 이르길,"이라 칭한 것은 사실 『제민요술』 권1 「밭갈이[耕田]」 편에서 『범승지서(氾勝之書)』를 인용한 것이다. 『범승지서』에 이르길, "봄에 얼었던 것이 풀리고 땅의 기운이 통하기 시작하면, 토양은 처음으로 부드럽게 풀린다. … 이때 땅을 갈면 한 번 갈아도 평상시에 다섯 번 갈이하는 효과가 있다."라고 하였다.

【45】 밀밭 김매기[鋤麥]

이달에 밀밭을 호미질한다. 두 차례 하면 좋다.[122] 또 봄밀[春麥]을 파종할 수 있다.[123]

【46】 정지하여 외 파종하기[塲瓜地][124]

이달에 쟁기로 땅을 갈아 이랑을 만든다. 방법은 겨울 중에 외 씨[瓜子]를 취하여 수 개[125]의 따뜻한 소똥 속에 끼워 넣어 얼린 후 모아서 그늘에 둔다. 정월이 되면 밭을 갈아 엎어 고랑을 따라 소똥을 펴서[126] 파종하는

【四十五】鋤麥: 是月鋤麥. 再遍爲良. 又種春麥.

【四十六】塲[5]瓜地: 是月以犁塲其地. 法, 冬中取瓜子, 每數介內熱牛糞中凍之, 拾取聚置陰地. 至正月, 耕地, 逐

---

122) 『제민요술』권2 「보리・밀[大小麥]」 편에서 "정월, 이월에 끌개[勞]로 덮고 평탄 작업을 하고 호미질을 한다. 삼월, 사월에는 끝이 뾰족한 (발토용 농구인) 봉(鋒)으로 땅을 일으키고 다시 호미질한다."라고 하였고, 원주(原註)에서는 "김을 매면 밀의 수확이 배로 증가하며, 껍질이 얇고 가루도 많아진다. 봉(鋒)과 호미로 김매고 끌개[勞]로 덮고 평탄 작업하는 것을 각각 두 차례씩 하면 좋다."라고 하였다.

123) 『제민요술』권2 「보리・밀[大小麥]」 편에서 『범승지서』를 인용한 것에는 "봄에 얼었던 것이 풀리면, 밭을 갈아 흙을 섞고 선맥(旋麥)을 파종한다."라고 하였다. 이 '선맥'은 곧 춘맥(春麥)을 의미하는데 『사민월령』을 인용한 것에는 "정월에 춘맥을 파종할 수 있다."라고 하였다.

124) 이 항목은 원래 『제민요술(齊民要術)』권2 「외 재배[種瓜]」 편에 나오며, 원문은 "겨울에 외 몇 개를 따뜻한 소똥 속에 넣고, 얼면 즉시 모아서 그늘진 곳에 쌓아둔다. 정월에 땅이 풀리면 즉시 갈아엎어서 습기가 있을 때 파종한다. 대략 사방 1보(步)에 1말[斗]의 거름을 주며, 땅을 갈아서 그 위에 흙을 덮어 준다. (그러면) 싹이 건강하고 무성하게 자라서 일찍 익는다.[冬天以瓜子數枚, 內熱牛糞中, 凍卽拾聚, 置之陰地. 正月地釋卽耕, 逐塲布之, 率方一步, 下一斗糞, 耕土復之. 肥茂早熟.]"라고 하는데, '장(塲)'은 '장(塲)'과 같다.

125) '개(介)': 【중각본】과 【필사본】에서는 '个'는 모두 '介'로 쓰고 있다. 【중각본】의 '每數介'의 '介'는 곧 '个'이다. 최근에 발견된 【계미자본】에서는 '个'자로 쓰고 있다. 『사시찬요』에는 단지 개별적으로 '箇'자를 사용하고 나머지는 모두 '介'자로써 '个'자를 대신하고 있다.

126) 【중각본】에는 '장(塲)'으로 되어 있으나, 묘치위의 교석본에서는 '장(塲)'으로

데, 한 보步마다 소똥 한 덩어리를 넣어 쟁기로 갈아 흙을 덮는다. 외[瓜]가 무성하게 자라며 빨리 익는다.

場⑥布種之, 一步一下糞塊, 耕而覆之. 瓜生則茂而早熟.

【47】 동과 파종[種冬瓜]127)

이달 그믐날 담장 가를 따라 구덩이를 파서 동과를 심는다. 구덩이의 둘레가 2자[尺], 깊이 5치[寸]로 하여 거름을 주고 파종한다. 모의 덩굴이 자라면 나무막대[柴]를 담장 위에 걸쳐서 덩굴이 뻗어 올라가게 한다. 매일 오후에 물을 준다.

【四十七】種冬瓜: 是月晦日, 傍墻區種之. 區圓二寸, 深五寸, 著⑦糞種之. 苗生, 以柴引上墻. 每日午後澆之.

【48】 아욱 파종하기[種葵128)]

그믐날에 종자를 심는데, 이는 신선이 파종하는 방법이다.129) 심을 때가 이르면 반

【四十八】種葵: 晦日種之, 神仙種法. 臨種必須乾曝

적고 있다. '장(場)'의 음은 '상(傷)'이고, 글자는 상(蜴) 변이어야 하며, 이것은 오늘날의 '적(塲)'이다. '축장(逐場)'은 곧 '창적(搶塲)'이다. 이 글자는 잘못 인식하기 매우 쉬운 글자라 민간에서는 '장(場)'으로 쓰는데 『제민요술』에 근거하여 바르게 고쳤다고 한다.

127) 이 항목은 원래 『제민요술』 권2 「외 재배[種瓜]」편의 '종동과법(種冬瓜法)'에 나온다. 묘치위의 교석본에 따르면, 원문은 "담장 옆 음지 땅에 구덩이를 만드는데, 원의 직경은 2자[尺], 깊이 5치[寸]로 하며 숙분과 흙을 섞어 넣어 준다. 정월 그믐에 파종하며, 얼마 있다가 싹이 자라나게 되면 나무막대기를 담장에 기대어 두어 그 덩굴이 올라가도록 한다. 가물면 물을 준다.[傍牆陰地作區, 圓二尺, 深五寸, 以熱糞及土相和. 正月晦日種, 旣生, 以柴木倚牆, 今其緣上. 旱則澆之.]"라고 한다. 『종예필용(種藝必用)』은 『사시찬요』를 초사하여 내용이 동일하다. 따라서 '이촌(二寸)'의 '寸'은 '척(尺)'의 잘못이다.

128) '규(葵)'는 현재 식물학 서적에서는 동규(冬葵; *Malva verticillata. L.*)라고 칭하며, 또한 규채(葵菜)·동한채(冬寒菜)이다.[또는 동현채(冬莧菜)라고도 쓴다.] 현재 강서·호남·사천 등의 성에서 여전히 재배되고 있다.

129) 아욱을 파종하는 것에 관한 그 방법은 『제민요술』 권3 「아욱 재배[種葵]」편에

드시 종자를 햇볕에 말려야 한다.130) 그 종자
는 세월이 가더라도 눅눅해지지 않는다.131)
비옥한 땅이 좋으나 묵은 연작지에서 더욱
잘 자란다.132) 지력이 척박하면 거름을 준다.

아욱은 모름지기 밭이랑에 심고, 물을 주
어야 한다. 밭이랑의 길이는 2보步, 넓이는 1
보步로 하는데, 이랑이 너무 크면 물이 고르게
전달되지 못한다. 다른 채소밭 두둑도 이와
같이 한다. 땅을 깊이 파서 잘 부숙된 거름을

子. 其子千歲⑧不暍.
地不厭良, 故彌善.
薄則糞之.

葵須畦種水澆. 畦
長兩步, 闊⑨一步,
大則水難勻. 他畦倣
此. 深掘, 以熟糞和
中半, 以鐵齒杷耬之

서 따온 것이나 심는 날짜는 다르다. "그믐날에 종자를 심는데, 신선이 파종하는
방법이다.[晦日種之, 神仙種法.]", "만약 짚과 풀을 덮어 주면, 겨울이 지나도 종
자를 거둘 수 있다. 이를 일러 '동규자(冬葵子)'라고 하는데, 약재로도 사용된다.
[若以積草蓋, 經冬收子. 謂之冬葵子, 入藥用.]"라고 하였는데 이들 문장은 『사시
찬요』의 본문과 동일하다. 심는 시기를 보면, 『제민요술』에서 춘규(春葵)를 이
랑에 심는 것은 봄이고, 본전[大田]에 심는 춘규(春葵)는 지난해 10월 말이나 금
년 정월 말에 심고 있다.

130) '살(㬠)'은 '쇄(曬)'와 같다.
131) '갈(暍)'의 원래 의미는 '더위를 받아 열로 상하게 된다'라는 것이다. 이것과 『제
민요술』의 '읍(裛)' 혹은 '읍(浥)'은 서로 같은데(『사시찬요』에서는 전부 '갈(暍)'
로 표기하고 있다.), 습기로 인해 발열하여 종자가 쭈그러들고 상하게 되는 것을
가리킨다. 본문의 "臨種必須乾曬子. 其子千歲不暍."에 대해, 『제민요술』 권3 「아
욱 재배[種葵]」편에서는 "(아욱을) 파종할 시기에는 반드시 아욱 종자를 햇볕에
잘 말린다.[臨種時, 必燥曝葵子.]"라고 하며, 주에서는 "아욱 종자는 비록 1년이
지나도 뜨거나 눅눅해지지 않지만, 종자에 습기가 있으면 곰팡이가 생겨 건강하
게 자라지 못한다.[葵子雖經歲不浥, 然濕種者㾕而不肥也.]"라고 하였다. 묘치위
는 종자를 파종할 때 햇볕에 종자를 말리면 배아의 생명력을 증진시키는 작용이
있어, 싹이 고르게 나고 병에 대한 저항력도 비교적 강해 생장이 왕성해지니, 『제
민요술』에서는 젖은 종자를 파종하는 폐단을 설명한 것이다. 『사시찬요』에서는
"그 종자는 세월이 가더라도 눅눅해지지 않는다.[其子千歲不暍.]"라고 한 것은
그 종자가 쉽게 손상되지 않고 수명이 매우 길다는 것을 말하는 것이다.
132) '고(故)'는 『종예필용(種藝必用)』에서 『사시찬요』를 초사한 부분과 동일한데,
『제민요술』에서는 '故墟'라고 적었다. 비록 '故彌善'이라고 억지로 해석할 수 있
을지라도 실제로는 '墟'가 빠진 것이다.

(흙과) 반쯤 섞어[133] 쇠스랑으로 갈아 땅을 부드럽게 한다. 발로 밟아서 단단하고 평평하게 한다. 물을 주어 약간 촉촉하게 하여 아욱 종자를 심는다. 재차 거름과 흙을 섞어 그 위에 덮어 주는데, 두께는 한 치[寸]로 한다.

아욱에 잎이 나온 후에 한 차례 물을 준다. 물은 아침·저녁으로 준다.

아욱 잎을 한번 딸 때마다 바로 흙을 파 일으켜 물[134]을 주고 거름을 준다. 세 번 따고 나면 곧 다시 파종한다. 가을에 잎을 딸 때는 모름지기 서리가 사라질 때까지 기다린 후에 딴다.

아욱 종자를 거둘 때는 서리가 내릴 때까지 기다린다. 만약 (서리가 내린 이후에도 수확하지 못했다면) 짚과 풀을 덮어 주면 겨울이 지나도 종자를 거둘 수 있다. 이를 일러 '동규자冬葵子'라고 하는데, 약재로도 사용된다.[135]

令熟.　足躡令堅平. 下水令微濕滲, 下葵子.　又取和糞土蓋之, 厚一寸.

葵生葉, 然後一澆. 澆以早暮.

每一掐,　即爬糅地令起, 下以加糞. 三掐即更種.　秋掐須俟[10]露晞.

收葵子須俟霜降. 若以穰草蓋, 經冬收子. 謂之冬葵子, 入藥用.

---

133) "以熟糞和中半"은『종예필용』에서『사시찬요』를 초사한 것과 동일한데,『제민요술』권3「아욱 재배[種葵]」에서는 "以熟糞對半和土覆其上."이라고 적고 있다.

134)【중각본】『사시찬요』에서는 '이(以)'라고 적고 있는데, 묘치위의 교석본에서는『제민요술』에 의거하여 '수(水)'로 고쳐 쓰고 있다.

135)『신농본초경(神農本草經)』의 '동규자(冬葵子)'에 대한 도홍경(陶弘景)의 주에 이르길, "가을에 아욱을 파종한 것을 잘 덮어서 겨울을 넘기고 봄이 되어 종자를 따는데, 이를 일러 동규(冬葵)라고 한다. 대부분 약재로 사용되며, 기관을 부드럽게 하여 담석을 배출할 수 있다."라고 하였다. 아울러 봄의 아욱씨도 비록 기관을 부드럽게 해 주지만 동규자와 같지 않기 때문에 약으로 쓸 수 없다.『사시찬요』의 이 문장은 원래는『신농본초경』에서 나온 것이다.

【49】 나무 접붙이기[接樹][136]

정월에 도끼자루[斧柯] 굵기와 팔뚝 굵기만한 나무뿌리[樹本]를 취하면 모두 접붙일 수 있는데, 이를 일러 대목[樹砧; 臺木]이라 한다. 만약 대목이 약간 굵다면, 곧 땅에서 한 자[尺] 정도 떨어진 거리에서 자른다. 만약 땅에서 가까운 곳을 자르면, 땅의 기운이 아주 강해서 접붙이는 나무를 조여 죽이게 된다. 나무가 다소 가늘다면 곧 땅에서 7-8치[寸] 떨어진 부분을 자른다. 만약 대목이 작은데 높이 자르면 땅의 기운[地氣]을 받기 어렵다. 모름지기

【四十九】 接樹:

右取樹本如斧柯大及臂大者, 皆可接, 謂之樹砧. 砧若[11]稍大, 即去地一尺截之. 若去地近截之, 則地力大壯矣, 夾煞所接之木. 稍小即去地七八寸截之. 若砧小而高截, 則地氣難應. 須以細齒鋸截鋸, 齒

---

136) '접수(接樹)'에 관하여 『제민요술(齊民要術)』 권4 「배 접붙이기[挿梨]」편에 기록된 것과 비교하면 발전이 있다. 『제민요술』은 단지 배나무와 감나무 두 종류의 접붙이기법이 기록되어 있지만, 『사시찬요(四時纂要)』에서는 곧 같은 류의 나무는 모두 접붙이기 할 수 있다고 지적하고 있다. 대개 접붙일때, 약간 큰 나무의 대목은 조금 높게 자르고, 나무가 작은 것은 낮게 자른다. 가지[接穗]는 반드시 두 마디가 필요한데, 꼭 2년 자란 양지를 받은 가지여야 한다. 꽂을 때에는 느슨하고 모인 정도가 적당해야 하며, 삽입한 후 같은 종류의 나무껍질로 상처부위를 감아서 외부의 좋지 않은 환경의 영향을 줄이거나 막는다. 대목의 끝부분을 진흙으로 봉하고, 아울러 종이로 감싸고 삼끈으로 단단하게 묶어서 진흙이 떨어지는 것을 방지한다. 맨 마지막에는 가시를 이용해 대목의 주위를 둘러싸서 보호함으로써 어떠한 물체가 접붙이는 가지에 접촉하여 손상을 입히는 것을 막는다. 묘치위는 교석에서, 본 조항의 전문(全文)은 『농상집요(農桑輯要)』 권5 「접제과(接諸果)」 조항에서 그 제목을 『사시유요(四時類要)』에서 인용했다고 하였으나, 실제로 이것은 『사시찬요(四時纂要)』라고 한다. 『사시찬요』의 "폭이 반치인 같은 종류의 나무껍질로 대목의 가장자리와 접붙인 나무의 접합부분에 생긴 상처부위를 감는다.[闊半寸, 纏所接樹砧緣瘡口.]"라는 사료는 『농상집요』에서 "長尺餘, 闊三二分, 纏所接樹枝幷砧緣瘡口."라고 인용하였다. 그리고 "仍以紙裹頭" 위에는 『농상집요』에서 "맞은편에 접붙일 또 다른 접수도 이와 같은 방법으로 진흙을 바른다.[對挿一邊, 皆同此法泥訖.]"라는 말을 삽입하고 있는데, 이것은 『사시찬요』보다 상세하다. 그러나 『농상집요』에서 인용한 것에는 빠진 것과 잘못된 부분도 적지 않다고 한다.

이빨이 가는 톱니로 잘라야 하는데, 톱니가 거칠면 대목의 껍질이 손상될 수 있다. 잘 드는 칼로 대목 가장자리 부분을 서로 마주보게 쪼개되 깊이를 한 치로 하고, 각 대목에 두 개의 가지를 서로 마주 보게 접붙인다. 모두 살아나서 새 잎이 나게 되면 두 가지 중에 약한 것은 제거한다.

접붙이는 나무[接樹]는 양지쪽에서 젓가락 굵기만 한 가늘고 연한 가지를 택하는데, 길이는 4-5치 정도로 한다. 음지에서 자라는 가지는 열매가 작다. 가지에는 모름지기 두 마디가 있어야 하고, 또 2년이 된 가지여야 바야흐로 접붙일 수 있다. 접붙일 때에는 (접붙이는 가지의) 한끝을 약간 비스듬히 깎아서 대목에 넣는데, 대목 가장자리의 쪼갠 것을 끼우되, 5푼[分] 정도로 끼운다. 끼울 때는 깎인 양쪽 부분이 대목 양쪽 껍질 부분과 만나게 하여 끼우고, 대목껍질부분과 잘 합해지도록 하는데 느슨한 정도가 적당해야 한다. 너무 느슨하면 양분[陽氣]이 가지에 전해지지 않고, 심하게 조이면 접붙인 가지가 끼어 죽기에, 매우 세심한 주위가 필요하다.

가지를 꽂을 때 별도로 폭이 반 치[寸]인 같은 종류의 나무껍질 한 조각[137]을 취해서 대목의 가장자리와 접붙인 나무의 접합부분

虎即損其砧皮. 取快刀子於砧緣相對側劈開, 令深一寸, 每砧對接兩枝. 候俱活, 即待葉生, 去二枝之弱者.[12]

所接樹, 選其向陽細嫩枝如筯大者, 長四五寸許. 陰枝即小實. 其枝須兩節, 兼須是二年枝方可接. 接時微批一頭入砧處, 插入砧緣[13]劈處, 令入五分. 其入須兩邊批所接枝皮處, 插了, 令與砧皮齊切, 令寬急得所. 寬即[14]陽氣不應, 急即力大夾殺, 全在細意酌度.

插枝了, 別取本[15]色樹皮一片, 闊半寸, 纏所接樹砧緣瘡

---

137) 『농상집요』에서 본서를 인용한 것에 의하면 여기에 '길이는 한 자 정도[長尺餘]'라는 말이 추가되어 있다.

에 생긴 상처부위[138]를 비가 들어오지 않게 감는다. 감고 나면 즉시 황토로 봉하고 그 대목과 가지 끝은 모두 이 방법과 같이 진흙으로 봉한다. 이내[139] 바깥면은 종이로 접붙인 가지 끝을 감싸고 삼 껍질로 두르는데, 그것은 진흙이 떨어지는 것을 막기 위함이다. 대목 위에 잎이 나면 곧[140] 둘렀던 것을 제거한다. 이후 재거름으로 그 대목뿌리부분을 덮어 준다. 바깥쪽에는 가시 달린 멧대추나무를 둘러 외부와 차단하여 보호하고, 어떠한 (가축 등의) 물체가 그 뿌리와 가지를 건들지 못하게 한다. 봄비를 맞으면 더욱 잘 자란다.

그 열매 속의 씨가 서로 비슷한 것으로 (예컨대) 능금나무·배를 모과의 대목 위에 접붙이거나 밤을 상수리나무의 대목 위에 접붙여도 모두 살아나는데, 이는 대개 서로 유사하기 때문이다.

口, 恐雨入. 纏了即以黃泥封之, 其砧面幷枝頭, 並令如法泥訖. 仍以紙裹⑯頭, 麻纏之, 恐其泥落故也. 砧上有菜生, 即旋去之. 仍以灰糞擁其砧根. 外以刺棘遮⑰護, 勿使有物撥動其根枝. ⑱ 春雨得所, 尤易活.

其實內子相類者, 林擒⑲、梨向木瓜砧上, 栗向櫟砧上, 皆活, 蓋是類也.

【50】 염교 심기[薤]
한 구덩이[科]마다 한 줄기[莖]를 심는다.

【五十】薤: 每一科一莖.

---

138) '창(瘡)'은 '창(創)'과 통한다. 같은 종류의 나무껍질로 상처부위를 감아서 봉하는 것으로, 목적은 외부의 좋지 않은 환경의 영향을 줄이거나 막기 위함이다. 현재에는 밀랍을 바르는[塗蠟] 방법을 채용하는데, 활착률[成活率]이 매우 높다.

139) '잉(仍)'은 육조(六朝)·수(隋)·당(唐) 시기에는 늘 '내(乃)'자를 사용했으며, 『농상집요(農桑輯要)』에서 『사시찬요(四時纂要)』를 인용한 것에는 '내(乃)'라고 쓰고 있다.

140) '즉선(卽旋)'은 '즉시'라는 의미이다. 이달 【57】 항목의 '선(旋)' 또한 의미는 동일하다.

【51】 여러 가지 심기[雜種]¹⁴¹⁾

이달에는 완두[豍豆]¹⁴²⁾·파[葱]·토란[芋]· 마늘[蒜]·외[瓜]·표주박[瓠]·아욱[葵]·여뀌 [蓼]·거여목[苜蓿]·찔레[薔薇]¹⁴³⁾ 등의 종류를 심 는다.

【52】 나무 옮겨심기[栽樹]¹⁴⁴⁾

무릇 나무를 심을 때는 반드시 (원래의) 남쪽과 북쪽 방향의 가지를 표시해 두어야 한다. 구덩이에 물을 부어 걸쭉한 진흙[泥] 상 태로 만들어 즉시 나무를 옮겨 심는다. 나무 를 흔들어서 진흙이 뿌리 속으로 들어가도록 하는데, 뿌리 네 면에 흙이 들어가게 하여 단 단하게 잘 채워 준다. 위 면에는 푸석푸석한 흙[浮土]을 3치[寸] 정도 덮어 준다. 뿌리를 메울 때는 반드시 깊어야 한다. 물을 줄 때는 항상 젖도록 한다. 손으로 잡거나 가축[六畜]이 (머리

【五十一】雜種: 是月種豍豆、葱、 芋、蒜、瓜、瓠、 葵⑳、蓼、苜蓿㉑、 薔薇之類.

【五十二】栽樹: 凡栽樹, 須記南北 枝. 坑中著水作泥, 即下樹栽. 搖令泥入 根中, 即四面下土堅 築. 上留三寸浮土. 埋須是深. 澆令常 潤. 勿令手近及六畜 觝觸.

---

141) 본 항목의 '잡종(雜種)'은 '찔레'를 제외하고는 모두『사민월령(四民月令)』「정 월」편에 보인다. 아욱[葵]의 파종은 이달 【48】 항목과 중복(비록 여기에서는 【48】과 같이 그믐날에 한정한 것은 아니다.)되는데,『사시찬요』가『사민월령』 에 근거하여 초사했을 가능성이 있다. 또『종예필용(種藝必用)』의 이 조항은『사 시찬요』를 초사한 것이다.

142) '비두(豍豆)'는 완두를 가리키는 듯하다. 그러나 「오월」편 【59】 항목에는 별 도로 "收 … 豌豆 … 子"가 있고, 「시월」편 【34】 항목에는 별도로 완두파종이 있 는데, '비두'는 최식(崔寔)의『사민월령』에서 초사하였음을 반영하는 것이다.

143)『본초강목』에서는 찔레를 장미라고 쓰고 있다. 와타베 다케시[渡部 武]의 역 주고에 의하면 관상용이 아니며,『신농본초경』권1의 사료에 근거하여 그 열매 는 악성종기의 약으로 사용된다고 한다.

144) 본 항목의 제1 단락은『제민요술』권4「나무 옮겨심기[栽樹]」로부터 채용한 것이다.

로) 들이받게 해서는 안 된다.

무릇 모든 나무는 정월 15일 이전이 가장 좋은 (옮겨심기) 시기이며, 그렇게 하지 않으면 열매가 맺히지 않는다.145)

凡一切樹, 正月十五日已前上時, 無多子.

【53】 뽕나무 심기[種栾]146)

노상魯栾147)의 오디를 따서 물에 일어 종자를 취해서 햇볕에 말린다. 땅을 부드럽게 갈고 이랑에 파종하는데, 그 방법은 아욱[葵]의 파종법과 같다. 흙은 두텁게 덮어서는 안

【五十三】 種栾:
收魯栾椹, 水⊠淘取子, 曝乾. ⊠ 熟耕地, 畦種如葵法. 土不得厚, 厚即不生. 待高

---

145) 『제민요술』권4「나무 옮겨심기[栽樹]」편에서『사민월령』을 인용한 것에는 "정월 초하루부터 그믐에 이르기까지 여러 나무를 옮겨 심을 수 있는데, 즉 대나무 · 옻나무 · 오동나무 · 개오동나무 · 소나무 · 측백나무와 각종 잡목을 심을 수 있다. 과일이 달리는 나무는 반드시 보름까지 옮겨 심는 것을 마쳐야지, 15일이 지나면 열매가 적게 맺힌다.[正月自朔暨晦, 可移諸樹, 竹漆桐梓松柏雜木. 唯有果實者, 及望而止, 過十五日, 卽果少實.]"라고 하였다.

146) 본 항목의 제1단락은『제민요술』권5「뽕나무 · 산뽕나무 재배[種桑柘]」편에서 아래와 같이 기록하길 "뽕나무 오디가 익을 때 검은 노상의 오디를 수확한다. 당일에 딴 오디를 물에 일어 종자를 취하여 햇볕에 말린다. 이내 이랑을 지어 파종한다.(注:이랑을 짓고 물을 주는 모든 작업은 아욱을 파종하는 방법과 동일하다.) (이랑은) 항상 호미로 김을 매어서 깨끗하게 해 준다. 이듬해 정월에 묘목을 다시 옮겨 심는다. … 옮겨 심은 후 2년간은 신중히 하여 잎을 따거나 가지를 쳐서는[採沐] 안 된다. 가지가 팔뚝 굵기로 자라면 정월 중에 다시 옮겨 심는다. 대개 10보에 한 그루씩 심는다."라고 하였다. 묘치위의 교석본을 참고하면,『사시찬요』에서 임시 심기[假植]를 하지 않는 것이『제민요술』과 다르며, 그 시기 또한 동일하지 않다.『농상집요(農桑輯要)』에서는 "종자는 마땅히 새 오디를 사용해야 하고 묵은 것을 사용해서는 안 된다."라고 한다. 현재에도 새 오디를 파종하며,『사시찬요』에는 정월에 파종하고 있다.『사시찬요』의 "土不得厚"부터 이 항목의 끝까지는『제민요술』의 문장이 아니다.『농상집요』에서는 "土不得厚"에서 "又上糞土一徧"에 이르기까지를 인용하여 기록하고 있다.

147) '노상(魯栾)'은『농상집요』권3「재상(栽桑)」편의 협주(夾註)에서 "뽕나무 종자는 아주 많은데 … 잎이 둥글며 두껍고 진액이 많은 것이 특징이다. 무릇 가지와 줄기와 잎이 통통한 것은 모두 노상의 종류이다."라고 한다.

되는데 두터우면 싹이 나지 못한다. (싹이) 한 자[尺] 정도로 자라면 그 위에 거름 섞은 흙[糞土]을 한 차례 덮어 준다. 4-5자[尺] 높이로 자라면 항상 깨끗하게 김매주어야 한다. 이듬해 정월에 옮겨 심는다.

백상[白桑]의 오디는 열매가 적어 휘묻이[壓條]하여 번식한다. 갓 수확한 오디를 바로 파종해도 좋지만, 오직 음지[陰地]에 심어야 하며, 자주 물을 주는 것이 좋다.[148]

【54】 뽕나무 옮겨심기[移桑]

정월·2월·3월에 모두 옮겨 심을 수 있다. 땅을 5-6차례 부드럽게 갈아 5보[步]에 한 그루씩 심고 (그루마다) 거름[糞] 2-3되[升]를 준다. 초가을이 되면 뿌리 밑을 괭이질[斸]한 후 다시 거름을 주고 흙을 북돋운다.[149] 3년이

一尺， 又上糞土一遍． 當四五尺，常耘令淨． 來年正月移之．

白桑無子，壓條種之． 纔收得子便種，亦可， 只須於陰地，頻澆爲妙．

【五十四】移桑： 正月、二月、三月並得．熟耕地五六遍，五步一株，著糞[24]二三升． 至秋初， 斸[25]根下， 更著糞培土．

---

148) 본문의 "白桑無子"를 오디가 없다고 번역하게 되면 뒷 문장과 서로 호응하지 않기 때문에 열매가 적게 달린다고 해석하였다. 묘치위도 선독에서 비슷한 해석을 하고 있다. "白桑無子"의 이 단락은 『종예필용(種藝必用)』에서 『사시찬요』를 초사한 것과 동일한데, 다만 틀린 글자가 있다. 『농상집요』 권3에서 『박문록(博聞錄)』을 인용하여 "백상(白桑)은 오디가 적게 맺혀서 휘묻이[壓條]로 재배한다. 만약 백상의 씨가 있다면 바로 파종할 수 있는데 모름지기 음지에 파종해야 한다. 백상의 잎은 두툼하고 커서 생산된 고치가 무겁고, 튼실하여 고치에서 생산된 실이 일반적인 누에고치보다 배나 많다."라고 하였다. 원말(元末) 유정목(兪貞木)의 『종수서(種樹書)』 「정월」편에 백상(白桑)의 파종이 기재되어 있다. '무자(無子)'는 마땅히 '소자(少子)'의 잘못이다.

149) 『제민요술』 권5 「뽕나무·산뽕나무 재배[種桑柘]」편에는 아래와 같이 기록되어 있다. "이듬해 정월에 묘목을 다시 옮겨 심는다.(注: 2월[仲春], 3월[季春]에도 옮겨 심을 수 있다.) 간격은 대개 5자에 한 그루씩 심는다. 뽕나무 아래에는 항상 괭이로 파서 녹두(綠豆)와 소두(小豆)를 심는다."라고 하였다. 『제민요술』은 임시 심기[假植]를 해서 "5자[尺]에 한 그루씩 심는다."라고 하였고, 『사시찬요』는

되면 뽕잎을 딸 수 있다. 매년 시기에 맞춰 가지치기를 한다.[150] 네 방향으로 뻗은 가지를 새끼[繩]에 돌을 매달아 가지를 아래로 늘어지게 하고, 중심 줄기 또한 굽어지게 하되 곧바로 자라게 해서 뽕잎 따기를 어렵게 해서는 안 된다.

【55】 개오동나무 심기[種梓][151]
이달에 종자를 파종하여 이듬해 정월에 옮겨 심는데, (그 방법은) 뽕나무 심는 법과 동일하다.

【56】 대나무 심기[種竹][152]
높고 평평한 곳이 적합하다. 서남쪽으로

三年即堪採. 每年及時科斫. 以繩繫石墜四向枝令婆娑, 中心亦屈却, 勿令直上難採.

【五十五】㉖ 種梓: 以此月下子, 明年以此月移之, 同桼法也.

【五十六】 種竹: 宜高平處. 取西南引

바로 심기[定植] 때문에 "5보[步]마다 한 그루씩 심는다."라고 하였다. "3년이 되면 뽕잎을 딸 수 있다."라는 이하의 문장은 『사시찬요』의 내용이다.

150) '과작(科斫)'은 가지치기의 의미이다. 나누어 설명하면 '작(斫)'은 중심 줄기의 나뭇가지 끝을 자르기는 것이고, '과(科)'는 곁가지[旁枝]를 자르는 것이다.

151) '종재(種梓)'에서 '재(梓)'는 네이버 사전에서는 '가래나무'라고 설명하고 있는데, Baidu 백과사전에서 이 글자의 학명을 찾아 다시 검색을 하면 '개오동나무'라고 한다. 한편 '추(楸)'는 네이버 사전에서는 개오동나무, 가래나무, 호두나무 등으로 해석하고 있어 양자를 글자상으로 구분하기가 쉽지 않다. 그래서 본서에서는 '추(楸)'를 가래나무로 번역하였음을 밝혀 둔다. 묘치위의 교석본에서는 『제민요술』 권5「홰나무・버드나무・가래나무・개오동나무・오동나무・떡갈나무의 재배[種槐柳楸梓梧柞]」편에 근거하여 개오동나무[梓]는 가을 말에서 겨울 초에 종자를 파종해서 이듬해 정월에 옮겨 심는다고 한다.

152) 본 항목의 첫 번째 단락 내용은 대략 『제민요술』 권5「대나무 재배[種竹]」편과 동일하나, 『제민요술』에는 "발로 밟아선 안 되는데, 밟으면 죽순이 자라나지 않는다.[勿將脚踏, 踏則笋不生.]"라는 구절이 없다. 아래 단락은 『사시찬요』의 내용이다. 『농상집요』 권6「종죽(種竹)」조에는 본 항목의 일부와 『제민요술』과 다른 내용을 따서 인용하면서 제목에는 『사시유요(四時類要)』라고 쓰고 있으나 사실은 『사시찬요』이다. 장복(張福)의 『종예필용보유(種藝必用補遺)』에서는 전

뻗은 대나무 뿌리 위에 자란 대를 파내어 나뭇가지 끝의 잎을 제거하고, 뜰의 동북 모퉁이에 옮겨 심는다. 구덩이 깊이는 2자[尺]로 한다. 구덩이에 물을 부어 묽은 진흙 상태로 만들어 즉시 대나무를 옮겨 심는다. 흙을 채우고 덮는데, 공이[杵]로 두드려 다지되 발로 밟아선 안 되는데, 밟으면 죽순이 자라나지 않는다. 덮는 흙은153) 5치[寸] 두께로 한다.

대나무는 손으로 잡거나 손과 얼굴을 씻은 기름기154) 있는 물을 주는 것을 꺼려 하는데, (그렇게 하면) 곧 말라 죽는다. 대나무의 성질은 서남쪽으로 뻗는 것을 좋아하므로 동북쪽에 심는다.155)

【57】 수양버들 심기[種柳]156)

굵기가 팔뚝만 하고 길이가 6-7자[尺]인

根者, 去梢葉, 院中東北角栽種之. 坑深二尺許. 作稀泥於坑中, 即下竹栽. 以土覆之, 杵築定, 勿將脚踏, 踏則笋不生. 土厚五寸.

竹忌手把及洗手面肥水澆著, 即枯死. 竹性好西南, 故於東北種之.

【五十七】 種柳:

取青嫩枝如臂大, 長

조항을 초사하여 수록하였다. 청(淸)대 진호자(陳淏子)의 『화경(花鏡)』 '죽(竹)' 조항에 이르길, "흙을 덮은 후에는 발로 밟아선 안 되며, 다만 방망이로 내리치고 말똥과 간 겨를 덮어 주면 이듬해 바로 죽순이 난다."라고 하였다.

153) 『제민요술』에는 '토(土)' 앞에 '복(覆)'자가 있다.

154) 『농상집요』에서는 '비(肥)'를 '지(脂)'라고 쓰고 있기 때문에 와타베 다케시[渡部 武]의 역주고에서는 이에 근거하여 해석하고 있다.

155) 와타베 다케시[渡部 武]는 역주고에서, 『제민요술』권5 「대나무 재배[種竹]」 편의 "대나무의 성질은 서남쪽으로 뻗어 나가길 좋아하기 때문에 뜰의 동북 모퉁이에서 심으면 수년이 지난 이후에는 그 뜰이 가득 차게 된다고 한다. 민간에서 이르길 동가(東家)에서는 대나무를 심고, 서가(西家)에서는 경작을 하면 부가 점점 생겨난다."라는 구절을 그 이유로 제시하고 있다.

156) 본 항목은 기본적으로 『제민요술』권5 「홰나무·버드나무·가래나무·개오동나무·오동나무·떡갈나무의 재배[種槐柳楸梓梧柞]」편의 버드나무 심는 방법과 동일하지만 오직 꺾꽂이와 꺾꽂이방법은 『제민요술』에서 취하였다. 그 방법은 "길이가 한 자[尺] 반 정도의 가지를 취해 아래쪽 2-3치[寸] 부분을 불에 태워

푸르고 연한 가지를 취하여, 아래 끝 2-3치[寸]를 불에 태워서, 2자 전후를 땅속에 묻고 항상 물을 준다. 가지가 한꺼번에 나오면 무성한 가지 하나만 남기고, 나무막대를 세워 버팀목으로 하여,157) 끈으로 묶어 고정하면158) 바람에도 흔들리지 않게 한다. 1년이 되어 다시 크게 자라면 제때 곁가지를 제거한다. 습지에서 재배하면 더욱 좋다.

六七尺, 燒下頭三二寸㉗, 埋二尺已來, 常以水澆. 苗俱出, 留一茂者, 豎一木作依, 以繩縛定, 勿令風動. 一年便大, 但旋去傍枝. 尤宜濕地.

【58】 소나무와 잣나무 및 잡목 옮겨심기

[松柏雜木]

이달이 모두 옮겨심기 좋은 시기이다. 오직 과일나무는 초하루에서 보름에 걸쳐 심는데, 그 기간이 지나면 열매를 적게 맺는다.159)

속언에 이르길, "1년의 수지를 맞추려면 곡물을 심고, 10년의 수지를 맞추려면 나무

【五十八】松柏雜木: 此月並是良時. 唯果樹從朔及望而止, 過即少子.

俗云, 一年計, 樹之以穀. 十年計, 樹

서 땅속에 묻고 흙으로 덮는다."라고 한다. 위 내용과『제민요술』은 동일하지 않으나,『농상집요』는 이를 인용하여 쓰고 있다.

157) '의(依)'는『설문』에 이르길, "의지하다.[倚也.]"라고 한다. 두 글자[依, 倚]는 서로 통용할 수 있는데, 예컨대 '의뢰(依賴)'는 또한 '의뢰(倚賴)'라고 쓴다. 여기서는 곧 의지하다[依靠], 지탱하다는 의미로 쓰고 있다. 그러나『제민요술』에서는 "의주(依主)"라고 쓰고 있고, 다른 책에서는 또 "의주(依柱)"라고 쓰는데,『사시찬요』에는 '주(主)' 혹은 '주(柱)'자가 빠진 듯하다.

158) '박(縛)'은 원래 '전(縳)'으로 쓰고 있다. 전(專)과 부(尃)자 변은 예부터 글자를 쓰거나 새길 때 매번 분명하지 않았으며, '묶다[縛]'는 '감다[纏]'의 의미가 있으나, 「이월」편 【65】 항목에 '전전(纏縛)'으로 붙여서 쓰고 있어 '박(縛)'자임을 증명하므로 이에 '박(縛)'으로 썼다. 다른 곳에서도 이와 같이 고쳤으며 재차 주석하지 않는다.

159) 이상의 조항은『사민월령』에 나온다. 앞의 주석 참고.

를 심는다."라고 하였다. 또 이르길, "하루의 계획은 새벽에 하고, 1년의 계획은 봄에 한다."라고 하였다. 그러므로 좋은 때를 놓쳐서는 안 되는 것을 알 수 있다.

【59】 느릅나무 심기[種楡][160]

느릅나무는 음지를 좋아하므로 (잎이 무성하여 그늘을 만들기에) 그 아래에는 오곡五穀을 심지[161] 않는다. (느릅나무를) 심을 때는 뜰의 북쪽 그늘진 땅이 좋다. 가을에 그 땅을 부드럽게 갈아서[熟耕] 느릅나무 종자를 흩뿌리고 끌개질[澇][162]하여 덮어 준다. 이듬해 정월, 땅에 가까이에 붙여서 묘목을 베고 그 위에 풀을 덮어 불을 질러 태운다. 한 뿌리 위에 십여 개의 새로운 줄기[163]가 자라는데, 오직 강한 뿌리 하나만 남기고 나머지는 모두 제거한다. 1년이 지나면 바로 8-9자[尺] 높이로 자란다. 3년째[後年]가 되면 (정월, 2월에) 옮겨 심는다. 묘목이 떨기로 자라면 줄기가 곧고 빠르게 자라기 때문에 3년이면 옮겨 심을 수 있다.

之以木. 又云, 一日之計在一晨, 一年之計在一春. 故知時不可失也.

【五十九】種楡: 楡性好陰地, 其下不植五穀. 種者宜於園北背陰之處. 秋, 熟耕其地, 以楡漫散澇之. 明年正月, 附地刈却, 草覆, 放火燒之. 一根上必數十莖條生, 只留一根強者, 餘悉去之. 一年便長八九尺. 後年移栽之. 叢長直而且速, 故三年乃可移.

---

160) '느릅나무 심기[種楡]'의 전 문장은 『제민요술』 권5 「느릅나무·사시나무 재배[種楡白楊]」 편에서 인용한 것이다.

161) '식(植)'은 '식(殖)'과 통한다.

162) 『제민요술』의 '로(勞)'자는 『사시찬요』에서는 모두 '로(澇)'자로 쓰고 있는데, 이는 곧 오늘날의 '로(耢)'자이다.

163) '수십경조(數十莖條)': 『제민요술』에는 '십수조(十數條)' 또 '칠팔근(七八根)'으로 쓰여 있는데 『사시찬요』의 '수십(數十)'은 '십수(十數)'를 거꾸로 쓴 듯하다.

이식 후 처음 3년간은 잎을 따서는 안 되고 또 가지를 베어서도 안 된다. 가지치기[164] 할 때는 반드시 가지의 밑둥을 2치[寸] 정도 남겨야 한다.[165] 3년 이후에는 잎을 팔 수 있다. 5년이 되면 서까래를 만들 수 있다. 15년이 되면 수레바퀴를[166] 만들 수 있다. 해마다 잡스런 가지를 잘라서[167] 땔감으로 팔면 이익은 크지만, 이미 스스로 계산에 포함되지 않았으니,[168] 하물며 각종 기구도 만들 수 있으므로 그 이익은 10배가 된다. 줄기를 벤 후에는 다시 살아나니 다시 파종할 필요가 없다. 1경[頃] 면적의 땅에서 한 해에 (비단) 천 필[匹169]]의 수익을 거둘 수 있다. 단지 한 사람으로도 관리할 수 있으니 노동력을 절감할 수

初生三年, 勿採葉, 亦勿斫. 剗之須留距二寸許. 三年外賣葉. 五年堪作椽. 十五年堪作車轂. 年年科揀, 爲柴之利, 已自無筭, 況堪充諸器物, 其利十倍. 斫而復生, 不勞更種. 一頃地, 歲收千匹. 只用一人守護, 旣省人工, 又無水、旱、蟲、蝗之災. 比之餘田, 勞逸萬倍.

---

164) '천(剗)'의 음은 '천(川; chuān)'이고 가지치기[剪枝]를 가리킨다. 원래는 '박(剝)'으로 잘못 쓰여 있는데 『제민요술』 권5 「느릅나무・사시나무 재배[種楡白楊]」에 근거하여 바르게 고친다. 위 문장의 '작(斫)'은 '과작(科斫)'을 가리키며 '가지치기[剪枝]'의 의미이다. 『제민요술』의 원문은 '부용천목(不用剗沐)'이고, 원 주석은 '반드시 가지를 치려고 하면 두 치 정도는 남겨 두어야 한다.[必欲剗者, 宜留二寸.]'이다. 『사시찬요』에서 만약 같은 의미의 '천(剗)'자를 다시 쓴다면 "역물작천(亦勿斫剗)"으로 쓰는 것이 더욱 분명할 것이다.

165) '류거(留距)'는 가지를 잘라 낼 때 토대가 되는 부분[基部]을 송두리째 잘라서는 안 되고 토대의 일정부분 정도는 남겨야 함을 가리킨다. '거(距)'는 남겨진 일정부분이 닭의 며느리발톱[雞距] 모양처럼 돌출된 것을 가리킨다.

166) '거곡(車轂)'은 수레의 바큇살을 모아서 지탱해 주는 부분이다.

167) 와타베 다케시의 역주고에서는 "年年科揀"의 '科揀'에 대해 지적하기를, 『제민요술』에는 '科簡'으로 적혀 있으며, 일본의 고산사(高山寺)본에는 '料簡'으로 쓰여 있다고 하며, '간(揀)'은 '간(簡)'의 약칭이라고 하였다.

168) 【중각본】에는 "已自無筭"으로 쓰여 있는데, 묘치위의 교석에서는 이 문장의 '산(筭)'을 '산(算)'으로 쓰고 있다.

169) '필(匹)'은 비단을 세는 단위를 가리킨다.

있으며, 또한 홍수·가뭄·병충해·메뚜기의 피해가 없다. 다른 토지와 비교하여서 노력과 안일에 만萬 배의 차이가 난다.

남아와 여아가 태어났을 때 각각 작은 나무 20그루를 주어170) 심도록 한다. 물을 주어 키우면 시집·장가갈 때 쓸 재원을 대체적으로 충당할 수 있다. 협유夾楡·시무나무[刺楡] 3종171)을 파종하는 방법은 대략 동일하다.

男女初生, 各乞與小樹二卄㉘株種之. 洎至成立, 嫁娵所用之資, 粗得充事. 夾樹、刺楡三種之法略㉙同.

【60】 사시나무 심는 법[種白楊林法]172)

가을에 땅을 부드럽게 갈고, 정월·2월·3월에 이랑[壟] 가운데를 쟁기로 갈이하는데, 왕복하며 갈아서 고랑을 넓게 만든다. 손가락 굵기만 하고 길이가 2자[尺] 정도 되는 백양나무가지를 잘라서, 파낸 고랑에 구부려 심고 그 위에 흙을 덮은 후에173) 양 끝이 나오게

【六十】種白楊林法: 秋耕熟地, 正、二、三月, 犁壠中逆順一正一倒, 使寬. 斫白楊枝如指大, 長二尺, 屈壠中, 壓上, 令兩頭出. 二尺成

---

170) '걸(乞)'은 음은 '기(氣)[qì]'이고, 사람에게 물건을 줄 때 '기(乞)'라고 한다.

171) 【중각본】에는 "夾樹刺楡三種"이라고 쓰여 있는데, 묘치위의 교석본에는 이 문장이 잘못되었다고 하였다. '삼종(三種)'은 『제민요술』에 의하면 원래 "협유(挾楡), 자유(刺楡), 범유(凡楡) 세 종류"를 가리킨다. '범유(凡楡)'는 통상적인 느릅나무이고, 『사시찬요』에서 이미 서술하였으므로, 여기에는 '이종(二種)'으로 바꾸는 것이 적합하다고 하였다.

172) '종백양림법(種白楊林法)'의 전문은 『제민요술(齊民要術)』 권5 「느릅나무·사시나무 재배[種楡白楊]」편을 부분적으로 채록한 것이다. 『제민요술(齊民要術)』에서는 "정월이월중(正月二月中)"이라 쓰여 있고, '삼월(三月)'은 없으며, 이랑에 파종하는 방법[畎法] 역시 보이지 않는다.

173) 조선 【중각본】(1590년) 『사시찬요』에는 '압상(壓上)'이라 적혀 있고, 『제민요술(齊民要術)』에는 '以土壓上'이라 쓰여 있는데, 묘치위의 교석본에는 이를 고쳐 '압토(壓土)'라고 하고 있다.

한다. 2자[尺] 간격에 한 그루를 심는다.[174] 이
듬해 정월에 상태가 좋지 못한 가지를 잘라
낸다. 6자 폭의 큰 이랑에 3개의 작은 이랑[壟]
을 만들면[175] 720그루를 심을 수 있다. 6무[畝]
이면 4,320의 그루[176]가 만들어지는 셈이
다.[177]

　3년이 되면 누에시렁의 가름대[蠶椽][178]로
만들 수 있다. 5년이면 집의 서까래[屋椽]로 만
들 수 있다. 10년이면 용마루와 들보[棟樑]를
만들 수 있다. 한 해에 30무[畝]를 파종하면, 3
년이면 90무[畝]를 파종할 수 있다. 매년 30무

株. 明年正月剪去惡
枝. 一畝三壟, 七百
二十株. 六畝, 四千
二百㉚二十株.

三年壟爲蠶椽. 五
年壟作屋椽. 十年壟
作棟樑. 　歲種三十
畝, 　三年種九十畝.
歲賣三十畝, 永世無

---

174) '二尺成株':『제민요술(齊民要術)』에서는 '二尺一株'라고 쓰고 있다. 나무 그루
간의 거리를 가리킨다.

175) 당(唐)대 1무(畝)는 240보(步)이며, 1보는 5자[尺]이다. 결국에 1무의 면적은
1,200자가 된다. 만약 2자 간격으로 한 그루를 심었다고 한다면 한 이랑[壟]당
600그루가 된다. 1무당 3이랑을 만들었다고 한다면 1무당 심는 그루 수는 1,800
그루가 된다. 그런데『사시찬요』에서는 1무당 720그루라고 되어 있다. 이것을
보면 대무(大畝)가 아니라 백보 일무(百步 一畝)로 계산한 듯하다. 그 계산에 의
하면 100보는 500자이며 그곳에 3개의 이랑을 만들었다고 한다면 한 이랑 당
250그루를 심어서 1무에는 750그루가 되지만,『사시찬요』와는 30그루의 차이가
나지만 양자 간의 차이는 적지 않다. 하지만『제민요술』에서는 무당 4,320그루
라고 계산하고 있어서 이는 어디에 근거했는지가 의심스럽다.

176) 【중각본】에는 '四千二百二十'으로 되어 있는데,『제민요술』에는 1무당 4,320
그루라고 되어 있다. 또한 【중각본】의 내용을 토대로 계산을 하면 '4,320그루'가
되어야 한다. 흥미롭게도 【필사본】에는 【중각본】과는 달리 '四千三百二十株'라
고 표기하고 있다.

177) 이 부분에서 무당 파종하는 그루 수에 대해서『제민요술(齊民要術)』권5「느
릅나무·사시나무 재배[種楡白楊]에는 "1무에는 3개의 이랑을 만들고, 매 이랑마
다 720그루를 심는데, 한 그루에는 두 개의 뿌리가 생기니 1무에는 모두 4,320의
뿌리가 만들어지는 셈이다.[一畝三壟, 一壟七百二十株, 一株兩根, 一畝四千三百
二十株.]"라고 쓰여 있다. 하지만『사시찬요(四時纂要)』에는 잘못되고 빠진 것
이 적지 않으며, 그중 '육무(六畝)'는 '일무(一畝)'의 잘못임을 알 수 있다.

178) '잠연(蠶椽)'은 누에 채반을 걸어 두는 가름대이다.

를 벌목하여 팔면 (다시 되풀이되어) 영원히 끝이 없다.

窮矣.

【61】 납주에 고두밥 넣기[投臘酒]¹⁷⁹⁾

전달(12월) 빚어 놓은 납주에 이달에 고두밥을 항아리 속에 넣는다.

【六十一】投臘酒: 前月所釀, 此月投.③¹

【62】 장 조합하기[合醬]

이달이 (장을 배합하기) 가장 좋은 때이다. 양조방법은 이미 「십이월」에 기록되어 있다. 만약 그믐날에 만들려면, 초저녁[初更]에 장을 꺼내서 북쪽 담장 아래에서 조합한다. 얼굴을 북쪽으로 향하게 하고 입을 닫고 말해서는 안 되는데, (그렇게 하면) 벌레가 생기지 않는다.

【六十二】合醬: 此月爲上時. 法已具十二月中. 若晦日造, 取初夜於北墻下和. 面北, 銜枚勿語, 蟲卽不生.③²

【63】 종자 준비[備種子]

농사를 시작하려면 이¹⁸⁰⁾달에 농기구와 종자를 구비해야 한다.

【六十三】備種子: 農事將興, 比月具農器種子.

【64】 자방충 피하는 방법[辟蚜蚄蟲法]¹⁸¹⁾

「구월」 중에 기록되어 있다.

【六十四】辟蚜蚄蟲法: 具在九月中.③³

---

179) '투(投)'는 밥을 넣어서 양조하는 것을 가리키며, 또한 '두(酘)'라고도 쓴다.

180) 【중각본】에는 '비(比)'로 되어 있으나, 묘치위의 교석본에는 '차(此)'로 고쳐 쓰고 있다.

181) '자방충(蚜蚄蟲)'은 곧 거염벌레, 야도충[黏蟲]이다. 각다귀 애벌레라고도 한다.

【65】 황충을 막는 방법[辟蝗蟲法][182]

원잠의 누에똥을 화곡 종자[禾種][183]에 섞어 파종하는데, 그렇게 하면 화곡 작물에 벌레가 생기지 않는다. 또한 말뼈 하나를 구해 부수어 물 3섬[石]을 3-5번 정도 김이 나도록 끓인 후 걸러 찌꺼기를 버리고 그 즙에 부자_{附子} 5개를 넣는다. 3-4일 후 부자를 꺼내고, 누에똥과 (양똥을) 즙과 각각 반반씩 하여 고르게 섞어서 걸쭉한 죽이 되게 한다. 파종하기 20일 전에 종자를 가져와[184] 즙에 반죽하여 보리밥[麥飯][185]과 같은 상태가 되게 한다. 항상 맑은 날에 반죽하여 베[布] 위에 펼쳐서 뒤섞어 주면, 바로 하루 안에 마른다. 다음날 다시 반죽한다. 3번 정도 하면 그만둔다. 파종하는 날이 되면 남은 즙으로 다시 뒤섞어 파종한다. 그렇게 하면 어린 작물은 황충의

【六十五】 辟蝗
蟲法: 以原蠶矢雜禾
種種, 則禾蟲不生.
又取馬骨一莖, 碎,
以水三石煮之三五
沸, 去滓, 以汁浸附
子五箇. 三四日, 去
附子, 以汁和蠶矢各
等分, 攪合令勻, 如
稠粥. 去下種二十日
已前, 將溲種, 如麥
飯狀. 常以晴日溲
之, 布上攤, 攪令一
日內乾. 明日復溲.
三度即止. 至下種
日, 以餘[34]汁再拌而

---

182) 이 항목은 원래『범승지서(氾勝之書)』'수종법(溲種法)'에 나오는데,『제민요술』권1「조의 파종[種穀]」편에서 인용한 것이 보이며, 내용이 거의 동일하다.

183) 여기서 문제가 되는 것은 화종(禾種)의 '화'와 황충과의 관계이다. 우선 화(禾)가 벼인지 조인지가 문제가 된다. 왜냐하면 황충(蝗蟲)을 생각하면 벼와 밀접한 관련이 있지만『사시찬요』의 무대가 화북지역이므로 화(禾)를 벼라고 하기는 곤란하기 때문이다. 따라서 이 단락에 등장하는 '화충(禾蟲)'은 메뚜기라고 해석하기 곤란하다. 일본의 와타베 다케시[渡部 武]의 역주고에서는 이 화(禾)를 곡물의 총칭으로 이해하고 있다. 문제는 황충을 막기 위해서 종자에 시비하는 분종(糞種)을 택하고 있다는 점에서 이 충이 메뚜기[蝗蟲]가 아닐 가능성도 없지 않다. 따라서 여기서는 편의상 '화(禾)'를 화곡 작물로 해석해 둔다.

184) '장(將)'은 '가져온다[拿來]'의 의미이다.『제민요술』권1「조의 파종[種穀]」편에서『범승지서』를 인용한 것에는 '이(以)'라고 쓰고 있는데, 의미는 서로 같다.

185)【중각본】과【필사본】에서는 '반(飯)'이라고 적고 있는데, 묘치위의 교석본에서는 일률적으로 모두 '반(飯)'으로 고쳐 적고 있다.

피해를 입지 않는다. 말뼈가 없으면 오로지 눈 녹은 물로 대신할 수 있다. 눈은 오곡의 정수로서, (눈 녹은 물을 사용하면) 작물이 가뭄에 잘 견딘다. 겨울에 많은 눈을 모아 쌓아 두어 사용한다. (그렇게 하면) 수확이 반드시 배가 된다. 누에고치의 번데기[繭蛹] 삶은 즙을 종자와 같이 섞어 반죽하면, 또한 가뭄을 견디고 거름기가 있어 무畝당 평상시의 배를 수확을 할 수 있다.

種之. 則苗稼不被蝗蟲所害. 無馬骨, 則全用雪水代之. 雪者, 五穀之精也, 使禾稼耐旱. 冬中宜多收雪貯用. 所收必倍. 煮繭蛹汁和溲, 亦耐旱而肥, 一畝可倍常收.

【66】 오곡이 꺼리는 날[五穀忌日]186)

무릇 오곡을 심을 때, 항상 나고 자라는 날[生長日]에 파종하면 길하다. 노쇠해지고 죽는 날[老死日]에 심으면 수확이 적어진다. 꺼리는 날[忌日]에 심으면 손상을 입는다. 성일成日·만일滿日·평일平日·정일定日·개일開日187)에 파종하면 좋다. 구초九焦일188)과 죽는 날[死日]은 수확이 없다.

【六十六】 五穀忌日:㉟ 凡種五穀, 常以生長日種, 吉. 老死日, 收薄. 忌日種, 傷敗. 用成、滿、平、定、開日, 佳. 九焦、死日, 不收.

---

186) 이 항목은 『제민요술』권1 「조의 파종」편에서 『잡음양서(雜陰陽書)』를 인용한 것과 유사하다.

187) '성만평정개일(成滿平定開日)'은 십이지와 마찬가지로 이른바 '건제12직(建除十二直)'의 일부로서 12신의 이름이다. 이것이 처음 등장하는 곳은 『회남자(淮南子)』권3 「천문훈(天文訓)」인데, 대개 2세기 중반에 12직의 명칭이 확정된 것으로 보고 있다. 『운몽수호지일서(雲夢睡虎地日書)』'진제(秦除)'와 『방마탄일서(放馬灘日書)』'건제12직(建除十二直)'은 진(秦)대의 상황으로, 한(漢)대의 『회남자』와 비교해 볼 때 진대와 한대의 12직이 거의 동일하다. 이러한 것은 하루하루를 점칠 때 사용한다.

188) 구초(九焦)는 오곡의 성장을 방해하는 흉일이다. 예를 들어, 정월에는 용띠, 2월에는 소띠, 12월에는 뱀띠가 좋지 않으며, 이때 남자가 결혼하면 자식이 없고, 논에 파종하고 누에를 쳐도 모두 수확하지 못한다.

『범승지서』189)에 이르길, "조[禾]는 인寅일에 나고, 오午일에 건장해지며, 갑甲일에 자라고, 술戌일에 늙으며, 신申일에 죽는다. 임壬일·계癸일은 좋지 않고, 병丙일·정丁일은 꺼린다. 또 대소두大小豆는 신申일에 나고, 자子일에 건장해지며, 임壬일에 자라고, 축丑일에 늙으며, 인寅일에 죽는데, 갑甲일·을乙일은 좋지 않고, 병丙일·정丁일은 꺼린다. 또 대소맥大小麥은 해亥일에 나고, 묘卯일에 건장해지며, 진辰일에 자라고, 사巳일에 늙으며, 오午일에 죽는데, 무戊일·기己일은 좋지 않고, 자子일·축丑일은 꺼린다고 한다.

【67】 또 오곡이 꺼리는 날[又]

또 기장[黍]과 검은 기장[穄]은 사巳일에 나고, 유酉일에 건장해지며, 술戌일에 자라고, 해亥일에 늙으며, 축丑일에 죽는데, 병丙일·정丁일은 좋지 않고, 인寅일·묘卯일은 꺼린

范勝書曰, 禾生於寅, 壯於午, 長於甲, 老於戌, 死於申. 惡於壬癸, 忌於丙丁. 又大小豆生于申, 壯于子, 長于壬, 老于丑, 死于寅[36], 惡于甲乙, 忌于丙丁. 又大小麥生于亥, 壯于卯), 長于辰, 老于巳, 死于午[37], 惡于戊己, (忌于)子丑.

【六十七】[38] 又: 黍稷生于巳, 壯于酉, 長于戌, 老于亥, 死于(丑, 惡于丙丁, 忌)于寅卯. 小豆忌

---

189) '범승서(范勝書)'는 곧 『범승지서』이다. 묘치위의 교석본에 따르면, 『제민요술』권1 「조의 파종[種穀]」편에서 『범승지서』를 인용한 것에는 "禾生於寅, 長於午…" 등의 설명이 없고, (『제민요술』에서 『잡음양서』를 인용한 것에는 있는데, 글자가 약간 다르다.) 다만 "小豆忌卯, …"의 한 단락은 있지만, 글자가 약간 다르다. 특별히 『사시찬요』의 이달 【67】에는 "蕎麥忌除"라는 말이 있는데, 틀리지 않았다면 전한(前漢) 때 이미 메밀[蕎麥]이 있었지만 자못 의심은 간다. 그리고 "小豆忌卯"라는 말 뒤에 『제민요술』에는 또한 "무릇 구곡은 꺼리는 날이 있어, 심을 때 그 꺼리는 날을 피하지 않으면 곧 손상이 많아지는데, 이는 빈 말이 아니다. 이는 자연스러운 것으로 기장 짚을 태우면 박에 해롭다.[凡九穀有忌日, 種之不避其忌, 則多傷敗, 此非虛語也. 其自然者, 燒黍穰則害瓠.]"라는 말을 인용하고 있다.

다.[190] 소두小豆는 묘卯일을 꺼리고, 삼麻은 진辰일을 꺼리며, 차조秫는 미未일·인寅일을 꺼린다. 소맥小麥은 술戌일을 꺼리고, 메밀[喬麥][191]은 제일除日을 꺼리며, 대두大豆는 묘卯일을 꺼린다."라고 하였다.

【68】 태사공 평론[按太史曰][192]

[태사(太史)가 이르길] "음양가에 대해 (사람들이) 구애받고 꺼리는 바가 많다."라고 하였는데, (때문에) 알지 못할 수 없었다. 속언에 이르길, "적기에 맞추어서 땅을 적시는 것이 상책이다."라고 하였으나 꺼리는 날에 파종하면 손상이 많다는 것은 빈 말이 아니다. 지붕의 볏짚을 태우면 표주박[瓠]에 해를 입힌다는 이런 이치는 분명하게 알 수가 없다.[193]

卯, 麻忌辰, 秫忌(未寅.) 小麥忌(戌), 喬麥忌除, 大豆忌卯.

【六十八】 按太史[39]曰: 陰陽(之家, 拘而多忌,) 不可不知. 俗曰, 以時及澤爲上(策, 然忌日種之多傷)敗, 非虛言也. 如燒穰則害(瓠, 理不可知.)

---

190) 【계미자본】과 조선 【중각본】『사시찬요』에는 "又大小麥生于亥 … 忌于寅卯"라고 쓰여 있는데, 묘치위의 교석본에는 이달 【66】과 【67】 항목에 등장하는 '우(于)'를 '어(於)'자로 쓰고 있다.

191) 【계미자본】과 【중각본】(1590년)에는 '교(喬)'라고 쓰여 있지만, 묘치위의 교석본에는 「유월[六月]」편 【33】 항목에서 '교(蕎)'라고 쓴 것에 근거하여 '교(蕎)'로 고쳐 쓰고 있다.

192) '태(太)'는 【계미자본】과 【필사본】에는 '태(太)'자로 쓰고 있으나 【중각본】『사시찬요』에서 '대(大)'로 쓰고 있다. '대사(太史)'는 태사공 사마천의 『사기(史記)』를 가리키는 것이다. 이것은 『사기』 권130 「태사공자서(太史公自序)」에서 그의 아버지 사마담(司馬談)의 말을 기록한 것으로, 원문은 "일찍이 내가 음양술에 뛰어났는데, 기피하고 꺼리는 것이 많아서 사람들이 구애받고 두려워하는 바가 많았다.[嘗竊觀陰陽之術大祥, 而衆忌諱, 使人拘而多所畏.]"이다. 묘치위의 교석본에 의하면, 사마담 부자는 원래 음양기피설(陰陽忌避說)에 대해서 의심을 표했지만, 한악은 "不可不知" 등의 말을 더해 이를 굳게 믿고 의심하지 않음을 밝히고 있다.

193) "대사왈(太史曰)"에서 "이불가지(理不可知)"까지는 원래 가사협이 인용한 『범

✤ 교 기

☐1 '우(藕)': 【필사본】에서는 '耦'로 적고 있다.

☐2 【필사본】에서는 【중각본】과는 달리 '取藕根'을 한 번만 적고 있다.

☐3 【중각본】과 【필사본】에서는 '著'로 쓰고 있는데, 후술한 바와 같이 최근에 발견된 【계미자본】에서는 '著'를 '着'으로 표기하고 있다.

☐4 【필사본】에서는 '齊民'을 '齊氏'로 적고 있다.

☐5 '롱(壠)': 【필사본】에서는 '壟'으로 쓰고 있다. 이하 동일하여 별도로 교기하지 않는다.

☐6 '축장(逐場)': 【필사본】에서는 '逐塲'으로 적고 있다.

☐7 '저(著)': 【필사본】에서는 '着'으로 쓰고 있다. 이하 동일하여 별도로 교기하지 않는다.

☐8 '세(歲)': 【필사본】에서는 '年'으로 표기하였다.

☐9 '활(闊)': 【필사본】에서는 '濶'로 쓰고 있다. 이하 동일하여 별도로 교기하지 않는다.

☐10 【필사본】에서는 이 문장과 다음 문장의 '矣'를 모두 '㸟'로 쓰고 있다.

☐11 '약(若)': 【필사본】에서는 이 글자가 누락되어 있다.

☐12 "去二枝之弱者": 【필사본】에서는 "去一枝弱者"로 쓰고 있다.

☐13 【중각본】의 '緣'은 【필사본】에서는 글을 덧써 수정함으로 인해 판독이 불가능하다.

☐14 '즉(即)': 【필사본】에서는 '則'으로 쓰고 있다.

☐15 '본(本)': 【필사본】에는 '夲'이라고 되어 있다.

☐16 '과(褁)': 【필사본】에서는 '褁'로 표기하고 있다.

승지서』와 가사협의 부연 설명에 근거한 것이다. 가사협이 『범승지서』를 인용한 것 뒤의 부연 설명은 "『사기』에 이르길, '음양술에 구애받고 꺼리는 바가 많다.'라고 하였는데, 단지 그 대략적인 것을 알게 되면 왜곡되어 그것을 따를 수밖에 없다. 농언에 이르길, '때에 맞추어서 땅을 적시는 것이 상책이다.'"라고 하였다. 묘치위의 교석본에 따르면, 가사협은 『사기』의 회의적인 태도에서 나아가 음양술에 대해 지나치게 믿어서는 안 되지만, '때에 맞추어서 땅을 적시는 것'은 상책이며 과학과 합치된다는 데 동의했다. 한악은 곧 『범승지서』의 의견에 완전히 동의하는데, 음양 기피를 완전히 믿고 있어 『사시찬요』에 미신적인 색채가 아주 농후하다고 한다.

17 '차(遮)': 【필사본】에서는 '避'로 적고 있다.

18 '근지(根枝)': 【필사본】에서는 '枝根'으로 표기하고 있다.

19 '금(擒)': 【필사본】에서는 '禽'으로 쓰고 있다.

20 '규(葵)': 【필사본】에는 이 글자가 누락되어 있다.

21 '숙(蓿)': 【필사본】에는 '宿'으로 쓰고 있다.

22 '수(水)': 【필사본】에는 '木'으로 적고 있다.

23 '건(乾)': 【필사본】에는 '乹'으로 쓰고 있다. '乹'은 『집운(集韻)』에서는 "俗乾字"라고 하여, 민간에서 사용한 글자라고 한다. 이하 동일하여 별도로 교기하지 않는다.

24 '저분(著糞)': 【필사본】의 이 항목에서는 두 곳 모두 이 글자를 '着糞'으로 쓰고 있다. 이후 동일한 내용은 별도로 교기하지 않았음을 밝혀 둔다.

25 '촉(斸)': 【필사본】에서는 '釿'으로 쓰고 있다.

26 【필사본】에서는 '種梓' 앞에 '○'이 없으며, 다만 한 칸 띄어져 있다.

27 "三二寸": 【필사본】에서는 "二三寸"으로 적고 있다.

28 '입(卄)': 【필사본】에서는 '十'이라고 적고 있다.

29 '략(略)': 【필사본】에서는 '畧'이라고 쓰고 있다.

30 '이백(二百)': 【필사본】에서는 '三百'으로 적고 있다.

31 '투(投)': 【필사본】에서는 '投之'라고 표기하고 있다.

32 "蟲即不生": 【필사본】에는 "虫不生矣"로 표기되어 있다.

33 【필사본】에는 '中' 다음에 '門'자가 추가되어 있다.

34 '이여(以餘)': 【필사본】에서는 '餘以'로 쓰고 있다.

35 【계미자본】【65】의 끝부분까지는 원문이 사라져서 전해지지 않고, 【66】-【68】은 원문의 일부분이 훼손되어 판독이 불가능하다. 해독이 불가능한 부분은 【중각본】에 근거하여 보충하였으며, 옅은 부분은 해독하여 글자를 확인한 내용임을 밝혀 둔다.

36 "老于丑, 死于寅": 【필사본】에서는 "死于寅, 老于丑"으로 쓰고 있다.

37 "老于巳, 死于午": 【계미자본】과 【중각본】에서는 "老于巳, 死于午"로 쓰고 있으나, 【필사본】에서는 "死于午, 老于巳"로 쓰고 있다.

38 【계미자본】에서는 【67】[又]와 【68】[按太史曰]을 독립된 항목으로 보고 있으나 【중각본】과 【필사본】에서는 【66】 오곡이 꺼리는 날[五穀忌日]의 항목에 전부 포함시키고 있다.

39 '안태사(按太史)': 【중각본】에서는 '按大史'로 쓰고 있다.

3. 가축과 그 질병

【69】밭을 갈 소를 간택하는 방법[揀耕牛法]194)

밭을 가는 소의 눈과 뿔 사이는 가까워야 하며 눈은 크고 눈 안의 흰 줄기[白脈]가 눈동자를 관통해야 한다. 목뼈는 길고 크며, 뒷다리의 정강이 부분이 넓고 펑퍼짐해야 걸음이 빠르다.

(소용돌이 모양의) 가마[旋毛]가 눈 아래에 있으면 수명이 짧다. 양 뿔 사이에 털이 어지럽게 난 것은 주인을 들이받는다. 처음 구입할 때 끌고 온 소의 입이 열려 있는 것은 흉한 징조이니 구매해서는 안 된다. 검은 눈을 가진 적우赤牛 · 황우黃牛는 주인을 들이받는다. 머리의 흰 부분이 귀까지 도달한 것은 무리를 이끈다.195)

정강이 부분이 바르지 않은 것은 병든 소

【六十九】(揀耕牛法: 耕)牛眼去角近, 眼欲(得大, 眼中有白脈貫瞳子. 頸[1]骨)長大, 後脚股開, 並(主使快.)

(旋毛當眼下, 無壽. 兩角有)亂毛起, 妨主. 初(買時牽來牛口開者, 凶, 不可買.) 赤牛、黃牛烏眼者, (妨主. 白頭牛白過耳, 主群.[2]

倚脚)不正(者)病.

---

194) '간경우법(揀耕牛法)'의 전문(全文)은 원래 『제민요술』 권6 「소 · 말 · 나귀 · 노새 기르기[養牛馬驢騾]」편에서 채록한 것이지만 다른 부분도 있다. 즉 '후각고(後脚股)'는 『제민요술』에서는 '각고간(脚股間)'이라고 적고 있고(『원형료마집(元亨療馬集)』에 의하면, 흉복(胸腹)부를 가리킨다.), '양각(兩角)'은 『제민요술』에서 양 뿔의 사이를 가리킨다. 그리고 '不耐寒'은 '不耐寒熱'이라고 표기하고, '筋欲密'은 '肋欲得密'이라고 적고 있다. 『사시찬요』에서 자체적으로 기술하고 있는 부분은 '초매시(初買時)'에서 '주군(主羣)'에 이르는 문장과 '鼻欲大而張'에 대한 문장이다.

195) '주군(主群)'은 위의 문장에서는 모두 가마[旋毛]나 털 색 등의 흉한 모습을 말한 것이고, 여기에서는 흰 모습이 지닌 열등한 상태를 말하는 것으로, 즉 '주군'에는 글자가 빠져 있으니 마땅히 '主妨群'이라고 적어야 한다.

이다. 털은 짧고 빽빽하게 나야 하며, 듬성듬
성하고 긴 것은 추위를 견디지 못한다. 귀에
긴 털이 많으면 (역시) 추위를 견디지 못한다.
오줌을 쌀 때 다리 앞까지 싸는 소가 발갈이
가 빠르고, 다리 바로 아래에 싸는 것은 갈이
가 빠르지 않다. 꼬리가 길어 땅에 닿는 것은
좋지 않다. 머리에 살이 많으면 좋지 않다. 꼬
리뼈가 굵고 크며 털이 적은 것이 힘이 좋다.
뿔은 가늘어야 한다. 몸이 둥근 것이 좋다. 코
가 청동거울의 코[鏡鼻]196)처럼 낮은 것은 끌기
가 어렵다. 입이 각저 방형方形이면 사육하기
쉽다. 근육은 탄탄해야 한다. 코는 크고 넓은
것이 끌기 쉽고 부리기도 쉽다. (두 근육이 꼬리
뼈에서 목 부위로 연결된) 음홍陰虹이 목 위에 붙
어 있으면 하루에 천리를 가는 소이다. 음홍
이 목에 붙어 있고 꼬리가 흰 소는 (위나라) 영
척甯戚197)이 기른 소이다.198) 양염陽塩199)은 넓

(毛)欲(得短密，　疎
長者不耐寒．耳多長
毛)不耐寒．尿射前
脚者快，　直下者不
快．尾③不用(至地.)
頭不用多肉．尾骨麤
大少④毛者有力．角
欲得細．　(身)欲得
圓．　鼻如鏡鼻者難
牽．口方易飼．筋欲
密．鼻欲大而張，易
牽仍易使．陰虹屬頸
者，千⑤里牛也．陰
虹屬頸而白尾者，昔
甯戚所飤者．陽塩欲
廣，陽塩者，夾尾前
兩尻上．當陽中間脊

---

196) 청동거울[銅鏡]의 코는 끈을 끼우는 부분으로서, 보통 구멍이 작고 함몰되어
있다.

197) 영척(甯戚)은 춘추 시대 위(衛)나라 사람으로, 집안이 가난하여 남의 수레를
끌어 주면서 살았다. 제(齊)나라 환공(桓公)이 이르자 소의 뿔을 두드리며「백석
가(白石歌)」를 불렀는데, 환공이 듣고 불러다가 이야기를 나눈 뒤에 그가 현자
(賢者)임을 알고 대부(大夫)로 삼았다고 한다.

198) "음홍[근육]이 목 위에 붙어 있고 꼬리가 흰 소는 (위나라) 영척(甯戚)이 기른
소이다.[陰虹屬頸而白尾者, 昔甯戚所飤者.]"의 구절은『제민요술』권6 소·말·
나귀·노새 기르기[養牛馬驢騾]에서는 "음홍이 있는 소는 두 근육이 꼬리뼈에서
목까지 붙어 있으며, 영척(甯戚)이 기른 소이다.[陰虹者, 有雙筋自尾骨屬頸, 甯
公所飯也.]"라고 적고 있는데, 이는 음홍(陰虹)을 해석한 것이다. 묘치위 교석본
에 의하면,『제민요술』은 북송(北宋)시대에 판각한 이래 '자미(自尾)'를 모두 '백
모(白毛)'라고 잘못 적었는데, 당(唐)『초학기(初學記)』권29『상우경(相牛經)』

어야 하는데, 양염은 꼬리 양측에서 앞으로 양 엉덩이와 허리까지 뻗은 근육이다. 양 염[200] 중간의 등뼈는 마땅히 우묵해야 하는데, 이와 같은 것이 좋다. 만약 (중간의 등뼈 근육이) 약간 우묵 들어간 소는 두 가닥의 등뼈 근육[201]이 만들어져서 힘이 좋다. 우묵하지 않고 등뼈 근육이 하나이면 힘이 약하다.[202]

【70】소 전염병 치료하는 방법[治牛疫方][203]

마땅히 인삼을 구해 잘게 잘라 물에 끓여 즙을 내고 식혀서, 소의 입에 5되[升] 정도 부어넣으면 곧 차도가 있다.[204]

또 진짜 안실향[安悉香][205]을 구해 외양간

欲得窊, 如此者佳. 若窊則爲雙膂, 主多力. 不窊者則爲單膂少[6]力.

【七十】治牛疫方: 當取人參細切, 水前取汁, 冷, 灌口中五升已來, 即差. 又取眞安悉[8]香於

에는 '자미(白尾)'라고 적고 있다. 『사시찬요』에서 "음홍[근육]이 목에 붙어 있고 꼬리가 흰 소이다.[陰虹屬頸而白尾者.]"라고 적고 있는 것은 송대 어느 시점에서 착오가 생겼던 것으로 보인다.

199) 와타베 다케시[渡部 武]는 역주고에서, 양염(陽塩)은 꼬리의 그루터기를 끼고 있는 양 엉덩이를 가리킨다고 한다.

200) 묘치위 교석본에서는 『제민요술』에 근거하여 '陽中'의 사이에 '염(塩)'자를 보충하고 있다.

201) 와타베 다케시[渡部 武]의 역주고에 의하면, '쌍려(雙膂)'는 등 근육이 두 가닥으로 튀어나와 뻗어 있는 것이며, '단려(單膂)'는 한 가닥으로 뻗어 있는 것을 말한다고 한다.

202) 이상의 소를 감별하는 것에 관한 각 항목의 주석은 별도로 『제민요술』 권6 「소·말·나귀·노새 기르기[養牛馬驢騾]」편에서도 보인다.

203) '치우역방(治牛疫方)'은 3가지 방법이 있는데 첫 번째와 세 번째 방법은 원래 『제민요술』 권6 「소·말·나귀·노새 기르기[養牛馬驢騾]」편에 나온다.

204) 펑훙첸[馮洪錢] 외 1명, 「唐·韓鄂編纂『四時纂要』獸藥方考證」, 『중수의의약잡지(中獸醫醫藥雜志)』 2011年 第2期, 77쪽에 따르면 인삼 끓인 즙을 복용하면 기를 보충하고 신체를 강하게 하는 데 효과가 있으며, 소의 면역력을 증가시키고 유행성 감기에 효과가 있으나 감기에는 사용을 꺼린다. 우역[牛瘟], 탄저병, 출혈성 폐혈증에는 그다지 효과가 없다고 한다.

안에서 태우는데, 향을 피우는 방법과 같이 한다. 만약 처음에 한 마리의 소가 이상하다고 감지가 되면 또 다른 소에게도 전염되므로 이때가 전염되는 시기이니 바로 (우리에서) 끌어낸다.[206] 코로 그 향기를 들이마시게 하면 즉각 질병이 치료된다.

【71】 또 다른 방법[又方]

(또 다른 방법은) 12월에 잡은 토끼 머리를 태워 재로 만들어, 물 5되[升]와 섞어서 소의 입에 부어 주면 차도가 있다.

【72】 창자와 배가 부풀어 거의 죽을 지경[207]에 이른 소 치료법[牛欲死腸腹脹方][208]

부인의 음모陰毛를 취해, 풀 속에 넣고 소

牛欄中燒, 如焚香
法. 如初覺一頭, 至
兩頭, 是疫, 即牽出.
令鼻吸其香氣, 立
止.

【七十一】又方:
十二月兎頭燒作灰,
和水五升, 灌口中
差.⑨

【七十二】牛欲
死腸腹脹方: 取婦人
陰毛, 草中與牛食,

---

205) 【계미자본】과 【중각본】 및 【필사본】에서는 안실향(安悉香)이라 적고 있는데, 이는 안식향(安息香)의 잘못인 듯하다. 안식향은 일종의 안식향나무(*Styrax benzoin Drynd.*)의 수지(樹脂)에서 캔 것으로, 건조된 후에 황흑색의 덩어리 형태로 변하는데 약용으로 사용된다. '진안실향(眞安悉香)'에서 볼 때, 고대에는 이미 가짜가 매우 많았으며, 종종 다른 종류의 향료에 아교를 첨가하여 만들었는데, 중국 해방 전에는 위조품이 더욱 많았다. 안식향(安息香)을 이용한 첫 번째 방법은 『사시찬요』 본문에 있다. 또 이 세 번째 방법은 『농상집요』 권7 「우(牛)」편에서 인용하여 기록하고 있는데, 책 제목은 '『사시유요』'라고 쓰여 있지만, 실제로는 『사시찬요』이다.

206) 와타베 다케시[渡部 武]의 역주고에서는 '초각(初覺)'에 대해서 향의 기운을 느낀 소가 전염병에 걸린 것으로 인식하고 있다.

207) '욕사(欲死)'는 『제민요술』과 『농상집요』를 인용한 것에 근거하여, 마땅히 '장복창(腸腹脹)' 다음에 있어야 한다.

208) 본 항목의 두 번째 방법 또한 『제민요술』 권6 「소·말·나귀·노새 기르기[養牛馬驢騾]」편에 나온다. 첫 번째 방법의 '초중(草中)'은 『제민요술』에서는 '초리(草裏)'로 쓰고 있다. 모두 "이것은 뱃속에 가스가 차서 배가 불룩해지는 것을

에게 먹이면 곧 차도가 있다.

또 다른 방법은 삼씨[麻子]를 갈아 즙 5되[升]를 만들고, 데워서 따뜻하게 하여 소의 입 속에 부어 넣으면 곧 치료된다. 이 치료법은 날콩[生豆]을 먹어 (배가) 부풀어 죽기 직전인 소를 낫게 하는 방법으로, 매우 효과가 있다.

【73】 소의 코가 부었을 때의 처방[牛鼻脹方]

초[醋]를 귀에 부으면 즉각 차도가 있다.

【74】 소 옴의 처방[牛疥方][209]

검은콩을 삶아 물을 부어 즙을 내고, 따뜻할 때 5차례 씻는다. 어떤 책에서 이르길, 이를 오두즙(烏豆汁)[210]이라 하였다.[211]

【75】 소가 구역질 하고 기침할 때의 처방

[牛肚脹及嗽方][212]

느릅나무 흰 껍질을 취해서 물에 삶아 아

即差.

又方, 研麻子汁五升, 溫令熱, 灌口中, 即愈. 此治食生豆脹欲死者方, 甚妙.

【七十三】牛鼻脹方: 以醋灌耳中, 立差.

【七十四】牛疥方: 煑烏豆⑩汁, 熱洗五度, 一本云烏頭汁.

【七十五】牛肚脹及嗽方: 取楡白皮, 水煑令熟, 甚滑,

치료하는 방법"임을 명확히 지적하고 있다. 『농상집요』에는 단지 두 번째 방법만을 인용하여 기록하였다.

209) 이 항목도 또한 『제민요술』 권6 「소·말·나귀·노새 기르기[養牛馬驢騾]」편에 있다.

210) 『농상집요』에서 『사시유요』를 인용한 것에도 이 조항이 있는데, 본문의 '烏豆汁'을 '黑豆汁'으로 쓰고 있고, 주석 문장에서도 또한 "一本作, 烏豆汁"이라 쓰고 있다. 『사시유요』는 곧 『사시찬요』를 가리키며, 이 주석은 원래 『사시찬요』에 있다.

211) 【계미자본】, 【중각본】『사시찬요』에는 소주(小注) 다음에 '차(差)'자가 없지만 묘치위의 교석본에는 마땅히 있어야 한다고 보고, 『농상집요』와 『제민요술』에 근거하여 보충하고 있다.

212) 이 항목 역시 원래 『제민요술』에 등장하는데, '두창(肚脹)'을 '두반(肚反)'이라

주 미끈미끈할 때 3-5되[升]를 목구멍에 부어 주면 즉시 차도가 있다.

【76】소 이 처방[牛虱方]213)

참기름[胡麻油]을 바르면 즉각 낫는다. 돼지기름[猪肚]도 효과가 있다. 다른 가축에 발라도 또한 차도가 있다.

【77】소 열을 다스리는 법[牛中熱方]

토끼의 위[腹肚]214)를 취하여, 짐승의 백엽(百葉)이다. 똥을 제거하고215) 풀에 싸서 삼키게 하면 두 번이 채 되지 않아서 차도가 있다.

以三五升灌之, 即差.

【七十六】牛虱⑪方: 以胡麻油塗之, 即愈. 猪肚⑫亦得. 六畜塗之亦差.

【七十七】牛中熱方: 取兔腹肚, 一音毗, 獸⑬之百葉也. ⑭去糞, 以草裹⑮, 令吞之, 不過再服即差.

고 쓰고 있다. '두반(肚反)'은 즉 사람들이 말하는 '구역질[反胃]'이다. 『농상집요』에서『사시유요』를 인용한 것은『사시찬요』와 마찬가지로 '두창(肚脹)'이라 쓰고 있다.

213) 이 항목은 『제민요술』 및 『농상집요』에서 『사시유요』를 인용한 것에도 있다. 이상 소의 질병 치료를 위한 각 처방은 이달【70】항목의 첫 번째 처방을 제외하면『농상집요』에 모두 기록되어 있는 것으로서, 문구는 기본적으로 서로 동일하다. 순서도『사시찬요』와 동일하므로, 이 또한『사시유요』가 바로『사시찬요』임을 설명하는 것이다.

214) '비(肚)': 【중각본】에서는 '膍'로 쓰고 있다. 묘치위 교석본에서는 '膍'는 원래 되새김질하는 동물의 겹주름위[重瓣胃]를 가리키는 것으로 속칭 '百葉'이라 한다. 그러나 토끼는 백엽(百葉)이 없으므로 여기서는 단지 일반적인 '위(胃)'자로 해석하였다. 소주에서 "짐승의 백엽이다.[獸之百葉也.]"라고 한 것은 토끼의 기관을 모르고 판단한 후인들의 잘못된 해석이라고 볼 수 있다.

215) 이 항목 역시『제민요술』에 나오는데, '去糞'은『제민요술』에서 '勿去尿'라고 쓰고 있고,『농상집요』에서는 인용하지 않았지만 '勿'자가 빠졌는지 여부는 교정할 방법이 없다.

【78】 새끼양의 종자를 고르는 법[收羔216)種]

『요술』에 이르길,217) "새끼양은 정월에 태어난 것이 가장 좋은데, 그 어미가 임신을 했을 때 젖이 충분하며, 어미젖을 다 먹고 나면 곧 봄풀을 먹을 수 있어 새끼 양이 야위지 않게 된다. 이 때문에 12월과 정월에 태어난 것이 가장 좋고, 11월에 태어난 것이 그다음이며, (이들을) 거두어 종자로 삼는다."

"양을 방목할 때는 물 가까이에 두어서는 안 되는데, 물에서 상처가 생기면 발굽에서 농이 나기 때문이다. 그러나 (방목할 때는) 이틀에 한 번씩 물을 먹여야 한다. 느리게 몰고 가야지 빨리 가게 되면 상처를 입게 된다. 봄, 여름에는 일찍 풀어놓는 게 적합하고, 가을, 겨

【七十八】 收羔種: 要術云, 羔正月生者爲上, 以其母含重之時足乳, 食母乳適盡, 即得春草, 而羊兒不瘦. 是故十二⑯月及此⑰月生者爲上, 十一月者次之, 收爲種.

放羊勿近水, 傷水則蹄甲膿出. 但二日一飮. 緩驅行, 急行則傷. 春夏宜早(放), 秋冬宜晚. 冬日收圈.

---

216) 묘치위 교석본에서는 '羔'을 '羊'으로 바꾸어 쓰고 있다.

217) 본 항목에서의 '요술(要術)'은 『제민요술』을 가리키며, 일본의 아마노 모토노스케[天野元之助] 역시 그의 논문 「唐の韓鄂『四時纂要』について」, 『동양사연구(東洋史研究)』-24(2), 1965, 69쪽에서 『사시찬요』에서의 '요술(要術)'은 『제민요술』이라고 주장하고 있다. 그러나 모리야 미츠오[守屋美都雄], 『四時纂要: 中國古農書・古歲時期の新資料-』, 山本書店, 1961, 21-23쪽에서는 『사시찬요』 각 항목에 서술된 '요술'은 반드시 『제민요술』이 아니라고 주장하는데, 그 근거를 『구오대사(舊五代史)』 권96 「진원전(陳元傳)」에서 진원이 『산거요술(山居要術)』을 '요술(要術)'이라고 표기한 것에 두고 있다. 실제 위 내용은 『제민요술』 권6 「양 기르기[養羊]」편에서 채록하였으나 원문과는 완전히 일치하지 않는다. 예컨대 『사시찬요』의 '傷水則蹄甲膿出'은 『제민요술』에서는 "자주 물을 마시면 탈이 나서 콧속에 고름이 생긴다.[頻飮則傷水而鼻膿.]"라고 쓰고 있고, "圈不猒寬"은 『제민요술』에서 "가축의 우리는 집 가까우면 좋고, 반드시 사람이 사는 집과 붙어 있어야 한다.[圈不猒近, 必須與人居相連.]"라고 쓰고 있다. 또 『사시찬요』의 '二日一飮, 除糞'의 경우 『제민요술』에서는 "이틀에 한 번 우리를 치워서 똥에 더럽혀지지 않도록 한다.[二日一除, 勿使糞穢.]"라고 표현을 달리하고 있다.

울에는 늦게 풀어놓아야 좋다. 겨울에는 우리를 친다."

"우리는 넓은 것이 좋다. 북쪽 담장에 시렁을 쳐서 지붕을 만든다. 우리 가운데에는 (높게) 땅을 돋우고 (담장 아래에는) 배수구를 만들어 물이 고이게 해서는 안 된다. 이틀에 한 번씩 물을 주며, 똥을 깨끗하게 치운다. 우리 주변218) 담장219)에 기대어 목책을 세운다. 목책은 담장 밖으로 나오게 해서 늑대나 호랑이가 넘어오지 못하게 하며, 또 양들이 담 벽을 문지르면서 곧 털이 뭉쳐서 사용할 수 없게 되는 것을 염려하기 때문이다."

"양에 옴이 있는 것은 반드시 따로 분리한다."라고 하였다.

圈不獸[18]寬. 架北墻爲廠. 圈中立臺開竇, 勿使停水. 二日一飮, 除糞. 圈內須傍竪柴棚圈匝. 令棚出墻, 勿令狼虎得越, 又恐羊揩墻土, 即毛不堪入用.

羊有疥者即須別著.

【79】 양 옴에 대한 처방[羊疥方]220)

여로藜蘆221) 뿌리를 두드려서 껍질을 짓이겨 뜨물에 담가 두었다가 (꺼내) 병에 담고 주둥이를 막아 부뚜막 가에 두어서 항상 따뜻하게 해 준다. 며칠이 지나 맛이 시어지면 바

【七十九】 羊疥方: 藜蘆根歆打令皮破, 以泔浸[19]之, 瓶盛, 塞口, 安於竈伴[20], 令常煖.[21] 數日

---

218) '권잡(圈匝)'은 『제민요술』에서는 '영주잡(令周匝)'이라 쓰고 있는데, 더욱 명확하다.

219) 【계미자본】과 【중각본】, 【필사본】『사시찬요』에서는 이 부분에 '장(墻)'자가 없다. 그러나 묘치위의 교석본에는 '墻'자가 반드시 있어야 할 것으로 보고 『제민요술』에 의거해 보충하고 있다.

220) 본 조항의 두 가지 방법은 『제민요술』 권6 「양 기르기[養羊]」 편에 나온다.

221) 백합과 여로(藜蘆; Veratrum Nigrum L.)의 뿌리이다. 피부에 바르는 약으로 쓰며 옴, 머리버짐[白禿] 등의 부스럼을 치료할 수 있고, 아울러 벼룩[蚤], 이[蝨], 빈대[臭蟲] 등을 죽일 수 있다.

로 사용할 수 있다. 기와 조각으로 옴이 난 부분을 긁어서 붉어지게 한다. 만약 굳어서 딱딱해진 것은 뜨거운 물로 씻어 딱지를 떼고 문질러 말린 후 약물을 바르는데, 두 번 정도 바르면 바로 치료된다. 만약 옴이 많으면 여러 날에 걸쳐 조금씩 발라 주되 한꺼번에 발라서는 안 되는데, 양이 통증을 이기지 못할까 두렵기 때문이다.

또 다른 처방으로, 돼지기름과 취황臭黃222)을 그곳에 바르면 낫는다.

【80】 오염된 물에 중독된 양 치료법[羊中水方]223)

양의 코와 눈에 고름이 나서 깨끗하지 않은 것은 모두 물로 깨끗이 씻어 치료한다. 그 방법은 뜨거운 물을 국자에 담아 소금을 넣고 저어서 아주 짜게 만들고 식기를 기다렸다가 맑은 물을 취해 작은 뿔잔에 달걀크기 정도로 받아서 두 코에 각각 한 잔씩 부어 넣는다. 5

味酸, 便中用. 以甌瓦刮疥處令赤. 若堅硬者, 湯洗之, 去痂, 拭令乾, 以藥汁塗之, 再上即愈. 疥若多, 逐日漸漸塗之, 勿一頓塗, 恐不勝痛也.

又方, 猪脂和臭黃塗之, 俞.[22]

【八十】羊中水方: 羊膿鼻眼不淨[23]者, 皆以水洗治之. 其方用湯和塩杓中, 研令極鹹[24], 候冷, 取清者, 以角子可受一鷄子者, 灌兩鼻各

---

222) '취황(臭黃)'은 질이 좋지 않으며 악취가 나는 웅황(雄黃)이다. 『농상집요』에서 『사시찬요』를 인용한 것에서도 동일하며, 『제민요술』에서는 '훈황(熏黃)'이라 쓰고 있는데, 이는 질이 나쁘고 청흑색을 띤다. 상세한 것은 『당본초(唐本草)』, 당(唐)대 진장기(陳藏器)의 『본초습유(本草拾遺)』, 송(宋)대 소송(蘇頌)의 『도경본초(圖經本草)』 등에 보인다. 펑훙첸[馮洪錢] 외 1명, 앞의 논문 「唐・韓鄂編纂 『四時纂要』獸藥方考證」, 78쪽에 따르면 취황과 돼지비계를 바르면 효과가 더욱 좋지만, 취황(즉 硫黃)은 독이 있어 양이 먹고 중독되는 것에 주의해야 한다고 한다.

223) 이 항목 또한 『제민요술』 권6 「양 기르기[養洋]」 편에 나온다. "洋膿鼻眼不淨者, 皆以水洗治之."는 『농상집요』에서 『사시찬요』를 인용한 것과 같으나, 『제민요술』에는 "羊膿鼻眼不淨者, 皆以中水治方."이라고 적고 있다.

일이 지나면 반드시 물을 먹는다.²²⁴⁾ 눈과 코가 깨끗해지기를 기다렸다가 차도가 없으면 다시 부어 넣어 준다.

一角. 五日後必肥. 以眼鼻爲候㉕, 未差再灌.

【81】 양 코의 농을 치료하는 법[羊膿鼻方]²²⁵⁾

양의 코에 고름이 나거나 입 언저리에 부스럼이 생겨서 마치 마른버짐[乾癬]같이 되면 서로 전염이 되어서 많은 무리가 죽게 된다. 그것을 치료하는 방법은 장대를 우리 안에 세우고 장대 꼭대기에 나무판자를 대서 그 위에 원숭이를 올려놓으면 여우와 삵을 피할 수 있어 양의 병에 차도가 생긴다.

【八十一】羊膿鼻方: 羊膿鼻及口頰生瘡如乾癬者, 相染多致絕羣.㉖ 治之方, 竪長竿圈中, 竿頭致板, 令猻㉗猴居上, 辟狐狸而益羊差病也.

【82】 양 발굽의 부종을 치료하는 법[羊夾蹄方]²²⁶⁾

검은 숫양[羖羊]의 비계를 취하여 소금과 섞어 열을 가하고 쇠를 달구어 약간 뜨겁게 하여, 기름을 고르게 발라 발굽을 지져 준다.

【八十二】羊夾蹄方: 取羖羊脂, 和煎令熟㉘, 燒鐵令微熱, 勻脂烙之. 勿令

---

224) '비(肥)'는 『제민요술』에서 '음(飮)'으로 적고 있고, 『농상집요』에서는 '필비(必肥)'가 빠져 있어, 즉 "五日後以眼鼻淨爲候."라고 적혀 있다. 『사시찬요』에서 '비(肥)'는 마땅히 '음(飮)'으로 적는 것이 합당하다고 인식하고, 이에 근거하여 번역하였다.

225) 이 항목 또한 『제민요술』 권6 「양 기르기[養羊]」편에 있다. "辟狐狸而益羊差病也."는 『농상집요』에서 『사시유요』를 인용한 것과 동일하나, 『제민요술』에서는 "此獸辟惡, 常安於圈中亦好."라고 적고 있다.

226) 이 항목도 역시 『제민요술』에서 나오는데, '고양(羖羊)'을 『제민요술』에서는 '저양(羝羊)'이라고 적고 있고, 『농상집요』에서 『사시유요』를 인용한 것 또한 '저양(羝羊)'이라고 적고 있다. 고양(羖羊)은 검은 양이며, 저양(羝羊)은 숫양이다. 묘치위의 교석본에 따르면 이달 【79】 항목에서 본 항목에 이르기까지, 『농상집요』는 『사시유요』를 인용하였는데, 본서와 거의 전부 동일한 것은 이 또한 『사시유요』가 곧 『사시찬요』라고 것을 설명하는 것이라고 한다.

흙탕물에 양의 발굽을 담그지 않게 하면 며칠
이 되지 않아 차도가 생긴다.

入泥水, 不日而差.

【83】 옴에 걸린 양[凡羊經疥]

(무릇 옴에 걸린 양이) 옴이 나은 후에 여름
에 살찌게 되면, 그 양을 재빨리 파는 것이 좋
다. 그렇게 하지 않으면 봄에 재발할 수 있
다.[227]

【八十三】 凡羊
經疥: 疥差後至夏肥
時, 宜速賣之. 不爾
春再發.

【84】 양을 우리로 유인하는 법[引羊法]

『가정령(家政令)』[228]에서 이르길[229] "양을
기를 때 질그릇[瓦器]에 소금을 1-2되[升] 정도
담아 양 우리 속에 걸어 두면 양이 소금을 좋
아해 자주 왔다 갔다 하면서 그것을 먹는데,
(그러면) 사람이 내몰지 않아도 스스로 우리로
돌아온다."라고 하였다.

【八十四】 引羊
法: 家政令曰, 養羊
以瓦器盛塩一二升
挂㉙羊欄中, 羊憙㉚
塩, 數歸啖之, 則羊
不勞人收也.

【85】 병든 양 구별법[別羊病法][230]

양 우리 앞뒤에 구덩이를 파는데, 깊이는

【八十五】 別
羊病法: 當欄前後

---

227) 본 항목도 역시『제민요술』권6「양 기르기[養羊]」에서 보인다.
228) 『제민요술』과『농상집요』에서는『가정법(家政法)』이라고 적고 있다.『수서
   (隋書)』「경적지(經籍志)」에 보이는 것처럼 남북조 양(梁)나라 때의『가정방(家
   政方)』12권인지는 알 수 없다.
229) 『제민요술』권6「양 기르기[養羊]」편은『가정법(家政法)』을 인용하여 썼는
   데, 글자는 약간 다르지만 내용은 서로 같다.
230) 이 항목 역시『제민요술』에서『가정법』을 인용한 것에 보인다. "宜便別着, 恐
   相染也."는『제민요술』에서는 "便別之"라고 쓰고 있으며, 병든 양을 판별하는 것
   을 가리킨다.『사시찬요』에서는 병든 양을 격리시키라고 하였는데, 처리함에 있
   어서『제민요술』보다 진일보하였다.

2자[尺], 넓이는 4자로 한다. 호북[荊]·호남[湖]·강소[江]·절강[浙] 이남에는 대부분 산양이라서 폭은 3자[尺]231) 넓이로 파는 것이 좋다. 왔다 갔다 하면서 모두 (구덩이를) 뛰어넘는 것은 병에 걸리지 않은 것이다. 만약 병에 걸렸다면 즉시 구덩이 속으로 들어가니 바로 분리시키는 것이 좋은데, 서로 전염될까 두렵기 때문이다.

作坑, 深二尺, 廣四尺. 荊、湖、江、浙以南, 多是山羊, 可廣三尺. 往來皆跳過[31]者, 不病. 如有病, 即入坑行, 宜便別着[32], 恐相染也.

【86】 양 똥 저장하기[貯羊糞]

소와 양의 똥은 정월에 저장해 두었다가 (그것을 연료로 해서) 젖을 달이는데, 불이 연해서 눌어붙을 근심이 없지만 장작불을 사용하면 말라서 (우유가) 눌어붙기 쉽다.232)

【八十六】 貯羊糞: 牛羊糞正月貯之, 充煎乳大[33]軟而無患, 柴火則易致乾焦也.

---

231) 이 항목의 주석문은 『사시찬요』에서 남방(南方) 산양(山羊)의 정황에 주석한 것이지만, 한악(韓鄂) 스스로 주를 달았는지 아니면 후대 사람이 주를 첨가하였는지는 알 도리가 없다. 조선 【중각본】(1590년) 『사시찬요』에서는 '왕척(王尺)'으로 표기하고 있으며, 묘치위 교석본에서는 '오척(五尺)'으로 고쳐 표기하고 있다.

232) 본 항목은 『제민요술』 권6 「양 기르기[養羊]」편의 '작락법(作酪法)'에 나오는데, 원문은 다음과 같다. "항상 정월·2월에는 미리 마른 소와 양의 똥을 거두어서 젖을 달이는 데 사용하면 아주 좋다. 풀은 재가 끓는 유즙에 떨어지게 되고 장작을 연료로 사용하면 눌어붙기가 쉽다. 마른 똥을 사용하면 화력이 적당하여 이런 두 가지 근심이 없게 된다.[常以正月二月預收乾牛羊矢煎乳, 第一好. 草旣灰汁, 柴又喜焦. 乾糞火軟, 無此二患.]"라고 하였다.

그림 1_ 안식향安息香과 건과乾果

🌸 교기

1 '경(頸)': 【필사본】에서는 '頚'자로 표기하고 있다.

2 '군(群)': 【필사본】에서는 '羣'으로 쓰고 있다.

3 '미(尾)': 【중각본】에는 '毛'로 적혀 있는데, 묘치위의 교석본에서는 『제민요술』에 의거하여 '尾'로 고쳐 적고 있다. 최근 발견된 【계미자본】에도 '尾'로 적혀 있는 것을 보면, 이는 합당한 지적으로 보인다.

4 '대소(大少)': 【필사본】에서는 '大小'로 되어 있다.

5 '천(千)': 【필사본】에서는 '十'으로 되어 있다.

6 '소(少)': 【중각본】은 이와 동일하나 【필사본】에는 '少'로 적고 있다.

7 '실(悉)': 【중각본】과 【필사본】에서도 '息'이 아닌 '悉'자로 적혀 있다.

8 【필사본】에서는 【71】항목인 '又方'을 앞의 항목인 "治牛疫方" 속에 포함시켜 한 항목으로 취급하고 있으며, '又方' 문장 끝 부분의 '差'를 '卽差'라고 표기하고 있다.

9 '오두(烏豆)': 【필사본】에서는 '鳥頭'로 표기하였다.

10 '슬(虱)': 【필사본】에서는 동일하나, 【중각본】에는 '蝨'로 표기하고 있다.

11 '두(肚)': 【계미자본】【중각본】 및 【필사본】에는 모두 이 글자를 쓰여 있는데, 묘치위의 교석본에는 『제민요술』 및 『농상집요』의 인용한 것을 근거하여 '脂'로 고쳐 써야 한다고 한다.

12 【계미자본】에서는 글자가 분명하지 않다. 【중각본】과 【필사본】에 근거해서

‘獸’로 표기하였다.

13 【필사본】에서는 ‘也’자가 누락되어 있다.

14 ‘과(裹)’: 【필사본】에서는 ‘裵’로 표기하고 있다.

15 【계미자본】에서는 “故○二”로 글자가 분명하지 않지만, 【중각본】과 【필사본】에서는 이를 ‘十二’로 표기하였기에 이에 근거하여 수정하였다.

16 ‘차(此)’: 【필사본】은 동일하지만, 【중각본】에는 ‘正’자로 표기하고 있다.

17 ‘염(猒)’: 【중각본】과 【필사본】에서는 ‘厭’자로 쓰고 있다. 이하 동일하기에 별도로 교기를 표기하지 않는다.

18 ‘침(濅)’: 【중각본】과 【필사본】에서는 ‘浸’으로 표기하였다. 이하 동일하여 별도로 교기하지 않는다.

19 ‘반(伴)’: 【중각본】과 【필사본】에서는 ‘畔’자로 표기하고 있다.

20 ‘난(煗)’: 【계미자본】과 【중각본】에는 “令當煗”으로 쓰여 있다. 하지만 【필사본】과 묘치위 교석본에는 ‘煗’을 ‘暖’으로 표기하고 있다.

21 ‘유(兪)’: 【중각본】과 【필사본】에서는 ‘愈’자로 쓰고 있다.

22 【필사본】에서는 ‘淨’을 ‘浮’로 적고 있다.

23 ‘함(鹹)’: ‘鹹’은 ‘醎’과 같다. 【중각본】과 【필사본】 『사시찬요』에서는 이 글자를 대개 부수로 ‘酉’를 사용하고, ‘鹵’를 사용하지 않는다.

24 ‘以眼鼻爲候’: 【중각본】에서는 ‘侯’로 적고 있으며, 묘치위 교석본에서는 ‘鼻’ 다음에 『제민요술』과 『농상집요』에 근거하여 ‘淨’자를 보충하고 있다.

25 ‘절군(絶羣)’: 【중각본】에서는 ‘絶群’으로 표기하며, 【필사본】에서는 ‘群絶’로 적고 있다.

26 ‘미(彌)’: 【중각본】과 【필사본】에서는 ‘彌’자로 적고 있다.

27 【계미자본】, 【중각본】, 【필사본】 『사시찬요』에는 “和煎令熟”에서 ‘鹽’자가 없지만, 묘치위의 교석본에는 『제민요술』과 『농상집요』의 인용을 근거하여 ‘和’와 ‘煎’자의 사이에 ‘鹽’자를 보충하고 있다.

28 ‘괘(挂)’: 【중각본】은 동일하나, 【필사본】에는 ‘掛’로 쓰고 있다.

29 ‘희(憙)’: 【중각본】과 【필사본】에서는 ‘喜’자로 표기하고 있다.

30 【필사본】에서는 글씨가 손상되어 ‘尙’자만 남아 있다.

31 ‘착(着)’: 【중각본】과 【필사본】에서는 ‘著’로 쓰고 있다. 이하 동일하여 별도로 교기하지 않는다.

32 【계미자본】과 【중각본】, 【필사본】 『사시찬요』에는 ‘大’로 적혀 있으나, 묘치위의 교석본에는 『제민요술』에 근거하여 ‘火’로 표기하였다.

4. 잡사와 시령불순時令不順

❧

【87】 잡사雜事

넘어진 울타리를 세운다. 토지에 거름을 준다. 황무지를 개간한다. 관에서 대여한 황무지를 개간, 경작하여 세금을 낸다.233)

잠실[蠶屋]을 수리한다. 누에 채반을 짠다. 곡식을 찧는다. 이달에는 사람이 한가하다. 뽕나무를 따기 위한 탁자를 만든다.234) 삼으로 짠 신발을 만든다. 일꾼을 고용한다.235)

담장을 쌓는다.

【88】 정월 행하령[孟春行夏令]

정월[孟春]에 여름과 같은 시령時令이 나타나면 비 내리는 것이 때가 없고, 초목의 낙엽도 일찍 떨어진다.236)

【八十七】雜事: 竪籬落. 糞田. 開荒. 租放地.

修蚕屋. 織蚕箔. 舂米. 此月人閑.① 造桑② 机. 造麻鞋. 放人工.

築墙.③

【八十八】孟春行夏令: 則雨水不時, 草木先落.④

---

233) '租放地'는 정부가 내놓은 황무지를 대여하여 경작하고 조세를 내는 것이다.

234) 『제민요술』 권5 「뽕나무·산뽕나무 재배[種桑柘]」편에는 뽕잎을 따는 것에 대해 설명하면서 "봄에 뽕나무 잎을 딸 때는 반드시 긴 사다리와 높은 받침대가 필요하다."라고 하였다. '궤(机)'는 현재는 '궤(几)'로 쓴다. '상궤(桑机)'는 뽕잎을 따는 데 사용하는 높은 탁자를 가리킨다.

235) '放'은 돈을 빌려주는 것을 가리킨다. '放人工'은 미리 임금을 주어 고용 노동자를 정해 놓고, 봄갈이 때가 되어 농사가 바쁠 때 와서 일하게 하는 것으로, 낮은 임금으로 미리 고용하는 고리대 형식 중 하나이다.

236) 본월의 【88】·【89】·【90】 3항목은 시령을 놓친 것에 대한 기록으로 『예기(禮記)』「월령(月令)」에 나온다. 나머지 각 달[月]의 경우도 동일하다.

【89】 행추령行秋令

정월에 가을과 같은 시령이 나타나면 사람들 사이에 큰 전염병이 발생하고, 회오리바람과 폭우가 한꺼번에 와서 명아주[藜]·씀바귀[莠]와 다년생 쑥[蓬]·이년생 쑥[蒿]이 모두 무성하다.

【90】 행동령行冬令

정월에 겨울과 같은 시령이 나타나면, 큰 비가 내려 손상을 입으며, 눈과 서리가 내려 작물이 손상되고[237] 겨울맥[首種][238]이 수확되지 않는다.

【91】 계율에 따라 경문 암송하기[齋戒誦經][239]

이달은 마땅히 채소를 먹고 몸을 깨끗이 하여 계율을 지키며 경문經文을 암송하는데, 이를 일러 삼장월三長月[240]이라 한다. 삼장

【八十九】行秋令: 則人有⑤大疫, 飄風暴雨揔⑥至, 黎⑦、莠、蓬、蒿並興.

【九十】行冬令: 則水潦爲敗, 雪霜大摯, 首種不入.

【九十一】是月也:⑧ 宜蔬齋持戒, 課誦經文, 謂之三長月. 三長月, 正、五、九月是也.

---

237) '지(摯)': 『예기』 「월령」에 대해서 당(唐)대 육덕명(陸德明)의 『음의(音義)』에서는 채옹(蔡邕)의 견해를 인용하여 '다치고 꺾인다[傷折]'라고 해석하였다.

238) '수종(首種)': 『예기』 「월령」 정현(鄭玄) 주(注)에 "옛날에 수종(首種)은 기장[稷]을 일컬었다."라고 하였으며, 채옹(蔡邕)의 『월령장구(月令章句)』에서는 "수종(首種)은 겨울 맥(宿麥)이다. … 맥(麥)은 가을에 파종하고 봄에 수확해서 옛날에는 수종(首種)이다."라고 하였다. 계절과 문맥으로 미루어 볼 때 '겨울맥'이 합당하다.

239) 【계미자본】에는 본 항목의 제목을 "是月也"라 하고 있고, 【중각본】에서도 이와 마찬가지이다. 하지만 이 내용이 제목으로는 다른 항목과의 균형이 맞지 않다고 판단하여 내용 중에서 '齋戒誦經'이란 용어를 취하여 제목으로 부여했음을 밝혀 둔다.

240) 송(宋)대 진원정(陳元靚)의 『세시광기(歲時廣記)』 마지막 권에는 "피삼장월(避三長月)"이 있다. "『예원자황(藝苑雌黃)』에는 '당(唐) 무덕(武德) 2년 정월의

월(三長月)은 정월 · 5월 · 9월이다.[241]

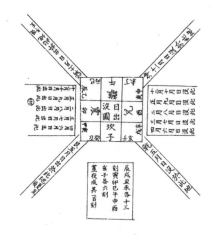

일출몰도 日出沒圖[242]

조서(詔書)에서 정월 · 5월 · 9월에는 사형을 행하지 말고 도살(屠殺)을 금하라. 내가 일찍이 그것을 생각해 보니 이것은 부처[浮屠]의 가르침에 바탕을 두고 있으니 연삼장(年三長)의 계율이 이것이다.' … 오늘날 사람들은 이것을 오해하여 삼장월(三長月)이라고 이름하였다. 이달에는 모든 일을 피하지만 어떤 이치인지 알려지지 않았다."라고 하였다. 이처럼 '삼장월(三長月)'은 불교가 성행한 이후에 등장했으며, 후세에 모든 행사를 피하는 데까지 이르렀으니 이것은 미신의 영향이 아주 깊다. 그러나 묘치위의 교석본에 따르면 이 항목은 법령을 위반한 기록 뒤에 붙어 있으며 후대에 불교를 믿는 사람들이 덧붙였을 가능성이 있다고 한다.

241) 이 항목은 『당률습유보(唐律拾遺補)』 「잡령(雜令)」 개원(開元) 7년 조항에서 "매년 정월, 오월, 구월과 각 달의 십제일(十齋日)에는 공사(公私)로 살생하는 것을 금한다.[諸每年, 正月五月九月, 及月十齋日, 公私斷屠釣.]"라는 내용을 비교해 볼 때 『사시찬요』의 삼장월(三長月)과 비슷한 것을 볼 수 있다.

242) 이 그림은 태양 출몰의 방향, 각도에 따라 계절을 알았음을 보여준다. 묘치위는 교석본에서 그림의 원본에서는 좌측 중앙의 "正月九月日出此"가 그 우측의 "二月八月日沒此"와 위치가 서로 바뀌어 있는데 잘못이라고 한다. 따라서 송 진원정(陳元靚), 『세시광기(歲時廣記)』의 수권(首卷) 「도설(圖說)」 "日出日沒永短之圖"에 근거하여 수정한 것이다.

🏵 교 기

1 【계미자본】에서는 '此月人〇'으로 마지막 글자가 분명하지 않다. 따라서 【중각본】과 【필사본】에 근거하여 '此月人閑'으로 수정하였다.

2 '상(桑)': 【중각본】에서는 '桒'으로 쓰고 있다.

3 '축장(築墻)': 【중각본】과 【필사본】에서는 '築垣墻'으로 쓰고 있다.

4 '선락(先落)': 【필사본】에서는 '蚤落國時有恐'으로 표기하고 있다.

5 【필사본】에서만 '人有'를 '其民'으로 쓰고 있다.

6 '총(摠)': 【필사본】에서는 '揔'자로 적고 있다.

7 【계미자본】과 【중각본】에서는 '蔾'로 쓰고 있는 데 반해, 【필사본】에서는 '黎'로 표기하고 있다. 묘치위의 교석본에는 『예기』「월령」에 따라 '藜'로 고쳐 쓰고 있다. 두 글자는 옛날에 서로 통용되었다.

8 【필사본】에서는 【91】의 '是月也'라는 항목이 통째로 빠져 있다.

사시찬요 춘령 권하 제2

四時纂要春令卷下第二

이월二月

1. 점술·점후占候와 금기

【1】 중춘건묘仲春建卯

(2월[仲春]은 건제建除상으로 건묘建卯에 속한다.) 경칩부터 이월의 절기가 된다. 음양의 꺼리고 피하는 것은 모두 2월의 법에 따른다. 이 시기의 황혼[昏]에는 동정수東井宿[1]가 운행하여 남중하고, 새벽[曉]에는 기수[箕宿]가 남중한다.

춘분은 2월 중순의 절기이다. 이 시기의 황혼에는 동정수東井宿가 남중하고, 새벽에는 남두수南斗宿가 남중한다. 이 같은 문장은 「정월」에 기술하였다.

【2】 천도天道

이달은 천도가 서쪽으로 향하기 때문에

【一】仲春建卯: 自驚蟄[1]即得二月節, 陰陽避忌, 並宜用二月法. 昏[2], 東井中, 曉箕中.

春分爲二月中氣. 昏, 東井中, 曉, 南斗中. 事具正月門中.

【二】天道: 是月天道西行, 修造,

---

1) '동정(東井)'은 곧 '정수(井宿)'이다. '동정(東井)'은 28수(二十八宿)의 22번째 별자리로서 정수(井宿)라는 명칭을 지녔는데, 삼수(參宿)의 동쪽에 위치한다 하여 동정(東井)이라고 칭한다.

가옥을 수리하고 짓거나 외출할 때는 마땅히 서쪽 방향이 길하다.

出行, 宜西方吉.

【3】 그믐과 초하루의 점 보기[晦朔占]

초하루에 비가 오면 벼가 좋지 않고, 사들이는 곡식이 비싸다. 그믐에 비가 오면 질병이 많이 생긴다.

【三】 晦朔占:
朔日雨, 稻惡, 籴[3]貴. 晦日雨, 多疾病.

【4】 2월의 잡점[月內雜占]

이달에 세 개의 묘卯일2)이 없으면 벼가 잘 자라니 일찍 그것을 파종한다. 세 개의 묘일이 있으면, 콩[豆]이 좋다. 병오丙午일이 없으면, 여름에 화곡禾穀이 잘 자라지 않는다.

이달에 무지개가 나타나면, 8월에 곡물값이 등귀한다. 무지개가 서쪽에 보이면, 관목棺木이 귀하다.

초하루가 경칩이면 메뚜기[蝗虫] 피해가 있다. 초하루가 춘분이면 그해는 흉하다.

【四】 月內雜占:
是月無三卯, 稻爲上, 早種之. 有三卯, 宜豆. 無丙午, 夏禾稼不長.

是月虹見, 八月穀貴. 出西方, 棺木貴.

朔驚蟄, 蝗虫.[4] 朔春分, 歲凶.

【5】 비로 점 보기[占雨]

이달 갑인甲寅일·을묘乙卯일에 비가 내리고, 갑신甲申일에서 기축己丑일까지 비가 내리며, 경인庚寅일에서 계사癸巳일까지 비가 내리고, 세 개의 진辰일에 비가 내리며, 세 개의 미未일에 비가 내린다. 이상은 모두 정월에 점치

【五】 占雨: 月內甲寅、乙卯雨, 甲申至己丑雨, 庚寅至癸巳雨, 雨三辰, 雨三未. 已上並同正月占. 又, 春雨

---

2) '삼묘(三卯)'는 (한 달에) 묘(卯)일이 세 번 들어 있다는 뜻이다. 다른 것도 이에 따른다.

는 것과 관련된다. 또 갑자甲子일에 비가 내리면 가뭄이 든다. (막대기가) 땅속으로 5치[寸] 정도 들어가는 것을 징후로 삼는다.

【6】 천둥으로 점 보기[占雷]3)

무릇 천둥소리가 처음 울릴 때 조용하면 그해가 좋다. 천둥소리가 격렬하여 놀라게 하면, 재해가 일어난다. (천둥이) 북동[艮]에서 일어나면 사들이는 곡물값이 싸다. 동[震]에서 일어나면 관목棺木이 귀해지고, 그해에 풍년이 든다. 동남[巽]에서 일어나면 서리가 갑자기4) 내리며, 그해에 메뚜기 피해가 있다. (천둥이) 남[离]에서 일어나면 가뭄이 든다. 남서[坤]에서 일어나면, 메뚜기 피해[蝗災]가 생긴다. 서[兌]에서 일어나면 금과 철이 귀해진다. 서북[乾]에서 일어나면 백성들에게 병이 많이 생긴다. 북[坎]에서 일어나면 그해 비가 많이 내린다. 봄 갑자甲子일에 천둥이 치면 오곡에 풍년이 든다.

【7】 춘분날에 점 보기[春分占]

먼저 한 길[丈] 길이의 막대기를 세워 그림자로 점을 친다. 이미 「정월」에 기술했다. 다음으로 8자[尺] 높이의 막대기를 세워 정오에 그림자 길이가 7자 4치[寸] 5푼[分]이 되면, 맥麥의 수확

甲子, 旱. 皆以入
(地)五寸爲候.⑤

【六】占雷: 凡
雷聲初發和雅, 歲
善. 聲擊烈(驚)異,
者有灾害. 起艮, 粜
賤. 起震, 棺木貴,
歲主豐. 起巽⑥, 霜
卒降, 蝗虫. 起离,
主旱. 起坤, 有蝗灾.
起兌, 金鐵貴. 起乾,
民多疾. 起坎⑦, 歲
多雨. 春甲子雷, 五
穀豐稔.

【七】春分占:
先立一丈表占影. 已
具正月, 次立八尺表
日午時, 得影長七
尺四寸五分, 宜麥.

---

3) '점뇌(占雷)'에 등장하는 팔괘는 문왕8괘[후천팔괘(後天八卦)]로서, 그 방향은 복희8괘[선천팔괘(先天八卦)]와는 차이가 있다.
4) '졸(卒)'은 '졸(猝)'과 같으며, '갑자기[突然]'의 의미이다.

이 좋다. (그림자가) 길고 짧은 것은 이미 「정월」에 서술하였다. 그 날에 구름이 끼면 전후의 날과 점이 동일하다.

【8】 구름의 기운으로 점 보기[占氣]

춘분의 날에는 진震의 괘로써 사물을 운용한다. 해가 정동正東에서 뜨고 운기가 청색을 띠면 진기震氣가 이르러서 맥이 좋고 그해는 크게 풍년이 든다. 만약 푸른 운기雲氣가 없으면 진기震氣가 이르지 못하여 그해에 몇 차례 천둥이 치면서 만물의 결실이 좋지 않으며, 백성들은 열병에 걸린다. (이 현상은) 마땅히 8월에 위치해야 하는데, (마주보는 위치인 2월에 있어) 충돌[衝]하고 있음을 일컫는다.

그날이 청명하면 만물은 이루어지지 않는다. 구름이 끼어 해가 보이지 않는 것이 가장 좋다.

【9】 바람으로 점 보기[占風][5]

춘분에 서[兌]쪽에서 강한 바람이 불어오면 밀[小麥]의 가격이 등귀하는데, 비싼 것이 45일에 미친다.[6] 동[震]풍이 불면 밀의 값은 싸고 그해에는 풍년이 든다. 서[兌]풍이 불면 봄이

或長短， 已具正月中. 其日陰, 前後一日同占.

【八】占氣:[8] 春分之日， 震卦用事. 日出正東， 有雲氣青色， 震氣至也， 宜麥， 歲大善. 若無青雲氣， 震氣不至， 年中少[9]雷， 萬物不實， 人民熱疾. 應在八月， 謂其衝也.

其日晴明， 萬物不成. 陰不見日爲上.

【九】占風： 春分日， 西方有疾風來， 小麥貴， 貴在四十五日中. 震風來， 小麥賤而年豐. 兌

---

5) 『사시찬요』 「이월」 '점풍(占風)'의 내용은 『역위통괘험(易緯通卦驗)』에도 상세히 보이는데, 이 책은 마단림(馬端臨: 1254-1323년)의 『경적고(經籍考)』와 『송사(宋史)』 「예문지(藝文志)」에도 이름이 등장하는 것을 보아 적어도 13세기 중기 이전에 '점풍(占風)'이 일반화된 듯하다.
6) 와타베 다케시[渡部 武]의 역주고에서는 4-5일에 미친다고 해석하고 있다.

한랭하여 사람들이 전염병에 걸린다. 동남[巽]풍이 불면 벌레가 생기고 4월에 폭풍이 많다. 서북[乾]풍이 불면 그 해에 추위가 심하다. 남[离]풍이 불면 5월에 먼저 수해가 오고 후에 가뭄[旱害]이 든다. 북[坎]풍이 불면 비가 적다. 북동[艮]풍이 불면 그해에 쌀[米] 값이 두 배가 된다.

춘분 이후에 금金: 庚, 辛, 申, 酉의 날이 오면 그해에 바람이 많다.

【10】 잠자리 달리하기[別寢]

경칩 전후 각 5일은 잠자리를 달리한다. 그렇지 않고 아이를 가지면 (아이에게) 장애가 생긴다.

【11】 2월 중에 지상의 길흉 점 보기[月內吉凶地]

천덕天德은 남서[坤] 방향에 있고, 월덕月德은 동북동[甲]에 있으며, 월공月空은 서남서[庚]에 있다. 월합月合은 동남남[巳]에 있고, 월염月猒은 서[酉]쪽에 있으며, 월살月煞은 서북[戌] 방향에 있다.

【12】 황도黃道

인寅일은 청룡靑龍의 자리에 위치하고, 묘卯일은 명당明堂의 자리, 오午일은 금궤金匱, 미未일은 천덕天德, 유酉일은 옥당玉堂, 자子일은 사명司命의 자리에 위치한다.

風來, 春寒, 人疫. 巽風來, 虫生, 四月多暴風. 乾風來, 歲中多寒. 离風來, 五月先水後旱. 坎風來, 小水. 艮風來, 其年米貴一倍.

春分以金, 歲多風.

【十】 別寢: 驚蟄前後各五日, 別寢. 否則生子不備.

【十一】 月內吉凶地: 天德在坤, 月德在甲, 月空在庚. 月合在巳, 月猒在酉, 月煞[10]在戌.

【十二】 黃道: 寅爲靑龍, 卯爲明堂, 午爲金匱, 未爲天德, 酉爲玉堂, 子爲司命.

【13】 **흑도**黑道

진辰일은 천형天刑에 위치하고, 사巳일은 주작朱雀에, 신申일은 백호白虎에, 술戌일은 천뢰天牢에, 해亥일은 현무玄武에, 축丑일은 구진勾陳에 위치한다. 이 일은 모두 「정월(正月)」편 주석에 있다.[7]

【十三】黑道: 辰爲天刑, 巳爲朱雀, 申爲白虎, 戌爲天牢, 亥爲玄武, 丑爲勾陳. 事並具正月注中.

【14】 **천사**天赦

봄 3개월은 무인戊寅일이 길하다.

【十四】天赦: 春三月, 戊寅.

【15】 **출행일**出行日

봄에는 동쪽으로 가서는 안 된다. 경칩 후 14일이 되는 날은 왕망往亡이고,[8] 또 2일 · 7일 · 14일은 궁핍한 날[窮日]이다. 자子일은 재앙[天羅]이 있고, 인寅일은 돌아가는 것을 꺼리는 날[歸忌]이다. 사일巳日 역시 왕망往亡이며, 또한 토공신[土公]에게 제사지내는 날이다. 춘분春分 하루 전과 춘분일, 을해乙亥일은 모두 멀리 나가서는 안 된다.

【十五】出行日: 春不東行. 驚蟄後十四日爲往亡, 又二日、十四日、七日[11]爲窮日. 子[12]爲天羅, 寅爲歸忌. 巳日亦爲往亡, 亦爲土公. 春分前一日, 春分日、乙亥, 並不可遠行.

【16】 **대토일**臺土日

2월 진辰시에 행자行者가 가면 돌아올 수 없다.

【十六】臺土日:[13] 二月辰時是, 行者往而不返.

7) 이 소주의 설명은 본서 「정월(正月)」편 【19】와 【20】 항목에 각각 보인다. 이 두 조항의 설명은 본문에 쓰여 있으나, 주석문에는 쓰여 있지 않으며, 이 '주(注)' 자는 단지 '설명'을 해석한 것이다. 이 같은 것은 다른 곳에서도 보인다.

8) '왕망(往亡)'일은 음양도에서 밖으로 나가길 꺼리는 날을 말한다.

【17】 살성을 피하는 네 시각[四煞沒時]

사계절의 중간 달[四仲] 건乾의 날에는9) 술시(戌時: 오후 7-9시) 이후 해시(亥時: 오후 9-11시) 이전의 시각에 해당되고, 간艮의 날에는 축시(丑時: 오전 1-3시) 이후 인시(寅時: 오전 3-5시) 이전의 시각에 행한다. 곤坤의 날에는 미시(未時: 오후 1-3시) 이후 신시(申時: 오후 3-5시) 이전의 시각, 손巽의 날에는 진시(辰時: 오전 7-9시) 이후 사시(巳時: 오전 9-11시) 이전 시간에 행한다. 이상의 네 시각은 무슨 일이든 할 수 있는데, 상량하거나 매장하고, 관청에 나가는 것[上官] 모두 (그 시간을 이용하면) 길하다.

【18】 제흉일諸凶日

자子일은 천강天岡하고, 오午일은 하괴河魁하며, 묘卯일은 낭자狼藉한다. 축丑일은 구초九焦하고, 미未일에는 혈기血忌하며, 묘卯일은 천화天火하고, 오午일은 지화地火한다. 모두 「정월(正月)」편 주석에 있다.

【十七】四煞沒時: 四仲月, 用乾時戌後亥前, 艮時丑後寅前. 坤時未後申前, 巽時辰後巳前. 巳上四時, 可爲百事, 架屋、埋葬、上官皆吉.

【十八】[14]諸凶日: 子爲天岡[15], 午爲河魁, 卯爲狼藉. 丑爲九焦, 未爲血忌, 卯爲天火, 午[16]爲地火. 並具正月注[17]中.

---

9) 와타베 다케시[渡部 武]의 역주고에서는 '건시(乾時)'를 '건일(乾日)'로 해석하고 있다. 하루를 24로 나누어 쓰던 시간인 이십사시(二十四時)에 의하면, '건시(乾時)'는 오후 8시 반-9시 반이며, '간시(艮時)'는 오전 2시 반-3시 반, '곤시(坤時)'는 오후 3시 반-4시 반 '손시(巽時)'는 오전 8시 반-9시 반이다. 그와 더불어서 건(乾)・간(艮)・곤(坤)・손(巽)은 24절기의 한 부분에 해당한다. 그런데 본 문장의 구조가 '사중지월(四仲之月)' 속에 매달 귀신을 잡는 시간을 표기하고 있다는 점에서 '건시(健時)'・'간시(艮時)'를 어떻게 표시할 것인가가 문제가 된다. 매일 매일에 대해서는 이와 같은 표기법이 없지만, 24절기에는 정확한 표기가 있기 때문에 예컨대 '건시'는 '건의 절기', '건의 시령'이라고 표현할 수도 있을 것이다.

【19】 장가들고 시집가는 날[嫁娶日]

아내를 구해서 얻을 때는 술戌일이 가장 길하다. 천웅天雄은 해亥의 위치에 있고 지자地雌는 미未의 위치에 있으니, 장가들고 시집갈 수 없다. 신부가 (신랑 집에 도착하여) 가마에서 내릴 때는 건乾시가 길하다.

이달에 태어난 남자는 5월·11월에 태어난 여자에게 장가갈 수 없는데, 지아비를 해친다.

이달에 납재納財를 받은 상대가 화덕의 명[火命]을 받은 여자이면 자손이 좋다. 수덕의 명[水命]을 받은 여자이면 크게 길하고, 토덕의 명[土命]을 받은 여자이면 흉하다. 목덕의 명[木命]을 받은 여자이면 그런대로 평범하다. 금덕의 명[金命]을 받은 여자이면 과부가 되거나 자식이 고아가 된다. 납재일은 기묘己卯일·임인壬寅일·계묘癸卯일·임자壬子일·을묘乙卯일이 좋다.

이달에 시집갈 때 인寅일·신申일에 시집온 여자가 길하다. 진辰일·술戌일에 시집온 여자는 지아비를 방해하고, 사巳일·해亥일에 시집온 여자는 맏아들에게 걸림돌이 되며, 자子일·오午일에 시집온 여자는 시부모와 갈등을 빚는다. 축丑일·미未일에 시집온 여자는 친정부모에게 걱정을 끼치고, 묘卯일·유酉일에 시집온 여자는 중매인과 갈등이 생긴다.

천지의 기가 빠져나가는 날로서 이미 「정월」에 기술하였다. 봄 갑자甲子일과 을해乙亥일은 구부

【十九】 嫁娶[18]日: 求婦收戌日大吉. 天雄在亥, 地雌在未, 不可嫁娶. 新婦下車, 乾時吉.

此月生男, 不可娶五月、十一月生女, 害夫.

此月納財, 火命女, 宜子孫. 水命, 大吉, 土命, 凶. 木命, 自如. 金命, 孤寡.[19] 納財日, 己卯、壬寅、癸卯、壬子、乙卯.

此[20]月行嫁, 寅申女吉. 辰戌女妨夫, 巳亥女妨首子, 子午女妨舅姑. 丑未女妨父母, 卯酉女妨媒人.

天地相去日, 已具正月. 春甲子、乙亥

九夫에 해를 끼친다. 음양이 서로 이기지 못하는 날에 결혼하면 좋다. 을축乙丑일·병인丙寅일·정묘丁卯일·을해乙亥일·병자丙子일·정축丁丑일·기묘己卯일·병술丙戌일·정해丁亥일·기축己丑일·경인庚寅일·기해己亥일·경자庚子일·경술庚戌일은 모두 크게 길하다.

【20】 상장喪葬

이달에 사람이 죽으면 자子년·오午년·묘卯년·유酉년에 태어난 사람을 방해하므로 시신 가까이 가서는 안 되는데, (가까이 가면) 흉한 일이 생긴다. 상복[斬草; 斬衰]을 입는 시기는 병자丙子일·경자庚子일·임자壬子일이 길하다. 염[殯]을 할 때는 병인丙寅일·갑오甲午일·경인庚寅일·경자庚子일·갑인甲寅일이 크게 길하다. 매장[葬]을 할 때는 경오庚午일·임신壬申일·계유癸酉일·임자壬子일·갑신甲申일·병신丙申일·임오壬午일·기유己酉일·경신庚申일이 길하다.

【21】 육도의 추이[推六道]

사도死道는 을乙과 신辛의 방향이고, 천도天道는 건乾과 손巽의 방향이며, 지도地道는 병丙과 임壬의 방향이다. 병도兵道는 정丁과 계癸의 방향이고, 인도人道는 곤坤과 간艮의 방향이며, 귀

害九夫. 陰陽不將日, 可以結婚. 乙丑、丙寅、丁卯、乙亥、丙子、丁丑、己卯、丙戌、丁亥、己丑、庚寅、己亥、庚子、庚戌, 並大吉.

【二十】 喪葬: 此月死者, 妨子、午、卯、酉生人, 不可臨屍[21], 凶. 斬草, 丙子、庚子、壬子吉. 殯, 丙寅、甲午、庚寅、庚子、甲寅, 大吉. 葬, 庚午、壬申、癸酉、壬子、甲申、丙申、壬午、己酉、庚申, 吉.

【二十一】 推六道: 死道乙辛, 天道乾巽, 地道丙壬. 兵道丁癸, 人道坤艮, 鬼道甲庚.

도鬼道는 갑甲과 경庚의 방향이다.

【22】 오성이 길한 달[五姓利月]

치성徵姓·우성羽姓·상성商姓·각성角姓은 모두 길한 달이다. 그 길한 날과 해[年]는 모두 「정월」에 기술되어 있다. 궁음宮音은 흉하다.

【23】 기토起土

비렴살[飛廉]은 사巳에 위치하고, 토부土符는 사巳에 위치하며, 토공土公도 사巳에 위치하고, 월형月刑은 자子에 위치한다. (기토는) 서쪽을 크게 금한다. 흙을 다루기 꺼리는 날[地囊]은 계축癸丑·계해癸亥일에 해당한다. 이상과 같은 땅에서는 흙을 일으키거나 집수리를 해서는 안 된다.

월복덕月福德은 신申의 방향에 있고, 월재지月財地는 을乙의 방향에 있는데, (그 방위에서) 흙을 취하면 길하다.

【24】 이사移徙

큰 손실은 유酉의 방향에 있고, 작은 손실은 신申의 방향에 있다. 오부五富는 인寅의 방향에 있으며, 오빈五貧은 신申의 방향에 있다. 이사는 가난하고 손실이 있는[貧耗] 쪽으로 가서는 안 되는데, (가게 되면) 흉하다. 겨울의 임자壬子일과 계해癸亥일에는 모두 이사移徙·혼인[婚娶]·입택入宅을 해서는 안 되며, (하게 되면) 흉

【二十二】五姓利月: 徵、羽、商、角[22], 皆爲利月.[23] 其利日與年, 並具在正月門中. 宮音凶.[24]

【二十三】起土: 飛廉在巳, 土符在巳, 土公在巳, 月刑在子. 大禁西方. 土囊在癸丑、癸亥.[25] 巳上地不可起土建造.

月福德在申, 月財地在乙, 取土吉.

【二十四】移徙: 大耗酉, 小耗申. 五富寅, 五貧申.[26] 移徙不可往貧耗方, 凶. 冬壬子、癸亥, 並不移徙[27]、婚娶、入宅, 凶.

하다.

【25】 상량上樑하는 날[架屋]

갑자甲子일·병자丙子일·무인戊寅일·정해丁亥일·갑오甲午일·기해己亥일·경자庚子일·신해辛亥일·계묘癸卯일·경진庚辰일·경오庚午일·신축辛丑일·기사己巳일·을미乙未일·계사癸巳일·신사辛巳일·정사丁巳일 등 이상은 모두 크게 길하고 좋은 날이다. 다섯 개의 유酉일에는 상량하지 않는다.

【26】 주술로 질병·재해 진압하는 날[禳鎭]

복숭아와 살구꽃은 이달 정해丁亥일에 채취해 그늘진 곳에서 말려 가루로 만들고, 무자戊子일에 정화수井花水에 타서 사방 한 치[寸]가 되는 숟가락 분량을 복용한다.[10) 하루에 3번 복용하면, 아이가 없는 부인을 치료하는 데 큰

【二十五】架屋:[28]

甲子、丙子、戊寅、丁亥、甲午、己亥、庚子、辛亥、癸卯、庚辰、庚午、辛丑、己巳、乙未、癸巳、辛巳、丁巳，已上並大吉良日．五酉日，不架屋.[29]

【二十六】禳鎭:

桃杏花，此月丁亥日收，陰乾爲末，戊子日用井花水服方七.[30] 日三服，療婦人無子，大驗．又此

---

10) 조선 태종 때의 【계미자본】에서는 '방칠(方七)'이라고 되어 있고, 조선 【중각본】『사시찬요』에는 '방비(方七)'로 적혀 있으나, 묘치위의 교석본에는 원(元)대 구우(瞿祐)의 『사시의기(四時宜忌)』의 '이월사의(二月事宜)'에서 『사시찬요』를 인용한 것에 근거하여 '방촌비(方寸七)'로 보충하고 있는데 합리적인 해석이라고 생각된다. 또한 이 책에서 인용한 바는 '대험(大驗)'을 "兼善容顏"이라고 적고 있다. '방촌비(方寸七)'는 옛날 약 가루를 재는 일종의 계량방법이었다. 양나라 도홍경(陶弘景)의 『명의별록(名醫別錄)』「서례(序例)」에서는 "무릇 산약(散藥)에 대해서 이야기하기를, … 사방 한 치[寸]의 숟가락이라는 것은 숟가락을 사방 한 치[寸]로 만드는 것으로서, 가루약을 취해서 떨어지지 않을 정도이다."라고 하였다. '시(匙)'를 옛날에는 '비(七)'라고 불렀다.

효험이 있다. 또한 이달 을유乙酉일 정오 때 북쪽을 향해 머리를 두고 누우면, 음양이 합치되어 자식이 생기고 귀해진다.

상순의 축丑일에 흙을 취해서 잠실蠶屋에 바르면 누에에 좋다.[11]

상순의 진辰일에 길가의 흙을 취해서 문과 창문에 바르면 관청에 불려 가는 것을 피할 수 있다.

초여드레에 목욕을 한다. 주는 「정월」에 서술하였다. 초여드레에[12] 흰 머리를 뽑는데, 신선이 좋게 여기는 날이기 때문이다. 상순의 묘卯일에 머리를 감으면 질병이 낫는다. 남양태수南陽太守의 눈이 멀고 태원太原 왕경王景도 깊은 병이 있었는데, 이렇게 하여 모두 쾌차하였다.

【27】음식 금기[食忌]

이달에는 여뀌[蓼]를 먹어서는 안 되는데, (먹으면) 콩팥이 손상된다. 토끼를 먹으면 안 되는데, (먹으면) 신경이 손상된다. 계란을 먹어서는 안 되는데, (먹으면) 사람에게 악한 마음이 생긴다. 초아흐레에는 신선한 생선을 먹으면 안 되는데, 선가仙家에서 크게 꺼리기 때

月乙酉日日中時, 北首臥, 合陰陽, 有子即貴.

上丑日, 取土泥蠶屋, 宜蠶.

上辰日, 取道中土泥門戶, 辟官事.

八日沐浴.[31]注在正月.[32] 八日拔白, 神仙良日. 上卯日沐髮, 愈疾病. 南陽太守目盲, 太原王景有沉痾, 用之皆愈.

【二十七】食忌: 是月勿食蓼, 傷腎. 勿食兔, 傷神. 勿食鷄子, 令人惡心. 九日勿食鮮魚, 仙家大忌.[33]

---

11) 이 단락은 『제민요술』 권5 「뽕나무·산뽕나무 재배[種桑柘]」편에서 『잡오행서(雜五行書)』를 인용한 것에도 같은 기록이 있지만, '상축일(上丑日)'을 '상임(上壬)'일로 적고 있다.

12) 『사시의기(四時宜忌)』의 '이월사의(二月事宜)'에서는 『사시찬요』를 인용하여 '팔일(八日)' 다음에 여전히 "十四日, 二十八日"이라고 하였다.

문이다.

【28】 활쏘기 연습[習射]

(활쏘기를 하면) 양기가 순해진다.13)

【二十八】習射:

順陽氣也.

🌸 교 기

[1] 【계미자본】에서는 '螫'으로 되어 있고, 【중각본】에는 '蟄'자로 되어 있다. 묘치
위 교석본에서는 '蟄'의 잘못된 표기로 보고 고쳐 쓰고 있다.

[2] 【계미자본】에서는 "陰陽避忌, 並宜用二月法"을 小注로 표기하고 있지만, 【중
각본】과 【필사본】에서는 본문과 같은 큰 글자로 표기되어 있다. 또한 【계미자
본】에서의 '晷'을 【중각본】과 【필사본】에서는 '昏'으로 쓰고 있다.

[3] '적(糴)': 【필사본】에서는 '糴'자로 적고 있다.

[4] '충(虫)': 【중각본】에서는 '蟲'으로 표기하였다.

[5] 【중각본】에서는 '侯'로 적고 있는데, 【계미자본】과 묘치위의 교석본에는 '候'
자로 표기되어 있다. 이후 동일한 내용은 특별히 주석하지 않았음을 밝혀 둔다.

[6] '손(巽)': 【필사본】에서는 '並'으로 쓰고 있다.

[7] '감(坎)': 【계미자본】에는 원래 '坤'으로 적고 있으나, 후대 사람이 '坎'으로 수정
한 흔적이 보인다. 【필사본】에는 '坤'이라고 쓰고 있으나, 【중각본】에서는 '坎'
으로 표기하고 있다.

[8] 【필사본】에서는 '占氣'라는 단어가 빠져 있다.

[9] '중소(中少)': 【중각본】에서는 '中小'로 적고 있다.

[10] '살(煞)': 【중각본】과 【필사본】에서는 '殺'로 쓰고 있다. 이하 동일하여 별도로
교기하지 않는다.

---

13) 후한 최식(崔寔)의 『사민월령(四民月令)』 「이월(二月)」편에는 "활쏘기 연습을
하여 양기를 순하게 하므로 염려할 필요가 없다."라고 적혀 있다. 『사시찬요』는
마땅히 『사민월령』에서 채록했을 것이다. 묘치위는 교석본에서 "날씨가 따뜻해
지면 시령에 따라서 활쏘기를 연습한다."라고 해석하고 있다.

11 【계미자본】과 【필사본】에서는 "二日、十四日、七日"로 적혀 있으나, 【중각본】에서는 "二日、七日、十四日"로 표기하였다.

12 '자(子)': 【중각본】과 【필사본】에서는 '亥'자로 적고 있다.

13 '대토일(臺土日)': 【중각본】과 【필사본】에서는 '臺土時'로 쓰고 있다.

14 '제흉일(諸凶日)': 【필사본】에서는 이 항목을 '귀신을 없애는 시각[四煞沒時]'에 포함시켰다.

15 '강(岡)': 【중각본】과 【필사본】에서는 '剛'자로 쓰고 있다.

16 '오(午)': 【중각본】과 【필사본】에는 '西'자로 표기하고 있다.

17 '주(注)': 【필사본】에서는 '註'로 적고 있다.

18 '가취(嫁娶)': 【중각본】에서는 '嫁娵'로 쓰고 있다. 이하 동일하여 별도로 교기하지 않는다.

19 【계미자본】에서는 "火命女, 宜子孫. 水命, 大吉, 土命, 凶. 木命, 自如. 金命, 孤寡."로 표기하였다. 그러나 【중각본】과 【필사본】에서는 "火命女, 宜子孫. 水命女, 大吉, 土命女, 凶. 木命女, 自如. 金命女, 孤寡."로 쓰고 있다.

20 '차(此)': 【필사본】에서는 '是'로 표기되어 있다.

21 【필사본】에서는 '臨屍'를 '臨尸'라고 적고 있다.

22 "徵羽商角": 【필사본】에서는 "宮姓凶, 商角徵羽"로 표기하고 있다.

23 【계미자본】 및 【중각본】『사시찬요』에는 '月'로 쓰여 있는데, 묘치위의 교석본에는 '月'을 '用'으로 표기하고 있다.

24 "宮音凶": 【중각본】과 【필사본】에서는 "宮姓凶"이라고 하였다. 다만 【필사본】에서는 이 구절은 앞의 '五姓利月' 다음에 달아두었다.

25 "癸丑、癸亥": 【중각본】과 【필사본】에서는 "癸亥、癸丑"으로 도치되어 있다.

26 "大耗酉, 小耗申. 五富寅, 五貧申": 【필사본】은 이와 동일하나, 【중각본】에는 "大耗在酉, 小耗在申. 五富在寅, 五貧在申"으로 적고 있다.

27 "冬壬子、癸亥, 並不移徙": 【중각본】과 【필사본】에서는 "春甲子、乙亥, 並不可移徙"로 표기되어 있다.

28 '가옥(架屋)': 【필사본】에는 '日'이 추가되어 있다.

29 '불가옥(不架屋)': 【필사본】에서는 '不可屋'으로 표기하였다.

30 '칠(七)': 【중각본】에서는 '匕', 【필사본】에는 '七' 대신 '寸巳'로 되어 있다.

31 【계미자본】과 【중각본】에서는 "八日沐浴" 이후의 문단이 【25】주술로 질병, 재해 진압하는 날[禳鎭]에 포함되어 있지만, 【필사본】에서는 "八日沐浴"의 앞에 ○로 표시하여 독립된 항목으로 보고 있다.

2. 농경과 생활

❧

【29】 밭갈이[耕地]

이달에 밭을 갈면 한 번 갈아도 다섯 번 가는 효과가 있다.14)

【二十九】耕地: 此月耕地, 一當五也.①

【30】 조 파종하기[種穀]15)

이달의 상순이 가장 좋은 때이다. 무릇 봄의 파종은 깊게 하는 것이 좋다. 비가 약간 내려 토양에 습기가 있을 때 파종한다. 큰비가 내리면 풀이 자라기를 기다렸다가 먼저 풀을 김맨 이후에 종자를 파종한다. 봄 파종은 곧 가을에 갈았던 땅을 사용하는데, (파종

【三十】種穀: 是月上旬爲上時. 凡春種欲深. 遇小雨, 接濕種. 遇大雨, 待草生, 先鋤草而後下子. 春種即用秋耕之地, 得仰壟②待雨. 苗出

---

14) 본 항목은 『범승지서』에서 근거한 것이다. 『제민요술』 권1 「밭갈이[耕田]」편은 『범승지서』의 설명을 인용하여 적절한 때에 땅을 경작하면 한 번 갈아도 다섯 번 간 것과 같은 시기가 세 번 있다고 하였는데, 즉 초봄의 해동시기, 하지, "하지 후 90일로서 낮과 밤이 동일하여 천지의 기운이 조화되는 시기"가 바로 그 것이다. 묘치위는 교석본에서 『사시찬요』 「정월」편의 【44】 항목에서는 이미 그 첫 번째 시기를 인용하여 기록하였으며, 여기에서 이 항목을 중복하였으니 이는 한악(韓鄂) 자신의 의견이라고 하였다.

15) 본 항목은 『제민요술』 권1 「조의 파종[種穀]」편에서 채용하였다. 『제민요술』에서는 본문에서 제시한 "春種即用秋耕之地, 得仰壟待雨."를 봄 가뭄 때의 상황이라고 지적하고 있다.

할) 이랑을 만들어 두었다가 비가 오기를 기다린다. 싹이 이랑에서 나오면 깊이 김을 맨다. 김매기를 자주 해 주는 것이 좋다. 풀이 없어도 김을 맨다. 김매기를 10번 하면, 겉조[粟]를 도정하여 8할의 좁쌀[米]16)을 얻을 수 있다. 곡식을 파종하기 좋은 날은 이미 「정월(正月)」편에 기술하였다.

【31】 콩 파종하기[種大豆]17)

이달의 중순이 가장 좋은 때이다. 무畝당 종자 8되[升]를 사용한다. 종자는 깊이 파종하는 것이 좋다. 재차 김을 매 준다. 3-4월의 파종도 가능하지만, 종자의 낭비가 많다. 비옥한 땅에는 드물게 파종한다. 콩밭은 부드럽게 갈 필요가 없다. 부드럽게 갈면 잎만 무성하고 열매는 적다. 만약 땅이 부드럽게

壟則深鋤. 鋤不猒③頻. 無草亦鋤. 鋤滿十遍, 粟得入米. 種穀良日, 已具正月.

【三十一】 種大豆: 是月中旬爲上時. 每畝用種八升. 種欲深. 再鋤之. 三四月種亦得, 但用子費④耳. 肥田欲稀. 豆地不求熟. 熟地則葉茂少實. 若地熟, 則稀

---

16) 【계미자본】과 조선【중각본】(1590년) 『사시찬요』에서는 '입(入)'으로 쓰여 있는데, 묘치위의 교석본에는 『제민요술』에 근거하여 '팔(八)'로 표기하고 있다. '팔미(八米)'는 도정하여 쌀이 나오는 비율이 8할에 달하는 것으로, 껍질이 얇고 낟알이 가득 찬 좋은 곡물 씨앗을 가리킨다.

17) 본 항목은 『제민요술』 권2 「콩[大豆]」편에서 발췌하였다. 『제민요술』의 본문은 단지 "지불구숙(地不求熟)"이라 설명하였는데, 원주(原註)에서 "땅이 지나치게 부드러운 것은 싹이 무성하지만 열매는 적다.[地過熟者, 苗茂而實少.]"라고 쓰여 있다. 『제민요술』에서 최식(崔寔)의 『사민월령』을 인용한 것에는 오직 "기름진 땅에는 드물게 파종하고, 척박한 땅에는 조밀하게 심는다.[美田欲稀, 薄田欲稠.]"라는 설명이 있다.(『범승지서』를 인용한 것에도 또한 "흙을 섞어 부드럽게 해서 덩어리가 없게 하여, 무(畝)당 5되[升]를 파종한다. 흙이 부드럽게 섞이지 않았다면, 파종량을 늘린다.[土和無塊, 畝五升. 土不和, 則益之.]"라고 하였다. 『사시찬요』의 '肥田欲稀'에서부터 '若地熟, 則稀種之'에 이르는 부분은 분명 『제민요술』과 『사민월령』에서 함께 채록한 것이다. 그러나 사실상 지나치게 기름진 땅은 역시 콩[大豆]을 파종하기에는 적합하지 않다.

갈아졌다면 드물게 파종해야 한다.

잎이 다 떨어지면 콩을 벤다. (잎이) 다 떨어지지 않았다면 관리하기 어렵다. 베는 것이 끝나면 재빨리 밭을 갈아엎어야 한다. 콩[大豆]을 벤 이후에 지면이 드러나면 수분이 빨리 증발하기 때문에[18] 가을에 갈지 않으면 땅이 습기를 머금지 못한다.

【32】구종법區種法[19]

(콩을 파종할) 구덩이 사방과 깊이는 6치[寸]로 하고, 구덩이 간의 거리는 2자[尺]로 한다. 구덩이 안에는[20] 좋은 소똥 한 되[升]를 넣고 흙과 잘 섞어 준다. 물 3되를 부어 준다. 콩 세 알을 파종한다. 흙을 덮되 두껍게 해서는 안 되며 손바닥으로 가볍게 눌러 주어서 흙과 종자가 서로 접하도록 해 준다. 무[畝]당 종자 3되를 사용하고, 거름은 13섬[石] 5말[斗]을 사용한다. 5-6장의 잎이 나면 즉시 김매 준다. 가물면 물을 준다. 가을이 되면 무[畝]당 모두 16섬[石]을 수확할 수 있다.

種之.

葉落盡[5], 然後刈之. 不盡則難治. 刈訖則速耕. 大豆性炒, 不秋耕則地無澤.

【三十二】區種法: 坎, 方深各六寸, 相去二尺許. 坎內好牛糞一升, 攪和. 注水三升. 下豆三粒. 覆土, 勿令厚, 以掌輕抑之, 令土種相親. 每畝用種三升, 糞十三石五斗. 生五六葉, 即鋤之. 旱則澆. 至秋, 每畝合收十六石.

---

18) 콩[大豆]의 잎이 모두 다 떨어진 이후에 비로소 수확하는데, 지면이 드러나면 수분 증발이 빠르기 때문에 수확 후에는 즉시 갈아엎어 써레질과 끌개질을 하여 습기를 보존해야 한다. 여기서 '대두성초(大豆性炒)'는 실제로 이러한 의미이다.

19) 본 항목은 『범승지서』의 콩[大豆]을 구종(區種)하는 법에서 채록한 것이다. 그러나 "每畝用種三升, 糞十三石五斗."는 『제민요술』 권2 「콩[大豆]」편에서 『범승지서』를 인용한 것에서는 "一畝用種二升, 用糞十二石八斗."라고 하였다. 숫자에 있어 적지 않은 차이가 난다.

20) '내(內)'는 곧 '납(納)'자이다.

【33】 콩 거두는 방법[收豆法]²¹⁾

콩깍지가 검고 줄기가 청흑색이면 곧 수확한다. 지나치게 익으면 콩깍지가 떨어져서 손실이 아주 많다. 콩을 (타작마당에서) 수확할 때 푸른 콩깍지는 위에 두고, 검은 콩깍지는 아래에 둔다.

【34】 밭벼²²⁾ **파종하기**[種旱稻]²³⁾

이달의 중순이 가장 좋은 때이다. 먼저 볍씨를 물에 담가 입이 벌어지게 하고, 누리로 갈아 파종한 종자를 덮어주면 그루가 성

【三十三】收豆法: 莢黑莖蒼, 便須收之. 過熟則莢落, 損折太多. 收豆, 青莢在上, 黑莢在下也.

【三十四】種旱稻: 此月中旬爲上時. 先澱⁶, 令開口, 樓耩⁷, 音講. 掩種而科

---

21) 본 항목은 『범승지서』의 콩 수확하는 법에서 채록한 것으로, 『제민요술』 권2 「콩[大豆]」편에도 인용한 것이 보인다.

22) 【계미자본】에서는 한도(旱稻)라고 표기하고 있다. 모리야 미츠오[守屋美都雄]의 『四時纂要: 中國古農書‧古歲時期の新資料』(山本書店, 1961)의 해제에 의하면 조선 【중각본】에는 '조(早)'로 잘못 쓰고 있으나 본 조항은 한도(旱稻)를 파종하는 것을 가리킨다고 하였다. 묘치위의 교석본에서도 모리야의 이런 견해에 동의하였다. 모리야와 묘치위는 【중각본】의 '종조도(種早稻)' 항목은 그 내용을 볼 때 '한도(旱稻)'로 봐야 한다고 주장하였다. 다만, 『농사직설(農事直說)』 「종도(種稻)」에는 "조도 … 2월 상순에 또 갈고 써레질하여 … 먼저 파종에 앞서 볍씨를 물에 담가 3일이 지난 후 건져 낸다.[早稻 … 二月上旬又耕之, 以木斫, … 先以稻種潰水經三日漉出.]"라는 조도의 내용이 있다. 이 부분의 내용과 『사시찬요』의 것을 비교해 보면 그 내용이 유사하지만, 조도와 한도의 견해차가 있고, 아울러 『사시찬요』에는 "만약 그해가 가물어서 파종할 때가 늦었다고 생각되면 종자를 담그지 말아야 한다."라는 내용에서도 견해를 달리하고 있다.

23) 본 항목은 『제민요술』 권2 「밭벼[旱稻]」편에서 채록한 것이다. 모리야의 해제에서는 한악이 활동한 시기인 당말(唐末)에서 오대(五代)시기의 농업활동은 주로 화남(華南)에서 이루어졌기에 『사시찬요』를 통해 도미(稻米)‧도작기술(稻作技術)을 살핀 것이다. 『사시찬요』에는 2월의 「종조도(種早稻)」(묘치위 교석본에는 「종한도(種旱稻)」라고 함), 3월의 「종수도(種水稻)」, 5월의 「재한도(栽旱稻)」가 서술되어 있으며, 1월‧2월‧8월‧11월에는 쌀에 관한 점복, 11월에는 '참쌀[糯米]'에 대한 기록이 있다. 다만 이 기록들이 과연 화중과 화북에도 적용되었는가에 대해서는 자세히 살펴볼 필요가 있다.

장한다. (싹이 나온 이후에) 다시 김을 매고 끌개[澇]로 평탄 작업을 해 준다. 만약 그해가 가물어서[24] 때가 늦다고 생각되면 물에 종자를 담그지 말아야 하는데, 싹이 햇볕에 타서 자라지 않을까 두렵기 때문이다. 만약 봄에 비가 내리면 이러한 방법에 따라서 종자를 흩어 뿌리는 것이 낫다. 만약 조밀하게 파종했다면 5-6월 중에 장마가 올 때 뽑아서 옮겨 심는다. 모가 긴 것 또한 뽑아서 옮겨 심는데, 잎 끝을 몇 치[寸] 잘라 내도 묘심苗心이 손상되지 않는다.[25]

【35】 외 심기[種瓜][26]

이달의 상순이 가장 좋은 때이다. 먼저 외[瓜]의 씨를 물에 일어서 소금과 같이 섞는다. 소금을 섞으면 병해[27]를 입지 않는다. 먼저 사방 한 자[尺] 크기의 둥근 구덩이를 파고[28] 푸석푸석한 토양을 깨끗이 제거한다.

大. 再鋤澇之. 若歲旱, 慮時晚, 即勿浸種, 恐牙[8]焦不生. 若春有雨, 依此種, 又勝擲者. 如概[9]者, 五六月中霖雨時拔而栽之. 苗長者, 亦可拔之, 去葉端數寸, 勿令傷心.

【三十五】種瓜: 是月當上旬[10]爲上時. 先淘瓜子, 以塩和之. 着[11]塩則不籠死. 先開方圓一尺, 淨去浮土. 坑雖深大, 若雜以

---

24) '歲旱'은 『제민요술』에서 '歲寒'으로 적고 있다.

25) 본문의 "苗長者, 亦可拔之, 去葉端數寸, 勿令傷心."을 『제민요술』 권2 「밭벼[旱稻]」에서는 "其苗長者, 亦可振去葉端數寸, 勿傷其心也."라고 쓰고 있다. 여기서 '거(去)'는 지나치게 긴 모의 잎 끝을 잘라내는 것을 가리킨다.

26) 본 항목은 『제민요술』 권2 「외 재배[種瓜]」편의 일반적인 외[瓜] 심는 방법에서 채록한 것이다. 구덩이 '깊이가 5치[寸]'라는 것은 '구종과법(區種瓜法)'에서 보인다.

27) 와타베 다케시[渡部 武]는 역주고에서 '농사(籠死)'를 일종의 충해라고 해석한 데 반해, 묘치위의 교석본에서는 이를 충해가 아닌 병해라고 지적하고 있다.

28) 본문의 "先開"에서 "令瓜不生"에 이르는 부분은 『제민요술』에서는 "먼저 호미를 눕혀 마른 흙을 제거한다. (원주: 마른 흙을 긁어내지 않으면, 비록 구덩이가 깊고 크다 하더라도 항상 마른 흙이 그 속에 섞여 있기 때문에 외가 싹 틔우기가 쉽지 않다.) 그런 연후에 말통[斗口]의 아가리 크기의 구덩이를 판다."라고 적고

구덩이가 비록 깊고 크더라도 만약 마른 흙29)이 섞여 있으면 외가 자라지 못한다. 깊이는 5치[寸] 정도로 한다. 외씨 네 개를 넣고, 콩[大豆] 세 개를 구덩이 속 외씨 곁에 넣어 둔다. 외의 싹은 연약하여 홀로 땅을 뚫고 나오지 못하기 때문에 콩이 먼저 흙을 뚫고 나오는 것을 이용한다. 외의 떡잎이 나오면 콩잎을 따서 제거한다.

【36】 외의 병을 치료하는 법[治瓜籠法]30)

아침에 일어나서 이슬이 마르기 전에 나무막대[杖]로 외의 덩굴을 들어 일으키고, 뿌리 아래에 재를 흩어 뿌려 준다. 하루나 이틀 뒤 다시 흙으로 뿌리를 북돋아주면 외는 병해를 회복하여 정상적으로 성장하게 된다.31)

就土, 令瓜不生. 深五寸. 納瓜子四个[12], 大豆三个於坑傍. 瓜性弱, 苗不能獨生, 故得大豆以起土. 瓜生則掐去豆苗.

【三十六】治瓜籠法: 旦起, 露未乾, 以杖擧[13]瓜蔓起, 撒灰根下. 後一兩日, 復以土培根, 瓜則廻矣.

있다. 즉 '선개(先開)' 구문은 먼저 한 개의 구덩이를 파는 것으로, '개(開)' 아래에 '갱(坑)'자가 빠진 듯하다. 하지만 『종예필용』에서 『사시찬요』를 초사한 것에도 또한 '갱(坑)'자가 없으며, 【계미자본】과 【중각본】에도 역시 '갱'자가 보이지 않는다.

29) '취토(就土)'는 『종예필용』에서 『사시찬요』를 초사한 것과 동일한데, 『설문(說文)』의 해석에서는 "높다[高也.]"라고 하였으며, 또한 접근한다는 의미도 있다. 묘치위의 교석본에 따르면, '취토(就土)'는 아마 당시에 이와 같은 형태의 구어(口語)일 것으로 생각되는데, 위층 가까이에 있는 푸석한 흙을 가리키지만 『제민요술』에서는 '조토(燥土)'로 적고 있어, '취(就)'는 '조(燥)'자의 잘못일 가능성도 있다고 하였다.

30) '치과롱법(治瓜籠法)' 단락 또한 『제민요술』 권2 「외 재배[種瓜]」편에서 채록한 것이다.

31) 『제민요술』에서는 '과즉회의(瓜則廻矣)'를 '즉형무충의(則迥無蟲矣)'라고 적고 있다. '형(迥)'과 '회(廻)'는 형태가 비록 매우 비슷하지만, 『사시찬요』에는 무충(無蟲)에 대한 내용이 없어 '형(迥)'자가 잘못 쓰인 것은 아닌 듯하다. '회(廻)'는 정상적인 생장을 회복하였음을 가리키고, 또한 이것은 바로 '롱(籠)'이라는 병을

김을 매 주면 열매가 많이 달리며, 김매지 않으면 열매가 적다. 오곡·채소·과일도 모두 이와 같다.[32]

【37】 참깨 파종하기[種胡麻][33]

휴경한 땅이 좋다. 이달이 가장 좋은 때이다. 4월이 다음으로 좋은 때이며, 5월이 가장 좋지 않다. 2월 보름 전에 파종하면 열매가 많고 수확도 좋다. 보름 후에 파종하면 열매가 적고 쭉정이가 많다. 파종은 빗발이 그치려고 할 때 한다. 만약 비의 습한 기운이 없다면

鋤則着子, 多不鋤則少子. 五穀、蔬、果, 皆此例也.

【三十七】 種胡麻: 宜白地. 是月爲上時. 四月爲中, 五月爲下. 月半前種, 實多而成. 月半後, 少[14]子而多秕. 種欲截雨脚. 若不因雨濕, 則不

잘 치료했음을 뜻한다. 즉 '롱(籠)'은 병해를 가리키며,『제민요술』에서 충해(蟲害)를 가리키는 것과 다르며, 이것은 한악(韓鄂)이 고쳤을 가능성이 있다.

32) 이 김매기 단락과 위의 '치과롱법(治瓜籠法)'은 직접적인 관계는 없다.『제민요술』권2「외 재배[種瓜]」편의 "외가 자라 몇 장의 잎이 생겨나면 콩잎을 따 준다.[瓜生數葉, 招去豆.]"라는 문장 다음에 김매기 항목이 있다.『사시찬요』에서도 마땅히 이달 【35】 항목의 "외의 떡잎이 나오면 콩잎을 따서 제거한다."의 바로 다음에 있어야 하는데, 보이지 않는다. 오름(吳懍)의『종예필용』에서『사시찬요』를 채록한 것에도 이와 같은 양상이 있는데, 이는 오름이 본『사시찬요』와 【중각본】이 서로 다르거나 오름이 책을 초사할 때 건성으로 했다고도 말할 수 있다.

33) 본 항목의 첫 번째, 두 번째 두 단락은『제민요술』권2「참깨[胡麻]」편에서 채록한 것이다. 두 번째 단락의 "八稜爲胡麻而多油"라고 한 주석문은『사시찬요』의 본문이다. 세 번째 단락은 지마(脂麻)를 구종한 가장 빠른 기록이며, 생산량은 매우 많지만 구체적인 기술은 없다.『농상집요』권2 '호마(胡麻)' 조에서는 단지 "一尺爲法"이라는 구절만 인용하고 있고, 호마를 구종한 구절은 인용하지 않았는데, 이것은 대개 "每畝收百石"이 의심스러워 삭제했거나, 그렇지 않다면 이는 후대 사람들이 첨삭하였을 것이다. '호마(胡麻)'는 지마(芝麻)를 가리키며, 현재 민간에서 쓰는 아마(亞麻)는 아니다. 또 지마의 이름이『사시찬요』에는 '호마(胡麻)'·'지마(芝麻)'·'유마(油麻)' 세 종류가 있는데, 묘치위 교석본에서는 재료들이 온 출처가 서로 다르다고 보고 있다.『사시찬요』에서 3월을 참깨 파종의 적기로 본 반면, 조선의『사시찬요초』(1655년)와『증보사시찬요』(1766년)에서는 4월에 참깨와 들깨를 파종한다고 기록하고 있다.

싹이 나지 않는다. 무_畝당 2되[升]의 종자를 사용한다. 흩어 뿌릴 것은 먼저 빈 누리로 간 후에 종자를 흩어 뿌리고, 빈 끌개[澇]를 끌어 평탄하게 해 준다. 끌개 위에 사람이 타면 흙이 두터워져 싹이 나지 않는다. (누리로) 갈고 파종할 때[34] 볶은 모래를 종자와 반쯤 섞어서 함께 파종하는데, 그렇게 하지 않으면 고르게 파종되지 않는다. 김매기는[35] 3차례를 넘어서는 안 된다.

베어서 작은 단으로 묶는다. 단이 크면 말리기 어렵다. 5-6다발을 한 묶음으로 하여 서로 기대어 세워 둔다. 참깨가 벌어지면, 수레를 타고 밭에 가서 단을 거꾸로 세워 작은 막대기로 가볍게 두드려서 털어 낸다.[36] 거두고는 다시 모아서 세워 둔다. 3일에 한 번 두드린다. 4-5차례 하면 다 털린다. 8각 진 참깨가 기름이 많은데, 세간에서 검은 깨를 참깨[胡麻]라고 하는 것은 잘못이다.

유마_{油麻}는 포기마다 한 자[尺]를 떼우는 것을 기본으로 한다. 만약 구종을 하게 되면

生. 一畝用子二升. 撒種者, 先以樓構, 然後撒子, 空曳澇. 澇着上[15]人, 土厚不生. 耩[16]時, 用炒沙中半, 和沙下之, 不尒[17]即不匀. 不過三遍.

刈束欲(小). 束大難乾. 五六束爲一叢, 相倚之. 候口開, 乘車詣田, 逐束倒竪, 小杖輕打之, 斗[18]藪. 取了, 還聚之. 三日一打. 四五遍乃盡耳. 八稜爲胡麻而多油, 世言黑者爲胡麻, 非也.

油麻每科[19]相去一尺爲法. 若能區種,

---

34) 원래는 '강시(耩時)'라 하여 이 글자 사이에 '종(種)'자가 없었는데, '묘치위 교석본에서는 '종(種)'자를 추가하고 있다. 묘치위에 따르면, 이것은 누리로 파종하는 것을 가리키는데, 위 문장의 '누리로 땅을 간[耩構] 후 흩어 뿌리는 것'과 같지 않으며, "누강(耩構)"과 더불어 혼란을 피하고 아울러 그 자체의 의미를 명확히 하기 위해 『제민요술』을 참조해 '종(種)'자를 보충하였다고 한다. [이때 『제민요술』에서는 "누강자(耩構者)"를 위 문장에 "만종자(漫種者)"와 대응하여 썼다.]

35) "不過三遍"의 첫머리에 '서(鋤)'자는 원래 없지만, 묘치위의 교석본에는 반드시 있어야 할 것으로 보고 『제민요술』에 의거해 보충하고 있다.

36) '두수(斗藪)'는 '두수(抖撒)'와 같은데, 여기서는 참깨[芝麻]의 종자를 털어 내는 것을 가리킨다.

무당 백 섬[石]을 거둘 수 있다.

每畝收百石.

【38】 토란 파종하기[種芋]37)

토란은 물이 가깝고 기름진 땅을 좋아하므로, 거름과 섞어서 파종한다.

구덩이는 사방과 깊이를 3자[尺]로 한다. 콩깍지를 거두어서 구덩이 속에 넣고 발로 밟되 두께를 5치[寸]로 한다.38) 구덩이에서 파낸 촉촉한 흙을 거름과 고루 섞어 그 콩깍지 위에 덮어 두는데 두께는 한 자 2치로 하며,39) 물을 주고 발로 밟아서 습기를 보존한다. 매 구덩이에는 토란 5개를 심는데, 네 귀퉁이와 중앙에 각각 1개씩 심고 발로 밟는다. 아침이 되면 물을 준다. 콩깍지가 썩어 문드러지면 토란이 싹트며 한 구덩이에서 한 섬[石]을 수확할 수 있다.

토란은 흉년에 대비할 수 있으므로 마땅히 잊지 않고 유념해 두어야 한다.

【三十八】 種芋:
芋宜近水肥地, 和糞種之.

區方深三尺. 取豆萁內區中, 足踐之, 厚五寸. 取區上濕⑳土和糞蓋豆萁上, 厚二寸, 以水澆之, 足踐令保澤. 每區安五芋, 置四角及中央各一芋, 足踐. 旦即㉑澆之. 其爛芋生, 一區可收一石.

芋可以備凶年, 宜留意焉.

---

37) 본 항목의 토란 파종법은 『제민요술』권2 「토란 재배[種芋]」편에서 『범승지서』를 인용한 것에 보인다. '일석(一石)'은 『범승지서』에 '삼석(三石)'으로 쓰여 있다. 마지막 한 단락은 즉 가사협의 본문인 "芋可以求饑饉, 度凶年"의 논거와 견해에 근거하여 나온 것이다.

38) '厚五寸'은 『범승지서』에 '厚尺五寸'으로 쓰여 있고, 『종예필용』은 『범승지서』와 동일하다. 한악이 '척(尺)'자를 삭제했거나 빠뜨렸을 가능성이 있다.

39) 이 부분에도 '척(尺)'자가 없다. 묘치위의 교석본에 따르면, 2치[寸]의 흙으로 토란 종자를 묻는 것은 곤란하고 또한 식물이 뿌리내릴 흙이 없으므로, 이 '척(尺)'자는 반드시 있어야 하기에 『범승지서』 및 『종예필용』에 근거하여 보충하였다.

【39】 부추 파종하기[種韭]40)

부추의 이랑은 깊어야 하며, 물을 주고 거름을 주는41) 방법은 아욱[葵]과 동일하다. 첫 해에는 부추를 오직 한 번만 벤다. 매번 벨 때마다 즉시 거름을 준다. 모름지기 그 이랑이 깊어야만 거름을 잘 받아들일 수 있기 때문이다.

부추의 머리가 구부러지면42) 첫 번째로 벤 것은 버리고 주인이 먹어서는 안 된다.

부추를 열을 지어 재배하지 않았다면, 김매기를 통하여 행간을 만들어 주어야 한다. 한 차례 베고는 누거[耬]로 갈아서 뿌리가 서로 접하지 않도록 하는 것이 좋다. 이와 같이 하면 부추의 잎이 넓어져 염교[薤]와 같이 된다.

【三十九】 種韭：韭畦欲深, 下水和糞, 與葵同法. 剪㉒之, 初歲唯一剪. 每剪即加糞. 須深其畦, 要容糞故也.

韭勾頭, 第一番割棄之, 主人勿食.

韭不如栽作行, 令通鋤. 割一遍, 以爬摟㉓之, 令根不相接爲佳. 如此, 當葉闊如薤.

---

40) 본 항목의 첫 단락은 『제민요술』 권3 「부추 재배[種韭]」편에 근거한 것이다. "初歲唯一剪"은 『제민요술』에서 "初種, 歲止一剪"이라 쓰여 있는데, 목적은 땅속 비늘줄기[鱗莖]의 생장을 더욱 좋게 하기 위함이다. 두 번째, 세 번째 단락은 『사시찬요』의 본문으로 『농상집요』에 인용되어 있으며, 문장은 동일하나 오직 '구구두(韭勾頭)' 세 글자가 없다. 『종예필용』은 『사시찬요』를 초사하였지만, 틀린 글자가 있다.

41) 【계미자본】, 【중각본】과 【필사본】의 원문에는 모두 '화분(和糞)'으로 되어 있으나, 묘치위 교석본에서는 '가분(加糞)'으로 고쳐 쓰고 있다.

42) '구두(勾頭)'는 대개 부추 잎의 끝부분이 아래로 수그러진 것을 가리키며, 이는 바로 벨 시기에 이른 것이다. 묘치위의 교석본에 따르면, "첫 번째로 벤 것은 버리고 주인이 먹어서는 안 된다.[第一番割棄之, 主人勿食.]"의 문장에서 가리키는 것은 봄에 제일 처음으로 벤 새로운 부추인데, 오늘날에도 중국사람들은 여전히 갓 나온 부추가 묵은 질병을 일으킨다고 인식하고 있다고 한다.

【40】 염교 파종하기[種薤]43)

마땅히 희고 부드럽고 좋은 땅에 파종해야 하며, 세 차례 갈아엎는 것이 좋다. 2-3월에 파종하되, 8-9월에 해도 좋다. 한 자[尺] 간격[長]44)에 뿌리 하나를 심는 것을 기본으로 한다. 염교 종자는 반드시 햇볕에 말리고, 쉰 뿌리45)는 잘라서 제거한다. 잎이 나면 김을 매는데, 김은 자주 매는 것이 좋다. 잎은 자를 필요 없으며, 잎을 자르면 흰 뿌리줄기가 좋지 않게 된다.

【41】 가지를 심는 방법[種茄法]46)

이랑을 만들고, 물을 주는 것은 아욱[葵] 심는 방법과 같다. 가지 모종에 잎 다섯 장이 달리면, 비가 내릴 때 옮겨 심는다.

【42】 갓과 유채 파종하기[蜀芥·芸薹]47)

모두 비가 오면 파종한다. 두 식물은 추

【四十】 種薤: 宜白軟良地, 耕三遍佳. 二月三月種, 八月九月亦得. 長一尺一根爲本. 必須乾曝, 切去強根. 葉生則鋤, 鋤不猒多. 葉不用剪, 剪則損白.

【四十一】 種茄法: 畦水如葵法. 其茄着五葉, 因雨移之.

【四十二】 蜀芥、芸薹: 並因雨種之.

---

43) 본 항목은 원래 『제민요술』 권3 「염교 재배[種薤]」편에 보인다. 본문의 "一尺一根爲本"은 『제민요술』에서 "率七, 八支爲一本."이라고 한 것과는 같지 않다. 『사시찬요』 7월에도 염교를 심는 것에 대한 내용이 있는데(본서 「칠월」【32】항목에 보인다.), 본 항목에는 '칠월'이 빠져 있고, 도리어 "八月, 九月亦得."이라고 설명하고 있다. 묘치위는 이 '八月, 九月'이 『제민요술』에서 초사한 것이라고 한다.
44) '장(長)': 여기서는 포기 간격을 가리킨다.
45) '강근(強根)': 붙어 있는 쉰 뿌리를 가리킨다.
46) 이 항목은 원래 『제민요술』 권2 「외 재배[種瓜]」편 '종과자법(種瓜子法)'에 나온다.
47) 이 항목은 원래 『제민요술』 권3 「갓·유채·겨자 재배[種蜀芥芸薹芥子]」편에 나온다. 잎은 『제민요술』에서 7월에 파종하여 10월에 거둔다고 했는데, 『사시찬요』에서는 이를 채록하여 「칠월」편【35】항목에 넣고 있다.

위를 건디지 못하기 때문에, 봄에 심고 5월에 종자를 수확한다.

二物不耐寒, 故春種而五月 24 收子.

【43】 마늘종 뽑기[攬蒜條][48]

마늘종[條]이[49] 구부러지면 뽑아 주는데,

【四十三】 攬蒜條: 拳者攬之, 否則

---

48) 이 항목은 원래 『제민요술』 권3 「마늘 재배[種蒜]」편에 나온다. 『제민요술』에서는 단지 "獨科"라고 말하였는데, 『사시찬요』에서는 다시 "獨顆而黃"이라고 적고 있다. 묘치위의 교석본에 따르면, 마늘종을 뽑지 않으면 마늘쪽 중에 저장된 양분을 모두 소비하여 마늘[大蒜]이 자라는 데 좋지 않게 되지만 쪽마늘[獨瓣]과는 관계가 없다고 한다. 『제민요술』에서 "(종대를) 뽑지 않으면 외쪽마늘이 된다.[不軋則獨科.]"라는 것은 주석문장이며, 그다음 본문은 "잎이 누렇게 되면 끝이 뾰족한 봉을 이용하여 마늘쪽을 파낸다.[葉黃鋒出.]"라고 되어 있다. 만약 한악이 본 당본(唐本)『제민요술』이 주석이 본문과 뒤섞여 있고, (가장 빠른 본문과 주석문의 서법은 본문이 큰 글자로 되어 있으며, 주석문은 한 줄의 작은 글자로 적었기 때문에 주석이 본문 속에 섞이기 쉬웠다.) '葉'자가 깨어지면서 '而'자로 읽혔다면, 쉽게 '獨顆而黃'으로 변해 버리게 된다. 『제민요술』에서는 2월에 마늘종을 뽑는다는 직접적인 설명은 없지만, 마늘종을 뽑는 구절이 「마늘 재배[種蒜]」편에 '二月半鋤之' 다음 문장에 등장한다. 한악은 2월에 마늘밭을 김맨다는 구절이 마늘종을 뽑는 시기라고 이해하여 '2월'에 이와 같은 '종대 뽑기[攬蒜]'라는 조항을 열거하고 있다. 사실 『제민요술』에서 말하는 마늘종을 뽑는 것은 또 다른 일이며, 2월 보름에 마늘 밭을 김매는 시간과는 관계가 없다. 사실상 2월에는 아직 마늘종을 뽑을 수 없는데, 『사시찬요』「팔월」편 【32】 '마늘 파종하기[種蒜]' 항목에 의하면 "3월 중순이 되면 곧 마늘종의 고개가 수그러진다."라고 한다. 그러나 『제민요술』에는 "마늘종대가 구부러지면 뽑아 준다."라는 말은 있지만 3월에 그랬다는 말은 없다. 묘치위는 한악이 『제민요술』의미를 잘못 해석한 것이라고 한다.

49) '조(條)'는 '마늘종[蒜薹]'(꽃줄기)을 가리킨다. 묘치위 교석본에 의하면, '알(攬)'의 음은 '알(軋)'이며, 『제민요술』에서는 '알(軋)'로 적고 있는데 이것은 같은 음의 글자를 차용한 것이다. 『설문』에서는 "알(攬)은 뽑는[拔] 것이다."라고 적고 있다. 『소이아(小爾雅)』「광물(廣物)」편에서는 "중심을 뽑아내는 것을 알(攬)이라고 한다.[拔心曰攬.]"라고 하였다. 이것은 산대를 뽑아내는 것을 가리킨다. 꽃줄기가 갓 잎자루에서 나올 때는 곧은데, 며칠이 지난 후에는 끊임없이 커져 점차 구부러진다. '권(拳)'은 구부러지는 것을 가리키며, 적당히 구부러지면 뽑을 수 있는 시기임을 말하는 것이다. '권(拳)'은 비록 꽃봉오리가 커서 주먹과 같은 것으로 해석할 수도 있다. 그러나 이 시기에 마늘종이 이미 쇠서 먹을 수 없게

그렇지 않으면 외쪽마늘이 되고 누레진다.

2월 중순에 김을 맨다. (수확 전에) 세 차례 김을 매 주는데, 풀이 없어도 김을 매 준다.[50]

獨顆而黃.

中旬鋤. 三遍, 無草亦鋤.

【44】 마[山藥] 파종하기[51][種署預][52]

『산거요술山居要術』에 이르길, "백미의 낟알과 같은 색을 띠며 표면이 울퉁불퉁한 흰색 뿌리를 취하여 미리 씨를 거둔다. 3-5개 정도의 구덩이를 파는데, 길이는 한 길[丈], 폭은 3자[尺], 깊이는 5자로 한다. 아래에는 빽빽하게 벽돌을 펴놓고, 구덩이 네 벽을 한 자 정도 띄우고 벽돌을 세워서[53] 특별히 흙 속

【四十四】 種署預: 山居要術云, 擇取白色根如白米粒成者, 預收子. 作三五所坑, 長一丈, 闊三尺, 深五尺. 下密布甎, 坑四面一尺許亦倒布㽍, 妨㉕別入土

되는 것을 고려해 보면 통마늘[大蒜]이 자랄 수 있는 양분을 소모하기에 따라서 구부러진다는 의미로 해석해야 할 것이다.

50) 이 단락은 『제민요술』에서는 "2월 중순이 되면 호미질을 시작하는데, 모두 세 차례 한다.[二月半鋤之, 令滿三遍.]"라고 적고 있고, 소주(小注)에서는 "풀이 없다고 해서 호미질을 하지 않으면 안 된다.[勿以無草而不鋤.]"라고 하고 있다. 묘치위는 교석에서 『사시찬요』에서는 채록한 것이 지나치게 간략하게 하여 아주 쉽게 "(2월)중순에 김을 매는데, 3번 맨다.[中旬鋤, 三遍.]"라고만 하고 있으며, 위치도 『제민요술』과는 달리 또한 '알산(揠蒜)' 바로 아래에 배열하고 있는 것 역시 타당성이 결여되었다고 한다.

51) 본 항목은 『농상집요』에서 『사시유요』를 인용한 것으로, 즉 『사시찬요』가 『산거요술(山居要術)』을 재인용한 것이며, 문장은 서로 동일하다. 다만 "塡少糞土"의 '少'자와 "一半土和之"의 구절을 삭제하였다. 또한 '倒'를 '側'으로 쓰고 있으며, "別入土中"을 "別入傍土中"이라 적고 있다.

52) '서예(署預)'는 즉 마[薯蕷; *Dioscorea batatas Decne*]로, 민간에서는 산약(山藥)이라 부른다.

53) 묘치위는 교석본에서 '도(倒)'는 뒤집힌다는 뜻으로 평평하게 놓인다고 해석할 수 있지만, 『농상집요』에서 인용한 것에는 '측(側)'이라 쓰고 있는데, 이 의미에서 확장한 것이라고 한다. 그러나 그렇게 되면, 뿌리가 옆으로 뻗어 나가는 것을 막을 수가 없어서 본문의 뜻과는 맞지 않다. 따라서 '도(倒)'는 세운다는 의미로

으로 곁뿌리가 뻗어서 뿌리가 가늘어지는 것을 방지한다. 구덩이를 다 파고 나서 약간의 거름과 흙을 채운다. (한 구덩이에) 세 줄에 종자를 파종한다. (거름에) 흙을 반쯤 섞어서 구덩이를 가득 메운다.[54] 싹이 나면 시렁을 설치한다. 1년이 지난 이후에는 뿌리가 더욱 굵어진다. 한 구덩이로 1년간 먹을 수 있다.

"뿌리를 심는 것은 길이 한 자 이하로 잘라 파종한다."라고 하였다.

【45】또 다른 방법[又法][55]

『지리경地利經』에서 이르길, "마의 뿌리가 큰 것은 2치[寸]로 잘라[56] 뿌리로 파종한

中, 根即細也. 作坑子訖, 填少糞土. 三行下子種. 一半[26]土和之, 填坑滿. 待苗着架. 經年已後, 根甚麤. 一坑可支一年食.

根種者截長一尺已下種.

【四十五】又法:[27]地利經云, 大者折二寸[28]爲根種. 當年便

해석해야 할 것이다.

54) 이상의 5자[尺] 깊이의 구덩이 바닥에 벽돌을 펴서 두껍게 펴고, 그 위에 흙을 두텁게 덮어 씨를 뿌린 후 또 흙을 두텁게 덮는데, 어떠한 구체적인 설명도 없이 단지 "填少糞土", "填坑滿"이라 설명하고 있다. 묘치위 교석본에 따르면, "填少糞土"는 비록 소량의 거름과 흙을 채워 메운다고 해석할 수 있을지라도 여전히 어느 정도 메웠는지는 알 수 없다. 『농상집요』에서는 '소(少)'자가 삭제되어 여전히 문제를 해결할 수 없다. 게다가 "一半土和之"는 가리키는 바가 더욱 명확하지 않아, 대개 이러한 까닭으로 『농상집요』에서는 아예 삭제하였다. 『농상집요』에서는 계속 『사시유요』를 인용한 후에도, 『무본신서(務本新書)』의 '종산약법(種山藥法; 뿌리 파종)'을 인용한 것이 있는데, 흙을 덮는다는 '점토(墊土)'와 '개토(蓋土)'는 모두 명확하게 그 치수를 지적하고 있다. 『광군방보(廣群芳譜)』 권16 「산약(山藥)」편에 기록된 종근법(種根法)에도 명확히 설명되어 있다. 그러나 『사시찬요』에서는 종자를 이용해 파종하는 것은 흙을 너무 두텁게 덮으면 좋지 않다는 정도만 제시하였다.

55) 본 항목은 『농상집요』에서 『사시유요』가 『지리경(地利經)』을 인용한 것을 재인용한 것으로, 문장이 서로 동일하다. 위 항목과 본 항목의 『농상집요』에서 재인용한 자료가 『사시찬요』와 서로 같은 점으로 미루어 더욱 『사시유요』가 바로 『사시찬요』임을 증명할 수 있다.

56) '절(折)'은 여기서는 '단(斷)'·'절(截)'의 의미로 해석되며, 곧 『광군방보(廣群芳

다. 그해에 곧 씨를 얻을 수 있다. 씨를 거둔 후에 겨우내 그것을 묻어 둔다. 이듬해 2월 초에 꺼내어 바로 파종한다. 인분人糞은 꺼린다. 만약 가뭄이 들면, 물을 뿌려 준다. 또 지나치게 질퍽해지도록 물을 뿌리면 좋지 않다.57) 모름지기 소똥을 흙에 섞어 파종하면 쉽게 성장한다."라고 하였다.

【46】 마58) 가루 만드는 방법[造署藥粉法]

2-3월 중에 날씨가 맑은 날 마를 취해 미리 씻어서 흙을 제거하고, 작은 칼로 바깥의 검은 껍질을 긁어 제거한 후에, 또 두 번째로 안쪽 흰 껍질을 한푼[分] 두께로 거듭 깎아 낸다. 깨끗한 종이 위에 늘어놓고, 대나무 발 위에 두어 햇볕에 말린다. 밤이 되면 거두어 배롱焙籠59)에 들여 넣고 약한 불에 건조시킨다. 다음 날이 되면 또 햇볕에 말린다. 만

得子. 收子後, 一冬埋之. 二月初, 取出便種. 忌人糞. 如旱, 放水澆. 又不宜苦濕. 須是牛糞和土種, 即易成.

【四十六】造署㉙藥粉法: 二三月內, 天晴日, 取署預洗去土, 小刀子刮去外黑皮後, 又削去第二重白皮約厚一分已來. 於淨紙上着, 安竹箔上晒. 至夜, 收於焙籠內, 以微火養之.

譜)』권16「산약(山藥)」편에서 언급한 "2치[寸] 길이로 뿌리 덩어리를 자른다.[截作二寸長塊.]"라는 것이다.

57) 지나친 것을 '고(苦)'라고 부른다. 즉, '고습(苦濕)'은 '질퍽함[過濕]'을 뜻하며, 『농상집요』에서는 '태습(太濕)'이라 적고 있다.

58) '서약(署藥)'은 곧 마[薯蕷; 山藥]의 별명이다. 남송 말 고문천(顧文薦)의 『부훤잡록(負暄雜錄)』(함분루(涵芬樓) 배인(排印) 100권 『설부(說郛)』본)에 이르길, "산약(山藥)의 본래 이름은 서여(薯蕷)로, 당 대종(代宗)의 이름 예(豫)를 피휘하여 서약(署藥)으로 고쳤고, 본조의 영종(英宗)을 피휘하여 [송대 영종의 이름이 조서(趙曙)이다.] 마침내 산약(山藥)이라고 이름 지었다."라고 하였다. 『종예필용』에서 고문천의 책을 초사하면서 "本朝避英宗諱"를 "避宋朝英宗皇帝諱"로 고쳤는데, 『종예필용』의 작자인 오름[吳懍; 혹은 오찬(吳攢)]이 송나라 사람이 아님을 증명한다.

59) '배롱(焙籠)'은 화로 위에 씌워 놓고 물건을 말리는 데 사용하는 기구이다.

약 구름이 꼈다면, 곧 약한 불에 건조시킨다. 마르면 그만둔다. 만약 오랫동안 구름이 꼈다면 불을 가하여 건조시킨다. 이와 같이 하면 곧 마가 마르게 된다. 환약丸藥과 산약散藥에 넣어 사용한다. 그 두 번째 깎아 낸 안쪽 흰 껍질은 앞서와 같이 별도로 햇볕에 말렸다가[60) 거두어 갈아서 가루로 만들면 더욱 건강에 좋다.

【47】 또 다른 방법[又方]

『산주록山廚錄』[61)에 이르기를, "마의 껍질을 벗긴 후에 조리[62) 속에서 갈아 점액질을 만들어 끓인 물속에 넣으면 하나의 덩어리가 된다. 꺼내어 저민 고기 덩어리같이 만

至來日又曬. 如陰, 即以微火養. 以乾爲度. 如久陰, 即加火焙乾. 便成乾署藥. 入丸散使[30]用. 其第二重白皮, 依前別曬乾, 取爲麪, 甚補益.

【四十七】又方:[31]
山廚錄云, 去皮, 於笶籬中磨涎, 投百沸湯中, 當成一塊. 取出, 批爲炙臠, 雜乳

---

60) '의전별쇄건(依前別曬乾)'은 송대 주수충(周守忠)의 『양생월람(養生月覽)』에서 『사시찬요』를 인용한 것에는 '의전별쇄배(倚前別曬焙)'라고 쓰고 있다.

61) 묘치위는 '방산주록(方山廚錄)'을 책이름으로 표기하고 있는 데 반해, 와타베 다케시[渡部 武]의 역주고에서는 '산주록(山廚錄)'이라고 한다. 생각건대, 이것은 또 다른 처방법으로 『산주록』을 근거하고 있음을 말해 주고 있다.

62) '방리(笶籬)'에 대해 묘치위 교석본에서는 '마연(磨涎)'을 갈아 점액질을 걸어 내는 조리(筇籬)를 가리킨다고 했다. 『광군방보(廣群芳譜)』 권16 '산약(山藥)'에는 "남중(南中: 지금의 운남 · 귀주 · 사천의 서남부)에도 산속에서 자라는 산약이 있는데, 뿌리가 가늘어 손가락과 같으며 극히 단단하다. 긁어 갈아서 탕에 넣고 끓여 덩어리를 만들면 맛이 좋고 먹으면 더욱 몸에 좋다."라고 하였다. 이 책에서는 또한 백반(白礬) 가루를 약간 섞어서 물에 담가 하루를 두면 산약(山藥)의 점액질을 제거할 수 있다고 기록하고 있다. '방리(笶籬)'가 어떤 도구인지 알 수 없다. 묘치위는 교석본에서 조리(筇籬)로 해석하고 있지만, 조리는 걸러 내는 도구로는 적합하나 가는 도구로는 다소 부적합하다. 본문에서 "於笶籬中"이라는 기록으로 미루어 보아 방리에서 갈아서 점액질을 만들었음을 알 수 있다. 그러나 갈고 거르기 위해서는 도구가 일정한 정도의 크기 이상이 되어야 하기 때문에 작은 조리로 해석하기에는 다소 무리가 있다.

들어 기름에 튀겨서 유부乳腐를 섞고 발효·숙성시킨다.(63) 그것을 그냥 먹어도 맛있고, 고깃국[臛]에 넣어도 역시 좋다."라고 하였다.

腐爲罷炙. 素食尤珎, 入臛用亦得.

【48】 지황 파종하는 방법[種地黃]

방법은 「팔월」의 뿌리를 거두는 항목에 이미 서술했다.

【四十八】 種地黃: 法已具八月收根門中.

【49】 치어穉魚 방류하기[下魚種]

상순의 경일庚日에 치어를 방류한다. 방법은 「사월」 '종어種魚' 항목에 기술되어 있다.(64)

【四十九】下魚種: 上庚之日下種. 法具四月種魚門中.

【50】 밤나무 심는 방법[種栗]

방법은 「구월」의 밤나무 종자를 거두는 항목에 기술되어 있다.

【五十】 種栗: [32] 法具九月收栗種門中.

---

63) 묘치위는 교석에서 여기에서 '자(炙)'는 기름에 튀기는 것을 가리킨다고 한다. 즉 쳐서 저민 고기 덩어리[臠塊] 형태를 만들어 기름에 튀기고 다시 요거트[乳腐]를 섞어 발효·저장하는 것이라고 한다. '엄(罷)'은 여기에서 '엄(醃)'의 의미와 동일하다. 한편 '유부(乳腐)'는 본초서(本草書) 중에서는 당(唐) 맹선(孟詵)의 『식료본초(食療本草)』에 처음으로 기록되어 있다. 『본초강목』 권50에는 '유병(乳餅)'이라 칭하였으며, 아울러 『구선신은서(臞仙神隱書)』의 만드는 법을 인용하여, "우유 한 말[斗]을 비단[絹]에 걸러 가마솥에 넣고 5번 끓여 김을 낸다. 수분을 빼고 초(醋)를 조금씩 넣는데 두부 만드는 방법과 같이 점점 엉기면 비단으로 싸서 걸러 내고 돌로 눌러 둔다."라고 하였다. 그 만드는 법은 두부 만드는 법과 서로 비슷해서 '유부(乳腐)'라고 이름한 것이다.

64) 「사월」편 【38】 항목에 보인다. 그러나 4월에 '신수(神守: 즉 자라[鼈])'를 방류하고, 2월에는 치어를 방류하므로, 구체적인 기술은 마땅히 본 조에 넣어서 나열한 것이다.

【51】 오동나무 파종하기[種桐]65)

벽오동[靑桐]은 9월에 씨를 거두고 이듬해 2-3월에 이랑을 만들어 파종한다. 이랑을 관리하고 물을 주는 것은 아욱을 파종하는 방법과 같다.66) 5치[寸] 간격으로 씨앗 한 개를 파종하고, 잘 썩은 거름과 흙을 섞어 덮어 준다. 자라나면 곧 자주 물을 주어 적셔 주는데, 성질은 지극히 축축한 것을 좋아한다. 그해에 한 길[丈] 정도 자란다. 겨울이 되면 풀을 묘목의 그루 사이에 빽빽하게 세우는데, 바깥 부분도 다시 두껍게 풀을 둘러싸서 여러 번 (끈으로) 감아 묶어 준다. 이듬해 2-3월에 대청67) 앞에 옮겨 심는데, 우아하고 말끔한 것이 사랑스럽다. 큰 나무는 풀로 감쌀 필요가 없다. 이후에는 그루마다 열매 한 섬[石]을 수확할 수 있다. 그 열매는 잎 위에서 자라는데,68) 볶아서 먹으면 매우 좋다.

【五十一】種桐：
青桐九月收子, 二月、三月作畦種之. 治畦下水, 種如葵法. 五寸一子, 熟糞和土. 覆生則數數澆令潤, 性至宜濕. 當年高一丈. 至冬, 豎草樹閒, 令滿中, 外復厚加草, 十重束之. 明年二三月, 植廳堂前, 雅淨可愛. 大則不用草裹. 已後每樹收子一石. 其子生於葉上, 炒食之, 甚良.

---

65) 본 항목의 전문은 『제민요술』 권5 「홰나무・버드나무・가래나무・개오동나무・오동나무・떡갈나무의 재배[種槐柳楸梓梧桔]」편의 오동(梧桐)을 파종하는 부분에서 채록한 것이다. 『제민요술』의 파종법은 직경 1보(步)의 둥근 이랑을 만들고, 하나의 둥근 이랑 속을 풀로 싸서 어린 싹이 겨울을 지내도록 보호해 주는데, 아울러 만약 이랑을 모나고 크게 만들면 곧 싸기 쉽지 않다는 점을 명확히 드러내고 있다. 『사시찬요』에서는 이 부분을 없애고 간략하게 하여 구체적으로 상세하지 않다. 거름을 섞은 흙을 덮는 것에 대해 『제민요술』에서는 너무 두터우면 안 된다고 명확히 지적하고 있다. "植廳堂前"은 『제민요술』에서는 '植'자 다음에 '移'자가 있으며, 『사시찬요』에서도 또한 이 글자를 없애고 간략하게 하였다.

66) 【계미자본】과 【중각본】 및 【필사본】에는 '종여(種如)'로 쓰여 있는데, 묘치위의 교석본에서는 순서를 바꿔서 '여종(如種)'으로 고쳐 쓰고 있다.

67) 【계미자본】에는 '청(廳)'으로 쓰여 있으나, 【중각본】에는 '청(廰)'으로, 묘치위의 교석본에는 '청(廳)'으로 표기하였다.

백오동[白桐]은 열매가 없어 큰 나무 둘레에 구덩이를 파서 (나무뿌리를) 취해 옮겨 심는다.[69] 그 나무는 악기, 수레를 만드는 판자, 그릇과 소반 등을 만드는 데 사용할 수 있다.[70]

【52】 가래나무 옮겨심기[移楸][71]

가래나무[楸]에는 열매가 없어 또한 큰 나무 둘레에 구덩이를 파고 (나무뿌리를) 취하여 옮겨 심는데, 2보步에 한 그루를 심는다. 가래나무는 악기를 만들 수 있으며, 또한 그릇과 소반을 만들 수 있다. 관을 짜는 목재로 사용하면 소나무와 잣나무보다 낫다.

白桐無子, 遠大樹掘坑取栽. 其木堪爲樂器、車板、盤合等用.

【五十二】 移楸: 楸無子, 亦大樹傍掘33坑取栽, 兩步一樹種之. 楸作樂器, 亦堪作盤合. 堪爲棺材, 更勝松栢.

---

68) '청동(靑桐)'은 곧 벽오동나무이다. 과실은 잎몸 모양의 여러 개의 씨방으로 구성된 열매[蓇葖]이며, 종자의 크기는 황두(黃豆)와 같고, 2-4개가 잎몸 모양을 한 암꽃술이 될 잎[心皮]의 가장자리에서 자라기 때문에, 옛 사람들은 "그 씨는 잎 위에서 자란다.[其子生于葉上.]"라고 잘못 인식하였다.

69) "큰 나무 둘레에 구덩이를 파서 옮겨 심는다.[遠大樹掘坑取裁.]"라는 것은 지하 곁뿌리를 자른 상처 위에서 부정아(不定芽)와 부정근(不定根)을 이용해 새로운 그루를 만들어서 함께 번식시키는 방법이다. 『제민요술』에서 "오동나무가 잎과 꽃에 열매를 맺지 않는 것을 백동(白桐)이라고 한다.[桐葉花而不實者曰白桐.]"라는 것에 근거하면 '백동무자(白桐無子)'는 마땅히 일종의 꽃의 발육이 완전하지 않은 오동나무이기 때문에 무성번식(無性繁殖)을 이용한다.

70) 『제민요술』에서는 백오동[白桐]은 악기를 만드는 데 적합하나, 벽오동[靑桐]은 그렇지 않다고 지적하고 있다. 수레의 판자[車板], 그릇과 소반[盤合] 등을 만들 때는 벽오동과 백오동 둘 다 가능하다.

71) 본 항목의 두 단락은 모두 『제민요술』 권5 「홰나무·버드나무·가래나무·개오동나무·오동나무·떡갈나무의 재배[種槐柳楸梓梧柞]」편의 '종추(種楸)' 부분에서 채록한 것이다. 『제민요술』에 의하면, "누렇고 열매가 달리지 않는 것은 버들가래[柳楸]라고 한다. 일반적으로 보통 사람들이 그 목재가 누렇다고 하여 누런 가시가래[荊黃楸]라 불렀다."라고 한다.

【53】 상수리나무 파종하기[種櫟]72)

산언덕이 좋다. 세 번 부드럽게 갈아 상수리나무 열매를 흩어 뿌리고 재차 끌개[澇]로 평탄작업을 한다. (싹이) 나면 김을 매어 깨끗하게 해 준다. 10년이 지나면 서까래[椽]를 만들기에 적합하다. 20년이 지나면 집의 대들보를 만들 수 있다. 베어 내도 다시 자란다.

무릇 가정을 가지고 있는 자는 (앞에서 말한) 미래를 위해 각종 나무를 모두 옮겨 심는 것이 좋다. 10년 후에는 충분히 목재를 얻을 수 있다.73)

【五十三】 種櫟：宜山皁地. 三遍熟耕, 漫撒橡子, 再遍澇. 生則耨治令淨. 十年, 中作椽. 二十年, 作屋棟.34 伐而復生.

凡有家者, 向來之木, 皆宜植. 十年後, 無求不給.

【54】 산초나무74) 옮겨심기[移枘]75)

큰 산초나무는 2-3월에 옮겨 심는다. 먼

【五十四】 移枘：35 移大椒樹, 二三月.

---

72) 본 항목은 『제민요술』 권5 「홰나무·버드나무·가래나무·개오동나무·오동나무·떡갈나무의 재배[種槐柳楸梓梧柞]」편의 '종작(種柞)' 부분에서 채록하였다. '작(柞)'은 상수리나무[櫟]인데, 이것은 곧 너도밤나무과의 *Quercus acutissima Carr.*으로, 또한 '상(橡)'이라고도 불린다. 이 때문에 『사시찬요』에서는 그 열매를 일컬어 '상자(橡子)'라고 불렀다.

73) 이 단락은 『제민요술』 권5 「홰나무·버드나무·가래나무·개오동나무·오동나무·떡갈나무의 재배[種槐柳楸梓梧柞]」편의 끝부분이다. 『제민요술』에서는 위 본문의 '향래지목(向來之木)'을 '전건목(全件木)'이라고 적고 있는데, 이는 오동나무[桐]·가래나무[楸]·상수리나무[櫟]이다.

74) '초(枘; 椒)'는 운향(蕓香)과의 산초나무[花椒; *Zanthoxylum bungean Max.*]이다.

75) 본 항목은 『제민요술』 권4 「산초 재배[種椒]」편에서 채록한 것이다. 그러나 '재(栽)'·'매(埋)' 등의 글자가 빠져 있고, 또한 '동이(冬移)'라고 일컫는 것으로 볼 때, 첫머리에서부터 '尤須裹之'까지는 매우 큰 나무를 장거리로 운송하는 것이지, 옮겨 심는 것은 아니라고 묘치위는 교석본에서 추측하였다. 『제민요술』의 원문에는 "만약 큰 그루를 옮겨 심으려 한다면 2-3월 중에 옮겨 심어야 한다. 먼저 짚과 진흙을 잘 섞어 그루를 파낸 후에 바로 이 흙으로 뿌리를 잘 감싸서 그 채로 땅속에 묻는다. (주: 백 여리를 가더라도 살 수 있다.[行百餘里, 猶得生之.])"라고 하였다. "산초처럼 추위를 견디지 못하거나 양지에서 자란 나무는 겨울에 반드시

저 썩은 짚에 진흙을 섞는데, 파내면 즉시 볏짚을 섞은 진흙을 나무뿌리에 발라 준다. (이렇게 하면 나무를) 백 리나 운반해도 살아 있는 것과 같다. 만약 겨울에 옮기려면 반드시 풀로 감싼다. 혹 원래 생장할 때 태양이 가려진 음지의 땅에서 자라난 것은 어릴 때부터 한기에 익숙해서 반드시76) 풀로 감싸지 않아도 된다. 나무는 대개 그 환경의 영향에 의해서 습성이 결정되기에 붉은 색과 남색의 순수한 바탕은 바뀌지 않으며, 그 때문에 "이웃을 보면 그 선비를 알 수 있고, 친구를 보면 그 사람됨을 알 수 있다."라고 하는 것이다.

先作熟穰泥, 出即和根泥却. 行百里猶生. 若冬移, 即須草裹.㊱ 或先生陰巖映日之地者, 少稟寒氣, 尤須裹之. 木尚以性成, 朱藍爭㊲不易質, 故知觀隣識士, 見友知人者也.

【55】 잇꽃 파종하기[種紅花]77)

278)-3월 초 비가 온 후에 재빨리 파종하

【五十五】種紅花: 二月、三月初, 雨後

풀로 감싸 주어야 한다. 비교적 음지에서 자란 것은 어릴 때부터 한랭한 기온에 익숙하여 반드시 감싸 줄 필요는 없다.(주: 이른바 습관이 본성을 규제한다는 것을 말함이다. … 이웃을 보면 그 선비의 됨됨이를 알 수 있고, 친구를 보면 그 사람됨을 알 수 있다.[所謂習以性成. … 觀鄰識士, 見友知人也.])"라고 하는데, 『제민요술』에서 '동수초과(冬須草裹)'는 양지에 있는 것을 옮겨 심는 것을 가리키고, 옮겨 심은 후에 겨울이 되면 풀로 감싸 한기와 추위를 막는 걸 도와주는 것이지, '동이(冬移)'를 가리키는 것은 아니다. 『사시찬요』에서 기록한 바는 『제민요술』과 대조한 후에야 비로소 그 진의를 명백하게 알 수 있다.

76) 【중각본】과 【필사본】에는 "尤須裹之"로 쓰여 있다. 송대 『종예필용』도 그에 근거해서 초사하였다. 그러나 이는 『제민요술』의 원래 의미와 상반되며, 한악이 오해하여 반대로 해석한 것이다. 이에 묘치위의 교석본에서는 『제민요술』에 근거하여 '尤須'를 '不須'로 고쳐 표기하고 있다. 본문은 묘치위에 근거하여 해석한 것이다.

77) '잇꽃[紅花]'은 국화과에 속하며 학명은 *Carthamus tinctorius L.*이다. 잇꽃은 붉은 색소(Canthamus $C_{21}H_{22}O_{10}$)가 함유되어 있는데, 무해한 홍색 색소를 제조하기 위한 원료가 되기 때문에 『제민요술』과 『사시찬요』에서는 모두 그것으로 연

는데, 마를 심는 방법과 같다. 「오월」의 잇꽃[紅花] 씨를 거두는 조항에 서술하였다.

【56】 우엉79) 심기[種牛蒡]80)

기름진 땅을 부드럽게 갈이 하되 깊게 갈고 평평하게 해 준다. 2월 말에 종자를 파종한다. 싹이 난 후에 김을 맨다. 건조하면 물을 대어 준다. 8월이 지나면 바로 뿌리를 캐서 먹을 수 있다. 만약 종자를 거두려면 반드시 이듬해까지 그루를 남겨야만이 비로소 종자를 거둘 수 있다.

무릇 모름지기 놀려 둔 땅에는 파종하지만, 단지 이랑 파종에 한정된 것은 아니다.

速種, 如種麻法. 具五月收紅花子門中.

【五十六】種牛蒡: 熟耕肥地, 令深平. 二月末下子. 苗出後耘. 旱即[38]澆灌. 八月已後, 即取根食. 若取子, 即須留却隔年方有子.

凡是閑地, 即須種之[39], 不但畦種也.

지와 염료용으로 만들었으며, 혈액순환을 위한 약으로도 사용된다. 1655년의 『사시찬요초(四時纂要抄)』 「춘분(春分)」편과 1766년 출판된 『증보사시찬요(增補四時纂要)』 「잡종(雜種)」편에도 『사시찬요』와 마찬가지로 2월에 잇꽃을 파종한다고 기록되어 있다.

78) '二月'은 『제민요술』권5 「잇꽃·치자 재배[種紅藍花梔子]」편 및 『사시찬요』 「오월」편 【42】 항목에서는 모두 '二月末'로 적고 있는데, 마땅히 '末'이 빠져야 한다.

79) '우엉[牛蒡]'은 국화과에 속하며, 학명은 *Arctium lappa L.*이다. 2년생 대형 초본이기 때문에 격년마다 열매가 달린다. 열매와 뿌리는 모두 약으로 쓰인다. 뿌리는 풍(風)을 몰아내며 이뇨제로 쓰이고 또한 식용하기도 한다.

80) 본 항목은 『사시찬요』의 본문으로 『농상집요』에서 인용하여 채록하였으나, 글자는 대체로 동일하다.

【57】 채소를 포로 말리기[乾菜脯]⁸¹⁾

구기[苟杞⁸²⁾·감국[甘菊⁸³⁾·쇠무릎[牛膝⁸⁴⁾·
질경이[車前⁸⁵⁾·오가피[五茄⁸⁶⁾·자리공[當陸⁸⁷⁾·

【五十七】乾菜脯:
苟杞⁴⁰、甘菊⁴¹、牛
膝、車前、五茄、當

81) '포(脯)'는 원래 말린 고기를 가리켰지만 후에 말린 과일도 '과포(果脯)'라고 불렀고, 재차 의미가 확장되어 각종 식물의 뿌리 덩이·잎·꽃줄기를 말려서 만든 것도 모두 '포(脯)'라고 불렀다. 묘치위는 교석에서, 문장 속의 아홉 종류에서 약용 식물들은 다만 명칭만 있고 어느 부분에서 사용되었는지 명확하게 제시되어 있지 않고 있는데, 옛 사람들이 각종 약용 식물들을 식용했다는 기록으로 볼 때 대부분이 잎을 사용한 것에 지나지 않는다고 하였다. 이 약용 식물은 모두 위(魏)·진(晋)·육조 이래의 복식가(服食家) 또는 양생가(養生家)들이 금석(金石)을 배합하여 만든 중요한 배료약이었다. 남송 고문천(顧文薦)의 『부훤잡록(負暄雜錄)』에서는 송나라 사람들이 금석을 배합한 단약을 즐겨 복용했다고 기록하고 있는데, "진(晋)나라 사람들이 한식산(寒食散)을 즐겨 복용하는 것은 당(唐)나라 사람들이 주사[丹砂]를 즐겨 복용하는 것과 같았다. 한악은 이 같은 약용 약물들을 이용해서 약포(藥脯)를 만들었고, 아울러 "삽주[朮]와 황정(黃菁)은 선가에서 중히 여기는 것이다."라고 하였으며, 이것은 심오한 영향이 있었음을 반영하는 것이라고 한다.

82) '구기(苟杞)'는 '구기(拘杞)'이다. '구기(拘杞; *Lycium chinense Mill.*, 가지과)'의 뿌리[중의학에서는 지골피(地骨皮)라고 부른다.]·잎·씨는 모두 약으로 사용한다. 『사시찬요』 「시월」편 【43】 항목에서 구기자를 파종하는 것은 오로지 연한 줄기와 잎을 먹기 위한 것이다.

83) 【계미자본】의 '감국(甘菊)'은 국화꽃을 말린 것을 말한다. 그러나 묘치위는 이 책을 참고하지 못하고 【중각본】에만 의거하여 '감초(甘草)'라고 하였다. '감초(甘草)'는 약용할 때는 오직 뿌리와 뿌리줄기만을 약으로 사용한다.

84) '쇠무릎[牛膝; *Achyranthes bidentata Blume.*, 비름과]'은 뿌리를 약으로 사용한다. 식용으로는 『본초강목(本草綱目)』 권16 '우슬(牛膝)'조에서 이시진(李時珍)이 이르길, "연한 싹은 나물로 먹을 수 있다."라고 하였다.

85) '질경이[車前, 빼부장이; *Plantago major L. Var. asiatica Decne.*, 질경이과]'는 풀과 종자를 모두 약으로 사용한다. 식용으로는 『본초강목』 권16 '질경이[車前]'조에서 이시진이 이르길, "왕민(王旻)의 『산거록(山居錄)』에는 심은 질경이 잎을 잘라서 먹는 방법이 있는데, 옛사람들은 항상 소채라고 여겼다. 지금 농촌사람들이 그것을 캐서 먹는 것과 같다."라고 하였다. 이에 의거해 보면, 본월의 【56】 항목에서 【63】 항목까지 왕민의 『산거요술』류의 책에서 근거하였다는 것은 매우 의심스럽다.

86) '오가(五茄)'는 곧 오가피[五加; *Acanthopanax spinosus Mig.*, 오가피과]로, 뿌리껍질을 약용하는데, 이것이 곧 '오가피(五加皮)'이다. 식용으로는 『본초강목』 권36 '오가(五加)'조에서 이시진이 이르길, "봄에 묵은 가지에서 잎을 따며, 산에

자귀나무[合歡]88) · 결명(決明)89) · 괴아(槐牙)90) 등
의 채소는 모두 포로 말릴 수 있다. 흐물흐물
해질 만큼 푹 찌고, 찧어서 산초[椒] · 장을 넣
고, (틀에 넣어 찧고) 물기를 뺀 후91) 작은 덩

陸、合歡、決明、槐
牙、並堪入用. 爛蒸
碎搗, 入椒醬, 同搗⁴²
脫作餅子. 多作以備

사는 사람들은 소채로 먹는다."라고 하였다.

87) '당륙(當陸)'은 곧 자리공[商陸; *Phytolacca esculenta Van Houtt.*, 자리공과]이
다. 『이아(爾雅)』「석초(釋草)」편에 이르길, "수탕(邃蕩)은 마미(馬尾)이다."라
고 하였다. 곽박이 주석하여 이르길, "『광아(廣雅)』에서 '마미(馬尾)는 자리공[蔏
陸]이다.' … 강동 지역에서는 당륙(當陸)이라 부른다."라고 하였다. 자리공[商陸]
의 뿌리 · 잎 · 씨는 모두 약으로 사용한다고 한다. 뿌리가 적색인 것은 독이 있
다. 식용으로는 『본초강목』 권17 상륙(商陸)조에서 이시진이 이르길, "자리공
은 옛 사람들이 그것을 심고 채소로 사용했다."라고 하였다.

88) '자귀나무[合歡; *Albizzia julibrissin Durazz*, 콩과]'는 나무껍질을 약으로 사용
한다. 식용으로는 『본초강목』 권35 '합환(合歡)'조에서 송대 구종석(寇宗奭)의
『본초연의(本草衍義)』를 인용하여 이르길, "그 푸른 잎은 … 연할 때 데쳐서 익
히고, 물에 씻어도 또한 먹을 수 있다."라고 하였다.

89) '결명(決明)'은 콩과의 *Cassia tora L.*로, '마제결명(馬蹄決明)'이라고도 부른다.
별도로 마제결명과 더불어 같은 속인 강망결명(莊芒決明; *Cassia sophera L.*)이
있다. 약용으로는 두 가지가 효용이 서로 비슷하지만, 강망결명은 비교적 약효
가 떨어지기 때문에 마제결명을 상품(上品)으로 친다. 『본초강목』 권16 '결명
(決明)'조에서 이시진이 이르길, 강망의 연한 싹과 꽃과 각진 열매는 모두 채소로
데치거나 다식(茶食)으로 먹을 수 있다. 그리고 마제결명의 싹과 각진 열매는 모
두 질기고 써서 먹을 수 없다."라고 하였다. 묘치위의 교석본에는 이에 의거하
여, 여기의 '결명(決明)'과 「이월」편【60】 항목에서 심은 것은 동일한 종자로,
곧 강망결명이라고 한다.

90) '회화나무[槐]'는 콩과의 *Sophora japonica L.*이다. 묘치위는 조선【중각본】을
참고하여 '괴아(槐芽)'라고 보았다. '괴아'는 그 잎눈을 가리키는 것으로, 꽃눈이
아니다. 『본초강목』 권35 '괴(槐)'조에서 이시진이 이르길, "처음 나온 연한 싹은
데쳐서 익히고, 물에 씻어서 먹을 수 있다. 또한 차 대신 마실 수 있다. 혹은 회
화나무 종자를 이랑에 심어 싹을 따 먹으면 또한 좋다. … 그 꽃은 피지 않았을
때는 모양이 쌀알과 같은데, 볶아서 물에 끓여 황색의 염료를 만들면 (색이) 아
주 선명하다."라고 하였다. 회화나무 꽃눈은 황색 염료로 만들 수 있고, 회화나
무 꽃은 맛이 써서 약용으로 쓸 수 있음을 설명하고 있다. 『사시찬요』「유월」편
【43】 항목에서 "회화나무 꽃[收槐花]을 딴다."라고 한 것은 곧 약용으로 사용한
다는 것이다.

91) '탈(脫)'은 대개 틀에서 떡[餅子]을 찍어 낸 후에 쳐서 빼는 것을 가리킨다. 「오

이[餠子]로 만든다. 많이 만들어서 1년을 대비
할 수 있다.

【58】 삽주 파종하기[種朮]92)

뿌리줄기93)를 취하여 쪼개어 이랑에 심
는다. 거름을 주고 물을 준다. 1년이면 곧 빽
빽하게 자란다. 연한 싹 역시 채소로 먹을 수
있고 혹은94) 약으로 달일 수 있다.95) 많이
파종하는 것이 좋다.

一年.

【五十八】 種朮:
取根子劈破, 畦中種.
上糞下水. 一年卽稠.
苗亦可爲菜, 若作煎.
宜多種之.

월」편 【24】・【29】・【43】 등의 항목에서 서로 동일한 방법을 설명하고 있으며,
「삼월」편 【22】 항목에서의 '탈격(脫墼)'의 '탈(脫)'자의 의미와도 서로 동일하
다. 묘치위는 이 문장의 '탈(脫)'을 모양 틀에 찍어서 형태를 만들고, 병자(餠子)
를 쳐서 빼낸 것으로 해석하고 있으나, 그렇게 할 경우에 여전히 물기를 많이 머
금고 있어서 1년간 두고 먹기는 곤란하다.
92) 본 항목은 『사시찬요』의 본문으로, 『농상집요』에서도 인용되어 있고 문장이 전
부 동일하지만 오직 '출(朮)'을 '창출(蒼朮)로 쓰고 있다. 『종예필용(種藝必用)』
은 『사시찬요』를 초사한 것인데 '출(朮)'을 '목(木)'으로 잘못 쓰고 있다. 출(朮)
은 두 종류로 즉 창출(蒼朮; *Atraclylis lancea Thunb.*)과 백출(白朮; *Atraclylis
ovata Thunb.*)이다. 여기에서는 창출을 가리킨다.
93) '근자(根子)'는 뿌리줄기를 가리킨다. 『본초강목』 권12 '출(朮)'조에서 이시진
이 "사람은 대부분 뿌리를 취해서 옮겨 심는데 1년이 되면 촘촘하게 자란다. 연
한 싹은 채소로 먹을 수 있다."라고 하였다.
94) '약(若)'은 '혹(或)'자로 해석할 수 있다.
95) '작전(作煎)'을 묘치위의 선독에서는 '밀전(蜜餞)'으로 해석하고 있다. 밀전은
과일 등을 당액이나 꿀에 절인 것을 말한다. 그런데 '삽주'는 주로 약재로 이용되
었기 때문에 여기에서는 '작전(作煎)'을 약을 달이는 것으로 해석하였다.

【59】황청⁹⁶⁾ 파종하기[種黃菁]⁹⁷⁾

잎이 서로 마주 보고 자라는 것을 택하는데 이것이 진짜 황청이다. (뿌리줄기를) 2치[寸] 길이로 쪼개서⁹⁸⁾ 드문드문 심는다. 1년 후 매우 조밀하게 자란다. 종자 역시 얻을 수 있다. 황청의 잎은 맛이 매우 좋아 반찬으로도 먹을 수 있다. 그 뿌리는 약으로 달일 수 있다.

삽주와 황청은 선가_{仙家}에서 소중히 여기는 것이어서⁹⁹⁾ 이에 덧붙인다.

【五十九】種黃菁: 擇取葉相對生者是真黃菁. 劈長二寸許, 稀種之. 一年後, 甚稠. 種子亦得. 其菜⁴³甚美, 入菜用. 其根堪爲煎.

尤與黃菁, 仙家所重, 故附于此.⁴⁴

---

96) '황청(黃菁)': 황정(黃精)이라고도 한다. 백합(百合)과의 황청에는 여러 종류가 많은데 여기에서는 *Polygonatum sibiricum Redoute*를 가리키는 것으로, 화북(華北)과 동북(東北) 등지에서 생산되기 때문에 '북황정(北黃精)'이라 부른다. 잎 4-6조각이 돌아가며 난다. 또 잎으로 협엽황정(狹葉黃精; *Polygonatum stonophllum Maxim.*)이 있는데, 이것 또한 잎이 또한 돌아가며 난다. 이 역시 『사시찬요』에서 가리키는 바일 것이다. 황정의 잎은 단지 윤생(輪生)과 호생(互生)이 있으며 대생(對生)은 없다. 호생 즉, 잎이 어긋나게 나는 것에는 장엽황정(長葉黃精)·다화황정(多花黃精)·이포황정(二苞黃精)·오엽황정(五葉黃精) 등의 여러 종류가 있으며, 그중 장엽황정(長葉黃精; *Polygonatum multiflorum L.*)은 남방(南方)에서 자라 '남황정(南黃精)'이라 부른다. 이들은 모두 『사시찬요』에서 가리키는 바는 아니다. 묘치위는 『사시찬요』에서 이른바 "잎이 서로 마주보고 자란다."라고 하는 것은 마땅히 윤생을 가리키는 것이지 대생은 아니라고 한다.

97) 본 항목은 『사시찬요』의 본문으로 『농상집요』에서도 인용되어 있고 문장이 동일하나, 오직 '黃菁'을 '黃精'으로 쓰고 있다. "仙家所重"은 "仙家所種"으로 쓰고 있는데 '種'은 잘못된 것이다.

98) '劈長二寸許': 황정 뿌리줄기가 통통하고 굵기에 여기서는 뿌리줄기를 쪼개는 것을 가리킨다. 『본초강목』 권12 '황정(黃精)'에서 이시진이 말하길, "황정은 산중에서 야생한다. 또한 뿌리를 길이 2치[寸]로 쪼개고 드물게 파종한다. 1년이면 아주 조밀하게 자란다. 열매 또한 심을 수 있다."라고 하였다. 기록된 문구는 『사시찬요』와 서로 동일한데, 이시진이 왕민(王旻)의 『산거록(山居錄)』에 근거하였고 『사시찬요』는 왕민의 『산거요술(山居要術)』에 근거하였다. 즉 두 권의 책은 곧 한 권일 가능성이 있다.

99) '선가소중(仙家所重)'은 『명의별록(名醫別錄)』의 도홍경(陶弘景) 주석에 이르길, "황정은 … 선경(仙經)에서 귀한 것으로 뿌리·즙·꽃·열매 모두 먹을 수 있다."라고 하였다. '황청(黃菁)'이 곧 황정(黃精)이며, '복식법(服食法)'과 연관되

【60】 결명자 파종하기[種決明[100]][101]

봄에 종자를 받아 이랑에 파종하는데 아욱 심는 방법과 동일하다. 잎이 나면 바로 먹을 수 있는데 가을에 열매가 맺힐 때까지 줄곧 먹을 수 있다. 만약 쉰 잎을 싫어한다면 (다시 한 번) 이어서 파종해도[102] 좋다. 만약 약으로 쓰려면 마제결명을 파종하는 것이 낫다.

【六十】 種決明: 春取子畦種, 同葵法. 葉生便食, 直至秋開有子. 若嫌老, 作番種亦得. 若入藥, 不如種馬蹄者.㊺

【61】 백합 파종하기[種百合][103]

이 식물은 닭똥으로 거름하는 것이 좋

【六十一】 種百合: 此物尤宜鷄糞.

어 있어 불가분의 관계에 있다.

100) '결명(決明)'은 여기서는 오로지 싹을 먹는 것으로, 강망결명(茳芒決明)을 가리킨다. 다음 문장의 "만약 약으로 쓰려면 마제결명을 파종하는 게 낫다."라는 것에서 비로소 약용 중에 상품(上品)이 마제결명(馬蹄決明)을 가리키는 것임을 알 수 있다. 앞의 【57】의 주석 참조.

101) 본 항목은 『사시찬요』의 본문이며, 『농상집요』에서 인용하여 기록하고 있다. 『농상집요』에서는 '춘취자(春取子)'를 '이월취자(二月取子)'라고 적고 있는데, 『사시찬요』에서는 이미 「이월」편에 나열하고 있어, '춘(春)'자는 생략할 수 있다.(『종예필용』에서 『사시찬요』를 초사할 때도 또한 '춘(春)'자가 있다.) 만약 그렇지 않으면 오히려 명확하지 않다. '작번종(作番種)'을 '분종(糞種)'으로 쓰고 있는데, 『농상집요』에서는 잘못되었고, 나머지 부분은 동일하다.

102) '번종(番種)'은 다시 번갈아 가며 이어서 파종하는 것이다. 『사시유요』에서는 '번종(番種)'을 '분종(糞種)'으로 쓰고 있으며, 일본의 와타베 다케시[渡部 武]는 역주고에서 분종의 의미로 해석하고 있다.

103) 이 항목 및 다음 항목 모두 『사시찬요』의 본문으로, 『농상집요』에서도 모두 인용하여 수록하고 있으나 오직 본 조항에서 인용한 것에는 "着鷄糞, 糞上着百合瓣."과 '구인소화(蚯蚓所化)'의 주석 문장이 없다. 또한 송대 소송(蘇頌)의 『도경본초(圖經本草)』에서는 서개(徐鍇)의 『세시광기(歲時廣記)』를 인용하여 서로 유사하게 기록하고 있는데, 즉 "이월에 백합을 파종하는 법: 닭똥이 좋다. 혹자는 이르기를 백합은 지렁이가 변한 것인데 오히려 닭똥을 좋아하니 그 이치는 알 수가 없다. 또한 백합으로 가루를 만들면 사람에게 매우 좋은데, 그 뿌리를 취해 햇볕에 말렸다가 절구에 부드럽게 찧어 체로 치는데, 그것을 먹는 방법은 같다."라고 하였다.

다. 구덩이마다 5치[寸] 깊이로 파서 닭똥을 넣고, 똥 위에 백합 씨를 올려놓는데, 마늘 심는 법과 같다. 백합은 지렁이[蚯蚓]가 변한 것이다. 그래서 오히려 닭똥을 좋아하는데 그 이유는 알 수가 없다.

【62】 백합가루 만들기[百合麵]

뿌리를 취하여 햇빛에 말리고 (절구로) 찧어 가루로 만들어서 체로 곱게 친다. (먹으면) 사람에게 더욱 유익하다.

【63】 구기자 파종하기[種苟杞]

이랑을 만들어 파종하는데, 방법은 「시월」의 구기자를 거두는 조항 중에 서술하였다.

【64】 뜰의 울타리나무 심기[種園籬]104)

무릇 울타리를 만들 때는, 밭의 두둑 가에 반듯하게 깊이 갈아서 이랑 3개를 만들고, 고랑 간의 간격은 3자[尺]로 하여105) 시무

每坑深五寸, 着鷄糞, 糞上着百合瓣, 如種蒜法. 百合是 **46** 蚯蚓所化. 而反好鷄糞, 理不可知.

【六十二】百合麵: 取根曝乾, 搗作麵, 細篩. 甚益人.

【六十三】種苟杞: 作畦種, 法具十月收苟杞子門中.

【六十四】 **47** 種園籬: 凡作籬, 於地畔方整深耕三壠, 中間相去各三尺, 刺楡夾

---

104) 본 항목의 첫 번째 단락은 『제민요술』 권4 「과수원의 울타리[園籬]」편의 멧대추[酸棗]를 파종하여 울타리를 만드는 부분을 참조하여 작성한 것이다. 『제민요술』에서 파종 시간은 가을이며, 모종을 솎아 내는 것은 이듬해 가을이고, 가지치기는 세 번째 해와 네 번째 해의 봄에 한다. 『사시찬요』에서는 파종하는 시간은 2월에 제시하여 마땅히 2월에 파종하는 것을 제외하고, 나머지는 모두 명확히 제시하고 있지 않다. 또한 "相去各三尺"을 『제민요술』에서는 "相去各二尺"이라고 적고 있다. 두 번째, 세 번째 두 단락은 『사시찬요』의 본문이다.
105) '지반(地畔)'을 두둑으로 보고, 두둑에 3개의 이랑을 만든다면 공용의 농로를 침범하는 결과가 되기 때문에 '지반'을 '두둑 가'라고 해석하는 것이 좋은데, 여기서 3롱(壠)을 만들고 그 간격을 3자[尺]로 했을 경우에 폭이 너무 넓고 토지 낭비가 심하기 때문에 잘 이해되지 않는다. 『제민요술』 권4 「과수원의 울타리[園籬]」에서는 2자[尺]로 하고 있다. 하지만 다음 문단에서 오가피[五茄]와 인동(忍冬)

나무[刺楡]106)의 꼬투리를 고랑[壟中] 속에 파종한다. 2년 후 묘목이 3자[尺] 정도 자라면 중간에 좋지 못한 것은 파서 제거하고 한 자 간격에 한 그루씩 남겨 두는데, 드물고 조밀한 정도를 고르게 하고 행과 열[行伍]을 바르게한다. 또 이듬해가 되면 곁가지를 쳐내는데,107) 밑동은 닭의 며느리발톱 같은 모양의 흔적만큼은 남겨 둔다. 만약 흔적을 남겨두지 않으면, 베어 둔 상처가 커서 겨울에 얼어 죽게 된다. (가지를) 다 베어 내고 나면, 자르고 엮어서 울타리를 만든다. 이듬해에 다시 (곁가지를) 잘라 내고 엮으면, 바로 사용할 수 있다. 유독 뱀과 쥐가 지나가지 못할 뿐 아니라 또 가지에 용과 봉황과 같은 기세가 있으며, 간사하고 나쁜 사람도 쓴웃음을 지으며 돌아가고, 또한 길 가는 행인은 (이를 보고) 감탄하며 칭찬한다.

다음으로 오가피[五茄]·인동忍冬108)·나

壟中種之. 二年後, 高三尺, 閒剔去惡者, 一尺留一根, 令稀稠勻, 行伍直. 又至來年, 剔去橫枝, 留距. 如不留距, 瘡大即冬死. 剔去訖, 夾截爲籬. 來年更剔夾之, 便足用焉. 豈獨虵[48]鼠不通, 兼有龍鳳之勢, 非直奸[49]人慙笑, 亦令行者嗟稱.

次以五茄、忍冬、

등을 나무 아래에 심어서 수확을 했다는 것을 미루어 볼 때, 이 역시 타당하게 여겨진다.

106) '시무나무[刺楡]'는 느릅나무과에 속하며, 낙엽교목 혹은 관목이다. 작은 가지에는 억센 가시가 있어 파종하여 울타리를 만들기에 적합하다. 학명은 *Hemiptelea davidii Planch.*이다.

107) 본 단락 내의 세 개의 '척(剔)'자는 『제민요술』에서 모두 '박(剝)'으로 쓰고 있는데, 의미는 서로 같으며, 모두 쓸데없는 가지를 잘라 냄을 가리킨다. 다만 '박(剝)'을 '척(刜)'으로 잘못 쓰기도 하는데, 'ㅋ' 위에 한 획만 더하면 '척(剔)'자로 아주 쉽게 바뀐다.

108) '인동(忍冬)'은 인동과에 속하며, 상록덩굴성식물이다. 처음 필 때에는 흰 꽃이지만, 후에 황색으로 변하므로, 민간에는 '금은화(金銀花)'라는 명칭이 있다. 꽃과 잎과 덩굴은 모두 이뇨(利尿)·해열·살균용 약재로 쓰인다. 학명은 *Lonicera*

마羅摩109)를 울타리 아래에 심고, (필요할 때) 수시로 캐면 또한 멀리 가서 구할 필요가 없으며, 게다가 울타리가 더욱 울창해지니 더욱 유념해야 한다.

『산거요술山居要術』에서는 (울타리로서) 지각枳殼을 이용하였는데, 오늘날에는 그것을 취귤臭橘110)이라 부른다. 민가에서 이것으로 울타리를 만드는 것은 적합하지 않다.

羅摩植其下, 探綴50 且免遠求, 又助藩籬 蓊欝, 尤宜存意.

山居要術用枳殼, 今謂之臭橘也. 人家 不宜此物爲籬.

【65】 큰 호리병박 파종하기[種大胡蘆]111)

2월 초에 땅을 파서 구덩이를 파는데,

【六十五】種大胡 蘆: 二月初, 掘地作

---

*japonica Thunb.*이다.

109) '나마(羅摩)'는 즉 나마(蘿藦)로, 박주가릿과에 속하며, 다년생 덩굴성 초본이다. 씨와 줄기, 잎은 모두 약으로 쓰이며, 강장제[强壯藥]이다. 씨의 끝부분에는 다수의 흰색 비단실모양의 털이 있는데 실로 대체해 쓸 수 있거나, 혹은 인주[印泥]를 만들 수 있으며, 약으로 사용할 경우에는 지혈제로 쓰인다. 학명은 *Metaplexisjaponica (Thunb.) Makino.*이다. 『신농본초경(神農本草經)』 '구기(枸杞)'조항 아래에 도홍경(陶弘景)이 주석하기를 "농언에서 이르길 '집에서 천리나 떨어져 있으면, 나마와 구기자를 먹지 말아야 한다.[去家千里, 勿食蘿藦, 枸杞.]'고 하였다. 이 말은 그것이 정기를 보충하고, 여성의 기운을 강성하게 한다"는 것이다.

110) 고대에서 일컫는 '탱자[枳]'는 탱자나무[枸橘; *Poncirus trifoliata L.*]와 유자나무[香橙; *Citrus junos Sieb. ex Tanaka*]를 아울러 가리킨다. 다만 유자나무[香橙]는 작은 교목으로, 가시 또한 그다지 많지 않다. 탱자나무[枸橘]는 관목이고 가시가 많으며, 울타리를 만드는 데 적합하다. 『본초강목』 권36에는 탱자나무[枸橘]의 별명을 '취귤(臭橘)'로 기록하고 있는데, 바로 한악(韓鄂)이 지적한 것이다.

111) 본 항목은 『범승지서』의 대호(大瓠)를 구종하는 방법을 (『제민요술』 권2 「박재배[種瓠]」편에서 인용한 것이 보인다.) 계승한 것으로, 약간 진일보하였다. 『범승지서』에서는 열 개의 줄기를 한번에 모두 묶었으나, 『사시찬요』에서는 건장한 4개의 줄기를 택해 두 줄기의 껍질을 제거하여서 각각 붙이고, 치유되어 합해진 이후에 다시 비교적 강한 두 줄기를 취해서 같은 방식으로 합한다. 그러면 마지막에는 한 줄기의 가장 큰 호로병박만한 줄기만 남는데, 이 방법은 『범승지서』에 비해 발전되었고 보다 합리적이다.

사방을 4-5자[尺]로 하고, 깊이도 또한 이와 같이 한다. (그 구덩이 속에는) 깻대·녹두 줄기[112] 및 썩은 풀 등을 채워 넣는데, 한 층은 거름기 있는 분토糞土, 또 한 층은 풀을 넣되 이와 같이 4-5층을 만들고, 구덩이 입구에서 한 자[尺] 정도의 높이까지 분토를 채워 넣고 호리병박씨 10알 정도를 파종한다. 후에 싹이 나면 건강하고 좋은 줄기 4개를 남긴다. 건강한 두 줄기씩 서로 붙이는데, 붙는 부분은 대나무 칼로 껍질 반쪽씩을 잘라 낸다. 잘라 낸 부분을 서로 붙여서 삼 껍질로 감아서 묶고, 황토 진흙을 발라 감싸는데 나무를 접붙이는 것과 같이 한다. 서로 붙인 곳이 (결합되어) 살아나면 두 줄기 중 한 줄기는 제거하고, 또 남겨진 두 줄기를 앞의 방식처럼 줄기의 반쪽을 잘라 내어 서로 붙이는데, 모두 앞의 방법과 같이 한다. 상처가 아물어 활성화된 이후에는 오직 한 줄기만 남기는데[113] 네 줄기를 합해서 한 줄기로 만든 것이다. 열매가 맺히면 모양이 반듯하고 크고 좋은 것 두 개만 남기고 나머지는 수시로 따서 먹는

坑, 方四五尺, 深亦如之. 實填油麻、菉豆䴵及爛草等, 一重糞土, 一重草, 如此四五重, 向上尺餘, 着糞土, 種下十來顆子. 待生後, 揀取四莖肥好者. 每兩莖肥好者相貼着, 相貼處以竹刀子刮去半皮. 以刮處相貼, 用麻皮纏縛定, 黃泥封裹, 一如接樹之法. 待相着活後, 各除一頭, 又取所活兩莖, 准[51]前刮半皮相着[52], 一如前法. 待活後, 唯留[53]一莖左者, 四莖合爲一本. 待着子, 揀取兩箇周正好大者, 餘有, 旋旋除去

---

112) '개(䴵)'는 '개(䵟)'와 동일하다.

113) '좌자(左者)'는 해석할 수가 없다. 『농상집요』 권5 '호(瓠)'조에서 『사시찬요』의 '큰 호리병박 파종하기[種大葫蘆]'조를 인용하였는데, 이 두 글자가 삭제되어 있다. 그러나 『종예필용』에서 『사시찬요』의 일부분을 초사한 것에는 '좌자(左者)'를 '좌우(左右)'라고 쓰고 있는데, "유류일경(唯留一莖)"에서 끊고, '좌우(左右)'를 아래 구절에 속하게 하였다. 좌측의 두 줄기와 우측의 두 줄기를 가리키며, 해석은 그런대로 괜찮다.

다. 이와 같이 하면 (원래는) 한 말[斗] 들이 호로의 종자를 파종하여114) 한 섬[石]을 담을 수 있는 큰 열매로 변하게 된다. 이는 『장자莊子』위혜왕의 대호大瓠를 파종하는 방법이다.115)

【66】 차 파종하기[種茶]116)

2월 중117) 나무 아래나 북쪽 음지의 땅에 둘레 3자[尺], 깊이 한 자가 되도록 구덩이를 파서 괭이로 흙을 부드럽게 하여 거름을 흙과 섞어 준다. 매 구덩이에 60-70알의 차 종자를 파종하고, 흙은 한 치[寸] 두께 남짓 덮어 준다. 풀과 나무가 자라면 김을 매야 한다.118) 구덩이의 간격은 2자 거리로 한다.

食之. 如此, 一斗種可變爲盛一石物大. 此壯子54魏惠王大瓠之法.

【六十六】 種茶: 二月中於樹下或北陰之地開坎, 圓三尺, 深一尺, 熟斸, 着糞和土. 每坑種六七55十顆子, 蓋土厚一寸强. 任生草木56得耘. 相去二尺種一方. 旱

---

114) '일두종(一斗種)'은 열매 한 말[斗]을 담을 수 있는 호로(葫蘆)의 품종을 가리킨다.

115) '대호(大瓠)'에 대해 『장자(莊子)』 「내편(內篇)·소요유(逍遙遊)」편에 이르길, "혜자(惠子)가 장자(莊子)에게 일러 말하길, '위왕이 나에게 대호(大瓠)의 종자를 주었다. 내가 그것을 심으니 속이 5섬[石]이나 되었는데 속에 물이 가득 차 단단하고 무거워서 스스로 들 수 없었다. 그것을 베어 표주박[瓢]을 만드니 곧 박이 너무 커서 담을 것이 없었다. 커서 나는 그것이 쓸모가 없다고 여겨서 쪼개 버렸다.'라고 하였다. 이때 위왕(魏王)은 위혜왕(魏惠王)을 가리키며, 이는 곧 양(梁)나라 혜왕이다.

116) 본 항목과 아래 항목은 모두 『사시찬요』의 본문이고 『농상집요』에서도 아울러 인용하여 기록하고 있다. "三年後"의 한 단락은 『농상집요』에서는 다만 "三年後收茶"라고만 쓰여 있다. "茶未成"의 한 단락은 『농상집요』에서는 인용되지 않았다.

117) 리하오[李浩], 「『四時纂要』所見唐代農業生産風俗」, 『민속연구(民俗硏究)』 2003年 第1期, 137쪽에 따르면, '차(茶)'나무는 성질상 높은 기온에서 자라기에 주로 남방에서 재배한다. 그러나 당대에는 온난기에 속했기 때문에 기온이 비교적 높아서 북방의 일부 지역에서도 차 재배가 가능했다고 한다.

118) 【계미자본】의 "任生草木得耘"에 대해 【중각본】과 【필사본】에서는 '木'을 '不'자로 보았다. 그래서 묘치위는 선독에서 제초를 하지 말라고 번역한 반면, 【계

가물면 쌀뜨물[米泔]을 부어 준다. 이 작물은 햇빛을 꺼리므로, 뽕나무 아래나 대나무 그늘 아래에 심으면 모두 좋다. 2년 후에는 바야흐로 김을 맬 수 있다. 오줌[小便], 희석한 거름 및 누에똥[蚕沙]을 뿌리거나 덮어 준다. 또 거름이 너무 많으면 안 되는데, 뿌리가 약해질까 두렵기 때문이다.[119] (차의 재배는) 대체로 산중의 경사지거나 비탈진 곳[120]이 좋다. 만약 평지에 파종한다면 모름지기 이랑의 양 쪽에 깊게 고랑을 파서 이랑의 물을 배수해야 한다. 뿌리가 물에 잠기면 반드시 죽는다.

3년 후가 되면 그루마다 차 8냥[兩][121]을 수확할 수 있다. 매 무[畝]당 240개의 그루이면 차 120근[斤]을 수확할 수 있다.

차나무가 충분히 성장하지 않았는데 주위 빈 땅에 수마[雄麻][122]·기장[黍]·검은 기장[穄] 등을 파종하여 방해해서는 안 된다.

即以米泔澆. 此物畏日, 桑下竹陰地種之皆可. 二年外, 方可耘治. 以小便、稀糞、蚕沙澆擁之. 又不可太多, 恐根嫩故也. 大都㊼宜山中帶坡峻. 若於平地, 即須於兩畔深開溝壟洩水. 水浸根, 必死.

三年後, 每科收茶八兩. 每畝計二百四十科, 計收茶一百二十斤.

茶未成, 開四面不妨種雄麻、黍、穄等.

미자본】에서는 제초를 요구하고 있다.

119) 와타베 다케시[渡部 武]의 역주고에서는 이 부분을 '뿌리나 약한 싹이 손상될까 걱정되기 때문'이라고 해석하고 있다.

120) '준(峻)'을 『농상집요』에서는 '판(坂)'이라 쓰고 있어 의미가 보다 분명하다.

121) 『한서(漢書)』 권21 「율력지상(律曆志上)」편에서는 16냥(兩)을 한 근(斤)이라고 하며, 치우꽝밍[丘光明]의 『중국역대도량형고(中國歷代度量衡考)』, 과학출판사, 1992, 520쪽에서는 한 근을 661g으로 계산하고 있기 때문에 1냥은 약 41.3g에 해당한다.

122) '웅마(雄麻)'는 대마(大麻)의 숫그루[雄株]를 가리킨다.

【67】 차 종자 거두기[收茶子]

차 열매가 익었을 때 종자를 거두어서 젖은 모래와 흙을 섞어 광주리에 담아 두고 짚과 풀로 그 위를 덮어 둔다. 그렇지 않으면 이내 얼어 싹이 트지 않는다. 2월이 되면 이 것을 꺼내어 파종한다.

【68】 쇠무릎 파종하기[種牛膝]

이미 「팔월」 종자 거두기의 항목 중에서 서술하였다.

【69】 명을 이어 주는 탕[續命湯]

(풍이 들어) 반신불수가 되고, 입이 비뚤어져 가슴이 답답하고, 척추에 경련이 일어나 뒤로 뒤틀려[123] 말을 할 수 없는 것을 치료하는 방법이다.

(그 처방에는) 마디를 제거한 마황麻黄[124] 6푼[分][125] · 멧두릅[獨活] 6푼 · 승마昇麻 · 마른 갈근[乾葛][126] 각각 5푼, 가루로 된 영양零羊 뿔 ·

【六十七】 收茶子: 熟時收取子, 和濕沙土拌, 筐籠盛之, 穰草蓋.■ 不爾, 即乃凍不生. 至二月, 出種之.

【六十八】 種牛膝: 已具八月收子門中.

【六十九】 續命湯: 主半身不遂, 口喎心昏角弓反張, 不能言方.

麻黄六分 去節, 獨活六分, 昇麻五分, 乾葛五分, 零羊角屑四分,

---

123) '角弓反張'은 척추가 뻣뻣해지고, 뒤를 향해 뒤틀린 것을 가리킨다.

124) '마황(麻黄)'은 마황과에 딸린 늘푸른좀나무이다. 나무 모양은 속새와 비슷한데, 여름에 홑성꽃이 핀다. 줄기는 한약재로 쓴다.

125) 중당(中唐)시기의 실용산술서인 『하후양산경(夏侯陽算經)』 권상(卷上) 속 도량형에 관한 기록에 의하면, 한 근(斤)을 16냥(兩)이라고 해석하고 있다. 만약 1 냥을 10전(錢), 1전을 10푼[分]이라 계산한다면, 한 푼은 0.413g에 해당된다. 다만 치우꽝밍[丘光明], 앞의 책, 『중국역대도량형고(中國歷代度量衡考)』, 444-446쪽을 보면 전(錢)과 푼[分]의 관계에 대해서 혹자는 동일한 단위로 해석하기도 하고, 전(錢)이 푼[分]의 10배라고 해석하는 견해가 있다고 하였다.

126) '건갈(乾葛)'은 즉 마른 갈근(葛根)이다. 오늘날 처방상에는 이러한 명칭을 사

계심桂心127) 4푼·방풍防風128) 6푼·감초甘草 4푼이 쓰인다.

　위의 약재는 각각 잘라 잘게 부순다. 물 큰 2되[升]129)에 먼저 마황을 넣고 끓여 6-7번 김을 내면서 거품을 제거한다. 그다음으로 나머지 약재를 그 속에 넣고 하룻밤 담가 둔다. 다음날 오경五更이 되면 다시 달여 찌꺼기는 버리고 큰 8흡[合]을 취해서 두 번으로 나누어 복용한다. 따뜻하게 해서 복용한 이후에 이불을 덮고 눕는다. 만약 사람이 10리里 정도 갈 시간이 되면 다시 한 차례 복용하는데, (그 방식은) 앞에서 했던 것과 같이 하고 이불을 덮고 눕는다. 푹 자고 일어나면 풍風을 피할 수 있다.

　매년 춘분春分 이후에는 격일마다 한 첩을 복용하는데 세 첩을 복용하면 전염병이나 감기 및 각종 풍사風邪130) 등의 질병에 걸리지 않는다.

桂心四分, 防風六分, 甘草四分.59

　右件藥, 各切碎.60 用水二大升先煎麻黃六七沸, 掠去沫. 次下諸藥, 漫一宿. 明日五更, 煎取八大合, 去滓, 分爲兩服. 溫溫服畢, 以衣被蓋臥.61 如人行十里, 更一服, 准前蓋臥. 晚起, 避風.

　每年春分後, 隔日服一劑, 服三劑, 即不染天行傷寒及諸風62邪等疾.63

용하지 않으며 '갈근(葛根)'으로 통칭한다. 옛 처방에는 '건갈(乾葛)'이라는 명칭이 있는데, 『증치준승(證治準繩)』의 '갈근황금탕(葛根黃芩湯)' 중에 '건갈(乾葛)'이라고 칭하고 있으나 다른 곳에는 많이 등장하지 않는다.

127) '계심(桂心)'은 계피의 껍데기를 깎고 남은 속의 얇은 부분으로, 허한증·종기(腫氣)·풍상(風傷) 등에 한약재로 쓰인다.

128) '방풍(防風)'은 방풍이나 갯방풍의 묵은 뿌리로, 고뿔이나 풍병 따위에 약으로 쓴다.

129) 당대의 대승(大升)은 전대의 3되[升]에 해당되는 양이다. 즉 삼국시대에는 한 자[尺]는 24cm이며, 한 되[升]는 204ml인데, 당대의 한 자는 30.3cm이며, 한 되[升]의 용량은 600ml였다. 따라서 당대의 큰되[大升]는 작은 되[升]의 3배에 해당되는 셈이다.

130) '풍사(風邪)'는 바람이 병을 일으키는 원인이 된 것을 말한다.

생파[生葱]·배추[菘菜], 날 것과 찬 것 등의
음식물은 피해야 한다.

【70】 신명산神明散

처방은 「십이월」 중에 기록되어 있다.
춘분 이후에 다른 사람들에게 복용하도록 하
면 좋다.

忌 生 葱 、 菘 菜 ,
生、冷等物.

【七 十】 神明散 :
方具十二月中.⁶⁴ 春
分後, 宜將施人.

그림 2_ 방풍防風과 뿌리

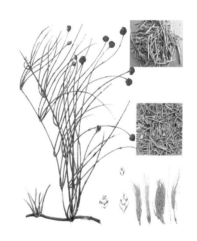

그림 3_ 마황麻黃과 줄기

🌸 **교 기**

1 "一當五也": 【필사본】에는 '也'자가 없다.
2 '롱(礱)': 【중각본】에서는 '壠'으로 표기하고 있다. 이하 동일하여 별도로 교기
하지 않는다.

③ '염(猒)': 【중각본】과 【필사본】에서는 '厭'으로 쓰고 있다. 이하 동일하여 별도로 교기하지 않는다.

④ 【중각본】에는 '用費子'라고 쓰여 있으나 【계미자본】과 원(元)대 오름(吳懍)의 『종예필용(種藝必用)』에서 『사시찬요』를 베낀 것에는 '用子費'로 쓰여 있다.

⑤ '엽락진(葉落盡)': 【필사본】에는 '盡'자가 빠져 있다.

⑥ 【중각본】과 【필사본】에서는 '渡'을 '浸'으로 쓰고 있다.

⑦ '누강(樓穛)': 【중각본】과 【필사본】에서는 '樓耩'로 적고 있다.

⑧ '아(牙)': 【중각본】과 【필사본】에서는 '芽'라고 표기하고 있다. 이하 동일하여 별도로 교기하지 않는다.

⑨ '기(穊)': 【중각본】과 【필사본】에는 '概'로 적혀 있다. 『제민요술』에 근거해 볼 때 '빽빽하다'는 의미의 '穊'로 써야 한다.

⑩ '상순(上旬)': 【필사본】에는 '旬上'으로 표기되어 있다.

⑪ '착(着)': 【중각본】과 【필사본】에는 '著'자로 쓰고 있다. 이하 동일하여 별도로 교기하지 않는다.

⑫ '개(个)': 【중각본】과 【필사본】에는 '介'로 쓰고 있다. 이하 동일하여 별도로 교기하지 않는다.

⑬ '거(舉)': 【필사본】에서는 '擊'으로 표기하고 있다.

⑭ '소(少)': 【필사본】에서는 '小'로 표기하고 있다.

⑮ '노착상(澇着上)': 【중각본】과 【필사본】에는 '澇上着'으로 표기되어 있다.

⑯ '강(穛)': 【중각본】과 【필사본】에서는 '耩'자로 적고 있다.

⑰ '이(尔)': 【중각본】과 【필사본】에서는 '爾'이라고 적고 있다.

⑱ '두(斗)': 【필사본】에는 '計'로 표기되어 있다.

⑲ '매과(每科)': 【필사본】에는 없다.

⑳ '습(濕)': 【필사본】에는 '湿'으로 쓰여 있다.

㉑ '단즉(旦即)': 【중각본】과 【필사본】에서는 '旱則'으로 쓰고 있다.

㉒ '전(剪)': 【필사본】에서는 '煎'으로 적고 있다.

㉓ '파루(爬摟)': 【중각본】과 【필사본】에서는 '爬耬'로 표기되어 있다.

㉔ '오월(五月)': 【필사본】에는 생략되어 있다.

㉕ '방(妨)': 【중각본】과 【필사본】에서는 '防'으로 쓰고 있다.

㉖ 【중각본】에서만 '半'을 '牛'으로 표기하고 있다.

㉗ 【필사본】에서는 【45】 [又法]이 독립된 항목이 아니라 【44】조항에 덧붙여져 있다.

28 【필사본】에서는 '二寸'을 '一寸'으로 표기하고 있다.

29 【필사본】에서는 이 항목에 등장하는 '罨'자 3개를 모두 '罯'로 적고 있다.

30 '사(使)': 【중각본】과 【필사본】에서는 '便'으로 쓰고 있다.

31 【필사본】에서는 '[又方]' 이하의 항목을 독립항목으로 설정하지 않고 【46】에 덧붙여 처리하고 있다.

32 【필사본】에는 '○'가 없고 한 칸이 비어 있다.

33 【계미자본】과 【필사본】에서는 '樹傍掘'로 적고 있으나 【중각본】에서는 '樹掘'로 표기하고 있다.

34 【필사본】에는 '屋棟'에서 '棟'자가 빠져 있다.

35 【계미자본】에는 '枓'와 유사하나, 【중각본】과 【필사본】에는 '椒'자로 쓰고 있다. 다만 【계미자본】의 글자는 사전에도 없으며, 무엇을 의미하는지 알 수 없다.

36 【필사본】에서는 '草褁'를 '草褁'로 표기하고 있다. 【필사본】에서는 전부 '褁'를 '褁'로 적고 있다. 이후에는 특별히 교기하지 않지 않았음을 밝혀 둔다.

37 '쟁(爭)': 【중각본】에서는 '能'자로 쓰고 있다.

38 '즉(即)': 【필사본】에는 '既'자로 적고 있다.

39 "即須種之": 【중각본】에는 "須是種之"로 되어 있다.

40 '구기(苟杞)': 【중각본】과 【필사본】에서는 '枸杞'로 표기하고 있다. 이하 동일하여 별도로 교기하지 않는다.

41 '감국(甘菊)': 【중각본】에서는 '甘草'로 쓰고 있다.

42 '동도(同搗)': 【중각본】에는 생략되어 있다.

43 【중각본】에서는 '菜'를 '葉'으로 쓰고 있다.

44 【필사본】은 【계미자본】과 【중각본】과는 다르게 "朮與黃菁, 仙家所重, 故附于此."라는 구절이 생략되어 있다.

45 【필사본】에는 '者'가 생략되어 있다.

46 '시(是)': 【중각본】과 【필사본】에는 이 글자가 누락되어 있다.

47 【필사본】에는 제목부분에 '○'가 없으며, 한 칸이 비어 있다.

48 '사(虵)': 【중각본】과 【필사본】에서는 '蛇'자를 쓰고 있다.

49 '간(奸)': 【필사본】에서는 '奸'으로 쓰고 있다.

50 '철(綴)': 【필사본】에서는 '掇'자로 적고 있다.

51 '준(准)': 【필사본】에서는 '準'으로 쓰고 있다.

52 【중각본】에서는 이 항목의 '着'을 '著'로 표기하고 있다.

53 【필사본】에는 '當'을 '留'로 고친 흔적이 보인다.

54 '장자(壯子)': 【중각본】과 【필사본】에서는 '莊子'로 쓰고 있다.

55 '육칠(六七)': 【필사본】에서는 '七六'으로 도치되어 있다.

56 '목(木)': 【중각본】과 【필사본】에서는 '不'로 적고 있다.

57 '도(都)': 【중각본】과 【필사본】에서는 '繫'로 적고 있다.

58 【계미자본】, 【중각본】 및 【필사본】에서는 "積草蓋"라고 쓰여 있으나, 묘치위의 교석본에는 이것을 "積草蓋之"라고 하여 '之'자를 추가하고 있다.

59 "獨活六分, 昇麻五分, 乾葛五分, 零羊角屑四分, 桂心四分, 防風六分, 甘草四分.": 【중각본】에서는 "獨活、防風各六分, 升麻、乾葛各五分, 羚羊角 (屑)、桂心、甘草、各四分."으로 적고 있고, 【필사본】에서는 "獨活六分, 升麻、乾葛各五分, 羚羊角屑四分, 防風六分, 桂心甘草各四分"으로 표기하고 있다.

60 【중각본】에는 "各切䏩"으로 쓰여 있는데, 【계미자본】과 묘치위의 교석본에는 '䏩'자를 '碎'자로 표기하였다.

61 '와(臥)': 【필사본】에는 이 글자가 누락되어 있다.

62 '풍(風)': 【필사본】에는 이 글자가 누락되어 있다.

63 '등질(等疾)': 【필사본】에는 '等'만 적혀 있다.

64 '중(中)': 【필사본】에는 이 글자가 누락되어 있다.

3. 잡사와 시령불순

【71】 잡사雜事

버드나무를 옮겨 심는다. 포도蒲桃131)를

【七十一】 雜事:

栽柳. 舒蒲桃上架.

---

131) '포도(蒲桃; *Eugenia jambos L.*, 도금양과)'는 바로 포도(葡萄)이며, 열대·아열대 지역의 상록교목 포도는 아니다. 『사시찬요』에는 포도를 시렁 위에 올리는 기록은 인용하고 있으나 포도를 파종한 기록은 없는데, 빠진 것인지 아닌지는 알 수 없다.

펴서 시렁 위에 올린다. (어는 것을 방지하기 위해서) 밤나무를 감싸고 묶어 둔 것[132]을 푼다. 석류나무를 감싸고 묶어 둔 것[133]을 제거한다.

장醬을 만든다. 이달은 장을 담는데, 중등의 시기[中時]에 해당한다. 비옷[油衣]을 만든다.

새끼 양을 (선정하여) 종자 양으로 삼는다. 소와 양의 마른 똥을 거두어들인다.

담요와 솜옷을 사는데, 이달에 값이 싸다. 3월에도 마찬가지이다. 한식寒食 전후에 땔나무와 숯을 모은다.

칠기를 만든다. 활과 화살을 만든다.[134] 베를 짠다.

돈을 빌려 (미리) 맥麥 종자를 구입한다.[135]

겨울옷을 세탁한다.

뽕나무에 있는 사마귀 알을 채취한다.[136]

解栗裹縛. 去石榴裹縛.

造醬. 是月合為中時. 造油衣.

收羔種. 收乾牛羊糞.

買氊褥縣[1]衣此月賤.[2] 三月亦同. 寒食前後收柴炭.

造漆器. 造弓矢. 造布.

放麥價.

浣冬衣.

採桑螵蛸.

---

132) 밤나무의 어린 묘목을 감싸는 것은 「구월」편의 【27】 항목 및 「시월」편 【40】·【44】 항목에 보인다.

133) 석류나무의 어린 묘목을 감싸는 것은 「시월」편의 【44】 항목에 보인다.

134) '조궁시(造弓矢)': 당률(唐律)에 의하면, 민가에서 활과 화살, 칼과 짧은 창을 숨겨 두는 것을 허락하였는데, 그 외에는 사사로이 숨겨 두는 것을 허락하지 않았다. 「오월」편의 【57】 항목 참조.

135) '방맥가(放麥價)'는 현재는 맥(麥) 값을 빈곤한 농민에게 대출해 주고 맥이 출하될 때 값싼 새 맥을 할인하여 상환하게 하는 것을 가리킨다. 이것은 「정월」편의 '방인공(放人工)'과 더불어 마찬가지로 고리대를 꾸는 것의 일종이다.

136) 사마귀[螳蜋]는 가을에 알을 낳는데, 먼저 알집을 지어 가지 위에 붙이며 뽕나무 위의 집에 알을 낳는다. 이를 '상표소(桑螵蛸)'라고 한다. 2-3월 사이에 알을 채취하는데, 옛날에는 대부분 불에 굽거나 쪄서 건조시킨 후에 약으로 사용하였으며, 오늘날에는 대부분 끓는 물에 담가 두었다가 햇볕에 쬐어 건조시킨 후에

조[粟], 보리와 밀 및 삼씨 등을 내다 판다.

모직물[毛物]을 수습한다. 4월도 마찬가지이다.

【72】 2월 행하령[仲春行夏令]

2월[仲春]에 여름과 같은 시령時令이 나타나
면 그해가 크게 가물고, 따뜻한 기운이 일찍
찾아오며, 벌레와 마디충의 해를 입게 된다.

【73】 행추령行秋令

이달에 가을 같은 시령이 나타나면 곧
홍수가 나고, 한랭한 기후가 갑자기 닥친다.

【74】 행동령行冬令

이달에 겨울 같은 시령이 나타나면 온화
한 기운이 부족해 맥麥이 잘 자라지 못한다.

可粜 ③粟 、 大 小
麥、麻子等.
收毛物. 同四月.

　【七十二】仲春行
夏令: 則歲 ④ 大旱, 暖
氣 ⑤ 早來, 虫螟爲害.

　【七十三】 行秋
令: 則 ⑥ 有大水, 寒氣
揔至. ⑦

　【七十四】 行冬
令: 則陽氣不勝, 麥
乃不熟. ⑧

🌸 교기

① '면(緜)': 【중각본】과 【필사본】에서는 '綿'자로 쓴다. 아울러 【중각본】「정월」
【3】 그믐과 초하루의 점보기[晦朔占]에서는 '緜'자를 쓰기도 한다.

② '천(賤)': 【필사본】에서는 '賎'으로 쓰고 있다.

③ '조(粜)': 【계미자본】과 【중각본】에서는 이와 동일한 글자를 쓰고 있지만 【필
사본】에서는 '糶'로 적고 있다.

약용한다.

4 '세(歲)': 【필사본】에서는 '歲'자 대신 '國乃'로 쓰고 있다.

5 '기(氣)': 【필사본】에서는 '風'으로 적고 있다.

6 【필사본】에는 '則' 뒤에 '國'이 추가되어 있다.

7 【필사본】에는 "寒氣揔至" 뒤에 "寇戎來征"이 추가되어 있다.

8 【필사본】에는 "麥乃不熟" 뒤에 "民多相掠"이 추가되어 있다.

삼월三月

四時纂要春令卷下第二

1. 점술·점후占候와 금기

【1】 계춘건진季春建辰

(3월[季春]은 건제建除상으로 건진建辰에 속한다.) 청명清明부터 3월의 절기가 되는데, 음양의 일은 마땅히 3월의 법에 따른다. 이 시기 황혼[昏]에는 류수柳宿1)가 운행하여 남중하고, 새벽[曉]은 남두수南斗宿2)가 남중한다.

곡우穀雨는 3월 중순의 절기이다. 이 시기 황혼에는 장수張宿3)가 남중하고, 새벽에는 남두수南斗宿가 남중한다. 그 내용은 「정월」편에 서술하였다.

【2】 천도天道

이달에는 천도가 북쪽으로 향하기 때문

【一】 季春建辰:
自清明即得三月節,
陰陽用事[1], 宜依三
月.[2] 昏, 柳中, 曉,
南斗中.

穀雨爲三月中氣.
昏, 張中, 曉, 南斗
中. 事具正月.

【二】 天道: 是
月天道北行, 起造

---

1) 28수(二十八宿) 중 24번째 별자리로, 남방의 바다뱀자리에 해당한다.
2) 28수 중 8번째 별자리로서, 북방의 궁수자리에 해당한다.
3) 28수 중 26번째 별자리로서, 남방의 바다뱀자리에 해당한다.

에, 집을 짓거나 외출할 때 북쪽방향이 길하다.

【3】 그믐과 초하루의 점 보기[晦朔占]

　초하루에 바람이 불고 비가 내리면 사람들이 병에 많이 걸린다. 그믐에 비가 오면 맥麥이 좋지 않다. 초하룻날이 청명淸明이면 대나무와 나무에 다시 꽃이 핀다. 초하루 날이 곡우穀雨이면 번개와 지진이 많으며, 간혹 가뭄과 폭염으로 돌이 뜨거워진다.

　초하루에 바람이 북쪽에서 불어와 신申시4)가 될 때까지 그치지 않으면 조[粟]의 값이 비싸진다.

【4】 3월의 잡점[月內雜占]

　이달에 세 개의 묘卯일이 없으면 삼[麻]·기장[黍]을 심는 것이 좋다. 세 개의 묘일이 있으면 콩이 좋다.

　이달에 무지개가 뜨면, 9월에 곡물이 귀하고 물고기와 소금이 귀해서5) 5배가 된다. 월식이 일어나면 사들이는 곡물값이 등귀하여 사람들이 굶주리게 된다. 이달에 번개가 아침[上歲]에 치면 오곡이 잘 익는다. 아침은 상세(上歲)이고, 정오는 중세(中歲), 해질 무렵이 하세(下歲)이다. 초나흘에 번개가 치면 오곡이 풍성하게 익는다.

出行, 宜北方吉.

【三】 晦朔占:
朔日風雨, 民多病.
晦雨, 麥惡. 朔淸
明, 竹木再榮. 朔穀
雨③, 多雷震, 或旱
炎爍石.

朔, 風從北來④,
申時不止, 粟貴.

【四】 月內雜占:
此月無三卯, 宜種
麻、黍. 有三卯, 宜
豆.

虹出, 九月穀貴,
魚塩中五倍. 月蝕,
粜貴, 人飢. 此月
雷, 爲上歲, 五穀
熟. 旦爲上歲, 日中爲中
歲, 暮爲下歲. 四日雷,
五穀豐稔.

---

4) 신(申)시는 오후 3-5시이다.
5) '중(中)'은 '귀(貴)'자가 훼손된 후에 잘못 적힌 것으로 의심된다.

【5】 곡물 가격 측정하기[則穀價][6]

오곡의 값이 싼 달을 택해서 측정하는데, 만약 봄의 값이 가장 싸면 이듬해 여름에 값이 비싸진다. 겨울에 값이 가장 싸면 이듬해 가을에 비싸진다. 무릇 봄의 곡식 값이 지난해 가을과 겨울보다 비싸다면 한 말[斗]당 7할의 이익이 있다. 여름이 되어 다시 가을과 겨울보다 귀해져서 1말당 9할의 이익을 얻는데, 최고조에 이르렀으니 재빨리 그것을 팔아라. 그렇지 않으면 반드시 값이 떨어진다.[7]

(곡가를 측정하는) 큰 원칙으로 정월과 2월의 곡가가 비싸고 싼 것과는 무관하게 3월·4월에 반드시 비싸진다. 3-4월에 값이 올라가지 않으면, 곧 5-6월에 반드시 비싸진다. 값이 비싸고 싸게 될 때 바로 창고를 봉하여 기다린다면 반드시 큰 손실[8]의 징조가 생긴다.

【6】 비로 점 보기[占雨]

봄의 갑인甲寅일·을묘乙卯일에 비가 오고, 갑신甲申일에서 기축己丑일에 이르기까지 비가

【五】 則穀價:[5]
五穀以取賤月則[6]
之, 若春㪷賤, 貴在
來年夏. 冬㪷[7]賤,
貴在來秋. 凡春貴
去年秋冬每斗利七,
到夏復貴於秋冬每
斗利九者, 是陽道
之極, 急粜[8]之. 必
值賤.

大法. 正月、二
月, 合貴不貴, 即三
月、四月必貴. 三
四月不貴, 即五六
月[9]必貴. 如當貴不
貴[10], 即封倉待之,
必大儉兆也.[11]

【六】占雨: 春
雨甲寅、乙卯, 甲
申至己丑雨, 庚寅

---

6) 【계미자본】,【중각본】,【필사본】에서는 본 항목의 제목을 모두 '則穀價'로 적고 있는데, 본 단락과 위 문장은 관련이 없어 '則'이라고 적으면 통하지 않는다. 묘치위의 교석본에서는 아래 문장의 '測之'를 근거로 하여 이것을 '測'의 오자로 보고 고쳐 쓰고 있다.

7) 이상의 '則穀價'는 『제민요술』 권3 「잡설(雜說)」편에서 『사광점(師曠占)』을 인용한 부분과 서로 유사하다.

8) 흉년이 들어 손상을 입는 것을 '검(儉)'이라 불렀다.

오며, 경인庚寅일에서 계사癸巳일에 이르기까지 비가 온다. 진辰일에 3번 비가 오고, 미未일에 3번 비가 오며, 모두 「정월」의 점 보는 것과 같다. 갑자甲子일에 비가 내리는데, 「이월」의 점 보는 것과 같다.9) 모두 땅 속에 5치[寸] 정도 빗물이 들어가는 것을 징후로 삼았다.

【7】 3월 중에 지상의 길흉 점 보기[月內吉凶地]

천덕天德은 임壬의 방향에 있고, 월덕月德은 임壬의 방향에 있으며, 월공月空은 병丙의 방향에 있다. 월합月合은 정丁의 방향에 있고, 월염月猒은 신申의 방향에 있으며, 월살月煞은 미未의 방향에 있다.

【8】 황도黃道

진辰일은 청룡靑龍의 자리에 위치하고, 사巳일은 명당明堂의 자리, 신申일은 금궤金匱, 유酉일은 천덕天德, 해亥일은 옥당玉堂, 인寅일은 사명司命의 자리에 위치한다.

【9】 흑도黑道

오午일은 천형天刑에 자리에 위치하고, 묘卯일은 구진勾陳에, 미未일은 주작朱雀에, 술戌일은 백호白虎에, 자子일은 천뢰天牢에, 축丑일은 현무玄武의 자리에 위치한다. 이미 「정월」에

至癸巳雨. 三雨辰, 三雨未, <small>並同正月占.</small> 甲子雨, <small>同二月占.</small> 皆以入地五寸爲候.⑫

【七】月內吉凶地: 天德在壬, 月德在壬, 月空在丙. 月合在丁, 月猒⑬在申, 月煞在未.

【八】黃道: 辰爲靑龍, 巳爲明堂, 申爲金匱, 酉爲天德, 亥爲玉堂, 寅爲司命.

【九】黑道: 午爲天刑, 卯爲勾陳, 未爲朱雀, 戌爲白虎, 子爲天牢, 丑爲玄武. 已具正月門

---

9) 본 조항에 두 곳의 소주(小注)는 모두 마땅히 본문과 같은 큰 글자로 써야 한다.

서술하였다.

【10】 천사天赦

무인戊寅일이 길하다.

【11】 출행일出行日

네 개의 계월(季月; 음력 3·6·9·12월)에는 네 모퉁이 방향[四維]으로 가서는 안 되는데,10) (가게 되면) 천자의 길[王方]을 범하게 되기 때문이다. 청명 후 21일이 되는 날은 왕망往亡일로서 외출할 수 없으며, 갑신甲申일·병신丙申일은 행흔行很일로서11) 외출이나 관청에 나가는 것[上官]을 할 수 없는데, 막힘이 많기 때문이다. 사巳일은 재앙[天羅]이 있고, 자子일에는 돌아가는 것을 꺼린다. 8일·21일은 궁핍한 날[窮日]이고, 사계四季12)·사巳일·해亥일·신申일은 왕망일이자, 토공신[土公]에게 제사 지내는 날이므로 결코 외출할 수 없다.

中.⑭

【十】 天赦: 在戊寅.

【十一】 出行日: 四季之⑮月不往四維方, 犯王方也. 清明後三七日往亡⑯, 甲申·丙申爲行很⑰, 不可出行, 上官, 多窒塞. 巳爲天羅, 子爲歸忌. 八日·二十一日爲窮日, 四季·巳·亥·申日爲往亡, 爲土公, 並不可出行.

---

10) 고유(高誘)가 주석한 『회남자(淮南子)』 권3 「천문훈(天文訓)」에서는 "네 모퉁이를 유(維)라고 한다."라고 하였다. '사유방(四維方)'은 곧 동북·동남·서남·서북 네 귀퉁이 방향이다.

11) 한려(狠戾)의 '한(狠)'자는 본래 '흔(很)'자로 썼으며, 또한 '흔(佷)'이라 썼다. 음양가가 사용하는 역주(曆注) 용어이다.

12) '사계(四季)'는 진(辰)일·미(未)일·술(戌)일·축(丑)일을 가리킨다. 네 개의 계월(季月)로 계춘(季春)인 3월에는 건진(建辰)이고, 계하(季夏)인 6월에는 건미(建未)이며, 계추(季秋)인 9월에는 건술(建戌)이고, 계동(季冬)인 12월에는 건축(建丑)이다. 이 때문에 일지(日支)로 진·미·술·축의 날을 '사계일(四季日)'이라고 한다. 그러나 『사시찬요』에서는 이러한 날에 "외출할 수 없다."라고 하였는데, 완전히 음양기피의 황당한 견해이다.

【12】 대토시臺土時

매일 해가 나오는 시간이다.

【13】 살성을 피하는 네 시각[四煞沒時]

사계절의 마지막 달[季月] 을乙의 날에는 묘시(卯時: 오전 5-7시) 이후 진시(辰時: 오전 7-9시) 이전의 시각, 정丁의 날에는 오시(午時: 오전 11시-오후 1시) 이후 미시(未時: 오후 1-3시) 이전의 시각, 신辛의 날에는 유시(酉時: 오후 5-7시) 이후 술시(戌時: 오후 7-9시) 이전, 계癸의 날에는 자시(子時: 오후 11시-오전 1시) 이후 축시(丑時: 오전 1-3시) 이전 시간에 행한다. 이미 「정월」에 기록되어 있다.

【14】 제흉일諸凶日

미未일은 천강天岡하고, 축丑일은 하괴河魁하며, 오午일은 낭자狼籍하고, 술戌일은 구초九焦한다. 인寅일은 혈기血忌하고, 오午일은 천화天火하며, 미未일은 지화地火한다.

【15】 장가들고 시집가는 날[嫁娵日]

부인을 구하는 날은 술戌일이 길하다.13) 천웅天雄이 신申의 위치에 있고 지자地雌가 인寅의 위치에 있을 때는 장가들고 시집갈 수 없다. (신부가 신랑 집에 도착해서) 가마에서 내릴

---

13) 【계미자본】, 【중각본】에는 "求婦成日吉"이라고 쓰여 있는데, 묘치위의 교석본에는 '成'을 '戌'로 고쳐 쓰고 있다.

【十二】臺土時:
每日日出時是也.

【十三】四煞沒時: 四季之月18, 用乙時卯後辰前, 丁時午後未前, 辛時酉後戌前, 癸時子後丑前. 已具正月.

【十四】諸凶日: 未爲天岡19, 丑爲河魁, 午爲狼籍, 戌爲九焦. 寅爲血忌, 午爲天火, 未20爲地火.

【十五】嫁娵日: 求婦成日吉. 天雄申, 地雌寅21, 不可嫁娶. 下車時22, 辛時, 吉.

때는 신辛시가 길하다.

이달에 태어난 남자는 6월과 12월에 태어난 여자에 장가들면 좋지 않은데, 여자가 남편을 해치기 때문이다.

이달에 납재納財를 받은 상대가 금덕의 명[金命]을 받은 여자이면 자손이 복을 받는다. 화덕의 명[火命]을 받은 여자이면 길하다. 토덕의 명[土命]을 받은 여자이면 그런대로 평범하다. 수덕의 명[水命]을 받은 여자이면 크게 흉하다. 목덕의 명[木命]을 받은 여자이면 과부가 되거나 자식이 고아가 된다.

이달에 시집을 갈 때, 사巳일과 해亥일에 시집온 여자는 길하다. 묘卯일과 유酉일에 시집온 여자는 장남과 중매인과의 관계가 좋지 않고, 축丑일과 미未일에 시집온 여자는 시부모와 남편에게 방해가 된다. 진辰일과 술戌일에 시집온 여자는 스스로 자신의 운을 막으며, 인寅일과 묘卯일에 시집온 여자는 친정 부모에게 걱정을 끼친다. 신申일과 자子일에 시집온 여자는 길하다.

천지의 기가 빠져나가는 날로서 이미 「정월」에 기록하였다. 갑자甲子일 · 을해乙亥일은 구부九夫에 해를 끼친다.

음양이 서로 이기지 못하는 날로서 을축乙丑일 · 갑술甲戌일 · 을해乙亥일 · 병자丙子일 · 정축丁丑일 · 을유乙酉일 · 병술丙戌일 · 정해丁亥일 · 을축乙丑일 · 정유丁酉일 · 기해己亥일 · 기유

此月生男,　不宜娶六月十二月生女,妨夫.

此月納財,　金命女,　宜子孫. 火命女,　吉. 土命女,　自如. 水命女,　大凶. 木命女, 孤寡.

此月行嫁,　巳亥女吉.　卯酉女妨首子媒人,　丑未女妨舅姑夫主.　辰戌女妨自身, 寅卯[23]女妨父母. 申子[24]女吉.

天地相去日. 已具正月門中.[25] 甲子、乙亥損九夫.

陰陽不將日.　乙丑、甲戌、乙亥、丙子 、 丁丑 、 乙酉 、 丙戌 、 丁亥、

己酉일은 모두 크게 길하다.

乙丑26、丁酉、己亥、己酉,並大吉.

【16】 상장喪葬14)

이달에 죽은 사람은 진辰년·술戌년·축丑년·미未년에 태어난 사람을 방해한다. 상복[斬草; 斬衰]15)을 입는 시기는 정묘丁卯일·신묘辛卯일·갑오甲午일·경자庚子일·임자壬子일·을묘乙卯일이 길하다. 염[殯]은 병인丙寅일·병자丙子일·갑인甲寅일·경인庚寅일·정유丁酉일이 길하다. 매장[葬]은 경자庚子일·임신壬申·계유癸酉일·갑신甲申일·을유乙酉일·병신丙申일·임인壬寅일·경신庚申일·신유辛酉일이 크게 길하다.

【十六】喪葬: 此月死者, 妨辰、戌、丑、未人. 斬草, 丁卯、辛卯、甲午、庚子、壬子, 乙卯. 殯, 丙寅、丙子、甲寅、庚寅、丁酉. 葬, 庚子、壬申、癸酉、甲申、乙酉、丙申、壬寅、庚申、辛酉大吉.

【17】 육도의 추이[推六道]

사도死道는 건乾과 손巽의 방향이고, 천도天道는 병丙과 임壬의 방향이며, 지도地道는 정丁과 계癸의 방향이다. 병도兵道는 곤坤과 간艮의 방향이고, 인도人道는 갑甲과 경庚의 방향이며, 귀도鬼道는 을乙과 신辛의 방향이다.

【十七】推六道: 死道乾巽, 天道丙壬, 地道丁癸. 兵道坤艮, 人道甲庚27, 鬼道乙辛.

---

14) '상장(喪葬)' 항목은 【계미자본】, 【중각본】에 존재하며, 와타베 다케시[渡部武] 역주고는 이를 따르고 있지만, 묘치위 교석본에는 이 항목 전체가 보이지 않는다.

15) 【계미자본】, 【중각본】에는 '참초(斬草)'로 쓰여 있는데, 와타베 다케시는 역주고에서 '초(草)'자를 '최(衰)'자의 잘못으로 주석하고 있다.

【18】 오성이 길한 달[五姓利月]

무진戊辰은 궁성宮姓의 대묘大墓이다. 병진丙辰일은 치성徵姓의 소묘小墓이다.[16] 임진壬辰일은 우성羽姓의 대묘大墓이다. 상성商姓과 각성角姓은 이로운 달인데, 그해와 날이 이로운 것은 이미 「정월正月」조에 기록하였다. 궁성宮姓과 우성羽姓은 흉하다.

【19】 기토起土

비렴살[飛廉]은 오午의 방향에, 토부土符는 유酉의 방향에, 토공土公은 신申의 방향에, 월형月刑은 진辰의 방향에 위치한다. (기토는) 남쪽을 크게 삼간다. 흙을 다루기 꺼리는 날[地囊]은 갑자甲子·갑인甲寅일이다. 이상의 땅에서는 흙을 일으켜서는 안 된다.

월복덕月福德은 자子에, 월재지月財地는 (사巳의 방향에 위치하고 있어) 흙을 일으키면 길하다.

【20】 이사移徙

큰 손실은 술戌(의 방향)에 있고, 작은 손실은 유酉의 방향에 있다. 오부五富는 사巳의 방향에 있으며, 오빈五貧은 해亥의 방향에 있다. 빈貧과 모耗의 방향으로 이사를 가서는 안 되는데, 가면 흉하다. 봄에는 갑자甲子일·을해乙亥일에 시집·장가가거나 이사하거나 집에 들어가서

【十八】 五姓利月： 戊辰宮大墓.[28] 丙辰徵小墓.[29] 壬辰羽大墓.[30] 商角利月, 其利日與年, 已備正月. 宮羽凶.

【十九】 起土： 飛廉午, 土符酉, 土公申, 月刑辰.[31] 大禁南方. 地囊, 甲子·甲寅. 已上不可動土.

月福德子, 月財地[32], 取土吉.

【二十】 移徙： 大耗戌, 小耗酉. 五富巳, 五貧亥. 不可移往貧耗方, 凶. 春甲子·乙亥, 不可嫁娶移徙入宅, 凶.

---

16) 와타베 다케시[渡部 武]의 역주고에서는, 대묘(大墓)·소묘(小墓)를 일종의 역주(曆注) 용어로 해석하고 있다.

는 안 되는데, (만약 그렇게 하면) 흉하게 된다.

【21】 상량上樑하는 날[架屋]

갑자甲子일·경오庚午일·경자庚子일·신해辛亥일·기사己巳일·을축乙丑일·계사癸巳일·병자丙子일·무인戊寅일·신사辛巳일·경인庚寅일 이상의 날에 상량하면 길하다. 또한 다섯 개의 유酉일에는 상량하면 안 되는데, (만약 그렇게 하면) 흉하다.

【22】 주술로 질병·재해 진압하는 날[禳鎮]

삼월 초엿새 신申시에 머리를 감으면 사람이 관리로 나가기가 쉽다. 초이레 새벽과 일몰 때 목욕하면 모두 재물을 얻을 수 있다.

이달 경오庚午일에 쥐꼬리를 잘라 그 피를 집 대들보에 칠하면 쥐를 피할 수 있다.

삼월 초사흘에 구름이 끼거나 비가 오면 누에치기에 좋다.[17]

이달에 복숭아꽃이 아직 피지 않은 것을 따서 그늘에 100일간 말렸다가 익은 오디와 반반씩 넣고 찧어 (지난해) 12월[臘月]에 잡은 돼지의 기름과 고루 섞어 바르면 대머리를 일으

【二十一】架屋:[33]
甲子、庚午、庚子、辛亥、己巳、乙丑、癸巳、丙子、戊寅、辛巳、庚寅，已上架屋吉。又五酉日不架屋, 凶.

【二十二】禳鎮:
六日申時洗頭, 令人利官. 七日平旦及日入時浴, 並[34]招財.

此月[35]庚午日, 斬鼠尾血塗屋梁[36], 辟鼠.

三日天陰或雨, 蚕善.

此月採桃花未開者, 陰乾百日, 與赤檉等分, 搗和臈[37]月猪脂, 塗禿瘡神效.

---

17) 『제민요술』권5 「뽕나무·산뽕나무 재배[種桑柘]」편에서 『오행서(五行書)』를 인용한 것에는 "금년의 누에고치를 치는 것이 좋은지 안 좋은지를 알려면, 항상 3월 3일에 구름이 끼어서 해가 없거나, 비가 내리지 않으면 누에치기에 매우 좋다."라고 하였다.

키는 부스럼[禿瘡]에 효험이 있다.

초사흘에 복숭아꽃을 따 모으는데, (화장)
방법은 「칠월」[18]에 기술해 두었다.

초사흘에 복숭아 잎을 따 거두어 햇볕에
말리고 부드럽게 찧어 체에 거른다. (새벽 첫
번째 길은) 정화수로 1전錢[19]을 복용하면 마음
의 아픈 병을 치료할 수 있다.

한식寒食일에 기장 대를 취하고[20] 월덕月德
방향에서 흙을 취하여 날벽돌 120개[21]를 찍어
내어[22] 집의 복덕福德 방향에 안치하면 사람에
게 복을 가져다준다. 『이택경二宅經』에 기술되
어 있다.

초엿새에 목욕하면 온갖 질병을 물리칠
수 있다. 13일에 흰 털을 뽑는데, 「정월」의 주

三日, 取桃花收
之, 方具七[38]月中.

三日收桃葉, 曬
乾, 搗篩. 井華[39]水
服一錢, 治心痛.

寒食日, 取黍穰,
於月德上取土, 脫
墼[40]一百二十口, 安
宅福德上, 令人致
福. 術具二宅經.

六日沐浴, 除百
病. 十三日拔白, 同

---

18) 『사시찬요』에는 「칠월」편 【38】 항목의 기록에 의거하여 3월에 복숭아꽃을 모
   으는 것을 '면약(面藥)'법이라고 기재하였으며, 본월 【64】 항목에는 '수술구칠월
   (修術具七月)'이라고 적고 있다.

19) 당대(唐代) 한 근(斤)은 16냥(兩)으로 661g에 해당하며, 1냥을 10전(錢)으로 계
   산하면 1전(錢)은 4.13g이 된다.

20) '취서양(取黍穰)'은 기장 대를 잘라서 부순 후에 흙과 섞어서 벽돌로 만든 것이
   다. 청대 왕균(王筠)의 『설문석례(說文釋例)』에서는 '날벽돌[墼]'에 대해 이르길,
   "아직 불에 굽지 않은 것이다. 우리 고향에도 이것이 있는데, 대부분 보리 짚에
   진흙을 섞어서 틀에 찍어 만든다."라고 하였다.

21) '구(口)'는 수를 헤아리는 명칭으로, 마치 한 장 또는 한 개라고 하는 것과 같다.
   그러나 '괴(塊)'자는 옛날에는 또한 '괴(凷)'라고 적었는데, 훼손된 후에 쉽게 변
   해서 '구(口)'자가 되었다.

22) '격(墼)': 당대 안사고(顔師古)가 한대 사유(史游)의 『급취편(急就篇)』 권3 '격
   루(墼壘)'에 대해 주석하여 말하길, "격(墼)자는 진흙을 다져서 만든 것으로, 그
   것을 단단하게 치는 것이다."라고 하였다. 단옥재(段玉裁)가 『설문(說文)』을 주
   석한 것에는 "물과 흙을 틀 속에 넣고 성형한 것을 일러 격(墼)이라고 말한다."라
   고 하였다. 묘치위에 따르면 불에 굽지 않은 벽돌을 말하는 것으로, 이것이 바로
   흙벽돌이다. '탈격(脫墼)'은 모형 중에 흙벽돌을 쳐서 떼어낸 것이라고 한다.

석에 기록한 것과 동일하다.

【23】 음식 금기[食忌]

이달에는 비장[脾]을 먹어서는 안 되는데 흙은 비장에서 왕성해지기[23) 때문이다. 계란을 먹어서는 안 되는데, 먹으면 사람의 일생이 혼란해진다. 짐승의 오장 및 백초를 먹으면 안 되는데, 선가(仙家)에서 크게 금하기 때문이다. 이달에 경인(庚寅)일에 물고기를 먹어선 안 되는데, (먹게 되면) 크게 흉하다.

正月注中.

【二十三】食忌: 是月勿食脾, 土王在脾故.[41] 勿食雞子, 令人一生昏亂. 勿食鳥獸五臟及百草, 仙家大忌.[42] 此月庚寅日, 勿食魚, 大凶.

❀ 교 기

[1] '용사(用事)': 【중각본】에서는 '使用'으로 쓰고 있다.

[2] 【중각본】과 【필사본】에서는 '法'자를 덧붙여 쓰고 있다.

[3] "朔淸明 ⋯ 朔穀雨": 【계미자본】과 【필사본】과는 달리 【중각본】에서는 "朔日淸明"과 "朔日穀雨"로 쓰고 있다.

[4] '북래(北來)': 【필사본】에서는 '北方來'로 쓰고 있다.

[5] 【계미자본】에서는 이 부분이 별도의 항목으로 되어 있으나, 【중각본】과 【필사본】에서는 【4】이 달의 잡점[月內雜占]에 편입되어 있다.

[6] '즉(則)': 【중각본】과 【필사본】에서는 '測'으로 표기하였다. 이런 관점에서 볼 때 제목도 각 판본에서는 '則穀價'로 쓰고 있으나, '則'을 '測'으로 바꿔야 할 것이다.

[7] '취(冣)': 【중각본】과 【필사본】에서 '最'로 쓰고 있다. 고문에서는 이 두 글자가 동일하다고 하지만, 【계미자본】에는 '冣'와 '最'가 함께 쓰이고 있다.

---

23) '왕(王)'은 바로 '왕(旺)'자이다. 3월 건진(建辰)에서 진은 토(土)에 속하고, 중의학에서 비(脾)도 토(土)에 속하기 때문에 '토왕재비(土王在脾)'라고 말하고 있다.

⑧ '조(枈)': 【필사본】에서는 '出来'로 적고 있다.

⑨ "三四月 … 五六月": 【필사본】에서는 "三月四月 … 五月六月"로 쓰고 있다.

⑩ "如當貴不貴": 【중각본】에는 '如'자가 누락되어 있다.

⑪ "儌兆也": 【필사본】에서는 "驗兆"로 쓰고 있다.

⑫ 【계미자본】에서는 '候'로 쓰고 있으나, 【중각본】에서는 '侯'로 적고 있는데, 묘
치위의 교석본에서는 【계미자본】과 동일하게 '候'로 표기하였다. 이하 동일한
내용은 별도로 교기를 달지 않았음을 밝혀 둔다.

⑬ '염(猒)': 【중각본】과 【필사본】에서는 '厭'으로 쓰고 있다.

⑭ "己具正月門中": 【중각본】에서는 "己具正月"을 작은 글자로 적고 있으며, '門
中' 두 글자가 빠져 있다.

⑮ 【중각본】에는 '四季之月'에서 '之'자가 빠져 있다.

⑯ "三七日往亡": 【중각본】에서는 "三七日爲往亡", 【필사본】에서는 "三日七日爲
往亡"으로 표기하였다.

⑰ '한(恨)': 【중각본】에서는 '很'으로, 【필사본】에서는 '狠'으로 표기하였다.

⑱ '사계지월(四季之月)': 【중각본】에는 '之'자가 생략되었다.

⑲ '강(岡)': 【중각본】과 【필사본】에서는 '剛'으로 쓰고 있다.

⑳ '미(未)': 【중각본】과 【필사본】에서는 '申'으로 적고 있다.

㉑ "天雄申, 地雌寅": 【중각본】에서는 '在'자를 추가하여 "天雄在申, 地雌在寅"으로
적고 있다.

㉒ "下車時": 【중각본】과 【필사본】에서는 "新婦下車"로 적혀 있다.

㉓ '인묘(寅卯)': 【중각본】과 【필사본】에서는 '寅申'으로 쓰고 있다.

㉔ '신자(申子)': 【중각본】과 【필사본】에서는 '子午'로 표기하였다.

㉕ 【필사본】에서는 이 소주가 바로 다음 문장인 "甲子、乙亥損九夫."의 뒤에 위
치한다.

㉖ '을축(乙丑)': 【중각본】과 【필사본】에서는 '己丑'으로 쓰고 있다.

㉗ 이 문단은 각본 마다 순서를 달리하고 있는데, 【중각본】에서는 '死道乾巽, 天
道丙壬, 地道丁癸, 兵道艮坤, 人道甲庚'으로 적고 있으며 【필사본】은 '天道丙
壬, 地道丁癸 人道甲庚, 兵道坤, 死道乾巽'으로 표기하고 있다.

㉘ "戊辰宮大墓": 【중각본】과 【필사본】에서는 "宮戊辰大墓"로 쓰고 있다.

㉙ "丙辰微小墓": 【중각본】과 【필사본】에서는 "微丙辰小墓"로 적고 있다.

㉚ "壬辰羽大墓": 【중각본】과 【필사본】에서는 "羽壬辰大墓"로 표기하였다.

㉛ 【필사본】에는 '午', '酉', '申', '辰' 앞에 모두 '在'자가 있다.

32 【중각본】과 【필사본】에서는 '子月財地' 뒤에 '在巳'를 덧붙여 쓰고 있다.

33 【필사본】에는 【21】과 같이 '架屋'을 독립 항목으로 설정하지 않고, 【20】의 '移徙'항목 뒤에 덧붙이고 있다.

34 【필사본】에서는 '並'을 '幷'으로 적고 있다. 이하 동일하여 별도로 교기하지 않는다.

35 【필사본】에서만 '此月'에서 '月'자가 누락되어 있다.

36 【필사본】에서는 '梁'을 '樑'으로 표기하고 있다.

37 '랍(臘)': 【중각본】과 【필사본】에서는 '臈'으로 쓰고 있다.

38 '칠(七)': 【중각본】에서만 '十'으로 되어 있다.

39 '화(華)': 【중각본】과 【필사본】에서는 '花'로 쓰고 있다.

40 '격(墼)': 【중각본】과 【필사본】에서는 '墼'으로 표기하였다.

41 【중각본】에서는 이 문장 끝에 '也'자를 덧붙여 적고 있다.

42 "仙家大忌": 【필사본】에는 이 문구가 누락되어 있다.

2. 농경과 생활

【24】 조 파종하기[種穀]24)

이달이 파종하기 가장 좋은 때이다. 벌레가 복숭아를 (많이) 먹은 것이 보이면, 곡물값이 등귀한다는 징조이다.

콩[大豆]25)의 파종 시기는 이달 상순이 그

【二十四】 種穀: 是月爲上時. 虫食桃者即穀貴.

大豆此月上旬爲

---

24) 본 항목은 실제로 『제민요술』 권1 「조의 파종[種穀]」편을 참조한 것이다. "虫食桃者即穀貴"는 『제민요술』 「조의 파종」편에서 『범승지서』를 인용한 것에 그 설명이 있다.

25) 본 항목은 【계미자본】에서는 위의 【24】 항목과 합쳐져 있으나, 【중각본】에서는 별개의 조항으로 나뉘어 있다. 이 내용은 『제민요술』 권2 「콩[大豆]」편에

다음으로 좋은 때[中時]에 해당한다. 무畝당 한 말[斗]의 종자를 사용한다.

【25】 암삼 파종하기[種麻子]

『범승지서』에 이르길,[26] "비옥하고 좋은 땅을 취해 세 차례 갈이한다. 무畝당 종자 3되[升]를 사용한다. 모름지기 얼룩무늬가 있는 삼씨를 파종했다면 암삼[雌麻][27]일 것이다. 만약 단

中時. 一畝用子一斗.

【二十五】 種麻子: 范勝書云, 取肥良地, 耕三遍. 一(畝)用子三升. 種須班[2]麻子, 謂之

서 채록한 것이다. 조선 세종(世宗) 11년(1429)에 편찬된『농사직설』「종대두소두녹두(種大豆小豆菉豆)」편에서는 "早種, 三月中旬至四月中旬可種也."라고 하여 3월 중순에서 4월 중순이 좋다고 한다. 한편,『제민요술』「콩[大豆]」편에는 콩의 파종시기가 2월 중순이 가장 좋고 3월 중순이 중시(中時)이며, 사월 상순이 하시(下時)라고 했으며,『사시찬요』에는 3월의 콩[大豆] 파종이 중시인 데 반해 「사월」【5】 항목에는 "四日至七日風者, 大豆善."이라고 하여 4월 4-7일쯤에 바람이 불면 콩 작황이 좋다고 한 것에서 시대에 따른 차이를 느낄 수 있다. 이를 상호 비교해 보면 조선시대의 콩 파종시기가 남북조시대나 당대보다 약간 늦음을 알 수 있다.

26) '범승서운(范勝書云)'은『사시찬요』에서는 잘못 인용된 것으로, 실제로는『제민요술』권2「암삼 재배[種麻子]」편에 나온다. 본『사시찬요』의 소주에 등장하는 "若只求皮, 不用鋤去"에서 '구피(求皮)'는 대마 수 그루의 섬유를 이용하는 것을 가리키고, '서거(鋤去)'는 모종 사이의 잡초제거를 가리킨다.『제민요술』의 삼 재배에는『사시찬요』와 같이 "김맬 필요가 없다."라는 말이 없고, 도리어 상반되게 권2「삼 재배[種麻]」편에서 "조밀하게 파종하면 삼이 가늘며 잘 자라지 않는다.[概則細而不長.]"라고 밝히고 있는데, '장(長)'은 굵고 튼튼하게 자라는 걸 가리키며『제민요술』에서는 너무 빽빽하면 좋지 않다는 점을 강조하는 것이다.『사시찬요』에서 말하는 "불용서거(不用鋤去)"는『제민요술』의 치밀하고 합리적인 정신에 위반된다.

27) 대마는 암수의 그루가 다르다. 최식(崔寔)의『사민월령』과『제민요술』에 모두 대마자(大麻子)에 암수그루 종자에 대한 감별법이 있다.『제민요술』권2「삼 재배[種麻]」편에는 "백색 삼씨를 수삼[雄麻]이라고 한다."라고 하였고,『사민월령』을 인용한 것에는, "수삼씨는 청백색으로 열매가 없으며 (열매를 맺지 않음을 뜻한다.) 양쪽 끝이 뾰족하고 가벼워서 물에 뜬다."라고 하였다.『제민요술』권2「암삼 재배[種麻子]」편에는 "검은 반점이 있는 것은 열매가 충실하다."라고 하였으며,『사민월령』을 인용한 것에는, "암삼씨는 색깔이 검고, 또 열매가 견실하

지 삼 껍질만 벗기는 데 사용한다면 반드시 얼룩무늬의 삼씨는 필요치 않다. 3월이 가장 좋은 때이다. 2자[尺]마다 한 그루를 남긴다. 조밀하면 (가지치기가 적어 제대로 된) 그루[科]를 이루지 못한다. 만약 삼 껍질만 벗겨 사용한다면 김매어 (간격을 넉넉하게 해 줄) 필요가 없다. 김매기는 항상 깨끗하게 해 준다. 암삼이 열매[28)를 맺게 될 때 즉시 수삼[雄麻]을 제거한다. 열매가 맺히지 않았는데 수 그루를 제거하면, 암 그루의 열매가 맺히지 않는다. 신중하게 하여 콩[大豆] 심은 땅에 삼씨를 파종해서는 안 되는데 (파종하게 되면) 열매가 적게 열린다."29)라고 하였다.

【26】 기장과 검은 기장 파종하기[種黍穄]30)

이달의 상순이 가장 좋은 때이다. 4월 상

雌麻. 若只求皮, 即不必班麻子. 三月爲上時. 二尺留一根. 稠即不成科. 若只求皮, 不用鋤去. 鋤常令淨.③ 待穀即去雄者. 末穀而去雄者, 即雌不成實. 愼不得於大豆地上種, 少④子.

【二十六】種黍穄: 此月上旬爲上

며 묵직하다."라고 하였다. 『사시찬요』는 『제민요술』에 근거하여 나온 것이다.

28) '곡(榖)'은 '穀'자 아랫부분에 화(禾)변 대신 목(木)변을 사용하여 '곡(榖)'을 쓰고 있는데, 묘치위는 교석에서 이들 모두 잘못된 글자에 따른 것이며, 정자(正字)는 마땅히 '누(穀)'자로 써야 한다고 하고 있다. 『설문(說文)』에는 이를 "젖[乳]이다."라고 하였는데, 단옥재(段玉裁)가 『설문』을 주석하여, "『좌전(左傳)』에 이르길, '초나라 사람들은 유(乳)를 일러 누(穀)라고 한다.'라고 하였다. 금본 『좌전』에는 '곡(穀)'이라 쓰고, 『한서(漢書)』에는 '곡(榖)'이라 쓰며, 혹은 '구(穀)'로 쓰고 있고, 혹은 '穀'로 쓰고 있는데 모두 잘못이다."라고 하였다.

29) "신중하게 콩의 땅 위에 파종해서는 안 된다.[愼不得於大豆地上種少子.]"는 『제민요술』에서 "절대로 콩밭에 암삼을 섞어 파종해서는 안 된다.[愼勿於大豆地中雜種麻子.]"라고 쓰고 있는데, 원래 주석문은 "피차 햇볕을 가려 서로 손상을 입히기 때문에, 둘 다 수확이 감소된다.[扇地兩損, 而收並薄.]"라고 하여, 대마가 나오는데 콩을 생산할 때는 혼작(混作)하는 것은 좋지 않음을 가리킨다. 이는 대두를 심은 겨울 땅에 이듬해 봄에 대마를 심어서 윤작한다는 문제로서, 뜻은 완전히 다르지만 아마도 『사시찬요』의 원래 의미가 아닌 듯하며, 여전히 (윤작의) 지나친 병폐를 줄이고 간략하게 한 것이다.

30) 본 항목은 『제민요술』 권1 「조의 파종[種穀]」편의 "무릇 오곡은 대개 그달의 상순에 파종하면 온전하게 수확하고, 중순에 파종하면 중간 정도의 수확을, 그리

순이 다음으로 좋은 때이고, 5월 상순이 (가장) 좋지 않은 때이다.31) 무릇 오곡·백과는 상순에 파종하면 열매가 많고, 15일 이후에 파종하면 열매가 적게 열린다. 파종할 땅은 황무지를 개간한 곳이 (가장) 좋고, 콩[大豆]을 심은32) 땅이 그다음이며, 조[穀]를 심은 땅은 가장 좋지 않다. 그 땅을 부드럽게 정지할 경우에는, 갈이한 후에 재차 두 차례 갈아엎으면33) 이내 좋아진다. 만약 봄에 간 것이라면 파종한 후에 두 차례 끌개질[澇]하여 평평하게 다져 주며, 오직 땅이 부드럽게 되면 좋다. 무[畝]당 종자 4되[升]를 사용한다. 싹이 이랑의 높이와 더불어 평평해지면, 곧 써레질하고34) 끌개질[澇]하여 평평하게 해 준다. 세 차례 김을 매어 주고 그친다. 그 땅을 김매고 관리하는 방법은 모두 조[禾]의 방법과 같다. 그러나 조[禾]보다 드물게 파종해

時. 四月上旬爲中時. 五月上旬爲下時. 凡五穀·百果, 上旬種即多子, 十五日已後種即少子矣. 其地, 宜閑[5]荒, 大豆下爲次, 穀下爲下. 其地欲熟, 再轉乃佳. 若春耕者, 下種後再澇, 唯熟爲良. 一畝用子四升. 苗與壟平, 即爬澇之. 鋤三遍乃止. 其地鋤治, 皆如禾法. 但欲種疎於禾耳.

고 하순에 파종한 것은 하등의 수확을 올리게 된다.[凡五穀, 大判上旬種者全收, 中旬中收, 下旬下收.]" 및 권2「참깨[胡麻]」편의 "해당 달의 보름 이전에 파종한 것은 종자가 많고 알이 차며, 보름 이후에 파종한 것은 종자가 작고 쭉정이가 많다.[月半前種者, 實多而成, 月半後種者, 少子而多秕也.]"(『사시찬요』「이월」편【37】항목에도 유사한 구절이 있다.)와 서로 비슷하다.

31) 『농사직설(農事直說)』「종서속(種黍粟)」편에서는 "早黍早粟三月上旬, 晚黍晚粟三月中旬至四月上旬可種."이라고 하여 문장 구조는 유사하지만, 올조와 올기장의 파종을 3월 상순, 늦기장과 늦조는 3월 중순부터 4월 상순에 파종해야 한다고 하여 빨리 파종할 것을 강조하고, 늦기장의 파종도 『사시찬요』보다 빠른 것을 볼 수 있다.

32) '하(下)'는 곧 '저(底)'로, 기장과 검은 기장의 전(前) 작물을 가리킨다.

33) 땅을 두 번 간 것을 '전(轉)'이라 부른다.

34) '파(爬)': 『제민요술』에서는 '파(杷)'로 쓰고 있는데, 이는 곧 지금의 '파(耙)'자이다. 『사시찬요』의 '파(爬)'와 '파(杷)'는 통용되는데, 여기서는 모두 옛 것에 따랐다.

야 한다.

검은 기장[稷]을 벨 때는 빨리 베어야 하고, 기장[黍]은 늦게 베는 것이 좋다. 검은 기장을 늦게35) 베면 알맹이가 대부분 떨어져 버리고, 기장을 일찍 베면 낟알이 여물지 않는다.

刈穄欲早, 刈黍欲晚. 穄多零落, 黍早即米不成.

【27】 외 파종하기[種瓜]

이달 상순이 다음으로 좋은 시기[中時]36)이다. 파종방법은 「이월」 중에 서술하였다.

【二十七】種瓜: 此月上旬爲中時. 法具二月. 6

【28】 논벼[水稻] 파종하기[種水稻]37)

이달이 가장 좋은 시기이다. 먼저 물을 대고38) 10일 후에는 이빨이 있는 궁글대[碌軸; 礰礋]

【二十八】種水稻: 此月爲上時. 先放水, 十日後, 碌軸

---

35) '만(晚)'자는 【중각본】에는 없으나, 【계미자본】에는 있다. 묘치위 교석본에서는 반드시 있어야 한다고 보고 『제민요술』에 근거하여 보충하고 있다.

36) 『제민요술』의 파종 시기는 대부분 상(上)·중(中)·하(下)의 세 시기로 설명하며, 때에 맞춰서 파종하는 것을 중시하였다. 『사시찬요』에서도 각 월을 상·중·하 시기로 나누었는데, 이것은 『제민요술』의 세 시기를 월에 따라서 기록한 것이다. 1655년에 조선에서 편찬된 『사시찬요초(四時纂要抄)』에서도 이와 같이 오이 파종하는 시기를 '상', '중', '하'로 나누어서 2월을 상시, 3월을 중시, 4월을 하시라고 기술하고 있다.

37) 본 항목은 『제민요술』 권2 「논벼[水稻]」편에서 채록한 것이다. 『제민요술』에서는 "볍씨를 깨끗한 물에 일고 (주: 물에 뜬 것을 제거하지 않으면 가을에 수확할 때 피[稗]가 함께 자란다.[浮者不去, 秋則生稗.]) 물에 담가, 세 밤[三宿]이 지난 후에 건져 내서 광주리[草篅]에 담아 거적으로 감싼다.[浮淘種子, 漬, 經三宿, 漉出, 內草篅中裛之.]"라고 하였다. 묘치위는 본문의 "록읍(漉裛)"은 건져 낸 후에 움푹한 그릇 속에 담아 발아를 촉진시키는 것인데, 지나치게 간략하게 취급하여서 『제민요술』과 대조하지 않고서는 이해할 수 없다고 했으며, "비옥한 밭에는 드물게 파종하고 척박한 땅에는 조밀하게 파종해야 한다."라는 구절은 최식의 『사민월령』에 근거한 것이라고 한다.

38) 묘치위, 『사시찬요선독(四時纂要選讀)』, 농업출판사, 1984(이후 '묘치위 선독'이라 약칭함)에는 '방수(放水)'를 '관수(灌水)'라고 하였으며, 와타베 다케시 역시

로 열 차례 굴린다. 종자를 물에 일어 세 밤을 재워서[三宿] 뜬 쭉정이는 제거하여 (물을 걸러 내고) 거적으로 덮어 싸 준다. 또 세 밤을 재웠다가 싹이 나면 파종한다. 무畝당 3말[斗]39)을 파종한다. 비옥한 땅에는 드물게 파종하고 척박한 땅에는 조밀하게 파종하는 것이 좋다.

打十遍. 淘種子, 經三宿, 去浮者, 漉裏. 又三宿, 牙生, 種之. 每畝下三斗. 美田稀種, 瘠田宜稠矣.

【29】 깨 파종하기[胡麻]

이달이 가장 좋은 시기이다. 파종방법은 「이월」에 기술하였다.

【二十九】 胡麻: 此月爲上時. 法具二月.

【30】 자초紫草40)

황백黃白색의 부드럽고 기름진 땅이 좋으며 푸른 모래땅[靑沙]은 더욱 좋다. 황무지를 개간하여 기장과 검은 기장을 파종한 땅에 재배하면41) 더욱 좋다. 수분을 잘 견디지 못하므로

【三十】 紫草: 宜良軟黃白地, 靑沙尤善. 開荒黍穄下尤佳. 不耐水, 必須高田. 秋耕後, 至

물을 대는 것으로 해석하고 있다.

39) '두(斗)'는『제민요술』의 각 본에서는 모두 '승(升)'으로 쓰고 있다. 그러나 일본 금택문고(金澤文庫)에서 초사한 북송본『제민요술』에는 '두(斗)'로 쓰여 있어『사시찬요』는 북송본과 서로 동일함을 알 수 있다. 비록 그러하지만 '두(斗)'는 잘못 쓴 것으로 의심되니 마땅히 '승(升)'자로 써야 한다.

40) 본 항목은『제민요술』권5「자초 재배[種紫草]」편에서 채록한 것이지만 매우 큰 차이가 있다. 자초(紫草)는 자초과에 속하고 학명은 *Lithospermum erythrorhizon Sieb. et Zucc.*이다. 열매는 작은 견과이고 모양은 계란 형태이며, 길이는 약 3㎜, 너비는 약 2㎜이다. 자초의 뿌리는 비대하고 자색소를 함유하고 있어 자색 염료를 만들 수 있다.

41) "開荒黍穄下"는 마땅히 연결된 문장이므로【26】항목에서의 기장과 검은 기장 파종할 때에는 "황무지를 개간한 땅이 좋다.[宜開荒.]"와 결합하였다. 여기서는 기장과 검은 기장을 파종하여 한 번 수확한 적이 있는 새로 개간한 황무지에 자초를 파종하는 것이 가장 좋다는 의미이다.

반드시 고전高田에 재배해야 한다. 가을갈이 이후에 봄이 되면 다시 한 번 갈아엎는다. 빈 누리[樓; 樓]로 갈고 이랑을 따라 손으로 파종한다. 1무(畝)의 비옥한 땅에는 종자 한 말[斗] 반을 사용하고, 척박한 땅에는 종자 2말을 사용한다. 파종하기를 마치면 끌개질[澇]하여 평탄하게 다져 준다. 김매는 방식은 조를 김매는 방법과 같으나 깨끗하게 김매 주는 것이 좋다. 이랑 바닥의 풀은 손으로 뽑는다.

9월에 종자가 익으면 베어서 거두어들인다. 자초를 쌓은 가리가 마르도록 기다린다. 부(補)는 벼를 쌓아 둔 것을 이른다. 자초를 띠[茆]⁴²⁾로 한 줌마다 묶어서 네 줌[把]을 한 단[頭]으로 묶는다. 당일에 가지런히 베어 단의 머리와 꼬리부분을 교차하여 10단을 쌓아 길게 열을 지운다. 단단하고 평평한 땅에 쌓고 판석板石을 그 위에 꼭 눌러서 납작하게⁴³⁾ 한다. 습기가 있을 때 눌러 주면 길고 곧게 된다. 눌러서 2-3일 재워둔 후에 단을 세워서 햇볕에 말려 반 건조 상태가 되게 한다.⁴⁴⁾ 말리지 않으면 검게 뜨고, 너무 말리면 부러지게 된다. 50단[頭]을 '한 무더기[洪]'⁴⁵⁾로 만든다. 헛간

春又轉. 樓⑦地, 逐壠手下之. 一畝良地用子一斗半, 薄地用子二斗.⑧ 下訖, 澇之. 鋤如穀法, 唯淨爲佳. 壠底草, 手拔⑨之.

九月子熟刈之.⑩ 候補乾. 補, 音文, 禾積名. 其草以茆縛束之, 四把爲一頭. 當日斬齊, 顚倒十重許爲長行. 置堅平地, 以板石鎭壓之, 令褊. 及湿壓,⑪ 長而直. 壓兩三宿, 竪頭日中曝令浥浥. 不乾則黑暍, 太乾則秤⑫(折. 五十頭作)洪. 着廠

---

42) '묘(茆)'는 '모(茅)'와 통한다.

43) '편(褊)'은 '편(扁)'자를 가차(假借)한 것으로,『제민요술』에는 '편(扁)'으로 쓰여 있다.

44) "읍읍(浥浥)"은 반 건조 상태이다.『제민요술』에서 이 아래의 원래 주석은 "햇볕에 말리지 않으면 떠서 검어진다.[不曬則鬱黑.]"라고 하는데,『사시찬요』에서는 "불쇄(不曬)"를 "불건(不乾)"으로 고쳤지만 "읍읍(浥浥)"과 조화롭지 않다.

45) '홍(洪)': 한 무더기를 가리키는 당시의 속어이다.『제민요술』의 원래 주석은 "홍(洪)은 십자(十字)로 머리 부분[大頭]을 밖으로 향하도록 칡으로 묶는 것이다."라고 하였다.

아래 그늘진 곳에 바람이 잘 통하는 시렁에 둔
다.46) (시렁 아래에는) 당나귀와 말의 똥과 사람
의 오줌과 인닉(人溺)은 사람 오줌이다. 연기가 들어
가서는 안 되는데 (들어가면) 자초의 색을 잃게
된다. 이 같은 작물의 재배는 쪽[藍]을 파종하는
것보다 낫다. 만약 집에 보관하고자 한다면47)
5월에 반드시 방으로 옮겨야 하는데, (이때는)
구멍을 단단하게 막는다. 만약 바람이 들어가
면 자초의 색이 검어진다. 입추立秋가 되면 이
내 꺼낸다.

【31】 쪽48) 파종하기[種藍]49)

좋은 땅을 세 번 부드럽게 갈이한다. 이
달 중에 종자를 물에 담가 싹을 틔운다. 이랑을
관리하고 물을 주는 것은 아욱[葵]의 방법과 같
다. 쪽의 잎이 세 장 나오면 바로 물을 주는데,
새벽과 밤을 기준으로 한다. 김을 매어 깨끗하

下蔭⑬處涼棚收之.
忌驢馬糞人溺,　人
(溺)人(尿).⑭　(煙)入,
並令草失色.　此利
勝藍.　若人家停之,
五月須入屋,　塞穴
令密.　若風入, 則草
色黑.　立秋乃開.

【三十一】種藍:
良地三遍細耕.　此
月中漫種令牙.　理
畦下水, 一如葵法.
三葉出, 則澆之, 晨
夜爲准.⑮　耨令淨.

---

46) "헛간 아래 그늘진 곳에 바람이 잘 통하는 시렁에 둔다.[着廠下蔭處涼棚收之.]"
　의 문장에 대해 『제민요술』에서는 "헛간의 지붕 아래 그늘진 곳에 바람이 잘 통
　하는 시렁 위에 둔다. 시렁 아래에는 나귀와 말의 똥과 사람의 오줌이 있어서는
　안 된다."라고 하여 의미가 더욱 명확하다.
47) "만약 집에 보관하고자 한다면[若人家停之]": 『제민요술』에는 "만약 오랫동안
　보관하고자 한다면[若欲久停者]"이라고 쓰여 있는데, (집에 두었다가) 동지를 지
　나 이듬해에 다시 파는 것을 뜻한다.
48) 고대의 '람(藍)'은 일반적으로 여뀌과의 요람(蓼藍, *Polygonum tinctorium*
　Lour.)을 가리킨다.
49) 본 항목은 『제민요술(齊民要術)』 권5 「쪽 재배[種藍]」편에서 채록한 것이다.
　'후가재(候可栽)'는 옮겨 심는 것을 가리키는데, 『제민요술』에서는 그 시기가 "5
　월 중에 새로 비가 내린 후[五月中新雨後]"라고 명확히 지적하고 있으며, 『사시
　찬요(四時纂要)』에서는 「오월(五月)」편의 【46】 항목에 채록하여 끼워 넣었다.

게 해 준다. 옮겨 심는 시기로는, 곧 비가 내린 후(습기가 있을 때)에 뽑아서 심는데, 세 줄기를 한 포기로 하여 포기 간에 7-8치[寸] 정도 띄운다. (옮겨 심을 때는 모두) 여러 사람이 함께 빨리 손을 놀려 심는데, 심기 어렵게 땅이 말라서는 안 된다. 호미질은 5번 해 주는 것이 좋다.

【32】 동과와 상추[冬瓜 · 萵苣]

모두 (이달) 하순에 심는다.

【33】 생강 파종하기[種薑]50)

흰 모래 땅이 좋으며, 거름을 약간 섞는다. 갈이는 부드럽게 할수록 좋으며, 7-8번 하는 것이 좋다. 이달에 파종한다. 큰 이랑[畦]은 폭 한 보步, 길이는 지형에 맞게 만든다. (큰 이랑 위에) 가로로 (작은) 이랑[壟]을 만드는데, 이랑[壟] 사이에 한 자[尺] 정도 거리를 띄우고, 깊이는 5-6치[寸]로 한다. 이랑[壟] 안에 한 자 간격으로 세 손가락 폭 정도 되는 싹이 달린 생강을 넣는다. (그런 후에) 흙을 세 치 두께로 덮어 주고, 다시 누에똥을 그 위에 덮어 주며, 거름

候可栽, 即遇雨後拔而栽[16], 三莖作一科, 相去七八寸. 併工急手栽, 勿令地乾. 鋤五遍爲良.

【三十二】 冬瓜、萵苣: 並下旬種.

【三十三】種薑: 宜白沙地, 和少糞. 耕不猒熟, 七八遍佳. 此月種之. 闊[17]一步作畦, 長短任地形. 橫作壟, 壟相去一尺, 餘深五六寸. 壟中一尺一科, 帶牙[18]大如三指闊. 蓋土厚三寸許, 以蚕沙蓋之, 糞亦得.

---

50) 『제민요술(齊民要術)』 권3 「생강 재배[種薑]」편에는 생강을 파종하는 것에 관한 기록이 비교적 간단한데, 『사시찬요』에서 기록한 것은 큰 이랑 만들기, 이랑 관리하기, 생강 심기, 거름 덮어 주기, 김매기, 이랑 북돋기 등에 이르기까지 매우 구체적이다. 즉 '闊一步作畦'에서부터 '鋤不猒頻'에 이르는 단락은 『제민요술』에는 기록된 것이 없으며, 『농상집요(農桑輯要)』에서 인용하여 기록하였다. 그 처음과 마지막 두 개의 소 단락은 『제민요술』에도 같은 기록이 있지만, 『제민요술』에 기록된 것에는 단지 이것뿐이다.

[糞]을 덮어 주어도 좋다. 싹이 난 후에 풀이 있으면 바로 김을 맨다. 조금씩 흙을 덮어 준다. 이후에 이랑은 배토로 더욱 높아지고, 이랑 밖[고랑]은 깊어져서, 더 이상 고랑 속의 흙을 배토할 수 없게 된다. 호미질은 자주 해 주어도 싫어하지 않는다. 5월·6월에 시렁을 만들어 덮어 주는데, 생강의 성질이 열기와 추위를 견디지 못하기 때문이다. 9월 중에 구덩이를 파서 곡식의 줄기[51]로 그 안을 감싸고 묻어 두는데, 그렇지 않으면 얼어서 죽게 된다.

【34】 난향蘭香[52) · 들깨[荏][53) · 여뀌[蓼] 파종하기[蘭香荏蓼][54)

이달이 모두 가장 좋은 때이다.[55)]

牙出後, 有草即耘. 漸漸加土. 已後壟中却高, 壟外即[19]深, 不得併上土. 鋤不猒頻. 五月、六月作棚蓋之, 性不耐熱[20]與寒故也. 九月中, 掘窖以穀稈合埋之, 不尓[21]即凍死.

【三十四】 蘭香、荏、蓼: 此月並上時.

---

51)【계미자본】,【중각본】에는 '곡패(穀稈)'로 쓰여 있으나, 묘치위 교석본에는 『제민요술(齊民要術)』에 따라 고쳐 '늑(稈)'으로 표기하고 있다. '늑(稈)'은 볏짚[稿稈]을 가리키며, '간(稈)'과 같은 유의 글자이다.

52) '난향(蘭香)'은 순형과(脣形科)의 바질[羅勒; *Ocimum basilicum* L.]로 일년생 방향초본이며, 식용하며, 줄기와 잎과 씨는 또한 약으로 사용된다.

53) '임(荏)'은 일반적으로 들깨[白蘇; *Perilla ocymoides* L.]이다. 양웅(揚雄)의 『방언(方言)』 권3에서 "차조기 역시 들깨이다. 이에 대해 혹자는 그것을 차조기라 이르고, 혹자는 그것을 들깨라고 한다.[蘇, 亦荏也. 關之東西, 或謂之蘇, 或謂之荏.]"라고 하였다. 한편 장읍(張揖)의 『광아(廣雅)』 「석초(釋草)」편에서 "들깨는 차조기이다.[荏, 蘇也.]"라고 하였다. 즉 두 개는 통용되어 불린다. 『사시찬요(四時纂要)』 「자서(自序)」에서 이르길 "『광아』, 『이아(爾雅)』에 의거하여 토산물을 정하였다.[廣雅, 爾雅則定其土産.]"라고 하였는데, 한악(韓鄂)이 『광아』 등에 근거하여 이 "들깨는 일명 차조기이다.[荏, 一名紫蘇.]"라는 해석을 한 듯하다.

54)【계미자본】과는 다르게【중각본】에서는 이 항목의 제목이 '蘭香荏□蓼'으로 '荏' 다음 글자가 가필로 지워져 있는데, 와타베의 역주고에서도 이런 사실을 인정하고 있다. 와타베는 역주고에서 임(荏)은 일명 자소(紫蘇)라고 하고, 임(荏)자 다음에 소(蘇)자가 빠져 있는 것으로 추정하고 있다. 그 근거로 조선의 실학자 홍만선(洪萬選)이 저술한 『산림경제(山林經濟)』 권3 「치약상(治藥上)·자소

들깨는 참새가 대부분 좋아하므로 마땅히 사람이 사는 곳 근처[56]에 심어야 한다. 들깨는 일명 차조기[紫蘇]라고도 한다.[57] 꽃이 떨어지면 즉시 종자를 거둔다. 지체하면 씨앗이 다 떨어지니, 누렇게 시들 때까지 기다릴 수 없다. (또한) 파[葱]·염교[薤]의 이랑 중에 (들깨를) 나누어 파종할 수 있다.[58]

荏, 雀[22]多嗜之, 宜近人種. 荏, 一名紫蘇. 花斷即須收.[23] 遲即[24]子落盡, 不可待黃也. 葱、薤壟中分種之.

【35】석류 파종하기[種石榴][59]

이달 상순에 큰 엄지손가락 굵기의 곧은

【三十五】種石榴: 此月上旬, 取直

(紫蘇)」조항의 "蘇字花斷卽收, 遲則子落, 不可待黃."이란 자료를 들고 있다. 그러나 묘치위의 교석본에서는 가필한 부분은 없는 글자로 판단하여 제목을 '난향임료(蘭香荏蓼)'로 보고 있다.

55)『제민요술(齊民要術)』권3「난향 재배[種蘭香]」편에서 "3월 중에 대추 잎이 비로소 싹이 틀 때 난향을 파종한다.[三月中候棗葉始生, 乃種蘭香.]"라고 하였다. 같은 권의「들깨·여뀌[荏蓼]」편에서는 "3월에 들깨와 여뀌를 파종할 수 있다.[三月可種荏蓼.]"라고 하였다. 또한『가정법(家政法)』에서 인용하여 말하길 "3월에 여뀌를 파종할 수 있다.[三月可種蓼.]"라고 하였다.

56)『제민요술(齊民要術)』권3「들깨·여뀌[荏蓼]」편에는 '인(人)' 다음에 '가(家)'자가 있는데,『사시찬요(四時纂要)』에서는 빠진 듯하다. "荏, 一名紫蘇." 이하는『사시찬요』의 본문이다.

57) 와타베 다케시는 역주고에서 영인본의 '임(荏)'자는 후대 사람이 수필(手筆)로 적은 것이라고 보고 있다.

58) "葱, 薤壟中分種之."는 또한 "葱薤, 壟中分種之."라고 읽을 수 있다. 하지만 제목에는 파와 염교를 심는 방법을 제시하고 있지 않기 때문에 들깨를 파와 염교의 이랑 속에 끼워 심는다고 해석하여 단락을 나누지 않았다.

59) 본 항목은『제민요술』권4「안석류(安石榴)」편에서 채록하였다. "斬一尺長"은『제민요술』에서는 "斬令長一尺半"이라고 적고 있는데, 이 때문에 구덩이를 파는 것이 깊다. "又以石置枝開"을『제민요술』에서는 "又以骨石布其根下"로 쓰고 있다. 원대 오름(吳懍)의『종예필용(種藝必用)』과 유정목(俞貞木)의『종수서(種樹書)』'종석류(種石榴)' 조항의 문구는 모두『사시찬요』와 동일하기에『사시찬요』에서 초사한 것이고, 마지막 구절의 '석(石)'은 '골석(骨石)'으로 쓰고 있어『사시찬요』에는 '골(骨)'자가 빠져 있는 듯하다.

가지를 취해서 한 자[尺] 길이로 자르고 8-9가지를 한 묶음으로 해서, 가지마다 아래 끝 2치[寸] 정도를 불에 그을린다. (미리) 구덩이를 깊이한 자, 직경도 한 자가 되게 판다. 가지를 구덩이 가에 세우는데 그 둘레에 고르게 배치한다. 마른 뼈와 자갈을 가지 사이에 두고 흙을 넣어 채운다. 한 층은 돌과 뼈, 한 층은 흙을 넣어서 나뭇가지의 끝이 한 치 정도 드러나게 한다. 물을 주면 즉시 살아난다. 또한 새로 자란 나뭇가지 사이의 지면에 돌을 두면 즉시 무성해진다.

【36】 이름난 과일나무들 심기[種諸名果][60]

이달 상순에 엄지손가락 크기만 한 곧고 좋은 가지를 자르는데, 길이는 한 자[尺] 5치[寸]로 하고, 토란 뿌리에 꽂아서 (그째로 땅속에) 심는다. 만약 토란 뿌리가 없다면 무[蘿蔔]나 순무[蔓菁] 뿌리에 꽂아 사용하는 것 또한 가능하다. 씨로 파종하는 것보다 훨씬 좋아서 그해에 바로 무성해진다.

枝如大拇 [25] 指大, 斬一尺長, 八九條共爲一科, 燒下頭二寸. 作坑, 深一尺餘, 口徑 [26] 一尺. 竪 [27] 枝坑畔, 周布令勻. 置枯骨薑石於枝閒 [28], 下土令實. 一重石骨, 一重土, 出枝頭一寸. 水澆即生. 又以石置枝閒, 即茂.

【三十六】種諸名果: 此月上旬, 斫取直好枝如大母 [29] 指, 長一尺五寸, 插芋頭中種之. 若無芋頭, 用蘿蔔蔓菁根插亦得. 全勝種核, 當年便茂.

---

60) 본 항목은 『제민요술』 권4 「나무 옮겨 심기[栽樹]」편에서 『식경(食經)』의 '종명과법(種名果法)'을 인용한 것이다. '長一尺五寸'은 『식경』에서는 '長五尺'으로 쓰고 있으며, 또한 『사시찬요』에는 '무[蘿蔔]'가 추가되어 있다.

【37】 살구나무 옮겨심기[栽杏][61]

잘 익은 살구를 과육째로 거름과 흙을 섞은 땅[糞土]속에 묻는다. 봄이 되어 얼마 후에 싹이 트면 재배할 땅[62]에 옮겨 심는다. 옮겨 심을 때는 더 이상 거름 준 땅에는 심지 않는데, (그렇게 하면) 틀림없이 열매가 적고 맛이 쓰게 된다. 옮길 때에는 반드시 (뿌리에) 흙이 달린 채로 심는다. 3보步마다 두 그루를 심는데, 촘촘하게 심으면 맛이 달다.[63] 복식가[64]에서는 더욱이 이를 심어야 한다. 반드시 서리가 내리는 것을 막아야 한다.

만약 오과五果의 꽃이 활짝 필 시기에 서리를 맞게 되면 곧 결실이 적어진다. 미리 뜰 안에 잡초를 비축해 두었다가 비가 내린 후에 갓

【三十七】栽杏:
將熟杏和肉埋糞土中. 至春既生, 移栽實地. 既移, 不得更於糞地, 必致少實而味苦. 移須合土. 三步二[30]樹, 概即味甘. 服食之家, 尤宜種之. 須防霜着.

若五果花盛時遭霜, 即少子. 可預於園中貯備惡草, 遇

---

61) 본 항목의 첫 번째 단락은 『사시찬요』의 본문으로 『농상집요』에서는 이것을 인용하여 기록하였고, 『종예필용』에서는 이 구절을 간단히 줄여 초사하였다. 『사시찬요』에서는 봄에 "移栽實地"라고 적고 있다.(『농상집요』에서 인용한 것에는 "三月移栽實地"라고 적고 있다.) 사실 이 단락도 역시 『제민요술』 권4 「복숭아 · 사과 재배[種桃柰]」편에 근거한 것이지만, 『사시찬요』에서는 복숭아[桃]를 고쳐서 살구[杏]로 하였을 뿐이다.

62) '실지(實地)'는 이후에 그것이 자랄 땅을 의미하는 것이다. 와타베 다케시[渡部武]는 역주고에서 '실지'를 '별지(別地)'라고 해석하였으며, 묘치위 선독에서는 "일반적인 땅"이라고 해석하고 있다.

63) 【계미자본】의 '三步二樹, 概即味甘'을 【중각본】과 【필사본】에서는 '三步一樹'로 적고 있다. 『종예필용』에서는 삭제하고 그대로 초사하지는 않았다. 『제민요술』 권4 「자두 재배[種李]」편의 설명에 따르면 "복숭아나무와 자두나무는 대개 사방 12자[二步]마다 한 그루씩 심는다.[桃李大率方兩步一根.]"라고 하였다. 원주(原注)에서는 "너무 조밀하게 심어 나무 그늘이 서로 겹치게 되면 열매가 작아지며 맛도 좋지 않다.[大概連陰, 則子細而味亦不佳.]"라고 하였다. 『사시찬요』에서 살구나무는 "촘촘하게 심으면 맛이 달다.[概則味甘.]"라고 하였는데, '三步二樹' 역시 빽빽하게 심었음을 뜻한다.

64) '복식가'는 양생가(養生家)를 뜻한다.

날이 개거나 밤에 북풍이 불어 한기를 느끼게
되면, 반드시 잡초를 태워 그 연기로 따뜻하게
해서(65) 서리로 인해 얼지 않도록 해야 한다.

天雨初晴，　夜北風
寒緊，　必燒熅草煙，
以免霜凍.

【38】 버섯 파종하기[種菌子](66)

썩은 꾸지나무(67)와 잎을 구해서 땅에 묻
는다. 항상 뜨물을 부어서 축축하게 해 주면,
2-3일 뒤 바로 버섯이 난다.

【三十八】種菌
子: 取爛構木及葉，
於地埋之. 常以泔[31]
澆令濕，　三兩[32]日
即生.

【39】 또 다른 방법[又法]

이랑 속에 썩은 거름을 넣는다. 꾸지나무
를 구할 때 길이는 6-7치[寸]가 좋으며, 잘라서
잘게 부순다. 채소 심는 방법과 동일하며, 이
랑 안에 고르게 펴서 흙으로 덮는다. 물을 주
어서 늘 촉촉하게 해 준다. 만약 처음에 작은
버섯이 올라오면, 고무래 등을 이용해 그것을
민다. 다음날 아침에도 또 나오면 그 역시 밀
어 버린다. 3번 민 이후에 나온 것은 매우 크며
바로 거두어서 먹을 수 있다. 본래 꾸지나무에

【三十九】又法:[33]
畦中下爛糞. 取構
木可長六七寸[34]，
截斷硙碎. 如種菜
法，於畦中匀布，土
蓋. 水澆長令潤. 如
初有小菌子，　仰杷
推之. 明旦又出，亦
推之.　三度後出者
甚大，即收食之. 本

---

65) '온(熅)'은 '온(氳)'자로, '인온(氤氳)' 역시 '연온(烟熅)'·'인온(絪縕)'으로 쓰고
　　있는데, 여기서는 잡초를 태워 연기를 쐬워, 서리로 인한 해를 방지한다는 것이
　　다.

66) 본 항목에는 2가지 방법은 모두 『사시찬요』의 본문으로, 이는 버섯 재배의 최
　　초 기록이다. 『농상집요』에서는 이를 인용하여 기록하였으며, 문구도 동일하다.

67) '구(構)'는 뽕나무(Broussonetia papyrifera, L.)과이다. 와타베 다케시[渡部 武]
　　의 역주고에서는 '구'를 '소구수(小構樹)'라고 하며, 별명으로는 '포반(葡蟠)' 혹은
　　'여곡(女穀)'이라 칭하고, 그 학명은 Broussonetia kazinoki, Sieb.라고 한다.

서 자란 버섯은 먹어도 사람이 해를 입지 않는다. 구(構)는 닥나무[楮]라고도 부른다.[68]

【40】 양하[69] 파종하기[種蘘荷][70]

나무 그늘 아래에 파종하는 것이 좋다. 한 번 파종하면 (봄이면 다시 자라) 영원히 자란다. 모름지기 호미질하지 않고 단지 거름만 주면 된다. 8월 초에 그 싹을 밟아 죽게 하는데, 그렇지 않으면 뿌리가 무성하게 번식하지 않는다. 10월에 겨를 뿌리에 덮어 주고, 2월에 겨를 제거한다.[71]

【41】 율무 파종하기[種薏苡][72]

부드럽게 정지한 땅에 2자[尺] 간격으로 한 포기를 심는다. 한번 파종하면 (묵은 뿌리는) 수년 동안 자생한다.[73] 고지高地와 하지下地를 불

自構木， 食之不損人. 構又名楮.

【四十】 種蘘荷: 宜樹陰[35]下種之. 一種永生. 且不須鋤, 但加糞而已. 八月初, 踏其苗令死, 不尔根不盛. 十月以糠覆之, 二月掃去.

【四十一】 種薏苡: 熟地相[36]去二尺種一科. 一種數年. 不問[37]高下, 但

---

68) 『설문』에서 '곡(穀)', '저(楮)'는 뜻이 서로 같으며, '구(構)'와 더불어 3개가 모두 동일한 식물로서 곧 오늘날 뽕나무과의 꾸지나무[構樹; *Broussonetia papyrifera Vent.*]이다.

69) '양하(蘘荷)'는 생강과(즉 양화과)에 속하며 다년생초본이다. 땅속줄기는 식용과 약용 모두 가능하다. 학명은 '*Zingiber mioga Roscoe.*'이다.

70) 본 항목은 『제민요술』 권3 「양하·미나리·상추 재배[種蘘荷芹蘆]」편에서 채록한 것이다. 『제민요술』에는 원래 '이월종지(二月種之)'라고 적혀 있고, 『사시찬요』에서는 본래 달을 나열하였는데, 한악이 고쳤거나 잘못 배열했을 가능성이 있다. 왜냐하면 「팔월」편 【37】 항목에서 '이월종자(二月種者)'라고 설명하고 있기 때문이다.

71) 이때 겨는 2월에 제거하는 것으로 봐서 시비용이라기보다는 난방용으로 보는 것이 바람직할 것 같다.

72) 본 항목은 『사시찬요』 본문으로, 『농상집요』 권6에도 '의이(薏苡)'조항이 있지만 이 항목을 인용하지는 않았다.

73) 『본초강목』 권23 '의이인(薏苡仁)'에서 이시진이 말하길 "율무[薏苡]는 사람들

문하고 비옥하기만 하면 심을 수 있다. 거름을 주면 더욱 좋다. 종자를 거둔 후에 줄기는 땔감으로 쓸 수 있다.

【42】 엿[74] 졸이는 방법[煎餳法][75]

찹쌀 한 말[斗]에서 멥쌀을 골라내고 깨끗이 인다. 푹 쪄서 꺼내어 대야에 넣고, 소량의 끓는 탕을 넣어 고르게 뒤섞어 죽과 같은 모양이 되게 한다. 사람 체온정도로 약간 식힌 후에[76] 누룩과 같이 부수어 체로 친 보리누룩 반

肥即堪種. 尤宜下糞. 收子後, 苗可充薪.

【四十二】煎餳法: 糯米一斗, 揀去粳者, 淨淘. 爛蒸, 出置盆中, 入少[38] 湯, 拌令匀, 如粥[39] 狀. 候冷如人體[40],

---

이 많이 파종하는데, 2-3월이 되면 숙근(宿根)이 저절로 자란다. … 두 종류가 있는데, 하나는 차져서 이에 붙는 것으로, 끝이 뾰족하고 껍질이 얇은데, 곧 율무[薏苡]이다. 율무쌀은 찹쌀과 같이 흰색이고, 죽을 끓이거나 갈아서 가루음식으로 만들 수 있으며 쌀과 같이 술을 담글 수 있다. 또 한 종은 둥글며 껍질이 두껍고 단단한 종으로 즉, 보리자[菩提子]다. 그 쌀알이 작고 이에 붙지 않으나, 이것을 꿰어서 경전을 읽을 때 쓰는 구슬을 만들 수 있기 때문에 사람들은 또한 구슬을 돌리며 읽는다고 하였다.'라고 한다. 이에 의거하면 율무(*Coix lacryma-jobi* L., 벼과)의 재배종은 일년초본이지만 이후 다년생 야생종의 배육에 의해서 만들어진 변종과 연계되어 있다. 한약과 이시진이 말한 바는 모두 다년생이다.

74) '당(餳)': 음은 '당(唐)'이고, 묘치위 교석에 의하면 수당(隋唐) 이후 음이 '청(晴)'이 되었다고 한다. 맥아를 이용해서 전분을 당화하여 쌀 찌꺼기를 걸러 낸 당화즙을 만든 당으로 오늘날의 엿이다.

75) 본 항목은 『사시찬요』의 본문으로, 엿당을 만드는 방법은 『제민요술』권9 「당포(餳餔)」편과 더불어 같지 않다. 그러나 당기고 쳐서 흰색의 단단한 엿당을 만드는 것은 『제민요술』과 동일하다.

76) 풀처럼 투명해진 쌀밥 속에 맥아를 섞어서 일정한 온도를 유지하면 전분은 맥아 속 전분효소의 촉진작용을 받아서 바로 물을 분해하여 맥아당의 생성을 진행한다. 맥아당은 진일보하여 효모균의 작용을 받아서 주정으로 전화되어 술이 양조된다. 맥아당을 제조하는 것과 술을 빚는 것은 같지 않은데, 사용되는 촉매제(맥아나 술누룩)가 다르며 또한 발효품의 온도와 시간의 차이에 의해 이 두 가지가 결정된다. 전분효소의 가장 적합한 온도는 섭씨 53-63도이다. 이와 같이 비교적 높은 온도에서 가장 빠른 촉진작용이 일어날 수 있고 가장 빠른 시간 내에 다량의 맥아당을 생산하는데, 당화가 완전해지면서 제당의 목적을 완수할 수 있

되[釓]를 넣어서 밥 속에 부어 넣고 부드럽게 섞어서 서로 어우러지게 한다. 만약 차져 손에 붙고 그릇에 붙는다면 곧 반 주발의 뜨거운 물을 (밥 속에) 넣으면서 그릇과 손을 벗겨 씻는데, 찬물을 넣어서는 안 된다. 잘 섞은 후에 베[布]를 덮어 주고 따뜻한 곳에 둔다. 날이 추우면 약간 불을 지펴 배양한다. 자주 보면서, 밥알이 삭으면[77] 포대를 이용해서 (당액을) 걸러 내는데 곱게 걸러 내려면 비단으로 된 포대를 사용하고, 거칠게 걸러 내려면 베[布]로 된 포대를 사용한다. 그런 후에 구리나 은 솥 및 돌솥에서 졸여 국자로 젓는데, 국자를 젓는 손을 멈춰서는 안 되고 걸쭉해지면 멈춘다. 쇠솥도 좋다.

下大麥糵[41]半升, 篩碎如麴, 入飯中, 熟拌, 令相入. 如着手, 及黏物即入半盌湯洗刮物手, 免令生水入. 和拌了, 布蓋[42], 暖處安. 天寒, 微火養之. 數看, 候銷, 以袋濾之, 細即用絹爲袋, 麤即[43]用布爲袋. 然後銅銀器及石鍋中煎, 杓揚勿停手, 候稠即止. 鐵鍋亦得.

다. 묘치위의 교석본에 의하면 주정발효온도는 35도 정도를 넘을 수 없는데, 그렇지 않으면 효모가 둔화되거나 죽으며 주료(酒醪) 중의 주정농도가 모자라 산패균(酸敗菌)이 번식해 술이 시게 된다. 여름철에는 술을 빚기가 쉽지 않은데 주된 원인은 바로 기온이 매우 높기 때문으로, 발효한 주료(酒醪)의 온도를 제어하기 쉽지 않다. 따라서 당을 만드는 관건은 단시간 내에 높은 온도에서 당화과정을 완성하는 데 있고, 술을 빚을 때 비교적 낮은 온도에서 장시간 완만한 발효과정을 진행하는 것과는 다르다고 한다. 『사시찬요』에서 '候冷如人體'라고 이른 것은 책 속의 기타양조법에 기록된 온도를 측정하는 방법과 서로 같으나, 다만 당을 만들 때는 낮은 온도를 싫어한다. 아래 문장에서 언급한 "暖處安", "微火養之"는 당화기에 온도를 올려 주는 조치를 취해서 보완했다. 『제민요술』 권9 「당포(餳餔)」편의 '자백당법(煮白餳法)'조에서는 "펼쳐서 열기를 제거하고 따뜻할 때 동이에 넣어서 누룩가루와 섞는다."라고 하였고, 펼쳐서 큰 열기를 제거한 이후에 따뜻한 기미가 있을 때 맥아와 섞으면 『사시찬요』보다 온도가 높은데, 이는 양조 등의 방법과는 다른 점이 있다.

77) '소(銷)'는 '소(消)'와 통하며 전분이 철저하게 당화되어 밥알이 삭아서 찌꺼기만 남는 것이다.

❀ 교 기

[1] "虫食桃者": 【중각본】에서만 虫을 '蟲'으로 표기하고 있으며, 【필사본】에는 마지막 '者'자가 빠져 있다.

[2] '반(班)': 【중각본】에서는 '斑'으로 쓰고 있다. 이하 동일하여 별도로 교기하지 않는다.

[3] "鋤常令淨": 【중각본】에는 '令'이 누락되어 있다.

[4] 【필사본】에는 이 문장에 '少'자가 없다.

[5] '한(閑)': 【중각본】에서는 '開'으로 적고 있다.

[6] 【중각본】과 【필사본】에는 이 문장 끝에 '中'자가 추가되어 있다.

[7] '루(搜)': 【중각본】과 【필사본】에서는 '樓'로 표기하였다.

[8] 【중각본】과 【필사본】에는 "一畝良地用子一斗半, 薄地用子二斗." 구절이 본문과 같은 큰 글자로 되어 있다. 아울러 【필사본】에서는 '良地'를 '良田'으로 표기하고 있다.

[9] '발(拔)': 【중각본】에서는 '자(扷)'로 쓰고 있고, 【필사본】에서는 '拔'로 표기하고 있다.

[10] 【중각본】에는 "九月子收, 熟刈之."로 쓰여 있는데, 최근 발견된 【계미자본】에서 "九月子熟刈之"라고 한 것을 보면 묘치위의 교석본에는 『제민요술』에 근거하여 "九月子熟, 收刈之."로 표기한 것은 적절한 지적이었다.

[11] "及湿墾": '及'은 【필사본】에서는 '反'으로 되어 있고, '湿'은 【중각본】에서 '濕'으로 표기하고 있다.

[12] 【중각본】에서만 '秤'을 '稱'으로 표기하고 있다.

[13] '음(蔭)': 【중각본】과 【필사본】에서는 '陰'으로 표기하였다.

[14] "人溺人尿": 이 소주를 【필사본】에서는 "人尿也"로 표기하고 있다.

[15] 【필사본】에는 '爲准'을 '爲準'으로 표기하고 있다. 이하 동일한 내용은 별도로 교기를 달지 않았음을 밝혀 둔다.

[16] '재(裁)': 【중각본】과 【필사본】에서는 '栽'로 쓰고 있다. 이하 동일하여 별도로 교기하지 않는다.

[17] 【필사본】에는 이 항목에서 '鬧'을 '澗'자로 적고 있다.

[18] 【계미자본】과 【필사본】에서는 '牙'자를 쓰고 있는데, 【중각본】에서는 경우에 따라서 '牙' 또는 '芽'로 적고 있다.

[19] '즉(即)': 【중각본】에서는 '加'로 되어 있다.

20 '열(熱)': 【필사본】에서는 '熱'을 쓰고 있다. 이하 동일하여 별도로 교기하지 않는다.

21 '이(尒)': 【중각본】에서는 '爾'로, 【필사본】에서는 '甭'으로 표기하였다. 이하 동일하여 별도로 교기하지 않는다.

22 '작(雀)': 【필사본】에서는 '崔'로 적고 있다.

23 "花斷卽須收": 【필사본】에서는 '斷'을 '断'으로 하였으며, '收'를 연이어 두 번 표기하였다.

24 '즉(卽)': 【중각본】과 【필사본】에서는 '則'으로 되어 있다.

25 '무(拇)': 【필사본】에서는 '母'로 쓰고 있다.

26 '경(徑)': 【필사본】에서는 '経'으로 적고 있다.

27 '수(豎)': 【중각본】에서는 '竪'로 표기되어 있다.

28 【중각본】과 【필사본】에서는 '薑'을 '礓'으로, '開'을 '間'으로 적고 있다. 이하 동일하여 별도로 교기하지 않는다.

29 '모(母)': 【중각본】에서만 '拇'로 적고 있다.

30 '이(二)': 【중각본】과 【필사본】에서는 '一'로 되어 있다.

31 "常以泔": 【필사본】에서는 "以常泔"으로 쓰고 있다.

32 【중각본】에서는 '三兩'을 '兩三'으로 적고 있다.

33 【중각본】과 【필사본】에서는 【39】의 '又法'이 독립항목이 아닌 【38】 항목 끝에 붙어 있다.

34 '촌(寸)': 【중각본】에서는 '尺'자로 표기하였다.

35 【필사본】에서는 이 구절에 '陰'이 누락되어 있다.

36 '상(相)': 【필사본】에는 이 글자를 고친 흔적이 있다.

37 【필사본】에서만 '不問'을 '不聞'으로 쓰고 있다.

38 '소(少)': 【필사본】에서는 '小'로 쓰고 있다.

39 '죽(粥)': 【중각본】에서는 '粥'으로 표기하였다.

40 '체(體)': 【필사본】에서는 '軆'로 적고 있다. 이하 동일하여 별도로 교기하지 않는다.

41 【계미자본】의 "大麥蘖半升"이라는 문장에서 '蘖'을 【중각본】에서는 '蘗'이라고 쓰고 있고 【필사본】에는 '蘖'로 적고 있다. 묘치위의 교석본에서는 원래 '蘗'로 쓰여 '麥芽'로 통용된다는 '蘖'로 표기하고 있다.

42 '개(蓋)': 【필사본】에서는 '盖'로 쓰고 있다. 이하 동일하여 별도로 교기하지 않는다.

3. 가축과 그 질병

❦

【43】이달에 준마를 거두어 교배시키기

[是月收合龍駒]

나귀와 말의 암수를 교배시키는 것은 이달 3일이 가장 좋다. 월령78)에 의하면 "3월[季春]에는 노새·소·당나귀·말79)을 교배하는데 암컷을 수컷80) 속에 풀어 놓는다. 5월[仲夏]에는 암컷을 무리에서 별도로 떼어 놓고 수컷은 묶어 둔다.81) 11월[仲冬]에 소와 말,

【四十三】是月收合龍駒: 合驢馬之牝牡, 此月三日爲上. 准令, 季春之月, 乃合累牛騰馬, 遊牝于牧.① 仲夏之月, 遊牝別群②, 則縶騰駒. 仲冬之月, 牛馬畜獸放

---

78) '준령(准令)'은 『예기』 「월령」에서 채록한 것이다.

79) 【계미자본】과 조선 【중각본】 『사시찬요』에는 "騾牛驢馬"라고 쓰고 있는데, 묘치위 교석본에는 "累牛驢馬"로 표기해야 한다고 하였다. 묘치위에 의하면, '라(騾)'는 당나귀와 말을 교배한 잡종으로, 노새 자신은 새끼를 낳을 수 없으니 '라(騾)'는 잘못된 것이라고 한다. 『예기』 「월령」의 '계춘지월(季春之月)'조에서는 "乃合累牛騰馬"라고 쓰고 있다. 정현이 주석하길 "누(累)·등(騰)은 모두 가축을 탄다는 의미"로서 수소와 수마를 가리킨다. 따라서 '라(騾)'는 '누(累)'자의 잘못이다. '려(驢)'자 또한 「월령」에 비추어 볼 때 마땅히 '등(騰)'으로 써야 한다. 하지만 '려(驢)'자 또한 통용할 수 있기 때문에 옛것을 그대로 따른다. 『농상집요』에서 본 항목을 인용하여 기록하고 있는데 원래 문장은 "騾牛驢馬"였으나 『사고전서』를 거치면서 편자는 「월령」에 의거하여 "累牛騰馬"로 고쳤다고 한다.

80) 『예기』 「월령」에서도 '목(牧)'으로 쓰고 있으며 『농상집요』에서 『사시유요』(즉 『사시찬요』)를 인용한 것에서도 동일한데, 묘치위는 '모(牡)'를 쓰고 있다.

81) '등구(騰駒)'는 수마를 가리킨다. '집(縶)'은 묶어 두고 풀어놓지 않는 것이다.

가축과 짐승을 들판에 풀어놓은 것은 (사람들이) 잡아가도 따지지 못한다."라고 하였다.

逸者, 取之不詰.

【44】상마법相馬法[82]

『마경馬經』에 "당나귀와 말이 태어나면서 땅에 떨어질 때 털이 없으면 하루에 천리里를 간다. 오줌을 눌 때 한쪽 다리를 들면 하루에 오백 리를 간다. 또 늑골의 수를 헤아려서 10개인 것은 평범한 말이다. 11개인 것은 (하루에) 오백 리를 달린다. 13개인 것은 천 리를 달리는데, 13개가 넘으면 천마天馬이다. 이마가 희고 입가 주둥이가 흰 것은 '적로的盧'라고 부른다. 눈 아래에 가로로 털이 나 있고, 가마가 있는 것은 '성루盛淚'라고 부른다. 입술 뒤에 가마가 있으면 '함화銜禍'라고 칭한다. 정수리에 가마가 있고 검은 갈기[83]를 지닌 흰 말과 안장 아래에 가마가 있는 것을 '부시負屍'라고 한다. 겨드랑이 아래에 가마가 있

【四十四】 相馬法: 馬經云[3]驢馬生, 墮地無毛, 日行千里. 溺擧一足, 行五百里. 又數其肋[4]骨, 得[5]十莖, 凡馬也. 十一者, 五百里. 十三者, 千里也, 過十三者, 天馬也. 白額入口白喙, 名的盧. 目下有橫毛旋毛, 名盛淚. 旋毛在吻後, 名銜禍. 旋毛在項, 白馬黑髦, 鞍下有旋毛, 名負屍.[6] 腋下有旋毛, 名挾屍. 左

---

82) 본 항목은 『마경(馬經)』을 인용하여 기록한 것으로서 모두 『제민요술』권6「소·말·나귀·노새 기르기[養牛馬驢騾]」편의 상마(相馬)에 관한 부분에 보인다. 개별적인 부분에서는 약간의 차이가 있다. 예컨대 "네 발굽이 검은 흰 말[白馬四蹄黑]"은 『제민요술』에서는 "흰 말의 네 다리가 검은 것[白馬四足黑]"이라 쓰여 있다. "이마가 희고 입가 주둥이가 흰 것은 '적로'라고 부른다.[白額入口白喙, 名的盧.]"는 『제민요술』에서는 "白從額上入口 … 一名的顱"라 쓰여 있다. 일반적인 견해는 모두 이마에서 입가까지가 백장(白章)인 것을 '적로(的顱)'라고 하며, '백훼(白喙)'를 가리키지는 않는다. 또한 『사시찬요』에서는 『제민요술』의 합리적인 외형 감정법을 버리고, 가마[旋毛]와 미신과 같은 백장(白章)을 인용하고 있어서, 『제민요술』의 전면적이며 합리적인 기록과는 거리가 멀다.
83) '모(髦)'는 갈기를 가리킨다.

으면 '협시挾屍'라고 부른다. 왼쪽 옆구리 아래
흰 털이 곧게 자라는 것을 '대검帶劍'이라 칭한
다. (넓적다리에서 볼기에 이르는) 얕은 골, 즉
한구汗溝[84])가 꼬리 밑동까지 지나가는 말은
사람을 밟아 죽인다. 뒷다리의 좌우가 흰 말
이나 네 발굽이 검은 흰 말 등 이상과 같은
것은 주인에게 이롭지 않다."라고 하였다.

【45】말이 꺼리는 것[馬所忌][85])

석회를 말구유에 칠하여 (말을 먹게 하고)
나귀나 말이 (땀이 날 때) 문 앞에 매어 두면,
어미 말이 유산한다.[86]) 마구간 안에 항상 원
숭이를 매어 두면 악한 것을 물리치고 온갖
병을 없애 주어, 말이 옴을 앓을 걱정이 없게
한다.

脇下有白毛直上, 名
帶劍. 汗溝過尾本者
踏煞人. 後脚左右白,
白[7]馬四蹄黑, 已上
不利主人.

【四十五】 馬所
忌: 石灰泥馬槽及繫
驢馬於門上, 令馬禛[8]
駒. 常繫獼[9]猴於馬
坊內, 辟惡消百病,
令馬不患疥.

---

84) '한구(汗溝)'는 넓적다리의 후방 및 볼기 끝부분에 위치하며, 주로 반막(半膜)
   모양의 근육과 넓적다리 이두근의 발달로 인해 두 근육 사이에 얕은 골을 형성
   한다.
85) 본 항목은『제민요술』권6「소·말·나귀·노새 기르기[養牛馬驢騾]」편에 유
   사한 기록이 있는데, "繫驢馬於門上"은『제민요술』에서 "말이 땀이 날 때, 문가
   에 매어 둔다.[馬汗繫著門.]"라고 쓰고 있어, 더욱 합리적이다.
86) 【중각본】에는 '禛駒'를 '損駒'라고 적고 있다. '損駒'는 유산(流産)의 의미로서
   『제민요술』에는 '落駒'라고 쓰여 있다.

【46】소와 말의 전염병[87] 치료하는 법

[治牛馬溫病方][88]

수달의 고기와 간·위를 삶아 탕즙을 내어 (입에) 부어 주되 똥을 사용하지 않는다.[89]

【47】말 목구멍의 종기 치료하는 법[治馬喉腫方][90]

칼끝을 한 치[寸] 정도 드러나게 물건으로 감아 목(의 종기)을 찔러 터트려 주면 즉시 낫는다.

또 다른 처방은[91] 마른 말똥을 구해서

【四十六】治牛馬溫病方:　獺肉肝肚, 煑汁灌之, 不用糞.

【四十七】治馬喉腫方:　以物纏刀子, 露刃鋒一寸許,　剌[10] 咽喉, 潰即愈.

又方,　取乾馬糞置

---

87) '온(溫)'은 『제민요술』 권6 「소·말·나귀·노새 기르기[養牛馬驢騾]」편에 의거하면 "치우마병역기방(治牛馬病疫氣方)"이고, 이는 곧 '온(瘟)'자를 빌려 쓴 것이다.

88) 본 항목과 『제민요술』(권6 「소·말·나귀·노새 기르기[養牛馬驢騾]」편을 가리킨다.)에서는 "수달의 똥을 취해서 끓여 (목에) 부어 준다. 수달의 고기와 간이 더욱 좋으나, 고기와 간을 얻을 수 없으면 똥을 사용한다."라고 쓰여 있다.

89) 『제민요술』에서는 "取獺屎煮以灌之"라고 하여 위의 본문과는 달리 똥을 사용하고 있다는 점에서 『사시찬요』와는 차이가 있다.

90) 본 치료법은 『제민요술』에 서로 동일한 치료법이 있는데, 오직 '후종(喉腫)'을 '후비(喉痺)'로 쓰고 있다. 묘치위의 교석본에 따르면, 목구멍을 찔러서 치료하는 방법은 1차성 농종후비(膿腫喉痺)에는 효과가 있으나, 비(痺)가 모든 종기는 아니다. 『사시찬요』에서는 '후종'이라고 적고 있는데, 비교적 적합한 지적이다. 이 때문에 『농상집요』의 본 처방에 대한 것은 『제민요술』에서 인용한 것이 아니고, 『사시찬요』에서 인용한 것이라고 한다.

91) '우방(又方)'은 『제민요술』에는 '치마흑한방(治馬黑汗方)'이라 쓰고 있는데 치료법은 서로 동일하다. 아래의 "저척인지(猪脊引脂)"를 사용하는 한 방법은 『제민요술』에서 '치마흑한방'의 또 다른 방법으로 기록하고 있다. 흑한(黑汗)은 현재의 일사병(日射病)이다. 묘치위의 교석본에 의하면, 『사시찬요』에서는 두 가지 모두 '치마후종(治馬喉腫)'의 또 다른 처방으로 기록하고 있는데, 빠지거나 틀린 것이 있는지의 여부는 알 수 없다고 한다. 『농상집요』에서 『사시찬요』를 인용하여 기록한 것은 원래 본서와 동일하였지만, 『사고전서』를 거치면서 편자가 『농상집요』를 편교할 때 『제민요술』에 의거해 다시 첫 번째 '우방'을 '治馬黑汗

항아리 속에 넣고 머리털로 그것을 덮는다. 말똥과 머리털을 불에 태워서 연기를 내어 말코에 씌워서 연기가 콧속에 들어가게 하면 얼마 안 되어 차도가 생긴다.

또 다른 처방은 돼지 등뼈에서 추출한 기름,[92] 헝클어진 머리털[93]을 불에 태워서 연기를 코에 씌우는데, 위의 방법과 동일하다.

【48】또 다른 처방법[又]

말 가슴에 열이 맺혀서 오한으로 누웠다 일어났다 하면서 물과 풀을 먹지 못하는 것을 치료하는 방법[94]은 찧어서 가루를 낸 황련 2냥[兩], 찧어서 가루를 낸 백선피(白鮮皮)[95] 1냥, 기름 5홉[合], 잘게 썬 돼지기름 4냥을 준비한다.

이상의 것을 따뜻한 물 한 되[升] 반에 약을 타고 잘 섞어서 목에 부어 넣는다. 끌어서 걷게 하고 똥을 누게 하면 곧 낫는다.

瓶子中， 頭髮覆之. 火燒馬糞及髮， 煙[11] 出，着馬鼻勳[12]，令煙 入鼻中，須臾即差.

又方， 猪脊引脂， 亂髮， 燒煙勳鼻， 同 上法.

【四十八】又：[13] 療馬心結熱起卧寒戰 不食水草方， 黃[14]連 二兩 杵末，白鮮皮一 兩 杵末，油五合，猪脂 四兩 細切.

右[15]以溫水一升半， 和藥調停，灌下. 牽 行，拋糞，即愈.

方'이라고 고쳤다고 한다.

92) 묘치위는 교석본에서 '저척인지(猪脊引脂)'는 돼지 등뼈 아래의 배 뒷부분과 연결된 지방으로, 이는 곧 오늘날의 '판지(板脂)'라고 한다.

93) 『제민요술』에는 '난발(亂髮)' 위에 또한 '웅황(雄黃)'이 있는데, 『농상집요』가 인용한 것에도 있다.

94) 이 방법은 『제민요술』에는 없지만, 『농상집요』에서는 이것을 인용하여 기록하고 있다.

95) '백선피(白鮮皮)'는 운향과의 백선(白鮮)의 뿌리껍질로서, 황달(黃疸)과 피부병(皮膚病)에 효과가 있다.

【49】 말 옴 치료하는 법[馬疥病]⁹⁶⁾

취황臭黃·두발頭髮을 12월[臘月]의 돼지기름 속에 넣고 졸인다. 두발이 녹으면 열이 있을 때 그것을 환부에 바르면 즉각 효험이 있다.

【50】 말의 물 중독 치료하는 법[馬傷水]⁹⁷⁾

파·소금·기름을 서로 잘 섞은 후에 손으로 비벼 덩어리를 만든다. 코 안에 넣고 손으로 말의 코를 잡아서 공기가 통하지 않도록 하는데, 한참 지나 눈에서 눈물이 나오게 되면 즉시 멈춘다.⁹⁸⁾

【51】 사료를 많이 먹은 말 치료하는 법
[馬傷料多]⁹⁹⁾

생무[蘿蔔] 35개를 얇게 잘라서 먹이면 즉시 효험이 있다.

【四十九】 馬疥方: 臭黃、頭髮, 臘月猪脂煎. 令頭髮消, 及熱塗之, 立效.

【五十】 馬傷水: 用葱、塩、油相和, 搓成團子. 內鼻(中, 以手捉馬鼻, 令不通氣, 良久, 待眼淚出, 即止.

【五十一】 馬傷料多: 用生蘿蔔三五箇, 切作片子, 啖之, 立效.

---

96) 본 항목은 『제민요술』 권6 「소·말·나귀·노새 기르기[養牛馬驢騾]」 편에도 동일한 기록이 있으나, 약을 바르기 전에 "벽돌로 옴을 문질러서 빨갛게 한다.[以塼揩疥令赤.]"라는 구절이 추가되어 있다. 『농상집요』가 인용한 바는 『사시찬요』와 동일하다.

97) 본 항목과 『제민요술』 '치마중수방(治馬中水方)'의 치료법이 서로 동일한데, 『제민요술』에서는 단지 소금 한 종류만 사용한다. 『농상집요』는 여전히 『사시찬요』를 인용하였으며, 『제민요술』을 인용하지는 않았다. 『농상집요』는 '수착(手捉)'을 '수엄(手掩)'으로 인용하여 쓰고 있다.

98) 【50】의 '中以'부터 【56】의 '一十五'까지는 【계미자본】이 낙장 되어 전해지지 않는다. 【중각본】의 원문에 의거하여 이를 보충하였다. 보충된 원문은 ( ) 안에 진하게 표시해 두었음을 밝힌다.

99) 이 항목은 『제민요술』에는 없고 『농상집요』에서 인용하여 기록하고 있다.

【52】 말이 갑자기[100] 열이 나고 배가 불러서
앉았다 일어났다 하며 죽으려고 하는
것을 치료하는 방법
[馬卒熱腹脹起臥欲死方][101]

쪽 즙 2되[升]와 냉수 2되를 섞어 입에 부
어 넣으면 즉시 효험이 있다.

【53】 갓 태어난 작은 망아지의 설사 치료하
는 법[治新生小駒子瀉肚方][102]

호본蒿本[103]가루 세 숟갈[錢匕][104]을 넣고,
삼씨를 갈아 즙을 내어 섞어서 목구멍에 부
어 넣으면 목구멍을 타고 내려가면서 바로
효과가 있다. 다음으로 황련黃連 가루를 대마
즙에 섞어서 잘 풀어지게 한다.

【五十二】 馬卒熱
腹脹起臥欲死方: 藍
汁二升, 和冷水二升,
灌之, 立效.

【五十三】 治新生
小駒子瀉肚方: 蒿本
末三錢[16]匕, 大麻子
研汁調灌, 下喉咽[17]
便效. 次以黃連末大
麻汁解之.

---

100) '졸(卒)'은 '조급하다', '급하다', '갑자기'라는 의미이며, 여기서는 갑자기로 해
석한다.
101) 본 항목은 『제민요술』에 있지만 사용된 것은 소금물[鹽汁]이지 '쪽 즙[藍汁]'이
아니어서 두 방법은 동일하지 않다. 『농상집요』의 인용은 『사시찬요』와 동일하
다.
102) 본 항목에서부터 【62】 항목까지는 모두 『제민요술』에는 없는 것으로 【55】·
【58】·【59】 세 항목을 제외하고는 모두 『농상집요』에서도 인용하고 있다. 『농
상집요』에서 인용한 것은 여기의 일곱 항목과 【47】에서 【52】까지의 여섯 항목
을 더한 것으로, 모두 13항목이다.
103) '호(蒿)'는 『편해(篇海)』에서 "고(藁)와 더불어 동일하다."라고 한다. '호본(蒿
本)'은 미나리과의 호본(Ligusticum sinense Oliv.)으로, 뿌리는 약으로 쓰인다.
또한 같은 속의 궁궁이[芎藭; Ligusticum wallichii Franch.]의 속명 역시 '호본(蒿
本)'의 별명이지만 『사시찬요』에서 가리키는 바는 아니다.
104) '전비(錢匕)': 옛날에 동전으로 가루약을 재었는데, 당(唐)대 손사막(孫思邈)의
『비급천금요방(備急千金要方)』의 「서례(序例)」에서 "전비(錢匕)라는 것은 대전
(大錢) 위에 전부 올려 두고 잰 것이다. 만약 반전비(半錢匕)라고 한다면 동전의
한 변(邊)에 올려서 재는 것으로, 모두 오수전(五銖錢)을 사용하였다."라고 하였
다.

【54】 당나귀와 말이 문질러서 생긴 상처 치료하는 법[驢馬磨打破瘡]

쇠비름[馬齒菜]105)·석회石灰를 한곳에 넣고 찧어 둥글게 만들어 햇볕에 쬐어 말린 후에 다시 찧어 체에 쳐서 가루로 만든다. 먼저 입에 소금물을 머금고 뿜어서 (환부를) 깨끗하게 씻어 내고 가루약을 바르면 효험이 있다.

【55】 말의 뼈가 썩어 가는 곳106)에 붙이는 약 [裹馬附骨藥]

분상粉霜107)·망사碙砂108)·유황硫黃·비황砒黃109)·목별자木鼈子를 쓴다.110)

【五十四】驢馬磨打破瘡: 馬齒菜、石灰, 一處搗爲團, 曬[18]乾後, 再搗, 羅爲末. 先口舍塩漿水洗淨, 用藥末貼之, 驗.

【五十五】裹馬附骨藥: 粉霜、碙砂、硫黃、砒黃、木鼈子.

---

105) '마치채(馬齒菜)'는 곧 쇠비름[馬齒莧; *Portulaca oleracea L.*]으로, 동북지역에서는 '마치채(馬齒菜)'라고 부른다.『본초강목(本草綱目)』권27「마치현(馬齒莧)」아래에『천금방(千金方)』등의 처방을 인용한 것에도 '마치채(馬齒菜)'라고 적고 있다.

106) '부골(附骨)'은 뼈의 한 부분이 썩어서 못 쓰게 되는 병[附骨疽]을 가리킨다. 다음 문장의 '부골상(傳骨上)'에서 '부(傳)'는 '붙이다[敷]'와 통한다.

107) '분상(粉霜)': 염화제1수은[輕粉]을 추출해 흰 가루를 만든 것으로, 즉 정제한 염화제1수은이다.

108) '망(碙)': 묘치위의 교석에 따르면, '망'이란 글자는 없고, '망사(碙砂)'라는 약도 없으며, 잘못된 것이라고 한다. '망(碙)'이 만약 '망(砒)'을 빌려 쓴 것이라고 볼 경우, 약 중에 '망초(砒硝)'가 있어서 '망초(芒硝)'와 통용하여 쓰고 있는데, 이는 유산나트륨[硫酸鈉]이고, '망사(砒砂)'는 없다. 살펴보건대 '뇨(碙)' 역시 '뇨(碙)'·'봉(碙)'이라고 적혀 있는데, 약 중에 '뇨사(碙砂)'가 있고, 또한 '노사(碯砂)'라고도 부르며, 이는 질산화암모늄[氣化銨]이다.『사목안기집(司牧安驥集)』권3에 '비황환(砒黃丸)'이 있으며, 그 약의 조제는 "비상(砒霜)·뇨사(碯砂)·비황(砒黃)·웅황(雄黃)·분상(粉霜)을 같은 등분"으로 조제한 것은,『사시찬요(四時纂要)』와 기본적으로 동일하다. 또한 '뇨사(碙砂)'는『당본초(唐本草)』에서 처음 기록할 때, "나귀와 말의 약으로도 사용하였다.[驢馬藥亦用.]"라고 하였다. 이에 따르면, '망사(碙砂)'는 마땅히 '뇨사(碙砂)'의 잘못일 것이다.

109) 송대 마지(馬志) 등의『개보본초(開寶本草)』에서 "비상(砒霜)은 … 비황(砒

이상의 재료에 황랍黃蠟을 함께 섞어 녹여 썩어가는 뼈 위에 붙인다. 병든 뼈 조직이 사라지면 급히 그것을 떼어 낸다.

右以黃蠟融和, 傅骨上. 候骨消, 急去之.

【56】말이 상용하는 약[常啖馬藥]

심황[欝金]·대황大黃·감초甘草·산치자山梔子·패모貝母111)·백약자白藥子·황약자黃藥子·황금黃芩·관동화欵冬花·진교秦膠112)·황벽黃檗113)·황련黃連·지모知母114)·도라지[苦

【五十六】常啖馬藥: 欝金、大黃、甘草、山梔⑲子、貝母、白藥子、黃藥子、黃芩、欵冬花、

黃)을 재빨리 제련하여 만든 것이다.”라고 하였다. 송대 구종석(寇宗奭)의 『본초연의(本草衍義)』에서는 “생비(生砒)를 일러 비황(砒黃)이라 한다.”라고 하였다. 『본초강목(本草綱目)』권10 「비석(砒石)」조에서 이시진(李時珍)이 설명하기를 “생비황(生砒黃)은 붉은색이 좋은 것이며, 숙비상(熟砒霜)은 흰색이 좋은 것이다.”라고 하였다.

110) 펑훙첸[馮洪錢] 외 1명, 앞의 논문, 「唐·韓鄂編纂『四時纂要』獸藥方考證」, 79쪽에 따르면 말의 뼈가 썩어 가는 곳에는 뇨사(硇砂), 유황을 쓰면 붓기를 가라앉히고 해독을 해 준다. 그러나 비황(즉 砒石), 목별자(木鼈子)에는 독이 있으므로 말이 먹어 중독되지 않도록 해야 한다고 한다.

111) ‘패모(貝母)’는 백합과에 속하는 여러해살이풀이다. 줄기는 곧고, 높이는 30-80cm에 달하며, 인경(鱗經)은 두 개의 반구형에 백색의 인편(鱗片)이고, 수근(鬚根)이 많이 나온다. 잎은 두세 개씩 윤생(輪生)하고 길이 7-15cm의 넓은 선형(線形)이며 끝이 수염 같다. 5월에 담황에 긴 타원형으로 피고, 삭과는 짧은 삼각형이다. 중국 원산으로 산지에 나는데, 함경남도 및 중국 등에 분포한다.

112) ‘진교(秦膠)’는 용담(龍膽)과의 진구(秦艽; *Gentiana macrophylla Pallas*)의 또 다른 명칭이다. 그 뿌리는 약으로 쓴다. ‘구(艽)’의 음은 ‘교(交)’이며 ‘교(膠)’와 더불어 같은 음이다. 『신농본초경』‘진구(秦艽)’편에서 도홍경이 주석하길 “전문가들[方家]은 대부분 ‘진교(秦膠)’라는 글자를 쓴다.”라고 하였다. 『당본초(唐本草)』의 주에서는 “본래는 ‘규(糺)’ 혹은 ‘규(紏)’라고 적거나 ‘교(膠)’라고 적는데, 바르게 적은 것은 ‘구(艽)’이다.”라고 하였다. 『본초강목』권13 ‘진구(秦艽)’조에 대해서 이시진은 “뿌리가 그물무늬로 얽혀 있는 것이 좋으며, 이 때문에 ‘진구(秦艽)’, ‘진규(秦糺)’라고 불렀다.”라고 하였다.

113) ‘황벽(黃檗)’은 즉 ‘황백(黃柏)’이다.

114) ‘지모(知母)’는 지모과에 딸린 여러해살이풀이다. 키는 1m 가량 잎은 뿌리에서 무더기로 난다. 5월에 잎 사이에서 꽃줄기가 나와 엷은 자줏빛 꽃이 이삭 모양으

梗]115)·호본蒿本이 필요하다.

위의 15가지 재료를116) 각각 같은 분량
씩 함께 찧어 체로 걸러 가루로 만든다. 한필
疋의 말에 가루약을 2냥兩 정도 먹이는데, 기
름·꿀·돼지기름·달걀·밥 조금을 같이
넣고 섞어 먹인다. 먹인 후 물을 마시게 해서는 안 되
며 밤이 되면 사료를 준다.117)

【57】 말의 천식을 치료하는 방법[馬氣藥方]

청귤껍질[青橘皮]·당귀當歸·계심桂心·대
황大黃·작약芍藥·목통木通118)·욱리인郁李
仁·확맥瞿麥119)·백지白芷·견우자牽牛子120)가

秦膠、黃檗、黃連、
知母、苦梗、蒿本.

右件一十五)⃞⃞味,
各等分, 同搗, 羅爲末.
每一疋⃞⃞馬, 每啖藥末
二兩許, 用油、蜜、
猪脂、鷄子、飯少許,
同和調啖之. 啖後不得飲
水, 至夜方可餧飼.⃞⃞

【五十七】馬氣藥
方: 青橘皮、當歸、
桂心、大黃、芍藥、
木通、郁李仁、瞿⃞⃞

로 드문드문 달려 핀다. 산이나 들에 절로 나는데, 황해도 및 일본 등에 분포한다.
115)【중각본】에는 '길경(苦梗)'으로 쓰여 있으나, 묘치위의 교석본에는 '길경(桔梗)'으로 표기하였다. '길(苦)'자는 사전에는 수록되어 있지 않다.
116) '미(味)'는 중의학에서 약재 종류를 세는 단위이다.
117)『논어(論語)』「향당(鄕黨)」에서 말하길 "물고기가 굶주리면 살이 부패된다. [魚餧而肉敗.]"라고 하였다.『사기』권47「공자세가(孔子世家)」에서는 '위(餧)'라고 적었는데, '뇌(餧)'는 '위(餧)'와 통한다고 하였다. 묘치위의 교석본에 의하면 '위(餧)'의 또 다른 의미로, 오늘날의 '먹이를 주다(餵)'는 것인데, 이것은 어육의 "굶주려서 물고기 살이 부패한다.[餧敗.]"라는 의미와 다르다고 한다. 이 '뇌(餧)' 자는 한약이 먹이를 준다는 뜻의 '위(餧)'자를 차용한 듯하며, 또는 '위(餧)'자를 잘못 적었을 가능성이 있다고 한다.
118) 목통(木通)은 으름덩굴과에 딸린 갈잎 덩굴나무이다. 으름덩굴의 말린 줄기로 성질은 차고 오줌을 잘 누게 하는 작용이 있으며, 임질(淋疾; 痲疾)과 부종에 쓰인다.
119) '확맥(瞿麥)'은 확맥(蘿麥)이다. '확맥'은 즉 석죽(石竹)과의 패랭이꽃(Dianthus superbus L.)을 다르게 쓴 글자이다. 종자·꽃·잎 모두 약으로 쓰인다.
120) '견우자(牽牛子)는 나팔꽃의 씨이다. 푸르거나 붉은 꽃의 씨는 흑축(黑丑), 흰 꽃의 씨는 백축(白丑)이라고 하는데, 모두 성질이 차다. 대소변을 통하게 하며,

필요하다. 이상의 재료 10가지를 각각 같은 분량을 절구에 넣고 찧어 가루로 만든다. 따뜻한 술과 잘 섞어서 목에 부어 넣어 준다. 매 한 필疋의 말에 가루약 반 냥[兩]을 쓴다.

麥、白芷、牽牛子. 右件十味, 各等分, 同搗, 羅爲末. 用溫酒調灌. 每疋馬, 藥末[24]半兩.

【58】 말의 환부에 지진 약을 붙이는 법
[裹燴121)馬藥]

낭탕자(浪蕩子122)·부자[烏頭]·팥꽃나무 꽃봉오리[芫花]·수유(茱萸)·구척(狗脊)·삽주[蒼朮]·목별자(木鼈子)·두루미냉이 씨[亭藶子]가 필요하다.

위의 8가지를, 같은 분량으로 하여 함께 찧어 체에 쳐서 가루를 만든다. 말 한 필마다 반 냥[兩]의 약 가루를 사용하는데, 마늘 2개를 잘게 찧어서 초와 밀가루123)를 섞고 약간의 산초가루[椒]124)를 위의 가루와 함께 솥에 넣고

【五十八】裹燴馬藥: 浪蕩子、烏頭、芫[25]花、茱萸、狗脊、蒼朮、木鼈子、亭藶[26]子.

右件八味, 各等分, 搗, 羅爲末. 每疋馬, 藥末半兩, 大蒜二顆碎搗, 醋調麵, 椒少多, 同藥調煎, 燴之.

부종(浮腫)·적취(積娶)·허리앓이 등의 약재로 사용한다.

121) '협(燴)': 『집운(集韻)』에서는 "뜨거운 것을 지진다.[火迫.]"라고 하였는데, 여기에서는 약을 조제하여 약풀을 만들어 뜨거울 때 붙이는 것이다. 8권본 『사목안기집(司牧安驥集)』 권7에 '협약(燴藥)'의 처방 두 가지가 있는데, 하나는 '오두산(烏頭散)'이고, 또 하나는 '원화산(芫花散)'이다. 모두 "말의 상처의 냉기를 치료하는 것으로, 그 기운으로 아파서 누웠다 일어섰다 한다.[治馬像令, 氣痛起臥.]"라고 하였다.

122) '낭탕자(浪蕩子)'는 즉 가지과의 사리풀[莨菪; *Hyoscyamus niger*]의 종자이며 또한 '천선자(天仙子)'라고 불리는데 약으로 쓰이며 맹독이 있다.

123) '면(麵)': 【중각본】과 【필사본】에서는 '면(麪)'으로 쓰고 있다. 하지만 묘치위 교석본에서는 일률적으로 '면(麵)'으로 적고 있다.

124) 묘치위의 교석본에서 "椒少多"에서 '소(少)'는 옛날에는 '초(稍)'자로 적었지만, '소다(少多)'가 만약 '초다(稍多)'으로 해석된다면 【58】 항목의 '소다(少多)'와 서

약과 같이 지져 조제하여 뜨거울 때 붙인다.

【59】말의 폐부를 치료하는 약[治馬肺藥]

촉승마蜀昇麻, 먼지를 씻은 비파琵琶의 잎125) · 쥐방울덩굴[馬兜零]126) · 건지황乾地黃 · 인삼人參 · 한방기漢防己127) · 패모貝母 · 황련黃連 · 건서약乾薯藥 · 겨우살이풀[麥門冬] · 도라지[結梗] · 심황[欝金] · 대황大黃 · 감초甘草 · 관동화欸冬花 · 백약자白藥子 · 황약자黃藥子 · 황벽黃檗 · 산치자山梔子 · 진교秦膠가 필요하다.

위의 20가지를 각각 같은 분량을 사용하여 함께 찧어 체로 쳐서 가루로 만든다. 말한 필마다 가루약 2냥兩을 사용한다. 찹쌀[糯米] 3홉[合], 뾰족한 껍질을 제거한 살구씨 한 냥兩, 대마大麻씨 4홉, 마麻와 살구씨를 간 즙, 끓인 찹쌀[糯米] 죽과 꿀 6냥을 넣어 약을 조제하여 차게 해서 먹인다.

【五十九】治馬肺藥: 蜀昇[27]麻, 琵琶葉拭去塵毛[28], 馬兜零、乾地黃、人參、漢防己、貝[29]母、黃連、乾薯[30]藥、麥門冬、結[31]梗、欝金、大黃、甘草、欸冬花、白藥子、黃藥子、黃檗、山梔子、秦膠.

右件二十味, 各等分, 搗, 羅爲末. 每疋馬, 用末二兩. 用[32]糯米三合, 杏仁一兩, 去尖皮[33], 大麻子四合, 研麻杏汁賣糯米粥, 入蜜六兩, 調藥,

---

로 조화되지 않는다고 한다. '소다(少多)'는 실제 '작다[少許]'의 의미이며, 『농상집요』에서 【58】 항목을 인용한 것에는 '소허(少許)'로 바르게 적고 있다고 한다.

125) 비파(琵琶)의 잎은 곧 '비파엽(枇杷葉)'이다.

126) '마두령(馬兜零)'은 바로 쥐방울덩굴[馬兜鈴; *Aristolochia debilis* Sieb. et Zucc] 이다.

127) 와타베 다케시의 역주고에서는 한방기(漢防己)에 대해 『신주교정국역본초강목(新註校定國譯本草綱目)』 제18권의 하방기(下防己)조의 기무라 고이치[木村康一]의 견해를 인용하여 "중국에서는 한방기를 방기(防己)라고 칭한다고 하였으며, 방기과 식물의 미나리아제비목에 가까운 것에서 비롯된 것으로 보는데 아직 원식물에 대한 상세한 것은 알 수 없다."라고 한다.

放冷啖之.

【60】 말 점안약[點馬眼藥]

청남青籃128) · 황련黃連 · 마아초馬牙硝129) · 유인蕤仁130)이 필요하다.

위의 4가지를 각각 같은 분량으로 함께 찧어서 가루 내고 꿀을 넣어 달여서[蜜煎] 사기 병[瓷瓶]에 담는다. 점안할 때에는 바로 약간을 꺼내어 우물물[井水]에 담가 저어 푼 후에 점안한다.

【61】 말이 조급하게 누웠다가 일어났다 하는 불안증을 치료하는 방법[治馬急起臥]

수 년 된 벽 위의 석회石灰를 취해 잘게 찧고 체로 쳐서 기름[油]과 술로 혼합한다. 2냥兩 정도 조제하여131) 목에 부어 넣으면 즉각적으로 효험이 있다.

【62】 말의 위장에 여물이 뭉쳐 있는 것을 치료하는 법[治馬食槽內草結方]

좋은 백반白礬 가루 1냥을 2번 먹일 정도로 나눈다. 매 첩[貼]마다 물을 마시도록 한

【六十】 點馬眼藥: 青籃[34]、黃連、馬牙硝、蕤仁.

右件四味, 各等分, 同研爲末, 用蜜煎, 入瓷瓶子盛. 或點時, 旋取少多[35], 以井水 浸化點之.

【六十一】 治馬急起臥: 取壁上多年石灰, 細杵羅, 用[36]油酒. 調二兩已來, 灌之, 立効.[37]

【六十二】 治馬食槽內草結方: 好白礬末一兩, 分爲二服. 每貼和飲水後啖之,

---

128) '청남(青籃)'은 『농상집요』에서 '청염(青鹽)'으로 인용하여 쓰고 있다.
129) '마아초(馬牙硝)'는 비교적 순수한[精純] (초석을 구워서 만든) 박소(朴消)이다.
130) '유인(蕤仁)'은 장미과의 유핵(蕤核; *Prinsepia uniflora Batal.*)이고, 씨는 약용하며 열을 내리고 눈을 밝게 한다. '유인(蕤仁)'은 즉 유핵 씨앗의 알맹이이다.
131) 묘치위의 선독(選讀)에서는 원문의 순서에 무관하게 석회의 양이 2냥이며, 여기에 기름과 술을 부어 혼합하는 것으로 해석하고 있다.

후에 먹이는데132) 2-3 차례를 지나지 않아 즉시 위장에 쌓인 것이 내려간다. 이 방법은 신통한 효험이 있다.

不過三兩度,　即內消却. 此法神驗.

그림 4_ 백지白芷와 뿌리

그림 5_ 황벽(黃蘗; 黃柏)과 겉껍질

그림 6_ 목통木通과 건과乾果

❀ 교 기

1 '목(牧)': 【중각본】에서는 '牡'로 되어 있다.

2 '군(群)': 【필사본】에서는 '羣'으로 쓰고 있다.

3 '운(云)': 【중각본】에는 이 글자가 누락되어 있다.

4 '륵(肋)': 【필사본】에서는 '筋'로 표기하였다.

5 '늑(淂)': 【중각본】과 【필사본】에서는 '得'으로 쓰고 있다.

6 '시(屍)': 【필사본】의 본 항목에서는 '尸'로 적고 있다.

---

132) '每貼和飮水後啖之'는 『농상집요』 권7 「자축(孶畜)」편에서도 동일하게 인용하고 있다. '첩(貼)'은 '첩(帖)'과 통하고 '타첩(妥貼)'은 또한 '타첩(妥帖)'으로도 쓴다. 여기서는 한 첩을 가리키고, '후(後)'자를 '중(中)'자로 고쳐서 쓰면 (물에 타서 먹인다는) 의미가 명백해지는데, 그렇지 않으면 빠진 글자가 있을 것으로 추측된다.

7 【필사본】은 같은 글자가 연이어 나올 경우 ‘〃’ 표시를 하지만, 본문에서는 한 자를 그대로 써 두었다.

8 ‘손(禃)’: 【중각본】에서는 ‘損’으로 쓰고 있다.

9 ‘미(瀰)’: 【중각본】과 【필사본】에서는 ‘瀰’로 되어 있다.

10 ‘자(刾)’: 【중각본】과 【필사본】에서는 ‘刺’로 표기하였다.

11 ‘연(煙)’: 【필사본】에서는 이 항목에서 모두 ‘烟’으로 표기하였다. 이하 동일한 내용의 경우 별도로 교기하지 않는다.

12 ‘훈(勳)’: 【중각본】과 【필사본】에서는 ‘熏’으로 적고 있다. 다음 문단의 ‘勳鼻’에 서도 마찬가지이다.

13 【중각본】과 【필사본】에서는 【48】의 ‘又’가 독립되지 않고 【47】 항목 뒤쪽에 붙어 있다.

14 【필사본】에서 이 ‘黃’자는 고친 흔적이 있다.

15 ‘우(右)’: 【필사본】에서는 ‘谷’으로 쓰고 있다.

16 ‘전(錢)’: 【필사본】에서는 ‘銭’으로 되어 있다.

17 ‘후인(喉咽)’: 【필사본】에서는 ‘咽喉’로 표기하였다.

18 ‘살(曬)’: 【필사본】에서는 ‘曬’자로 적고 있다.

19 【중각본】에서는 ‘桅’라고 적고 있는데, 묘치위는 교석본에서 ‘栀’로 고쳐 쓰고 있다. 이후 동일한 내용은 별도로 교기를 달지 않았음을 밝혀 둔다.

20 【50】의 “中以”부터 【56】의 “一十五”까지는 본서의 원본인 【계미자본】에는 낙 장이 되어 전해지지 않아 【중각본】의 내용으로 이를 대신하였음을 밝혀 둔다. 그런데 【필사본】을 “一十五”를 “十五”로 표기하고 있다.

21 ‘필(疋)’: 【중각본】과 【필사본】에서는 ‘匹’로 표기하였다. 이하 동일하여 별도 로 교기하지 않는다.

22 이 소주는 【중각본】과 【필사본】에서 본문과 같은 큰 글자로 쓰고 있으며, 【필 사본】에서는 ‘後’를 ‘食’으로 적고 있다.

23 ‘구(瞿)’: 【중각본】에서는 ‘钁’로 되어 있다.

24 【필사본】에는 ‘末’자가 생략되어 있다.

25 ‘원(荒)’: 【필사본】에서는 ‘莞’으로 쓰고 있다.

26 ‘정력(葶藶)’: 【중각본】은 ‘葶藶’을 쓰고 있고, 【필사본】에서는 ‘葶歷’으로 표기 하였다.

27 ‘승(昇)’: 【중각본】과 【필사본】에서는 ‘升’으로 적고 있다.

28 “拭去塵毛”: 【중각본】에서는 “拭去塵土”로 적고 있으며, 【필사본】에서는 “批去

塵土"로 되어 있다.

29 '구(具)': 【중각본】과 【필사본】에서는 '貝'자로 적고 있다.

30 '서(曙)': 【필사본】에서는 '曇'로 쓰고 있다.

31 '결(結)': 【중각본】에서는 '閇'로, 【필사본】에서는 '吉'로 표기하였다.

32 【중각본】에는 여기에 '用'자가 생략되어 있다.

33 '거첨피(去尖皮)': 【중각본】과 【필사본】에서는 작은 글자인 小注로 되어 있다.

34 '람(籃)': 【중각본】과 【필사본】에는 '藍'자로 적고 있다.

35 '소다(少多)': 【필사본】에는 '多少'로 되어 있다.

36 '용-(用)': 【중각본】에서는 '則'으로 표기하였다.

37 '효(効)': 【중각본】과 【필사본】에서는 '效'로 적고 있다.

4. 잡사와 시령불순133)

【63】 순무꽃 거두기[收蔓菁花]

이달에 거둔다. 이것으로 어린아이의 부스럼[疳瘡]134)을 치료하는데, 아주 효험이 있다.

【六十三】 收蔓菁花:　是①月收得. 治小兒疳瘡甚妙.

---

133) 각 월의 잡사의 항목에는 대개 잡사와 행춘령(行春令), 행동령(行冬令)과 같은 내용이 대부분이다. 그러나 본월의 【63】에서 【72】까지의 가정사를 '잡사와 시령불순'란 제목에 포함시킬 수밖에 없었던 것은 대개 가축항목 이전에서는 주로 농경을 기술하고, 이후에서는 주로 잡사를 배열했기 때문이다. 내용상으로 보면 농경에 편입되어야 할 내용도 적지 않지만 원문을 이동할 수 없어서 편의상 '잡사'라는 제목 속에 분류했음을 밝혀 둔다.

134) '감창(疳瘡)'은 감질(疳疾)로 인한 영양장애로 인해 부스럼과 옴이 콧등과 몸에 생기는 병으로, 가렵거나 아프지 않다. 항상 상처부위에서 진물이 흘러나와 그에 따라 부스럼이 생긴다. 순무 파종은 「칠월」편 【34】 항목에 있다.

【64】 복숭아꽃 거두기[收桃花]

이달에 (복숭아꽃을) 많이 거둔다. 용법은 「칠월」편에 기록되어 있다.

【65】 청명일淸明日

누에 치는 도구[蠶具]를 수리하고 잠실[蠶室]을 정비해야 누에치기에 좋다.135) 또 청명일 전 이틀날 밤 닭이 울 때 끓인 물을 우물가와 밥 짓는 항아리의 사면에 부어 주면 노래기[馬蚿]와 온갖 벌레136)를 막을 수 있다.

【66】 진한 유즙 만들기[造酪]137)

이달 소와 양에게 풀을 배부르도록 먹이면 (우유가 많이 생산되어) 좋은 유락을 만들 수 있다.

【六十四】 收桃花: 是月多收. 修術具七月.②

【六十五】 淸明日: 修蠶具蠶室宜蠶. 又淸明前二日夜鷄鳴時, 取炊湯澆井口③及飯瓮四面, 辟馬蚿百蟲.

【六十六】 造酪: 是月牛羊飽草, 好造矣.

---

135) 최식의 『사민월령』 「삼월」편에 "청명절에 누에치는 아낙[蠶妾]에게 명하여 잠실(蠶室)을 수리하게 하고 틈과 구멍을 진흙으로 메우고 시렁대[槌]·잠박시렁 가로대[栺]·누에발[簿]·대그릇[籠]을 준비한다."라고 하였다. 그러나 '의잠(宜蠶)'에 대한 설명은 없다.

136) '마현(馬蚿)'은 '노래기[馬陸]'이며 절족동물로 다리가 많아 '백족(百足)'·'향연충(香延蟲)'이라고 부른다. 이 단락은 노래기와 온갖 벌레를 피할 수 있는 것으로서 『제민요술』 권9 「손·반(飧飯)」편에 동일한 기록이 있다.

137) 『제민요술』 권6 「양 기르기(養羊)」편 '작락법(作酪法)'에 "3월 말-4월 초 소와 양에게 배부르게 풀을 먹이면 바로 진한 유락[酪]을 만들 수 있고, 거둔 이익은 8월말까지 이른다."라고 기재되어 있는데, 『농상집요』에서 『사시찬요』의 이 조항을 인용하여 '세용잡사(歲用雜事)'중에 넣었다.

【67】양탄자 만들기[造氈][138]

봄에 난 털, 가을에 난 털을 서로 반반씩 혼합하여 펴서[139] 만드는 것이 좋다. 양탄자를 2년 동안 간 후에 어느 정도 때가 묻으면 9월·10월에 물에 담가 밟아서 씻은 뒤 햇볕에 말린다. 이듬해 다시 씻으면 영원히 망가지지 않게 된다.

【68】옷에 향이 배이도록 하는 배합

[合裛衣香][140]

영릉零陵[141] 한 근斤, 정향丁香 반 근, 소합

【六十七】造氈: 春毛秋毛④相半趕造爲上. 二年鋪後, 小有垢黑, 九月·十月, 以水踏洗了, 曬乾. 明年更洗, 永存不敗.

【六十八】合裛衣香: 零陵一斤, 丁香半斤, 蘇合半斤,

---

138) 본 조항의 양탄자를 만드는 방법은 봄 털과 가을 털을 각각 반씩 섞어 만든 것으로,『제민요술』권6「양 기르기[養羊]」편 '작전법(作氈法)'조항과 동일하지만, 항상 새것과 같이 보존하는 방법은 서로 다르다.『제민요술』에서는 헌 것을 새 것으로 만드는 방법을 채록한 것으로, 원문에서는 "2년 동안 펴두었다가 약간 때가 묻었다고 생각되면 9월·10월에 깔아서 신발[鞾氈]을 만드는 양탄자로 사용한다. 이듬해 4-5월이 되어 새로운 양탄자가 나올 때 다시 새것을 구입한다. 이와 같이 하면 장기간 보존할 수 있고, 오랫동안 구멍이 나거나 망가지지 않는다."라고 하였는데, 오래된 양탄자를 파는 것은『사시찬요』에서는 '잡사(雜事)'의 형식으로「구월」·「시월」편에 채록되어 있다.

139) '간(趕)'은 '간(趄)'과 동일하다. 이외에 바깥으로 펴는 것을 일러 '간(趕)'이라 부르는데, '간면(趕麵)'과 같다. 여기에서의 '간조(趕造)'는 바로 원래 털을 펴서 펠트를 만든다는 의미이다.

140) 향기가 사람에게 배는 것을 '읍(裛)'이라고 하며, '읍의향(裛衣香)'은 옷이나 옷 상자 중에 넣어서 옷에 배합된 향료가 묻은 것을 말하는 것이다. 옛 시 중에 "박산로 중에 여러 가지 향이 있는데, 심황·소합향과 도량향이 있네.[博山爐中百和香, 鬱金, 蘇合及都梁.]"라는 문장이 있다. (남송(南宋)대 고문천(顧文薦)의『부훤잡록(負暄雜錄)』「용연향품(龍涎香品)」조에서 인용.)『사시찬요(四時纂要)』「십이월(十二月)」편의 【40】항목에도 '훈의향(薰衣香)' 조항이 있다. 묘치위의 교석에 의하면, 당(唐)대 왕도(王燾)의『외대비요(外臺秘要)』권32에는 각종 향료를 배합하는 기록이 매우 많다고 한다.

141) 송(宋)대 소송(蘇頌)의『도경본초(圖經本草)』에 의하면, "영릉향(零陵香)은 영릉산 골짜기에서 나며, 지금 호주(湖州)와 영주(嶺州)에도 있다. 습지에서 많이

향[蘇合]142) 반 근, 감송향[甘松]143) 세 냥兩, 용경
龍脛144) 두 냥, 없으면 갑향(甲香)145)을 대신한다. 사
향麝香 반 냥, 심황[鬱金] 두 냥을 사용한다.

　이상의 재료는 모두 반드시 신선하고 좋
은 것을 준비하며, 한 가지라도 나쁜 것이 있
으면 여러 향을 망치게 된다. 깨[麻]와 콩[豆] 크
기로 찧어서 좁은 비단주머니에 담아, 간혹

甘松三兩, 龍脛二兩,
無則以甲香代之. 麝香半
兩, 鬱金二兩.

　右件並⑤須新好
者, 一味惡則損諸香
物. 都搗, 如麻豆, 以
夾⑥絹袋子盛, 或安

자란다. 잎은 마(麻)와 같고 둘씩 서로 마주 보고 있으며, 줄기는 각이 져 있고,
성질은 궁궁이의 싹[蘼蕪]과 같다. 항상 7월 중순에 꽃이 피어 향이 그득하다. 옛
날의 이른바 훈초(薰草)이다. 혹자가 말하는 혜초(蕙草) 또한 이것이다. … 화장
품[面膏]을 만들거나, 녹두나 팥을 사용하여 가루비누[澡豆]를 만들 때에는 모두
이것을 사용한다."라고 하였다. 묘치위의 교석본을 참고하면, 현재 약으로 쓰이
는 영릉향은 원래 식물의 대부분은 보춘화과(報春花科)의 배초(排草; *Lysimachia*
foenum-graecum Hance.)로서, 강소[江]·절강[浙] 지역에서 사용되는 영릉향은
순형과(脣形科)의 나륵(羅勒; *Ocimum basilicum L.*)이라고 한다.
142) '소합(蘇合)'은 조롱나무과[金縷梅科]의 소합향나무[蘇合香樹; *Liquidambar*
orientalis Mill.]의 상처가 난 나무껍질을 잘라 낸 후 채득한 수지(樹脂)로, '소합
향(蘇合香)'이라 일컫는다.
143) '감송(甘松)'은 또한 '감송향(甘松香)'이라고 한다. 마타리과[敗醬科]의 다년생 초
본과 관련이 있다. 그 뿌리와 줄기에 특이한 향기가 있는데, 그 향으로 건위제[健胃
藥]를 만들며, 또한 훈향료(薰香料)로 쓰인다. 학명은 *Nardostachytis chinensis*
*Batalin.*이다. 그러나 또한 같은 속의 다른 식물을 대신 사용하기도 한다.
144) '용경(龍脛)'이란 향의 이름은 없다. '경(脛)'은 분명 '뇌(腦)'자의 잘못이다. '용
뇌향(龍腦香)'은 즉 (얼음과 같은) 빙편(冰片)이다.
145) '갑향(甲香)'은 『당본초(唐本草)』에 처음 기록되어 있다. 『본초강목(本草綱
目)』권46「해영(海蠃)」편에서 이시진(李時珍)이 설명하기를 "소라딱지[靨]를
갑향(甲香)이라고 한다."라고 설명하였다. '영(蠃)'은 곧 '라(螺)'이다. 소라류[螺
類]의 육족(肉足) 위에 패각의 구멍을 덮은 원편(圓片) 모양의 물건을 '딱지[靨;
Operculum]'라고 부른다. 『도경본초(圖經本草)』에서는 "갑향(甲香)은 남해(南
海)에서 나며, 지금은 영외(嶺外)·민중(閩中) 부근의 해주군(海州郡)과 명주(明
州)에도 있다. 소라[海蠡, 이는 곧 '라(螺)'이다.]의 딱지이다. … 그 딱지에 여러
향을 섞어서 태우면 좋은 향이 나나, 홀로 태우면 악취가 난다."라고 하였다. 현
재 약용상의 갑향은 일반적으로 소라딱지를 쓰는데, 직경이 약 5푼[分]에서 한
치[寸]이고 둥글고 두꺼우며 딱딱하면서 연하다.

옷상자 속에 넣어 두거나 혹은 몸에 지닌다. | 衣箱中, 或帶於身上.

【69】 갑향 가공하기[修甲香]

곤륜노[崑崙]의 귀[146] 크기만 한 (검고) 큰 갑향을 취해서 물에 삶아 아주 연하게 한다. 또 술에 삶아 응고된 것[147]을 취하여, 따뜻한 물로 깨끗이 긁어내어 썻어서 피막을 제거한다. 다음으로 꿀을 사용해 졸이고 색이 모두 누렇게 될 때 소량을 취해서 손가락으로 비벼, 부순 것이 사금[148]과 같이 한다. 다시 따

【六十九】修[7]甲香: 右取大甲香如崑崙耳者, 水煑令甚軟. 又以酒煑, 取冰, 去聲[8], 煖[9]水淨刮洗, 去皮膜. 次用蜜熬, 令色匀黃時, 取少[10]許, 指撚之, 隨手如碎麩金.

---

146) 『구당서(舊唐書)』권197 「남만전(南蠻傳)」에 "임읍의 이남부터 모두 곱슬머리를 지닌 흑인들이 있는데, 통칭하여 곤륜(崑崙)이라 부른다."라고 하였다. 송대 주욱(朱彧)의 『가담(可談)』에는 "송나라 때 부자는 많은 흑인 노예를 가지고 있었고, … 그들을 일러 곤륜노(崑崙奴)라고 한다."라고 하였는데, 당대 이후로 이미 그랬기 때문에 '곤륜(崑崙)'은 흑색의 대명사로 쓰였다. '곤륜'은 이미 위진(魏晉)때에도 있었는데, 『진서(晉書)』권32 「이태후전(李太后傳)」에서는 이태후가 "신장이 크고, (피부색이) 검음[長而黑]"으로 인해서, 궁녀들이 '곤륜(崑崙)'이라고 불렀다고 기록하였다. 묘치위의 교석본에 따르면, 여기서 "如崑崙耳者"는 그 뜻이 자세하지 않아 군더더기나 오자가 있는 같다고 하였다. 「십이월」편 【40】 항목에 '곤륜자(崑崙者)'라는 말과는 다르다.

147) 동물의 털·뿔·손톱 등은 모두 단백질로 구성되어 있다. 여기서의 '빙(冰)'은 대개 갑향의 동물성 단백질을 술에 끓인 후 그 일부분이 용해되어 끈적끈적하게 응고된 상태의 물질(아교 상태의 용액)이다. 갑향의 가공법에 대해 묘치위는 본초류의 책들에 기록된 것이 자못 많은데, 공통점은 필수적으로 한두 차례 끓이는 방법을 사용한다고 한다.

148) '사금[麩金]'은 곧 모래를 일어서 얻는 부스러기 금이다. 당대 진장기(陳藏器)의 『본초습유(本草拾遺)』에서는 "사금[麩金]은 물속 모래에서 얻을 수 있는데, 모전(毛氈) 위에서 일어 취하거나 거위·오리의 뱃속에서 그것을 얻을 수 있다."라고 하였다. 『본초강목(本草綱目)』권8 '금(金)'조항에서 『보장론(寶藏論)』을 인용하기를, "사금[麩金]은 오계(五溪)·한강(漢江)에서 나오는데, 큰 것은 외씨만 하고 작은 것은 보리만 하다."라고 하였다. 갑향은 굳고 단단하면서도 연하여 한두 차례 끓이면 손으로 눌러서 밀기울처럼 부술 수 있기 때문에 '여쇄부금(如碎麩金)'이라 하였다. 그런데 묘치위는 교석본에서 사금[麩金]은 부술 수 없어 엄

뜻한 물에 씻어 꿀을 제거하고 햇볕에 말려 건조시켜, 각종 향료에 배합하여 사용한다.

更(煖)水洗去蜜，曬乾，入諸香使用.

【70】 비옷 만들기[造油衣]

방법은 「유월」에 기술되어 있다.

【七十】 造油衣: 法具六月.

【71】 양털 깎기[剪羊毛]149)

이달에 길고 가는 솜털이 자라나면 자른다. 자르고 나서 양을 강물로 깨끗하게 씻으면 털이 하얗게 자란다.

【七十一】 剪羊毛: 是月候毛床動則銥.　銥訖以河水洗，則生毛潔白.

【72】 느릅나무 종자 거두기[收楡子]150)

이달에 거둔다. 파종은 판 구덩이 속에 하는 것이 좋다. 묵은 지붕 이은 짚을 구덩이151) 속에 깔고, 그 위에 느릅나무 꼬투리를 흩어

【七十二】 收楡子: 此月收.　種宜於潐[11]坑中.　以陳屋草布潐中，散楡莢於其上，以

격히 말하면 마땅히 "손으로 부순 것이 사금과 같다.[隨手碎如麩金.]"라고 써야 한다고 하였다.

149) 본 항목은 『제민요술』 권6 「양 기르기[養羊]」편에 서로 같은 기록이 있다. '세(洗)'는 양을 씻는 것을 가리킨다. 이 항목은 【계미자본】과 【중각본】에서처럼 ○표시하여 독립항목으로 설정하지 않고 【필사본】에서는 앞의 항목에 포함시켜놓고 있다.

150) 본 항목은 『제민요술』 권5 「느릅나무·사시나무 재배[種楡白楊]」편에 서로 같은 기록이 있는데, 원문은 "봄이 되어 느릅나무 꼬투리가 떨어질 때, 이를 거두어 이리저리 흩어 뿌리고 쟁기로 부드럽게 갈고 끌개질하여 잘 다져 준다. … 구덩이 속에 파종할 것은 그 속에 지붕 이은 묵은 짚을 깔고 느릅나무 꼬투리를 짚위에 흩어 뿌리고 흙으로 덮어 준다.[至春楡莢落時，收取漫散，犁細耙，勞之. … 於潐坑中種者，以陳屋草布潐中，散楡莢於草上，以土覆之.]"라고 한다. 백유(白楡) 등의 느릅나무 꼬투리는 늦봄에 익기 때문에 『사시찬요』에서는 이달에 거두는 종자로 배열해 두었다.

151) 원문과 같이 【계미자본】은 『제민요술』처럼 '潐'으로 적고 있는데, 【필사본】에서는 '墊'으로, 【중각본】에서는 '墼'로 쓰고 있다.

뿌리고, 흙으로 가볍게 덮어 주면 곧 자란다. 　　土輕覆之, 即生.

【73】 잡사雜事

　이달은 양기가 순조로우니 덕을 베풀고 곤궁한 사람을 진휼하기에 좋다. 개천과 웅덩이를 정비하며, 담장을 보수하고, 집을 수리하여 미리 장마를 대비한다. 문을 고치고 수비시설을 갖추어 봄에 굶주려 도적이 된 자들을 막는다.152)

　기장·조를 내다 판다. 포를 구매한다.153)

자축(子丑)일에 만든 백일유百日油를 판다.154)

　김매기하고 수확한 공임[工價]을 지급한다.

　날벽돌[墼]을 찍는다.155)

　월과越瓜156)와 가지[茄子]를 옮겨 심는다. 순

【七十三】雜事:
是月順陽氣, 宜布德
賑乏絕. 利溝瀆, 葺
垣墻, 治屋室, 以待
霖雨. 修門戶, 設守
備, 以防春飢之冦.⑫

粜黍粟. 博布. 貨
百日油, 子丑造者.
放鋤刈工價.
脫墼.⑬
移越瓜、茄子. 收

---

152) 최식의 『사민월령』 「삼월」편에 동일한 기록이 있다.

153) 모종의 방법으로 사람이 필요한 물건을 얻고자 하는 것을 일컬어 '박(博)'이라 하는데, "이박일소(以博一笑)", '도박(賭博)'과 같은 것이다. 여기에서 '박포(博布)'는 바로 베를 이용해 투기매매 하는 것으로, 물건으로써 큰 이득을 얻는 것이다.

154) '백일유(百日油)'는 햇빛에 100일 이상을 말린 건성유(乾性油)로, 칠하는 용도로 사용하였다. 「시월」편 【41】 항목에는 만드는 법이 있다. 10월에 비로소 햇볕에 쬐어 만드는데, 3월이 되면 팔아서 많은 돈을 번다. '화(貨)'는 '팔다'의 의미이다. '자축조자(子丑造者)'는 만약 월을 가리킨다면 11월과 12월일 것이지만, 실제로는 10월 혹은 3월에 만든다고 하였는데, 어떤 것을 가리키는지 알 수 없다.

155) 【중각본】에는 '격(墼)'으로 적혀 있으나, 묘치위 교석본에서는, 『농상집요』 권7 '세용잡사(歲用雜事)' 조항에서 『사시찬요』를 인용한 것에서는 '탈격(脫墼)'이라고 적혀 있어, 이에 근거하여 '격(墼)'으로 고쳤다고 한다.

156) '월과(越瓜)'는 또한 채과(菜瓜)라고 부른다. 실제로는 두 종류의 과(瓜)가 있다. 월과는 익은 후 과육이 연하고 즙이 많은 반면, 채과는 과육이 단단하며 즙이 적지만 예로부터 혼동하여 써서 분명하지 않다. 월과와 채과는 모두 참외[甛瓜]의 변종이다. 여기서는 '이월과(移越瓜)'라고 기재되어 있지만 어느 달에 심었는지는 기록되어 있지 않다. 「오월」편 【41】 항목에서 비록 월과가 심어졌다고 기재되어 있지만, 그것은 만월과(晚越瓜)이다.

무[蔓菁]꽃을 거둔다.157) 마른 나물을 만든다.

蔓菁花. 作乾菜.

【74】 3월 행하령[季春行夏令]

3월[季春]에 여름 같은 시령時令이 나타나면, 사람들에게 질병과 전염병이 많으며, 절기에 맞는 비가 내리지 않는다.

【七十四】季春行夏令： 則人多疾疫, 時雨不降.[14]

【75】 행추령行秋令

(3월에) 가을 같은 시령이 나타나면, 곧 날씨가 흐린 날이 많아 궂은비[淫雨]가 일찍 내린다.

【七十五】行秋令： 則天多陰沉[15], 淫雨早降.[16]

【76】 행동령行冬令

(3월에) 겨울 같은 시령이 나타나면, 곧 한기寒氣가 수시로 나타나서 초목이 모두 시든다.

【七十六】行冬令： 則寒氣時發, 草木皆肅.[17]

사시찬요 춘령 권하 제2 終

四時纂要春令卷下第二終

🌸 교 기

[14] '시(是)'：【필사본】에는 '正'으로 적고 있다.
[15] 【중각본】과 【필사본】에서는 이 문장 끝에 '門中'이 추가되어 있다.

---

157) '순무꽃[蔓菁花]'은 약으로 사용되며 또한 '작건채(作乾菜)'와는 관련이 없다.

3 【필사본】에서만 '井口'를 '井中'으로 적고 있다.

4 '추모(秋毛)': 【필사본】에서는 이 구절이 생략되어 있다.

5 '병(並)': 【필사본】에는 이 글자가 누락되어 있다.

6 '협(夾)': 【필사본】에는 이 글자가 누락되어 있다.

7 '수(修)': 【중각본】과 【필사본】에서는 '收'로 표기하였다.

8 '성(聲)': 【필사본】에서는 '声'으로 쓰고 있다.

9 【계미자본】, 【중각본】에는 '煖'으로 쓰여 있는데, 묘치위 교석본에서는 '暖'으로 표기하였다.

10 '소(少)': 【필사본】에서는 '小'로 적고 있다.

11 '참(壍)': 【중각본】과 【필사본】에서는 '塹'으로 쓰고 있다. 이하 동일하여 별도로 교기하지 않는다.

12 '구(寇)': 【중각본】과 【필사본】에는 '宼'로 쓰고 있다.

13 '격(擊)': 【중각본】에서는 '墼'으로, 【필사본】에서는 '塹'으로 표기되어 있다.

14 【필사본】에는 이 문장 뒤에 "山陵不收"가 추가되어 있다.

15 【필사본】에는 '沉'자를 '沈'자로 적고 있다.

16 【필사본】에는 이 문장 뒤에 "兵革並起"가 덧붙여져 있다.

17 【필사본】에는 이 문장 뒤에 "國有大恐"이 덧붙여져 있다. 아울러 【중각본】에서는 3월의 끝부분에 "種木綿法"이 달려 있었으나, 【계미자본】과 【필사본】에서는 "種木綿法"이 빠져 있다.

사시찬요 하령 권 제3

四時纂要夏令卷第三

사월四月

四時纂要夏令卷第三

1. 점술·점후占候와 금기

【1】맹하건사孟夏建巳

(4월[孟夏]은 건제建除상으로 건사建巳에 속한다.) 입하立夏부터 4월 절기가 되는데, 음양의 꺼리고 피해야 하는 것은 모두 4월의 법에 따른다. 이 시기 황혼녘[昏]에는 익수翼宿1)가 운행하여 남중南中하고, 새벽에는 견우牽牛2)가 남중한다.

소만小滿은 4월 중순의 절기이다. 황혼녘[昏]에는 진수軫宿3)가 남중하고, 새벽에는 여수女宿4)가 남중한다.

【一】 孟夏建巳: 自立夏即得四月節, 陰陽避忌, 悉宜依四月法也.[1] 昏, 翼中, 曉, 牽牛中.

小滿, 四月中氣. 昏, 軫[2]中, 曉, 女中.

---

1) 익(翼)은 28수(宿) 중의 제27수이며, 컵자리와 큰물뱀자리 일부에 해당한다.
2) 견우(牽牛)는 28수 중 우수(牛宿)의 별칭으로서 산양자리에 해당한다.
3) 진(軫)은 28수 중 제28수이며 까마귀자리에 해당한다.
4) 여(女)는 28수 중 제10수이며 물병자리에 해당한다.

【2】천도天道

이달에 천도는 서쪽으로 향한다. 그 내용은 「정월」에 서술되어 있다.

【3】그믐과 초하루의 점 보기[朔日占]

초하루가 더워야 하는데 도리어 바람이 불고 비가 내리면 쌀[米]이 귀해져서 사람들이 초목(草木)을 먹는다. 바람이 서북 방향에서 불면 크게 흉년이 들어 사람들이 서로 먹게 된다.

【4】사광점師曠占

초하루에 바람이 남쪽과 서쪽에서 불면 사들이는 (곡물의) 값이 싸고, 동쪽에서 불면 가을에 사들이는 값이 올라간다. 바람이 동남쪽에 불면 기장[黍]의 작황이 좋으며, 아침에서 한밤중까지 불면 매우 좋아서 오곡五穀에 풍년이 든다. 바람이 서남쪽에서 불어와 10일간 멈추지 않으면 말과 소를 팔아서 곡물을 저장5)해 둔다.

초하루에 구름이 창백蒼白색이면 맥麥의 작황이 좋다. 청색이면 메뚜기 떼[蝗虫]가 크게 날아와서 맥麥의 절반이 피해를 입는다.

바람이 동쪽에서 불면 콩[豆]의 작황이 좋다. 초하루에 비바람이 몰아치면 맥麥이 귀해지

【二】天道：是月天道西行. 事具正月.

【三】朔日占：[3]
朔日當熱而反有風雨者，米貴，人食草木. 風起西北方，大荒，人相食.

【四】師曠[4]占：
朔日風從南來西來，籴賤，東來則秋籴貴.[5] 風從東南來，黍善，從旦至夜半大佳，五穀熟. 風從西南來至十日不止者，馬[6]牛以居[7]穀.

朔日雲蒼白色者，麥善. 青色，大蝗虫，麥損半.

風從東來，豆善. 朔日風雨[8]，麥貴[9]，

---

5) '거(居)'는 【중각본】과 【필사본】에서는 거(宮)로 적고 있는데, 이를 『옥편(玉篇)』에서는 "집[舍]이다."라고 하였고, 『광운(廣韻)』 '구어(九魚)' 조에서는 "거(宮)는 저장하는 것이다."라고 하였는데, 실제로는 돈집거기(囤積居奇)의 '거(居)'자이다. '거곡(宮穀)'은 곡식을 곳집에 쌓아 둔다는 의미이다.

고 천리에 재앙이 들어 토지가 황폐해진다.

초하루가 입하立夏이면 지진이 발생한다. 초하루가 소만小滿이면 흉하다.

그믐과 초하루에 큰비가 내리면 메뚜기 떼[蝗]가 크게 몰려든다.

【5】4월의 잡점[月內雜占]6)

이달에 무릇 진辰일에 비가 오면, 메뚜기가 많이 생긴다. 경진庚辰일·신사辛巳일에 비가 오면 더욱 심한데, 비가 많이 오면 벌레가 많이 생기고, 비가 적게 오면 벌레가 적게 생긴다. 초이튿날에 비가 오면, 온갖 풀들이 마르며 오곡이 잘 자라지 않는다. 초삼일에 비가 오면, 조금 가문다. 바람이 서쪽에서 불어오면 마麻의 작황이 좋다. 초사흘에 비가 오면, 오곡의 값이 비싸진다. 5일과 6일에 비가 오면, 가뭄이 드는 땅이 생긴다. 4일에서 7일까지 바람이 불면, 콩[大豆]의 작황이 좋다. 8일에 비가 약간 내리면 곡물이 잘 익는데 속언에 이르길, "8일에 몰래 비가 약간 내리면7) 고전高田과 저전低田에서 모두 혜택을 입는다."8)라고 하였다. 이달에 초하

赤地千里.

朔日立夏, 地震. 朔日⑩小滿, 凶.

晦朔大雨, 大蝗.

【五】 月內雜占: 此月⑪凡辰雨, 皆爲蝗虫. 庚辰、辛巳雨, 尤甚, 大雨(大)虫,⑫ 小雨小虫. 二日雨, 百草旱, 五穀不成. 三日雨, 小(旱). 風從西來, 麻善. 四日雨, 五穀貴. 五日六日雨, 有旱處. 四日至七日⑬風者, 大豆善. 八日微雨, 熟, 俗云, 八日雨班闌, 高低⑭盡可

---

6) 이 내용은 『세시광기(歲時廣記)』 권2 「점황충(占蝗蟲)」에서 『사시찬요』를 인용했지만, 【계미자본】의 내용과는 글자에 있어서 다소 차이가 있다.

7) '반(班)'은 '반(斑)'과 같고, '반란(班闌)'은 곧 '반란(斑闌)'이다. 이는 색이 섞여 깨끗하지 않다는 의미로, 비가 적게 내려 단지 땅 위에 조금 떨어져서 비의 흔적이 약간 있음을 뜻하며, '퍼붓는[滂沱]' 큰 비로 해석할 수 없다.

8) 이 내용을 1655년 조선에서 편찬된 『사시찬요초(四時纂要抄)』의 "八日微雨可也, 若大雨班闌, 則高低盡可憐."이라는 문장과 비교해 보면 두 문장이 서로 매우

루부터 14일까지 세찬 바람이 불면, 모두 콩류[豆]를 심을 수 없다.

이달에 무지개가 나타나면, 곡물값이 등귀한다. 월식이 보이면 사람이 굶주린다. 세 개의 묘卯일이 있으면, 마麻가 잘 자라지 않는다.

【6】 비로 점 보기[占雨]

여름 3개월은 갑甲일·을乙일·병丙일·정丁일에 비가 내리지 않으면, 백성들은 밭을 갈 수 없다. 여름 병인丙寅일·정묘丁卯일에 비가 오면, 가을에 구입하는 곡식이 2배나 비싸다. 또 이 달의 갑신甲申일에서 기축己丑일에 이르기까지 비가 내리면, 맥麥이 아주 비싸진다. 경인庚寅일에서 계사癸巳일에 이르기까지 비가 내리면 맥이 아주 싸지는데, 맥을 쌓아 둔 사람은 팔아서 환금해야 한다. 여름의 세 개의 진辰일에 비가 내리면 벌레가 생기고, 세 개의 미未일에 비가 내리면 벌레가 죽는다. 모두 (막대기가) 땅 속으로 5치[寸] 정도 들어가는 것을 징후9)로

憐. 此月自一日至十四日惡風者, 皆不可種豆.

此月虹見, 穀貴. 月蝕, 人飢. 有三卯, 麻不成.

【六】占雨:

夏三月甲、乙、丙、丁日無雨, 民不耕. 夏雨丙寅、丁卯, 秋糴貴一倍. 又月內甲申至己丑雨者[15], 麥大貴. 庚寅至癸巳日雨者[16], 麥大賤, 貯麥者必折. 夏三雨辰, 虫生, 三雨未, 蚕死. 皆以入地五寸爲候.[17] 甲申大雨, 五穀大貴,

---

유사함을 알 수 있다. 또한 숙종 시기에 저술된『산림경제(山林經濟)』권1「치농(治農)」에서는『사시찬요』와 같은 문장이 보이지만, '반란(班闌)'을 '반란(班爛)'으로 쓰고 있다. 이런 사실은 17-18세기『사시찬요』가 조선농서에 끼친 영향이 적지 않았음을 말해 준다. 그리고 본문의 "高伍盡可憐"의 '憐'에 대해『이아(爾雅)』「석고하(釋詁下)」편에서 "悷憐惠, 愛也."라고 하였는데, 곽박이 주석하여 이르길, "모(悷)는 한(韓)·정(鄭)나라의 말로, 오늘날 강동성에서 련(憐)으로 통용한다."라고 하였다.

9) 【중각본】에는 '후(侯)'로 적고 있으나, 묘치위의 교석본에서는 【계미자본】과 같이 '후(候)'가 합당하다고 하였다. 이후에 동일한 내용은 별도의 주석을 하지

삼는다. 갑신甲申일에 큰 비가 오면 오곡이 크게 귀해지니 급히 오곡을 구입해서 모은다. 여름 갑자甲子일·경진庚辰일·신사辛巳일에 비가 오면 메뚜기가 죽는다. 천둥도 동일하게 점친다.

【7】 입하의 잡점[立夏雜占]

입하立夏에 한 길[丈] 막대[表株]를 세워서 그림자로 점친다. 「정월」의 주와 동일하다. 다음으로 8자[尺] 막대를 세워서 그림자를 잰다. 주는 「정월」과 동일하다. (그림자의 길이가) 한 자 5치[寸] 3푼[分]이면 찰기장[秫]10)에 좋다. 만약 날씨가 맑으면 반드시 가문다.

입하가 목木일이면 여름이 서늘해서 백성이 화합하며 영令이 행해진다. 입하가 금金일이면 오곡五穀의 작황이 좋고 여름에 바람이 많다.

【8】 구름의 기운으로 점 보기[占氣]

입하에 손巽의 괘로 일을 처리하는데, 정오 무렵[禺中] 사시巳時 중의 징후가 동남東南쪽에서 계란과 같은 구름의 기운[雲氣]이 있으면 기장[黍]과 찰기장[秫]에 좋다. 동남쪽에 푸른 기운이 보이면, 손기巽氣가 이르렀으니 한 해 동안 대풍大

急聚五穀. 夏甲子、庚辰、辛巳雨, 蝗虫死. 雷同占.

【七】立夏雜占: 立夏日, 立一丈表占影.[18] 同正月注.[19] 次立八尺表度影. 注同正月.[20] 一尺五寸三分, 宜秫. 若天氣清[21]明, 必旱.

立夏以木, 夏寒, 民和而令行. 立夏以金, 五穀成, 夏多風.

【八】占氣: 立夏巽卦用事, 以禺中巳時候東南方雲氣如雞子, 宜黍秫. 東南有青氣見, 即巽氣至也, 年中大

않았음을 밝혀 둔다.

10) '출(秫)'은 찰기가 있는 곡물로서 차조, 찰기장, 찹쌀 등을 지칭하는데, 하북 지역의 경우 전자의 2가지가 적당하다. 그런데 「사월」편에 등장하는 곡물은 주로 기장[黍]이기 때문에 출(秫)을 찰기장으로 해석하였음을 밝혀 둔다.

豊이다. 손기巽氣가 이르지 못하면 그해에 큰 바람이 많이 불어 지붕을 들어 올리는데, (손기의 위치가 대항하는) 10월에 있기 때문이다. 손기巽氣가 황적색이고 두터우면 찰기장과 기장에 더욱 좋다. 모두 사시 때의 구름을 징후로 삼는다.

【9】 바람으로 점 보기[占風]

입하에 동남풍이 불면 손풍巽風이라고 일컬으며 그해 풍년이 들어 백성이 평안해진다. 서북[乾風]풍이 불면 그해 흉년이 들어 사람이 굶주리고, 서리[霜]의 재앙이 있어 맥麥을 베어 수확하지 못한다. 남[离]풍이 불면 여름이 가물고 나무가 메마른다. 북[坎]풍이 불면 홍수[大水]가 나서 물고기가 인도人道로 나오게 된다. 남서[坤]풍이 불면 만물萬物이 (평상의) 이치를 거슬러 피해를 입게 된다.11) 북동[艮]풍이 불면 샘[泉]이 솟아나오고 땅이 흔들리며 전염병[人疫]이 돈다. 서[兌]풍이 불면 메뚜기 떼[蝗虫]가 날아들어 사람이 불안해진다. 동[震]풍이 불면 시도 때도 없이 천둥과 번개가 사물에 내려친다.

【10】 4월 중에 지상의 길흉 점 보기[月內吉凶地]

천덕天德은 신辛의 방향에 있고, 월덕月德은 경庚의 방향에 있으며, 월공月空은 갑甲의 방향에

豐. 巽氣不至, 歲多大風發屋, 應在十月. 巽氣黃赤而厚者[22], 秫黍尤善. 皆以巳時候之.

【九】占風: 立夏日, 東南風來, 謂之巽風, 其年豐而民安. 乾來, 年凶人飢, 灾霜, 麥不刈. 离來, 夏旱, 木焦. 坎來, 大水, 魚行人道. 坤來, 萬物妖傷. 艮來, 泉溥出而地動, 人疫. 兌來, 蝗虫, 人不安. 震來, 雷電非時擊物.

【十】月內吉凶地: 天德在辛, 月德在庚, 月空在甲.

---

11) 『좌전(左傳)』 「선공15년(宣公十五年)」에는 "하늘이 때를 어기면 재앙이 되고, 땅이 만물을 어기면 요가 된다.[天反時爲災, 地反物爲妖.]"라고 하였다. '요상(妖傷)'은 바로 자연이 평상시의 질서를 거슬러 재해(災害)가 발생한 것이다.

있다. 월합月合은 을乙의 방향에 있으며, 월염月 厭은 미未의 방향에 있고, 월살月煞은 진辰의 방향에 있다. 각주는 「정월」에서 서술하였다.

【11】 황도黃道

오午일은 청룡靑龍의 자리에 위치하고, 미未일은 명당明堂의 자리에 위치하며, 술戌일은 금궤金匱에, 해亥일은 천덕天德에, 축丑일은 옥당玉堂에, 진辰일은 사명司命의 자리에 위치한다.

【12】 흑도黑道

신申일은 천형天刑의 자리에 위치하고, 유酉일은 주작朱雀의 자리에 위치하며, 자子일은 백호白虎의 자리에, 인寅일은 천뢰天牢에, 묘卯일은 현무玄武에, 사巳일은 구진勾陳의 자리에 위치한다.

【13】 천사天赦

(여름의 3개월은) 갑오(甲午)일이 길하다.

【14】 출행일出行日

여름의 3개월 동안은 남쪽으로 가서는 안 되는데, 천자의 길[王方]을 범하게 된다. 입하立夏 후 8일째 되는 날은 밖으로 나갈 수 없다. 입하 하루 전날은 빈곤한 날[窮日]이고, 축丑일은 돌아가기 꺼리는 날[歸忌]이다. 해亥일은 밖으로 나갈 수 없다. 토공신[土公]에게 제사 지낸다. 이미 「정월」편의 주석에 기록하였다. 또 여름의 정해丁亥일과

月合在乙, 月猒在未, 月煞在辰. 注具正月.[23]

【十一】 黃道: 青龍在午, 明堂未, 金匱戌, 天德亥, 玉堂丑, 司命辰.[24]

【十二】 黑道: 天刑在申, 朱雀酉, 白虎子, 天牢寅, 玄武卯, 勾陳巳.[25]

【十三】 天赦: 甲午日是.[26]

【十四】 出行日: 夏三月, 不南行, 犯王方. 立夏後八日為往亡. 立夏前一日為窮日, 丑為歸忌. 亥為往亡. 土公[27] 已具正月注中.[28] 又夏丁亥, 此月乙未丁

이 달의 을미乙未일, 정미丁未일은 행한行狼일이다. 이상의 날에는 모두 멀리 나갈 수 없다.

未, 爲行狼.[29] 已上並不可遠行.[30]

【15】 대토시臺土時

이달의 새벽[平旦] 인寅시가 그것이다.

【十五】臺土時: 是月平旦寅時是也.

【16】 살성을 피하는 네 시각[四煞沒時]

사계절의 첫 달[四孟] 갑甲의 날에는 인寅시이후 묘卯시 이전 시각, 병丙의 날에는 사巳시 이후 오午시 이전, 경庚의 날에는 신申시 이후 유酉시 이전, 임壬의 날에는 해亥시 이후 자子시 이전의 시간에 행한다. 이상의 네 시기에는 귀신이나타나지 않으므로 온갖 일을 할 수 있는데, 상량하고, 매장하며, 관청에 나가는 것을 모두 할수 있다.

【十六】四煞沒時: 四孟之月, 用甲時寅後卯前, 丙時巳後午前, 庚時申後酉前, 壬時亥後子前. 已上四時, 鬼神不見, 可爲百事, 架屋埋葬上官, 並宜用之.

【17】 제흉일諸凶日

신申일에 하괴河魁하고, 인寅일에 천강天罡; 天岡하며, 유酉일에 낭자狼籍한다. 구초九焦는 미未일에 있으며, 파종하면 흉하다. 혈기血忌는 신申일에 있고, 침을 놓고 뜸을 뜨거나, 피를 흘려서는 안 된다. 천화天火는 유酉일에 있으며, 지화地火는 미未일에 있다. 천화 때에는 상량해서는 안 되며, 지화 시에는 파종해서는 안 된다. 다른 것도 모두 이를 따른다.

【十七】諸凶日:[31] 河魁在申, 天罡在寅, 狼籍酉. 九焦未, 種蒔凶. 血忌申, 不可針灸出血. 天火酉, 地火(未). 天火不架屋, 地火不種蒔. 他皆倣此.

【18】 장가들고 시집가는 날[嫁娶日]

신부를 구하려면 축丑일 이른 새벽12) 진辰과 술戌의 방향이 길하다. 천웅天雄이 사巳의 위치에 있고, 지자地雌가 유酉의 위치에 있을 때는 장가들고 시집갈 수 없다. 새신부가 가마에서 내릴 때는 임壬시가 길하다.

이달에 태어난 사람은 정월·7월에 태어난 여자에게 장가들면 안 되는데, 지아비에게 해를 끼친다.

이달에 납재納財를 받은 상대가 토덕의 명[土命]을 받은 여자라면, 자손이 좋다. 목덕의 명[木命]을 받은 여자면 길하다. 화덕의 명[火命]을 받은 여자라면, 그런대로 평범하다. 수덕의 명[水命]을 받은 여자라면 스스로 자신의 운을 막는다. 금덕의 명[金命]을 받은 여자라면, 과부가 되거나 자식이 고아가 된다. 납재의 길일은 기묘己卯일·경인庚寅일·신묘辛卯일·임진壬辰일·계묘癸卯일·임자壬子일·을묘乙卯일이다.

시집갈 때 진辰일·술戌일에 시집온 여자는 크게 길하고, 묘卯일·유酉일에 시집온 여자는 중매인과 관계가 좋지 않으며, 사巳일13)·해亥

【十八】 嫁娶日: 求婦丑日平章辰戌上來吉. 天雄在巳, 地雌在酉, 不可嫁娶. 新婦下車壬時吉.

此月生人[32], 不娶正月、七月女[33], 害夫.

此月納財, 土命女, 宜子孫. 木命女, 吉. 火命女, 自如. 水命女, 自妨. 金命女, 孤寡. 納財吉日, 己卯、庚寅、辛卯、壬辰、癸卯、壬子、乙卯.

行嫁, 辰戌女大吉, 卯酉女[34]妨媒人, 己亥女妨自身.

---

12)『상서(尙書)』「요전(堯典)」에 "평장백성(平章百姓)"이라는 말이 있다. 당(唐)대 공영달(孔穎達)의 소(疏)에서 "장은 밝다는 의미이다.[章卽明也.]"라고 하였다.『사시찬요(四時纂要)』속의 '평장(平章)'은 '평명(平明)'으로서, 이른 새벽을 뜻한다. 다음 문장의 '진·술(辰戌)'은 방향을 가리키며「정월」편에 첨부된 '일출몰도(日出沒圖)'에 보인다. 당연히『사시찬요』에 있는 이러한 일진흉길(日辰凶吉)의 설명은 완전히 점술가가 날조하여 사람을 기만한 것이다.

13) 본 항목의 날짜는 대개 12지(支)로 쓰고 있어 비록【계미자본】에서는 '기(己)'

일에 시집온 여자는 스스로 자신의 운을 막게
된다.

천지의 기가 빠져나가는 날로 무오戊午일·
기미己未일·경진庚辰일에 장가들거나 시집가게
되면 이별수와 걱정이 생긴다.[14] 병자丙子일·
정해丁亥일은 구부九夫에 해를 끼친다.

음양이 서로 이기지 못하는 날로서 갑자甲
子일·갑술甲戌일·을해乙亥일·병자丙子일·갑
신甲申일·을유乙酉일·병술丙戌일·정해丁亥일·
무자戊子일·정유丁酉일·무술戊戌일·무신戊申일
이상의 날에 장가들고 시집가게 되면 크게 길
하다.

【19】 상장喪葬

이달에 죽은 사람은 인寅년·신申년·사巳
년·해亥년에 태어난 사람을 방해한다. 상복[斬
草; 斬衰]을 입는 시기는 신묘辛卯일·갑오甲午일·
경자庚子일·계묘癸卯일·갑인甲寅일이 길하다. 염
[殮]하기는 정묘丁卯일·경인庚寅일·을묘乙卯일이
길하다. 매장은 경오庚午일·계유癸酉일·갑신甲
申일·을유乙酉일·정유丁酉일·경신庚申일·신
유辛酉일이 길하다.

天地相去日. 戊
午、己未、庚辰日
嫁娶, 主籬[35]夏. 丙
子、丁亥, 害九夫.

陰陽不將日. 甲
子、甲戌、乙亥、
丙子、甲申、乙
酉、丙戌、丁亥、
戊子、丁酉、戊
戌、戊申, 已上婚
嫁[36]大吉.

【十九】喪葬:
此月死者, 妨寅、
申、巳、亥人. 斬
草, 辛卯、甲午、庚
子、癸卯、甲寅日,
吉. 殯, 丁卯、庚
寅、乙卯, 吉. 葬,
庚[37]午、癸酉、甲
申、乙酉、丁酉、
庚申、辛酉日, 吉.

로 표기하고 있으나 이는 '사(巳)'의 잘못으로 보인다.
14) 【계미자본】, 【중각본】 및 【필사본】에는 '하(夏)'로 적고 있는데, 묘치위 교석
본에서는 '우(憂)'로 고쳐 쓰고 있다.

【20】 육도의 추이[推六道]

사도死道는 임壬·병丙의 방향이고 천도天道는 정丁과 계癸의 방향이며, 지도地道는 갑甲과 경庚의 방향이다. 인도人道는 을乙과 신辛의 방향이며, 귀도鬼道는 건乾과 손巽의 방향이다. 귀도鬼道에 장사[葬送]를 지낼 때 그 방향을 오고 가면 길하고 나머지는 흉凶하다. 천도天道와 인도人道방향으로 시집·장가를 가거나 왕래하면 길하다.

【21】 오성이 길한 달[五姓利月]

치성徵姓이 크게 이로운 해와 날은 인寅·묘卯·오午·신申·축丑 때가 길하다. 상성商姓이 크게 이롭다. 해와 날은 자子·묘卯·진辰·사巳·신申·유酉 때가 길하다. 각성角姓이 크게 이로운 해와 날은 자子·인寅·묘卯·진辰·사巳·오午 때가 길하다. 궁성宮姓은 조금 길하다. 우성羽姓은 흉하다.

【22】 기토일起土日

비렴살[飛廉]이 미未의 방향에 위치하고, 토부土符가 인寅의 방향에 위치하고, 토공土公은 해亥의 방향이며, 월형月刑은 신申의 방향에 있다. (기토는) 동쪽을 크게 금한다. 흙을 다루기 꺼리는 날[地囊]은 을묘乙卯·을축乙丑이다. 이상의 방

【二十】 推六道: 死道壬丙, 天道丁癸, 地道甲庚. 人道乙辛, 鬼道乾巽. 鬼道葬送往來吉, 餘凶.[38] 天道、人道嫁娶往來吉.

【二十一】 五姓[39]利月: 徵姓大吉, 年與日利寅、卯、午、申、丑, 吉. 商姓大利. 年與日利子、卯、辰、巳、申、酉, 吉. 角姓大利, 年與日子[40]、寅、卯、辰、巳、午, 吉. 宮姓小吉. 羽姓凶.

【二十二】 起土日:[41] 飛廉在未, 土符在寅, 土公在亥, 月刑在[42]申. 大禁東方. 地囊, 乙卯、乙丑.[43] 巳上

향과 날은 모두 흙을 일으킬 수 없는데, (흙을 일으키면) 흉凶하다.

월복덕月福德은 술戌의 방향에 위치하고, 월재月財는 미未의 방향에 위치하며, 이상의 방향에서 흙을 취하면 길하다.

【23】 이사移徙

큰 손실은 해亥의 방향에 있고, 작은 손실은 술戌의 방향에 있다. 오부五富는 신申의 방향에 있고, 오빈五貧은 인寅의 방향에 있으며, 빈貧과 모耗의 방향에는 이사갈 수 없다. 여름 병자丙子일・정해丁亥일에는 장가들고 며느리를 맞아들이며, 이사하고, 입택入宅할 수 없는데, (그렇게 하면) 흉하다.

【24】 상량上樑하는 날[架屋]

갑자甲子일・병인丙寅일・무인戊寅일・신사辛巳일・병인丙寅일・갑오甲午일・계묘癸卯일・을묘乙卯일・임진壬辰일・경진庚辰일・계미癸未일・을미乙未일・을축乙丑일, 이상의 날은 길하다. 다섯 개의 유酉일에는 상량할 수 없다.

【25】 주술로 질병・재해 진압하는 날[禳鎮]

4월 7일에 머리를 감으면 사람에게 큰 부를 얻게 해 준다. 9일에 해가 졌을 때 몸을 씻

動土, 凶.

月福德戌, 月財在未[44], 已上取土吉.

【二十三】 移徙: 大耗在亥, 小耗在戌. 五富在申, 五貧在寅[45], 不可往貧耗上. 夏丙子、丁亥, 不可娶婦[46]移徙入宅, 凶.

【二十四】 架屋: 甲子、丙寅、戊寅、辛巳、丙寅、甲午、癸卯、乙卯、壬辰、庚辰、癸未、乙未、乙丑, 已上日, 吉. 五酉不可架屋.

【二十五】 禳[47]鎮: 四月七日沐髮, 令人大富. 九日日沒

으면 사람이 장수한다. 16일에 흰 털을 뽑으면 검은 털이 자란다.

8일에는 살생하고 초목을 베어서는 안 되며 선가仙家에서 크게 꺼린다.15)

【26】음식 금기[食忌]

꿩을 먹어서는 안 되는데, (먹으면) 사람의 기를 거스르게 한다. 생선을 먹어서는 안 되는데, (먹으면) 사람이 해를 입게 된다. 마늘[蒜]을 먹어서는 안 되는데, (먹으면) 기가 상하고 신경이 손상된다.16)

時浴, 令人長命. 十六日拔白, 生黑髮.

八日勿殺生伐草木, 仙家大忌.【48】

【二十六】食忌:【49】
勿食雉, 令人氣逆. 勿食鱓魚, 害人. 勿食蒜, 傷氣損神.

🌸 교기

[1] 【필사본】에는 이 문장 뒤에 '也'자가 생략되어 있다.
[2] '진(軫)': 【중각본】과 【필사본】에서는 '軡'으로 쓰고 있다.
[3] 【3】[朔日占]조항은 【계미자본】에서는 소주(小注)로 되어 있으나, 【중각본】과

---

15) 4월에 벌목을 금하는 것은 이미 『예기(禮記)』「월령(月令)·맹하(孟夏)」와 『여씨춘추(呂氏春秋)』권6 「계하기(季夏紀)」에 보인다. 또한 당대(唐代)에 저술된 『유양잡조(酉陽雜俎)』권11에도 "四月四日, 勿伐树木."이라고 하여 4월에 벌목을 금지하고 있다. 이를 통해 볼 때 4월에 벌목을 금지한 것은 춘추전국시대 이래 금지되었던 것을 알 수 있다.

16) 일본의 의학서인 『의심방(醫心方)』(982년)에는 이 내용을 진(晉)대 장담(張湛)이 저술한 『양생요집(養生要集)』의 "養生要集云, 四月, 不食大蒜. 傷人五內."에서 인용하였다. 또한 남송 주수충(周守忠)의 『양생월람(養生月覽)』권하(卷下) 「사월(四月)」과 『태평어람(太平御覽)』권22 「시서부(時序部)·하중(夏中)」에도 위의 『사시찬요』와 유사하게 기록이 있는데, 두 책 모두 당대에 저술된 『식의심경(食醫心鏡)』과 『섭생월령(攝生月令)』을 인용한 것이다. 이를 통해 볼 때 4월에 마늘을 먹지 않는다는 풍습은 적어도 위진남북조시대 이래부터 지속된 듯하다.

【필사본】에서는 본문과 같은 큰 글자로 되어 있으며, 제목을 '晦朔占'으로 쓰고 있다.

④ '광(曠)': 【필사본】에서는 '廣'으로 적고 있다.

⑤ '귀(貴)': 【중각본】과 【필사본】에서는 '賤'으로 표기하였다.

⑥ '마(馬)': 【중각본】과 【필사본】에서는 '賣'자를 쓰고 있다.

⑦ '거(居)': 【중각본】과 【필사본】에는 '㝢'로 적고 있으며, 바로 뒤에 "音居貯也."라는 소주(小注)가 있다.

⑧ '풍우(風雨)': 【필사본】에서는 이 글자가 생략하고 있다.

⑨ '귀(貴)': 【중각본】과 【필사본】에는 '惡'으로 되어 있다.

⑩ '삭일(朔日)': 【중각본】에서만 '日'자가 없다.

⑪ '차월(此月)': 【필사본】에는 이 글자가 누락되어 있다.

⑫ '충(虫)': 【중각본】에서는 '蟲', 【필사본】에서는 '蝗'으로 적고 있다.

⑬ 【필사본】에서는 '七日'을 '十日'로 표기하고 있다.

⑭ '저(伍)': 【중각본】과 【필사본】에서는 '低'로 표기하였다.

⑮ '자(者)': 【필사본】에는 '者'자가 없다.

⑯ '일우자(日雨者)': 【필사본】에는 '日'과 '者' 두 자가 누락되어 있다.

⑰ '후(候)': 【중각본】에서는 '矦'로 쓰고 있다.

⑱ "立一丈表占影": 【필사본】에만 '一'자가 없으며, '占' 뒤에 '日'자가 추가되어 있다.

⑲ "同正月注": 【중각본】에서는 "法同正月"로 하였으며, 【필사본】에서는 "同正月法"으로 하였다.

⑳ "注同正月": 【중각본】에서는 "法同正月"로, 【필사본】에서는 "同正月法"으로 쓰고 있다.

㉑ '청(淸)': 【중각본】에서는 '晴'으로 적고 있다.

㉒ '자(者)': 【필사본】에는 이 글자를 생략하였다.

㉓ 【필사본】에서만 "注具正月"을 "法具正月"로 표기하고 있다.

㉔ 【중각본】과 【필사본】에서는 '明堂', '金匱', '天德', '玉堂' 뒤에 모두 '在'자를 덧붙였다.

㉕ 【중각본】과 【필사본】에서는 '朱雀', '白虎', '天牢', '玄武', '句陳' 뒤에 모두 '在'를 추가하였으며, 또한 【필사본】에서는 '朱雀' 뒤의 '酉'자를 '南'으로 고쳐 쓰고 있다.

㉖ "甲午日是": 【중각본】에서는 이 소주(小注)를 본문과 같은 큰 글자로 "夏三月

甲午日是也."로 쓰고 있으며, 【필사본】에서는 작은 글자로 "甲午日是也."라고
적고 있다.

27 【필사본】에서는 '土公' 앞에 '爲'자를 추가하고 있다.

28 【필사본】에서만 '已具正月注中'을 '已具正月法中'으로 적고 있다.

29 '한(狠)': 【계미자본】에서는 '흔(很)'으로 적고 있는 데 반해, 【중각본】에는 '很'
으로 쓰고 있다.

30 【중각본】과 【필사본】에서는 이 소주(小注)를 본문과 같은 큰 글자로 하였다.

31 이 조항은 각 본이 모두 다르다. 【중각본】에서는 "河魁在申, 天剛在寅, 狼籍在
酉. 九焦在未, (種蒔凶.) 血忌在申, (不可針灸出血.) 天火在酉(不架屋), 地火未.
(不種蒔, 他皆倣此.)"로 쓰고 있고, 【필사본】에서는 "申爲河魁, 寅爲天剛, 酉爲
狼籍. 未爲九焦, (種蒔凶.) 申爲血忌, (不可針灸出血.) 酉爲天火, (不架屋) 未爲
地火. (不種蒔, 他月皆倣此.)"로 쓰고 있다. ( )는 小注.

32 '인(人)': 【중각본】과 【필사본】에서는 '男'으로 적고 있다.

33 【중각본】과 【필사본】에서는 '不娶'를 '不可娶'로, '七月女'를 '七月生女'로 쓰고
있다.

34 '여(女)': 【필사본】에는 이 글자가 누락되어 있다.

35 '리(籬)': 【중각본】과 【필사본】에서는 '離'로 표기하였다.

36 '혼가(婚嫁)': 【중각본】에서는 '嫁娵', 【필사본】에서는 '嫁娶'로 쓰고 있다.

37 '경(庚)': 【필사본】에는 이 글자를 고친 흔적이 보인다.

38 이 조항은 각 본이 모두 다르다. 【중각본】에는 "死道壬丙, 天道丁癸, 地道甲庚,
兵道坤艮, 人道乙辛, 鬼道乾巽, 地道鬼道葬送往來吉, 餘凶."으로 쓰고 있고,
【필사본】에는 "天道丁癸, 地道甲庚. 人道乙辛, 兵道坤艮, 死道丙壬, 鬼道乾巽,
鬼道葬送往來吉, 餘凶."으로 적고 있다.

39 '성(姓)': 【필사본】에서 이 항목은 '姓'자가 전부 생략되어 있다.

40 "年與日子": 【중각본】과 【필사본】에는 '利'를 추가하여 "年與日利子"로 쓰고
있다.

41 '기토일(起土日)': 【필사본】은 【계미자본】과 동일하나 【중각본】에서는 '日'자
가 누락되어 있다.

42 【필사본】은 【22】[起土日] 항목에서 '未', '寅', '亥', '申'앞에 '在'자를 누락하여
쓰지 않았다.

43 '을묘을축(乙卯乙丑)': 【중각본】과 【필사본】에는 '己卯己丑'으로 되어 있다.

44 "月福德戌, 月財在未": 【계미자본】에는 이달에만 '月財地'의 '地'자가 누락되

어 있다. 【중각본】에는 "月福德在戌, 月財地在未"로, 【필사본】에는 "月福德戌, 月財地未"로 쓰여 있다.

㊺ 【필사본】은 【23】[移徙] 항목에서 '亥', '戌', '申', '寅' 앞에 '在'자가 누락되어 있다.

㊻ '취부(娶婦)': 【중각본】에서는 '嫁娵'로, 【필사본】에서는 '嫁娶'로 적고 있다.

㊼ '양(穰)': 【중각본】과 【필사본】에는 '禳'자로 표기하였다.

㊽ "仙家大忌": 【필사본】에는 이 문구가 생략되어 있다.

㊾ 【중각본】에서는 【26】[食忌] 항목의 소주(小注)를 모두 본문과 같은 큰 글자로 하였다.

2. 농경과 생활

【27】 조 김매기[鋤禾]

조가 반 치[寸] 정도 자라면 한 차례 김을 매고 2치가 되면 두 번 김을 맨다. 3-4치로 자라면 김매기를 마친다. 한 사람이 40무[畝]에 한 정하고17) 한 차례가 끝나면 다시 시작한다.

【二十七】鋤禾: 禾生半寸, 則一遍鋤. 二寸則兩遍. 三寸四寸令畢功. 一人限四十畝, 終而復始.

---

17) 『농상집요』 권2 '종곡(種穀)'편에서 『종시직설(種蒔直說)』을 인용하여서 '누서(耬鋤)'로 조를 김매는 것을 설명하기를, "김맬 수 있는 밭은 하루에 20무(畝)뿐 이 아니다. 지금의 산서[燕]·화북[趙]에서도 여전히 그 농기구를 사용하고 있 다."라고 하였다. 『왕정농서』 권13에는 '누서도(耬鋤圖)'가 있다. 묘치위의 교석 본에 따르면, 『사시찬요』에서는 "한 사람이 40무에 한정하고 한 차례가 끝나면 다시 시작한다.[一人限四十畝, 終而復始.]"라고 하는데, 만약 손으로 하거나 호미 [鋤]로 하게 되면 절대 할 수 없고, 마땅히 '누서(耬鋤)' 종류의 가축이 끄는 중경농 구를 사용한 것이다. '누서'의 명칭은 『종시직설』에서 처음 보이는데, 다만 『사시 찬요』부터 반영된 바이지만 마땅히 당대 이전에 이미 있었던 것이다.

【28】 조 파종하기[種穀]18)

『요술』에 이르길19) "대추나무 잎이 나고 지황의 꽃[地黃花]이 떨어질 무렵은 좋지 않은 시기이다."라고 하였다. 방법은 「이월」편에 서술하였다.20) 따라서 이달 상순이 가장 좋지 않은 시기이다. 만약 3월에 파종하면 무畝당 종자 한 말[斗]을 사용한다. 만약 4월에 파종하면 무당 종자 한 말 2되[升]를 사용한다."라고 하였다.

【29】 기장 · 벼 · 참깨[黍稻胡麻] 파종하기

모두 4월 상순上旬이 보통의 시기[中時]이

【二十八】種穀:
要術云, 棗葉生地黃
花落爲下時. 法具二月.②
此月上旬爲下時. 若
三月種, 每畝用子一
斗. 若四月種, 每畝
一斗二升.

【二十九】黍稻胡
麻:③ 並上旬爲中時,

---

18) '곡(穀)'은 앞 항목의 '화(禾)'와 동일한 조[粟]로 해석하였다. 와타베와 묘치위도 역주자와 같은 입장을 취하고 있다.

19) 『제민요술』 권1 「조의 파종[種穀]」편에 기재된 종곡 시기와 종자 양을 설명하기를 "기름진 땅은 1무에 5되를 파종하며, 척박한 땅에는 3되를 파종한다.[良地一畝, 用子五升, 薄地三升.][주(注): 이것은 일찍 파종하는 것이고 늦은 밭에는 종자 양을 더해야 한다.] … 4월 상순 및 대추나무에 잎이 나고 뽕나무 꽃이 떨어질 때가 가장 좋지 않다. 그해가 늦은 것은 5월과 6월 초도 가능하다."라고 하였는데, 『사시찬요』가 인용한 『제민요술』과 서로 비슷하나 같지는 않다. 묘치위의 교석본을 참고하면, 『사시찬요』에서 칭하는 『요술』은 어떨 때는 『제민요술』을 가리키는데 예컨대 「정월」편의 【78】 항목 등이 이와 같다. 또 어떨 때는 『제민요술』을 가리키지 않을 때도 있는데 본 조항과 같은 것이 그것이다. 본조의 "지황의 꽃이 떨어질 때[地黃花落]"와 "뽕나무 꽃이 떨어지는 것[桑花落]"과 같지 않고, 종자의 사용량이 대부분 무(畝)당 한 말[斗] 이상에 달하는 것 또한 현격하게 다르다. 이 때문에 여기에서 칭하는 『요술』은 『산거요술(山居要術)』을 가리키는 것으로 의심된다고 하였다.

20) 만력(萬曆) 18년 조선 【중각본(重刻本)】 영인(影印) 『사시찬요』(東京: 山本書店刊)에는 "법구공월(法具工月)"로 쓰여 있는데, 묘치위 교석본에는 『사시찬요』 「이월(二月)」편 【34】 항목에 근거하여 '공월(工月)'을 '이월(二月)'로 표기하고 있는데, 【계미자본】 역시 '이월'이라 표기한 것으로 보아 묘치위의 교석이 합당하다.

며, 오직 밭벼만 가장 좋지 않은 때이다. 방법은 「이월」편에 기록하였다.21)

唯稻爲下時. 術具二月. ④

【30】 산초 옮겨심기22)[移栵]

이달 초에 산초가 익을 때 따서 수확한 검은 종자를 이랑에 파종한다. 아욱을 파종하는 방법과 동일하다.23) 사방 3치[寸]에 종자 한 알을 파종하고 흙을 체에 쳐서 한 치 두께로 덮어 준 후에 또 체에 친 (부드러운) 거름을 덮는다. 항상 물을 주어서 촉촉하게 해 준다.

몇 치가 자라고 비가 연이어 내릴 때를 틈타 옮겨 심는다. 먼저 둘레와 깊이가 3치인 작은 구덩이를 파는데, 칼로 도려내어 흙이 붙은 채로 구덩이 속에 옮겨 심으면24) 만

【三十】 移栵: ⑤
此月初, 取椒熟時所收得黑子畦種之. 同葵法. 方三寸不一子, 篩土蓋之, 厚一寸, 後又篩過糞蓋. 常澆令潤.

高數寸, 連雨時移之. 先作小坑, 圓深三寸, 刀子圍, 合土移於坑中, 萬不失一.

---

21) 【계미자본】, 【중각본】 및 【필사본】에서는 '稻'가 어떠한 종류인지 제시하지 않았지만, 묘치위는 교석본에서 이것이 '旱稻'라고 하였다. 본 조항은 『제민요술』 권2 「기장[黍穄]」・「논벼[水稻]」・「참깨[胡麻]」편에 근거한 것이다. 묘치위의 교석본에 따르면, 『제민요술』 권2 「밭벼[旱稻]」편에서는 한도를 파종할 때 "4월 초와 중순은 가장 좋지 않은 시기이다."라고 하였고, 위의 문장에서도 4월 상순이 가장 좋지 않을 때라 하는 점으로 미루어 보아 이는 마땅히 한도라고 한다. 원문의 "述其二月" 역시 밭벼 파종을 가리키고 「이월」편 【34】 항목에 보인다. 기장・검은 기장・논벼[水稻]의 파종방법은 모두 「삼월」편([26]과 【28】 항목)에 있다.

22) 본 항목은 『제민요술』 권4 「산초 재배[種椒]」 편에서 채록한 것이다. 마지막의 작은 한 단락은 『사시찬요』에서 보충한 것이다. 「이월(二月)」편 【54】 항목의 "산초나무 옮겨심기[移椒]" 역시 『제민요술』에서 채록한 것인데, 월이 다르기 때문에 열을 나누었다.

23) "동규법(同葵法)"은 『제민요술』 권3 「난향 재배[種蘭香]」에 "이랑을 지어 물을 주는 것은 아욱을 파종하는 방법과 같다.[治畦下水, 一同葵法.]"라고 쓰여 있다. 『사시찬요』에서 인용한 내용은 실제와는 다르게 다소 혼돈스럽다.

^萬에 하나도 죽지 않는다.

산초는 추위를 견디지 못해서 1-2년마다 묘목을 옮겨 심는다.²⁵⁾ 겨울에는 풀로 감싸서 서리와 눈으로부터 보호하되, 나무가 크게 자라면 그럴 필요가 없다.

椒不耐寒, 一二年栽子. 冬中以草裹護霜雪, 樹大即不用矣.

【31】 닥나무 베기[斫楮]

이달이 다음으로 좋은 시기이다. 「칠월」²⁶⁾ 중에 저술해 둔다.

【三十一】斫楮: 此月爲次時. 其二月中.

【32】 동규 자르기[剪冬葵]²⁷⁾

이달 초여드레 이후에 동규를 잘라 판

【三十二】剪冬葵: 此月八日後, 剪

---

24) "刀子圍, 合土移於坑中"은 『제민요술』에 "以刀子圓劚椒栽, 合土移于坑中"이라고 쓰여 있다. 『사시찬요』는 단지 '위(圍)'자 한 개만 있어서 칼을 사용해 하나의 원둘레를 파내어 옮겨 심는 모든 동작을 포괄할 수 없으므로, 마땅히 빠지고 잘못된 것이 있을 것이다.

25) '재자(栽子)'는 새로 옮겨 심는 모종을 가리킨다.

26) 본 항목은 『제민요술』 권5 「닥나무 재배[種穀楮]」편에서 채록한 것이다. 『제민요술』은 2월에 닥나무를 파종한 후에 "3년이 되면 베기에 적합하다. … 베는 시기는 12월이 가장 좋고 4월이 그 다음이다."라고 하였다. 『사시찬요』의 「칠월」은 원래 '이월(二月)'이라 쓰여 있지만 2월에 닥을 파종하는 기록은 실제 「칠월」편 【54】 항목에 실려 있기 때문에 '칠월(七月)'로 고친다. 주의해야 할 점은 이러한 잘못과 「정월」편 【41】 항목은 서로 동일하다는 것으로, 이로 인해서 아마 '2월'에서 원래는 일찍이 간단하게 닥나무 파종을 제기했으나 후인(後人)에 의해 삭제된 듯하다.

27) 『제민요술(齊民要術)』 권3 「아욱 재배[種葵]」편 '동종규법(冬種葵法)'은 10월 말에 파종하며, 이듬해 "4월 8일부터 날마다 잘라서 판다. 자른 곳은 즉시 땅을 일구고 물을 주고 거름을 덮어 준다. … 벨 때는 처음 벤 곳에서 다시 반복되는데, 돌아가면서 다시 시작하면 끝이 없다. 8월 사일(社日)에 이르러서야 멈추고, 남겨둔 것은 가을에 채소로 쓴다. 9월이 되면 밭째로 판다[地賣]."라고 하였다. 묘치위의 교석본에 따르면, 『제민요술』은 도시 가까운 근교에 아욱 30무를 파종한 것으로서, 그 때문에 매일매일 잘라서 팔 수 있었는데, 『사시찬요』의 본 항목

다. 이후에는 매일 자르고 그 땅을 김매어서 땅을 일구어준다. 물을 주고 거름을 덮어 준다. 그리하여 8월 사일社日28)에 이르면 그만 둔다. 길게 남겨 두어 가을채소와 종자로 쓴다.

葵種賣之. 已後日日剪之, 而鋤其地令起. 水澆, 糞蓋之. 直至八月⑥社日止. 留長作秋葉種子.

【33】 초 만들기[造醋]29)
초나흘이 (초 만들기에) 좋은 날이다.

【三十三】 造醋:
四日爲良日.

【34】 순무 기름 짜기[壓油]30)
이달에 순무 씨를 거두어 1년치의 기름을 짠다.31)

【三十四】 壓⑦油:
此月收蔓菁子, 壓年支油.

【35】 차 수확하기[收茶]
수확해서 1년 동안 마실 차를 비축하는데,32) 시기를 놓쳐서는 안 된다.

【三十五】 收茶:
收貯年支喫茶, 時不可失.

은 분명 『제민요술』을 참조한 것이다. 그러나 도시 근처와 넓은 토지에 재배했다는 설명은 없다고 한다. 『제민요술』에서 '동종규(冬種葵)'라고 언급한 것은 『사시찬요』에서는 곧 동규(冬葵)를 말하는 것이다. 동규(冬葵) 파종 방법은 본서 「시월」편 【33】 항목에 기록되어 있다. 『제민요술』에서 '잘라서 파는 것'은 채소로 파는 것을 의미하지만, 『사시찬요』에서는 "아욱 종자를 잘라서 판매했다."라고 한다.

28) 입춘(立春) 후와 입추(立秋) 후의 다섯 번째 무(戊)일로서, 토지신에게 제사 지내는 날이다. 여기에서는 입추 후의 사일이다.

29) 『제민요술』 권8 「초 만드는 법[作酢法]」 편에서는 최식의 『사민월령』을 인용하여 "4월 초나흘에는 초를 만들 수 있다."라고 하였다. '초(酢)'는 곧 '초(醋)'이다.

30) 『제민요술』 권3 「순무[蕪菁]」 편에서 최식의 『사민월령』을 인용하여 "4월에 순무의 … 씨를 거둔다."라고 하였다. 『제민요술』 본문에서는 "1경(頃)에 씨 200섬[石]의 씨를 거둘 수 있다. 기름 짜는 집에 운반한다."라고 하였다.

31) '연지유(年支油)'는 평상시에 사용하는 기름을 가리킨다.

32) 여기서 비축의 의미는 차를 구입하여 비축한다는 것이 아니라, 4월에 찻잎을

【36】 누에 똥 거두기[收蠶沙]

『용어하도龍魚河圖』에 이르길[33] "누에똥을 거두어서 집안의 해의 방향[亥方][34]에 묻으면 사람이 부유해지고 잠사가 흥하게 된다. 또 갑자甲子일에 한 섬[石] 세 말[斗]의 잠사로 집안의 액을 없애면, 집안에 천만 전錢의 재산이 쌓인다."라고 하였다.

【37】 맥의 종자 저장하기[貯麥種]

『요술要術』에서 이르길[35] "이달에 보리와 밀[大小麥]의 잘 익은 이삭을 택해 햇볕에

【三十六】 收蠶沙: 河圖云, 收蠶沙於宅內亥地埋之, 令人大富, 得蠶. 又甲子日以一石三斗鎭宅, 令家財千萬.

【三十七】 貯麥種: 要術云, 是月擇大小麥熟穗, 曝乾,

따서 제조하여 저장한다는 의미이다. 일본에는 '팔십팔야(八十八夜)'라는 말이 있는데, 이것은 입춘에서 헤아려 88일이 되는 날이며 양력으로 5월 초에 해당한다. 『사시찬요』는 조엽수림대(照葉樹林帶)의 농서는 아니지만 차를 비축한다는 것은 차가 당대(唐代)에 광범위하게 음용되었다는 것을 반영한 것일 것이다. 차나무는 조엽수에 속하는데, 조엽수는 장강하류에 자생하기 때문에 음력 4월에 찻잎을 따는 것은 촉(蜀: 사천성)에서 장강유역까지의 4월 행사라고 말하는 것이 된다.

33) 『제민요술』 권5 「뽕나무·산뽕나무 재배[種桑柘]」 편에서 『용어하도(龍魚河圖)』를 인용하여 "집에 해(亥) 방향으로 누에똥[蠶沙]을 묻으면 큰 부자가 되며 누에 실은 수확이 좋아져서 길하게 된다. 한 섬 두 말의 누에똥으로 갑자일에 집의 악귀를 내쫓으면[鎭宅] 크게 길하여 천만의 재산을 이루게 된다."라고 하였다. 『사시찬요』의 『하도(河圖)』는 곧 『용어하도』이다.

34) '해방(亥方)'은 24방위(方位)의 하나이다. 정북에서 서쪽으로 30도의 방위(方位)를 중심(中心)으로 한 15도 안으로, 건방(乾方)과 임방(壬方)의 사이를 가리킨다.

35) 『제민요술(齊民要術)』 권2 「보리·밀[大小麥]」 편에서 대소맥을 저장하는 것과 관련하여 "입추 전에 반드시 정지를 끝내야 한다. (주: 입추가 지나면 벌레가 생긴다.) 쑥 줄기로 짠 광주리에 담아 두면 좋다.(주: 움집[窖]에 넣어서 묻을 때는 쑥으로 그 입구를 막는 것 또한 좋다. 맥을 움에 저장하는 방식은 반드시 먼저 햇볕에 잘 말려서 열기가 있을 때 움집에 넣어 묻는다.)"라고 하였다. 이 항목의 기록은 『사시찬요(四時纂要)』 「유월」편 【36】 항목에 언급되어 있다. 여기서의 『요술(要術)』은 『제민요술』이 아니다.

쬐어 말리고, 흰 쑥[白艾]을 섞어 넣는다. 대략 맥麥 한 섬[石]에 쑥을 한 움큼[把] 넣고 항아리[瓦器]에 저장한다. 때에 맞추어 그것을 파종하면 평소보다 수 배倍를 수확할 수 있다."라고 하였다. 이 방법에 대한 자세한 것은 「오월」에 서술하였다.36)

白艾雜之. 大約麥一石, 艾一把, 藏以瓦器. 順時種之, 則收倍於常. 詳此法, 슴在五月中.

【38】 상순 경일에 씨 물고기 못에 풀기

[上庚日種魚]37)

제齊나라 위왕威王이 도주공陶朱公38)을 초빙하여 묻기를 "어떤 방법을 쓰면 빨리 부유해질 수 있습니까?"라고 하였다.

대답하여 말하길 "무릇 생계를 도모하

【三十八】上庚日種魚: 齊威王聘陶朱公問曰, 何術可以速富.

對曰, 夫治⑧生之

---

36) 이 소주(小注)는 아마 한악(韓鄂)이 원래 인용한 『산거요술(山居要術)』의 「사월」편에 나열되어 있었을 것이지만, 북방에서 맥을 거두는 시간에 부합하지 않으므로 이 때문에 묘치위(繆啓愉)가 주를 달아 설명하였다.

37) 이 항목은 『제민요술(齊民要術)』권6 「물고기 기르기[養魚]」편에서 도주공(陶朱公)의 『양어경(養魚經)』을 인용한 것에도 동일한 기록이 있는데, 다만 사육한 물고기의 수는 같지 않다. 『사시찬요(四時纂要)』도 『양어경』을 근거하였다. 같은 이름의 한악(韓鄂)의 『세화기려(歲華紀麗)』 「정월」편의 "잉어를 길러 부를 이룬다.[養鯉魚而致富.]" 아래의 주석에서 "도주공이 물고기를 기르는 법: 잉어 20마리를 취해 입춘 후 상순 경일[上庚日]에 풀어 놓으면 새끼가 생겨도 서로 먹지 않는다."라고 하였다. 『사시찬요』와 다르다.

38) 도주공(陶朱公)은 범려(范蠡)이다. 『사기(史記)』권41 「월왕구천세가(越王句踐世家)」의 기록에 근거하면, 범려는 월(越)을 도와 오(吳)를 멸한 후에 월을 떠나 제(齊)로 갔는데, "재산이 수천만에 이르렀다. 제나라 사람들이 그의 현명함을 듣고, 재상으로 삼았다."라고 하였다. 그러나 월이 오를 멸한 것은 기원전 473년이지만(『좌전(左傳)』 「애공 22년(哀公二十二年)」에 보인다.), 제(齊)나라 위왕(威王) 원년(元年)은 이미 그 이후에 기원전 356년이 되어서 100여 년 정도 늦기 때문에 제 위왕이 도주공을 초빙할 수 없다. 본 조항의 자료는 원래 도주공(陶朱公)의 『양어경(養魚經)』에서 나온 것으로, 이는 후대 사람들이 가탁하여 잘못 쓴 책이다.

는 방법에는 다섯 가지가 있는데, 이른바 물고기를 기르는 것[水畜]이 첫 번째입니다. 그 방법은 6무畝의 땅을 못으로 만든 후, 못 속에 9개의 섬을 만들고, 길이가 3자[尺]인 알밴 잉어 20마리와 숫 잉어 4마리를 넣습니다. 2월 첫 번째 상순의 경일[上庚日]에 못에 방류하는데, 물을 소리 나지 않게 (조용히) 하면 치어가 반드시 살아납니다. 4월 상순 경일에 못에 한 마리의 신수神守를 넣어 줍니다. 신수라는 것은 자라[鱉]이며, 그 물고기를 지킨다. 6월 상순 경일에 신수 두 마리를 넣습니다. 8월 상순 경일에는 세 마리의 신수를 넣어 줍니다. 무릇 물고기가 360마리로 가득 차면, 교룡蛟龍이 물고기의 우두머리가 되어서 물고기를 거느리고 날아가게 됩니다. 신수를 넣어 주면 다시는 날아가지 못하고, 9개의 섬 주위를 돌면서 스스로 강과 호수라 여깁니다. 이듬해 2월이 되면 물고기 길이가 한 자인 것 1만 5천 마리, 3자인 것 1만 마리, 2자인 것 1만 마리를 얻을 수 있습니다. 마리당 50전[文]이라 계산하면, 175만 전錢을 벌 수 있습니다. 다음해가 되면 길이 한 자인 것 10만 마리, 2자인 것 1만 마리, 4자인 것 1만 마리를 얻을 수 있습니다. 길이가 2자인 것 2천 마리를 씨 물고기[種魚]로 남겨 둡니다. 나머지를 팔면 515만 전을 벌 수 있습니다.39) 다시 이듬해가 되면 헤아릴 수 없게 됩니다."라고 하

法有五, 所謂水畜者第一. 其法, 以地六畝爲池, 池置九洲, 即下懷妊鯉魚長三尺者二十頭, 雄鯉四頭. 以二月上庚日放池中, 令水無聲⑨, 魚必生. 四月上庚日內一神守. 神守者, 鱉也, 以守其魚. 六月上庚日內二神守. 八月上庚日內⑩三神守. 凡魚滿三百六十頭, 則蛟龍爲其長, 將魚飛去. 內神守則不復飛去, 周遶九洲, 自謂江湖也. 至來年二月, 得魚長一尺者一萬五千頭, 三尺者萬頭, 二尺者萬頭. 每頭計五十文, 得錢一百七十五萬. 至明年, 長一尺十萬頭, 二尺者萬頭, 四尺者萬頭. 留長二尺者二千頭作種. 餘可貨, 得五百一十五萬錢. 復至明年, 不可稱紀⑪矣.

였다.

　　제 위왕이 이 방법에 따라 이내 후원의 땅을 파서 못으로 만드니, 마침내 해마다 3000여만 전을 얻게 되었다.

【39】 물고기 기를 연못 만들기[養魚池][40]

　　반드시 큰 물고기가 자라는 제방과 연못가의 진흙 10수레[車][41]를 싣고 와서 못 바

齊威王一依此法, 乃於後苑治地爲池, 逐年歲獲錢三千餘萬矣.

　　【三十九】 養魚池: 要須載水取陂湖産大魚之處近水際土十餘

---

39) 금액과 물고기의 수가 부합하지 않는다. 각 책에서 도주공(陶朱公)의 이름을 가탁한 『양어경(養魚經)』의 이 조항을 인용한 기록이 매우 많은데,『제민요술(齊民要術)』에서 인용한 바 역시 물고기의 수와 금액이 서로 들어맞지 않는다. 묘치위의 교석본에 따르면, 대개 이러한 까닭에 당(唐)대 단공로(段公路)의 『북호록(北戶錄)』권1「어종(魚種)」편과 『태평어람(太平御覽)』권936「리어(鯉魚)」편 및 『농상집요(農桑輯要)』권7「어(魚)」편에서 인용한 것 모두 액수를 삭제하거나 혹은 물고기의 숫자마저도 삭제하였다고 한다.

40) 본 항목은 『제민요술』권6「물고기 기르기[養魚]」편 '작어지법(作魚池法)'에서 채록한 것이다. 『사시찬요』에서는 "3년이 되면 바로 물고기가 생긴다.[三年之中, 卽有魚.]"라고 하였는데, 『제민요술』에서는 "2년 안에 곧 큰 물고기가 생긴다.[二年之內, 卽生大魚.]"라고 적고 있다. '어자(魚子)'는 『제민요술』에서는 '대어자(大魚子)'라고 적고 있다. 『제민요술』에서는 "3자 길이의 큰 잉어는 강과 호수 근처가 아니면 단번에 찾을 수 없다. 만약 작은 물고기를 기른다면 수년이 지나도 크게 자라지 않는다.[三尺大鯉, 非近江湖, 倉卒難求. 若養小魚, 積年不大.]"라고 했기 때문에, 여기에서는 이러한 방법을 취하여 대어 종자를 구해서 단기간 내에 대어를 번식시켜 작은 종자가 "수년 동안 자라지 않는[積年不大]" 결함을 피한 것이다. 묘치위는 교석본에서, 가사협(賈思勰)은 우량품종의 식물을 골라서 기르는 것을 중히 여겨서, 동물 예컨대 가축·가금 및 물고기 또한 마찬가지로 이와 같은 정신을 관철시켰으나, 『사시찬요』에서 인용하여 기록한 것은 이와 같은 특징이 두드러지지 않는다고 한다.

41) 【계미자본】과 【중각본】에는 이 문장의 '재(載)' 다음에 '수(水)'자가 있으나, 묘치위는 교석본에서 『제민요술』에 근거해 볼 때 군더더기라고 판단하여 '수(水)'자를 삭제하였다고 한다. 【계미자본】과 【중각본】, 【필사본】에는 모두 '大魚之處'로 쓰고 있으나, 묘치위는 '之'자를 생략하였다.

닥에 깔아 둔다. 3년이 되면 바로 물고기가 생기는데, 흙 속에 이미 물고기 알이 있었기 때문이다.

車, 以布池底. 三年之中, 即有魚, 以土中先有魚子故也.

【40】 모직물 거두기[收毛物]

모든 모직물은 이달 이후 거두어들이면 바로 좀이 슬어 손상되지 않는다. 양탄자에 사람이 앉거나 누워서 사용하지 않을 때에는 5-6월에 꼬투리가 달린 각황角黃을 따서42) 일명 호용(蒿用)이라 한다.43) (그것은) 햇볕에 말려 양탄자 속에 펴 두고 돌돌 말아 선반 위에 두면 10년 동안 좀이 슬지 않는다.

【四十】 收毛物:
一切毛物, 此月已後收拾, 即不蛀損. 氈, 無人坐臥, 即取[12]角黃, 一名蒿用.[13] 五六月着角後拌, 曝乾, 布氈內, 卷收之, 置棚上, 十年不蛀.

【41】 또 다른 방법[又方]44)

(미리) 상수리나무 가지·뽕나무 가지를

【四十一】 又方:[14]
取柞柴、桑柴灰. 入

---

42) 【계미자본】과 【중각본】에서는 '반(拌)'자를 쓰고 있으나, 묘치위 교석본에는 '반(拌)' 대신 '채(採)'로 표기하고 있다. 묘치위에 의하면, 무엇을 비볐는가에 대해 명확하게 가리키지 않았고, '회(灰)'자가 빠진 것 같지 않으며, 또한 본서 「칠월」편에는 【50】 수각호(收角蒿) 항목에는 각황을 거두어 융단 속에 넣어서 저장하면 좀 먹는 것을 방지하기 때문에 '채(採)'로 고쳐 썼다고 한다.

43) 호용(蒿用)은 곧 각호(角蒿)로서 능소화과 일년생초본이다. 꽃 피는 시기는 6-7월이며, 열매는 7-8월에 맺는데, 길고 모서리가 있는 형태로 열리는 삭과(蒴果)이기 때문에 이러한 이름이 붙었다. 길림·요녕·하북·하남 및 내몽골 등의 지역에 분포한다. 동북 지역에서는 '파리풀[透骨草]'이라고 쓰고 있다. 학명은 *Incarvillea sinensis Lam.*이다.

44) 이 항목에서 '우방(又方)'은 『제민요술』권6 「양 기르기[養羊]」편에서 "영전불생충법(令氈不生蟲法)"을 채록한 것이다. '입하(入夏)'는 『제민요술』에서는 '입오월(入五月)'이라고 적고 있다. '후오분(厚五分)'은 『제민요술』에서는 '후오촌(厚五寸)'으로 적고 있는데, 『사시찬요』와 같이 합리적인 것 같지 않다. '포(布)'는 여전히 융단 위에 펴둔 것을 가리킨다. 즉 융단에 사람이 앉거나 눕지 않게 되면, 여름이 된 이후에는 눅눅하고 축축하여 벌레가 많이 생겨 좀이 먹고 손상

태워 재를 만든다. 여름이 되어, 체에 쳐서 베[布] 속에 두께 5푼[分]으로 펴고 말아서 서늘한 곳에 두면 벌레가 생기지 않는다.

【42】구휼[救飢窮][45)

이때는 궁핍한 달이라고 하는데, (지난) 겨울에 남아 있던 곡식이 이미 동이 났고 겨울밀[宿麥][46)은 아직 수확하지 않았기에, 결핍한 것을 구휼하고 굶주리고 궁한 것을 구원해야 한다. 구족九族 중에 스스로 생활할 수 없는 자를 구원해야 한다. 진실성 없이 쌓아만 두고 다른 사람의 어려움을 못 본 체하고, 재물을 늘리는 것만 탐하며, 재산을 베풀고 복을 나누는 이로움을 망각하는 것은 군자가 취할 태도가 아니다.[47)

夏, 羅過, 布厚五分, 卷束, 凉處閣之[15], 無虫.

【四十二】是時也: 是謂乏月, 冬穀既盡, 宿麥未登, 宜賑乏絕, 救飢窮. 九族不能自[16]活者, 救. 無固蘊蓄[17]而忍人之貧, 貪貨殖之宜, 忘種福之利, 君子弗[18]取也.

되기 쉽기 때문에 앞에서와 같이 좀이 먹는 것을 방지하는 조치를 취하였다.
45) 원문의 제목은 '是時也'이지만, 내용에 근거하여 번역에서는 '구휼[救飢窮]'과 같은 제목을 부여했음을 밝힌다.
46) '숙맥(宿麥)'은 월동하는 겨울밀[冬麥]을 가리키는데, 옛날에는 '선맥(旋麥)'이 곧 춘맥(春麥)을 가리킨 것과 더불어 대칭되었다.
47) 본 항목은 최식(崔寔)의 『사민월령(四民月令)』에서 참조한 것이지만, 『사민월령』에는 「삼월」에 배열되어 있는 반면, 『사시찬요』는 고쳐서 「사월」에 두었다.

그림 7_ 겨울 아욱[冬葵]과 그 열매

✿ 교 기

1 【필사본】에는 이 문장 끝 '遍'자 다음에 '鋤'자를 추가하고 있다.

2 '이월(二月)': 【중각본】에서는 '工月'로 표기하고 있다.

3 【29】[黍稻胡麻]: 【필사본】에서는 이 부분을 독립된 항목으로 나누지 않고 앞의 항목에 포함시켜 서술하였다.

4 "術具二月": 【필사본】에는 이 문장을 작은 글자[小注]로 쓰고 있다.

5 앞의 '二月'편에서 지적한 바와 같이 【중각본】과 【필사본】에서는 제목을 '이초(移椒)'로 쓰고 있는데, 【계미자본】에서는 梛라고 표기하고 있다.

6 '팔월(八月)': 【필사본】에는 '八月' 두 글자가 생략되어 있다.

7 '압(壓)': 【중각본】과 【필사본】에서는 '壓'으로 쓰고 있다.

8 '야(冶)': 【중각본】과 【필사본】에서는 '治'자로 표기하고 있다.

9 '성(聲)': 【필사본】에서는 '꾞'로 쓰고 있다.

10 '내(內)': 【필사본】에서는 앞의 '內'는 그대로 표기하였으나 이 부분은 '納'으로 쓰고 있다.

11 '기(紀)': 【필사본】에서는 '記'로 적고 있다.

12 '취(取)': 【필사본】에서는 '用'으로 적고 있다.

13 "一名薨用": 【중각본】에서는 "一名角薨", 【필사본】에서는 "一名薨角"으로 되어 있다.

14 【중각본】에서는 이 항목[又方]이 따로 떨어져 있지 않고 앞부분과 연결되어 있다.

3. 잡사와 시령불순

【43】 잡사雜事

견사와 면사를 거둔다. 이 방법에 대한 자세한 것은 「오월」·「유월」에 서술해 두었다.48) 양탄자를 구입한다. 순무·겨자·무 등의 씨를 거둔다. 말린 오디 씨를 거둔다.

파밭을 호미질한다.

말린 죽순을 거둔다. 죽순을 저장한다.

이달에 나무를 베면, 벌레 먹지 않는다.49)

제방을 수리하고, 물길을 열고, 집에 물 새는 곳을 고쳐서 폭우에 대비한다.

【四十三】雜事: 收絲緜. 詳此合在五月[1] 六月. 買氈. 收蔓菁、芥、蘿蔔等子. 收乾椹子.

鋤葱.

收乾笋.[2] 藏笋.

此月伐木[3], 不蛙.

修隄防, 開水竇, 正屋漏, 以備暴雨.

---

48) 『사민월령』「사월」편에는 '수폐서(收弊絮)'가 있는데, 본 조항의 '수사면(收絲緜)'은 『사민월령』에 근거하여 배열하여 넣은 것이다. 소주(小注)에서는 '「오월」·「유월」'에 있다고 말하고 있지만 어쩌면 후대 사람들이 주를 첨가한 듯한데, 왜냐하면 『사시찬요』「오월」·「유월」편에는 견사와 면사를 거두는 기록이 없기 때문이다.

49) 『제민요술』권5「벌목하기[伐木]」편에는 "무릇 사월과 칠월에 벌목을 하면 벌레가 생기지 않으며 단단하고 질기다.[凡伐木, 四月七月則不蟲而堅肕.]"라고 하였다.

【44】 4월 행춘령[孟夏行春令]

4월[孟夏]에 봄의 시령時令이 행해지면, 곧 메뚜기 떼의 재앙이 생기고 폭우가 내려50) 이삭이 충실하지 못하게 된다.

【45】 행추령行秋令

(4월에) 가을의 시령이 행해지면, 곧 궂은비가 자주51) 내리고 오곡이 무성해지지 않는다.

【46】 행동령行冬令

(4월에) 겨울의 시령이 행해지면, 초목이 일찍 마르고 후에 홍수가 나서 성곽이 무너진다.

【四十四】孟夏行春令: 則蟲蝗爲災, 暴風來格, 秀草不實.

【四十五】行秋令: 則苦雨數來, 五穀不滋. ④

【四十六】行冬令: 則草木早枯, 後乃大水, 敗其城郭.

🌸 교 기

① '월(月)': 【필사본】에는 이 글자가 누락되어 있다.
② 【계미자본】, 【중각본】 및 【필사본】에서는 이 글자를 '筍'이 아닌 '笋'자로 쓰고 있다.
③ '벌목(伐木)': 【필사본】에서는 '大木'으로 적고 있다.
④ 【필사본】에서는 이 문장 마지막에 "四圖八保"라는 구절을 덧붙이고 있다.

---

50) 정현이 주석한 『예기』 「월령」에서는 "격은 '이르다'의 의미이다.[格, 至也.]"라고 해석하고 있다.
51) '삭(數)'은 자주, 연속의 의미이다.

오월五月

1. 점술·점후占候와 금기

【1】 중하건오仲夏建午

(5월[仲夏]의) 건제建除상 월건月建은 건오建午이다.) 망종芒種부터 바로 5월 절기에 진입하고, (음양의) 꺼리는 일은 5월의 시령에 따른다. 이 시기 황혼에는 각수角宿1)가 운행하여 남중하고, 새벽에는 위수危宿2)가 남중한다.

하지夏至는 5월 중순의 절기이다. 이 시기 황혼에는 항수亢宿3)가 남중하고, 새벽에는 실수室宿4)가 남중한다.

【一】 仲夏建午:
自芒種即得五月節,
用忌宜依五月法也.[1]
昏, 角中, 曉, 危中.

夏至, 五月中氣.
昏, 亢中, 曉, 室中.

---

1) '각(角)'은 28수(宿) 중의 하나로 동쪽에 있는 제1수(宿)인 처녀자리 α별(스피카)을 말한다. 북반구 봄의 늦은 밤 동남방향의 하늘에서 매우 밝은 1등성이다.
2) '위(危)': 28수(宿) 중의 제12번째 자리인 물병자리로서, 북방현무 7수 중 다섯 번째에 해당한다.
3) '항(亢)': 28수(宿) 중의 제2번째로 처녀자리를 가리킨다.
4) '실(室)': 28수(宿) 중의 제13번째 페가수스자리 일부에 해당하며 북방현무 7수 중 여섯 번째에 해당한다.

【2】 천도天道

이달의 천도는 북쪽으로 향하기 때문에, 집을 수리[修造]하거나 밖에 나갈 때는 북쪽 방향이 좋다.

【3】 그믐과 초하루에 점 보기[晦朔占]

초하루는 더워야 하는데, 도리어 비바람이 몰아치면 곡가가 올라서5) 사람들이 초목草木으로 연명한다. 그믐에 비바람이 몰아치면 봄에 비싸게 곡물을 구입한다.6) 또 이르길 5월 초하루에 비가 내리면7) 1년 동안 사람이 굶주리거나 초목으로 연명하고, 메뚜기 떼[蝗蟲]가 나타난다.8)

【二】 天道: 是月北行②, 修造出行, 宜北方. ③

【三】 晦朔占: 朔日當熱而反風雨者, 大貴, 人食草木. 晦, 風雨, 春糴貴. 又云, 天雨五朔, 不出一年, 人民飢, 人食草木, 而蝗蟲.

---

5) '대귀(大貴)': 어떤 물건이 비싼지 명확히 알 수 없는데, 「사월」편 【3】 항목 혹은 이달 【3】 항목에 근거하면 '미귀(米貴)' 혹은 '미대귀(米大貴)'가 빠져서 잘못된 듯하다.

6) 구담실달(瞿曇悉達)의 『당개원점경(唐開元占經)』 권118 「팔곡점(八穀占)·후팔곡귀천급세잡물잠선악(候八穀貴賤及歲雜物竈善惡)」에는 "皇帝占曰 … 五月晦六月朔, 有風雨, 春旱."이라고 하여 『사시찬요』와 유사한 내용을 볼 수 있다.

7) 정월 초하루를 옛날에는 '정삭(正朔)'으로 불렀지만, 기타의 각 달은 이와 같은 간칭이 보이지 않는다. 여기의 '오삭(五朔)'은 마땅히 '정월삭(正月朔)'이어야 한다. '우운(又云)'에서 이들은 모두 음양점험(陰陽占驗)의 유서를 근거한 것임을 알 수 있다. 또한 『세시광기』 권2 '황매우(黃梅雨)' 조에서 『사시찬요』를 인용한 것에는 "매화가 익었을 때 비가 오는 것을 '매우'라고 한다.[梅熟而雨曰梅雨.]" 등의 구절이 있다.

8) 『당개원점경(唐開元占經)』 권120 '후팔곡귀천급세잡물잠선악(候八穀貴賤及歲雜物竈善惡)'에는 "4월 그믐날과 5월 초하루에 비바람이 내리면 그해 큰 홍수가 나서 맥이 좋지 않게 된다.[四月晦五月朔, 有風雨, 其年大水, 麥惡.]"라고 하여 오월 초하루에 비가 오면 홍수가 난다고 하였다. 또한 남송(南宋) 진원정(陳元靚)의 『사림광기(事林廣記)』에는 "오월 초하루에 비바람이 불면 주로 소의 값이 귀해지고, 사람들이 굶주리게 되는데, 1년도 지나기도 전에 사람들은 크게 굶주린다.[五月朔, 風雨, 主牛貴, 人飢, 不出一年, 人大飢.]"라고 한다. 이를 통해 볼 때

바람이 북쪽에서 불면, 사람들이 서로 잡아먹으며, 구입하는 곡물이 매우 비싸진다. 바람이 동쪽에서 부는데 반나절이 지나도 그치지 않으면 길하다.

초하루가 하지夏至이면 쌀값이 매우 비싸진다. 초하루가 망종芒種이면 육축六畜이 슬피 운다.

【4】 5월의 잡점[月內雜占]

이달 경진庚辰일은 금전을 서로 구하는 날인데, 다른 사람의 돈을 얻는 것이 마땅하며 재물을 쓰는 것은 합당하지 않다.

상순上旬 진辰일에 비가 내리면 메뚜기떼[蝗虫]가 모두 비를 따라서 이동하며 벼를 먹는데, 이러한 징험이 실로 신묘하다. 사巳일에 비가 내리면 또한 메뚜기떼가 나타나서 4월 경진庚辰일과 점괘가 동일하다.

무지개가 나오면, 맥麥이 비싸진다.

이달에 3개의 묘卯일이 없으면 일찍 콩[豆]을 파종해야 하고, 3개의 묘일이 있으면 대소두大小豆의 작황이 좋다.

나머지 천둥으로 점 보기와 비로 점 보기는 「사월」과 동일하다.

風從北來, 人民相食, 粜大貴. 風從東來, 半日不止, 吉.

朔夏至, 米大貴. 朔芒種, 六畜哀鳴.

【四】 月內雜占: 此月庚辰是金錢相求日, 宜得人錢財, 不宜出財.

上辰雨, 蝗虫皆隨雨道食禾, 其驗如神. 巳日雨, 亦蝗虫, 與四月庚辰同占.

虹出, 麥貴.

此月無三卯, 早種豆, 有三卯, 大小豆善.

其餘占雷占雨, 並同四月.

앞의 두 사료와 『사시찬요』가 유사한 것을 볼 수 있다.

【5】 하지의 잡점[夏至雜占]

먼저 한 길[丈] 막대를 세우는데, 이미 정월에 보인다. 하지 다음으로 8자[尺] 길이의 막대를 세워서, 그림자가 한 자[尺] 6치[寸]가 되면 기장[黍] 작황이 좋다.

하지가 (오행 중의) 수水의 날이면, 요사스러운 일이 생긴다. 금金의 날이면, 대서大暑가 혹독하다.[9] 병인丙寅일 · 정묘丁卯일에 해당하면 조[粟]의 값이 비싸진다.

【6】 구름의 기운으로 점 보기[占雲氣][10]

하지夏至에는 이离의 괘[11]로써 일을 처리하는데, 태양이 남중했을 때 남쪽에서 말과 같은 붉은 구름이 있으면 이기离氣가 이른 것으로, 기장[黍]의 수확이 좋다. 이기离氣가 이르지 못하면 해와 달에 빛이 없으며, 오곡이 잘 영글지 못하고, 사람이 병에 들고, 눈병이 나며, 겨울 중에도 물이 얼지 않는 것은 (운기

【五】 夏至雜占:

先立一丈表, 已見正月. 夏至日次立八尺之表, 得影一尺六寸, 宜黍.

夏至日[4]以水, 有妖. 以金大暑毒. 以丙寅、丁卯, 粟貴.

【六】 占雲氣: 夏至之日, 离卦用事, 日中時南方有赤雲氣如馬者[5], 离氣至也, 宜黍. 离氣不至, 日月無光, 五穀不成, 人病, 目痛, 冬中無冰[6], 應在十一月.

---

9) 와타베 다케시[渡部 武](『사시찬요역주고(四時纂要譯注稿): 中國古歲時記の研究 その二』, 大文堂印刷株式會社, 1982)의 역주고에는 수(水)에 해당하는 날을 '임(壬) · 계(癸)'일이며, 금(金)에 해당하는 날을 '경(庚) · 신(辛)'일이라고 하고 있다.

10) 이 문장은 북송대 『태평어람』 권23 「시서부지(時序部八) · 하지(夏至)」 "蔡邕獨斷曰, … 又曰, 夏至之日, 離卦用事. 日中時, 南方有赤云如馬者, 離氣至也, 宜黍. 離氣不至, 日月無光, 五穀不成, 人病目疼, 冬中無冰, 應在十一月內."의 내용과 거의 동일한 것으로 보아 북송대의 절후가 당말과 비슷했음을 짐작할 수 있다.

11) 64괘 중 30번째 괘로서, 『역경』 '이괘(離掛)'에 의하면 이(離)는 "곧음이 이로우니 형통하고, 암소를 기르듯 하면 길하다.[離利貞, 亨, 畜牝牛, 吉.]"라고 하였다.

의 위치가 정반대인) 11월에 있기 때문이다.

【7】바람으로 점 보기[占風]

하지에 남[離]쪽에서 불어오는 바람이 순풍이면 그해에 크게 풍년이 든다.[12] 북[坎]쪽에서 불면, 산사태가 생긴다.[13] 서남[坤]쪽에서 불면, 6월에 대수大水가 큰 도로를 덮친다. (바람이) 서[兌]쪽에서 불면, 가을에 많은 장맛비가 내린다. 동[震]쪽에서 불면 8월에 전염병에 걸리는 사람이 많다. 서북[乾]쪽에서 불면, 만물이 손상된다. 남동[巽]쪽에서 불면 9월에 바람이 불어 만물이 떨어진다. 만약 비바람이 북쪽에서 불어오면, 곡식이 크게 비싸져 45일간 등귀한다.[14] 또 기장[黍]값이 비싸진다고 한다. 만약 (하지에) 청명하고 구름이 없으면, (그 해는) 가물다.

【8】5월 중에 지상의 길흉 점 보기[月內吉凶地]

천덕天德은 건乾의 방향에 있고, 월덕月德은 병丙의 방향에 있으며, 월공月空은 임壬의 방향에 있다. 월합月合은 신辛의 방향에 있고,

【七】占風: 夏至之日, 風從离來爲順, 其歲大熟. ⑦ 坎來, 山水暴出. 坤來, 六月水橫流大道. 兌來, 秋多霖雨. 震來, 八月人多疾疫. 乾來, 傷萬物. 巽來, 九月風落萬物. 若風雨從北來, 穀大貴, 貴在四十五日. 又云黍貴. 若晴明無雲, 旱.

【八】月內吉凶地: 天德在乾, 月德在丙, 月空在壬. 月合在辛, 月猒在午,

---

12) 이 문장은 북송대 『태평어람』 권23 「시서부지(時序部八)·하지(夏至)」 "蔡邕獨斷曰, … 夏至之日, 風從離來爲順, 其年大熟."의 내용과 거의 동일하다.

13) 와타베 다케시[渡部 武]의 역주고에서는 "山水暴出"을 "산사태가 생긴다."라고 해석하고 있다.

14) "貴在四十五日"의 '四十五'에 대해서 와타베 다케시[渡部 武]의 역주고에는 '4-5일간'으로 해석하고 있는데, 같은 표현이 여러 군데서 나타나고 있는 것으로 보아 단순한 저자의 실수는 아닌 듯하다.

월염月厭은 오午의 방향에 있으며, 월살月煞은 축丑의 방향에 있다.

【9】황도黃道

신申일은 청룡靑龍의 자리에 위치하고, 유酉일은 명당明堂의 자리에 위치하며, 자子일은 금궤金匱에, 축丑일은 천덕天德에, 묘卯일은 옥당玉堂에, 오午일은 사명司命의 자리에 위치한다.

【10】흑도黑道

술戌일은 천형天刑의 자리에 위치하고, 해亥일은 주작朱雀의 자리에 위치하며, 인寅일은 백호白虎에, 진辰일은 천뢰天牢에, 사巳일은 현무玄武에, 미未일은 구진勾陳의 자리에 위치한다.

【11】천사天赦

갑오甲午일이 길하다.

【12】출행일出行日

여름의 3개월 동안은 남쪽으로 가서는 안 된다. 망종芒種 후 16일째 되는 날은 밖으로 나가서는 안 된다[往亡]. 인寅일은 돌아가기 꺼리는 날[歸忌]이고, 묘卯일은 재앙[天羅]이 있어서 나갈 수 없으며 또한 토공신에게 제사 지낸다. 하지夏至 전 하루, 하지 후 10일・16

月煞在丑.

【九】黃道:[8] 青龍在申, 明堂在酉, 金匱在子, 天德在丑, 玉堂在卯, 司命在午.

【十】黑道:[9] 天刑在戌, 朱雀在亥, 白虎在寅, 天牢在辰, 玄武在巳, 勾陳在未.

【十一】天赦: 甲午日是.[10]

【十二】出行日: 夏三月, 不南行. 自芒種後十六日[11]謂之往亡. 寅爲歸忌, 卯爲天羅, 卯爲往亡, 又爲土公. 夏至前一日夏至後十日、十六

일째 되는 날은 빈곤한 날[窮日]이고, 또한 정해丁亥일에는 모두 멀리 나가서는 안 된다.

【13】 대토시臺土時

이달에 매일 닭이 우는 축시[鷄鳴丑時]가 그때이다.

【14】 살성을 피하는 네 시각[四煞沒時]

사계절의 중간 달[仲月] 건乾의 날에는 술戌시 이후 해亥시 이전의 시간, 간艮의 날에는 축丑시 이후 인寅시 이전, 곤坤의 날에는 미未시 이후 신申시 이전, 손巽의 날에는 진辰시 이후 사巳시 이전의 시간에 행한다. 이상의 네 시기에는 온갖 일을 할 수 있는데, 상량·매장·관청에 나가는 것도 모두 길하다.

【15】 제흉일諸凶日

묘卯일에 하괴河魁하고, 유酉일에 천강天罡하며, 자子일에는 낭자狼籍하고, 묘卯일에는 구초九焦하며, 묘卯일에 혈기血忌하고, 자子일에는 천화天火하며, 유酉일에는 지화地火한다.

【16】 장가들고 시집가는 날[嫁娶日]

신부를 구하려면 축丑일이 길하다. 천웅天雄이 인寅의 위치에 있고 지자地雌가 술戌의 위치에 있을 때는 장가들고 시집갈 수 없다. 새 신부가 가마에서 내릴 때는 건乾시가 길하다.

日爲窮日, 又丁亥日, 並不可遠行.

【十三】臺土時: 是月每日鷄鳴丑時是.[12]

【十四】四煞沒時: 四仲月[13], 用乾時戌後亥[14]前, 艮時丑後寅前, 坤時未後申前, 巽時[15]辰後巳前. 已上四時, 可爲百事, 架屋、埋葬[16]、上官, 皆吉.

【十五】諸凶日:[17] 河魁在卯, 天罡在酉, 狼籍在子, 九焦在卯, 血忌在卯, 天火在子, 地火在酉.

【十六】嫁娶日: 求婦丑日吉. 天雄在寅, 地雌在戌, 不可嫁娶. 新婦下車時[18]乾時吉.

이달에 태어난 사람은 8월·2월에 태어난 여자에게 장가들면 안 되는데, 지아비를 해친다.

이달에 납재納財를 받은 상대가 토덕의 명[土命]을 받은 여자라면, 자손이 좋다. 목덕의 명[木命]을 받은 여자면 부귀하다. 화덕의 명[火命]을 받은 여자라면, 그런대로 평범하다. 금덕의 명[金命]을 받은 여자라면, 크게 흉하다. 수덕의 명[水命]을 받은 여자라면 과부가 되거나 자식이 고아가 된다. 납재 길일로는 경자庚子일·기묘己卯일·경인庚寅일·신묘辛卯일·임인壬寅일·계묘癸卯일·을묘乙卯일이 모두 길하다.

이달에 시집갈 때 축丑일·미未일에 시집온 여자는 크게 흉하다. 묘卯일·유酉일에 시집온 여자는 시부모와 관계가 좋지 않고, 자子일·오午일에 시집온 여자는 스스로 자신의 운을 막는다. 기해己亥일에 시집온 여자는 남편을 방해하고, 인寅일·신申일에 시집온 여자는 친정 부모에게 걱정을 끼치고, 진辰일·술戌일에 시집온 여자는 중매인과 장남과의 관계가 좋지 않다.

천지의 기가 빠져나가는 날은 이미 4월 중에 기록해 두었다. 여름의 병자丙子일과 정해丁亥일은 구부九夫에 해를 끼친다.

음양이 서로 이기지 못하는 날로서 계유癸酉일·갑술甲戌일·을해乙亥일·계미癸未일·

此月生人[19], 不可娶八月、二月[20]生女, 妨夫.

此月納財, 土命女, 宜子孫, 木命女, 富貴. 火命[21], 自如. 金命女, 大凶. 水命女, 孤寡. 納財吉日. 庚子、己卯、庚寅、辛卯、壬寅、癸卯、乙卯, 並吉.

行嫁月[22], 丑未女大凶. 卯酉女妨舅姑, 子午女妨自身. 己亥[23]女妨夫, 寅申女妨父母, 辰戌女妨媒人首子.

天地相去日, 已具四月中. 夏丙子、丁亥, 害九夫.

陰陽不將日, 癸酉、甲戌、乙亥、癸未、

갑신甲申일·을유乙酉일·병술丙戌일·을미乙未일·병신丙申일·무술戊戌일·무신戊申일·계해癸亥일 이상의 날에 장가들고 시집가게 되면 크게 길하다.

【17】 상장喪葬

이달에 죽은 사람은 자子·오午·묘卯·유酉년생을 방해한다. 상복[斬草: 斬衰]을 입는 시기는 병자丙子일·경인庚寅일·경자庚子일·임자壬子일·을묘乙卯일이 길하다. 염[殯]하기는 병인丙寅일·갑인甲寅일이 길하다. 매장하기[葬]는 임신壬申일·갑신甲申일·을유乙酉일·병신丙申일·임인壬寅일·을묘乙卯일·경신庚申일·신유辛酉일이 길하다.

【18】 육도의 추이[推六道]

사도死道는 정丁·계癸의 방향이고, 천도天道는 곤坤·간艮의 방향이며, 지도地道는 갑甲·경庚의 방향이다. 병도兵道는 을乙·신辛의 방향이며, 인도人道는 건乾·손巽의 방향이고, 귀도鬼道는 병丙·임壬의 방향이다. 주석은 이미 「사월」에 있다.

【19】 오성이 길한 달[五姓利月]

치성徵姓이 크게 이로운 해와 날은 축丑·인寅·묘卯·사巳·오午·신申이면 길하다. 각

甲申 [24]、 乙酉、 丙戌、 乙未、 丙申、 戊戌、 戊申、 癸亥, 已上嫁娶大吉.

【十七】喪葬: 此月死者, 妨子、午、卯、酉生人. 斬草日[25], 丙子、 庚寅、 庚子、 壬子、 乙卯日, 吉. 殯日[26], 丙寅、甲寅.[27] 葬日[28], 壬申、甲申、乙酉、丙申、壬寅、乙卯、庚申、辛酉日[29], 吉.

【十八】推六道:[30] 死道丁癸, 天道坤艮, 地道甲庚. 兵道乙辛, 人道乾巽, 鬼道丙壬. 注已具四月.

【十九】 五姓利月: 徵姓[31]大利, 年與日用丑、 寅、 卯、

성角姓이 크게 이로운 해와 날은 자子·인寅·묘卯·진辰·사巳·오午이면 길하다. 궁성宮姓은 조금 길하다. 상성商姓·우성羽姓은 흉하다.

【20】 기토起土

비렴살[飛廉]은 인寅의 방향에 위치하고, 토부土符는 오午의 방향이며, 토공土公은 묘卯의 방향이고, 월형月刑은 오午의 방향이다. 북쪽 방향을 크게 금한다. 흙을 다루기 꺼리는 날[地囊]은 무진戊辰, 무인戊寅일이다. 이상의 날은 흙을 일으킬 수 없으며 (일으키면) 흉하다. 월복덕月福德은 해亥의 방향에 있으며, 월재지月財地는 유酉 방향에 있는데, 이상에서 흙을 취하면 길하다.

【21】 이사移徙

큰 손실은 자子의 방향에 있고, 작은 손실은 해亥의 방향에 있으며, 오빈五貧은 사巳의 방향에 있다. 이사는 빈貧과 모耗의 방향으로 갈 수 없다. 여름 병자丙子일·정해丁亥일에는 시집·장가가고, 이사 가고, 입택入宅할 수 없는데, (그렇게 하면) 흉하다.

【22】 상량上樑하는 날[架屋]

이달에는 일절 대들보를 만들어 올릴 수 없다.

巳、午、申, 吉. 角[32] 大利, 年與日用子、寅、卯、辰、巳、午 吉. 宮小吉. 商羽, 凶.

【二十】起土: 飛廉在寅, 土符在午, 土公在卯, 月刑在午. 大禁北方. 地囊在戊辰、戊寅. 已上日不可動土, 凶. 月福德在亥, 月財地在酉, 已上取土吉.

【二十一】移徙: 大耗在子, 小耗在亥[33], 五貧在巳. 移徙不可往貧耗上. 又夏忌[34] 丙子、丁亥, 不可嫁娶移徙入宅, 凶.

【二十二】架屋: 此月切不可起造.

【23】 단오일에 액땜하기[端午日穰鎭附]

이날 오午시에 개구리[蝦蟆]15)를 잡아서 백일 간 그늘에서 말리고 그 다리로 땅을 그으면 물이 흐르게 된다. 출처는 『포16)박자』이다.17)

오일午日에 쑥을 캐 두면 온갖 병을 치료할 수 있다.

초하루에 목욕하면 길하고 이롭다.

『포박자抱朴子』18)에 이르기를 "오일에 적령부赤靈符를 만들어서 흉부에 붙이면 병기를 피할 수 있다."라고 하였다.

『세시기歲時記』19)에 이르길 "오午일에 오

【二十三】端午日穰㉟鎭附: 此日午時取蝦蟇㊱, 陰乾百日, 以其足畫地, 成水流. 出抱㊲朴子.

午日採艾收之, 治百病.

一日沐浴, 令人吉利.

抱朴子云, 午日造赤靈符, 着心前, 辟兵.

歲時記云, 午日以

---

15) 현대 동물 분류상에서 개구리[蝦蟆]속 적와(赤蛙)과 역시 토와(土蛙)라고도 부르며 몸이 작으나 잘 뛴다. 그리고 두꺼비[蟾蜍]속 섬여(蟾蜍)과는 민간에서 나하마(癩蝦蟆)라고 하는데 하마(蝦蟆)와는 다른 종류이다. 여기서의 '하마(蝦蟆)'는 실제로는 섬여를 가리키는 것으로 『포박자(抱朴子)』「내편(內篇)·선약(仙藥)」편에서는 '섬여'라고 쓰고 있다. 고대에는 두 가지를 혼칭하였는데 『신농본초경』과 『명의별록』에서는 하마는 즉 섬여에 해당된다고 하였다. 최식의 『사민월령』「오월」편 주에서도 이르길 "경사에서는 두꺼비[蟾諸]를 개구리[蝦蟆]라고 한다."라고 하였다. 한악은 섬여를 고쳐 '하마'라고 하였는데 이는 분명히 당시 현지의 속명이다.

16) 진(晉)대 갈홍에 따르면 "나라사람들이 그를 포박지사(抱朴之士)"라고 불렀는데 (『포박자(抱朴子)』「외편(外篇)·자서(自敍)」) 그 때문에 그의 호를 책의 이름으로 하였다. 노자 『도덕경』에 의하면 "평소의 기질이 순박하고 넉넉한 것을 보니 사사로운 과욕이 없다."라고 하였는데, 이때 '박(樸)'은 '박(朴)'자이다.

17) 『포박자』「내편(內篇)·선약(仙藥)」.

18) 『포박자』「내편(內篇)·잡응(雜應)」. '병(兵)'은 병기를 가리킨다. 내용은 모두 도가(道家)의 황당무계한 사설이다.

19) 『세시기(歲時記)』는 양(梁)대 종름(宗懍)의 『형초세시기(荊楚歲時記)』를 가리킨다. 청대 도정(陶珽)이 재차 편집한 120권 『설부(說郛)』본 『형초세시기』에는 다음과 같은 기록이 보인다. 즉 "오색실을 땋아 팔에 묶는 것을 피병(避兵)이라

색실로 장수 끈을 만들어서 팔 위에 묶어 두면 병기를 피한다."라고 하였다.

쑥과 마늘로 사람의 형태를 만들어서 문 위에 두면 전염병을 막을 수 있다. 출처는 『풍토기(風土記)』20)이다.21)

두꺼비[蟾蜍]를 잡아서 모든 부스럼[疳瘡]약을 제조한다.

적색과 백색의 접시꽃[蜀葵]22)을 각각 따

綵線五色造長命縷,
繫臂上, 辟兵.

又以艾蒜爲人, 安
門上, 辟溫.**38** 出風土
記.

收蟾蜍, 合一切疳
瘡藥.

蜀葵赤白者, 各收

고 하는데, 사람이 전염병에 걸리지 않게 한다."라고 한다. 또 '조달(條達)' 등이 있는데, 잡물로 베를 짜서 서로 증여하였다고 한다. 원주(原注)에는 "5월에 고치가 나오기 시작하는데, 부인들은 정련하고 염색해서 모두 베를 만들었다. 일월성신조수(日月星辰鳥獸)의 형상으로 수를 놓고 금실을 수놓아 존귀한 사람에게 바쳤다. 그것을 일명 장명루(長命縷)라 하는데, 그 외에도 속명루(續命縷), 벽병증(辟兵繒), 오색실[五色絲], 주색(朱索) 등 유사한 이름이 매우 많았다."라고 하였다. 묘치위는 교석본에서 송대 진원정(陳元靚)의 『세시광기(歲時廣記)』권21 「단오」 '집색증(集色繒)'조에는 『풍속통(風俗通)』을 인용하여 이르길 "5월 5일에 오색의 비단을 모으면 병기를 피할 수 있다고 하는데, 내가 복군(服君)에게 물었다. 복군이 이르길 '이것은 부인의 양잠의 공을 표시한 것이다. … 소리가 와전되어 네모로 만들어서 병기를 피하게 하였다.'"라고 하였다.

20) 『풍토기』는 진대 주처(周處)의 『풍토기』를 가리킨다. 그러나 한악의 『세화기려』 「단오」조의 '괘애(掛艾)'의 조항 아래에는 이 항목을 인용하여 『형초기』라고 썼다. 『세시광기』권21에서도 『형초세시기』를 인용하여 쓰고 있다. 묘치위의 교석본에는 이 2가지 기록을 통해 한악이 인용한 출처가 상이하여 한 사람이 한 것은 아니라고 의심하였다.

21) 쑥을 문에 걸어 두어 질병을 막는 것은 위 문장에 기록된 『풍토기』와 『형초세시기』 이외에도 보인다. 수대(隋代) 두대경(杜臺卿)의 『옥촉보전(玉燭寶典)』에는 "형초의 사민들은 함께 여러 풀[百草]을 밟는다. 쑥을 채집하여 (사람 형태로) 만들어 문 위에 걸어 두면 독기를 피할 수 있다.[荊楚四民並逾百草. 採艾以爲(人), 懸門戶之上, 以振毒氣.]"라고 하였다. 이를 볼 때 이러한 주술적인 요소는 최소한 위진남북조시대부터 이어져 왔다는 것을 알 수 있다.

22) 당아욱[錦葵]과의 접시꽃[蜀葵; *Althaea rosea Car.*]으로 꽃은 자색·홍색·백색 등이 있는데, 『본초강목』권16 '촉규(蜀葵)'조항에서 이시진이 말하길 "오직 홍색·백색 두 가지 색만이 약에 들어간다."라고 하였다. 본초서류에는 『가우본초(嘉祐本草)』에서 처음으로 기록하고 있다. 붉은색 꽃이 적대를 치료하고 흰색

서 그늘에서 말려 두면 부인의 적백 대하증[赤白帶下]을 치료할 수 있다. 적색 꽃으로 적대하를 치료하고, 백색 꽃으로 백대하를 치료한다. 가루를 내어 술과 함께 복용하면 매우 신묘한 효험이 있다.[23]

또 오일午日에 뽕나무 위에 난 물고기 비늘과 같이 생긴 흰 목이버섯을 따서 찧어 탄환 크기만 하게 면으로 싼 뒤 꿀에 담갔다가 인후병[患喉痹][24]을 앓고 있는 자가 (입에) 머금으면 즉각 차도가 있다.[25]

陰乾, 治婦人赤白帶下. 赤治赤白治白. 爲末, 酒服之, 甚妙.

又午日採桑上木耳白如魚鱗者, 患喉痹者, 搗碎, 緜裹如彈丸大, 蜜浸, 含之, 立差.

🌸 교 기

1 '야(也)': 【중각본】과 【필사본】에는 이 글자가 누락되어 있다.

2 "是月北行": 【중각본】과 【필사본】에서는 "是月天道北行"으로 표기하고 있다.

3 【중각본】과 【필사본】에는 이 문장 마지막에 '吉'자가 추가되어 있다.

4 '일(日)': 【필사본】에서는 이 글자가 누락되어 있다.

5 【필사본】은 이 문장에서 '南方'과 '氣'를 생략하였다.

6 【계미자본】에서는 '빙(冰)'자로 표기하고 있는데, 【중각본】『사시찬요』에는 '빙(水)'으로 쓰고 있다. 묘치위의 교석본은 【중각본】을 근거로 하였지만 '빙

꽃으로 백대를 치료하는 것에 대해서는 옛 방서 중에서 송대 태종 때의 『태평성혜방(太平聖惠方)』에서 가장 일찍 보인다.

23) 송말(宋末) 진원정(陳元靚)의 『세시광기(歲時廣記)』 권21 「단오(端午)」편에도 『사시찬요』의 이 기록을 인용하고 있다.

24) 【계미자본】과 【중각본】에는 '비(痹)'로 쓰여 있는데, 묘치위의 교석본에는 '비(痹)'로 표기하고 있다.

25) 이 항목은 『세시광기』 권22에는 당(唐)대 손사막(孫思邈)의 『천금익방(千金翼方)』을 인용한 것에도 동일한 기록이 있다.

(冰)'으로 고쳐 쓰고 있다.

7 【중각본】에서는 "風從离來爲順風, 其歲大熟."으로, 【필사본】에서는 "風從离來名爲順風, 風歲大熟."으로 쓰고 있다.

8 【중각본】과 【계미자본】은 본문과 동일하며, 【필사본】에서는 "申爲靑龍, 酉爲明堂, 子爲金匱, 丑爲天德, 卯爲玉堂, 午爲司命."으로 적고 있다.

9 【중각본】은 【계미자본】처럼 본문과 동일하며, 【필사본】에서는 "戌爲天刑, 亥爲朱雀, 寅爲白虎, 辰爲天牢, 巳爲玄武, 未爲句陳."으로 하였다.

10 【중각본】과 【필사본】에서는 본 항목의 끝부분에 '也'자를 덧붙여 쓰고 있다.

11 '목(目)': 【중각본】과 【필사본】에는 '日'로 표기하고 있다.

12 【중각본】에서는 '鷄'를 '雞'자로 표기하였으며, 이하 동일하여 별도로 교기하지 않는다. 【중각본】과 【필사본】에서는 "也. 忌出行."을 추가하고 있다.

13 '사중월(四仲月)': 【중각본】과 【필사본】에는 '四仲之月'로 쓰고 있다.

14 【계미자본】과 【중각본】에는 '亥'자를 쓰고 있는데 【필사본】에는 이 글자를 수정하여 '立'자와 같은 형태를 띠고 있다.

15 【필사본】에서만 '巽時'를 '並時'로 적고 있다.

16 "架屋, 埋葬": 【필사본】에서는 "埋葬, 架屋"의 순서로 적고 있다.

17 【필사본】에서는 본문을 "卯爲河魁, 酉爲天剛, 子爲狼籍, 卯爲九焦, 卯爲血忌, 子爲天火, 午爲地火."로 쓰고 있으며, 【중각본】에서는 '天岡'을 '天剛'으로, 끝부분의 '地火在酉'를 '地火在午'로 쓰고 있다.

18 【필사본】에는 '下車時'에서 '時'자가 빠져 있다.

19 '인(人)': 【중각본】과 【필사본】에는 '男'으로 표기하였다.

20 "八月, 二月": 【중각본】과 【필사본】에서는 "二月, 八月"로 도치하고 있다.

21 【중각본】과 【필사본】에는 '火命' 다음에 '女'자가 추가되어 있다.

22 '월(月)': 【중각본】과 【필사본】에는 이 글자가 누락되어 있다. 그런데 【계미자본】에서는 '月'을 대개 '此月'로 표기하고, 4월의 경우 '月'자가 빠져 있다.

23 '기해(己亥)': 【중각본】과 【필사본】에서는 '巳亥'로 쓰고 있다.

24 【필사본】에서는 '癸'에서 이 항목이 끝나고, '未'자 없이 '甲申'부터 다음 조항이 시작된다는 표시로 ○를 삽입하고 있다.

25 '일(日)': 【중각본】과 【필사본】에는 '日'자가 생략되어 있다.

26 '일(日)': 【중각본】과 【필사본】에는 이 '日'자 역시 생략되어 있다.

27 【중각본】에서는 '甲寅' 뒤에 '日吉'을, 【필사본】에서는 '吉'을 추가하고 있다.

28 '장일(葬日)': 【중각본】과 【필사본】에서는 '日'자를 생략하였다.

㉙ '일(日)': 【필사본】에는 이 글자가 생략되어 있다.

㉚ 【필사본】에서는 "天道坤艮, 地道甲庚. 人道乾巽, 兵道乙辛, 死道丁癸, 鬼道丙壬."으로 쓰고 있다. 이 조항의 소주(小注)는 【필사본】에서는 "法已具四月中."으로, 【중각본】에서는 "注已具四月中."으로 쓰고 있다.

㉛ '성(姓)': 【필사본】에는 이 글자가 생략되어 있다.

㉜ 【중각본】에서는 각(角)자 다음에 '姓'자를 덧붙여 쓰고 있다.

㉝ 【중각본】과 【필사본】에서는 '五貧在巳' 앞에 '五富在亥' 구절을 추가하고 있다.

㉞ '기(忌)': 【중각본】에는 이 글자가 누락되어 있다.

㉟ '양(穰)': 【중각본】과 【필사본】에는 '禳'으로 표기되어 있다.

㊱ '하마(蝦蟇)': 【중각본】과 【필사본】에서는 '蝦蟆'로 쓰고 있다.

㊲ '포(抱)': 【중각본】에서는 '袍'로 쓰고 있다.

㊳ '온(瘟)': 【중각본】과 【필사본】에는 '瘟'으로 적고 있다.

2. 질병치료

【24】 금창약金瘡藥26)

단오일에 해가 나오지 않았을 때 백초百草의 상단부 (연한) 머리 부분을 딴다. 오직 연한 부분[藥苗]이 많은 것이 더욱 좋은데, 많고 적음은 상관없다. 찧어서 걸쭉한 즙을 취하고 또한 석회 3-5되[升]를 취해 풀 즙과 서

【二十四】金瘡藥:
午日日未出時, 採百草[1]頭. 唯藥苗多即尤佳, 不限多少. 搗取濃汁, 又取石灰三五升, 以草汁相和,

---

26) 수(隋)대 두대경(杜臺卿)의 『옥촉보전(玉燭寶典)』 권5에는 "백 가지 풀을 합하고 찧어서 즙으로 만들고 석회를 더하여 햇볕에 말려 상처 난 부위에 바르면 즉시 낫는다."라고 기재되어 있는데, '금창(金瘡)'은 병기로 인한 상처로 생긴 부스럼이다.

로 섞어서 다시 찧는다. (틀에 넣고 눌러 담아)
벗겨서 병자餠子로 만들어 햇볕에 말린다. (이
약은) 모든 쇠에 입은 상처나 부스럼을 치료
하며 피도 바로 멎는다. 아울러 어린아이의
독창毒瘡도 치료한다.

搗. 脫作餠子, 曝乾.
治一切金刃傷瘡, 血
立[3]止. 兼治小兒惡
瘡.

【25】 요로 담석약[淋藥]

단옷날 접시꽃[葵; 蜀葵]의 씨27)를 구해서
태워 재로 만들어 그것을 모은다. 요로결석
에 걸린 자가 있으면 사방 한 치 숟가락의 재
를 물과 조합하여 복용하면 곧 낫는다.28)

【二十五】 淋藥:
午日取葵子燒作灰,
收之. 有患砂[4]石淋
者, 水調方寸匕服之,
立愈.

【26】 심통약心痛藥

통마늘[獨頭蒜] 5알 · 연단[黃丹]29) 2냥兩을

【二十六】 心痛
藥: 取獨頭蒜五顆,

---

27) 동규자(冬葵子;「정월」편 【48】 항목 참조)와 촉규자(蜀葵子) 모두 요로 담석
증[淋疾]을 치료할 수 있지만, 담석증[石淋]을 치료하는 것은『본초강목』권16 '규
(葵)'와 '촉규(蜀葵)'조항을 근거로 하면 단지 촉규자만 가능하다. 이 처방 역시 북
송의『태평성혜방(太平聖惠方)』에서 나온 것이다.『본초강목』'석림파혈(石淋破
血)' 아래에서 이 치료 방법을 인용하여 이르길 "5월 5일 접시꽃 씨[葵子]를 거두
어 볶고 갈아서, 밥 먹기 전에 따뜻한 술에 한 숟갈[錢]을 먹으면 바로 돌이 배출
된다."라고 하였다.『사시찬요』에서 말하는 '규자(葵子)'는 접시꽃[蜀葵子]을 가
리킨다. 이 처방은 「오월」편 【23】 항목의 접시꽃[蜀葵花]과 함께 적백대하(赤白
帶下)를 치료할 수 있다고 하는데, 이를 볼 때『태평성혜방』은 바로『사시찬요』
를 근거로 하여 나온 것임을 알 수 있다. 도홍경은 동규자(冬葵子)를 일러 "기관을
부드럽게 하여 담석을 배출할 수 있다.[至滑利, 能下石.]"라고 하였는데(「정월」편
주석 참조), 오직『본초강목』의 '규(葵)'조항은 도홍경이 말한 '능하석(能下石)'이
라는 세 글자를 채록하지 않았다.
28) 약의 조합방식에서 와타베는 재를 사방 한 치의 물과 조제한다고 하여 다소 차
이를 보이고 있다.
29) '황단(黃丹)'은 곧 연단(鉛丹)이며, 순연(純鉛)은 순수한 납을 가공제련을 거쳐
서 만든 사산화삼납(Pb₃O₄)이다. 복용하면 차분하게 신경을 진정시키는 약이다.

취한다. 단오일 정오에 마늘[蒜]을 찧어서 진흙같이 만들어 연단과 함께 섞어 환丸으로 만드는데, 환은 가시연밥30)과 같은 크기로 만들어 햇볕에 말린다. 심통환자에게 1개의 환을 (갈아서) 식초[醋]에 배합하여 복용한다.

【27】학질약[瘧藥]

사신단四神丹이라고 부른다. 주사朱砂 1푼[分], 사향麝香 1푼, 연단[黃丹] 2냥[兩], 비소[砒] 반 푼이 필요하다.

이상의 것들을 각각 부드럽게 갈아서 가루로 만들고 또한 동일한 그릇에 갈아서 서로 섞이게 한다. 다시 밥에 넣고 갈아서 환을 만드는데, 오동나무 열매 정도의 크기로 만들어 햇볕에 말린다. 병에 걸린 자가 있으면 3번 발작이 난 후 4번째 발작이 일어난 날 오경五更에 정화수井華水를 이용해서 환약 1개를 삼킨다. 하루 동안은 뜨거운 음식을 피한다. 만약 만성학질[勞瘧]이면 다시 한 번 발작이 일어날 것을 기다려 다소 양을 늘리면 차도가 있다. 묽은 가래를 동반하는 학질은 즉 크게 구토하는데, 심하게 토하는 자는 작은 녹두를 갈아 넣은 즙을 복용하면 바로 멎는다. 발작성 학질[鬼瘧]도 바로 안정된다. 임신부는 복용해서는 안 된다. 이러한 연유는 비상이

黃丹二兩. 午日午時, 搗蒜如泥, 相和黃丹爲丸, 丸如鷄頭子⑤大, 曝乾. 患心痛, 醋磨一丸服之.

【二十七】瘧藥:

名四神丹. 朱砂 一分, 麝香 一分, 黃丹 二兩, 砒 半分.⑥

右各研令細⑦, 又同一處研令相合. 即研飯爲丸, 丸⑧如梧桐子大, 曝乾. 有患者, 得三發已後, 第四發日五更, 以井華水⑨吞一丸. 一日內忌熱物. 若是勞瘧, 更一發⑩, 稍重, 便差. 痰瘧即大吐, 吐甚者, 即研少⑪菉豆漿服之, 即止. 鬼瘧便定. 有孕婦人不可服. 緣有砒故.⑫ 一月內忌毒物, 雞、猪肉、

---

30) '계두(鷄頭)'는 여기서 가시연밥[鷄頭]을 가리킨다. (『의방유취(醫方類聚)』 권92에서 『사시찬요』를 인용한 것에서는 '계두자(鷄頭子)'라고 적었다.)

있기 때문이다. 한 달 내에 독이 든 것, 닭·돼지고기, 신선한 물고기[鮮魚], 술·과일, 기름진 것을 피해야 한다.

鮮魚、酒、果、油膩等.

【28】 설사약[痢藥]

아교산자阿膠散子 만드는 법은 당귀當歸 쪼개고 부수어 술에 조린다. 황련黃連31) 털을 제거하고 깨끗이 씻는다. 가자訶子32) 열로 익혀 육질을 취한다. 아교阿膠 약한 불에 구워서 거품이 일어나면 곧 멈춘다. 감초甘草 장물에 담가 두었다가 그것을 굽는다.를 사용한다.

이상의 다섯 가지를 각각 같은 양으로 나누어 곱게 찧고, 체로 쳐 분말을 만든다. 연단[黃丹] 3냥兩, 백반白礬 2냥 이상 두 가지는 서로 합하고 곱게 갈아서 병(瓶) 속에 넣고 숯불을 지펴 물기를 없앤다.33) 오랫동안 굽고 식혀 두었다가 곧 꺼내어 곱게 간다.을 준비한다. 이 약과 앞의 초약草藥을 서

【二十八】痢藥:[13]

阿膠散子, 當歸 剉碎酒熬. 黃連 去毛淨洗. 訶子 煨取肉. 阿膠 慢火炙令泡起即止. 甘草 漿水浸, 炙之.[14]

右件五味, 各等分, 細搗, 羅爲末. 黃丹 三兩, 白礬 二兩, 二味相和(細)研, 入瓶子內, 以炭[15]火斷之. 通炙良久, (放)冷, 即出細研之. 此藥與前[16]

---

31) '황련(黃連)'은 바구지과 식물로 여기서는 뿌리줄기를 말린 것이다. 초겨울에 캐서 잔뿌리를 다듬어 버리고 물에 씻어 햇볕이나 건조실에서 말린 다음 두드려 겉껍질을 없애고 해열과 습사를 제거하는 약재로 사용한다.

32) '가자(訶子)'는 또한 '가려륵(訶黎勒)'이라고 칭한다. 학명은 *Terminalia chebula Retz.*로, 사군자과(使君子科)이다. 그 열매를 거두어 지사제(止瀉劑)로 사용한다. 주로 인도·미얀마 등지에서 생산되며, 과거에는 중국에서 대부분 수입하였으나, 중국 해방 후에는 운남(雲南) 등지에서 생산되고 있다.

33) 본문의 "以炭火斷之"는 소련(燒煉)법이며, 또한 이것은 무기 약물의 포제(炮製)법이다. 송대 뇌효(雷斆)의 『포자론(炮炙論)』에 따르면 반석(礬石)의 포제에 대해 열처리[燒煉]한 후에 먼저 결정수에서 녹여 액체로 만들고 계속하여 가열해 주면 곧 수분이 증발해 점점 응고되어 흰색의 부슬부슬한 덩어리나 분말 상태의 '고반(枯礬)'이 되는데, 약으로 쓸 수 있다. 묘치위의 교석에서는 『포자론』의 방법이 『사시찬요』의 포제 방법과 서로 같지만, 연단[黃丹]을 한 차례 넣고 변화시키는 것이 다르다. 무기(無機) 약물의 포제는 연단술과 밀접한 관계가 있다고 한다.

로 섞어서 가루약[散藥]을 만든다. 매번 3순갈[錢匕]을 복용하는데 미음[34]과 섞어 복용한다. 만약 환을 만들려면 밀가루 풀을 섞어 환을 만드는데, 환은 완두콩 크기와 같이 한다. 한 번에 10알씩 복용한다. 이러한 산약으로[35] 동시에 일체의 부스럼과 소아 부스럼을 두루 치료하는데, 모유와 섞어 발라 준다. 나머지 부스럼들은 건조한 상태로 사용한다.

草藥等和合爲散. 每服三錢匕, 米飲調下. 若要作丸子, 以麵糊和和[17]爲丸, 丸如豌豆大. 一服十丸. 此散兼治一切瘡及小兒瘡, 以人乳調塗. 餘瘡乾用.

【29】 모과병자[木瓜餠子]

모과병자로 냉기 · 곽란(癨亂[36]) · 담역(痰逆[37])을 치료하는 방법은 청목향(靑木香,[38]) 구운 감초(甘草) · 백빈랑(白檳榔) · 가리륵(訶梨勒[39]) · 인삼(人

【二十九】 木瓜餠子: 治冷氣、癨亂[18]痰逆方, 靑木香、甘草 炙[19]、白檳榔、訶

---

34) '미음(米飲)'은 곧 미탕(米湯), 미장(米漿)이다.

35) 【계미자본】과 【중각본】에는 '일산(一散)'으로 쓰고 있으나, 묘치위의 교석본에서는 '차산(此散)'으로 쓰고 있다. 묘치위는 『의방유취(醫方類聚)』권138 '제리문(諸痢門)'에서 『사시찬요』를 인용하여 '차산(此散)'으로 쓰고 있기에 이를 따른다고 하였다. (일본 영인본 『사시찬요』 뒤에 첨부된 『제서소인사시찬요여영인본대조표(諸書所引四時纂要與影印本對照表)』에 의거함.)

36) "무릇 함부로 무절제하게 먹어서 경각에 이른 자"를 옛날에는 모두 '곽란(霍亂)'이라고 불렀다.(【계미자본】 『사시찬요』에서는 '곽란(癨亂)'이라고 쓰고 있다.) 위로 토하고 아래로 설사하는 식중독, 중서(中暑) 등을 포괄하는 급성 질병으로 현재의 곽란(霍亂; cholera)과는 다르다.

37) 담(痰)은 위로 치받아 생기는 증상으로 소화를 못하고 가슴이 답답하며, 구역감을 느끼는 등의 증상을 보이는 병증이다.

38) 청목향(靑木香)의 뿌리이다. 원기둥 모양 또는 납작한 원기둥 모양으로 대개 구부러져 있다. 길이 3-15cm, 지름 0.5-1.5cm이다. 바깥 면은 황갈색 혹은 회갈색이고 평평하지 않으며 세로주름 및 잔뿌리 자국이 있다.

39) 【계미자본】에서는 '梨'로 쓰고 있으나, 묘치위의 교석본에서는 【중각본】의 '黎'를 '黎'로 표기하였다. 후자의 두 글자는 통용되지만, 묘치위는 「팔월」편 【41】 항목에서 려(黎)자를 쓰고 있다. '가리륵(訶梨勒)'은 '가려(訶黎)'라고도 한다. 이 것은 사군자과 식물인 가자나무(*Terminalia chebula* Retz.)와 털가자나무(*T. c.*

參 · 진귤피陳橘皮 · 천궁[芎吳]40) · 오수유吳茱萸 · 고량강高良薑41) · 당귀當歸 · 익지자益智子42) · 초두구草豆蔲43) · 계심桂心을 사용한다. 이상 각각 반 냥(兩)을 곱게 찧어 가루로 만든다.

상백피桑白皮 1냥, 백출白朮 · 생강生薑 각각 2냥, 대복大腹44) 다섯 개를 사용한다. 네 가지는 따로 찧는다.

이상의 것들 중에 뒤의 4가지는 물 3되[升]와 섞는다. 아울러 앞의 약을 체로 치는데, 체에 거르지 않은 거친 가루도 함께 넣어 달인다. 2되가 되도록 달여 찌꺼기를 제거한 뒤, 깨끗한 소금 한 되를 넣고 또 달여 약염藥塩과 같이 말린다. 먼저 좋은 모과 10개를 껍질과 씨를 제거하고 푹 쪄서 동이 속에 넣고 곱게 간다. 넣은 약염과 앞의 약의 분말을 함께 가는데 고루 곱게 하고 햇볕에 말려 (모양틀에 넣고 찍어) 벗겨 내어 병자로 만들며, 불에 쬐어 말린다.

梨⑳勒、人參、陳橘皮、芎吳㉑、吳茱萸、高良薑、當歸、益智子、草豆蔲桂心. 已上各半兩, 細杵爲末.

桑白皮 一兩, 白朮 二兩, 生薑 二兩, 大腹五个. ㉒ 四味別搗.

右先以四味用水三升. 并前藥, 篩不盡麁滓末同入煎之. 煎至二升許, 去滓, 入淨塩一升, 又煎似藥塩令乾. 先以好土木瓜十顆, 去皮核, 爛蒸, 入砂盆內細研. 入藥塩及前藥末, 同研取勻細, 曝乾, 脫作餅子, 火焙乾.

Retz. var. tomentella Kurt.)의 익은 열매를 말린 것이다.
40) '궁오(芎吳)'는 곧 '천궁(川芎)'이다.
41) '고량강(高良薑)'은 생강과의 뿌리줄기이다.
42) '익지자(益智子)'는 생강과 익지초(益智草; Zingiber nigrum Gaertner.)의 말린 종자로, 해남도 등지에서 생산된다. 강장약으로 사용되며, 아울러 냉기 · 복통 등을 치료하는 데 사용한다.
43) '초두구(草豆蔲)'는 생강과의 씨로서 열매껍질을 제거한 씨이다. 특유한 냄새가 있고 맛은 맵고 약간 쓰다.
44) '대복(大腹)'은 '대복피(大腹皮)'를 가리키며, 빈랑의 익은 열매껍질을 말린 것이다.

갑자기 곽란이 오는 경우 한 조각을 깨물어 먹으면 바로 안정된다. 먼 곳이나 가까운 곳을 출입할 때 몸에 지니고 다니면서 갑자기 병이 들 때 예방약으로 사용한다. 혹 술자리에서 꺼내면 향이 좋고 맛이 좋으며 풍류도 있다.

忽遇癨亂, 咬一片子喫便定. 遠近出入, 將行隨身, 用防急疾. 或是酒筵下出, 香美而且風流.

【30】액을 진압하기[猒鎭]

초하루에 목욕을 하면 길하고 이롭다. 이십일에 흰 털을 뽑는다. 이미 「정월」에 서술하였다.

【三十】猒鎭:[23] 一日沐浴, 吉利. 二十日拔白髮. 已具正月於[24]中.

【31】잡다하게 꺼려야 할 것[雜忌][45]

이달에 군자는 몸과 마음을 깨끗이 하고 행동을 삼가며, 좋아하는 것과 욕심을 조절한다. 맛있는 음식을 줄이고 기름진 것을 먹지 않으며 삶은 떡[餠]을 먹지 않는다.

【三十一】雜忌: 此月君子齋戒, 節嗜慾. 薄滋味, 無食肥濃, 無食煮餠.

---

45) 본 항목은 『예기』 「월령」과 최식의 『사민월령』을 고르게 채록한 것이다. 「월령」에서는 "이달 … 군자는 몸과 마음을 깨끗이 하고, … 맛있는 음식을 줄이고 이것저것 섞지 않으며 욕심을 절제하고, 심기를 바르게 한다."라고 하며, 『사민월령』에서는 "음기가 뱃속에 모여 있으면 막혀서 기름기로 바뀔 수 없으니 하지를 전후로 하여 각 10일 동안 영양가 있는 음식을 줄이고, 살찌고 기름진 음식을 많이 먹지 않아야 하며, 입추에 이르러서는 반죽한 떡과 삶은 떡을 먹지 않는다."라고 한다. 또한 '절기욕(節嗜慾)'에 대해 수대(隋代) 두대경(杜臺卿)의 『옥촉보전(玉燭寶典)』 「오월(五月)」에서는 "심기(心氣)를 바로잡는 것으로, '구(口)'는 '기(嗜)'이며, '심(心)'은 '욕(欲)'이라고 한다. '심(心)'은 사장(四藏)을 주로 하며 '기(氣)'는 '마음[心]'을 채우는 것이다.[定心氣, 口曰嗜, 心曰欲. 心四藏之主, 氣所以實心.]"라고 하였다. 아울러 '박자미(薄滋味)'의 "'자(滋)'는 생강・산초・계피・향초가 들어가 있는 것이며, '미(味)'는 단맛・신맛・육류・어류가 들어가 있는 것을 말한다.[薑椒桂蘭之屬曰滋, 甘酸魚肉之屬曰味.]"라고 하며, 이러한 음식은 적게 먹는 것이라고 한다.

이달 5일·6일·7일에는 잠자리를 달리 하는데,[46] 그것을 어기면 3년 즈음에 죽는 다.

是月五日、六日、七日別寢，犯之三年致卒.㉕

그림 8_ 익지益智와 그 열매[益智子]

그림 9_ 청목향靑木香과 말린 뿌리

그림 10_ 초두구草豆蔲와 열매

🌸 교기

① '백초(百草)': 【필사본】에서는 '白草'로 쓰고 있다.

② '다소(多少)': 【필사본】에서는 '多小'로 표기하였다.

③ '립(立)': 【중각본】에는 '卽'으로 적고 있다.

④ '사(砂)': 【필사본】에는 '沙'로 되어 있다.

⑤ '자(子)': 【중각본】에는 '子'자가 생략되어 있다.

⑥ 【중각본】과 【필사본】에서는 이 문장의 소주를 모두 본문과 같은 큰 글자로 하였다. 또한 【필사본】에는 '二兩'을 '一兩'으로 적고 있다.

---

46) 『예기』「월령」에서는 "이 달은 해의 길이가 가장 길어서 음양이 다투고 생사가 나누어진다. … 여색을 멀리하고 한순간도 들어가서는 안 된다."라고 하였다. 최식의 『사민월령』에서는 "이달은 음양이 다투고 혈기가 흩어지니 하지를 전후한 각 5일간은 각각 안팎에서 나누어 자야 한다."라고 하였다.

⑦ '右各研令細': 【중각본】에서는 이 중 '令'자를 생략하였다.

⑧ 【중각본】에는 중복해서 쓴 '丸'자를 한 글자만 쓰고 있다.

⑨ '정화수(井華水)': 【중각본】과 【필사본】에서는 '井花水'로 쓰고 있다.

⑩ 【필사본】에는 '一發'을 '襚襚'로 쓴 후에 앞의 '襚'자를 '一'자로 고쳐 쓰고 있다.

⑪ '소(少)': 【중각본】과 【필사본】에는 '小'로 되어 있다.

⑫ 【중각본】과 【필사본】에서는 이 소주 끝에 '也'자를 추가하였다.

⑬ '이약(痢藥)': 【필사본】에서는 '痢疾藥'으로 쓰고 있다.

⑭ '灸之'에 대해 【계미자본】과 【중각본】에는 '灸'로 적고 있는데, 묘치위의 교석본에서는 '炙'자로 고쳐서 표기하였다. 그리고 【계미자본】에서 큰 글자로 쓰여 있는 '之'는 【중각본】에는 작은 글자로 되어 있으며, 【필사본】에서는 생략되어 있다.

⑮ 【중각본】과 【필사본】에서는 앞의 '三兩'과 '二兩'을 본문과 같은 큰 글자로 하였으며, 【필사본】에서는 '炭'을 '灸'으로 쓰고 있다.

⑯ '전(前)': 【필사본】에서는 이 글자를 생략하였다.

⑰ 【중각본】과 【필사본】에서는 '和'를 한 글자만 쓰고 있다.

⑱ '곽란(癨亂)': 【중각본】의 이 항목에서는 '霍亂'으로 쓰고 있다.

⑲ '적(炙)': 【필사본】에서는 이 글자를 본문과 같은 큰 글자로 표기하고 있다.

⑳ '리(梨)': 【중각본】에서는 '棃'로 표기하고 있다.

㉑ '궁오(芎吳)': 【중각본】과 【필사본】에서는 '芎藭吳'로 적고 있다.

㉒ 【중각본】과 【필사본】은 이 문장을 "桑白皮一兩, 白朮生薑各二兩."으로 쓰고 있고, '五个'를 '五介'로 쓰며, 본문과 같은 큰 글자로 쓰고 있다.

㉓ 【계미자본】에서는 '猒鎭'을 쓰며, 【중각본】에서는 '壓鎭'으로 쓰고, 【필사본】에서는 '禳鎭'으로 쓰고 있다.

㉔ '어(於)': 【중각본】에서는 '門'으로 표기하였고, 【필사본】에는 이 글자가 생략되었다.

㉕ 【중각본】에서는 【계미자본】과 【필사본】과는 달리 "是月五日 … 致卒" 앞에 '別寢'이란 제목을 별도로 달고 이 문장을 독립 항목으로 설정하고 있다.

3. 농경과 생활

❀

【32】 맥전 말리기[暵麥地]⁴⁷⁾

이달에 (갈이하고 써레질하여) 말리지 않으면 파종하더라도 수확이 적다. 「유월」 또한 같다.

【三十二】暵麥地: 是月不暵, 音漢, 而種則寡矣. 同六月.①

【33】 소두小豆⁴⁸⁾

이달이 가장 좋은 때이다. 다만 부드럽게 갈고 누리로 파종한다. 물기가 많은 곳은 빈 누리로 갈아 흩어 뿌린다. 끌개질[澇]하여 평평하게 만드는 것은 삼을 파종하는 법과 같다. 재차 호미질한다. 잎이 떨어지는⁴⁹⁾ 것을 기다렸다가 베어 낸다.

【三十三】小豆: 此月爲上時. 但加熟耕, 樓②下. 澤多③者, 樓耩④漫擲. 澇之, 如麻法. 再遍鋤之. 候桑落刈之.

【34】 회화나무 파종하기[種槐]⁵⁰⁾

회화나무 열매가 익었을 때 따서 꼬투리

【三十四】種槐: 槐子熟時收, 擘取曝

---

47) 이 항목은『제민요술』권2「보리·밀[大小麥]」편에 "보리와 밀은, 모두 반드시 5-6월에는 땅을 햇볕에 쪼여 말린다."라고 하였다. 원주에서는 "땅을 햇볕에 쪼이지 않고 파종하면 수확은 반으로 줄어든다."라고 한다.『사시찬요』에서는 실제로『제민요술』을 채록한 것이다.

48) 본 항목은『제민요술』권2「소두(小豆)」편에서 채록하였다.『사시찬요』에서는 "이달이 가장 좋은 때이다."라고 하였으나,『제민요술』에서는 "하지 후 열흘이 되는 날이 소두를 심기에 가장 좋은 시기이다."라고 기록하고 있다.

49) '상락(桑落)': 묘치위는『제민요술』에 근거하여 '상락(桑落)'을 '엽락(葉落)'으로 고쳐 쓰고 있으며,【중각본】에서는 '상(桑)'자는 '상(栾)'자로 쓰고 있다.

50) 본 항목은『제민요술』권5「홰나무·버드나무·가래나무·개오동나무·오동나무·떡갈나무의 재배[種槐柳楸梓梧柞]」편 '종괴(種槐)' 부분에서 채록한 것이

를 쪼개고 (종자를 취해) 햇볕에 말려 벌레가 생기지 않게 한다. 자주 말려도 상관없다. 하지 10여 일 전쯤에 물에 담가 6-7일이 지나면 싹이 나는데 삼[麻]씨를 담그는 법과 같으며, 껍질을 상하게 해서는 안 된다. 만약 비가 충분히 내려서 삼씨를 파종할 때에는 삼씨와 함께 흩어 뿌린다. 그해에 삼의 키만큼 자라면 (삼을 베어 내고 남은) 회화나무는 버팀목을 세우고 줄로 묶어 난간을 만들어 준다. 줄이 닿는 부분은 풀로 감싸서51) 껍질에 상처가 나지 않도록 한다. 이듬해 땅을 갈아 부드럽게 해 주고 그 땅에 다시 삼52)을 파종하여 회화나무를 빠르게 자라도록 재촉53)한다. 2년 정월에 파서 옮겨 심는다. 우뚝 솟아 가지가 곧은 것이, 천백 개가 하나같이 곧게 자란다.

乾, 勿令蛀生. 數數曝不妨.⑤ 夏至前十餘日水浸, 六七日牙生, 如浸麻子法, 勿令傷皮. 如好雨種麻時, 和麻子撒之. 當年與麻齊, 竪木, 繩攔⑥之. 當繩草裹, 勿令傷皮. 明年斸⑦地令熟, 還於地上種麻, 賀令速長. 二年正月移植之. 亭亭條直, 千百如一.

다. "그해에 삼의 키만큼 자라면[當年與麻齊]" 뒷부분을 보면, 『제민요술』에서는 "삼이 다 자라면 베어 내고 오직 홰나무 모종만 남겨 둔다."라고 하였다. 이후에 나무 난간을 세워서 보호하는데, 『사시찬요』에서는 삭제하였다. '二年正月'은 『제민요술』에서는 '三年正月'로 쓰고 있다.

51) "當繩草裹"란 줄이 닿는 곳을 먼저 풀로 감싸 보호하고 그 다음 다시 줄로 묶어 울타리를 만드는 것으로, '이(以)'·'용(用)'자가 생략되어 있다.

52) 묘치위, 『사시찬요선독(四時纂要選讀)』, 농업출판사. 1984(이하 묘치위 선독으로 약칭)에서 이 삼을 수삼[雄麻]으로 보고 있다.

53) 【계미자본】과 【중각본】에는 '賀令速長'으로 쓰여 있으나, 묘치위는 이 중 '하(賀)'는 '협(脅)'이 깨져서 잘못된 것이므로 『제민요술』에 근거하여 '협'으로 표기하였다고 한다.

【35】 저마 파종하기[種苴麻][54]

하지 전 10일이 가장 좋은 시기이며, 하지일은 그다음이고, 하지 후 10일이 가장 좋지 않은 때이다. 땅을 종횡으로 7차례 이상 부드럽게 가는데, (그렇게 하면) 자라더라도 잎이 없다.[55] 비옥한 땅에는 무畝당에 종자 3되[升]를 사용하고 척박한 땅에는 2되를 사용한다. 맥麥이 누렇게 될 때 파종하는데 이때 파종[56]하는 것이 적기이다. 삼씨는 2가지 종류가 있는데, 하나는 흰 삼씨로 수삼[雄麻]이며 열매의 수확이 적고 이 달에 파종한다. 또 하나는 흑색 반점이 있는 것으로 이를 일러 저마(苴麻)라고 하며, 3월의 법에 따라서 파종하는 것이 적합하다. 땅의 등이 하얘지기를 기다렸다가 (빈) 누리로 갈이하여 (손으로) 종자를 산파하고 빈 끌개[撈]를 끌어 평탄하게 한다. 만약 비가 그치고 바로 파종한 것이라면 땅이 축축해

【三十五】 種苴麻: 夏至前十日爲上時, 夏至日爲中時, 夏至後十日爲下時. 熟耕地縱橫七遍已上, 生則無葉. 良田一畝用子三升, 薄田二升. 麥黃時種, 種亦良候也. 麻子有兩般, 一般自麻子, 爲雄, 即少子, 此月種. 一般黑班, 謂之苴麻, 即宜依三月中法種之. 待地白背, 以樓耩, 漫擲子, 空曳勞. [8] 若截雨脚種者, 地溼, 令麻瘦. 若待白

---

54) 본 항목은『제민요술』권2「삼 재배[種麻]」편을 채록한 것으로 수삼[雄麻]를 파종하는 것이지만, 여기서의 저마는 대개 암삼[雌麻]을 가리켜 표제와 모순된다. 아마 한악이 있던 당시 현지에서는 대마[麻子]를 저마로 통칭하였기 때문에 '저마(苴麻)'를 표제로 하고 소주를 달아서 밝힌 듯하다. '마(麻)'의 파종에 대해『사시찬요』의 경우 하지 전 10일간 파종을 '상(上)', 하지에 파종을 '중(中)', 하지 이후 10일간 파종을 '하(下)'라고 한 데 반해,『농사직설』「종마(種麻)」편에서는 "不過一鋤, 又有晩種者, 夏至前後十日內, 皆可種也."라고 하여 늦어도 하지 전후에 파종해야 한다고 하여 약간의 차이를 보이고 있다.

55) '生則無葉'은『제민요술』권2「삼 재배[種麻]」편에는 "縱橫七徧以上, 則麻無葉也."라고 쓰고 있는데 의미는 서로 동일하다. 그러나 땅을 갈고 써레질하여 부드럽게 하더라도, 대마는 단지 긴 줄기만 자라고 잎이 나지 않게 할 수는 없다. 대개 이것은『제민요술』에서 땅을 정치하게 갈아 부드럽게 하는 장점을 강조한 것으로서, 이 때문에 이러한 설명을 하였는데,『사시찬요』는 이에 비추어 초사한 것이다.

56) '종(種)'은 여기에서 여분의 것, 군더더기로 의심된다.

서 삼이 건강해지지 않는다. 만약 땅의 등이 하얗게 되길 기다려 파종하면 삼이 튼튼해진다. 만일 비가 적으면 약간 담귀 (누리로) 파종하지만 싹이 나게 해서는 안 되는데, 누리[樓]에 넣어서 파종할 때 쉽게 내려가지 않기 때문이다.

삼이 싹튼 지 수 일 동안은 참새를 쫓아야 한다. 잎이 푸르면 즉시 그만둔다. 잎이 펼쳐지면 호미질한다.

화분이 재[灰]와 같이 피어나면57) 바로 거두어들인다. 피어나지 않았는데 거두면 껍질이 온전하지 않다. 만약 화분이 피어오르고 나서 수확하면 비를 만날 경우 곧 껍질이 검어진다.58) 그것은 다발을 작게 묶고 얇게 펼치는데 쉽게 마르도록 하기 위함이다.59) 하루가 지나면 수시로 뒤집어 주며, 서리를 맞으면60) 삼이 누레진다. 삼 잎을 쳐서61) 깨끗하

背而種, 即麻肥. 如少[9]雨, 即略[10]漫而種, 不可令牙生, 樓頭中難下也.

麻生數日, 常驅[11]雀. 葉青即止. 布葉而鋤.

勃如灰便收. 若[12]未勃而收者, 皮不成. 若放勃而收, 遇雨即䵟. 束欲小, 鋪欲薄, 其爲易乾故. 一宿輒翻[13]之, 得霜即麻黃. 撲即欲淨, 有葉者愛[14]爛. 遂欲

---

57) '발(勃)'은 여기에서는 꽃가루[花粉]를 가리킨다. 『설문』에서는 "'죽(䰞)'이 솥에 넘치면서 팍 터져 나가는 것이다."라고 하였다. '발옹(浡瀓)'은 수증기가 피어오르는 것을 말하고, 『광운(廣韻)』「몰(沒)」에서는 "발(㙃)은 분진이 날리는 것이다."라고 하였다. '발(烿)'은 연기가 피어오르는 모양인데, 모두 분말이 날아오르는 것이 의미가 확장되어 나온 것이다. "발여회(勃如灰)"는 바로 꽃가루가 재가루처럼 흩어지는 것을 가리킨다.

58) 각 판본에는 '수(收)'자 앞에 '불(不)'자가 없으나 묘치위는 교석본에서 『제민요술』의 "放勃不收而即䵟"라는 구절에 근거하여 '수(收)' 앞에 '불(不)'자를 추가하여 "若放勃而不收, 遇雨即䵟."로 표기하였다. '䵟(䵟)'는 마섬유가 검게 변하는 것을 가리키는데 『사시찬요』에서는 '리(離)'라고 쓰고 있으나 그 의미는 상세하지 않다.

59) 【계미자본】과 【중각본】에는 '기위(其爲)'로 쓰여 있는데 묘치위 교석에는 『제민요술』에 근거하여 '위기(爲其)'로 표기하고 있다.

게 하는데, 잎이 있으면 문드러지기 쉽다. 담글 도랑은62) 물이 맑아야 한다.

水清.

【36】 삼 파종하기 좋은 날[種麻良日]

병신丙申일·무신戊申일·무인戊寅일·임진壬辰일·신묘辛卯일·을사乙巳일이 좋으며 사계절을 통하여 진辰일·술戌일·축丑일·무戊일·기己일이 모두 길하다.

【三十六】種麻良日: 丙申、戊申、戊寅、壬辰、辛卯15、乙巳, 四季則辰、戌、丑、戊、己, 並吉日.

【37】 삼씨 담그는 법[漫麻子法]63)

삼씨를 물속에 넣고, 두 섬[石]의 쌀로 밥을 지을 시간만큼 두었다가 곧 걸러 낸다. 자리 위에 그것을 펴 두는데 3치[寸] 두께로 하고, 자주 뒤섞어서 고르게 해 주면 땅의 기운[地氣]64)을 받아서 하룻밤 지나면 싹이 난다. 만약 물이 고인 땅에 파종하면 싹이 트지 않는다.65)

【三十七】漫麻子法:16 安麻子於水中, 如炊二石米久, 便漉出. 著席上布之, 令厚三寸17, 頻攪之令匀, 得地氣, 一宿即牙生. 若潦沛, 即不用生牙也.

---

60) "得霜即麻黃": 【계미자본】과 【중각본】, 【필사본】에서는 모두 '即'으로 쓰고 있으나, 묘치위 교석본에서는 문장 전후의 흐름에 근거하여 '則'으로 쓰고 있다.

61) '복(撲)'은 『제민요술』에서는 '확(穫)'으로 쓰고 있는데, 수확할 때 삼 잎을 제거하는 것을 가리킨다. 만약 쳐서 삼 잎을 제거한 것이라고 하면 마땅히 "撲葉欲淨"이라고 적어야 한다.

62) '수(遂)'는 전지 사이의 작은 도랑이다. 여기서는 '전지 사이의 작은 도랑을 뜻하지만 『제민요술』에서는 삼을 도랑에 담근다는 의미로 '구(漚)'로 표기하고 있다.

63) 본 항목은 『제민요술(齊民要術)』 권2 「삼 재배[種麻]」 편에서 채록하였다.

64) "頻攪之令均, 得地氣"에 대해 『제민요술(齊民要術)』 권2 「삼 재배[種麻]」에서는 "數攪之, 令均得地氣"라고 적고 있다.

65) 『사시찬요』에서는 "만약 물이 고인 땅에 파종하면 싹이 트지 않는다.[若潦沛,

【38】 삼의 종자 변별하기[辨麻種][66]

삼씨의 색이 비록 희더라도 이빨로 깨물었을 때 말라서 기름기가 없는 것은 쭉정이이니, 파종하기에 적합하지 않다. 입에 잠시 머금고 있어도 색이 처음과 같은 것이 좋다. 색이 검게[67] 변하는 것은 더위에 뜬 종자이다.

【39】 참깨 파종하기[胡麻][68]

이달 상순이 가장 좋지 않은 때이다.

【三十八】 辨麻種: 麻子顏色雖白, 齒咬破, 乾無膏潤者, 秕子也, 不中種. 口含少時, 顏色如舊者佳. 色變異者, 暍子也.

【三十九】 胡麻: 此月上旬爲下時.

即不用生牙也.]"라고 쓰고 있는데, 『제민요술(齊民要術)』 권2 「삼 재배[種麻]」에서는 "만약 물이 고여 있다면 10일이 지나도 싹이 트지 않는다.[水若涝沛, 十日亦不生.]"라고 적고 있다. 『사시찬요(四時纂要)』의 의미에 근거할 때, 비가 많이 내릴 때 파종하면 싹을 재촉할 필요가 없다는 것은 『제민요술』과 완전히 다르다. 『제민요술』에서는 만약 종자를 물에 담가 둔 후에 걸러 내어 자리에 펴놓지 않고 오랫동안 물속에 담가 두면, 담가 둔 지 10일이 지나도 발아하지 않는다고 하였다. 『사시찬요』의 설명은 자신의 경험이라고 볼 수 있으나, 이달 【35】 항목과 모순된다. 이 항목의 "待地白背"부터 "樓頭中難下也"까지는 『제민요술』의 "밭에 물기가 많으면 우선 삼씨를 물에 담가 싹이 트게 한다. … 지면의 흙이 하얗게 되면, 빈 누리[樓]로 고랑을 만들어 손으로 흩어 뿌린 후에 빈 끌개[勞]로 땅을 평평하게 골라 준다. (주: 빗발이 그치면 곧 파종하는데, 땅의 습기가 많으면 삼의 모종이 여위게 된다. 지면의 흙이 하얗게 되어 파종하면 삼의 모종이 튼실해진다.) 물기가 적은 것은 잠시 물에 담갔다가 바로 꺼내어 싹이 나지 않게 하여, 누리[樓] 상자에 넣어서 파종한다."라고 한 것에서 근거하였다. 『사시찬요』는 완전히 『제민요술』을 채록하였는데, 이 때문에 이 구절은 『제민요술』의 원래 뜻을 잘못 해석한 것이라 의심된다. 와타베 다케시[渡部 武] 역시 역주고에서 물이 고여 있으면 발아되지 않는다고 해석하고 있다.

66) 본 항목은 『제민요술(齊民要術)』 권2 「삼 재배[種麻]」편에서 채록하였으며, 수마씨[雄麻子]의 감별법을 가리킨다. 『제민요술』에는 '口含少時' 앞에 '市糴者' 세 글자가 있다.

67) 【계미자본】, 【중각본】, 【필사본】에서는 모두 '異'자를 쓰고 있으나, 묘치위 교석본에서는 '黑'으로 고쳐 쓰고 있다.

68) 이 항목은 『제민요술(齊民要術)』 권2 「참깨[胡麻]」편의 참깨를 심는 상시·중시·하시에 관한 부분에서 발췌·인용한 것이다.

【40】밭을 기름지게 하는 법[肥田法]⁶⁹⁾

녹두菉豆가 가장 좋고, 소두小豆와 참깨[胡麻]가 그다음으로, 모두 이달과 6월에 촘촘하게 파종한다. 7월과 8월에 갈아엎는다. 봄에 파종하는 곡식은 1무畝에 10섬[石]을 거둘 수 있는데, 그 거름의 효과는 누에똥과 잘 썩은 똥거름과 같다.

【41】만월과 파종하기[晚越瓜]⁷⁰⁾

이달에서 6월 상순上旬까지 파종하면, 겨울저장용 채소를 공급할 수 있다. 방법은 「이월」에 기록해 두었다.

【42】잇꽃 씨 거두기[收紅花子]

『제민요술齊民要術』에서 이르길 "잇꽃⁷¹⁾을

【四十】肥田法: (菉)豆爲上, 小豆胡麻爲次, 皆以此月及六月槪種之. 七八月耕殺之. 春種穀, 即一畝收十石, 其美與蚕沙熟冀同矣.

【四十一】晚越瓜: 此月至六月上旬種之, 以供冬藏. 法具二月.

【四十二】收紅花子: 齊民要術¹⁸云,

---

69) 이 항목은 『제민요술(齊民要術)』 권1 「밭갈이[耕田]」편의 '미전지법(美田之法)'에서 채록하였다.

70) 『제민요술(齊民要術)』 권2 「외 재배[種瓜]」편에서 "월과(越瓜)・호과(胡瓜) 파종하는 방법: 4월 중에 파종한다."라고 하였다. 또한 이르길 "5월과 6월 상순에는 저장용 외[藏瓜]를 파종한다."라고 하였다. 장과(藏瓜)란 소금에 절여서 저장하여 공급할 수 있는 월과의 종류를 가리킨다. 『사시찬요(四時纂要)』의 본 항목은 『제민요술』과 서로 유사한데, '만월과(晚越瓜)'는 『사시찬요』 자체에서 제목을 붙인 것이다. '법구이월(法具二月)'에서 「이월」편 【35】 항목은 외[瓜]를 파종하는 조항인데, 여기서는 오직 만월과를 파종하는 방법과 외를 파종하는 방법은 마찬가지라고 설명하고 있다. 「삼월」편 【73】 항목의 '이월과(移越瓜)'는 조월과(早越瓜)를 가리키지만 어느 달에 조월과를 파종하였다는 기록이 없다. 1766년 조선에서 편찬된 『증보사시찬요』에서도 이달에 '만과(晚瓜)'를 파종한다고 기록되어 있다.

71) '홍화(紅花)'는 즉 잇꽃이다. 『제민요술(齊民要術)』 권5 「잇꽃・치자 재배[種紅藍花梔子]」편에서 보이며, 삭제되고 생략된 문장이 많다. 『종예필용(種藝必用)』에 기록된 것은 대략 『사시찬요(四時纂要)』와 동일하다.

심으려면 땅은 비옥하고 부드러워야 한다. 2월 말이나 3월 초에 비가 온 뒤 재빨리 파종하는데, 누리[樓]로 파종하며, 삼을 파종하는 법과 같다. 호미로 (구덩이를 파서) 종자를 (점파하여) 덮어 주면[72] 종자를 절약할 수 있고, 그루가 잘 자라 꽃을 따고 관리하기에도 쉽다."[73]

"꽃이 피면 매일 서늘할 때를 틈타 따는데, 반드시 다 따 준다. 남겨 두게 되면 곧 시들고 뭉쳐져서[74] 다시 꽃을 피울 수 없게 된다. 5월이 되어[75] 열매가 익으면 거두어 말리

種紅花, 地欲良熟. 二月末[19]三月初, 雨後速種, 樓下, 如種麻法. 鋤陪種者[20], 省子而科, 又易斷治.

花開, 日日乘涼摘, 必須淨盡. 留餘即隨合去, 不復吐花也. 去五月, 子熟,

---

72) '배(陪)'자가 【중각본】에는 '배(培)'라고 쓰여 있으며, 『종예필용(種藝必用)』에서는 【계미자본】과 같이 '배(陪)'라고 쓰고 있는데, 묘치위의 교석본에는 두 글자 모두 잘못으로 보고 『제민요술(齊民要術)』에 근거하여 '부(㨐)'로 고쳐 표기하였다. 『제민요술』의 원문은 "또한 호미로 배토하여 종자를 덮어주면 싹과 그루가 커서 돌보기도 쉽다."라고 하였다. '부(㨐)'는 지금의 '긁다[刨]'이다. "鋤㨐而掩種"은 구덩이를 파서 (파종하여) 점파(點播)하고 다시 위에 흙을 덮는 것이다.

73) 잇꽃은 맑은 날 첫 새벽 이슬이 채 마르기 전에 따며, 일반적으로 오전 10시를 넘기지 않는데, 왜냐하면 잇꽃은 가시가 많아서 해가 뜬 후에는 점차 가시가 말라 딱딱해져 사람이 다치기 쉽기 때문이다. 묘치위의 교석본에 따르면, 잇꽃을 딸 때에는 비교적 두꺼운 상하의를 입어야 하며, 세 손가락을 써서 두상화서(頭狀花序)의 통상꽃부리[筒狀花冠]를 집어서 딴다고 한다. 본문 중의 '단치(斷治)'는 바로 이것을 가리킨다. 그러나 반드시 주의해야 할 점은 기부(基部)의 씨방을 손상시키지 말아야 하며, 곧 남겨 두었다가 계속적으로 열매를 맺게 해야 한다.

74) '합거(合去)'는 시들다[蔫合], 시들어 떨어지다[萎謝]로, 더 이상 생기고 신선하지 않음을 가리키므로, 사용하기에 적합하지 않다. 『천공개물(天工開物)』권3에서 "잇꽃을 딸 때에는 반드시 새벽에 이슬을 머금고 있을 때 따야 한다. 만약해가 높이 떠서 이슬이 사라지게 되면, 그 꽃은 이미 닫혀서 뭉쳐서 딸 수 없다."라고 하였다. 묘치위의 교석본에 의하면, 잇꽃이 피는 시간은 최대 48시간을 넘지 않으며, 꽃판[花瓣]이 황색에서 붉은색으로 변할 때에 맞추어 따야 하는데, 일반적으로 24-36시간 내에 따는 것이 가장 산뜻하고 아름답다. 만약 어제 새벽에 꽃봉오리 안에 약간 황색의 작은 꽃판이 드러나는 것을 보았다면, 오늘 새벽에 반드시 따서 거두어야 한다고 한다.

75) '거(去)'는 '도(到)'자로 해석하여 쓴 것이다.

고 두드려서 씨를 취하는데, 더위로 인해서 눅눅해지게 해서는 안 된다."

"5월에 늦은 잇꽃[晚花]을 심는데, 봄에 파종할 때 남겨 둔 씨앗을 다시 사용한다. 7월에 딴다."

"씨76)는 불을 밝히거나 수레바퀴의 윤활유[脂車]로 모두 사용할 수 있다.77)"라고 하였다.

收乾, 打取子, 不得 令暍.

五月種晚花, 還用 春子. 七月摘之.

任爲燭及脂車並 得.

【43】 잇꽃 말리는 법[煞花法]78)

딴 잇꽃[紅花]은 즉시 무르도록 주물러 모

【四十三】 煞花 法: 摘得花, 即熟按

---

76) 【계미자본】, 【필사본】 및 【중각본】(1590)에는 모두 문장 첫머리에 '자(子)'가 없다. 그러나 묘치위의 교석본에는 위 문장의 '칠월적지(七月摘之)'에 따르면 꽃을 따는 것을 가리키지만, '임위촉(任爲燭)'과 더불어 서로 연결되지 않으므로 그 첫 머리에 '자(子)'자는 반드시 있어야 하며, 이를 『제민요술(齊民要術)』에 근거하여 표기하였다고 한다.(『종예필용(種藝必用)』은 『사시찬요(四時纂要)』를 초사하여 "그 씨로 기름을 만들면 지극히 좋다.[其子可爲油, 極美.]"라고 하였다.)

77) 【계미자본】, 【중각본】, 【필사본】에서는 '脂車'로 쓰고 있으나, 묘치위 교석본에서는 '車脂'로 도치하여 쓰고 있다. '병득(並得)'은 군더더기로, 아마 당시에는 이 용법이 있었던 것 같다. 그러나 그 밖의 방면에서 『사시찬요(四時纂要)』의 문장은 자못 간단하고, 군더더기가 있어 적절하지 않다. 지금 전하는 한악(韓鄂)의 『세화기려(歲華紀麗)』는 『사시찬요』보다 비교적 낫다. 두 명의 한악은 동명이인으로 의심된다.

78) 본 항목인 '살화법(煞花法)'은 『제민요술』 권5 「잇꽃·치자 재배[種紅籃花梔子]」편의 '살화법(殺花法)'과는 다르다. 잇꽃[紅; *Carthamus tinctorius L*, 국화과]은 0.3-0.6%의 잇꽃의 붉은 색소(Carthamin(카르타민); $C_{21}H_{22}O_{11}$)를 제외하고 모두 20-30%의 잇꽃 황색 색소(Safflow yellow, $C_{24}H_{30}O_{15}$)가 함께 포함되어 있다. 『제민요술』의 '살화법(殺花法)'에서는 먼저 한두 번 짜서 황색 즙을 제거하고 이후에 뚜껑을 덮어 하룻밤 재워 둔 후 햇볕에 말려서 비축하였다. 묘치위는 교석에서 『사시찬요』에서는 이것을 언급하고 있지 않기에 두 책의 내용은 서로 같지 않다고 하였다. 『태평어람』 권719 '연지(燕支)' 조항은 습착치(習鑿齒)의 『여연왕서(與燕王書)』를 인용하여 "북방 사람은 그 꽃을 채취하여 붉고 누런색으로 염색한다."라고 하였다. 연지를 만들어 사용할 때 아래 항목과 같이 그 황색 즙을 제거하고, 그런 후에 진홍색을 추출하여 연지를 만든다. 『사시찬요』에서는 잇꽃의 황색 색소를 제거하지 않고 사용하여 붉고 누런색으로 염색했을 가능성이 있다.

두 고르게 하여 용기 속에 넣어 두고 베[布]로 덮어 하루 동안 재워 둔다. 다음 날 새벽 대그릇79)에 담아 햇볕에 말리는데 속까지 말린80) 잇꽃을 취해 (틀에 찍어서) 벗겨 덩어리[餅子]로 만든다. 빨리 말리지 않으면 대개 (색이 바래지고) 눅눅해진다.

令匀, 入器中, 布蓋, 經一宿. 明日趂早筲席上曬, 取苗內乾, 脫作餅子. 不早乾者, 多致暍矣.

【44】 연지 만드는 법[燕脂法]81)

잇꽃[紅花]이 적고 많음에 상관없이 (맑은 물에) 10-20번 부드럽게 주물러82) 깨끗하게 씻어 누런 즙을 모두 제거한다. 즉시 잿물로 진한 잇꽃 즙을 취하고,83) 초장물[醋漿水]을 넣

【四十四】燕㉑脂法: 紅花不限多少, 淨柔洗一二十遍, 去黃汁盡. 即取灰汁退取濃花汁, 以醋漿水

---

79) '소(筲)'는 일반적으로 대나무로 만든 작은 용기를 가리키며 '대나무 소쿠리[筲箕]'와 같다. 그러나 『유편(類篇)』에서는 "진류(陣留) 지역에서는 밥 소쿠리를 일러 소(筲)라고 한다."라고 하였는데, 방언에 다른 이름이 있지만 지역마다 다르다. 여기의 '소도(筲席)'는 당시 대나무로 만든 중소형의 햇볕에 말리는 도구의 속명이다.

80) "取苗內乾"은 주물러서 가공한 화관의 속까지 완전하게 말린 것을 가리킨다. 향료를 제조할 때 빠르게 말리는 것으로 그렇지 않으면 미생물의 활동이 일어나서 변질되기 때문이다.

81) 본 항목은 『제민요술』권5 「잇꽃·치자 재배[種紅籃花梔子]」편 '작연지법(作臙脂法)'조항과 다르다. 연지를 만드는 과정으로 기본적으로 『제민요술』과 동일하지만, 『사시찬요』에서는 산석류(酸石榴) 대신 오매(烏梅)를, 쌀가루[英粉] 대신 갈분(葛粉)을 쓸 수 있다고 지적하였다.

82) '유(柔)'는 '유(揉)'로 통하는데, 즉 부드럽게 주무르는 것이다. 주물러 씻는 목적은 잇꽃의 황색색소를 제거하고 잇꽃의 홍색색소만을 남겨 연지를 만드는 것으로서, 『천공개물(天工開物)』권3에서는 "황색 즙이 깨끗이 없어지면 진홍색이 이내 나타난다.[黃汁淨盡, 而眞紅乃現.]"라고 하였다. 여기에서는 잇꽃의 황색 색소는 물에 용해되고 잇꽃의 붉은 색소는 물에 용해되지 않기에, 잿물을 함유하고 있는 수용액 속에 용해됨을 설명하고 있다.(잿물을 사용하여 진홍색을 추출한다.)

83) '퇴(退)'는 '퇴(褪)'로 통한다. '퇴취(退取)'는 바로 잿물을 사용하여 잇꽃의 붉은색을 추출하는 것이다. 『제민요술』권5 「잇꽃·치자 재배[種紅籃花梔子]」편 '작

어 변화시켜[84] 포 1장丈을 염색하는데, 홍색을 염색하는 법[染紅法]에 따르며 심홍深紅일수록 좋다.

연지를 만들려고 하면, 잿물을 취하여 홍색의 잇꽃 즙을 베[布] 위에 올려놓고 걸러서, 깨끗한 그릇에 담는다. 초석류醋石榴씨를 잘게 찧고 소량의 식초를 넣어 베로 짜서 즙을 내어 거른 잇꽃 즙 속에 쏟아 넣는다. 석류(石榴)가 없으면 오매(烏梅)[85]를 사용한다. 바로 쌀가루[英粉][86]를 넣어서 반죽하는데, 크기는 멧대추[酸棗] 만하게 한다. 잇꽃즙의 양이 얼마 있는가를 살펴서 쌀가루를 넣는데, 가루가 많으면 희게 된다. 맑은 물이 생기도록 오래 두었다가 (위층의) 맑은 즙을 버리고 진한 부분을 기울여 비단 포대 속에 넣고 걸어 두어 눅눅하게 한다.[87] (그것을 손으로) 비벼서 작은 외씨로 만드는데, 삼씨 크기만

點, 染布一丈, 依染紅法, 唯深爲上.

要作燕脂, 却以灰汁退取布上紅濃汁, 於淨器中盛. 取醋石榴子搗碎, 以少醋水和之, 布絞取汁, 即瀉置花汁中. 無石榴用烏梅. 即下英粉, 大如酸棗. 看花汁多少入粉, 粉多則白. [22] 澄着良久, 瀉去清汁至醇處, 傾絹角袋中懸, 令浥浥. 捻作小瓣, 如麻子粒, 陰乾. [23] 用葛粉

연지법(作燕脂法)'조항에서는 명아주[藜]·쑥[蒿] 등의 식물의 재가 최고로 좋다고 지적했는데, 여기에는 보편적인 재를 사용하고 있다. 이같이 잿물로 색소를 취하거나 매염제를 만든 것은 중국에서 오랫동안 채용한 간편하고 행하기 쉬운 방법이었다.

84) '초장수(醋漿水)'는 쉰내 나는 밥으로 만든 미음이다. 아래 문장의 '초수(醋水)'는 같은 것을 가리키며 '장(漿)'자가 빠진 듯하다. 소량의 물질을 모종의 용액 속에서 더하여 물질이 변하는 것을 '점(占)'이라고 불렀다. 여기에 사용된 산성인 산장수를 점하여 잿물의 염료용액 속에 넣으면 중화변화가 일어나 염색하기 쉬워진다.

85) '오매(烏梅)'는 푸른 매실을 훈제하고 말린 뒤 검은 빛을 띠는 마른 매실이다. 이것을 사용하는 것은 산석류(酸石榴)와 마찬가지로, 유기산을 이용하여 염색하기 위함이다.

86) '영분(英粉)'은 많이 도정한 쌀을 정제한 쌀가루로,『제민요술』권5「잇꽃·치자 재배[種紅籃花梔子]」편에는 '영분(英粉)' 만드는 법이 있으며,『사시찬요』에서는「십이월」편【31】항목에 채록하였다.

87) '읍읍(浥浥)'은 반 건조의 상태이다.

하게 만들고 그늘에 말린다.[88] 갈분(葛粉)을 사용
해서 만들어도 좋다.

作亦得.

【45】만홍화 재배하기[種晚紅花][89]

이전에 채취해 둔 종자는 이달에 들어 바
로 파종한다. 만약 새로운 종자가 나오길 기
다리면 너무 늦어서 꽃의 수확이 적다. 7월에
꽃을 따면 그 색이 선명하고 짙으며, 오래 두
어도 색이 바래지 않아서 봄에 파종한 것보다
좋다. 딸 종자가 많으면 사람을 고용해서 한꺼
번에 딴다. 1경[頃]당 3백 섬[斛]을 거둘 수 있다.

【四十五】 種晚
紅花: 若舊收得子,
入此月便種. 若待新
花子, 即太晚而花
少. 七月摘之, 其色
鮮濃, 耐久不暍, 勝
春種者. 多用人倂
摘. 頃收三百斛.

【46】쪽 옮겨심기[栽藍][90]

비온 후 축축해지면 뽑아서 옮겨 심는다.

【四十六】栽藍:[24]
因雨而接濕拔栽之.

---

88) 【계미자본】과 【필사본】에는 '음건(陰乾)'으로 표기하고 있는데, 【중각본】에
는 '건(乾)'자만 표기하고 있다. 『제민요술』에 "음지에서 말려야 완성된다.[陰干
之則成矣.]"라고 하였으며, 송대 『종예필용(種藝必用)』에서는 『사시찬요』를 초
사할 때도 '음건(陰乾)'이라고 적고 있다.

89) 본 항목은 『제민요술』권5 「잇꽃·치자 재배[種紅藍花梔子]」편 '오월종만화(五
月種晚花)'에 관한 것을 채록한 것으로, 실제 이달 【42】 항목에 이미 언급하였
다. 『사시찬요』에서 언급한 "많으면 사람을 고용해서 한꺼번에 딴다. 1경(頃)당
3백 섬[斛]을 거둘 수 있다.[多, 用人倂摘. 頃收三百斛.]"라는 문장이 『제민요술』
과 다른데, 『제민요술』에서는 1경(頃)당 꽃의 가치는 "매년 300필(匹)의 비단에
걸맞은 수익을 거둘 수 있다."라고 하였으며, 그 외에도 또한 "200섬[斛]의 종자
를 거둔다."라고 하였다.

90) 5월에 쪽풀[藍]을 옮겨 심는 것은 『하소정(夏小正)』에 가장 일찍 보이는데, "五
月 … 啓灌藍蓼"라고 하였다. 최식의 『사민월령』에서도 5월에 "可別稻及藍"이라
고 하였다. '계관(啓灌)'과 '별(別)' 모두 나누어 옮겨 심는다는 의미이다. 『제민
요술』권5 「쪽 재배[種藍]」편에서 "5월 중에 갓 비가 내리면 축축한 때를 틈타 누
리로써 땅을 갈고 쪽 모종을 뽑아 옮겨 심는다."라고 하였는데, 『사시찬요』는 이
런 『제민요술』을 근거하고 있다.

【47】 올벼 옮겨심기[栽早稻][91]

이달에 장맛비가 올 때 뽑아서 옮겨 심는다. 옮겨 심을 때 얕게 심어야만 뿌리가 사방으로 뻗어 나간다. 반드시 이달에 할 필요는 없는데, 토양과 기후에 따라 빠르거나 늦게 한다.

【48】 오디 심기[種柔椹][92]

이달에 오디를 취해 일어 깨끗이 하고 그늘에 말린다. 비옥한 토지에 무[畝]당 3되[升]의 오디씨에 기장[黍子] 3되를 섞어 파종한다. 뽕나무·기장이 함께 싹이 나는 것을 기다려 드물고 조밀한 정도를 살펴서 호미질한다. (뽕나무 모종이) 기장과 더불어 키가 같아지면 기장과 함께 베어 내고,[93] 햇볕에 말렸다가 바람

【四十七】 栽早稻: 此月霖雨時拔而栽之. 栽欲淺植, 根四散. 不必須此月, 隨處鄕風早晚. ☒

【四十八】 種柔☒椹: 是月取☒椹淘淨, 陰乾. 以肥地每畝和黍子各三升種之. 候桑黍俱生, 看稀稠鋤之. 長與黍齊, 和黍刈倒☒, 曝乾, 順風燒. 至來春生葉. 每

---

91) 본 항목의 첫 번째 작은 단락은 『제민요술』 권2 「밭벼[旱稻]」편으로부터 채록하였다. '근사산(根四散)'은 『제민요술』에는 "令其根鬚四散"이라고 쓰고 있다. 작은 단락은 이달에 있을 필요가 없는데, 후대 사람들이 더하거나 보충한 것으로 의심된다. 『제민요술』에 이르길, "5-6월 사이에 장맛비가 내릴 때 뽑아서 다른 곳으로 옮겨 심는다.[五六月中霖雨時, 拔而栽之.]"라고 하였는데, 6월에 옮겨 심는 법은 『사시찬요』 「유월」편 【25】 항목에 배열되어 있으며, 동시에 「이월」편 【34】 항목의 '밭벼 파종하기[種旱稻]'에 이미 『제민요술』의 "五六月中霖雨時, 拔而栽之."를 채록하고 있다. 때문에 이 단락은 후대 사람들이 다른 정황에 근거하여 첨삭했을 가능성이 크다.

92) 『제민요술』 권5 「뽕나무·산뽕나무 재배[種桑柘]」편에서 『범승지서』를 인용한 것에는 같은 기록이 있는데, 마땅히 『범승지서』로부터 채록한 것이다. 그러나 『범승지서』에서는 기장이 익은 후에 먼저 기장을 베고, 그 후에 뽕나무를 심은 땅에 불을 지른다고 하였다. 『사시찬요』의 "화서예도(和黍刈倒)"는 함께 태워 버린다는 의미로, 한 차례 익은 기장 종자가 낭비된다.

93) 【계미자본】에서의 '倒'는 【중각본】에서는 '치(偣)'로 쓰고 있다. 양웅(揚雄)의 『방언(方言)』에서는 "치(偣)·저(牴)는 모으는 것이다. 옹(雍)과 양(梁)의 국가에서는 저(牴)라고 하였고, 진(秦)과 진(晉)에서도 또한 저(牴)라고 하였다. 무릇 물건을 모으는 것을 일러 치(偣)라고 한다."라고 하였다. 『옥편(玉篇)』에서는 "치

이 불 때 불을 질러 태운다.[94] 이듬해 봄이 되 │ 一畝飼蚕三箔.
면 뽕나무는 다시 자라 잎이 생겨난다. 무畝당
누에 세 채반을 기를 수 있다.

【49】대나무 옮겨심기[移竹] │ **【四十九】移竹:**

이달 13일 · 신일神日[95]이 그것을 옮겨심 │ 此月㉙十三日、神
기에 좋은 날이다. │ 日可移之.

【50】여러 과일 심기[種諸果][96] │ **【五十】種諸果:**

매실, 살구 등을 심는 법은 복숭아 · 자두 │ 種梅杏等法, 並同桃

(倣)는 … 물건을 모으는 것이다[會物]."라고 하였다. 『사시찬요』에서는 섞고 혼
합한 것을 말하며 이것은 바로 뽕나무 묘목과 기장을 함께 섞어서 같이 베는 것
이다. 따라서 묘치위의 교석본에는 이 글자가 '도(倒)'자와 매우 비슷하여 '도
(倒)'자의 잘못일 가능성도 있다고 한다.

94) 원(元)대 노명선(魯明善)의 『농상의식촬요(農桑衣食撮要)』 「이월」편 '종구심(種
舊椹)'조에서 뽕나무 묘목을 베고 불 지르는 것에 관해 이르길, "겨울날 땅 가까이
베어 내고, 그 부분을 땔나무와 풀을 사용해 가볍게 덮고 불을 붙이는데, 화력이 크
면 뿌리가 손상된다. 거름[糞]과 풀을 덮어 준다."라고 하였다. 『범승지서』·『사시
찬요』보다 더욱 면밀하고 자세히 설명하였다.

95) 이 항목은 『사시찬요』 본문으로, 『농상집요』 권6 '종죽(種竹)'에서 『사시유요』
를 (곧, 『사시찬요』) 인용하여 쓰길, "대나무를 옮겨 심는 시기는 5월 13일 또는
진(辰)일이 적합하다."라고 하였다. 여름 5월 13일은 옛날에 '죽취일(竹醉日)' 혹
은 '죽미일(竹迷日)'이라 일렀다. 유정목(兪貞木)의 『종수서(種樹書)』 '죽(竹)' 항
목에서 이르길, "종식가(種植家)에서 이르길, '5월 13일은 죽취일이라 부르는데,
그것을 옮겨 심으면 무성하지 않음이 없다.'고 하였다. 또 이르길, '진(辰)일을 사
용한다.'고 하였다. 산골짜기를 일러 말하길, '뿌리가 강하면 진(辰)일에 잘라 죽
순 윗부분이 자라도록 돌본다.'"라고 한다. 『사시찬요』에는 '신일(神日)'이라 쓰
고 있는데, 『농상집요』에서 인용한 것과 다르다.

96) 본 항목의 세 단락 중 첫 번째 단락은 『제민요술』 권4 「복숭아 · 사과 재배[種
桃柰]」·「자두 재배[種李]」·「매실 · 살구 재배[種梅杏]」와 상당히 비슷한데, 3편
의 심는 법을 개괄한 것이지만 『제민요술』에서는 '이욕재(李欲栽)'라고 하여 다
른 것이 있다. 그러나 "經接者, 核不堪種"란 말은 『사시찬요』에서 처음 등장하는
기록이다. 이를 『농상집요』에서는 인용하지 않았지만, 이후 오름(吳懍)의 『종예

와 같은데 씨를 취해 심는다. 접붙인 것은 씨를 파종하기에는 좋지 않다.

또 살구가 익었을 때, 과육째로 거름[糞地]97) 속에 묻는다. 봄이 되어 자라면 곧 실지實地로 옮겨 심는다. 옮겨 심을 때 (다시) 거름기 많은 땅에 두어서는 안 되는데, (그렇게 하면) 반드시 열매가 적고, 맛이 쓰다.

매실·살구 모두 많이 파종할 수 있으며, (과육을 찧어 베 위에다 발라) 말린 과일가루[油]98)를 만들 수 있다. 흉년을 이길 수 있다. 속언에 이르길, "나무 노예가 천이면, 흉년이 없다."라고 하였다.99)

李, 取核種之. 經接者, 核不堪種.

又杏熟時, 和肉埋糞中. 至春既生, 則移栽實地. 既移不得更安糞, 地必致少**30**實而味苦.

梅杏皆可多種, 作油. 可以度荒歲. 俗曰, 木奴千, 無凶年.

필용』, 유정목(俞貞木)의 『종수서(種樹書)』 등에는 보인다. 두 번째 단락과 「삼월」편 【37】 항목은 중복되는데, 원래는 『제민요술』 권4 「복숭아·사과 재배[種桃柰]」편에서 나온다. 세 번째 단락은 『제민요술』 권4 「매실·살구 재배[種梅杏]」편과 관계가 있다.

97) 【계미자본】, 【중각본】, 【필사본】에는 '지(地)'자가 없으나, 묘치위 교석본에서는 아래 문장의 "更安糞地", 「삼월」편 【37】 항목의 "埋糞土中" 및 『제민요술』 권4 「복숭아·사과 재배[種桃柰]」편의 "埋糞地中"에 의거하여 보충하였다. 『종예필용』에서 초사한 『사시찬요』에서도 '지(地)'자가 빠졌는데, 견본(見本)과 북송 각본에서도 서로 동일하다고 한다.

98) 과실의 육질을 문드러지게 찧어 포백(布帛) 위에 칠하여 햇볕에 말려 긁어내면 나오는 건과니(乾果泥: 혹은 과사(果沙))는 옛날에 '유(油)'라고 칭했다. 『석명(釋名)』(『사부총간(四部叢刊)』본) 「석음식(釋飮食)」편에서 "내유(柰油)는 능금 열매를 찧고 섞어 비단 위에 발라서 말려 떼어낸 것인데, 모양이 기름과 같다. 내유(柰油) 또한 이와 같다."라고 하였다. 묘치위는 교석에서 『제민요술』 권4 「매실·살구 재배[種梅杏]」편에서 『석명』을 인용하여 "살구는 유(油)를 만들 수 있다.[杏可爲油.]"라고 하였다. 위의 "내유 또한 이와 같다.[柰油亦如之.]"는 마땅히 "행유(杏油) 또한 그와 같다.[杏油亦如之.]"의 잘못일 것이라고 한다.

99) 본 항목의 '목노천(木奴千)'은 『제민요술』 권4 「매실·살구 재배[種梅杏]」에서는 "諺曰, 木奴千, 無凶年."으로 기록되어 있다. 여기서 '목노(木奴)'는 나무노예로서 귤나무를 가리킨다. 이 문장은 『양양기구기(襄陽耆舊記: 양양기(襄陽記)라

【51】 삼 담그기[漚麻][100]

하지 후 20일에 삼을 담근다. (삼을 담글) 물이 맑아야 한다. 물이 적으면[101] 삼이 약해진다. 잠깐 담가 생것이 드러나면 벗기기 힘들고, (삼을 너무 담가) 문드러지면 작업할 수 없다. 오로지 적당해야 한다. 온천에 담가 둔 것이 가장 부드럽고 질기다.[102]

【52】 행락 만들기[作杏酪]

5-6월 살구가 익을 때 씨를 수확해서 겨울에 속 알맹이[仁][103] 한 말[斗]을 취한다. 산살

【五十一】漚麻: 夏至後[31]二十日漚麻. 水欲淸. 水少[32]則麻脆. 漫生則難剝, 過爛則不任持. 唯在恰好.[33] 得溫泉而漚者, 㝡[34]爲柔肕.

【五十二】作杏酪: 五六月杏熟時收核, 至冬中取仁一

고도 불림』에서 인용된 것으로 양양(襄陽)의 이형(李衡)이 가족 몰래 무릉(武陵) 용양주(龍陽洲)에 감귤[木奴] 천 그루를 심어 두고 죽을 때 아들에게 "용양주에 천 그루 귤나무[木奴]를 두었으니, 해마다 비단 수천 필에 상당하는 이익을 얻을 것이다."라고 한 것에 근거하고 있다.

100) 본 항목은 『제민요술』 권2 「삼 재배[種麻]」 편에서 채록한 것이다. 『제민요술』의 원문은 "삼을 담글 때는 맑은 물을 써야 하고 담근 삼이 삶긴 정도가 적합해야 한다.[漚欲淸水, 生熟合宜.]"인데, 원주(原注)는 "물이 탁하면 삼이 검게 변질되고, 물이 적으면 삼이 물러진다. 날것은 벗기기 어렵고 너무 문드러지면 질기지 않게 된다. 온천은 얼지 않아서 겨울에 담그면 가장 부드럽고 질기다."라고 하였다. 그러나 삼을 담그는 기간은 『범승지서』의 해당 편에서 채록하여 "하지(夏至) 후 20일에 삼을 담근다."라고 하였다. 이달 【36】 항목과 비교할 때 파종부터 담그기까지의 격차가 최대 1개월에 달해서 크게 모순된다.

101) 【중각본】에는 '소(小)'로 쓰여 있으나 묘치위의 교석본에는 【계미자본】과 같이 '소(少)'로 고쳐 쓰고 있으며, 두 글자는 예전에 통용되었다.

102) '인(肕)'자는 차용해서 쓴 것으로, '인(靭)'은 또한 '인(肕)'으로도 쓰고 또 '인(靭)'으로도 쓰며, 또한 '인(刃)'과 '인(似)', '인(認)'과도 통하여 여러 글자는 모두 음이 동일하다. 『사시찬요』에서는 '인(肕)'자를 차용하여 '인(肕)'의 의미로 쓰고 있으며 음이 같은 것을 제외하고 '인(忍)' 자체가 또한 유연하고 질기다는 의미를 포함하고 있다.

103) 살구 씨 속의 연한 알맹이[杏仁]는 살구가 익을 때 수확하는 것은 적당치 않기 때문에 반드시 씨를 수확해서 그늘지고 서늘한 곳에서 수개월간 두었다가 그 뒤에 속 알맹이를 취한다고 한다. 이렇게 얻어진 속 알맹이는 알차고 튼실한데, 왜

구 알맹이[山杏仁]104)와 쌍인雙仁에서 독105)이 있는 것을 골라내고, 뾰쪽한 것과106) 겉껍질은 제거하여 절구에 찧고 간다. 깨끗한 솥에 거르고107) 달여서 쓴맛을 없애는데, 끓일 때 자주 저어야 하고 손을 멈추면 안 된다. (이때) 희고 좋은 멥쌀 2되[升]를 넣어서 (다시 끓여) 걸쭉해지면 꺼내서 저장한다. 다시 약간의 차조기[蘇]와 꿀을 넣는다. 만약 호흡기 계통의 질병[氣疾]이 있으면, 차조기와 율무를 갈아 만든 즙 2되[升]를 넣고 함께 달인다. 모든 풍과 온갖 병, 기침으로 인해서 기가 오르고, 금창金瘡

斗. 揀去山杏仁及雙仁有毒者, 去尖皮, 擣研. 濾於淨釜中, 煎令苦味盡, 接沸數數揚勿住手. 即入好白粳米[35]二升, 候汁濃, 出貯之. 更入少蘇蜜. 若有氣疾, 入加紫[36]子薏苡汁二升同煎. 一切風及百病咳嗽上氣金瘡奔肺氣, 驚悸心[37]中煩

냐하면 씨 속의 인(仁)이 여전히 생장하기 때문이다. 『사시찬요』의 윗 문장에서 "5-6월에 살구가 익을 때 씨를 수확해서 겨울 중에 속 알맹이 한 말을 취한다."라는 사실은 살구씨 수확에 대한 가장 빠른 기록으로 묘치위에 의하면 본초서에는 『신농본초경(神農本草經)』부터 『본초강목』까지 모두 이런 기록이 없다고 한다.

104) 살구 속 알맹이[杏仁]는 쓴 것과 단 것으로 구분된다. 약용의 살구 속 알맹이는 대부분 쓴 것이고 단 것은 대부분 식품용이다. 일반적으로 재배하는 살구 속 알맹이는 단 것이 비교적 많고, 야생은 일반적으로 쓴 것이 많다. 살구(*Prunus armeniaca L.*)와 산살구[山杏; *Prunus armeniaca L. var. anou Maxim.*]의 재배종 중에서 일부 품종의 살구 속 알맹이는 쓰나 일부 품종은 단 것이 있다. 여기에서 산살구 속 알맹이를 가려 낸 후에 "달여서 쓴맛을 없애고"라고 하는데, 그런데도 사용할 살구 속 알맹이는 여전히 쓴맛을 띤다.

105) 『명의별록』에서 살구 속 알맹이에 대해 "알맹이가 2개인 것은 사람을 죽이고 개를 독에 걸리게 할 수 있다."라고 하였다.

106) '첨(尖)'은 어린뿌리[胚根]·배아(胚芽) 등을 가리키는데 제거해야 하며, 남은 것은 그 2개의 큰 편자엽(片子葉)으로 약에 쓴다. 지금까지의 '다스리다[修治]'는 모두 이러한 것이다.

107) '거르기[濾]' 전에 물을 더해 '찧어서 갈아야 한다[擣研]'는 내용은 『제민요술』 권9 「예락(醴酪)」편 행락죽 끓이는 법[煮杏酪粥法]에서 "(익은 것을) 곱게 갈아서 물을 넣어 섞고 비단[絹]으로 걸러서 즙을 취한다."라고 하였다. 만약 살구 속 알맹이 기름을 취하려면 오직 간 후에 짜야 하며 물을 더해서는 안 된다. 『사시찬요』는 여기에 "물을 넣어 섞는다."라는 문구를 생략하였다.

으로 인해서 호흡이 가빠지며, 잘 놀라고, 가
슴이 답답하여 열이 나거나, 풍사風邪로 인해
두통이 발생할 경우 모두 복용하면 좋고, 기
가 내려가는 것은 말할 필요도 없다.

熱風頭痛, 悉宜服
之, 下氣不可言.

【53】 곡식 사고팔기[務粜粜]108)

보리와 밀[大小麥]을 사들인다. 베[布]를 구
입한다. 콩[大豆]과 소두小豆, 참깨[胡麻]·기장
[黍]·차조[秫]·찹쌀[糯米]을 내다 판다.

【五十三】務粜粜:[38]
粜[39]大小麥. 收布. 粜
大小豆、胡麻、黍、
秫、糯米.[40]

✿ 교 기

[1] 【필사본】에는 소주(小注)의 '音漢'이 '暵音漢'으로 쓰여 있고, 문장 맨 마지막에
있다.

[2] '루(樓)': 【중각본】에서도 【계미자본】과 같이 '樓'자를 쓰고 있지만, 【필사본】
에서는 '䅹'로 표기하고 있다. 묘치위는 '樓'자가 차용한 글자이기 때문에 모두
'䅹'로 고쳐 쓰고 있다.

[3] 【필사본】에 '者'자를 '多'로 고친 흔적이 보인다.

[4] '누강(樓耩)': 【중각본】과 【필사본】에서는 '樓耩'으로 적고 있다. 이하 동일하
여 별도로 교기하지 않는다.

[5] 【필사본】에서는 이 소주(小注)를 본문과 같은 큰 글자로 하였다.

[6] 【계미자본】과는 달리 【중각본】에는 '竪'를 '豎'자로, 【중각본】과 【필사본】에
서는 '攔'을 '欄'으로 쓰고 있다.

[7] 【필사본】에서는 '颿'자를 '䫻'자로 쓰고 있다.

---

108) 최식(崔寔)의 『사민월령(四民月令)』 「오월(五月)」편에서는 "콩[大豆]과 소두
(小豆), 참깨[胡麻]를 내다 판다. 굉맥(穬麥)과 보리와 밀[大小麥]을 사들인다. 해
진 솜[弊絮]과 베와 비단을 수거한다."라고 하였다.

8 '노(勞)': 【중각본】과 【필사본】에서는 '澇'자로 적고 있다.

9 '소(少)': 【필사본】에는 '小'로 표기하고 있다.

10 '략(略)': 【필사본】에서는 '畧'으로 되어 있다.

11 【필사본】에서는 '驪'자를 '𩥍'자로 적고 있다.

12 '약(若)': 【중각본】에는 '若'자가 생략되어 있다.

13 '번(翻)': 【필사본】에서는 '飜'으로 쓰고 있다.

14 '애(愛)': 【필사본】에서는 '受'로 적고 있다.

15 '신묘(辛卯)': 【중각본】에서는 '癸卯'로 표기하였다.

16 【필사본】에서는 이 항목이 독립되어 있지 않고 앞의 조항에 편입되어 있다.

17 '삼촌(三寸)': 【중각본】과 【필사본】에서는 '二寸'으로 쓰고 있다.

18 '제민요술(齊民要術)': 【필사본】에서는 '齊氏要術'로 적고 있다.

19 '말(末)': 【필사본】에는 이 글자가 누락되어 있다.

20 '서배종자(鋤陪種者)': 【중각본】과 【필사본】에서는 '陪'를 '培'로 쓰고 있고, 【필사본】에는 '種'자가 생략되어 있다.

21 '연(燕)': 【필사본】에서는 '賺'으로 쓰고 있다.

22 소주의 문장 중에서 【중각본】에는 '花汁'을 '花子'라고 적고 있다. 아울러 【계미자본】에서는 '多少'로 적고 있는 데 반해, 【중각본】과 【필사본】에서는 '多小'라고 쓰고 있다. '小'는 옛날에는 '少'로 통했다.

23 【계미자본】에서는 '陰乾'으로 적고 있는데, 【필사본】에서는 글자를 달리하여 '陰乹'으로 적고 있으며, 【중각본】에서는 '陰'으로만 표기하고 있다.

24 【필사본】에는 【46】[栽藍] 항목이 생략되어 있다.

25 【중각본】에서는 이 小注가 본문과 같은 큰 글자로 되어 있다.

26 【계미자본】에서는 원래 '桒'자를 쓰는데, 여기서는 【중각본】, 【필사본】과 같이 '桑'자로 표기하였다.

27 '취(取)': 【필사본】에는 '收'로 쓰고 있다.

28 【중각본】에서만 '倒'자를 '偣'자로 표기하고 있다.

29 '차월(此月)': 【필사본】에는 이 글자가 누락되어 있다.

30 '소(少)': 【중각본】과 【필사본】에서는 '小'로 적고 있다.

31 '후(後)': 【필사본】에는 이 글자가 누락되어 있다.

32 '소(少)': 【필사본】에서는 '小'로 표기하였다.

33 "唯在恰好": 【필사본】에는 "惟有恰好"로 되어 있다.

34 '취(冣)': 【중각본】과 【필사본】에는 '최(最)'라 쓰고 있다.

③⑤ 【필사본】에서는 '白粳米'에서 '米'자가 누락되어 있다.

③⑥ '자(紫)': 【중각본】과 【필사본】에서는 '蘇'로 쓰고 있다.

③⑦ 【필사본】에는 '悸心'을 '悖心'으로 적고 있다.

③⑧ '조적(粟粂)': 【필사본】은 '糶糴'으로 적고 있다.

③⑨ '적(粂)': 【필사본】에는 이 글자가 누락되어 있다.

④⓪ '미(米)': 【중각본】에는 이 글자가 누락되어 있다.

4. 잡사와 시령불순

【54】 장대에 비옷[^109] 걸어 두기[笐[^110]油衣]

장대에 걸어 두어 말리지 않으면 무더운 날 습기로 인해서 서로 들러붙는다.

【五十四】 笐油衣: 不笐則暑濕相粘.

【55】 그림 · 갖옷 햇볕에 말리기[曝畫裘]

(두루마리) 그림 · 갖옷 · 옷 · 옷감[疋段],[^111] · 병풍[圖障],[^112] · 서적을 햇볕에 말리는데, 매번 맑은 날이면 햇볕에 쬐어 말려 줄곧 8월까지 지속

【五十五】 曝畫裘: 衣服、疋段、圖障、書籍, 每晴明則曬, 直

---

[^109]: 최식(崔寔)의 『사민월령(四民月令)』「오월(五月)」편에서 "장대에 비옷을 걸어 두는데, 주름이 잡힌 채[襞藏] 거두어 보관해서는 안 된다."라고 하였다. 원주(原注)에서는 "덥고 습하면 서로 들러붙게 된다."라고 하였다.

[^110]: '항(笐)'의 음은 항(亢)이고, 『광운(廣韻)』 '사십이탕(四十二宕)' 조항에서는 "옷걸이이다."라고 하였다. 『집운(集韻)』에서는 "대나무 장대이다."라고 하였다.

[^111]: '단(段)'은 『문선(文選)』에는 장형(張衡)의 「사수(思愁)」를 인용하여 "미인이 나에게 아름답고 화려한 비단을 주었네."라고 하였다. 이는 곧 지금의 '단(緞)'자이다.

[^112]: '장(障)'은 '장(章)'과 통한다. 『이아(爾雅)』「석산(釋山)」편에서 "산 형상의 위가 평평한 것[上正]이 장(章)이다."라고 하였다. 또한 '장(障)'이라고 쓴다.

한다.

【56】 가죽을 대바구니에 담아 건조하기[籠炕皮物]

활과 화살, 말채찍, 칼과 검 및 다양한 가죽과 모직물을 대바구니에 담아 불에 쬐어 건조한다.

이달에 들어선 이후에는 항상 사람의 체온113)과 같은 온도로 대바구니에 담아서 불에 쬐어 말린다. 항상 수시로 달군 숯불을 넣어 주고 재를 덮는데, 너무 지나치게 뜨거워서는 안 된다. 가을장마가 그치면 이내 그만둔다.114)

【57】 활과 검 닦기[拭弓劍]

칼은 모름지기 항상 비단으로 칼날을 닦아서 말린다. 칼집[鞘]도 잠시 동안 자주115) 바람을 쐬어 (습기를 없애 주되) 햇볕을 쪼이면 안 된다. 햇볕을 쬐게 되면 바로 쪼그라든다.

율령에 의하면116) 민가에서는 활과 검, 8자

至八月.

【五十六】籠炕皮物: 弓矢、馬鞭、刀劍及諸皮毛物.

入此月後常以火籠如人體. 常旋添熟炭火, 以灰蓋, 勿令太甚. 秋霖罷乃止.

【五十七】拭弓劍: ② 劍須常以帛子 ③ 乾拭刃. ④ 鞘宜數歇見風, 不得曬. 曬即緊窄.

准 ⑤ 律令, 人家

---

113) 묘치위 교석본에서는 '체(體)'자 다음에 마땅히 '항지(炕之)' 두 글자가 있어야 한다고 지적하였다.

114) 후한 최식의『사민월령』「오월」 "망종절 이후에 … 궁노의 뿔이 늘어지고 벗겨져서 활시위가 늘어진다. 대와 나무로 만든 활과 노쇠의 활집을 넣어도 그 줄이 늘어진다.[芒種節後, … 乃弛角弓弩, 解其徽弦. 弢竹木弓弩, 弛其弦.]"라고 하며, 『제민요술』 권3 「잡설」에는 이 내용이 그대로 전승되고 있는 것으로 보아 적어도 후한 이후부터 활과 같은 무기관리가 철저했던 듯하다.

115) 민간에서는 '일식(一息)'을 '일헐(一歇)'이라고 일컫는데, 대개 잠시 쉬는 시간을 또한 '일헐(一歇)'이라고 한다. 뜻은 대략 '잠깐[一會]'·'잠시[一刻]'와 동일하다. '수헐견풍(數歇見風)'은 여러 번 '잠깐[一會]' 바람을 쐰다는 뜻이다.

116) 『당률습유보(唐律拾遺補)』「천흥률(擅興律)」에 의하면 "금지된 병기를 사적으로 소유하는 자는 1년 반 동안 노역형[徒刑]에 처한다."라고 하였다. 이 주(注)

[尺] 이하의 짧은 창을 소지할 수 있었다. 그 밖의 무기는 소지하지 못한다.[117]

得畜弓劔短搶[6]八尺已下. 自餘器械不合畜.

【58】 차와 약초를 약한 불로 말리기[焙茶藥][118]

찻잎과 약초를 구들[火閣][119] 위나 대바구니[籠]에 두고 오랫동안 불에 쬔다. 찻잎은 또한 약재 및 향료와 더불어 같은 곳에 있는 것을 꺼린다.

【五十八】焙茶藥: 茶藥[7]以火閣上及焙籠中長令火氣至. 茶又忌與藥及香同處.

【59】 잡사雜事

짐승의 깃과 털은 재를 덮어 보관한다.[120] 양탄자는 모름지기 사람이 눕는데,[121] 눕지 않

【五十九】雜事: 灰藏毛羽物. 氈須人卧, 不卧晴

에 의하면 "소위 활과 화살[弓箭] · 칼[刀] · 방패[楯] · 짧은 창[短矛]은 제외한다." 라고 하였다. '단모(短矛)'는 '짧은 창[短槍]'이다.

117) 『당률습유보』「군방령(軍防令)」에는 "사가에서는 갑옷, 노쇠, 창, 깃발 등을 보유하는 것은 금지하였다.[諸私家, 不合有甲弩矛矟具裝旌旗幡幟.]"라고 한다. 그 외에도 「군방령」에는 "모든 무기류는 즉시 관에 제출해야 하며, 개인이 은닉하여 소지한 무기는 「천홍률」에 의해서 처벌되었다."라고 한다.

118) 위의 【55】 항목에서부터 본 항목까지는 최식(崔寔)의 『사민월령(四民月令)』에는 다음과 같은 기록이 있다. 즉 「오월(五月)」편에는 "이내 활[弓]과 쇠노[弩]에 부착된 뿔이 늘어나서 그 시위가 풀리고, 활집[弢]에 넣어 둔 대나무와 나무로 만든 활[竹木弓]의 시위가 느슨해진다." 또한 "재[灰] 속에 깃발[旃] · 갖옷[裘] · 모직물[毛毳之物]과 화살깃[箭羽] 등을 저장한다."라고 하였다. 「칠월(七月)」편에는 "경서(經書)와 옷을 햇볕에 쬐인다."라고 하였으며, 원주(原注)에는 "습속이 그러하다."라고 하였다. 최식은 "차와 약을 약한 불에 쬔다.[焙茶, 藥.]"라는 언급을 하지는 않았는데, 비교하자면 한악(韓鄂)은 곰팡이가 피고 물건에 녹이 스는 것을 방지하는 방식이 최식보다 훨씬 더 많으며, 규모도 비교적 큰 것을 알 수 있다.

119) '화각(火閣)'은 집에 있는 칸막이[閣板]나 벽이 있는 주방[壁櫥] 아래에서 숯불을 피워 구들을 말리는 것이다.

120) "灰藏毛羽物"은 『사민월령』에 수록된 것을 채록한 것이다.

으면 맑은 날에 햇볕을 쐬고, (갈대 빗자루로) 깨끗하게 청소한다.

양털 깎기는 3월과 동일하다.122)

누에 종자·완두콩·갓[蜀芥]·고수[胡荽]씨를 거두어들인다.

則晒, 苕箒掃.

剪⑧羊毛, 同三月.

收蚕種、豌豆、蜀芥、胡荽子.

【60】 5월 행춘령[仲夏行春令]

5월[仲夏]에 봄의 시령時令이 나타나면, 오곡이 늦게 여물고 수많은 벌레[百螣]123)들이 수시로 일어난다.

【六十】 仲夏行春令: 則五穀晚熟, 百螣時起.⑨

【61】 행추령行秋令

(5월에) 가을의 시령이 나타나면, 초목이 떨어지고 과실이 일찍 여물며 사람이 전염병의 재앙을 입는다.

【六十一】 行秋令: 則草木零落, 果實早成, 人殃於疫.

【62】 행동령行冬令

(5월에) 겨울의 시령이 나타나면, 우박이 떨어져 곡식이 손상된다.

【六十二】 行冬令: 則雹傷穀.⑩

---

121) "僵須人臥"는 본서 「사월」편 【40】 항목의 방법을 보충한 것이다.

122) 『제민요술』권6 「양 기르기[養羊]」편에는 "백양(白羊), … 5월에 솜털이 빠지려 하면 또 깎아 준다."라고 한다.

123) '등(螣)': 정현이 『예기』「월령」에서 주석하길 "등(螣)은 메뚜기류에 속하며, 백(白)이라고 한 것은 그 무리들이 모두 분명히 해를 끼친다는 것이다."라고 하였다. 당대 육덕명(陸德明)은 『경전석문(經典釋文)』에서 "싹과 잎을 먹는 벌레이다."라고 서술하였다.

오월五月   325

🌸 교 기

1. 【필사본】에는 '晴'자를 '淸'자로 적고 있다.
2. '검(劍)': 【필사본】에서는 '釰'로 쓰고 있다.
3. 【필사본】에는 '帛子'가 쓰인 자리에 고친 흔적이 있다.
4. 【필사본】에는 '刃'자를 '刀'자로 적고 있다.
5. 【필사본】에는 '准'자를 '準'자로 표기하고 있다.
6. '창(搶)': 【중각본】과 【필사본】에서는 '槍'으로 쓰고 있다.
7. 【필사본】에는 '茶蘖'을 '藥蘖'으로 적고 있다.
8. '전(剪)': 【필사본】에서는 '煎'로 표기하고 있다.
9. 【필사본】에는 이 문장의 마지막 부분에 "國乃大飢."를 추가하여 적고 있다.
10. 【필사본】에는 '則雹' 뒤에 '凍'이 추가되어 있고, 이 문장 끝에 "道路不通暴兵来至."가 덧붙어 있다.

유월六月

四時纂要夏令卷第三

1. 점술·점후占候와 금기

🌿

【1】계하건미季夏建未

(6월[季夏]은 건제建除상으로 건미建未에 속한다.) 소서小暑부터 6월의 절기[節]가 되는데, 음양의 사용은 마땅히 6월의 법에 따른다. 이 시기 황혼에는 저수氐宿1)가 운행하여 남중하고, 새벽에는 동벽수東壁宿2)가 남중한다.

대서大暑는 6월 중순의 절기이다. 이 시기 황혼에는 미수尾宿3)가 남중하고, 새벽에는 규수奎宿4)가 남중한다.

【一】季夏建未:

自小暑即得六月節, 陰陽使用, 宜依六月法. 昏, 氐中, 曉, 東壁中.

大暑, 六月中氣. 昏①, 尾中, 曉, 奎中.

---

1) 28수 중 3번째 별자리이다.
2) 28수 중 14번째 별자리로서 벽수(壁宿)라고도 한다.
3) 28수 중 6번째 별자리로서 운좌(蝎座)에 해당한다.
4) 28수 중 15번째 별자리로서 안드로메다자리에서 6번째로 밝은 항성이다.

【2】 천도天道

이달은 천도가 동쪽으로 향하기 때문에 집을 짓거나 먼 길을 갈 때에는 마땅히 동쪽방향이 길하다.

【3】 그믐과 초하루의 점 보기[晦朔占]

초하루에 비바람이 불면 사들이는 쌀이 비싸다. 그믐에도 동일하다.

초하루가 하지夏至이면 급히 곡식을 구입하는데 그해에 반드시 대기근이 든다. 초하루가 대서大暑이면 사망자가 많다. 초하루가 소서小暑이면 산이 무너지고 강은 흐르지 않는다.

【4】 6월의 잡점[月內雜占]

이달에 무지개가 보이면 삼씨가 귀하다. 월식이 있으면 가뭄이 든다. 이달에 뇌우가 치면, 4월의 점과 동일하다.

【5】 6월 중에 지상의 길흉 점 보기[月內吉凶地]

천덕天德은 갑甲의 방향에 있고, 월덕月德은 갑甲의 방향에 있으며, 월공月空은 경庚의 방향에 있다. 월합月合은 사巳의 방향에 있고, 월염月猒은 사巳의 방향에 있으며, 월살月殺은 술戌의 방향에 있다. 해석은 「정월」에 서술하였다.

【6】 황도黃道

술戌일은 청룡靑龍의 자리에 위치하고, 해

【二】 天道: 是月東行[2], 修造遠行, 宜東方吉.

【三】 晦朔占: 朔[3]風雨, 籴貴. 晦同.[4]

朔日夏至, 急籴, 歲必大饑饉.[5] 朔大暑, 多死亡. 朔[6]小暑, 山崩河不[7]流.

【四】 月內雜占: 此月虹見, 麻子貴. 月蝕, 旱. 月內雷雨, 同四月占.[8]

【五】 月內吉凶地: 天德在甲, 月德甲, 月空庚. 月合巳, 月猒巳, 月殺戌.[9] 並解具正月.[10]

【六】 黃道: 青龍在戌, 明堂亥, 金

亥일은 명당明堂의 자리에 위치하며, 인寅일은 금궤金匱에, 묘卯일은 천덕天德에, 사巳일은 옥당玉堂에, 신申일은 사명司命의 자리에 위치한다.

【7】 흑도黑道

자子일은 천형天刑의 자리에 위치하고, 축丑일은 주작朱雀의 자리에 위치하며, 진辰일은 백호白虎에, 오午일은 천뢰天牢에, 미未일은 현무玄武에, 유酉일은 구진勾陳의 자리에 위치한다.

【8】 천사天赦

갑오甲午일이 길하다.

【9】 출행일出行日

여름 3개월 동안은 남쪽방향으로 가서는 안 된다. 소서小暑부터 24일째 이르는 날에는 밖으로 나가서는 안 된다. 여름에는 남쪽으로 가지 말며,5) 사계절의 마지막 달四季은 또한 마땅히 네 모퉁이 방향으로 가서는 안 된다. 자子일에는 돌아가기를 꺼리며, 또 오午일에는 밖으로 나가면 안 되고 토공신에게 제사를 지내며, 이미 「정월」의 주석에 서술하였다.6) 축丑일은 재앙이 있다. 기해己亥일 · 12

置寅, 天德在卯, 玉堂巳, 司命申.⑪

【七】黑道: 天刑在子, 朱雀在丑, 白虎在辰, 天牢在午, 玄武在未, 勾陳在酉.

【八】天赦: 甲午⑫是也.

【九】出行日: 夏三月, 不南行.⑬ 自小暑後⑭二十四日謂之往亡. 夏雖不南行, 四季月亦不宜往四維方.⑮ 子爲歸忌, 又⑯午爲往亡及土公, 已具正月注中. 丑爲天羅. 己亥日、十二日、二十四日窮日, 並不

---

5) "夏 … 不南行"은 앞에 이어 중복되어 있는 것으로 보아, 쓸모없는 문장임이 분명하다.

6) 【계미자본】과 【중각본】에는 "丑爲天羅"의 앞부분에 "已具正月注中"이라는 소주가 있다. 묘치위의 교석본에는 "丑爲天羅"의 뒷부분에 "已具正月注中"을 표기하였다.

일·24일은 궁핍한 날이라서 모두 멀리 나갈 수 없다. 시집가고 장가들면 집으로 돌아온다.

【10】 대토시臺土時

이달 매일 한밤중 자시子時가 그때이다. 행자行者가 가면 돌아올 수 없다.

【11】 살성을 피하는 네 시각[四煞沒時]

사계절의 마지막 달[季月] 을乙의 날에는 묘卯시 이후 진辰시 이전 시간에 하고, 정丁의 날에는 오午시 이후 미未시 이전, 신辛의 날에는 유酉시 이후 술戌시 이전, 계癸의 날에는 자子시 이후 축丑시 이전의 시간에 행한다. 이미 「사월」의 주석에서 서술하였다.

【12】 제흉일諸凶日

술戌일에 하괴河魁하고, 진辰일에는 천강天罡하며, 묘卯일에는 낭자狼籍하고, 자子일에는 구초九焦하며, 유酉일에는 혈기血忌한다. 묘卯일에는 천화天火하고, 술戌일에는 지화地火한다.

【13】 장가들고 시집가는 날[嫁娶日]

신부를 구할 때는 축丑일이 길하다. 천웅天雄이 해亥의 위치에 있고 지자地雌가 묘卯의 위치에 있을 때는 장가들고 시집갈 수 없다. 새 신부가 가마에서 내릴 때는 술戌시가 길하다.

可遠行. 嫁娶, 還家.

【十】臺土時: 是月每日夜半子時是也. 行者往而不返.

【十一】四煞沒時: 四季之月, 用乙時卯後辰前, 丁時午後未前, 辛時酉後戌前, 癸時子後丑前. 已具四月注中.

【十二】諸凶日[17]: 河魁在戌, 天岡在辰, 狼籍在卯, 九焦在子, 血忌在酉. 天火在卯, 地火在戌.[18]

【十三】嫁娶日: 求婦丑日吉. 天雄在亥, 地雌在卯, 不可嫁娶. 新婦下車戌時吉.

이달에 태어난 사람은 3월·9월에 태어
난 여자에게 장가들 수 없으며, (가게 되면) 남
편을 해친다.

이달에 납재納財를 받은 상대가 금덕의 명
[金命]을 받은 여자이면, 자손이 복 받는다. 화
덕의 명[火命]을 받은 여자는 과부가 되거나 자
식이 고아가 된다. 수덕의 명[水命]을 받은 여자
는 흉하다. 토덕의 명[土命]을 받은 여자는 그런
대로 평범하다. 납재納財의 길일은 병자丙子
일·기묘己卯일·경인庚寅일·신묘辛卯일·임인
壬寅일·계묘癸卯일·임자壬子일·을묘乙卯일 모
두 길하다.

이달에 시집갈 때 자子일과 오午일에 시집
온 여자는 크게 길하다. 묘卯일과 유酉일에 시
집온 여자는 자식과 중매인의 관계가 좋지 않
고, 인寅일과 신申일에 시집온 여자는 남편을
방해하며 사巳일과 해亥일에 시집온 여자는 친
정부모에게 걱정을 끼친다. 축丑일과 미未일에
시집온 여자는 스스로 자신의 운을 막으며, 진
辰일과 술戌일에 시집온 여자는 시부모와의 관
계가 좋지 않다.

천지의 기가 빠져나가는 날은 무오戊午
일·기미己未일이다. 또한 여름의 병자丙子일·
정해丁亥일은 구부九夫를 해한다.

음양이 서로 이기지 못하는 날은 이달 임
신壬申일·계유癸酉일·갑술甲戌일·갑신甲申
일·을유乙酉일·갑오甲午일·을미乙未일·무술

此月生人[19], 不可
娶三月、九月生女,
妨夫.

此月納財, 金命
女, 宜子孫. 火命
女, 孤寡. 水命女,
凶.[20] 土命女, 自如.
納財日[21], 丙子、己
卯、庚寅、辛卯、
壬寅、癸卯、壬
子、乙卯日[22], 並
吉.

此月行嫁, 子午
女大吉, 卯酉女妨
子媒人, 寅申女妨
夫, 巳亥女妨父母.
丑未女妨自身, 辰
戌女妨舅姑.

天地相去日, 戊
午、己未. 又夏丙
子、丁亥, 害九夫.

陰陽不將日, 此
月[23]壬申、癸酉、
甲戌、甲申、乙

戊戌일・무신戊申일・무오戊午일・임술壬戌일・
임오壬午일・계미癸未일이다.

【14】 상장일喪葬日

이달에 죽은 자는 진辰년・술戌년・축丑
년・미未년에 태어난 사람을 방해한다. 상복[斬
衰]을 입는 시기는 병인丙寅일・병자丙子일・을
묘乙卯일・갑자甲子일・경자庚子일・임자壬子일
이 길하다. 염[殯]을 할 때는 정묘丁卯일・신묘辛
卯일・계묘癸卯일・갑인甲寅일이 길하다. 매장
[葬]은 경오庚午일・임신壬申일・계유癸酉일・경
인庚寅일・병신丙申일・정유丁酉일・병오丙午
일・임오壬午일・갑신甲申일・을유乙酉일・신유
辛酉일・임인壬寅일・경신庚申일이 길하다.

【15】 육도의 추이[推六道]

사도死道는 곤坤・간艮의 방향이고, 병도兵
道는 건乾・손巽의 방향이며, 천도天道는 갑甲・
경庚의 방향이다. 지도地道는 을乙・신辛의 방향
이며, 인도人道는 병丙・임壬의 방향이고, 귀도
鬼道는 정丁・계癸의 방향이다. 주는 「사월」에 기술
했다.

酉、甲午、乙未、
戊戌、戊申、戊
午、壬戌、壬午、
癸未.[24]

【十四】喪葬日:[25]
此月死者，妨辰、
戌、丑、未人．斬
草日[26]，丙寅、丙
子、乙卯、甲子、
庚子、壬子日，吉．
殯日[27]，丁卯、辛
卯、癸卯、甲寅.[28]
葬日[29]，庚午、壬
申、癸酉、庚寅、
丙申、丁酉、丙
午、壬午、甲申、
乙酉、辛酉、壬
寅、庚申日，吉.

【十五】推六道:[30]
死道坤艮，兵道乾
巽，天道甲庚．地道
乙辛，人道丙壬，鬼
道丁癸．注具四月.

【16】 오성이 길한 달[五姓利月]

각성角姓은 을미乙未일이 대묘大墓이다. 상성商姓은 신미辛未일이 소묘小墓이다. 치성徵姓은 길하며, 날과 해는 축丑·인寅·묘卯·사巳·오午·신申일이면 길하다. 우성羽姓은 길하며, 그 날과 해는 자子·인寅·묘卯·미未·신申일 때가 길하다. 궁성宮姓은 크게 좋으며, 해와 날은 신申·유酉·축丑·미未일 때 길하다.

【17】 기토起土

비렴살[飛廉]은 묘卯의 방향에 위치하고,[7] 토부土符는 술戌의 방향에 있으며, 토공은 오午의 방향에 있고, 월형月刑은 축丑의 방향에 있다. (기토는) 사방을 크게 금한다. 흙을 다루기 꺼리는 날[地囊]은 기사己巳와 기미己未일이다. 이상의 날과 방향은 모두 흙을 일으킬 수 없다. 그 방향과 날은 동일하다.

월복덕月福德은 묘卯의 방향에 있고, 묘의 방향과 묘일에 기토하면 길하다. 월재지月財地는 해亥의 방향에 있으며, 모두 흙을 일으키면 길하다.

【十六】 五姓利月:[31] 角姓, 乙未大墓. 商姓, 辛未, 小墓. 徵姓, 百[32], 日與年利丑、寅、卯、巳、午、申, 吉. 羽姓, 吉, 日與年[33]利子、寅、卯、未、申, 吉. 宮姓, 大利, 年與日利申、酉、丑、未, 吉.[34]

【十七】 起土: 飛廉在卯, 土符在戌, 土公在午, 月刑在丑. 大禁四方.[35] 地囊, 己巳己未.[36] 已上皆不可動土. 其方位與日辰同.

月福德在卯, 卯上及卯日動土吉. 月財地在亥, 並動土吉.

---

7) "飛廉在卯"에서 '렴(廉)'은 방위와 '일(日), 진(辰)'을 두루 가리키며, "月福德在卯"와 더불어 모순된다.

【18】 이사移徙

큰 손실[大耗]은 축丑의 방향에 있으며, 작은 손실[小耗]은 자子의 방향에 있다. 오부五富는 인寅의 방향에 있으며, 오빈五貧은 신申의 방향에 있다. 이사는 빈貧과 모耗의 방향으로는 갈 수 없다. 또한 여름 병자丙子, 정해丁亥일에는 장가들고, 시집가고, 이사 가고, 입택할 수 없으며 (하면) 흉하다.

【19】 상량上樑하는 날[架屋]

갑자甲子일·병인丙寅일·정묘丁卯일·신사辛巳일·갑오甲午일·정사丁巳일·기사己巳일·기축己丑일·경오庚午일이 모두 길하다.

【20】 주술로 질병·재해 진압하는 날[禳鎭]

초하루에 머리를 감으면 길하다. 7일·8일·21일에 목욕하면 사람의 병을 없애고 재앙을 물리친다. 24일·19일에 흰머리를 뽑으면 영원히 생기지 않는다.

【21】 음식 금기[食忌]

이달에는 생아욱[生葵]을 먹어서는 안 되는데, 지병[宿疾]이 있으면 더욱 먹어서는 안 되며8) 이슬 맞은 아욱을 먹고 개에 물리면 평생 치료되지 않는다.9) 동물들의 비장[諸脾]을 먹어

【十八】移徙: 大耗在丑, 小耗在子. 五富在寅, 五貧在申. 移徙不可往貧耗.[37] 又夏丙子丁亥, 不可嫁娶移徙入宅, 凶.

【十九】架屋: 甲子、丙寅、丁卯、辛巳、甲午、丁巳、己巳、己丑、庚午, 並吉.

【二十】禳鎭: 一日沐, 吉. 七日、八日、二十一日, 浴, 令人去病除灾. 二十四日、十九日[38], 拔白, 永不生.

【二十一】食忌: 是月勿食生葵, 宿疾尤不可食, 食露葵者, 犬噬, 終身不差. 勿食諸脾, 勿飮

서는 안 되고 연못에 고인 물[澤水]을 마시지 말아야 하는데, (그렇게 하면) 사람의 몸에 결석(이나 혹)이 생긴다.[10] 초엿새에는 흙을 일으켜서는 안 된다.[11] 선가仙家에서 크게 꺼린다.

澤水, 令人病鱉[39]癥. 六日勿起土. 仙家大忌.[40]

【22】 복날 탕병 올리기[伏日進湯餅]

(복伏날에 탕병湯餅을 올린다.) 『형초세시기』에 이르기를[12] "먹으면 악령을 피한다."라고 하였다.

【二十二】伏日進湯餅:[41] 歲時記云, 食之辟[42]惡.

---

8) 당(唐)대 맹선(孟詵)의 『식료본초(食料本草)』(『중수정화증류본초(重修政和證類本草)』에 인용한 것에 의거함)에는 "3월·6월·9월·12월[四季月]에 생아욱을 먹으면 음식이 소화되지 않게 되어 지병[宿疾]이 생긴다."라고 하였다.

9) 이러한 견해는 진(晉)대 장화(張華)의 『박물지(博物志)』에서 가장 일찍 보이며 "사람이 낙규(落葵)를 먹고 개에게 물려 부스럼이 생기면 차도가 없거나 죽게 된다."라고 하였다.(『제민요술』 권3 「아욱 재배[種葵]」 편에서 인용한 것에 근거함) 낙규(Basella rubra L., 落葵科)는 '승로(承露)', '번로(承露)' 등의 이명(異名)이 있고(『이아(爾雅)』 「석초(釋草)」, 『명의별록』 등에 보인다), 『본초강목』 권27 '낙규(落葵)'조에서 이시진이 설명하기를 "그 잎은 이슬이 맺히기 가장 적합하며, 그 열매가 늘어진 것이 마치 이슬이 맺힌 것처럼 되어서 '노(露)'라는 이름을 얻었다."라고 하였다. 이것이 『사시찬요』의 '노규(露葵)'이며 곧 낙규를 가리킨다.

10) '令人病鱉癥'은 명(明)대 고렴(高濂)의 『준생팔전(遵生八牋)』 권4에서 『사시찬요』를 인용하여 "令人患癥"라고 쓰고 있다. '징(癥)'과 '가(瘕)'는 모두 중의학의 병명으로, 배 안에 덩어리가 맺힌 것을 가리킨다. 일반적으로 단단해서 쉽게 배출되지 못하여 아픔이 고정된 곳에 있는 것을 '징(癥)'이라고 하고, 모이고 흩어짐이 일정하지 않아 통증이 일정한 곳에 없는 것을 '가(瘕)'라고 하는데, 두 가지 증상이 서로 유사하다. 여기에서 '별징(鱉癥)'은 곧 별가(鱉瘕)를 가리키고, 덩어리진 것이 잔[杯]과 같으며 숨고 달아나는 것이 일정하지 않아 허리와 배에 통증을 일으키니 '팔가(八瘕)' 중의 하나가 된다.

11) "六日勿起土"는 내용상 마땅히 『사시찬요』 「유월(六月)」 【17】 '기토(起土)'에 들어가야 할 문장인데 여기에 잘못 들어왔다. 류팡[劉芳], 「『四時纂要』의 道教傾向硏究」, 『管子學刊』 1篇, 2015에 따르면, 『손진인섭양론(孫眞人攝養論)』에는 '(六月)此月六日 … 吉, 其月又宜起土興工'이라고 쓰여 있고, 『사시찬요』에는 '(六月)六日勿起土, 仙家大忌'라고 쓰여 있어, 동일한 날 두 사료 간의 6월 "기토(起土)"에 관한 해석을 달리하고 있다.

12) 6세기 남조 양(梁)의 종름(宗懍)의 『형초세시기』(청대(淸代) 도정(陶珽)이 재

🌸 교기

1 '혼(昏)': 【중각본】과 【필사본】에서는 '昏'을 쓰고 있다.

2 【중각본】에는 '是月'과 '東行' 사이에 '天道'가 있다.

3 이 항목에서 제목을 제외하고 '朔'이 4곳이 있는데, 【중각본】에서는 '日'자를 붙여 '朔日'로 표기하였는데, 【계미자본】와 【필사본】에서는 '大暑'와 '小暑' 앞에는 '朔'만 표기하고 있다.

4 【중각본】과 【필사본】에는 "晦同"이 본문과 같은 큰 글자로 되어 있다.

5 '기근(饑饉)': 【필사본】에는 '飢饉'으로 적고 있다.

6 '삭(朔)': 【중각본】에서는 '朔日'로 적고 있다.

7 '불(不)': 【필사본】에서는 '丕'로 표기하고 있다.

8 【중각본】과 【필사본】에서는 "同四月占"을 본문과 같은 큰 글자로 하였다.

9 【중각본】과 【필사본】에서는 "天德在甲, 月德在甲, 月空在庚. 月合在巳, 月猒在巳, 月殺在戌."로 쓰고 있다.

10 【중각본】과 【필사본】에는 이 소주(小注) 마지막에 '門中'이 추가되어 있다. 아울러 【필사본】에서는 '解'자도 빠져 있다.

11 【중각본】과 【필사본】에서는 "青龍在戌, 明堂在亥, 金匱在寅, 天德在卯, 玉堂在巳, 司命在申."으로 쓰고 있다.

12 【중각본】과 【필사본】에는 '牛'자 다음에 '日'이 추가되어 있다.

13 "不南行": 【필사본】에는 '行'자가 생략되어 있다.

14 '후(後)': 【필사본】에서는 이 글자가 누락되어 있다.

15 【중각본】과 【필사본】에는 본문과 같은 큰 글자로 되어 있으며, 【중각본】에서는 "夏不南行"으로 표기하고 있다.

편집한[陶珽重輯] 120권 『설부(說郛)』본)에는 "6월 복(伏)날에 탕병(湯餠)을 만들어 악령을 물리쳤다[辟惡]."라고 하였다. 또한 북송 고승(高承)이 저술한 『사물기원(事物紀原)』 권9 「주예음식부(酒禮飲食部)·탕병(湯餠)」편에도 "위진시대에 민간에서 탕병을 먹었다. 오늘날 '색병(索餠)'이 이것이다. 「어림(語林)」(동진(東晉)시기 배계(裴啓)가 찬술한 책)에서 '위(魏) 문제는 하안(何晏)에게 따뜻한 탕병을 주었다.'라고 한다. 즉 이 음식은 한(漢)과 위(魏) 사이에 나온 것임을 알 수 있다.[魏晉之代, 世尙食湯餠. 今索餠是也. 語林, 有魏文帝與何晏熱湯餠. 即是其物, 出于漢魏之間也.]"라고 한다. 이를 통해 볼 때 탕병은 최소한 후한 이후의 음식이었음을 알 수 있다.

⓰ '우(又)': 【필사본】에서는 이 글자가 생략되어 있다.

⓱ 【필사본】에서 이 조항은 "戌為河魁, 辰為天岡, 卯為狼籍, 子為九焦, 酉為血忌, 卯為天火, 巳為地火."로 적고 있다. 또한 【중각본】에서는 '天岡'의 '岡'을 '剛'으로 쓰고 있다.

⓲ '술(戌)': 【중각본】에는 '巳'자로 적고 있다.

⓳ '인(人)': 【중각본】과 【필사본】에서는 '男'으로 쓰고 있다.

⓴ "水命女, 凶": 【중각본】에서는 "木命女, 凶. 水命女"로 표기하였다. 【필사본】에서는 "水命女, 凶, 木命女"로 쓰고 있으며, 뒤의 '土命女' 다음부터 항목이 새로 시작된다.

㉑ 【중각본】에는 '納財'뒤에 '日'자가 생략되어 있다.

㉒ 【중각본】에는 이 문장의 '納財日'의 '日'을 누락하고 있다. 또한 【필사본】에는 '己卯'를 '乙卯'로 쓰고 있으며, 다음 문장의 '乙卯日'에는 '日'자는 생략되어 있다.

㉓ '차월(此月)': 【중각본】과 【필사본】에서는 이 글자가 보이지 않는다.

㉔ 【중각본】과 【필사본】은 이 문장 끝에 '並吉'을 덧붙여 적고 있다.

㉕ '상장일(喪葬日)': 【중각본】과 【필사본】에는 '日'을 생략하고 있다.

㉖ '참초일(斬草日)': 【중각본】과 【필사본】에는 '日'을 생략하고 있다.

㉗ '빈일(殯日)': 【중각본】과 【필사본】에는 '日'을 생략하고 있다.

㉘ 【중각본】에서는 '甲寅' 뒤에 '吉'을, 【필사본】에서는 '日吉'을 추가하여 적고 있다.

㉙ '장일(葬日)': 【중각본】과 【필사본】에는 '日'을 생략하고 있다.

㉚ 【필사본】에는 "天道甲庚. 地道乙辛, 人道丙壬, 兵道乾巽, 死道坤艮, 鬼道丁癸."의 순서로 되어 있다.

㉛ 【중각본】과 【필사본】에서는 이 조항의 '商姓' '徵姓' '羽姓' '宮姓'의 '姓'자를 생략하였다.

㉜ '백(百)': 【중각본】과 【필사본】에는 '吉'자로 표기하고 있다. 【계미자본】의 내용을 해석하면 의미가 통하지 않기에 본문에서는 '吉'자로 보고 해석하였다.

㉝ 이 조항에 두 번 등장하는 '日與年'은 【중각본】에서는 '年與日'로 쓰고 있으며, 뒷부분의 '年與日'은 세 본이 모두 동일하다.

㉞ '미길(未吉)': 【필사본】에서는 '未申'으로 적고 있다.

㉟ '사방(四方)': 【중각본】과 【필사본】에서는 '西方'으로 표기하고 있다.

㊱ '기사기미(己巳己未)': 【필사본】에서는 '癸未癸巳'로 쓰고 있다.

37 【중각본】과 【필사본】에는 '貧耗' 뒤에 '上'자가 추가되어 있다.

38 【필사본】에는 【계미자본】과는 달리 "十九日, 二十四日"과 같이 앞뒤의 순서가 바뀌어 있다.

39 '별(鱉)': 【중각본】과 【필사본】에서는 '鼈'자로 표기하고 있다.

40 "仙家大忌": 【필사본】에서는 이 문구가 생략하고 있다.

41 【필사본】에는 '餠'자를 고친 흔적이 보인다.

42 '신(䃟)': 【계미자본】의 '䃟'을, 【중각본】에서는 '砕'로 적고 있으며, 【필사본】에서는 이 소주(小注)를 본문과 같은 큰 글자로 하면서, 다만 '䃟'를 '䃟'으로 표기하고 있다.

2. 농경과 생활

【23】 신력탕腎瀝湯

남자의 정력감퇴로 인한 신체과로와 결손[五勞七傷],13) 풍습, 신장 기능이 약화되고, 귀가 들리지 않고, 눈이 잘 보이지 않는 것을 치료하는 처방법이다.

건지황乾地黃 · 황시[黃蓍]14) · 백복령白茯

【二十三】 腎瀝湯: 治丈夫虛羸, 五勞[1]七傷, 風濕, 腎藏虛竭, 耳目聾暗方.

乾地黃、黃蓍[2]、

---

13) 오로(五勞)는 오장이 허약해서 생기는 허로(虛勞)를 5가지로 나눈 것으로, 심로(心勞) · 폐로(肺勞) · 간로(肝勞) · 비로(脾勞) · 신로(腎勞)이다. 칠상(七傷)은 남자의 신기(腎氣)가 허약하여 생기는 음한(陰寒) · 음위(陰痿) · 이급(裏急) · 정루(精漏) · 정소(精少) · 정청(精淸) · 소변삭(小便數)의 7가지 증상을 일컫는다.

14) '시(蓍)'의 음은 시(尸)이며, 시초(蓍草)이다. 묘치위의 교석에 따르면, 황기(黃蓍)는 일반적으로 '기(耆)'로 쓰지만 풀 초 머리[艹]를 더해 '시(蓍)'로 쓸 수도 있다고 한다. 이것은 곧 황기를 가리킨다. 『본초강목』 권12 상(上) '황기(黃芪)'조에서 이시진이 설명하기를 "오늘날 민간에서는 통상 황기(黃芪)로 쓰며 간혹 '시(蓍)'로 쓰고 있는 것은 잘못이다."라고 하였다. 『광아(廣雅)』「석초(釋草)」편에

菩15) 가 6푼[分], 오미자五味子·영양 뿔[羚羊角]가루·상표소桑螵蛸16) 5푼, 지골피地骨皮17)·계심桂心 각 4냥. 심을 제거한 맥문동麥門冬18) 5푼, 방풍防風 5푼, 자석磁石 3냥, 바둑알 크기로 두드려 깨고 십 수 차례 씻어 내어 검은 즙이 다 빠지게 한다. 흰 양羊의 신장 한 쌍[對] 돼지의 콩팥도 또한 좋다. 지방막을 제거하고 수양버들 잎[柳葉]과 같이 자른다.

白茯苓, 各六分, 五味子、羚羊角③屑、桑螵蛸 五分, 地骨皮、桂心 各四兩、麥門冬五分去心, 防風五分、磁石三兩, 打破如碁子, 洗至十數遍, 令黑汁盡.④ 白羊腎一對, 猪腎亦得. 去脂膜, 切作柳葉片子.

위의 것은 물 큰 되 4되[升]로 먼저 신장을 삶는다. 물이 한 되[升] 반으로 줄면 물 위의 기름 거품[肥沫]을 제거하고 신장 찌꺼기[腎滓]도 제거한다. 신장의 즙을 취해 여러 약재와 달이고 큰 홉으로 8홉을 취해 짜서 찌꺼기를 제거하여 맑은 물이 되게 한다. 나누어 3번 복용한다. 삼복에 각각 한 제劑를 복용하면 허

右以水四大升先煮腎.⑤ 耗水升半許, 即去水上肥沫, 去腎滓. 取腎汁煎諸藥, 取八大合, 絞去滓, 澄清. 分為三服. 三伏日各服一劑, 極補

"시(蓍)는 기(耆)이다."라고 하였다. 『사시찬요』한약의 서문(序文)에 이르기를 "『광아』·『이아』에서는 그 토산(土産)을 정한다."라고 하였다. 여기에서 '기(耆)'는 '시(蓍)'로 썼는데 『광아』에 근거하여 나온 것임을 알 수 있다.

15) '백봉령'은 빛깔이 흰 복령(茯苓)을 가리킨다. 복령균은 진균류의 일종으로서 담자균아강 민주름버섯목 구멍장이 버섯과 복령속에 속하는 균핵이다.

16) '상표소(桑螵蛸)'는 사마귀과 등의 알집을 말린 것이다. 다른 이름으로는 상소(桑蛸)·상상당랑과(桑上螳螂窠)·치신(致神)·당랑자(螳螂子) 등이 있다. 신장에 좋고 양기 증진에 효험이 있다.

17) 구기자나무 또는 기타 동속 식물의 뿌리껍질을 말린 약재이다. 일본에서는 구기자나무(Lycium chinense Miller.) 및 영하구기자(Lycium barbarum L.: 寧夏枸杞子)를 말한다. 중국에서는 영하구기자만을 공정생약으로 수재하고 있다.

18) 맥문동은 굉맥(穬麥)과 같아서 붙은 이름으로 그 뿌리가 보리의 뿌리와 같은데 수염뿌리가 있어서 붙여진 것이라고도 하고, 부추의 잎과 비슷하고 겨울에도 살아 있어서 불리게 된 것이라고도 한다.

한 것을 크게 보할 수 있으며, 회복되면서 남자의 온갖 병을 치료한다. 약의 양은 또한 사람에 따라 가감할 수 있다. 마늘, 생파, 차가운 음식[冷], 오래된 음식[陳], 미끄러운 음식[滑]은 피한다. 새벽녘 빈속에 복용한다.

복날에는 절대로 부인을 맞이해서는 안 된다. 부인이 죽어 스스로 집에 돌아가지 못하기 때문이다.19)

【24】 소두 파종하기[種小豆]20)

초복에 파종하는 것은 중등의 시기[中時]이며, 무畝당 종자 한 말[斗]을 사용한다. 중복中伏은 하등의 파종시기[下時]로서, 무畝당 종자 한 말 2되를 사용한다.

虛, 復治丈夫百病. 藥亦可⑥以隨人加減. 忌大蒜、生葱、冷、陳、滑物. 平旦空心服之.

伏日切不可迎⑦婦. 婦死已不還家.

【二十四】種小豆: 上伏種之為中時, 每畝用子一斗. 中伏為下時, 每畝用子一斗二升.

---

19)【계미자본】과는 달리【중각본】에는 "伏日切不可近婦, 婦死已不還家."라고 하여 뜻이 통하지 않는다. 그런데 송(宋)대 주수충(周守忠)의『양생월람(養生月覽)』에서『사시찬요』를 인용한 것에는 '근부(近婦)'를 '영부(迎婦)'라 쓰고 있다. '근(近)'이 '영(迎)'자와 형태가 유사하여 연계했지만 잘못된 것이다. 명대 고염(高濂)의『준생팔전(遵生八牋)』권4에는 "삼복 날에는 시집·장가갈 수 없는데, (가게 되면) 부부의 기가 손상을 입으며 길하지 못하다. 부인이 죽어 스스로 집에 돌아가지 못한다.[三伏日不可嫁娶, 傷夫婦, 不吉. 婦死己不還家.]"라고 하는데, '상부부(傷夫婦)'는 '부(婦)'와 '기(己)'의 양쪽을 가리키는 것으로, 본문의 '사(巳)'는 마땅히 '기(己)'자의 잘못이다. 묘치위의 교석본에는 이에 근거하여 이 조항은 마땅히 이달의【13】항목인 '장가들고 시집가는 날[嫁娶日]' 아래에 들어가야 하나 잘못하여 여기에 들어갔다고 한다.

20) 본 항목과『제민요술』권2「소두(小豆)」편은 기록된 것이 서로 동일하다.

【25】만과, 올벼晚瓜早稻21)

모두 「오월」과 동일하다.

【26】가을 아욱 파종하기[種秋葵]22)

이달 초하루에 파종한다. 흰 줄기가 있는 것이 파종하기 좋으며, 자줏빛을 띤 것은 좋지 않다.

【27】숙근만청宿根蔓菁23)

이달 삼[麻]밭 이랑 사이에 종자를 흩어 뿌린다. 오직 뿌리만 거두어서 햇볕에 말리면 흉년을 대비할 수 있다.

【二十五】晚瓜
早稻: 並同五月. [8]

【二十六】種秋
葵: 此月一日種之.
白莖者佳, 紫者劣.

【二十七】宿根
蔓菁: 是月[9]於麻中
散子. 唯[10]只收根,
乾暾, 可備凶年矣.

---

21) 【계미자본】과 【중각본】에서는 '조도(早稻)'로 적고 있으나, 『제민요술』 권2 「밭벼[早稻]」의 "科大, 如穊者, 五六月中霖雨時, 拔而栽之."로 미루어 '한도(旱稻)'로 고쳐야 뜻이 자연스럽게 통한다.

22) 『제민요술』 권3 「아욱 재배[種葵]」편에서는 다음과 같이 "6월 초하루에 흰 줄기의 가을 아욱[秋葵]을 파종한다."라고 기록하였다. 원주에서는 "흰 줄기의 아욱은 말려 저장하기 적당하며, 자색 줄기의 아욱을 말리면 검은색을 띠고 맛이 떫어진다."라고 기재되어 있다.

23) 본 항목은 『제민요술』 권2 「암삼 재배[種麻子]」편에는 다음과 같이 "6월 중에는 암삼을 심은 이랑 사이에 순무 씨를 흩어 뿌리고 김을 매면, 순무의 뿌리를 수확할 수 있다."라고 기재되어 있다. 또한 권3 「순무[蕪菁]」편에서는 "뿌리를 수확하려는 것은 보리와 밀을 파종한 땅에 6월 중순 파종하여, 10월 중에 땅이 얼 무렵에 갈아엎어서 거둔다."라고 하였으며, 흉년을 대비하고 기근을 구제할 수 있다고 하였다. 아울러 '순무의 뿌리를 찌고 말리는 방법[蒸乾蕪菁根法]'도 기재되어 있다. 『사시찬요』는 이 같은 자료에 근거하여 본 조항을 기술하였다. 『제민요술』 권3 「순무[蕪菁]」편에서는 또한 9월 말에 잎을 수확하고 이내 남긴 뿌리에서 종자를 취한다고 적고 있으며, 이듬해 초여름에 종자를 취하는데, 이는 본 조항의 표제에서 일컫는 '숙근만청(宿根蔓菁)'으로서 이를 의미한다. 「칠월」편 【34】 항목 참조.

【28】 난향蘭香24)

이달에 비가 계속 오는 날에 뽑아서 옮겨 심는다. 9월에 거두어 (소금이나 초에) 절여 둔다.

【29】 고수 파종하기[胡荽]25)

검은 흙의 좋은 땅을 사용한다. 3번 갈고 무畝당 종자 1말[斗]을 파종한다. 모름지기 일찍 파종한 것은26) 비를 만나면 바로 싹이 튼다. 이랑에 파종할 때는 종자를 물에 담가 싹을 틔워 파종한다. (이랑을 만드는 것은) 아욱의 방법과 같다.

【30】 수양버들 심기[種柳]

이달에 봄에 자란 작은 가지를 꺾어서 심는데, 껍질이 푸르고 기운이 왕성한 것은 심으면 배로 잘 자란다.

【二十八】蘭香:
此月連雨中拔栽. 九月收作菹.

【二十九】胡荽:
欲黑良地. 三遍耕, 每畝下子一斗. 須早種, 逢雨即生. 畦種即須牙子. 如葵法.

【三十】種柳:⑪
是月, 取春生少枝, 種之, 皮靑氣壯, 長倍疾.

---

24)『제민요술』권3「난향 재배[種蘭香]」편.

25)『제민요술』권3「고수 재배[種胡荽]」편의 가을 파종하는 법 및 봄에 이랑에 파종하는 법에서 채록한 것이다. 무(畝)당 종자 '1말[一斗]'을 사용하는데,『제민요술』에서는 '1승(一升)'이라고 적고 있다. 이에 의하면 '호수(胡荽)'는 즉 미나리과의 고수(Coriandrum sativum L.)로 파종하는 종자는 녹두보다 작으니, '1두(一斗)'는 잘못이다. '여규법(如葵法)'은 단지 이랑에 심는 법을 가리키지만, 발아하는 것은 포함시키지 않았다.「정월(正月)」편【48】항목 참조.

26)【계미자본】,【중각본】및【필사본】에서는 '조(早)'자를 쓰고 있지만 이는 '한(旱)'의 잘못이며, 묘치위의 교석본에도『제민요술』에 근거하여 '한(旱)'으로 표기하고 있다.

【31】 황증黄蒸27)

생밀[生小麥]을 찧는데,28) 곱게 갈아 물로 반죽하여 찐다. 뜸이 들어 김이 방울져 떨어지면 펼쳐서 식히고 쑥[蒿]으로 덮는데, 모든 것이 곰팡이[黃衣]를 번식시키는 법과 같다. 키질해 날려 버려서는 안 된다.

【32】 곰팡이 번식29)시키기30)[罨黃衣]

밀[小麥]을 깨끗이 일어서 항아리 속에 넣고 물에 잠기게 한 뒤 초를 넣고 걸러 내어 푹 찐다. 채반 위에 자리를 깔고 2치[寸] 두께로 편다. 하루 전에 베어 낸 쑥[蒿] 혹은 물억새

【三十一】黃蒸:
<ruby>㪺<rt>音伐, 舂也.</rt></ruby> 生小麥,
細磨, 水溲, 蒸之.
氣溜下, 攤冷, 蒿蓋
之, 一如黃衣法. 勿
楊簸⑫之.

【三十二】罨黃
衣: 淨淘小麥, 於瓮
中浸令醋, 漉出, 熟
蒸之. 於箔上鋪席,
攤, 厚二寸許. 先一

---

27) 본 항목은 『제민요술』 권8 「황의·황증 및 맥아[黃衣黃蒸及糱]」편 '작황증법(作黃蒸法)'에서 채록한 것이다.

28) 【중각본】과 【필사본】에는 㪺자 아래에 "音伐, 舂也"를 소주로 표기하고 있지만, 【계미자본】에서는 이를 누락하여 별도로 동판 밖에 세로로 수기로 적어 두고 있다.

29) 무릇 잘 섞은 국류(麴類: 술 누룩, 장(醬) 누룩 등)를 누룩방에 넣어 밀폐시켜 일정한 처리방법에 따라서 양조 미생물인 곰팡이[霉菌]·효모균(酵母菌)·세균(細菌)의 생장번식을 배양하는 것을 '엄(罨)'이라 한다. 글자는 원래 '가려 덮는다.'라는 의미이다. 이 말은 현재에도 여전히 많은 지방에 남아 있다. 『사민월령』에서는 '침와(寢臥)'라 하고, 『제민요술』에서는 '와(臥)'라 하며, 『식경(食經)』에서는 '오(燠)'라 하는데 의미는 서로 동일하다. '황의(黃衣)'는 또 '맥혼(麥㹇)', '맥류(麥麵)'이라고 부르며 '황증(黃蒸)'과 더불어 모두 장(醬)을 만들 때 사용하는 누룩 가루인데, 전자는 온전한 밀이고 후자는 갈아서 가루로 만든 것이다. '황의'는 누룩 위에 분포된 균(菌)류를 가리키며 민간에서는 '생의(生衣)' 혹은 '상매(上霉)'라 하는데, 여기에서는 '맥혼'의 다른 이름이다.

30) 본 항목은 『제민요술』 권8 「황의·황증 및 맥아[黃衣黃蒸及糱]」편 '작황의법(作黃衣法)'에서 채록한 것인데, 다만 덮는 잎은 민간풍속에 따라 다르다. '열(熱)'은 장 빚는 과정 중 전분 효소[酶]와 단백 효소가 물 분해를 촉진시키는 작용을 하면서 발생되는 열을 가리키는데, 『제민요술』에서는 이를 '세(勢)'라 쓰고 있다.

잎 · 도꼬마리도 좋으며,[31] 이것을 얇게 덮는다. 곰팡이가 위에 두루 퍼지길 기다렸다가 다시 꺼내서 햇볕을 쬐어 말린다. (덮었던) 잎을 들어낸다. 신중히 하되 키질해 날려 버려서는 안 된다. 무릇 양조는 누룩곰팡이의 힘에 의지하여 발효 · 분해된다.

日刈蒿, 或莿葉構葉皆可, 薄覆蓋之. 待黃衣上遍, 便出曝之, 令乾. 去葉. 愼勿揚簸. 凡合造, 以仰黃衣爲熱爾.13

【33】 초엿새에 법국[32] 만들기[六日造法麴][33]

밀[小麥] 3섬[石]을 사용하는데, 1섬은 생밀

【三十三】 六日造法麴:14 小麥三石,

31) 【계미자본】과 【중각본】에는 '가(可)'로 쓰여 있지만, 묘치위의 교석에서는 '득(得)'자로 바꾸어 표기하였다. 그리고 『제민요술』 권8에서는 '莿'을 '물억새[藡]'로, '構'는 '도꼬마리[胡枲]'로 표기하고 있다.

32) 일정한 방법을 통해서 일정한 질량의 누룩을 배합하고 보증하는 것을 일컬어 '법국(法麴)'이라 한다. 묘치위 교석본에 의하면, 마찬가지로 이 원칙으로 기름을 제조한 것을 일컬어 '법유(法油)'라 하고, (이를) 양주에 사용한 것을 일컬어 '법주(法酒)'라 한다. 『제민요술』 권7의 양주(釀酒)와 관련된 각 편에는 9종의 신국 만드는 방법이 기록되어 있는데 모두 '엄국(罨麴: 바람을 꺼린다.)'이다. 『사시찬요』에 기록된 바도 여전히 엄국이다. 북송에 이르러 주익중(朱翼中)의 『북산주경(北山酒經)』에 기록된 바는 엄국 이외에 '풍국(風麴)'류(바람이 통하는 곳에 걸어 둔다.)와 '포국(醭麴)'류(먼저 덮고 바람을 쐰다.)도 있어서 누룩을 만드는 기술이 장족의 발전을 하였다고 한다.

33) 누룩의 작용은 양주 과정의 당화(糖化)와 주화(酒化) 2개의 단계가 결합되어 진행되는데, 유럽에서는 19세기 말에 비로소 중국 술 누룩에서 일종의 주요 털곰팡이[毛霉]에서 분리하여 주정(酒精) 공업에 응용하였다. 묘치위의 교석본에 따르면, 『제민요술』 권7에는 각종 누룩과 각종 술을 만드는 것에 관한 기록이 상세하고 다양한데 세계에서 드문 현상이라고 한다. 후대 북송 주익중의 『북산주경』은 남방 양주(釀酒)에 대한 전문 저서로, 누룩을 만들어 양주하는 기술이 매우 크게 발전하였다. 그러나 만드는 각종 누룩은 모두 쌀과 밀을 분쇄해서 만드는 것으로 밀기울[麩皮]을 사용한 것은 없다. 『사시찬요』의 본 조항의 이른바 "밀기울은 남겨서 누룩에 넣어 사용한다.[其麩留取入麴使.]"라는 사실은 만약 착오가 없다면 이는 밀기울 누룩의 가장 빠른 기록이다. 다만 이미 밀기울을 사용했다면 밀을 먼저 찌고 볶는 것은 불필요한 일이며, 밀기울 누룩의 주화 효율이 '신국(神麴)'을 초과하는 것 역시 상상하기 어렵다. 이 때문에 이 구절은 "밀기울을 남겨서 메주[豉]에 넣어 사용한다.[其麩留取入豉使.]"의 잘못일 가능성이 있

로 하고, 1섬은 쪄서 햇볕에 말린 것을 사용한다. 1섬은 볶는데, 볶을 때 태워서는 안 된다. 각각 나누어 갈고 체에 쳐서 밀가루를 취한다. 밀기울은 남겨서 누룩에 넣어 사용한다. 도꼬마리[蒼耳], 여뀌[蓼]를 취해 문드러지게 찧고 짜서 즙을 취해 가루와 반죽하여 섞는다. 오경五更까지 반죽하여 끝낸다. 만약 날이 밝은 이후까지 반죽하면 누룩의 힘이 없게 된다.[34] 반죽은 되게 하고 찧는 것은 부드러워야 한다. 평평한 판 위에 누룩 틀을 놓고 (반죽을 틀에 넣고) 단단하게 눌러 밟아서 틀을 빼낸다. 창이 동쪽으로 난 방을 깨끗이 청소한 후 창을 꼭 닫고 진흙으로 틈을 봉하여 바람이 통하지 않게 한다. 땅 위에 쑥[蒿]을 3-5치[寸] 두께로 깔고 누룩을 격자형[35]으로 일정하게 세우고 풀을 두껍게 덮는다. 만약 입추 전에 지면을 평평히 깎아서 그 위에 누룩을 쌓는다면 문을 열고 그것을 취하는 날에는 마땅히 지면이 함몰될 것이니, 이내 누룩의 힘이 크고 무겁다는 것을 알 수 있을 것이다. (바로) 문을 닫고 진흙으로 봉한다. 14일二七日이

一石生, 一石蒸, 曬乾. 一石炒, 炒勿令焦. 各別磨, 羅取麵. 其麩留取入麴使.[15] 取蒼耳蓼, 爛搗, 絞取汁, 溲和. 五更和, 取了. 若天明後則無力. 溲欲剛, 搗欲熟. 於平板上以範子緊踏, 脫之. 淨掃東向戶室, 密窗[16]牖, 泥縫[17]隙, 使不通風. 地上鋪蒿草厚三五寸, 竪[18]麴如隔子眼, 以草覆之令厚. 若立秋前削平鋪上, 及開取之日, 當陷入地, 乃知力大而實重. 閉戶, 封泥之. 二七日開, 翻之. 至二七日, 聚之. 一宿[19], 明

다. 그 이유는 아래 문장에 '밀기울 메주[麩豉]' 방법이 쓰여 있기 때문이라고 하였다.

34) 날이 밝은 후에는 기온이 점점 높아져서 잡균이 활동하기에는 유리하지만, 유익한 미생물의 정상적인 번식은 불리하기에 고대에는 누룩을 만들거나 양조할 때는 항상 날이 밝거나 혹은 닭이 울기 전에 진행하였다.

35) '격자안(隔子眼)': 네모지게 쌓아서 '品'자 형태로 펼친 것이다. 이때 만든 누룩 덩어리가 벽돌형태로 네모졌음을 알 수 있다. 오늘날의 누룩도 이 방법을 채용하여 배치한다.

지나면 문을 열고 (누룩을) 뒤집어 준다.36) 다시 14일이 되면 한곳에 모아 둔다. 하룻밤 재우고 다음 날 꺼내서 햇볕에 말린다. 밤이 되면 이슬을 맞힌다. 비를 만나면 거둬들인다. 바삭 마르면 이내 그만둔다.

7월 상순上旬의 인寅일에 만들어도 좋다.

日出曝曬. 夜則露之. 遇雨則收. 極乾乃止.

七月上寅日作亦得.

【34】 신국 만드는 법[造神麴法]37)

밀[小麥] 3섬[石]을 사용한다. 날것, 찐 것, 볶은 것 각각 한 섬을 사용하며, 만드는 방법은 앞의 방법과 동일하지만, 체질한 밀가루는 사용하지 않는다. 생밀[麥]을 찧는데, 특별히38) 매우 곱게 찧는다. 먼저 도꼬마리[蒼耳] 등을 찧어서 즙을 만든다. 또한 6월 상순의 인寅일이나 7월 상순의 인寅일에 해가 나오지 않을 때, 동자童子에게 푸른 옷을 입히고 얼굴을 살지殺地·파지破地 방향을 향하게 하여 물 20섬[斛]을 긷도록 한다. 물을 다 사용하지 않을 경우에는 쏟아 버리고 사용해서는 안 되

【三十四】造神麴法: 小麥三石. 生、蒸、炒各一石, 同前法, 但不用羅麵. 生麥擣, 持須精細. 先擣蒼耳等汁. 又六月上寅或七月上寅日日未出時, 使童子着[20]青衣面向殺地、破地汲水二十斛. 使水不盡却瀉却, 愼勿令人[21]使用,

---

36) 묘치위는 선독에서 첫 번째 '二七日'은 '七日"의 잘못으로 보고 있다. 그러나 최근 발굴된 【계미자본】과 【필사본】에도 '二七日'로 표기하고 있다.

37) 본 항목은 『제민요술』 권7 「신국과 술 만들기[造神麴幷酒]」편 '작삼곡맥국법(作三斛麥麴法)'에서 채록한 것이지만, 도꼬마리 즙을 넣거나 햇볕에 말리는 시일은 같지 않다. '차고지법(此古之法)'은 실제로 『제민요술』에 기록된 것을 가리킨다.

38) 여기의 '지(持)'자는 각종 판본에서 동일하게 표기되어 있지만 글자형태가 유사한 '특(特)'이 잘못 쓰인 것이다. 『제민요술』의 이 구절은 "生麥, 擇治甚令精好." 라고 적혀 있는데, 묘치위는 교석에서 이것은 음이 유사하여 '치(治)'를 잘못하여 '지(持)'로 적었을 가능성이 있다고 한다.

며, (사용하는 것을) 꺼린다. (누룩과 물을 섞을 때) 얼굴을 살지殺39)地 방향으로 섞되 농도가 되게 혼합하고 누룩은 부드럽게 찧어야 한다. 집안에 넣어 둘 때는 집을 깨끗이 청소하여 지면에 습기가 있어서는 안 된다. 땅을 전지田地의 천맥과 같이 구획하고 국인麴人을 만들어서 그 통로에 배치하는데, 이것은 옛 (『제민요술』) 방법이다. 5개의 작은 국인麴人을 만드는데, 만든 5개의 작은 국인麴人40)과 또한 5개의 국왕麴王을 만들어서 중심에 한 왕을 배치하고, 사방에 각 한 왕이 천맥을 지키게 한다. 국왕麴王은 국인麴人보다 다소 크게 만든다. 그 누룩을 부드럽게 찧어서 (틀에 넣어 밟아) 틀을 벗겨 낸다. 이전의 방법과 같이 누룩 배치가 끝나면 국인麴人과 왕을 배치하여 중앙과 사방을 지키게 하고, 말린 고기41)와 탕병으로 제사 지낸다. 주인이 친히 제사를 지낸다. 제문을 읊으며, "삼가 동방의 청제토공靑帝土公과 청제위신靑帝威神,42) 남방의 적제赤帝

忌之. 面向地和絶硬, 搗令熟. 入屋室內, 淨掃, 勿令地濕. 盡㉒地爲阡陌, 作麴人各置巷㉓中, 此古之法. 令作五小麴人, 又作五小麴人, 又作五麴王, 中心安着一王, 四方各一王守阡陌. 王令稍大於麴人. 其麴熟搗, 脫. 如前法鋪麴畢, 以麴人及王守中央四方了, 則祭之以脯湯餅. 主人親自祭. 文曰, 謹請東方青帝土公威神, 南方赤帝土公威神, 北方黑帝土公威神, 西方白帝土公威神, 中央黃帝

---

39) 묘치위의 교석에서는 위의 문장과 『제민요술』에 근거하여 '面向'과 '地'자 사이에 '살(殺)'자를 보충하고 있다.

40) "又作五小麴人": 『제민요술』에는 이처럼 번거로운 것은 없으며, 이것은 군더더기 문장으로 의심된다. 그렇지 않으면, 1개의 '국왕(麴王)'이 2개의 '소국인(小麴人)'을 지니게 되는데, 『사시찬요』와 『제민요술』을 비교하면 이것 또한 군더더기이다. 만약 이 구절이 군더더기가 아니라면, 그 전의 문장인 "令作五小麴人"에서 '영(令)'은 '금(今)'자의 잘못일 것이다.

41) 묘치위 교석본에서는 제사 문장과 『제민요술』에 근거하여 '脯'자 앞에 '주(酒)'자를 보충하고 있다. 하지만 【계미자본】과 【중각본】, 【필사본】에는 '酒'자가 빠져 있다.

토공과 적제위신, 북방의 흑제黑帝토공과 흑제위신, 서방의 백제白帝토공과 백제위신, 중앙의 황제黃帝토공과 황제위신께 청하노니, 모某년 모월 모일 모시에 삼가 5제와 5토공의 영께 여쭙습니다. 아무개[某]는 삼가 6월 상순 인寅일에 맥국麥麴을 만들면서, 5왕을 세워 각각의 영역을 나누어서 술과 포脯를 올려 제사를 지내며43) 기도하여 도움을 청합니다. 원컨대 신력을 내려 거느리는 바44)를 밝게 살피시어 날아다니는 벌레[飛虫]는 종적을 끊게 하시고 쥐나 뱀[穴虫]은 잠적하게 하소서. 곰팡이가 두루 퍼져서 화려하고 무성하게 번식하게 하소서. 누룩이 지닌 분해력이 세차고 힘이 있어 만든 술은 향기롭고 신비로와 각별히 조제한 술45)은 군자가 마시면 취해 기분이 좋으며,

土公威神, 某年月日辰, 謹啓五帝五土公[24]之靈. 某[25]謹以六月上寅, 造作麥麴, 建立五王, 各布封境, 酒脯之醮, 以相祈請. 願垂神力, 明鑒所領, 令使飛虫絶蹤, 穴虫潛[26]影. 衣色遍布, 或蔚或炳. 煞熱[27]火焚, 以烈以猛, 芳越神薰, 殊趨[28]調領, 君子醺暢, 小人恭靜. 虔告三神, 望垂允聽. 急急如律令.

---

42) 이 내용은『제민요술』권7「신국과 술 만들기[造神麴幷酒]」편에 의거하여 번역한 것이다. 그러나 일본의 와타베 다케시[渡部 武]는 역주에서 "동방은 청제 토공의 위신"의 의미로 해석하고 있다. 여기에서는 본래의 의미를 좇아『제민요술』에 의거하여 번역했음을 밝혀 둔다.

43) 일방적으로 술을 따르는 것으로, 상대방이 없는데도 술을 따르는 것을 '초(醮)'라고 하였다.

44) '영(領)'은 물려받는 것, 받아들이는 것을 가리킨다.

45) '영(領)'은『광운(廣韻)』'사십정(四十靜)'에서는 "다스린다.[理也.]"라고 하는데, '조령(調領)'은 즉 '조리(調理)'이다. 양주에 대한 변화는, 옛 사람들은 맥국(麥麴)이 음(陰)이고 기장 밥[黍飯]이 양(陽)으로, 음양을 배합하여 조화시켜(『춘추위(春秋緯)』와 같이) '수촉조령(殊趨調領)'으로 해석하였는데, 여기서 언급한 내용과 서로 통한다. 다만 묘치위는 교석에서 위아래 문장은 서로 짝이 되는 대구(對句)인데 단지 이 구절만 조화를 이루지 못하고 있다고 한다.『제민요술』에서는 "미초화정(味超和鼎)"이라고 적고 있는데, '미초(味超)'와 본문의 '수추(殊趨)'는 서로 형태가 유사하지만, 만약 "미초화정"이 잘못이 아니라면, 이것은 한악이 잘못 고친 것이라고 한다.

(젊은이가 마시면) 공경과 평정심을 지니게 하소서. 삼가 제삼第三 고하노니 청을 들어 주소서. 부디 법률대로 하소서."라고 하였다.

이 제문을 3번 읽고 각각 재배하고서, 문을 진흙으로 봉하고 14일이 지난 후에 앞의 방식과 같이 햇볕에 말리고 이슬을 맞힌다.

讀文三遍, 各再拜, 泥戶後二七日, 准前曬露.

【35】 쌀 삭히는 법[煞米法]46)

신국 가루 한 말[斗]로 기장쌀과 찰기장쌀 2섬[石] 한 말[斗]을 삭힌다. 신국 가루 1말로 찹쌀 1섬 8말을 삭힌다.

법국法麴의 양조력에 따르면 첫해는 한 말의 쌀에 누룩 8냥을 사용하고, 두 번째 해는 한 말의 쌀에 누룩 4냥을 사용하고, 세 번째 해는 한 섬의 쌀에 누룩 한 근斤을 사용한다.47)

【三十五】 煞米法: 神麴末一斗煞黍秫㉙米二石一斗. 神麴末一斗煞糯米一石八斗.

法麴, 第一年一斗米用麴八兩, 二年一斗米用麴四兩, 第三年一石米用麴一斤.

---

46) 본 항목의 첫 번째 단락은『제민요술』'작삼곡맥국법(作三斛麥麴法)'에 근거한 것이다. '살미(煞米)'는 누룩의 쌀에 대한 주화율(酒化率)을 가리킨다.

47) 오늘날 황주(黃酒)를 양조하는 데 사용되는 맥국에서 원료쌀에 대한 비율은 대략 원료쌀 중량의 8-30%를 차지한다. 묘치위 교석본에 의하면, 예컨대 강소 단양(丹陽) 특산의 첨황주(甜黃酒)는 누룩을 찹쌀의 8%, 강음(江陰) 특산의 흑황주(黑黃酒)는 찹쌀의 10%로 사용하며, 유명한 소흥주(紹興酒)는 찹쌀의 15% 이상을 사용하는데 이들은 모두 별도의 주약(酒藥) 혹은 주모(酒母)를 첨가한고 한다. 유명한 산동의 난릉미주(蘭陵美酒)는 단지 맥국만을 사용하며 다른 당화나 효모균을 더하여 제조하지 않고 기장쌀의 30% 전후를 사용한다.(이 술의 주정 농도는 특히 높아서 다른 고량백주(高粱白酒)에 넣어서 양조한다.) 예컨대 백주를 증류한 유명한 산서의 분주(汾酒)에 사용된 보리완두누룩[大麥豌豆麴]은 9-11%를 차지한다.『제민요술』권7 양주 각 편에는 두 종류의 소맥 누룩이 기록되어 있다. 한 종류는 '신국(神麴)'이고 다른 종류는 '분국(笨麴)'인데 그 주화

【36】 대소맥 삭히기[煞大小麥]

금년에 거두어들인 밀은 이달 하늘이 맑고 깨끗한 날[48]에 마당을 깨끗이 청소하고 땅이 햇볕을 받아 몹시 뜨거우면 일제히 여러 사람의 도움을 빌려 맥[麥]을 꺼내어 땅위에 얇게 펴고 도꼬마리[蒼耳]를 구해 잘라서 함께 섞어 햇볕에 말린다. 미시(未時: 오후 3-5시)에 열기가 있을 때[49] 거두어들이면 2년간

【三十六】煞大小麥: 今年收者, 於此月取至淸淨日, 掃庭除, 候地毒熱, 衆手出麥, 薄攤, 取蒼耳碎到和拌曬之. 至未時, 及熱收, 可以二年不蛀. 若有陳麥,

---

력(酒化力)은 "신국 한 말로 쌀 3섬을 삭히고 분국 한말로 쌀 6말을 삭히니 비용 절감이 이와 같이 현격하다."라고 한다. 신국의 주화율은 높지만 단지 원료쌀 용량의 3.3%에 불과한데 만약 중량에 따라서 계산한다면 효율은 여전히 높다. 왜냐하면 누룩 가루는 쌀보다 가볍고 쌀보다 용적이 크기 때문이다. '분국'은 질이 떨어지는데 대개 오늘날의 맥국과 서로 유사하여, 이 때문에 '조분(粗笨)'이라는 이름을 얻었다. 『사시찬요』에는 3년된 법국을 일컬어 "한 섬의 쌀에 누룩 한 근을 사용하다."라고 하는데, 효율은 더욱 높으며 남방의 어떤 것은 순수하게 곰팡이를 배양하는 성질을 갖춘 주약의 효력을 지녔다. 현재 복건지역에서의 '홍국(紅麴)'과 하문(廈門)지역에서의 '백국(白麴)'은 서로 양조함에 있어 기온이 높을 때는 최소한 멥쌀 중량의 4%를 사용하는데, 만약 홍국만 사용한다면 누룩의 양은 훨씬 많아야 한다. 당 이전의 신국·법국 등의 당화와 주화력은 이와 같이 높아서 옛사람의 과장한 부분이 있거나 혹은 별다른 기타 복잡한 부분이 있는가 없는가는 주의할 가치가 있는 문제라고 하였다.

48) '취(取)'는 『사시찬요』에서는 항상 시간과 분량상의 중심적인 의미를 지닌다. 여기의 '취(取)'는 맥을 모으는 것이 아니고 '취지(取至)'의 연사로서 시간의 장악을 가리키며, 의미는 '선지(選至)'·'후지(候至)'에 해당한다. 이달【33】항목의 '取了', 【44】항목의 "取盛熱時" 등은 모두 시간을 가리키고 【40】항목의 "取豆面深五七寸" 등은 모두 분량을 가리키지만 용법은 서로 동일하다. '천정일(天淨日)'은 천청(天淸)하고 깨끗한 날, 즉 청랑(晴朗)일로서 태양이 아주 좋은 날을 가리킨다.

49) '급(及)'은 '진(趁)'자의 의미이며, '급열(及熱)'은 즉 '진열(趁熱)'이다. 밀은 열기가 있을 때 창고에 넣어서 밀폐 보관해야 하는 특징을 가지고 있다. 이러한 처리를 거친 후에는 밀폐상태로 인해 고온이 유지되어 햇볕을 쬘 때 아직 죽지 않았던 해충이 소멸될 수 있다. 『사시찬요』에서는 태양이 작열하는 지면에서 가장 뜨거울 때 햇볕을 쬐는데, 빨리 쬐고 빨리 거두어들여 맥의 온도를 더욱 높이면 효과는 더욱 좋다.

좀이 슬지 않는다. 만약 묵은 맥麥이 있으면 또한 모름지기 이 방법에 따라서 뒤집으면서 햇볕에 말린다. 반드시 입추 전에 말려야 한다. 입추 후에 하면 이미 벌레가 생겨서 효과가 없다. 『제민요술』에 이르길[50] "마땅히 쑥을 대바구니에 넣어 저장해[51] 두면 좀이 생기지 않는다."라고 하였다.

【37】 꿀 따기[開蜜][52]

이달이 가장 좋다. 만약 부추꽃[韭花]이 핀 뒤에 따면, 벌이 채집한 꿀이 좋지 않아서 오래가지 못한다.

亦須依此法更曬. 須在立秋前. 秋後則已有蚩生, 恐無益矣. 齊民要術云, 宜以蒿圌窖則不蛀.

【三十七】開蜜: 以此月爲上. 若韭花開後, 蜂采則蜜惡而不耐久.

---

50) 본 문장은 삼복(三伏)기간에 곡물을 뒤집고 햇볕에 쬐어 살충하고 좀을 방지하는 방법이다. 『제민요술』 권2 「보리·밀」편의 기록은 "입추(立秋) 전에 반드시 정지를 끝내야 한다. (주: 입추가 지나면 벌레가 생긴다.) 쑥을 바구니에 담아서 넣어 두는 것이 좋다. (주: 움집[窖]에 넣어서 묻을 때는 쑥으로 그 입구를 막는 것 또한 좋다. 맥을 구덩이에 저장하는 방식은 반드시 먼저 햇볕에 잘 말려서 열기가 있을 때 움집에 넣어 묻는다.)"라고 하였다. 『사시찬요』에서는 "호천교(蒿圌窖)"라고 적고 있는데, '교(窖)'는 '장(藏)'자의 의미라고 말할 수 있다. 그렇지 않으면 쑥 바구니에 담아서 다시 움 속에 묻어 두는 것으로, 『제민요술』의 본문과는 차이가 있다. 『농상집요』에서도 이것을 인용하여 기록하였다.
51) '천(圌)'은 본래는 '천(篅)'으로 썼다. 이것은 대껍질 혹은 풀로 짠 둥근 형태의 곡물을 담는 그릇으로, 【계미자본】에서는 원래 천(圌)으로 쓰고 있는데, 묘치위의 교석에는 【중각본】의 글자가 '도(圖)'로 쓰인 것으로 오해하였다. 그러나 『제민요술』 권2 「논벼[水稻]」편에는 '초천(草篅)'이 있고 권3 「고수 재배[種胡荽]」편에는 "작호천성지(作蒿篅盛之)"가 있어서 묘치위는 천(圌)을 천(篅)보다 합당하다고 보고 교석하였다.
52) 이 항목은 『사시찬요』의 본문이지만, 『농상집요』 권7 '밀봉(蜜蜂)'조항에는 이를 인용하지는 않았다.

【38】 무 파종하기[種蘿蔔]53)

연한54) 모래땅이 좋다. 5월에 밭을 5-6번 두루 갈고 6월 6일에 파종한다. 호미질은 많을수록 좋다. 모가 조밀하여 간격이 좁으면 뽑아서 듬성듬성하게 해 준다. 10월이 되면 거두어서 구덩이에 묻어 둔다.

2월 초가 되면, (무 상단을 약간) 쪼개서 (땅에 묻어) 파종한다. 한 자[尺] 정도의 간격에 한 구덩이를 파서 (파종하고) 그 위에 두텁게 거름을 준다. 건조하면 물을 준다.

만약 파종할 수 없으면, 단지 앞의 방식에 따른다. 6월에 파종한 것은 (수확 후 저장하여) 이듬해 2월에 먹을 수 있다.55) 만약 묵은 종자가 있으면 입하(立夏)에 먼저 파종

【三十八】種蘿蔔: 宜沙糯地. 五月犁五六遍, 六月六日種. 鋤不猒多. 稠即小閒拔令稀. 至十月收, 窖之.

至二月初, 劈破種之. 一尺餘一窠, 厚上糞. 旱則澆之.

若不能種, 只依前法. 六月種二食至月. 若有陳子, 立夏便種, 盛夏食之.[30]

---

53) 『농상집요』에서는 단지 첫 문단의 '교지(窖之)'까지만 인용하고, 그 이하는 인용하지 않았는데, 묘치위는 교석본에서 그 이유를 '쪼개서 무를 파종하는 방법'이 매우 모순되게 서술되어 있기 때문이라고 한다. 즉 두 번째 단락인 '쪼갠 무'는 묻어 둔 무[蘿蔔]에서 종자를 취하는 것을 가리킨다. 북방에서는 열십자로 무 상단에 한 치[寸] 정도 칼집을 낸 후에 묻기도 한다. 『사시찬요』에서는 "劈破種之"라고 부르는 것이 대개 이러한 류이다. 세 번째 단락의 "若不能劈種"은 아마 시간을 놓치거나 다른 조건에 의해서 제한을 받았을 때를 가리킨다. 이와 같은 것은 단지 오래된 종자를 취해서 6월에 파종하고, 10월에 거두어 저장하면 이듬해 2월에도 줄곧 먹을 수 있다. 만약 오래된 종자가 많이 있다면, 앞당겨 입하(立夏: 4월의 절기)에 파종하면 한여름에도 먹을 수 있다. 『농상집요』 권5 「과채(瓜菜)」 '나복(蘿蔔)'조항에서 '새로 덧붙이기[新添]'한 '물 무[水蘿蔔]'의 품종은 『사시찬요』의 '여름에 파종하여 여름에 거둘 수 있고, 여름에 파종하여 가을에 수확하는 품종'과 더불어 서로 유사하다.

54) '나(糯)'자는 『종예필용(種藝必用)』에서 『사시찬요』를 초사한 것에도 마찬가지로 이 글자를 쓰고 있으며, 원(元)말 유정목(俞貞木)의 『종수서(種樹書)』에서도 동일하다. '나복(蘿蔔)'은 사질토양이 좋은데, 『농상집요』에서 『사시유요』를 인용한 것에는 '연(輭)'으로 적고 있다.

55) 【계미자본】에서는 "六月種二食至月"이라고 적고 있으나 해석하기 곤란하다. 따라서 "六月種食至二月"로 해석하였다. 한편 와타베는 역주고에서 "2개월에 걸

하여 한여름[盛夏]에 먹을 수 있다.

【39】 두시 만들기[作豆豉56)]57)

검은 콩은 양에 관계없으며 2-3말[斗]58)도 좋다. 깨끗하게 일어 하루 동안 재웠다가59) 걸러 내서 물기를 빼고 말린 후 푹 찐다. 대자리 위에 퍼서 사람의 체온과 비슷해지면 쑥으로 덮어 두는데, 모든 것이 곰팡이[黃衣]를 번식시키는 법과 같다. 3일에 한 번씩 살펴보고, 황색60)이 위에 누렇게 펼쳐지면 된 것이다. 또한 너무 지나쳐서도 안 된다. 키질해서 곰팡이 가루를 제거하여 햇볕에 말리고 적당량의 물을 넣고 뒤섞는다. 너무 축축해서도 안 되고 너무 건조해서도 안 되는데, 단지 손으로

【三十九】 作豆豉: 黑豆不限多少<u>31</u>, 三二斗亦得. 淨淘, 宿浸, 漉出, 瀝乾, 蒸之令熟. 於簞上攤, 候如人體, 蒿覆一如黃衣法. 三日一看, 候黃上遍卽得. 又不可太過. 簸去黃, 曝乾, 以水漬拌之. 不得令大濕, 又不得令太<u>32</u>乾, 但以

쳐 먹을 수 있다."라고 해석하고 있다.

56) '시(豉)'는 흔히 된장으로 해석하는 경우가 있는데, 여기서의 '시(豉)'는 삶아서 곰팡이를 피우고 햇볕에 말려 씻는 등의 여러 차례 동일한 과정을 거치고 다시 삶아서 열기를 빼고 항아리 속에 밀봉한 것이다. 이것은 우리의 된장과는 달리 콩의 형태를 유지하고 있다는 점에서 청국장이나 일본의 낫토를 떠우기 직전의 재료에 해당된다.

57) 본 항목에 적힌 두시(豆豉) 만드는 법은『제민요술』권8「두시 만드는 방법[作豆豉]」보다 간략하며『식경(食經)』의 3번 찌고 3번 말려 두시(豆豉)를 만드는 법과 자못 흡사하다.『농상집요』에서는 본 조항을 인용하고,『제민요술』의 작시법(作豉法)을 인용하지는 않았다.

58) 【계미자본】과【중각본】에는 "三二斗亦得"으로 쓰여 있는데, 앞에 "양에 관계없이"란 의미 때문인지, 묘치위의 교석에서는 "三二升亦得"으로 고쳐 쓰고 있다.

59) '숙침(宿浸)'은『농상집요』에서 인용한 바는 동일한데, 마땅히 하룻밤 재운다는 의미이다.『제민요술』에서『식경』의 '작시법(作豉法)'을 인용한 것에는 "漬一宿"이라 적고 있다.

60)『농상집요』에서는 '황(黃)' 다음에 별도로 '의(衣)'자가 있다.『사시찬요』처럼 없어도 가능하며 간혹 '衣'자 한 자만 표기하기도 한다.

잡아서 두즙이 손가락 사이로 빠져나오는 정
도가 적당하다. 항아리 안에 차곡차곡 쌓아 넣
고 뽕나무 잎을 3치[+] 두께로 덮어 준다. 적당
한 물건으로 항아리 주둥이를 덮고 진흙으로
밀봉하여 태양 속에(61) 7일간 두었다가 뚜껑을
열어 (꺼내어) 햇볕에 말린다. 또한 물을 넣고
휘저어 도로 항아리에 넣는데 모든 것이 앞의
방법과 같이 한다. (이런 것을) 6-7번을 하면 빛
깔이 아주 좋아지는데 바로 그것을 찐 뒤 펴서
열기를 식히고, 또 항아리 속에 차곡차곡 넣고
진흙으로 봉하면 완성된다.

【40】 된장 만들기[醎豉]

큰 검은콩 한 말[+]을 깨끗하게 일어 나
쁜 것을 골라내고 문드러지게 찌는데, 모든
것을 곰팡이를 번식시키는 법에 따르면 누런
곰팡이[黃衣]가 바로 나오게 된다. 키질해서 곰
팡이 분말을 제거하고 끓인 물(62)로 일어서
씻은 후 물을 빼고 말린다. 콩 한 말당 소금 5
되, 생강 반 근을 잘게 썰고, 깨끗한 청초靑椒
한 되[+]를 준비한다. 이어서 사람 체온 정도

手捉之, 使汁從指開
出爲候. 安瓮中, 實
築, 桑葉覆之, 厚可
三寸. 以物蓋瓮口,
密泥於日中七日, 開
之, 曝乾. 又以水拌,
却入瓮中, 一如前
法. 六七度, 候極好
顏色, 即蒸過, 攤却
大氣, 又入瓮中實築
之, 封泥, 即成矣.

【四十】醎豉: 大
黑豆一斗, 淨淘, 擇
去惡者, 爛蒸, 一依
罨黃衣法, 黃衣遍即
出. 簸去黃衣, 用熟
水淘洗, 瀝乾. 每斗
豆用塩五升, 生薑半
斤切作細條子, 青椒
一升揀淨. 即作塩湯

---

61) "密泥於日中"이란 하늘을 가리지 않는 마당에서 진흙을 봉하는 것을 설명하는
것이다. 진흙을 바른 후에 고정시키기 위해서 '니(泥)' 다음에 꼭 필요한 것은 아
니지만 '안(安)', '치(置)'같은 글자가 빠져 있다. 『제민요술』에서 『식경』 '작시법
(作豉法)'을 인용한 것에는 "乃密泥之中庭"이 있는데, 작업은 서로 동일하다. '중
정(中庭)'은 즉 뜰 혹은 집 안의 마당이다.
62) '숙수(熟水)'는 끓인 물이다. 물을 끓이는 목적은 생수 중에 있는 유해한 미생물
의 활동을 방지하고 양조의 질량에 영향을 주는 데 있다.

의 소금 탕을 만들어서 항아리 속에 넣는다. 한 층은 콩, 한 층은 초와 생강을 (순서대로) 넣는데 다 넣으면 즉시 소금물을 붓되 콩이 있는 면의 깊이가 5-7치[寸]가 되면 멈춘다. 곧 청초 잎으로 덮고 (항아리 입구를) 진흙으로 밀봉하여 햇볕 속에 둔다. 14일이 지나면 꺼내서 햇볕에 쬐어 말린다.[63] 즙은 달여서 따로 저장하며,[64] 기름기 없는 음식[素食]에 곁들여 먹으면 더욱 좋다.

【41】 밀기울 메주[麩豉][65]

밀기울은 양에 관계없이 물로 고르게 반죽하여 푹 찌고 펴서 사람 체온과 같게 한다. 쑥을 덮어서 그 위에 곰팡이가 두루 퍼지면 꺼내고 펴서 햇볕에 말린다. 물을 넣고 휘저

如人體, 同入瓮器中. 一重豆, 一重椒薑, 入盡, 即下塩水, 取豆面深五七寸乃止. 即以椒葉蓋之, 密泥於日中著. 二七日, 出之[33], 曝乾. 汁則煎而別貯之, 點素食尤美.[34]

【四十一】 麩豉: 麥麩不限多少[35], 以水勻拌, 熟蒸, 攤如人體. 蒿艾罨取黃上遍, 出, 攤曝令乾.

---

63) 이것은 간장을 만드는 방식인데, 당(唐)대의 경우 14일간만 발효시켜서 간장을 달여 만들고 있다. 하지만 한국의 경우 40일에서 60일을 띄워서 간장을 제조하기 때문에 콩에서 진액이 충분히 우러나와 중국의 간장보다 진한 것이 특징이다. 이때 간장을 걸러 낸 후에 남은 메주를 고르게 부수고 소금이나 간장을 약간 섞어서 항아리에 꼭꼭 눌러 담아 그 위에 소금을 약간 덮어서 한 달 정도 숙성시키면 된장이 된다.

64) 『제민요술』에서는 소금에 절여 저장한다. 요리서적 각 편에는 '두장청(豆醬清; 예컨대 권8「장 만드는 방법[作醬等法]」편의 '작조전법(作燥脠法)' 등과 「고깃국 끓이는 방법[羹臛法]」편의 조항)'이나 혹은 '시즙(豉汁)'을 이용해서 조미료를 만드는데, 전자는 많지 않고 후자는 보편적으로 응용된다. 두 가지는 모두 만드는 방법이 없고 또한 달여서 만드는 기록이 없다. 『사시찬요』의 "즙은 달여서 따로 저장한다."라는 멸균처리의 가장 빠른 기록이지만, 여전히 '장유(醬油)'의 명칭은 없다. 위 문장의 '출(出)'은 두시(豆豉)를 꺼내는 것을 가리킨다.

65) 본 항목 및 위 항목은 모두 『사시찬요』의 본문이다. 『농상집요』에서는 단지 본 항목을 인용하였다. 본 항목에서는 밀기울을 사용하여 시(豉)를 만드는데, 현존하는 문헌에서는 가장 빠른 기록이라 볼 수 있다.

어 눅눅하게 하고 다시 항아리 속에 넣어 차곡차곡 채워서 뜰에 두었다가 땅 위에 거꾸로 뒤집어 두고 재[灰]를 주위에 둘러 준다. 7일이 지나면 꺼내고 펴서 햇볕에 말린다. 만약 색깔이 아직 깊지 못하면 또 (물을 붓고) 젓는데 앞의 방법과 같이 하여 항아리 속에 넣어서 색이 좋아지면 그만둔다. 빛깔이 좋은 흑색이 된 이후에는 또 쩌서 열기가 있을 때 항아리 속에 넣어서 진흙으로 밀봉한다. 겨우내 먹을 수 있으며, 따뜻한 성질이 두시豆豉보다 좋다.

【42】 닥나무 열매 거두기[收楮實]

이달 6일에 거두어들이면 가장 좋다.[66]

即以水拌令浥浥, 却入缸瓮中, 實捺, 安於庭中, 倒合在地, 以灰圍之. 七日外, 取出攤晾. 若顔色末深, 又拌, 依[36]前法, 入瓮中, 色好爲度. 色好黑後, 又蒸令熱[37], 及熱入瓮中, 築, 泥却. 一冬取喫, 溫煖勝豆豉.

【四十二】 收楮實: 此月六日收爲上.

---

66)「칠월」편 【54】 항목에서 "닥나무 열매가 익을 때 7월·8월에 종자를 거두고"라고 하는데 이것은 거둔 것을 종자로 삼는다는 것이다. 여기에서 6월 6일에 '거두는 것이 가장 좋다'라고 하는 것은 닥나무 열매가 아직 완전히 익지 않았기에 거두어들인 것을 약으로 사용한 것이다. 『본초강목』 권36 '저실(楮實)'조에는 『집간방(集簡方)』을 인용하여 "5월 5일 혹은 6월 6일, 혹은 7월 7일에 저도(楮桃)를 취해서 그늘에서 말린다."라고 하였다.

그림 11_ 맥문동麥門冬과 뿌리   그림 12_ 백복령白茯苓과 그 절편   그림 13_ 구기자枸杞子와 지골피地骨皮

🏵 교 기

1 '오로(五勞)': 【중각본】에서는 '玉勞'로 쓰고 있다.

2 '황시(黃蓍)': 【필사본】에서는 '黃芪'로 표기하고 있다.

3 '영양각(零羊角)': 【중각본】과 【필사본】에서는 '羚羊角'으로 적고 있다.

4 "白茯苓"부터 "磁石(三兩)"까지는 각 본의 내용이 모두 다르다. 【중각본】에서는 "白茯苓, 各六分, 五味子、羚羊角(屑)、萊螵蛸、防風、麥門冬(去心), 各五分, 地骨皮、桂心, 各四兩, 磁石三兩. (打破如碁子, 洗至十數遍, 令黑汁盡)"으로 쓰고 있고, 【필사본】에서는 "白茯苓, 各六分, 五味子、羚羊角屑、萊螵蛸五分, 地骨皮、桂心, 各四兩, 麥門冬(去心)、防風、各五分, 磁石三兩. (打破如碁, 洗至十數) 遍令黑汁盡"으로 적고 있다. ( ) 안은 '소주(小注)'로서 작은 글자임.

5 【필사본】에는 '腎'자가 빠져 있다.

6 '가(可)': 【필사본】에는 이 글자가 생략되어 있다.

7 '영(迎)': 【중각본】에는 '近'으로 되어 있다.

8 【중각본】과 【필사본】에는 이 조항 뒤에 '수양버들 심기[種柳]' 항목이 더 있는데,『제민요술』권5「홰나무・버드나무・가래나무・개오동나무・오동나무・떡갈나무의 재배[種槐柳楸梓梧柞]」편의 6-7월 수양버들가지를 꺾꽂이하는 것에서 채록하였다.

9 '시월(是月)': 【필사본】에는 이 글자가 생략되어 있다.

⑩ '유(唯)': 【필사본】에서는 이 글자를 '惟'로 표기하고 있다.

⑪ 【중각본】과 【필사본】에는 '[種柳]' 항목이 '[種小豆]' 항목 뒤에 위치한다.

⑫ '파(簸)': 【필사본】에는 '簁'로 쓰고 있다. 이하 동일하여 별도로 교기하지 않는다.

⑬ 【필사본】에서는 '爾'를 '耳'로 표기하였다. 또한 【중각본】과 【필사본】에서는 '[種蕎麥]' 조항이 여기에 위치해 있으나, 【계미자본】에서는 「유월」편의 맨 마지막에 위치해 있다.

⑭ '육일조법국(六日造法麴)': 【필사본】에서는 '六日造麴法'으로 쓰고 있다.

⑮ 【필사본】에서는 '使'자를 '便'자로 적고 있다.

⑯ '창(窓)': 【중각본】에서는 '牕'자로 쓰고, 【필사본】에서는 '窻'자로 표기하고 있다.

⑰ '봉(縫)': 【중각본】에서는 이 글자를 '封'으로 쓰고 있다.

⑱ 【중각본】에서는 '五寸'을 '王寸'으로 표기하고 있다. '竪'자는 【중각본】에서는 '豎', 【필사본】에서는 '緊'으로 쓰고 있다.

⑲ 【필사본】에서는 '一宿'을 '一一宿'으로 적고 있다.

⑳ 【중각본】에서는 '着'를 '著'로 쓰고 있다.

㉑ '인(人)': 【중각본】에서는 '人'자가 생략되어 있다.

㉒ '진(盡)': 【중각본】과 【필사본】에서는 '畫'로 되어 있다.

㉓ '항(巷)': 【필사본】에는 '卷'으로 쓰고 있다.

㉔ "五帝五土公": 【필사본】에서는 "五帝土公"으로 적고 있다.

㉕ '모(某)': 【필사본】에는 이 글자가 생략되어 있다.

㉖ 【필사본】에는 '潛'자가 누락되어 있으며, 여기에서 조항이 새로 시작된다.

㉗ '열(熱)': 【필사본】에서는 이 글자를 '執'으로 쓰고 있다.

㉘ '추(趍)': 【중각본】과 【필사본】에서는 이 글자를 '趨'자로 적고 있다.

㉙ '출(秫)': 【필사본】에서는 이 글자를 '朮'로 표기하고 있다.

㉚ 【중각본】과 【필사본】에서는 이 소주(小注)가 본문과 같은 큰 글자로 되어 있다. 또한 '若不能' 뒤에 '劈'자가 추가되어 있으며, '二食至'를 '食二至'로 쓰고 있다.

㉛ '다소(多少)': 【중각본】에서는 '多小'로 쓰고 있다.

㉜ '태(太)': 【중각본】에서는 이 글자를 '大'로 쓰고 있다.

㉝ '지(之)': 【중각본】에는 이 글자가 누락되어 있다.

㉞ '미(美)': 【필사본】에서는 이 글자를 '佳'로 표기하고 있다.

3. 잡사와 시령불순

❧

【43】 잡사雜事

여공에게 명하여 비단과 명주67)를 짜게 한다. 풀이 무성해지면 여뀌[蓼]를 태워 재로 만들고 (그 재즙으로)68) 홍청69)과 청색 등 잡다한 색으로70) 염색한다.

겨자[芥子]를 거둔다. 중추(中秋) 이후에 파종한다. 화약花藥71)의 종자를 거두어들인다. 이달에

【四十三】 雜事:[1]

命女工織紬絹. 草茂, 燒蓼灰, 染紺青雜色.

收芥子. 中[2]秋後種. 收花藥子. 便種之. 收

---

67) 지금의 '주(綢)'자는 예전에 '주(紬)'로 썼다.

68) 잿물[灰汁]을 식물성 염료의 매염제로 사용한 것은 중국에서 매우 일찍 채용된 방법이다.

69) '감(紺)'은 청색 속에 적색을 띤 것으로, 민간에서는 '홍청(紅青)'이라고 일컬으며, 또한 '천청(天青)'이라고도 한다.

70) 이상의 『사민월령』 「유월」편에는 아래와 같이 기록되어 있는데 "여공에게 붉은 비단과 명주[絹縛]를 짜게 했다. … 재를 태워서 청색·감색 등 여러 잡색을 염색하게 했다.[命女紅織縑縛. … 可燒灰, 柒青紺諸雜色.]"라고 하였다. 또 「사월」편에는 "풀이 무성해지기 시작하면 태워 재를 만들 수 있다.[草始茂, 可燒灰.]"라고 하였다. 아래 부분의 여러 가지 일도 『사민월령』과 서로 동일하다.

71) '화약(花藥)'이 가리키는 바는 자세하지 않다. 도잠(陶潛)의 『시운시(時運詩)』에 "화약은 열 지어 있고 대나무의 숲은 우산과 같다.[花藥分列, 林竹翳如.]"라고 하였다. 『남사(南史)』 권15 「서담지전(徐湛之傳)」에 "과실나무와 대나무가 무성하고 화약이 줄지어 있다.[果竹繁茂, 花藥盛行.]"라고 하였다. 또 『여법량전(茹法亮傳)』에는 "대나무 숲과 화약이 아름답다.[竹林花藥之美.]"라고 하였다. 모두

바로 파종한다. 자두[李]의 씨를 거두어들인다. 바로 파종한다. 거여목[苜蓿]을 수확한다. 회화나무의 꽃[槐花]을 거두어들인다. 햇볕에 말린다. 대나무를 벤다. 이달부터 8월까지는 (벤 대나무에는) 좀[蛀]이 생기지 않는다.[72] 자라[神守] 두 마리를 연못에 넣는다. 고기를 기르는 방법은 「사월」에 서술하였다.

양탄자·침구·책·갖옷을 햇볕에 말린다.

달래[小蒜]와 무를 파종한다. 메밀[蕎麥]을 내다판다. 파의 그루를 옮겨 심는다. 보리밥[麥飯]을 짓는다.[73]

李核. 便種.③ 收苜蓿. 收槐花. 曝乾.④ 斫竹. 此月後至八月不蛀. 內⑤二神守. 養魚法, 具四月門中.

曬氈、褥、書、裘.

種小蒜、蘿蔔. 粜喬麥.⑥ 別大葱. 造麥飯.

【44】 법유와 의유 만들기[造法油衣油]

삼씨기름 한 근(斤), 들깨기름 반 근, 벌레 먹지 않은[74] 망치로 깨서 껍질과 씨를 제거한 쥐엄나무 한 정(挺), 박초[朴硝][75] 한 냥[兩], 염화[塩花][76] 반

【四十四】造法油衣油: 大麻油 一斤, 荏油 半斤, 不蚰皀角 一挺, 槌破, 去皮子. 朴硝 一

'화(花)'와 '약(藥)' 2가지를 가리킨다. 『사시찬요』의 주석에서 "바로 파종한다[便種之.]"라고 한 점으로 미루어 볼 때, '화약'은 식물의 명칭을 가리키지만 구체적이지 않다. 오찬(吳攢)의 『종예필용(種藝必用)』과 유정목(兪宗本)의 『종수서(種樹書)』에도 '종화약(種花藥)'이란 기록이 있지만, 가리키는 바는 여전히 2가지인 것 같다. 묘치위와 와타베 모두 '화약'의 실체가 구체적이지 않다고 한다.

72) 「구월(九月)」편 【30】 항목 '잡사(雜事)'에도 "대나무를 벤다[斫竹]"가 있는데, 이 내용은 다음의 "이 달부터 8월까지는 나무좀이 생기지 않는다.[至八月不蛀.]"라는 내용과 어울리지 않는다. 그런데 『농상집요』 '세월잡사(歲月雜事)'에는 '작죽(斫竹)' 아래에 항상 '구마(溫廐)' 조항이 있다.

73) 와타베 다케시[渡部 武] 역주에서는 맥반(麥飯)을 말린 보리밥으로 보고 있으며, 『설문』을 인용하여 진(陳)나라·초(楚)나라에서는 접대용으로 이와 같은 보리밥을 먹었다는 풍속이 있다고 한다.

74) '중(蚰)'은 『집운』에서는 "벌레 먹은 물건이다."라고 하였다.

75) 초석(硝石)을 한 번 구워서 만든 약재(藥材)로, 이뇨제(利尿劑)에 쓰인다.

76) '염화(塩花)'는 미역 따위의 표면에 생긴 소금버캐이며 소금쩍이라고도 한다.

냥을 준비한다. 이상의 재료를 무더운 날을 택해 병에 기름을 담고 면으로 쥐엄나무·박초·염화 등을 싸서 함께 병에 넣어서 하루 동안 달인다. (본래 양의) 3할을 취하고 (불순물) 1할을 버리면 기름으로 쓸 수 있다.

만약 한여름에 필요한 기름이 아니라면 기름병을 가마솥에 넣어 중탕하여[77] 기름을 취하고 불순물 1할을 버리면 기름으로 사용할 수 있다.

【45】 비옷 만들기[製油衣][78]

촘촘하고 얇은 좋은 비단을 취해서 위에서 제시한 방법과 같이 다듬질한 이후에 만든다. 생사실로 꿰맨다. 그 위에 기름칠을 하여 매번 건조시킨 이후에 쥐엄나무 물로 깨끗하게 씻고 또 기름칠한다. 이와 같이 하고 물에 적셔서 새지 않으면 바로 (기름칠을) 그만둔다. 비옷은 항상 부드럽고 밝으며, 얇고 빛이 통과해야 한다.

兩[7]. 塩花 半兩. 右取盛熱時, 以瓷瓶盛油, 以絹裹皂[8]角、朴消、塩花等, 同於瓶子·中[9]日煎. 取三分耗去一分, 即油堪使.[10]

如不是盛夏要油, 即以油瓶子於鐺釜中重湯煑取油耗一分, 即堪使用.

【四十五】 製油衣: 取好緊[11]薄絹, 搗練如法後製造. 以生絲線夾縫縫. 上油, 每度乾後, 以皂角水淨洗, 又再上. 如此水試不漏, 即止. 即油衣常軟, 兼明白, 且薄而光透.

---

77) '중탕(重湯)'은 병(瓶)을 솥에 넣어서 간격을 두고 끓어서 삶는 것이다.

78) 이 내용은 비옷[油衣]을 만드는 가장 빠른 기록이다. 그러나 최식의 『사민월령』에는 단지 '유의'라는 명칭만 있고 (본서의 「오월」편 "장대에 유의를 걸어 둔다.[以竿挂油衣.]") 『제민요술』에서도 단지 권3 「들깨·여뀌[荏蓼]」편에서는 임유(荏油)를 제시하여 "방수를 위해서 베에 바르는 기름을 만들면 더욱 좋다.[爲帛煎油彌佳.]"라고 하였지만 만드는 방법은 없다. 『사시찬요』의 본 항목과 위의 항목은 건성유(乾性油)를 달이고 유의를 만드는 것을 가장 빨리 구체적으로 제시한 기록이다.

【46】 6월 행춘령[季夏行春令]

6월[季夏]에 봄의 시령時令이 행해지면 곡물이 성숙하지 못한 채 떨어지고,79) 해당 지역80)에는 감기 환자가 많아지며 유랑민이 많아진다.

【47】 행추령行秋令

(이달에) 가을의 시령이 행해지면, 구릉과 저습지대에 물의 피해가 생겨 곡물이 성숙하지 못하여 이내 임산부의 유산[女灾]81)이 많아진다.

【48】 행동령行冬令

(이달에) 겨울의 시령이 행해지면 한기가 불시에 찾아들며 매와 송골매가 일찍 사냥에 나선다.82)

【49】 메밀 파종하기[種蕎麥]

입추立秋가 6월에 있으면 입추 전 10일에 파종하고, 입추가 7월에 있으면 입추 후 10일

【四十六】季夏行春令: 則穀實鮮落, 國多風⑫, 人多遷.⑬

【四十七】行秋令: 則丘隰水潦, 禾稼不熟, 乃多女灾.

【四十八】行冬令: 則寒氣不時⑭, 鷹隼⑮早鷙.

【四十九】種蕎麥⑯: 立秋在六月, 即秋前十日種. 立秋在七月,

---

79) '선낙(鮮落)'은 『예기(禮記)』 「월령(月令)」 공영달(孔穎達)의 '소(疏)'에서는 "열매가 작아서 떨어지는 것을 일컫는다."라고 하였는데, 이는 곧 미성숙하여 일찍 떨어지는 것이다.

80) 국(國): 물후(物候)는 대개 '지기(地氣)'와 '천기(天氣)'에 의해서 결정되기 때문에 지역에 따라 그 결과가 다르게 나타난다. 따라서 여기서의 '국(國)'은 국가 전체라기보다는 '해당 지역'으로 해석하는 것이 합리적일 듯하다.

81) '여재(女灾)'를 『예기』 「월령」 정현의 주에는 "임신한 상태가 잘못된 것이다."라고 하였는데, '임(任)'은 '임(妊)'으로 통한다.

82) '지(鷙)'는 음은 '지(至)'이며, 여기에서는 생물을 죽이는 것을 가리킨다.

에 파종한다.83) 입추의 늦고 빠름에 따라 (파 | 即秋後十日種.　定秋
종시기를) 정하는 것은 상세히 살펴야 한다. | 之遲疾, 宜細詳之.

사시찬요 하령 권 제3 終 | 四時纂要夏令卷第三終

그림 14_ 비옷[油衣; 雨衣]

✿ 교 기

① 【중각본】과 【필사본】에서는 '[雜事]' 항목이 '[製油衣]' 항목 뒤에 위치한다.

---

83) 『제민요술』 첫머리의 「잡설」에서 메밀 파종은 "파종은 입추 전후 10일 내에
한다."라고 하였다. 『사시찬요』에서는 입추의 빠르고 늦음에 따라 파종이 정해
지는데, 입추 전 혹은 입추 후 중에 파종한다. 그러나 일반적으로 절기가 빠르면
파종이 다소 늦고 절기가 늦으면 파종을 다소 빨리한다는 농언과 더불어 상반된
다. 만약 6월 하순 혹은 7월 하순의 입추라면 파종시기의 앞과 뒤는 서로 간의
차가 50일에 달해서 불합리하므로, '입추 전'과 '입추 후'는 앞뒤가 바뀐 것이 아
닌가 의심된다. 입추가 6월에 있으면 입추 후 10일에 파종하고, 입추가 7월에 있
으면 입추 전 10일에 파종하는 것이다. 『농상집요』에서는 이 항목을 인용하지
않았다.

② ‘중(中)’: 【필사본】에서는 이 글자를 ‘仲’으로 쓰고 있다.

③ 【중각본】에는 ‘便種’ 뒤에 ‘之’자가 덧붙어 있다.

④ 【필사본】에서는 ‘曝乾’을 본문과 같은 큰 글자로 하였다.

⑤ ‘내(內)’: 【필사본】에는 ‘納’으로 적고 있다

⑥ ‘교맥(喬麥)’: 【중각본】과 【필사본】에서는 ‘蕎麥’으로 표기하고 있다.

⑦ 【중각본】과 【필사본】에서는 ‘一斤’, ‘半斤’, ‘一挺’, ‘一兩’을 본문과 같은 큰 글
자로 하고 있다.

⑧ 【중각본】에서는 ‘裹皁’를 ‘裹皀’로 적고 있으며, 【필사본】에는 ‘裹皁’를 ‘裹皁’로
쓰고 있다.

⑨ ‘박소(朴消)’: 【중각본】과 【필사본】은 ‘朴消’를 ‘朴硝’로 쓰고 있고, 【필사본】은
‘子中’을 ‘中子’로 적고 있다.

⑩ ‘사(使)’: 【필사본】에서는 ‘便’으로 적고 있다.

⑪ 【필사본】에는 ‘好緊’을 ‘緊好’로 쓰고 있다.

⑫ 【필사본】에는 ‘欵’자가 추가되어 있다.

⑬ 【필사본】에서는 ‘遷’을 ‘遷徙’로 적고 있다.

⑭ “則寒氣不時”: 【필사본】에서는 “則風寒不時”로 쓰고 있다.

⑮ ‘준(準)’: 【중각본】과 【필사본】에는 ‘隼’으로 표기하고 있다. 또한 【필사본】에
서는 이 문장 뒤에 “四鄙入保”라는 소주(小注)가 추가되어 있다.

⑯ 【필사본】과 【중각본】에는 이 위치에 【49】의 ‘[種蕎麥]’ 항목이 누락되어 있고,
【32】「罨黃衣」와 【33】「六日造法麴」 사이에 위치하고 있다.

사시찬요 추령 권 제4

四時纂要秋令卷第四

칠월七月

四時纂要秋令卷第四

1. 점술 · 점후占候와 금기

❧

【1】 맹추건신孟秋建申

(7월[孟秋]은 건제建除상으로 건신建申에 속한다.) 입추부터 바로 7월 절기가 되는데, 음양의 사용은 마땅히 7월의 법에 따른다. 이 시기 황혼[昏]에는 미수尾宿가 운행하여 (자오선을 통과하여) 남중南中에 이르고, 새벽에는 누수婁宿1)가 남중한다.

처서處暑는 7월 중순의 절기이다. 이 시기 황혼에는 기수箕宿가 운행하여 정남방[남중]에 이른다. 새벽에는 묘수昴宿가 남중한다.

【2】 천도天道

이달은 천도가 북쪽으로 향하기 때문에

【一】 孟秋建申:[1] 自立秋得[2]七月節, 陰陽使用, 宜依七月法. 昏, 尾中, 曉, 婁中.

處暑, 七月中氣. 昏, 箕中. 曉, 昴中.

【二】 天道: 是月天道北行, 修造

---

1) 누수(婁宿)는 28수 중 16번째의 별자리이다.

가옥을 수리하고 출행出行할 때 마땅히 북쪽 방향이 길하다.

【3】 그믐과 초하루의 점 보기[晦朔占]

초하루에 비바람이 몰아치면 사들이는 곡물값이 비싸신나. 그믐에도 동일하다.

초하루가 입추이면 사망자가 많다. 초하루가 처서處暑면 백성들이 등창과 악창[疽癰]으로 괴로워한다.

【4】 7월의 잡점[月內雜占]

이달에 무지개가 나타나면 벼가 귀해진다. 월식이 나타나면 소와 말이 귀해진다. (이같은 음양의 절기는) 마땅히 이듬해 「이월」에 있어야 한다.

이달에 3개의 묘卯일이 없으면 일찍 맥麥을 파종한다. 3개의 묘일이 있으면 길하다.

【5】 뇌우로 점 보기[占雷雨]

초이레에 큰 비가 내리면 사들이는 곡물값이 배로 비싸진다. 비가 적게 내리면 많이 비싸진다.2)

가을 갑자甲子일에 비가 내리면 곡물에 싹이 튼다.3) 가을 3개월 동안 경인庚寅일 · 신묘辛

出行, 宜北方吉.

【三】 晦朔占:
朔日風雨, 粜貴. 晦同.③

朔立秋, 多死亡. 朔④處暑, 民病疽癰.⑤

【四】 月內雜占:
此月虹見, 稻貴. 月蝕, 牛馬貴. 應在來年二月.⑥

此月無三卯, 早種麥. 有三卯爲上.

【五】 占雷雨:
七日⑦大雨, 粜倍貴. 小雨, 大貴.

秋雨甲子, 禾頭生耳. 秋三月雨庚

---

2) 송대 진원정(陳元靚)의 『세시광기』 권28 '점곡가(占穀價)' 항목에서 『백기력(百忌曆)』을 인용한 것에는 이 조항이 실려 있는데, 문구는 전부 동일하다.
3) 『제민요술』 권1 「조의 파종[種穀]」 편에서 "연일 비를 맞게 되면 싹이 튼다."라고 하였다. 이후의 당송 시부 중에서 비로 인해서 '싹이 트게 된 것[生耳]'이라는

卯일에 비가 내리면 조가 매우 귀해져서, 일정 시간 일시(一時)는 90일이다. (시장에) 나오지 않는다.

가을 갑자甲子일에 천둥이 치면 길하다. 만약 천둥이 멈추지 않으면 백성들은 비참하게 죽게 된다.

【6】입추의 잡점[立秋日雜占]

입추에 한 길[丈]의 막대기를 세운다. 주석은 「정월」에 서술하였다. 뒤이어 8자[尺]의 막대기를 세워 그림자를 재어 길이가 4자 5치[寸] 2푼[分]이면 조의 수확이 좋지 않다.[4]

입추에 날씨가 청명하면 만물이 성숙되지 않는다. 적은 비가 내리면 길하다. 큰비가 내리면 오곡이 손상된다.

입추는 화火의 날에 해당되면 노인에게 좋지 않고, 천둥과 바람으로 나무가 꺾이면 대체로 괴이한 일이 많아진다.

寅、辛卯, 粟大貴, 不出一時. 一時, 九十日.

秋甲子雷即是. 雷不藏, 民暴死.

【六】立秋日雜占: 立秋之日, 立一丈表. 注具正月. 次立八尺表, 度影四尺五寸二分, 不宜粟.

立秋天氣清明, 萬物不成. 有小雨, 吉. 大雨, 傷五穀.

立秋以火, 不宜老人, 雷風析[8]木, 注多怪.

문구가 적지 않지만, 의미는 상세하지 않다. 송나라 진원정의 『세시광기』 끝부분의 '갑자점우(甲子占雨)' 항목에서는 『조야첨재(朝野僉載)』를 인용하여 '가을 갑자일에 비가 내리면, 곡식에 싹이 튼다.'라고 하였다.

4) 점후에 대해 북송대 찬술된 『태평어람』 권25 「시서부십(時序部十)·추하(秋下)」에는 『월령점후도(月令占候圖)』를 인용하여 "立秋日午時, 豎八尺竿, 晷得四尺五寸二分半, 五谷熟."이라고 했으며, 또 『태평어람』 권10 「천부십(天部十)·우상(雨上)」에는 『사광점(師曠占)』을 인용하여 "立春日雨, 傷五禾. 立秋日雨, 害五穀."이라고 서술하고 있다. 두 사료 모두 입추일의 점후를 통해 수확을 점친 것으로, 『사시찬요』의 방법과 유사했던 것을 보면 당송대에 점후가 일반화되었음을 알 수 있다.

【7】 구름의 기운으로 점 보기[占氣]

입추에는 곤坤괘에 따라서 일을 처리한다. 저녁때에 서남쪽에 양 무리와 같은 불그스레한 구름이 있으면 곤의 기운이 이르렀으니 조[粟]의 수확이 좋다.5) 곤의 기운이 이르지 않으면 만물이 성장하지 못하며, 땅에는 지진이 많고 소와 양이 죽는데 마땅히 (기운이 대항하는) 충衝의 위치에 있기 때문이다. 충(衝)은 이듬해 「정월」에 있다.

【8】 바람으로 점 보기[占風]

입추에 바람이 북동[艮]쪽에서 불어오면 곡물이 귀해지며 귀한 것이 45일간 지속된다. 동[震]쪽에서 바람이 불면 그 해에 전염병이 많고 초목은 두 번 꽃이 핀다. 서남[坤]쪽에서 불면 그해 풍년이 든다. 서[兌]쪽에서 불면 가을에 비가 내린다. 동남[巽]쪽에서 불면 흉년이 든다. 바람이 남[离]쪽에서 불면 가을에 가뭄이 들어 흉년이 된다. 서북[乾]쪽에서 불면 한파가 일어난다. 북[坎]쪽에서 불면 겨울에 흐리고 눈이 많이 내린다.

【七】占氣: 立秋日坤卦用事. 日晡時西南有赤黃雲如群⑨羊者, 坤氣至, 宜粟. 坤氣不至, 萬物不成, 地多震, 牛羊死, 應在衝. 衝在來年正月.

【八】占風: 立秋日風從艮來, 穀貴, 貴在四十五日中. 從震來, 歲多溫⑩疫, 草木更榮. 坤來, 年豐. 兌來, 秋雨. 巽來, 凶. 离來, 秋旱, 凶. 乾來, 暴寒. 坎來, 冬多陰雪.

---

5) 본문 입추일의 점후와 비슷한 내용으로 『태평어람』 권25 「시서부십(時序部十)·입추(立秋)」에서 『월령점후도』를 인용하여 "立秋, 坤卦用事, 其神攝提, 二宮荊州分也. 晡時申, 西南涼風至, 黃雲如群羊, 宜粟穀."이라고 한 것을 보면, 당말 『사시찬요』의 점후가 송대의 기록에도 등장하고 있음을 알 수 있다.

【9】 7월 중에 지상의 길흉 점 보기[月內吉凶地]

천덕天德은 감坎의 방향에 있고, 월덕月德은 임壬의 방향에 있으며, 월공月空은 병丙의 방향에 있다. 월합月合은 정丁의 방향에 있고, 월살月煞은 미未의 방향에 있다.

【10】 황도黃道

자子일은 청룡의 자리에 위치하고, 축丑일은 명당明堂의 자리, 진辰일은 금궤金匱, 사巳일은 천덕天德, 미未일은 옥당玉堂, 술戌일은 사명司命의 자리에 위치한다. 무릇 출정하고 멀리 나가고 장사하고, 이사하며, 장가들고 시집가는 온갖 길흉이 그 아래에서 나오면 바로 천복을 얻게 되어 장군將軍·대세大歲·형화刑禍·성묘姓墓·월건月建 등을 피할 필요가 없다.

만약 질병이 있어도 옮겨 황도일에 맞춰 행한다면 즉시 차도가 생긴다. 옮길 수 없는 것은 얼굴을 돌려서 그쪽을 향해도 길하다.

【11】 흑도黑道

인寅일은 천형天刑의 자리에 위치하고 묘卯일은 주작에 위치하며, 오午일은 백호에, 신申일은 천뢰天牢에, 유酉일은 현무에, 해亥일은 구진勾陳의 자리에 위치한다. 이상은 위반할 수 없으며, 그것을 위반하면 반드시 죽거나, 재산을 잃거나, 도적을 맞거나, 형옥刑獄의 사건에

【九】 月內吉凶地: 天德在坎[11], 月德在壬, 月空在丙. 月合在丁, 月煞在未.[12]

【十】 黃道: 子爲靑龍, 丑爲明堂, 辰爲金匱, 巳爲天德, 未爲玉堂, 戌爲司命. 凡出軍、遠行、商賈、移徙、嫁娶, 吉凶百事, 出其下, 即得天福, 不避將軍、大歲、刑禍、姓墓、月建等. 若疾病, 移往黃道下, 即差. 不堪移者, 轉面向之亦吉.

【十一】黑道: 寅爲天刑, 卯爲朱雀, 午爲白虎, 申爲天牢, 酉爲玄武, 亥爲勾陳. 已上不可犯, 犯之必有死亡、失財、劫盜、刑獄之

휘말리니 신중해야만 한다.

무릇 황도일에 행할 때는 천덕天德·월덕月德·월공月空·월합月合의 날과 겹치면 그것을 행하는 것이 더욱 길하다. 만약 대세大歲·흑방黑方·오귀五鬼·장군將軍의 날과 겹쳐지면 비록 피할 수 없을지라도 이 또한 중지하는 것이 좋다. 세상 사람들은 항상 위력으로 그것에 임하는 것을 바라지 않는데6) (그렇지 않으면) 흉해진다. 신은 천복을 제어할 수 없다. 다른 달에도 모두 이에 따른다.

【12】 천사天赦

무신戊申일이 길하다.

【13】 출행일出行日

가을 3개월 동안은 서쪽으로 가서는 안 되는데, 왕의 행차 방향[王方]을 범하게 된다. 입추立秋 후 9일째 되는 날은 밖으로 나가면 안 되는 날[往亡]이고, 입추 하루 전날과 입추에는 모두 밖으로 나갈 수 없다. 7월 축丑일은 돌아가기 꺼리는 날[歸忌]이다. 또 신해辛亥일과 묘卯일은 재앙[天羅]이 있고, 유酉일은 토공신[土公]에게 제사 지내는 날이며, 12일은 빈곤한 날[窮日]

事⒀, 宜愼之.

凡用黃道, 更以天德、月德、月空、月合者, 用之尤吉. 若値大歲、黑方、五鬼、將軍, 雖云不避, 亦宜且罷. 世人尙欲威力臨人⒁, 卽凶. 神⒂不可以天福制之也. 他皆倣此.

【十二】 天赦: 戊申日是也.

【十三】 出行日: 秋三月, 不行西⒃, 犯王方. 立秋後九日爲往亡, 立秋前一日, 立秋日, 並不可行. 七月丑爲歸忌. 又辛亥日、卯爲天羅酉爲土公, 十二日爲窮日並不

---

6) 이 문장의 "世人常欲"에서 【계미자본】과 【필사본】 및 【중각본】에는 '불(不)' 자가 없다. 그런데 묘치위는 교석본에서 「정월」편 【20】 항목에 근거하여 '불(不)'자를 보충하여 해석하고 있다.

이니, 모두 밖으로 나가서는 안 된다.

可出行.

【14】 대토시臺土時

이달은 매일 밤[人定] 해시亥時7)가 합당하
다.

【十四】臺土時:
是月每日人定亥時
是.[17]

【15】 살성을 피하는 네 시각[四煞沒時]

사계절의 첫 달[孟月] 갑甲의 날에는 인寅시
이후 묘卯시 이전의 시각에 행하며, 병丙의 날
에는 사巳시 이후 오午시 이전, 경庚의 날에는
신申시 이후 유酉시 이전, 임壬의 날에는 해亥시
이후 자子시 이전의 시간에 이 일을 행한다. 이
상의 네 시기에는 귀신이 나타나지 않으므로,
온갖 일을 할 수 있으며, 상량하기·매장하
기·관청에 나가기 모두 이때를 이용하면 길
하다.

【十五】四煞沒
時: 四孟之月, 宜用
甲時寅後卯前, 丙
時巳後午前, 庚時
申後酉前, 壬時亥
後子前. 已上四時,
鬼神不見, 可爲百
事[18], 架屋、埋葬、
上官, 並用之, 吉.

【16】 제흉일諸凶日

사巳일에 하괴河魁하고, 해亥일에는 천강天
罡; 天岡하며, 오午일에는 낭자狼籍한다. 유酉일에
구초九焦하며, 진辰일에는 혈기血忌하고, 오午일
에는 천화天火하며, 해亥일에는 지화地火한다.

【十六】諸凶日:
河魁在巳[19], 天罡[20]
在亥[21], 狼籍在午.[22]
九焦酉[23], 血忌在
辰[24], 天火在午[25],
地火在亥.[26]

---

7) '해시(亥時)'는 밤 9시에서 11시까지이며 조선시대에는 이때 종을 28번치기[人
定: 밤에 통행을 금하기 위해 종을 치던 일]도 했다.

【17】 장가들고 시집가는 날[嫁娶日]

신부를 구하려면 진辰일·기己일이 길하다. 천웅天雄이 신申의 위치에 있고, 지자地雌가 자子의 위치에 있을 때는 장가들고 시집갈 수 없다. 새신부가 가마에서 내릴 때는 임壬시가 길하다.

이달에 태어난 사람은 4월·10월에 태어난 여자에게 장가들면 안 되는데, 지아비를 해친다.

이달에 납재納財를 받은 상대가 금덕의 명[金命]을 받은 여자라면 그런대로 평범하다. 목덕의 명[木命]을 받은 여자면 흉하다. 수덕의 명[水命]을 받은 여자라면 부귀하다. 화덕의 명[火命]을 받은 여자라면 과부가 되거나 자식이 고아가 된다. 토덕의 명[土命]을 받은 여자라면, 크게 길하다. 납재 길일로는 병자丙子일·기묘己卯일·경인庚寅일·신묘辛卯일·임인壬寅일·계묘癸卯일·임자壬子일·정묘丁卯일이 모두 길하다.

이달에 시집갈 때 묘卯일·유酉일에 시집온 여자는 크게 길하다. 축丑일·미未일에 시집온 여자는 지아비를 방해하고, 인寅일·묘卯일에 시집온 여자는 스스로 자신의 운을 막는다. 진辰일·술戌일에 시집온 여자는 친정 부모에게 걱정을 끼치고, 자子일과 오午일에 시집온 여자는 장남과의 관계가 좋지 않으며, 사巳일과 해亥일에 시집온 여자는 시부모와의 관계

【十七】嫁娶日:
求婦辰己[27]日吉. 天雄在申, 地雌在子, 不可嫁娶. 新婦下車壬時吉.

此月生人[28], 不可娶四月、十月生女, 害夫.

此月納財, 金命[29], 自如. 木命女, 凶. 水命女, 富貴. 火命女, 孤寡. 土命女, 大吉. 納財吉日, 丙子、己卯、庚寅、辛卯、壬寅、癸卯[30]、壬子、丁卯.[31]

是月行嫁, 卯酉[32]女大吉. 丑未女, 妨夫, 寅卯[33]女, 妨自身. 辰戌[34]女, 妨父母, 子午女, 妨首子, 巳亥女, 妨舅姑.

가 좋지 않다.

천지의 기가 빠져나가는 날인 무오戊午일·기미己未일·경진庚辰일, 다섯 개의 해[五亥]일에 모두 장가들거나 시집갈 수 없는데, (그렇게 하면) 생이별을 한다. 가을의 경자庚子일·신해辛亥일은 구부九夫에 해를 끼친다.

음양이 서로 이기지 못하는 날은 임신壬申일·계유癸酉일·임오壬午일·계미癸未일·갑신甲申일·을유乙酉일·계사癸巳일·갑오甲午일·을미乙未일·을사乙巳일·무신戊申일·무오戊午일이다.

천지상거일(天地相去日), 戊午、己未、庚辰、五亥, 並不可嫁娶, 主生離. 秋庚子、辛亥, 害九夫.

陰陽不將日, 壬申、癸酉、壬午、癸未、甲申、乙酉、癸巳、甲午、乙未、乙巳、戊申、戊午.[35]

【18】 상장일喪葬日

이달에 죽은 자는 신申년·사巳년·해亥년에 태어난 사람을 방해한다. 상복 입는 시기[斬草日]는 병자丙子일·병인丙寅일·신묘辛卯일·계묘癸卯일·임자壬子일이다. 매장일[葬日]은 계유癸酉일·임오壬午일·을유乙酉일·임인壬寅일·경오庚午일·기유己酉일이다.

【十八】喪葬日:[36] 此月死者, 妨申[37]、巳、亥人. 斬草日,[38] 丙子、丙寅、辛卯、癸卯、壬子.[39] 葬日,[40] 癸酉、壬午、乙酉、壬寅、庚午、己酉.[41]

【19】 육도의 추이[推六道]

사도死道는 갑甲과 경庚의 방향에 있고, 병도兵道는 병丙과 임壬의 방향에 있으며, 천도天道는 을乙과 신辛의 방향에 있다. 지도地道는 건乾과 손巽의 방향에 있고, 인도人道는 정丁과 계癸

【十九】推六道: 死道甲庚, 兵道丙壬, 天道乙辛. 地道乾巽, 人道丁癸,[42] 鬼道坤艮.

의 방향에 있으며, 귀도鬼道는 곤坤과 간艮의 방
향에 있다.

【20】 오성이 길한 날[五姓利日]

우성羽姓이 크게 이로운 해[年]와 달[月]은 이
익을 같이하고, 자子·인寅·묘卯·신申·유酉
이면 길하다. 궁성宮姓이 크게 이로운 해와 달
은 이익을 같이하고, 신申·유酉·축丑·미未이
면 길하다. 상성商姓이 이로운 해와 달은 이익
을 같이하고, 자子·묘卯·진辰·사巳·신申·
유酉이면 길하다. 치성徵姓 또한 이처럼 이롭
다. 각성角姓은 흉하다.

【21】 기토起土

비렴살[飛廉]은 진辰의 방향에 위치하고, 토
부土符는 묘卯의 방향에 있으며, 토공土公은 유酉
의 방향에 있고, 월형月刑은 인寅의 방향에 있
다. (기토는) 남쪽 방향을 크게 금한다. 흙을 다
루기 꺼리는 날[地囊]은 병진丙辰·병오丙午일이
다. 이상의 방향과 날[日]은 모두 흙을 일으킬
수 없으며, (흙을 일으키면) 흉하다.

월복덕月福德은 축丑의 방향에 있고 월재지
月財地는 오午의 방향에 있다. 이상의 날과 방향
에 흙을 일으키면 길하다.

【二十】 五姓利
日:[43] 羽姓大利年與
月[44]同, 用子、寅、
卯、申、酉, 吉. 宮
姓, 大利年與月同[45],
申、酉、丑、未.[46]
商姓, 年月利, 用[47]
子、卯、辰、巳、
申、酉, 吉. 徵姓亦
通利. 角姓[48], 凶.

【二十一】 起土:
飛廉在辰, 土符在
卯, 土公在酉, 月刑
在寅. 大禁南方. 地
囊, 丙辰、丙午.[49]
已上不可動土, 凶.

月福德在丑, 月
財地在午.[50] 已上日
及方位, 動土吉.

【22】 이사移徙

큰 손실[大耗]은 인寅의 방향과 날에 있으며 작은 손실[小耗]은 축丑의 방향과 날에 있다. 오복五福은 사巳의 방향과 날에, 오빈五貧은 해亥의 방향과 날에 있다. 이사는 빈貧과 모耗의 방향으로 가서는 안 되며 일진日辰 또한 꺼린다. 가을 경자庚子 · 신해辛亥일에는 또한 이사나 입택入宅을 하거나, 시집 · 장가[嫁娶]를 갈 수 없으며 (가게 되면) 흉하다.

【23】 상량上樑하는 날[架屋日]

정묘丁卯일 · 경오庚午일 · 병오丙午일 · 병술丙戌일 · 경자庚子일 · 임술壬戌일 · 계묘癸卯일 · 을축乙丑일 · 임진壬辰일 · 경진庚辰일 · 기묘己卯일 · 계미癸未일 이상의 날이 길하다.

【24】 주술로 질병 · 재해 진압하는 날[禳鎭]

초이레에 수예[巧][8]를 잘하게 해 달라고 빌고 부귀富貴를 비는데, 사람의 소원하는 바에 따라 3년 안에 반드시 이루어진다.

초이레에 거미줄[蜘蛛網] 1매枚를 취해 옷깃에 넣어 두면 사람의 기억력이 좋아진다.[9]

【二十二】移徙: 大耗在寅, 小耗在丑. 五(富)在巳, 五貧在亥. 移徙不可往貧耗方, 日辰亦忌之. 秋庚子 · 辛亥, 亦不可移徙入宅嫁娶, 凶.

【二十三】架屋日:[51] 丁卯 · 庚午 · 丙午 · 丙戌 · 庚子 · 壬戌 · 癸卯 · 乙丑 · 壬辰 · 庚辰 · 己卯 · 癸未, 已上日[52], 吉.

【二十四】禳鎭: 七日乞巧, 乞富貴, 隨人所願, 三年必應.

七日取蜘蛛網一枚, 著衣領中, 令人[53]

---

8) '걸교(乞巧)'는 음력 7월 7석날 밤에 부녀자들이 바느질을 잘하게 해 달라고 직녀성에 빌던 민간풍속이다.

9) 이 항목은 당(唐)대 손사막(孫思邈)의 『천금방(千金方)』에서 채록한 것으로,

초이레에 삼 꽃가루[麻勃]10) 한 되[升]를 취해 인삼人參 반 되와 함께 찌고 증기가 모두 두루 미친 것을 한 숟가락[刀圭]11) 복용하면 사람의 건망증을 치료할 수 있다.12)

15일에 불좌佛座 아래의 흙을 취해서 배꼽 안에 붙이면 사람이 지혜가 많아진다.13)

不忘.

七日取麻勃一升54,
人參半升合蒸, 氣
盡令遍, 服一刀圭,
令人知未然之事.

十五日取佛座下55
土著臍中, 令人多智.

진원정(陳元靚)의 『세시광기(歲時廣記)』 권27 '대주망(帶蛛網)' 항목에서 『천금방』을 인용한 것이 보인다.

10) '발(勃)'은 꽃가루[花粉]를 가리키는데 이미 「오월」편 주석에 있다. 그런데 묘치위의 교석본에 따르면, 약용의 '마발(麻勃)'은 가장 빠른 본초상의 기록으로 혼란[混殽]을 초래하고 있다. 『신농본초경(神農本草經)』에 "마분은 … 일명 마발이다.[麻蕡 … 一名麻勃.]"라고 하였는데, 이것은 삼씨[麻實]를 가리킨다. 『명의별록(名醫別錄)』에서는 "이 삼꽃의 꽃가루가 피어오르는 것은 7월 7일에 좋은 것을 채취한다.[此麻花上勃勃者, 七月七日探良.]"라고 하였다. 이것은 꽃가루와 수꽃[雄花]을 가리킨다. 이 때문에 이후의 『당본초』 등에서는 논쟁이 있었다. 이시진은 삼국 위(三國魏)의 『오보본초(吳普本草)』에서 '마발(麻勃)'이 삼꽃[麻花]을 가리킨다는 것에 동의하였고, 아울러 『신농본초경』의 문장은 전사(傳寫)하면서 빠지고 잘못된 것으로 인식하였다.[『본초강목』 권22 '대마(大麻)']

11) 도홍경(陶弘景)의 『명의별록서례(名醫別錄序例)』에는 "무릇 가루약[散藥]에 '도규(刀圭)'라고 하는 것이 있는데 용량 십분의 가로세로 한 치[寸] 크기의 숟가락으로써 오동나무 씨의 크기와 같다.[凡散藥有云刀圭者, 十分方寸匕之一.]"라고 하였다.

12) 『신농본초경』 '마분(麻蕡)' 항목에서 도홍경이 주석하기를 "삼 꽃가루는 … 술가(術家)에서 인삼과 함께 복용하면 미래의 일을 앞질러 알 수 있다.[麻勃 … 術家合人蔘服, 令逆知未來事.]"라고 하였다. 『세시광기』 권27에는 『천금방』을 인용하여 "7월 7일에 삼 꽃가루 1말과 좋은 인삼 2냥을 가루를 내어 증기가 두루 미치도록 찐다. 밤에 잘 때 한 숟가락[刀圭]을 술과 함께 복용하면 사방의 일을 다 안다.[七月七日用麻勃一斗, 眞人參二兩, 末之, 蒸令氣遍, 夜欲臥, 酒服一刀圭, 盡知四方之事.]"라고 하였다. 『본초강목』 권22 '대마(大麻)' 항목에서 『범왕방(范汪方)』을 인용한 것에는 『사시찬요』와 같은 처방으로 건망증[健忘]을 치료했는데, 이시진은 "도홍경이 미래의 일을 앞질러 알게 한다고 언급한 것은 지나친 말이다.[陶云逆知未來事, 過言矣.]"라고 하였다.

13) 『세시광기』 권30 '취불토(取佛土)' 항목에서 『사시찬요』를 인용한 것에는 "令人多智" 아래에 항상 '厭火災'라는 3자가 있다.

23일에 머리를 감으면 머리카락이 희어지지 않는다. 25일에 몸을 씻으면 사람이 장수하게 된다. 28일에 흰 털을 뽑으면 죽을 때까지 흰머리가 생기지 않게 된다.

【25】음식 금기[食忌]

이달에 순채[蓴]를 먹어서는 안 되는데, 이달에 나방 애벌레[蠋虫]가 잎 위에 붙어 있는 것을 사람이 보지 못하기 때문이다.[14] 생꿀[生蜜]을 먹어서는 안 되는데, (먹으면) 사람으로 하여금 곽란[癨亂]을 일으킨다.

【26】초이레에 수예 잘하길 기원하기[七日乞巧][15]

이날 저녁에 집 안의 정원에[16] 대나무 자리[筵席]를 펴고 하고[河鼓][17]와 직녀[織女] 두 별이

二十三日沐, 令髮不白. 二十五日浴, 令人長壽. 二十八日拔白, 終身不白.

【二十五】食忌:
此月勿食蓴, 是月蠋虫著上, 人不見. 勿食生蜜, 令人發癨亂.[56]

【二十六】七日乞巧: 是[57]夕於家庭內設筵席, 伺河鼓、

---

14) 이 조항은 『제민요술』권8 「고깃국 끓이는 방법[羹臛法]」편 '식회어순갱(食膾魚蓴羹)'에서 채록한 것으로, 원문에서는 "순채[蓴]는 … (특히) 9월, 10월 사이에는 먹기에 적합하지 않다. 왜냐하면 이때는 순채의 잎에 와우충[蝸蟲]이 붙어 있기 때문이다. 그 벌레는 아주 작아서 순채와 하나가 되어 구별할 수가 없으며 먹으면 사람에게 해롭다."라고 하였다. 『사시찬요』에서는 '촉충(蠋蟲)'이라고 적고 있는데, '촉(蠋)'의 음은 촉(躅)이며, 나방[蛾蝶]류의 유충이므로 『제민요술』과는 차이가 있다.

15) '칠석걸교(七夕乞巧)'의 기록은 진(晉)대 주처(周處)의 『풍토기(風土記)』에 처음 보인다. 원본은 이미 소실되었는데, 수당시기 이후의 유서(類書)에서는 이것을 많이 인용하고 있으며, 수(隋)대 두대경(杜臺卿)의 『옥촉보전(玉燭寶典)』권7에서 인용한 바가 가장 상세하다. 『예문유취』권4에서는 최식의 『사민월령』에 쓰여 있다고 하였는데, 이는 잘못된 것이다.

16) '가정내(家庭內)'는 집안의 뜰을 가리킨다.

17) 『이아(爾雅)』「석천(釋天)」편에서 "하고를 견우라고 이른다.[河鼓謂牽牛.]"라고 하였다. 완원(阮元)의 『교감기(校勘記)』에서는 '하(何)'라고 여겼으나, 『이아(爾雅)』에서는 원래 '하(河)'라고 적고 있으며, 곽박은 '하(何)'라고 여겼다.

나오길 기다린다. 은하[天河] 속에 크고 밝으며 오색의 빛이 나는 것이 있으면 바로 절을 하고 부귀와 자식을 기원한다. 소원은 단지 일반적인 것을 비는데, 3년 안에 반드시 응답이 있다.

7개를 꽂은 침으로써[18] 수에 잘하길 빌고 지혜롭기를 빈다. 『풍토기(風土記)』에 나온다.

【27】 누룩 만들고 책 · 갖옷 말리기[作麴曝書裘]

(누룩을 만들고 책과 갖옷[裘]을 햇볕에 말려서,) 이달에 벌레를 물리친다. 7일 소두[小豆]를 먹는데 남자는 7개, 여자는 14개를 먹으면 그 해 병이 없어진다. 『하도기(河圖記)』에 나온다.[19]

이날에는 나쁜 일을 생각해서는 안 되는데, (하는 것을) 선가[仙家]에서 크게 꺼린다.[20]

織女二星見. 天河中有弈弈白氣光明五色者, 便拜, 乞貴子. 乞, 只可乞一般, 三年必應.[58]

穿七孔針以求巧乞聰慧. 出風土記.

【二十七】作麴曝書裘: 此月辟蚕.
七日吞小豆, 男吞一七, 女吞二七, 歲無病. 出河圖記.[59]

此日勿念惡事, 仙家大忌.[60]

---

18) "穿七孔針"이라고 하는 것은 각가(各家)에서 『풍토기』를 인용한 것에는 보이지 않는다. 『옥촉보전』에 의하면, 양(梁)대 종름(宗懍)의 『형초세시기』에 쓰여 있다고 하는데, 동명(同名) 한악의 『세화기려(歲華紀麗)』 '칠석(七夕)'조에서 인용한 것 역시 『형초세시기』에서 나왔다고 하며, 금본(今本) 『형초세시기』에서는 이 조항이 기재되어 있다. 묘치위의 교석본에 따르면, 한악이 인용한 두 권의 책은 동일하지 않아서 한 사람에 의해서 나온 것이 아니며, 또한 이달 【24】 항목에서 거미줄, 삼 꽃가루[麻勃], 불좌(佛座) 아래의 흙을 취했다는 세 조항은 모두 『세화기려』에 채록된 것은 아니라고 한다.

19) 『하도기(河圖記)』의 이 조항은 『위씨월록(韋氏月錄)』에서 채록한 것으로 진원정(陳元靚)의 『세시광기(歲時廣記)』 권27에서 『위씨월록』을 인용한 것에 보인다. 『제민요술』 권2 「소두(小豆)」편에서 『용어하도(龍魚河圖)』를 인용한 것에는 이 설명이 없으나 『잡오행서(雜五行書)』에는 있다. 또한 『세시광기』 권25 '복적두(服赤豆)' 항목에서 『사시찬요』를 인용한 것에는 "입춘일(立春日)에 가을 물로 소두(小豆) 49알을 먹으면 적백이질(赤白痢疾)이 멈춘다."라고 하였다.

20) 이와 비슷한 구절을 당 중기 단성식(段成式: 800?-863년)의 『서양잡조(西陽雜俎)』 권11 「광지(廣知)」 "七月七日, 勿思忖惡事."의 사례에서도 볼 수 있다.

[1] 전국시대 秦의 건제상 1월은 建寅에 해당하며, 2월은 建卯, 3월은 建辰, 7월은
建申에 해당하며, 12월은 建丑에 해당한다.

[2] '자립추득(自立秋得)':【중각본】과【필사본】에서는 '自立秋即得'으로 표기하고
있다.

[3] "회동(晦同)":【필사본】에서는 본문과 동일하게 큰 글자로 쓰고 있다.

[4] '삭(朔)': 이 항목에서【계미자본】과【필사본】에서는 '朔'으로 표기한 데 반해,
【중각본】에서는 '朔日'로 적고 있다.

[5] '저옹(疽癰)':【중각본】에서는 '疽癱',【필사본】에서는 '癱疽'로 되어 있다.

[6] 【계미자본】과【중각본】에서는 소주(小注)로 표기하고 있지만,【필사본】에는
본문과 같은 큰 글자로 되어 있다.

[7] '일(日)':【필사본】에서는 이 글자를 '月'로 쓰고 있다.

[8] 【중각본】과【필사본】에서는 이 문장 중의 '석(析)'이 '折'로 표기되어 있다. 또
한【계미자본】,【중각본】 및【필사본】에는 '注'자로 쓰여 있는데, 묘치위의 교
석본에서는 '主'로 쓰고 있다.

[9] '군(群)':【필사본】에는 '羣'으로 되어 있다. 이하 동일하여 별도로 교기하지 않
는다.

[10] '온(溫)':【중각본】과【필사본】에서는 '瘟'으로 쓰고 있다.

[11] '감(坎)':【필사본】에서는 이 글자를 '癸'로 적고 있다.

[12] "月煞在未":【중각본】과【필사본】에는 "月厭在辰, 月殺在未"라고 되어 있다.

[13] '사(事)':【중각본】과【필사본】에는 '事' 뒤에 '切'이 추가되어 있다.

[14] '임인(臨人)'을【중각본】과【필사본】에서는 '臨之'로 쓰고 있다.

[15] 【필사본】에는 '亦'자가 추가되어 있다.

[16] "不行西":【중각본】과【필사본】에서는 "不西行"으로 표기되어 있다.

[17] 【계미자본】에는 '也'자가 없고, 두 칸이 비어 있는 데 반해【중각본】과【필사
본】에는 '也'자가 추가되어 있다.

[18] "可爲百事":【중각본】과【필사본】에서는 "百事可爲"로 도치되어 있다.

[19] "河魁在巳":【필사본】에서는 "巳爲河魁亥爲"로 적고 있다.

[20] 【계미자본】에는 '罡'으로 되어 있으나,【중각본】과【필사본】에서는 '剛'으로
적고 있다.【중각본】과【필사본】에서는 '天剛'에서의 '강'을 '剛'자로 쓰지만,
【계미자본】에서는 '강'을 상황에 따라 '岡', '罡' 혹은 '罡' 등으로 쓰고 있다.

21 '재해(在亥)': 【필사본】에서는 '午爲'로 되어 있다.

22 '재오(在午)': 【필사본】에서는 '酉爲'로 적고 있다.

23 "九焦酉": 【중각본】에서는 "九焦在酉", 【필사본】에서는 "酉爲九焦, 辰爲血忌." 로 쓰고 있다.

24 '재진(在辰)': 【필사본】에서는 '午爲'로 적고 있다.

25 '재오(在午)': 【필사본】에서는 '辰爲'로 되어 있다.

26 "地火在亥": 【중각본】에서는 "地火在辰"으로 적고 있으며, 【필사본】에서는 '在亥'가 생략되어 있다.

27 '기(己)': 【중각본】과 【필사본】에서는 '巳'로 쓰고 있다.

28 '인(人)': 【중각본】과 【필사본】에서는 '男'으로 표기하고 있다. 이하 '장가들고 시집가는 날[嫁娶日]' 항목에서 본 교기와 동일한 것은 별도로 교기하지 않는다.

29 '금명(金命)': 【중각본】과 【필사본】에서는 '金命女'로 적고 있다.

30 "壬寅、癸卯": 【필사본】에서는 이 글자가 없다.

31 【필사본】에는 '丁卯' 뒤에 '吉'자가 추가되어 있다.

32 '묘유(卯酉)': 【필사본】에서는 '酉卯'로 쓰고 있다.

33 '인묘(寅卯)': 【중각본】과 【필사본】에는 '寅申'으로 되어 있다.

34 【필사본】에는 '辰戌' 뒤에 '丑未'자가 추가되어 있다.

35 【계미자본】에서는 '戊午'에서 끝나는 반면, 【중각본】에는 '日'이 추가되어 있으며, 【필사본】에도 '日吉'이 추가되어 있다.

36 '상장일(喪葬日)': 【중각본】과 【필사본】에는 '喪葬'으로 적고 있다.

37 '방신(妨申)': 【중각본】과 【필사본】에는 '妨寅申'으로 되어 있다.

38 '참초일(斬草日)': 【중각본】과 【필사본】에는 '斬草'로 표기되어 있다. 이후 다른 달에도 이와 같기에 '斬草日'에서 '日'이 추가되었다는 내용은 별도로 교기하지 않는다.

39 '壬子' 뒤에 【중각본】에는 '日'이, 【필사본】에는 '日吉'이 추가되어 있다.

40 '장일(葬日)': 【중각본】에서는 '日葬'으로 도치되어 있고, 【필사본】에서는 '日吉葬'으로 표기하고 있다.

41 '기유(己酉)': 【중각본】과 【필사본】에서는 '日吉'이 추가되어 있다.

42 【계미자본】과 【중각본】에서는 【19】육도의 추이[推六道]의 문장은 "死道甲庚, 兵道丙壬, 天道乙辛. 地道乾巽, 人道丁癸"라고 되어 있으나, 【필사본】에서는 "天道乙辛, 地道乾巽, 人道丁癸, 兵道丙壬, 死道甲庚."으로 도치되어 있다.

43 "五姓利日": 【필사본】에서는 '五姓利月'로 표기하고 있다.

44 【필사본】에서는 본 항목 중 '年與月'에서 '月'을 '日'자로 쓰고 있다.

45 "年與月同": 【중각본】에서는 동일하나, 【필사본】에서는 '年日同用'으로 적고 있다.

46 【중각본】과 【필사본】에서는 '申酉丑未' 뒤에 '吉'을 적고 있다.

47 "年月利用": 【중각본】에서는 "年與月同用"으로, 【필사본】에서는 "年與日同用"으로 적고 있다.

48 '성(姓)': '羽, 宮, 商, 徵, 角' 뒤에 【계미자본】에는 '姓'자가 있으나, 【중각본】에는 '羽'에만 '姓'자가 있고 나머지에는 없으며, 【필사본】에서는 '姓'자가 모두 누락되어 있다.

49 "丙辰, 丙午": 【필사본】에서는 "丙午, 丙申"으로 쓰고 있다.

50 '재오(在午)': 【필사본】에서는 '午在'로 되어 있다.

51 '일(日)': 【필사본】에서는 이 글자가 누락되어 있다.

52 '일(日)': 【중각본】과 【필사본】에는 이 글자가 누락되어 있다.

53 '인(人)': 【필사본】에서는 '大'자로 쓰고 있다.

54 '승(升)': 【필사본】에서는 '斤'자로 쓰고 있다.

55 "佛座下": 【필사본】에서는 "福德"으로 표기되어 있다.

56 '곽란(瘧亂)': 【중각본】에서는 '霍亂'으로 쓰고 있다.

57 【계미자본】에는 이 항목의 제목을 '七日'만으로 표기하고 있다. 하지만 그 의미가 불명하여 '七日乞巧'를 제목으로 하였음을 밝혀 둔다. 【필사본】에서는 첫머리의 "七日乞巧是"를 "乞巧七日"로 적고 있다.

58 【필사본】에는 "只可乞一般, 三年必應" 구절의 앞에 '乞'자가 없으며, 소주(小注)가 아닌 본문과 같은 큰 글자로 쓰고 있다. 아울러 '只'자 앞에 '乞'자가 빠져 있다.

59 【필사본】에서는 '出河圖記'에서 '記'자가 빠져 있다.

60 【필사본】에는 '仙家大忌'라는 구절이 누락되어 있다.

2. 농경과 생활

【28】띠풀이 자란 땅 경작하기[耕茅田]21)

『제민요술齊民要術』에서 이르길 "무릇 (띠풀이 덮인) 황폐한 땅을 개간할 때는 우선 소와 양을 풀어서 이리저리 밟게 하여 뿌리가 위로 뜨게 하고, 7월이 되어 갈면 풀은 반드시 죽게 된다. 7월이 아니면 다시 살아난다."라고 하였다.

【29】황폐해진 땅 개간하기[開荒田]22)

무릇 황폐한 산과 습지를 개간할 때는 모두 이달에 그 풀을 베고 말려서 불을 놓아 태운다. (이듬해) 봄이 되면 개간하는데,23)

【二十八】耕茅田: 齊民[1]要術云, 凡開荒之地, 先縱牛羊踐[2]踏, 令根浮[3], 候七月耕之, 則必死矣. 非七月, 復生矣.

【二十九】開荒田: 凡開荒山澤田, 皆以此月芟其草, 乾, 放火燒. 至春而開之,

---

21) 본 항목은 『제민요술(齊民要術)』 권1 「밭갈이[耕田]」편에서 채록한 것이지만, 원문 그대로는 아니다. "開荒之地"는 『제민요술』에서 "菅茅之地"라고 적고 있는데, 이달 【29】 항목의 "開荒山澤田"과 더불어 가리키는 바는 다르다.

22) 본 항목은 『제민요술(齊民要術)』 권1 「밭갈이[耕田]」편에서 채록한 것이다. 『제민요술』에서는 위 본문의 '耕田必' 이하를 "황무지의 갈이가 끝나면 쇠 이빨의 써레로 두 번 써레질하고 누런 찰기장인 서(黍)나 검은 메기장인 제(穄)를 흩어 뿌리고 …"라고 하였는데, 갈아엎은 이후에 다시 쇠발 써레[鐵齒鋤榛]로 땅을 써레질함을 설명하였다. 『사시찬요(四時纂要)』에서는 '필(畢)'을 고쳐서 '필(必)'이라고 하였다. 또한 "쇠스랑을 사용하여 두루 흙덩이를 부수고 평평하게 해 준다.[以鐵爬漏湊之, 徧爬之.]"라고 한 것은 『제민요술』의 원뜻이 아니다.

23) 『당률소의(唐律疏議)』 27권 「잡률(雜律)」에는 "모든 실화(失火) 및 시기에 맞지 않게 들판에 불을 지른 자는 태(笞)형 50대에 처했다. 시기에 적합하지 않는 기간은 2월 1일부터 10월 30일 이전까지를 가리킨다. 만약 향촌이 다른 자라면 그 마을의 법에 의거한다.[諸失火及非時燒田野者, 笞五十. 非時, 謂二月一日以後, 十月三十日以前. 若鄕土異宜者, 依鄕法.]"라고 하였다. 이에 근거할 때 들판

그렇게 하면 (이때 이미) 뿌리가 썩어서 노력을 줄일 수 있다. 만약 큰 나무라면, 나무껍질을 칼로 벗겨서 죽인다.[24] (그리하여) 잎이 나지 않아 그늘을 드리울 수 없게 되면[25] 바로 그때 갈이하여 파종한다. 3년 후에 뿌리가 마르고 줄기가 썩으면, 불태워 땅속 뿌리까지 다 없어지게 한다.

則根朽[4]而省工. 若林木絕大者, 劀烏莖反. 煞之.[5] 葉死不扇, 便任耕種. 三年之後, 根枯莖朽, 燒之則入地盡矣.

황무지를 경작할 때는 반드시 쇠스랑[鐵爬]을 사용하여 두루 흙덩이를 부수고 평평하게 해 준다. 기장과 검은 기장을 흩뿌리고, 두 번 끌개질[澇]한다. 이듬해에 비로소 그곳에 곡식을 파종한다.

耕荒必以鐵爬漏湊之, 徧爬之. 漫擲黍穄, 再遍澇. 明年乃於其中種穀也.

【30】 곡식 심을 땅 갈아엎기[煞穀地][26]

5-6월에 비옥한 땅을 만들기 위해 녹두

【三十】 煞[6]穀地:
五六月種美田菉豆,

에 불을 놓는 시기는 겨울인 11월 1일부터 1월 31일까지였다는 것을 알 수 있다. 그런데 위의 『사시찬요』에 의하면 황폐한 산지와 습지를 개간할 때 7월에 풀을 베어 말려 시비하여 이듬해 봄에 개간하였다고 한다. 전자는 수확 이후 겨울에 불 질러 시비한 것이고, 습지의 경우는 후자와 같이 7월에 풀을 베어 말려 시비한 것을 볼 수 있다. 한편 『수서(隋書)』 권24「식화지(食貨志)」에 의하면 "강남지역의 풍습으로 화경수누(火耕水耨)가 있는데, 이는 토지가 낮고 습하여 토양에 비축된 거름기[資]가 없기 때문이다.[而江南之俗, 火耕水耨, 土地卑濕, 無有蓄積之資.]"라고 하였다. 이들 사료를 통해 볼 때 강남개발이 본격화되기 이전의 당대에도 『사시찬요』에서 보는 바와 같이「잡률」의 방식과는 달리 강남 지역 저습지의 화경(火耕)과 같은 시비법이 행해졌음을 알 수 있다.

24) '영(劀)'은 『왕정농서(王禎農書)』권2「간경편(墾耕篇)」에서 '영살지(劀殺之)'를 해석하여 말하길 "나무껍질을 벗겨 내서 그 나무를 선 채로 죽이는 것을 이른다."라고 하였다. 즉 뿌리 근처 나무줄기의 나무껍질을 둥글게 벗겨 내어서 나무를 말려 죽이는 것이다.

25) '불선(不扇)'은 수관(樹冠)이 다시는 그늘을 만들지 않는 것을 가리킨다.

26) 본 항목의 첫 번째 단락은 『제민요술(齊民要術)』권1「밭갈이[耕田]」편의 '미전

菉豆를 파종하고,27) 이달에 갈아엎는다. 내용은「오월」에 기록되어 있다.

(미리 녹두를 갈아엎는 것은) 유독 곡물을 심을 땅만 비옥하게 하는 것이 아니라, 채소밭에도 역시 좋다.

【31】 거여목 파종하기[種苜蓿]28)

이랑에 파종하는 것은 부추 파종하는 법과 같으며, 또한 한번 베어 낼 때마다 거름[糞]을 주고 땅을 일으키고[爬起] 물을 준다.

【32】 파 · 부추 파종하기[種葱韭]

파를 파종하고자 한다면 먼저 녹두를 파종하고 5월에 간 후 갈아엎어 시비한다[掩煞]. 자주 갈아 땅을 부드럽게 하여 이달에 파종한다. 파종은 무畝당 종자 5되[升]를 구해 사용한다.29)

此月殺之. 事具五月.

不獨肥田, 菜地亦同.

【三十一】 種苜蓿: 畦種一如韭法, 亦剪一遍, 加糞, 爬起, 水澆.

【三十二】種葱韭: ⑦ 欲種葱, 先種菉豆, 五月中耕, 掩煞之. 頻耕令熟, 至此月種之. 每畝用子五升.

지법(美田之法)'에 근거하여 나온 것이다. (「오월(五月)」편 【40】 항목 '비전법(肥田法)' 참조.) 위 본문의 '種美田菉豆'의 의미는 녹두를 파종하여서 땅을 기름지게 한다는 것이다. 『제민요술』에서는 녹비(綠肥)를 매우 중요시한다. 두 번째 단락은 『제민요술』권3「아욱 재배[種葵]」, 「파 재배[種蔥]」, 권2「외 재배[種瓜]」편 등의 개괄적인 설명이다. 묘치위는 본문에서 5-6월에 "種美田菉豆"라고 할 경우, 이어 등장하는 "此月殺之"하는 것과 논리적으로 부합되지 않는다고 하였다. 따라서 이것은 5-6월에 녹두를 파종하고, 7월에 녹두를 갈아엎어[掩殺] 미전(美田)으로 만든다고 해석하는 것이 합리적이다.

27) 와타베의 역주고처럼 "美田에 파종한 녹두"라고 해석하면 掩靑을 하는 이유를 찾기 어렵다.

28) 본 항목은 『제민요술』권3「거여목 재배[種苜蓿]」편에서 채록한 것이다. 『제민요술』에 채록되지 않은 것은 「팔월」편 【30】 항목과 「십이월」편 【58】 항목에 보이는데, 『농상집요』도 이를 인용하였다.

또 다른 방법은 조[穀] 5되를 구해 먼저 조[穀]를 볶아 태우고 바로 파 종자와 함께 고루 섞어서 누거에 넣어, 한 구멍[眼]은 막고 다른 한 구멍을 이용하여 파종한다. 다른 달에 파가 나오면 구멍을 막은 누리에서 나온 흙으로 이랑을 배토한다. 빽빽하고 성긴 것[疎密]이 적합하면 이식하는 노력을 줄이게 된다.

염교[薤]를 파종하는 법은 이미 「이월」에 서술하였다.

【33】 고수 파종하기[胡荽][30]

「유월」과 동일하다.

【34】 순무 파종하기[種蔓菁]

땅은 모름지기 비옥한 땅을 6-7번 갈이하여 이달 상순에 순무를 파종한다. 묵은 종자인 경우[欲陳者]에는 말린 장어[鰻鱺魚; 鰻鱺魚] 즙에 종자를 담갔다가, (꺼내서) 햇볕에 말려 파종하면 반드시 벌레가 생기지 않는다.[31]

又, 取穀五升, 先炒穀令焦, 即與葱子同攪令勻, 而樓一眼中種之, 塞其樓[8]一眼. 他月葱出, 取其塞樓一眼之地[9]中土培之. 疎密恰好, 又不勞移.

種薤法, 具二月中.

【三十三】 胡荽: 同六月.

【三十四】 種蔓菁: 地須肥良, 耕六七遍, 此月上旬種之. 欲陳者, 以乾鰻鱺[10]魚汁浸之, 曝乾種, 必無虫矣.

---

29) 이상의 파를 파종하는 법은 『제민요술』 권3 「파 재배[種葱]」편에서 채록한 것이다. 아래 문장에서 볶은 조[穀]를 섞어서 파종하는 것은 『제민요술』에도 있지만, 두 다리가 달린 파종구인 누(樓)에 한 다리의 구멍을 막아서 한 줄로 파종하는 방법은 『사시찬요』에만 있다. 이것은 최초의 기록이며, 『농상집요』에서도 인용하였다.

30) 『제민요술』 권3 「고수 재배[種胡荽]」편에는 "6-7월에 파종한다."라고 설명하고 있는데, 이 때문에 『사시찬요』는 나머지 부분을 「유월」편 【29】 항목에서 채록하는 것을 제외하고 이달의 이 항목에 기록하였다.

31) '만리어(鰻鱺魚)'는 '만례어(鰻鱺魚)'와 동일하다. '만례어'는 즉 '만려어(鰻鱺魚:

겨울이 되면 잎을 거둔 뒤, 뿌리를 거두어서 움에 넣어 저장한다. 동지冬至 후 부드럽게 써레질하여 거름을 주고 정지 작업을 한다. 종자로 남기는 것을 파내서는 안 된다. 『산거요술』에 나온다.32)

至冬, 收苗後, 收根窖藏之. 冬至後, 爬熟, 上糞, 開⑪拾. 留子者, 不剷. 出山居要術.

【35】 갓·유채 파종하기[蜀芥·芸薹]33)

이달 중순이 가장 좋은 시기이다. 갓[蜀芥]은 무畝당 종자 한 되[升]를 쓰며, 유채는 무당 4되를 사용한다.

【三十五】 蜀芥、芸薹: 是月中旬爲上時. 芥每畝子一升, 芸薹每畝子⑫四升.

【36】 복숭아나무·수양버들 파종하기[種桃柳]

수양버들을 심는 것은 「유월」과 같다.

【三十六】 種桃柳: 柳同六月. 桃熟

장어)'로서, 간단하게 '만어(鰻魚)'라고도 부른다. 대개 말린 장어로 만든 즙에 종자를 담그면 해충을 방지할 수 있다. 묘치위 교석본에 따르면 위 문장에서 '욕진자(欲陳者)'는 오래 저장한 순무뿌리로서 종자를 이미 침종(浸種) 처리하여 해충을 제거하였다. 그로 인해 생산량은 높아져서 많은 땅에서 "뿌리를 거두어서 움에 저장[收根窖藏]"할 수 있었다. '폭건종(曝乾種)'은 종자를 햇볕에 말린 후 파종하는 것이다. 『진부농서(陳旉農書)』「여섯 가지 주요 작물의 적합한 파종시기[六種之宜篇]」에서도 동일한 방법으로 무[蘿蔔]에 적용하여 침종하였다고 한다. 오름(吳懍)의 『종예필용(種藝必用)』은 진부의 이 조항을 채록했지만, 『사시찬요』에서는 채록하지 않았다.

32) "至冬, 收苗後" 이하는 『제민요술』 권3 「순무[蕪菁]」편에서는 "9월 말에 잎을 수확한다[收葉]. … 이내 뿌리는 땅속에 남겨 두고 종자를 거둔다. 10월 중에는 쟁기로 대충 갈아엎으면서 나온 뿌리를 거두어들인다."라고 하였다. 하지만 『사시찬요』에서는 '수묘(收苗)'라고 하고 있는데, 『제민요술』에 근거하여 본문을 번역하였음을 밝힌다. 원주(原注)에서는 "만약 밭을 갈지 않으면 남긴 것의 꽃이 무성하게 달리지 않아서 종자가 번성하지 못한다."라고 적었다. 『산거요술(山居要術)』의 방법과 서로 동일하지만 『사시찬요』의 채록은 여전히 『제민요술』과 대조할 때 비로소 명료해진다.

33) 본 항목은 『제민요술』 권3 「갓·유채·겨자 재배[種蜀芥蕓薹芥子]」편에서 채록한 것이다.

복숭아가 익을 때 남쪽 담장 아래의 따뜻한 곳에 넓고 깊은 구덩이를 파고, 축축한 소똥을 모아 구덩이 속에 넣고 좋은 복숭아 씨 십수 개를 뾰족한 끝이 위로 향하도록 하여 구덩이 속 소똥 속에 넣고 거름과 흙을 한 자[尺] 두께로 덮는다. 봄의 기운이 완연할 때[34] 싹이 나면 흙째로 파내어 옮겨 심으면 만에 하나도 잃지 않는다.

時, 墻南暖處, 寬深爲坑, 收濕牛糞內在坑中, 好桃核十數个, 尖頭向上, 安坑中, 糞土蓋, 厚一尺. 深春牙生, 和土移種之, 萬不失一. ⑬

복숭아 나무껍질은 단단하여 4년 이상 된 것은 칼로[35] 껍질을 벗겨 주면 (수액이 흘러나와) 빠르게 성장한다. 그렇지 않으면 빨리 죽게 된다. 7-8년이 되면 노쇠해지고 10년 이상이 되면 대부분 말라 죽는다. (그래서) 해마다 심어 보충해 준다.[36]

桃皮急, 四年已上, 刀劙破皮, 得速大. 不尔⑭, 速死. 七八年便老, 十年多枯死. 宜歲歲種之.

【37】 쪽 앙금 만들기[造藍淀][37]
먼저 땅에 쪽 백 다발이 들어갈 수 있는

【三十七】造藍淀:
先作地坑, 可受百束

---

34) '심(深)'은 앞 구절의 "厚一尺"과 연결이 되지 않기에 마땅히 '심춘(深春)'은 연 사이이며, 「십이월」편 【61】 항목에서 "春深芽生"으로 쓰여 있는 것이 이를 증명한다. 또 『다능비사(多能鄙事)』 권7의 '종도(種桃)'편은 이 방법과 동일한데, 이 구절 또한 "春深芽生"이라 쓰여 있다.

35) '려(劙)'는 '리(剺)'와 동일하며, 갈라서 벗긴다[劙破]는 의미이다.

36) 이상의 복숭아나무 심는 법은 두 단락 모두 『제민요술』 권4 「복숭아 · 사과 재배[種桃柰]」편에서 채록한 것이다. 앞의 단락은 오름(吳懍)의 『종예필용(種藝必用)』, 유정목(兪貞木)의 『종수서(種樹書)』를 모두 원본대로 초사한 것이지만 빠지고 잘못된 것이 많은데(예컨대 '남(南)'을 모두 '면(面)'으로 잘못 쓴 것 등) 『종예필용』에서는 빠진 글자가 더욱 많다.

37) 본 항목은 『제민요술』 권5 「쪽 재배[種藍]」편에서 채록한 것이다. 뜬 물거품[浮沫]으로 앙금을 만들거나 풍토에 따라 다른 점을 주로 보충하여 설명하는 것은 『사시찬요』의 본문이다.

구덩이를 파고 밀짚[麥筋]38)과 진흙을 섞어 5
치[寸] 두께로 바르고, 거적으로 네 벽을 덮는
다. 쪽을 베어 구덩이 속에 거꾸로 세우는데,
아래는 물을 부어 잠기게 하고 (위에) 나무와
돌을 눌러서 가라앉게 한다. 더운 달에는 하
룻밤을 담그고 다소 서늘한 달에는 이틀 밤
을 담근 후 찌꺼기를 걸러 내고 즙[藍汁]을 취
해 10섬[石] 크기의 큰 항아리 중에 넣고 석회
石灰 한 말[斗] 5되[升]를 타서 손으로 빠르게 휘
젓는다. 위에는 거품이 모이고, 앙금[淀花]은 걸어 낸다.
한 끼 밥 먹을 시간이 지나[食頃] 위에 맑은 물
은 생기면 따라 낸다. 별도로 작은 구덩이를
파서 (항아리 속의) 쪽 앙금을 그 속에 쏟아 넣
어 죽과 같이 된다. 이것을 다시 항아리 속에
넣으면 쪽 앙금이 완성된다. 만약 원 항아리 속의
맑은 물이 죽과 같으면 이 또한 그 풍토에 따르는 것이 마
땅하다. 쪽을 담그는 것 역시 풍토에 따라 상이하며, 작은
배나 큰 항아리를 이용하기도 하여 반드시 구덩이를 만들
필요는 없다. 곡식 100무[一頃]를 파종할지라도
쪽 10무를 파종하는 것에 미치지 못한다.39)

許，　作麥筋泥泥之，
可厚五寸．以苫蔽四
壁．刈藍倒豎於坑中，
下水浸，以木石壓之，
令沒．熱月一宿，稍
涼再宿，　漉去藍滓，
取汁內於十石瓮中，
以石灰一斗五升，併
手急打．沫聚，收作淀花．
食頃，上澄清，瀉去
水．別作小坑，貯藍
淀著坑中，　候如粥．
還入瓮盛之，則成．若
是只於瓮中澄如粥，　亦得隨
其土風所宜．其浸藍，亦隨土
風用艇舡15及大瓮，　不必作
坑．種禾一頃不敵藍
十畝．

---

38) ‘근(筋)’은 또한 ‘근(觔)’으로도 쓰이며 다시 위에 죽 머리[竹]를 더하면 이 ‘근
(筋)’자가 된다. 두 글자 모두 ‘힘줄’을 의미한다.

39) 【계미자본】,【중각본】및 【필사본】에서는 "種禾一頃不敵藍十畝."라는 문구
가 모두 있으나, 묘치위의 교석본에서는 이 문장을 생략하고 있다.

【38】 화장품[面藥][40]

초이레에 오골계 피를 취하여 3월에 딴 복숭아 꽃가루와 섞어서 얼굴과 몸에 바르면 2-3일 후에 피부가 윤기가 나고 하얘진다. 이것은 태평공주(太平公主)의 비법이다.

【39】 두시 만들기[造豉]

『요술』에서 이르기를[41] "두시 만들기는 사계절의 첫 달[四孟月]에 하는데, 대략 4월에서 8월까지가 비교적 좋다."라고 하였다. 그러나 (우리는) 6-7월이 가장 좋다고 생각하는데, 누런 곰팡이[黃衣]가 생기기 쉽기 때문이다. 방법은 「유월」에 기록되어 있다.

【三十八】面藥:
七日取烏雞血，和三月桃花[16]末，塗面及[17]身，二三日後，光白如素. 太平[18]公主秘法.

【三十九】造豉:
要術云，造豉以四孟月，大約自四月至八月皆得. 然六七月最佳，易得成黃衣. 法具六月門中.[19]

---

40) 본 항목은 『위씨월록(韋氏月錄)』에서 채록한 것이다. 『세시광기(歲時廣記)』 권27 '화도화(和桃花)'조에서는 『위씨월록』을 인용하여 "7월 7일 오골계의 피를 취해서 3월 3일 복숭아 꽃가루와 섞어서 얼굴과 몸에 바르면 2-3일은 피부가 백옥과 같이 된다. 이것은 태평공주의 화장법이다. 일찍이 시험을 해 보니 효과가 있었다."라고 하였다. 『증류본초(證類本草)』 권23에는 "3월 3일 복숭아꽃을 따서 그늘에 말린다. 『태청훼목방(太清卉木方)』에는 술에 복숭아꽃을 담가 마시면 온갖 병을 치료하며 얼굴색도 좋아진다.[其花三月三日采, 陰幹. 太清卉木方云, 酒漬桃花飲之, 除百疾, 益顏色.]"라고 하였다.

41) 『제민요술』 권8 「두시 만드는 방법[作豉法]」에는 다음과 같이 기록되어 있는데, 즉 "4, 5월이 가장 좋은 시기이고 7월 20일 이후에서 8월까지가 중간쯤의 시기이다. 나머지 달에도 만들 수 있다. 그러나 겨울은 너무 춥고 여름은 너무 더워서 온도를 적당하게 조절하기가 매우 어렵다. 보통 계절이 교차되는 시기에는 절기가 안정되지 못하여 적합한 온도를 유지하기가 어렵다. 평상시에는 항상 매 계절의 첫째 달[孟月] 초열흘 이후에 만들면 성공하기 쉬우며 좋다."라고 하였다. 『사시찬요』에서 『요술』이라고 언급한 것은 『제민요술』을 가리킨다. "6-7월이 가장 좋다."라고 한 것은 『사시찬요』 자체의 경험에서 나온 것이고 '사맹월(四孟月)'은 아직은 두루 미치지 못한다는 의미이다.

【40】 치즈 만들기[造乾酪][42]

(먼저) 유즙[酪]을 취해 햇볕에 말려서 얇은 피막이 형성되면 그것을 걷어 내고, 다시 햇볕에 쬐어 피막이 생기지 않으면 그친다. (지방을 걷어낸 유즙) 한 되[升] 정도를 솥 속에 넣고 잠시 졸였다가 꺼내서 대야 속에 옮겨 햇볕에 말린다. 구덕구덕하게 말라서 눅눅할 때를 틈타 양손으로 둥글게 해서 배[梨]만 한 크기로 만든다. 다시 햇볕에 말려서 완전히 건조시키면 몇 년이 지나도 상하지 않는다. 오랫동안 먹을 수 있는데, 먹을 경우 깎아서 물속에 넣고 끓이면 다시 유즙이 된다.

【41】 상인일에 누룩 만들기[上寅造麴]

(누룩 만드는) 방법은 이미 「유월」에 기록하였다.

【42】 쉰 술로 초 만들기[敗酒作醋][43]

봄술[春酒]을 오래 두어 맛이 변해 마시기에 적합하지 않은 것은 오직 술 한 말[斗]에 물 한 말[44]을 섞어서 항아리 속에 담아 태양 아

【四十】 造乾酪: 取酪⟨20⟩日中曝晾⟨21⟩, 令皮成, 掠取, 更晾, 無皮乃止. 得一升許, 鐺中⟨22⟩炒片時出, 盤中日曝. 乾令涴涴時⟨23⟩, 便乘潤團之如梨. 更曝, 令極乾, 得數年不壞. 遠年要喫, 削入水中煑沸, 却成酪.

【四十一】上寅造麴: 法已具六月中.⟨24⟩

【四十二】敗酒作醋: 春酒停貯失味不中飲者, 但一斗酒, 以一斗水合和, 入瓮

---

42) 본 항목은 『제민요술』권6 「양 기르기[養羊]」편의 '작건락법(作乾酪法)'에서 채용한 것이다. '일승(一升)'은 『제민요술』에서는 '일두(一斗)'라고 적고 있는데, 관계는 없다. 다만 '원년(遠年)'은 『제민요술』에서는 '원행(遠行)'이라고 쓰고 있으며, '각성락(却成酪)'은 『제민요술』에서 '편유락미(便有酪味)'라고 적고 있으나 『사시찬요』에서는 모두 참조하지 않았다.

43) 이 항목의 첫 번째 단락은 『제민요술』권8 「초 만드는 법[作醋法]」편의 '동주초법(動酒醋法)'에서 채록한 것이다. '일두수(一斗水)'를 『제민요술』에서는 '용수삼두(用水三斗)'라 적고 있다. 두 번째 단락과 『제민요술』 '동주초법(動酒醋法)'의 '우방(又方)'은 서로 비슷하지만 같지 않다.

래에 두고 햇볕을 쪼인다. 비가 오면 덮어 두고, 맑으면 뚜껑을 열어 둔다. 간혹 곰팡이[衣]가 생겨도 휘저어서는 안 되며, 곰팡이가 가라앉기를 기다리면 곧 향기롭고 맛있는 초醋가 완성된다.

무릇 빚은 술이 맛이 변해 (마시기에) 적합하지 않은 것은, 곧 따뜻한 (조)밥을 항아리에 넣고 진흙으로 밀봉하면 바로 좋은 초로 변한다.

【43】쌀로 초 만드는 법[米醋法][45]

또, 먼저 6월 중에 메조쌀[糙米] 3-5말[斗]을 준비하여, 밥을 지어 곱게 갈고[46] 도꼬마리를 찧어 짠 즙[蒼耳汁]으로 반죽해서 그것을

內㉕, 置日中曝之. 雨即蓋, 晴即㉖去蓋. 或衣生, 勿攪動, 待衣沉㉗, 則香美成醋.

凡釀酒失味不中者, 便以熱飯投之, 密封泥, 即㉘成好醋.

【四十三】米醋法: 又, 先六月中取糙米三五斗, 炊了, 細磨, 取蒼耳汁和溲, 踏作

---

44) 와타베 다케시[渡部 武](『사시찬요역주고(四時纂要譯注稿): 中國古歲時記の研究 その二』, 大文堂印刷株式會社, 1982)(이후 '와타베 다케시의 역주고'로 약함)의 역주고에는 '一斗'가 아닌 『제민요술』 '三斗'의 견해에 따르고 있다.

45) 본 항목은 『사시찬요』의 본문으로 서술에 자못 의문점이 많다. 예를 들어 첫 번째 '우(又)'자가 무엇을 가리키는지를 살펴보면, 아마 위 항목 역시 초를 만드는 방법이기 때문에 여기서 '또 다른[又]' 방법이라 하였을 것이며, 만약 그렇지 않으면 군더더기이다. "亦無剩水"의 경우에, 볶은 쌀이 끓는 물을 흡수하여 남은 쌀뜨물이 없다는 것을 가리키는 것인지, 혹은 소량의 남아 있는 물을 몇 차례 나누어서 쌀 속에 부어 쩌서 물기를 없애는 것을 가리키는지 알 수 없다. 또한 3-5말의 메조쌀[糙米]로 "쌀 1말당 곰팡이와 누룩가루를 합하여 2근(斤)을 사용한다.[每斗米用黃衣, 麴末共二斤.]"라는 것에서 용량 아래에 용도가 다하지 않는다면, 누룩 양과 쌀의 양이 부합하지 않으므로 남겨서 다른 용도로 쓰려고 준비한 것인지 아닌지 확실하지 않다. 예컨대 이와 같은 유는 상당히 모호함을 많이 지니고 있으며, 또한 정치함이 부족하다.

46) 본문의 "炊了, 細磨"는 햇볕에 말리지 않고 갈 수는 없다. 여기서 만든 것은 메조를 볶은 누룩[炒米麴]으로, 취료(炊了)는 마땅히 '초료(炒了)'의 잘못이다. 본월의 【44】·【46】 등의 항목에 더 잘 증명되어 있다.

밝아 누룩을 만드는데, 모든 것이 맥국을 만드는 법[麥麴]과 같다. 또 3-5말의 메조쌀을 볶아서47) 항아리 속의 뜨거운 탕에 담가서 하룻밤 재운다. 다음날 일찍 쪄서, 찐 후에 펴 널고 쑥을 덮는데 누런 곰팡이[黃衣]를 만들 때와 같이 한다. (이달에) 초[醋]가 다 만들어질 즈음에, 별도로 메조쌀 3-5말을 볶아 옥외의 별과 이슬 아래에서 흘러넘치게 끓인다. 하룻밤 재웠다가 다음 날에 그것을 쪄서 또 남은 물기를 없애는데, 통상 밥을 짓는 방법대로 한다. 밥이 익기를 기다려 (좁쌀) 1말의 밥에 끓인 물 한 말을 준비하고 또 쪄서 바로 항아리 속의 끓는 탕 속에 넣는다. 온도가 사람 체온과 같아지기를 기다렸다가 즉시 황의와 누룩가루[麴末]를 넣는데, 대략 쌀 한 말에 황의와 누룩가루를 합하여 2근[斤]을 사용한다. 21일이 되면 완성된다. 49일 동안 두어 숙성한 것이 더욱 좋다. 인(寅)일·진(辰)일·술(戌)일을 이용하여 만든다.

麴, 一如麥麴法. 又取三五斗糙米, 炒29了, 隔宿於瓮30中熱湯 湛來. 日早蒸, 蒸了, 攤開, 篛覆如黃衣法. 至造醋時, 又31炒糙米三五斗, 向星露下, 以沸湯潑. 經宿, 來日丞32之, 亦無剩水, 依常炊飯. 候熟, 每斗用湯一斗, 亦蒸米了, 便下湯中. 待如人體, 即下黃衣及麴末, 大約每斗米用黃衣, 麴末共二斤. 三七33日成. 放至四十九日成, 更佳. 造用寅、辰、戌日.

【44】 간편하게 미초 만들기[暴48)米醋]

메조쌀[糙米] 1말[斗]을 누렇게 되도록 볶

【四十四】 暴米醋: 糙米一斗, 炒令

---

47) 【계미자본】에서는 '炒了'라고 표기한 데 반해, 【중각본】과 【필사본】에서는 '취료(炊了)'라고 적고 있다. 묘치위는 여기서의 '취료(炊了)'는 아래 문장의 "또 메조쌀 3-5말을 볶아 …[又糙米三五斗 …]"에 근거할 때, '초료(炒了)'의 잘못이라고 보았다.

48) 『광아(廣雅)』「석고(釋詁)」'이(二)'편에서 "폭은 잠깐, 갑자기이다.[暴, 暫, 猝也.]"라고 하였다. '폭(暴)'은 시간상으로 빨리 완성한다는 뜻으로, 절차상으로는

아서, 끓인 물에 담가 부드럽게 만든 이후에
푹 찐다. 물 한 말과 누룩가루 한 근[斤]을 넣고
고루 섞는다. 깨끗한 항아리에 옮겨 담는데,
이 때 다소 따뜻하게 해 주는 것이 좋다. 여
름은 한 달간, 겨울에는 두 달간 항아리 주둥
이를 밀봉한다. 일수가 약간 모자라면 항아
리를 열어서는 안 된다.

【45】 초 고치기[醫醋][49]

무릇 식초 항아리 아래에는 반드시 벽
돌이나 돌을 괴어 습기를 차단한다. 또한 여
러 사람이 취급해서는 안 된다. 또 물기가 있
는 그릇으로 떠내거나 소금기가 있는 그릇에
저장해서도 안 된다. (그렇게 하면) 모두 초가
변질되기가 쉽다.

또 초가 임신한 여자 때문에 변질된 경우
에는 수레바퀴 자국상의 흙 한 움큼[掬]을 취해
서 초항아리 속에 넣으면 곧 다시 좋아진다.

【46】 맥초 만들기[麥醋]

보리 한 섬[石]을 취해 한 번 거칠게 찧는
데[50] 곧 반은 껍질을 벗겨 탈곡한 상태로, 나

黃, 湯漫軟後, 熟蒸.
水一斗, 麴末一斤[34],
攪和. 下潔淨瓷器,
稍熱爲妙. 夏一月,
冬兩月, 密封頭. 日
未足, 不可開.

【四十五】 醫醋:
凡醋瓮下[35]須安塼[36]
石, 以隔濕氣. 又忌
雜手取. 又忌生水器
取及鹹[37]器貯. 皆致
易敗.

又醋因妊娠女人[38]
所壞者, 取車轍中土
一掬著瓮中, 即還好.

【四十六】 麥醋:
取大麥一石, 舂取一
糙, 取一半完人, 一

간소화하는 것을 가리킨다. 이것과 본월의 【47】 항목은 모두 후자를 의미하며,
즉 원래의 '미초(米醋)'와 '맥초(麥醋)'를 만드는 방법보다 더욱 간단하고 빠르다.
49) 본 항목의 "忌雜手取"를 제외하고는 『제민요술』 권8 「초 만드는 법[作醋法]」 편
과 서로 동일하거나 유사한 기록이 있다. 이른바 '의초(醫醋)'는 실제로는 단지
두 번째 단락에 해당한다.(모두 『제민요술』에서 채록하였다.) 첫 번째 단락은
변질을 방지하는 방법이다. '저(貯)'는 걸러 내는 것을 가리킨다.

머지 반은 껍질이 달린 상태로 한다. 이 중 5 말[斗]을 취해 문드러지게 쪄서 누런 곰팡이가 슬도록 하는데, 모든 것이 누런 곰팡이[黃衣]를 만드는 법과 같이 한다. 나머지 (보리) 5 말[斗]은 누레지도록 볶아 하룻밤을 푹 담가 두었다가 다음 날 푹 찌고 (꺼내) 펴서 사람의 체온과 같이 한다. 위의 누런 곰팡이가 슨 보리와 함께 동시에 항아리 속에 넣고 김이 나는 따뜻한 물[蒸水]을 부어서 고르게 섞어준다. 그 물은 보리밥[麥飯] 위로 3-5치[寸] 정도 되게 하면 좋다. 뚜껑을 덮어 밀봉한다. 7일51)이 지나면 향긋하게 숙성된다. 곧 초항아리 중심에 용수[篘]52)를 넣어서 맨 위의 (맑은) 액은53) 추출하여 별도로 모아서 저장하고, 나머지는 물을 부으면서 (우려내) 수시로 먹는다.

『제민요술』에 이르길54) "맥초麥酢를 만

半帶皮便止. 取五斗爛蒸, 罨黃, 一如作 ㉟ 黃衣法. 五斗炒令黃, 熟浸一宿, 明日爛蒸, ㊵ 攤如人體. 并前黃衣 一時入瓮中, 以蒸水 沃之, 拌令勻. 其水 於麥上深三五寸即 得. 密封蓋. 七日便 香熟. 即中心著篘取 之, 頭者別收貯, 餘 以水淋, 旋喫之.

齊民要術云, 造麥

---

50) '조(糙)'는 찧은 정도나 일정한 시간을 뜻하는 당시 전용 '술어(述語)'이다. 정도나 시간이 같지 않음으로 인해, '일조(一糙)', '이조(二糙)'의 구분이 있다. '일조(一糙)'의 정도는 반쯤은 '完人'하고, 반쯤은 껍질이 달린 채로 하는 것이다[一半完人, 一半帶皮]. '인(人)'은 즉 '인(仁)'자로, 즉 절반은 찧어서 껍질을 벗겨 낸 쌀이고, 절반은 여전히 껍질이 달려 있는 것이다. 찧은 외피는 키질하지 않는데, 즉 밀기울이 초를 양조하는 데 아주 좋은 원료가 되기 때문이다.

51) 【계미자본】과 조선 【중각본】『사시찬요』에서는 '칠일(七日)'이라고 표기하였으나, 묘치위는 교석본에서 '칠월(七月)'로 고쳐서 쓰고 있다.

52) '추(篘)'는 『옥편(玉篇)』에서는 "술 바구니[酒籠]이다."라고 하였는데, 이는 곧 술항아리에 넣어서 지게미 틈 사이로 초액이 스머드는 긴 원통 모양의 용수[酒籠]이다. 【중각본】에는 '추(蒭)'라고 적혀 있으며, 『제민요술』 권8 '작조강초법(作糟穅酢法)'에서는 '추(篗)'라고 적고 있는데 글자는 동일하다.

53) '두자(頭者)'는 위에 뜬 맑은 초[頭醋]이다.

들 때는 좁쌀밥을 넣어서 양조한다."라고 하였다. 이는 양조되지 않거나 양조되더라도 역시 적절히 사용할 수 없음을 두려워하는 것으로, 대개 맥초와 같은 성질을 잃어버리기 때문이다.

【47】 간편하게 맥초 만들기[暴麥醋]

보리 한 말[斗]을 잘 도정하여 향기가 나고 누렇게 될 때까지 볶아서 맷돌에 넣고 간다.55) 물을 섞어서 반죽하여 축축하게 한 이후에, 끓인 물 한 말[斗] 5되[升]를 넣어 사람의

醋, 米酸之. 此恐難成, 成亦不堪, 蓋失其類矣.

【四十七】 暴麥醋: 大麥一斗, 熟舂插, 炒令香焦黃, 磨中犁**[41]**破. 水拌濕後, 熟水一斗五升冷如人

---

54) 『제민요술』 권8 「초 만드는 법[作酢法]」편 '대맥초법(大麥酢法)'에서는 보리와 같은 양의 밀누룩[小麥麴]을 주재료로 사용하는 것 이외에 별도로 소량의 좁쌀밥[粟米飯]을 넣는데 그 때문에 『사시찬요』에 이와 같은 말이 있다. 묘치위의 교석에 의하면, 실제로 『제민요술』의 방법은 대중이 오랫동안 실천하면서 내려온 것을 근거로 하였으며, 소량의 좁쌀밥을 넣은 것도 아마 그와 같은 성공의 경험이 있었기 때문인데, 『사시찬요』에서 지적하고 있는 것은 단편적이다. 왜냐하면 『제민요술』에서 사용한 밀 누룩과 보리 원료는 모두 완전한 알곡이기 때문이다. 보리는 단단하고 두꺼운 외피가 남아 있어서 비록 푹 찌더라도 찧어서 부수지 않기 때문에 전분과 균류의 접촉면이 크지 않다. 이 때문에 당화(糖化)·초화(醋化)가 완만해진다. 이때 만약 초액이 혼탁해지거나 기타 이물질의 초산균이 생겨 침식되면 양조되어서 좋은 초가 만들어지지 않는다. 좁쌀의 알갱이는 작아서 점성화[糊化]가 되기 쉽기 때문에 적당량의 조밥을 넣는데, 이는 빠르게 당화시키기 위함이다. 가령 초산균이 더해져서 순조롭게 촉진작용이 진행되면 단기간에 양조하여 좋은 초(酢)가 만들어진다고 하였다.

55) '랄(犁)'은 『옥편(玉篇)』 및 『광운(廣韻)』 '12갈(曷)'에는 모두 "갈아서 부수다.[研破.]"라고 해석하고 있는데, 이것은 단지 간다는 것을 요구할 뿐이지 부수어서 가루로 낸다는 것은 아니다. 이 역시 갈아서 어느 정도에 달한다는 전용 '술어(述語)'이다. 맷돌의 눈에 곡물을 많이 넣을수록 더욱 거칠게 갈아져 아무리 많아도 단지 껍질만 벗겨지거나 밀어서 약간 부서질 뿐이다. 묘치위의 교석본에 의하면, 이러한 가는 법은 현재 절동(浙東)에서도 여전히 '껍질을 벗긴다[脫]'의 고유 명사로 남아 있으며, '랄(犁)'과 뜻이 거의 가깝다.

체온처럼 식혀서 누룩가루 한 되와 잘 섞어 항아리[罌甕] 속에 넣고 주둥이를 봉하여 외기를 차단한다. 14일이 되면 숙성한다. 물을 부어 우려내는 방식은 앞의 방법과 같이 한다.

【48】 초천 만들기[醋泉]56)

밀가루 한 섬[石]을 이용하여 7월 초엿새에 만든다. 묽게 반죽하여 수제비[飪飥]57)를 만들어서 삶아 익히고 건져낸다. 발[箔] 위에 펴서 햇볕에 쬐어 말리는데 벌레나 쥐가 먹게 해서는 안 된다. 수제비탕 8말[斗]과 밀 누룩가루[小麥麴] 고봉 큰 2말[斗]을 준비하여 2섬들이 항아리 속에 넣는다. 먼저 한 층은 수제비를 넣고 그다음은 누룩가루 한 층을 넣고, 또 수제비와 누룩가루를 넣는데, 이처럼 층층이 넣어서 가득 찰 때까지 한다. 동시에 수제비탕 8말을 항아리 속에 쏟아 넣되 더 이

體, 以麴一升攪和, 入罌甕中 **42**, 封頭斷氣. 二七日熟. 淋如前法.

【四十八】醋泉: 麵一石, 七月六日造. 淡溲, 作飪飥, 熟煑 **43**, 漉出. 箔上攤曬, 令乾, 勿令虫鼠喫著. 收飪飥湯八斗已來, 小麥麴 **44** 末二大斗, 結尖量 **45**, 於二石甕中. 先下飪飥一重, 即下麴末一重, 又下飪飥麴末, 如此重重下之, 以盡爲度. 即一時瀉

---

56) 본서 이달 【43】 항목부터 본 조항에 이르기까지 【45】 항목을 제외하고는 모두 『제민요술』에 기재되어 있지 않다. 묘치위의 교석본에 따르면, 본 조항에서 이른바 "30년이 되어도 다하지 않는[三十年不竭]"의 '초천(醋泉)'은 자못 『제민요술』 권8의 「상만염·화염(常滿鹽花鹽)」편의 "영원히 다하지 않는다.[永不窮盡.]", '상만염법(常滿鹽法)'과 비슷한데, 모두 다량의 원료를 사용하여 만들어서 장기간 용도를 취하는 방법으로, 이른바 "영원히 없어지지 않는다."라는 것은 과장된 설명이다.

57) '박탁(飪飥)'은 일반적으로 '박탁(餺飥)'이라 쓰고 '불(不)', '탁(托)'에 '식(食)' 변을 붙여서 만든 것이다. 자전(字典)에는 '박(飪)'자가 없지만 『사시찬요』에서는 보이는데, 이는 민간에서 사용하는 글자로서 옛 것을 그대로 따르고 있다. 묘치위의 교석본을 참고하면, 박탁은 소위 '탕병(湯餅)'이고, 각종의 끓인 밀가루 음식을 포함하며 아래 문장의 "수제비 조각[飪飥片子]"에 근거하면 『사시찬요』의 내용은 면피(麵皮) 만드는 방식과 유사하다고 한다.

상 젓거나 흔들어서는 안 된다. 이내 먼저 벽돌이나 돌58)로 항아리 바닥을 괸다. 여름에는 햇볕을 쬐게 한다.

먼저 7장의 종이를 준비하여 양조하는 날 한 장의 종이로 주둥이를 덮어서 단단하게 매 준다.59) 7일이 되면 한 장을 더 덮는데, 49일에 이르면 7겹이 된다.60) 또 7일이 지나면 종이 위에 낀 곰팡이 한 층61)을 제거한다. 대나무 칼[竹刀]로 종이에 2개의 구멍을 도려내는데 남북으로 마주 보게 뚫고 반드시 뚫은 종이를 항아리 주둥이[瓮脣]에 붙여 둔다.62) 매번 조롱박 국자로 남쪽 구멍에서 한

飪飥湯八斗入瓮中，更不得動著．仍先以塼五46礑瓮底．夏月令日照著．

先以七个紙單子，初下日，一重紙單子蓋頭，密繫之．（一七日，加一重，至四十九日，七重足．又七日，去一重厚衣．以竹刀割作二孔，南北對開，須帖瓮脣．每以胡47蘆杓南邊取一

---

58) '점(礑)': '점(墊)'자는 고대에는 바닥[下], 빠지다[陷], 습하다[濕]의 여러 의미가 있는데, '점저(墊底)'·'점고(墊高)'로 연용해서 사용되며 오늘날에도 사용하고 있다. 묘치위 교석본에 따르면, 이 말은 이미 일찍부터 이미 존재했으며 그 글자도 있었는데,『사시찬요』의 '점(礑)'자는 바로 오늘날의 '점(墊)'자이다. 자전에도 '섬점(礮礑)'이 있는데 번개의 섬광[電光]을 뜻한다.『강희자전』이전에는 '점(墊)'에 대해 '바닥[墊底]'이라는 해석은 없고 '점(墊)'에 '점(礑)'이라는 의미도 없었다. 대나무로 짠 자리를 바닥에 펴서 물건을 햇볕에 말리는 것을 민간에서는 '점(簟)'이라 한다.

59)【48】의 "一七日"부터【53】의 끝부분 "酒一"까지 원문 글씨체가 진한 부분은【계미자본】에서 낙장되어 전하지 않아 이 부분은【중각본】에 의거하여 보충하고 역주하였음을 밝혀 둔다.

60) "49일에 이르면 7겹이 된다.[至四十九日, 七重足.]"라는 것은 실제로 7겹의 종이를 사용하는데 단지 49일이면 족하다는 뜻이다.

61) 초의 양조[釀醋]는 주로 초산균에 의한 것으로, 당화주정을 기화시켜 초산이 되게 하여 만드는 것이다. 초산균은 호기성(好氣性) 세균으로서 액체배양기의 표층에서 형성되는 세균막이기 때문에 '복(醭)'이라 한다. 여기서의 '후의(厚衣)'는 바로 초 골마지[醋醭]를 가리킨다.

62) '첩옹순(帖瓮脣)'은 항아리의 가장자리에 붙이는 것을 의미한다. 여기에서는 7겹의 종이로 주둥이를 막은 것으로, 주둥이 가에 2개의 구멍을 뚫은 것을 가리킨다.

국자를 뜨고 북쪽 구멍에는 새 물 한 국자를 넣어 준다. 매일 (초) 5되[升]를 떠내고[63] 바로 물 5되를 넣어 준다. 이와 같이 하면 30년이 되어도 초맛이 다하지 않는다.

그러나 반드시 동일한 사람이 초를 떠야 하며 절대로 더러운 것[64]이 오염되어서는 안 되며, (그렇지 않으면) 바로 변질된다. 또 처음에 양조할 때 사람이 수제비 조각을 집어먹어서는 안 된다. 절대 집안사람들이 이런 원칙을 위배하여 먹는 것을 방지해야 한다. (그렇지 않으면) 바로 초가 될 수 없다. 양조의 양[65]은 시간에 달려 있다.

【49】 팔미환 만들기[八味丸]

장중경張仲景의 팔미지황환八味地黃丸은 남자의 정력 감퇴와 치료되지 않는 많은 병을 다스릴 수 있으며, 오랫동안 복용하면 몸이 가볍고 늙지 않는다. 섭생하여 관리를 잘하면 지선地仙의 처방이 되는데, 대략 입추 후에 복용하는 것이 좋다.

(처방은) 건지황乾地黃 반 근斤, 건서약乾署藥

杓, 北邊入一杓新汲水. 每日長出五升, 即入水五升. 如此至三十年不竭.

然則須一手取, 切忌殗汚, 立壞. 又初造時, 忌人喫著飪飥片子. 切防家人背食之. 即不成矣. 造多小, 在臨時.

【四十九】八味丸: 張仲景八味地黃丸, 治男子[48]虛羸, 百病衆所不療者, 久服[49]輕身不老. 加以攝養, 則成地仙方[50], 大約立秋後宜服.

乾地黃半斤, 乾署

---

63) '장(長)'은 여분[多餘]의 의미이다.(『세설신어(世說新語)』「덕행(德行)」편에는 '장물(長物)'이 있는데 여분의 물건이다.) 여기서는 동사로 사용되었다. 이미 변성(變成)된 초 5되를 떠내고 즉시 물 5되를 넣어 주면 물 또한 초(醋)가 되며 또 물을 더하면 계속 끓이지 않고 떠낼 수 있다.

64) '업(殗)'은 『집운(集韻)』에서 "더럽고 탁한 것이다[汚濁也.]"라고 하였다.

65) 【중각본】의 '다소(多小)'를 묘치위는 교석을 하면서 '다소(多少)'로 고쳐 쓰고 있다.

4냥兩, 백복령白茯苓 · 목단피牧丹皮66) · 택사澤瀉 ·
구운 부자附子 · 육계肉桂67) 등 이상 5가지 종류
를 각각 2냥, 다섯 번 탕포(湯泡)한 산수유山茱萸 4
냥 등의 8가지를 한곳에 넣어 찧고 체로 쳐서
가루로 만든다. 정제한 꿀68)을 섞어 환을 만
드는데, 그 환은 오동나무 열매의 크기와 같
게 한다. 매일 공복에 따뜻한 술과 함께 20환
을 먹는다. 만약 복용한 후에 약간 열이 있는
경우 바로 대황환大黃丸을 복용하면 열이 빠지
는 데 아주 효과가 있다.

藥四兩, 白茯苓、牧
丹皮、澤瀉、附子
炮、肉桂, 已上五味各
二兩, 山茱萸四兩, 湯
泡五遍, 右件一處搗,
羅爲末. 煉蜜爲丸,
丸如梧桐子大. 每日
空腹暖酒下二十丸.
如稍覺熱, 即大黃丸
一服通轉爲妙.

---

66) '목단피(牧丹皮)'는 모란 뿌리의 껍질이다. 심은 지 세 해가 지난 것을 벗겨서
그늘에 말려 사용한다. 성질이 차서 열을 내리거나 월경(月經)불순, 혈증과 울노
증을 다스리는 데 쓰인다. 남북조시대 말기 안지추(顔之推)의 『안씨가훈(安氏家
訓)』「서증편(書證篇)」에서는 "『시경』에는 '경경모마(駉駉牡馬)'라고 하였다. 강
남서(江南書)에서는 모두 암수[牝牡]의 '모(牡)'로 쓰고 있는데, 화북지역에서는
방목의 '목(牧)'으로 이해하고 있다."라고 한다. 또 『시경(詩經)』「노송(魯頌) ·
경(駉)」의 문구에는 당석경(唐石經)에서 처음에는 '모(牡)'라고 새겼는데, 후에
는 고쳐서 '목(牧)'이라고 했다. 이후에 각본 또한 두 자가 서로 달라서 쟁론이 끊
이지 않았다. 묘치위는 교석본에서 『사시찬요』 '목(牧)'과 '모(牡)'가 상호 통용되
고 있는 것은 이들과 더불어 관련 있는 것 같다고 하였다.

67) 녹나무과에 속하는 상록교목인 녹나무(학명은 'Cinnamomum camphora.'이
다.) 껍질로 만든 향료이다. 녹나무 껍질을 벗겨서 껍질 외측의 거칠거칠한 부분
은 제거하고 내측의 껍질만 건조시켜 만드는데, 건조되면 껍질이 휘말려서 황갈
색의 관상(管狀)이 된다.

68) '연밀(煉蜜)'은 정제한 꿀을 가리킨다. 도홍경 『명의별록(名醫別錄)』「서례(序
例)」편에서는 정제하는 방법에 대해 "무릇 꿀을 사용할 때는 먼저 모두 불로 졸
인 후 그 거품을 걸어 내어 색이 옅은 황색을 띠면 환이 오래되어도 상하지 않는
다. 걸어 내는 정도는 꿀이 얼마나 정제되고 거친가에 따른다."라고 하였다. 『사
시찬요』「십이월편」【40】 항목에서 또한 연법(煉法)에는 박소(朴消: 질산칼륨
을 한 번 구워 만든 약재)를 넣으면 잡다한 불순물이 개선되어 깨끗하게 된다고
하였다.

【50】 각호 채취하기[收角蒿][69]

(각호를 거두어) 양탄자[氈], 요[褥]나 책 속에 넣어 두면 좀[蛀蟲]을 방지할 수 있다.

【51】 외와 복숭아 저장하기[藏瓜桃][70]

장이나 술지게미에 저장하는 것 모두 좋다.

【52】 외씨 거두기[收瓜子][71]

이달에 좋은 외[瓜]를 골라 양 끝을 잘라 씨를 꺼내고[72] 겨를 섞어 햇볕을 쬐인다. 마르면 손가락으로 비비고 키로 까불러 종자를 취한다.

【53】 열흘 만에 장 담그기[十日醬法][73]

두황豆黃 한 말[斗]을 세 번 깨끗이 일고

【五十】 收角蒿：
置氈、褥、書籍中，
辟蛀蟲.

【五十一】 藏瓜
桃：醬糟並佳.

【五十二】 收瓜
子：此月擇好瓜，截
兩頭，出子，和糠，日
曬. 乾, 挼, 簸取作種.

【五十三】 十日醬
法：豆黃一斗，淨淘

---

69) '각호(角蒿: *Incarvillea sinensis Lam.*)'는 『당초본(唐本草)』에서 처음으로 기록되어 있다. 이는 양각초(羊角草)·양각호(羊角蒿)·대일지호(大一枝蒿)라고도 불린다. 『한의학대사전』(서울: 정담, 2001)에 의하면 '각호'는 능소화과 식물로서 맛은 맵고 쓰며 성질은 평하다. 독이 조금 있다. 열사(熱邪)와 유독한 물질을 없애고 풍사(風邪)와 습사(濕邪)를 제거한다.

70) 최식의 『사민월령』 「정월」편에는 "여러 장(醬)을 만들 수 있다. … 6-7월의 교체기에는 구분해서 외[瓜]를 저장하였다."라고 하였다. 다만, 장도(醬桃)나 조도(糟桃)에 대해서는 다른 기록에는 보이지 않는다.

71) 본 항목은 『제민요술』 권2 「외 재배[種瓜]」편의 '본모자과(本母子瓜)'와 '우수과자법(又收瓜子法)'을 모아서 만든 것이다.

72) 묘치위는 교석본에서 외[瓜]의 가운데 부분의 씨를 꺼내 사용한다고 하고 있다.

73) 『제민요술』 권7-9에 등장하는 술 빚기[釀酒], 초 양조하기[釀醋], 엿 끓이기[煮飴], 두시 만들기[製豉], 장 만들기[製醬] 등의 전문적인 편은 생물화학공예사(生物化學工藝史)에서 가장 빠르고 상세하여 전문적인 항목의 기록이다. 묘치위 교석본에 따르면, 이들 각종의 장(醬)은 모두 장을 만드는 재료 속에 미리 잘 만들

하룻밤을 재웠다가[74] 걸러 내어 푹 문드러 지도록 찐다. 쏟아 내어 밀가루 2말 5되[升]를 넣고 함께 섞어서 밀가루를 모두 두황에 입힌다. 또 다시 쪄서 밀가루가 푹 익으면 꺼내 뜨거운 기운을 없앤다. 사람의 체온과 같아지기를 기다렸다가 닥나무[穀]의 잎을 지면에 깔고, 그 위에 (밀가루를 입힌) 두황을 그 위에 펴 둔다. 또 닥나무의 잎을 펴서 덮되, 너무 두껍게 해서는 안 된다. 3-4일이 지나면, 곰 팡이[衣]가 생기는데, 황색의 곰팡이가 두루 생기면 즉시 햇볕에 쬐여 말려서 거둔다.

장을 배합하여 만들려면 한 말의 면두 황麵豆黃[75]에 물 한 말과 소금 5되를 섞어 염 탕塩湯을 만든다. 사람의 체온 온도로 되어 맑아지면 잡질은 걸러 내서 두황과 함께 항 아리 속에 넣고 밀봉한다. 7일 후에 항아리 를 열어 섞고 촉초[漢椒][76] 3냥兩을 구해 비단

三遍, 宿浸, 漉出, 爛 蒸. 傾下, 以麵二斗 五升相和拌[51], 令麵 悉裹却豆黃. 又再蒸, 令麵熟, 攤却大氣. 候如人體, 以穀葉布 地上, 置豆黃於其上, 攤. 又以穀葉布覆之, 不得令大厚. 三四日, 衣上, 黃色遍, 即曬 乾收之.

要合醬[52], 每斗麵豆 黃, 用水一斗塩五升 併作塩湯. 如人體[53], 澄濾, 和豆黃入瓮內, 密封. 七日後攪之, 取 漢椒三兩, 絹袋盛[54],

---

어 놓은 장누룩[醬麵]과 섞어서 양조한 것으로, 이것은 바로 장의 재료[醬料]와 장의 누룩을 나누어서 제조한 후 합하여 빚은 것이라고 한다. 『사시찬요』의 본 문은 장의 재료인 콩[豆]과 누룩 재료인 밀가루를 함께 합하여 곰팡이를 피게[罨 黃]하는 것으로, 두 개의 절차를 하나로 합하였다. 이렇게 하여 햇볕에 말린 후에 거두고, 수시로 물을 더해 염도를 조정하여 햇볕을 말려 장을 만들었는데, 방법 이 간편하다. 오늘날 가정집에서 장을 담글 때 통상적으로 이용하는 방법이기도 하다.

74) '숙침(宿浸)'은 모두 「유월[六月]」편 【39】 항목에 보이는데, '침일숙(浸一宿)'은 『사시찬요』에서 습관적으로 사용하는 단어인 듯하다.

75) '두황(豆黃)'은 '두판(豆瓣)'이다. '면두황(麵豆黃)'은 밀가루와 두황을 혼합해 만 든 마른 장배(醬酷)로, 지금 민간에서는 '장황(醬黃)'이라고 부른다.

76) 『본초강목(本草綱目)』 권32에서 '촉초(蜀椒)'를 설명하여 일명 '한초(漢椒)'라 하였는데, 즉 화초(花椒)이다.

주머니에 담아 항아리 속에 둔다. 또 숙냉유熟冷油 한 근斤, 술 한77) 되[升]를 넣어 두면 10일이 지나 익는다. 맛은 육장肉醬과 같다. 촉초 3냥兩을 1개월 후에 꺼내어 햇볕에 쬐어 말려 (식육) 요리의 조미료로 사용하면 더욱 좋다.

安瓿中. 又入熟冷油一斤, 酒一[55]升, 十日便熟. 味如肉醬. 其椒三兩月後取出, 曬乾, 調鼎尤佳.

【54】 곡저 수확하는 방법[收穀楮法]78)

구(構)·곡(穀)·저(楮)의 3가지 이름은 하나의 나무79)를 가리킨다. 닥나무 열매가 익을 때인 7월·8월에 종자를 거두고 깨끗이 일어 햇볕에 쬐어 말린다. 땅을 부드럽게 갈고 2월에 빈 누리[樓]로 갈아서 (닥나무 종자를) 삼씨와 함께 종자를 흩어서 뿌린 이후에80) 즉시 끌개질[澇]한다. 가을이 되어도 삼을 남겨 닥나

【五十四】 收穀楮法:[56] 構[57]、穀、楮, 三名一木[58]也. [59]穀楮子熟時, 七月八月收子, 淨淘, 曝乾. 耕地熟, 二月樓構, 和麻子[60] 漫撒種了[61], 即澇. 至秋, 乃留麻子爲楮子

---

77) ( )안의 원문의 내용은 낙장으로 인해서 【중각본】과 【필사본】에 근거하여 보충하고 주석하였음을 밝혀둔다.

78) 본 항목은 『제민요술』 권5 「닥나무 재배[種穀楮]」편에서 채록하였다.

79) '곡(穀)'에 대해 이시진은 '곡(穀)'·'구(構)'가 같은 글자이지만 다르게 적었고, 아울러 "저(楮)는 본래 '저(柠)'라고 적었는데, 그 껍질로 방적하여 모시[紵]를 만들 수 있기 때문이다. 초(楚)나라 사람들은 유(乳)를 곡(穀)이라 하였는데, 그 껍질 속의 하얀 즙이 우유와 같기 때문에 그렇게 칭한 것이다. … 혹자가 저구(楮構)를 2개의 물건이라고 한 것 또한 잘못이다."라고 한다. (초나라 사람들이 '유(乳)'를 '곡(穀)'이라 칭하는 것에 관해서는 「삼월」편 주석 참조.) 묘치위의 교석본을 참고하면, 중국의 역대 기록은 모두 곡(穀)·구(構)·저(楮) 3개의 이름을 동일한 식물이라고 하였다. 과거 식물 분류상에는 일본 닥나무(Broussonetia kazinoki Sieb.)가 저(楮)이며, 'Broussonetia papyrifera Vent.'는 곡(穀)으로 하여 곡(穀)과 저(楮)의 2종류로 구분하였다. 일본 닥나무는 일본과 한국에 자라며 중국에서는 아직까지 발견되지 않고 있다.

80) 【계미자본】과 【중각본】에는 '살(撒)'로 쓰여 있지만, 묘치위는 교석에서 '산(散)'으로 표기하고 있다.

무 모종을 따뜻하게 해 준다.[81] 삼씨와 함께 섞어 파종하지 않으면 대부분 얼어 죽는다.

이듬해 정월, 지면 가까이에서 베어 내고 불을 지른다.[82] 1년이 되면 사람의 키 높이 이상으로 자란다. 3년이 되면 바로 베기에 적당하다.[83] 베는 시기로는 12월이 가장 좋은 시기이며, 4월이 그다음이다. 이 두 달에 베지 않으면 반드시 말라 죽는다. 2월에는 땅을 파서 나쁜 뿌리를 제거하면 땅이 부드러워지고 또한 닥나무 그루도 잘 자라며, 아울러 모종도 무성해진다.

옮겨 심는 것은 2월에도 좋다. 3년에 한 번 벤다.

30무畝를 파종할 때, 1년에 10무畝를 벨 경우 3년이면 (전체를) 1번 벨 수 있다. 해마다 비단 백 필의 값어치를 수확할 수 있으며

作暖. 不和麻種, 多凍死.

明年正月[62], 附地刈[63], 火燒. 一歲即沒人. 三年便中斫. 斫法, 十二月爲上時, 四月次之. 非此兩月斫, 必枯死[64] 二月, 勵[65]去惡根, 則地熟, 又楮成科, 兼且苗澤.

移栽者, 二月亦得. 三年一斫.

種三十畝, 一年斫十畝, 三年一遍. 歲收絹百疋, 永無盡期.

---

81) '마자(麻子)'와 '저자(楮子)'는 삼씨와 닥나무 종자로 해석하게 되면, 의미가 선명해지지 않는다. 두 식물을 가을과 겨울에 월동을 하게 하고, 이듬해 정월에 비로소 베어서 불태운다는 것으로 보아 삼씨를 남겨서 닥나무를 따뜻하도록 도와주기보다는, 그 식물을 베지 않고 그대로 남겨 두는 것으로 해석하는 것이 합리적일 듯하다.

82) 이때 베는 대상이 삼인지 닥나무인지 아니면 모두인지 분명하지 않다. 파종 때 섞어서 함께 뿌렸기 때문에 선택적으로 베어 낸다는 것이 용이하지 않다. 뿐만 아니라 함께 베서 가려내는 것조차도 쉽지 않았을 것이다. 제목으로 미루어 불을 지르는 대상은 삼일 가능성이 높지만, 종자를 어떻게 수거했느냐 하는 것은 상세한 설명이 없다.

83) 닥나무에 대해 『제민요술』에는 "三年便中斫" 다음에 "3년 미만인 것은 껍질이 얇아서 사용하기에 적당하지 않다."라는 주석 문장이 있다. 닥나무 껍질을 취해서 종이로 만드는데, 베고 난 후 뿌리 부분이 계속 자라나 새로운 가지가 생긴다.

(돌아가며 반복하게 되면) 영원히 그 이익이 끝
나지 않는다.

그림 15_ 목단牧丹과 뿌리[牧丹皮]   그림 16_ 계수나무와 육계肉桂

그림 17_ 두시[豉]와 메주

🌸 교 기

1 '민(民)': 【필사본】에서는 '氏'로 적고 있다.
2 '천(踐)': 【필사본】에서는 '賤'으로 쓰고 있다.

3 "令根浮": 【중각본】과 【필사본】에서는 "令根浮動"으로 표기하고 있다.

4 '오(朽)': 【중각본】에서는 '朽'로 쓰고 있다. 본 문장의 문맥상으로 볼 때 '朽'보다는 '朽'가 좀 더 명확하게 해석된다.

5 "劉(烏莖反)煞之": 【필사본】에도 【계미자본】과는 동일하게 적혀 있으나, 다만 '煞' 대신 '殺'로 쓰고 있다. 그러나 【중각본】에서는 "劉殺之(劉烏莖反)"으로 되어 있다. ( )는 소주임.

6 '살(煞)': 【중각본】과 【계미자본】에서는 이와 동일한 글자를 쓰고 있으나, 【필사본】에서는 '殺'로 적고 있다. 이하 동일한 경우에는 특별히 교기를 하지 않았음을 밝혀 둔다.

7 '종총구(種葱韮)': 【중각본】과 【필사본】에서는 【계미자본】과는 달리 '薤'로 적고 있다. 이 항목에 '種韮法'이라는 구절이 있지만, 8월에도 "種韮"편이 보이고 여기서 '이월'도 언급한 것을 보면 이 항목은 '파 · 부추 파종하기'가 적합한 듯하다.

8 '루(樓)': 【중각본】, 【필사본】에서는 '樓'로 적고 있다.

9 '지(地)': 【필사본】에서는 '地'자가 누락되어 있다.

10 '리(鱳)': '鱳'는 『강희자전(康熙字典)』에서는 "魚名. 鰻鱳, 亦作鱳."라고 하였다. 그러나 【중각본】과 【필사본】에는 '鱧'로 쓰고 있다.

11 '한(閒)': 【중각본】에서는 '間'으로 표기되어 있다.

12 '자(子)': 【중각본】과 【필사본】에는 '子'자가 누락되어 있다.

13 '실일(失一)': 【필사본】에는 '一失'로 적고 있다.

14 '이(尒)': 【중각본】과 【필사본】에서는 '爾'로 쓰고 있다.

15 '강(舡)': 【중각본】에는 '船'자, 【필사본】에는 '舩'자로 표기되고 있다.

16 '화(花)': 【필사본】에는 이 글자가 누락되어 있다.

17 '급(及)': 【필사본】에는 이 글자가 누락되어 있다.

18 【중각본】에서는 '太平'을 '大平'으로 적고 있다.

19 【필사본】에는 이 소주에서 '門中' 두 글자가 없다.

20 '취락(取酪)': 【필사본】에는 이 두 글자가 없다.

21 '폭살(曝嗽)': 【중각본】에서는 '嗽曝'으로 쓰고 있다.

22 '중(中)': 【필사본】에는 이 글자가 누락되어 있다.

23 '시(時)': 【필사본】에는 이 글자가 누락되어 있다.

24 "法已具六月中.": 【필사본】에서는 "法具六月."로 표기하고 있다.

25 '내(內)': 【중각본】과 【필사본】에서는 '中'으로 쓰고 있다.

26 '즉(即)':【필사본】에서는 '則'으로 쓰고 있다.

27 【필사본】에서는 '沉'자를 '沈'자로 적고 있다.

28 '즉(即)':【필사본】에는 이 글자가 누락되어 있다.

29 '초(炒)':【중각본】과【필사본】에서는 '炊'로 적고 있다.

30 【계미자본】에서는 '㲯'의 형태와 극히 유사한데 의미로 보면 뜻이 통하지 않는다. 하지만【중각본】과【필사본】에서는 이 글자를 '瓮'으로 표기하고 있어 뜻이 부합되기 때문에 이에 근거하여 '瓮'으로 고쳐 쓰는 것이 합당해 보인다.

31 '우(又)':【중각본】에서는 '人'으로 적고 있다.

32 '증(烝)':【중각본】과【필사본】에서는 '蒸'으로 쓰고 있다.

33 '삼칠(三七)':【필사본】에서는 '七三'으로 표기되어 있다.

34 '근(斤)':【중각본】과【필사본】에서는 '升'으로 쓰고 있다.

35 '하(下)':【필사본】에서는 '下'를 '中'으로 표기하고 있다.

36 '전(塼)':【중각본】에서는 '磚'으로 표기하고 있다. 이하 동일하여 별도로 교기하지 않는다.

37 '함(鹹)':【중각본】과【필사본】에서는 '醎'으로 쓰고 있다.

38 【필사본】에는 '女人'에서 '人'자가 누락되어 있다.

39 【필사본】에서는 '作'자가 누락되어 있다.

40 '난증(爛蒸)':【필사본】에는 '爛蒸'이 누락되어 있다.

41 '랄(掣)':【중각본】과【필사본】에서는 '掣'로 적고 있다.

42 '옹중(瓮中)':【필사본】은 '中瓮'으로 도치되어 있다.

43 '자(煮)':【중각본】과【필사본】에서는 '煮'로 적고 있다.

44 '소맥국(小麥麴)':【필사본】에서는 '小麴麥'으로 적고 있다.

45 '량(量)': 이 글자는『집운(集韻)』에서는 "量古作量."라고 하였다.【중각본】과【필사본】에서는 '量'으로 쓰고 있다.

46 '전오(塼五)':【중각본】과【필사본】에서는 '磚石'이라고 적고 있다.

47 '호(胡)':【필사본】에서는 '葫'로 쓰고 있다.

48 【필사본】에서는 "地黃丸, 治男子"라는 문장을 "地黃元丸, 治男女"로 적고 있다.

49 '구복(久服)':【필사본】에서는 '九脈'으로 쓰고 있다.

50 【중각본】에는 "久服輕身不老" 다음에 "加以攝養, 則成地仙方"이라는 구절이 있으나【필사본】에는 이 구절이 누락되어 있다.

51 【중각본】에서의 '相和拌'을【필사본】에서는 '相拌'으로 쓰고 있다.

52 【중각본】에서는 '合醬'으로 되어 있으나,【필사본】에서는 '숨醬'으로 바꾸어

쓰고 있다.

53 【중각본】의 '人體'를 【필사본】에서는 '人體'로 쓰고 있다. 이하 동일한 내용의 경우 별도로 교기를 달지 않았음을 밝혀 둔다.

54 '견대성(絹袋盛)': 【필사본】은 '絹袋子盛'으로 표기하였다.

55 ( )로 진하게 표시한 부분은 원문이 낙장되어 【중각본】에 의거하여 원문을 보충하였다.

56 '법(法)': 【필사본】에는 '法'자가 없다.

57 '구(搆)': 【계미자본】에서는 이 글자의 판독이 분명하지 않으나, 【중각본】과 【필사본】에는 '搆'로 적고 있기에 '搆'로 표기하였다.

58 '일목(一木)': 【필사본】에서는 '木一'로 도치되어 있다.

59 【필사본】은 '穀楮' 앞에 '齊民要術'이 추가되어 있다.

60 '마자(麻子)': 【필사본】에서는 '子麻'라고 쓰여 있다.

61 【계미자본】과 【필사본】에서는 '種了'로 쓰고 있으나, 【중각본】에서는 '種子'로 표기하고 있다.

62 '정월(正月)': 【필사본】에는 '正月'이 누락되어 있다.

63 '지예(地刈)': 【필사본】에는 '刈地'로 도치되어 있다.

64 【계미자본】에는 소주(小注)로 "非此兩月秡, 必枯死."라는 구절이 있다. 【중각본】에서는 【계미자본】과 같이 소주로 적혀 있으나, "非此兩月斫, 必枯死."로 쓰고 있다. 【필사본】에서는 【중각본】과 문장의 내용은 동일하나 소주가 아닌 큰 글자로 쓰고 있다.

65 '촉(斸)': 【필사본】에서는 '劚'으로 표기하고 있다.

3. 잡사와 시령불순

【55】잡사雜事

이달에 닥나무 종자를 거둔다.

헌 옷을 빨고, 새 옷을 재단하며, 겹옷을

【五十五】雜事:

是月也[1], 收楮子.

浣[2]故衣, 制新衣,

만들어서 서늘해지기 시작할 때를 대비한 다.84)

콩[大豆]·소두[小豆]를 내다 판다. 맥[麥]을 사 들인다. 얇은 명주와 흰 비단을 구입한다. 메밀[蕎麥]을 내다 판다.

동규[冬葵]밭을 간다.85) 쑥을 벤다. 달래와 갓[蜀芥]을 파종한다. 염교를 이식한다. 늦삼 [晩麻]을 물에 담근다.86) 채소밭을 간다.

벌목한다. 대나무와 갈대를 벤다.

대추를 햇볕에 말린다.

베틀과 북을 손질한다.

칠기를 닦는다. 5월에서 이달 말까지87)

作夾衣, 以備始涼.	
粜大小豆.　糴麥.	
博③縑素. 粜喬麥.④	
耕冬葵. 刈蒿草. 種 小蒜蜀芥. 分薤. 漚 晚麻. 耕菜地.	
伐木. 斫竹葦.	
暵棗.	
務機杼.	
拭漆器.　五月至此	

---

84) 『사민월령』「칠월」편에는 다음과 같이 기재되어 있다. "처서 중에, 가을 절기 를 향해서 헌 옷을 빨고 새 옷을 짓는다. 협박(裌薄)을 만들어서 비로소 추위에 대비한다."라고 하였다. '협박(裌薄)'은 겹옷을 의미한다. 기타 잡사(雜事)는 『사 민월령』·『제민요술』 등의 서적에서 잡다하게 채록하였다.

85) 【계미자본】과 【중각본】에서는 원래 '경동규(耕冬葵)'라고 표기하고 있다. 그런 데 『제민요술』 권3 「아욱 재배」편에 '또 겨울철 아욱을 파종하는 법[又冬種葵法]' 에서 "만약 거름[糞]을 구하지 못하면, 매년 5-6월에 녹두(菉豆)를 촘촘하게 파종 하고 7-8월이 되어 쟁기로 갈아엎어 죽여서 거름과 같이 사용하면 밭을 기름지게 하는데, 땅이 비옥해져 거름을 준 것과 차이가 없다."라고 한다. 묘치위에 따르 면, 『제민요술』에서 이처럼 녹비(綠肥)를 중시하는 정신은 『사시찬요』「칠월(七 月)」【30】 항목에서 "유독 곡물을 심을 땅만 비옥하게 하는 것이 아니라 채소밭 [菜地]에도 좋다."의 문장에서도 개괄하고 있는데, 여기서는 바로 이러한 조항을 구체적으로 설명한 것이기 때문에 이에 근거하여 '지(地)'자를 보충하여 "耕冬葵 地"로 고쳐 쓰고 있다.

86) 『사시찬요』에는 늦삼의 파종에 대한 언급이 없다. 실제로 「오월」편 【35】 항목 은 『제민요술』의 늦삼에서 채록한 것이며, 그리고 같은 달 【52】 항목 또한 『범 승지서』의 "하지 후 20일에 삼을 담근다.[夏至后二十日漚麻.]"라고 채록한 기록은 올삼[早麻]이지만, 『사시찬요』 전후에서는 모두 구체적으로 밝히지 않고 있다. 여기서의 '구만마(漚晚麻)'는 어디서에서 채록한 것인지 알 수 없다.

87) "지차월진(至此月盡)"은 「오월」편 【55】 항목과 「팔월」편 【55】 항목 등과 완

비가 내린 후에 칠기·책과 그림[圖畵]·상자를 반드시 햇볕에 쬐어 말리면 상하지 않는다.[88]

연잎을 거두어 그늘에 말린다. 외[瓜]의 꼭지를 거둔다. 질리蒺藜의 씨를 취한다.[89]

【56】 7월 행춘령[孟秋行春令]

7월[孟秋]에 마치 봄의 시령時令이 나타나면 곧 해당 지역에 가뭄이 들고 음습한 현상이[90] 다시 돌아와서 오곡에 열매가 잘 맺지 않는다.

月盡, 經雨後, 漆器、圖畵、箱篋, 須曬乾, 則不損.

收荷葉陰乾. 收瓜蔕. 收蒺梨[5]子.

【五十六】[6] 孟秋行春令: 則其國乃旱, 陰[7]氣復還, 五穀無實.

전히 부합되지 않는다.
88) 『제민요술』 권5 「옻나무[漆]」조에도 칠기를 말리는 내용이 등장한다. 그러나 건조 시기가 상호 다르게 서술되어 있다. 『사시찬요』에서는 5월에서 7월말까지라고 언급한 데 반해, 『제민요술』에는 "6월에서 7월 사이에 각각 한 번씩 말려 건조시켜야 한다.[六七月中, 各須一曝使乾.]"라고 하였다. 류자오민[劉昭民], 『중국역사상 기후의 변천[中國歷史上氣候之變遷]』, 臺灣商務印書館, 1992, 24-25쪽에 의하면 위진남북조시대의 기온이 당말 오대보다 낮았다는 것을 주목할 필요가 있다.
89) 외꼭지[瓜蔕]는 약용으로 쓰인다. 약용으로 쓰이는 외꼭지는 참외 꼭지를 가리킨다. 질리씨도 약용으로 공급되며, 또한 가루로 만들 수 있다. 연잎도 약용 및 잡용으로 쓰인다.
90) 【계미자본】과 【중각본】『사시찬요』에는 '음기(陰氣)'라고 적혀 있으나, 【필사본】에는 '양기'로 표기하고 있다. 묘치위는 교석에서 '음기'는 '양기(陽氣)'의 잘못으로 보았으며, 선독[묘치위(繆啓愉)], 『사시찬요선독(四時纂要選讀)』, 농업출판사, 1984(이하 묘치위 선독으로 약칭)]에서는 봄가뭄으로 해석하고 있다. 『예기(禮記)』 「월령(月令)」, 『여씨춘추(呂氏春秋)』 「맹추기(孟秋紀)」와 『회남자(淮南子)』 「시칙훈(時則訓)」 및 『일주서(逸周書)』 「월령해(月令解)」에 따르면 모두 '양기(陽氣)'라고 쓰고 있는데, 고유(高誘)가 『여씨춘추』에 주석하여 이르기를 "봄볕[春陽]은 아주 건조한데 그 시령이 더해지면 가물게 된다."라고 하였다.

【57】 행하령行夏令

(7월에) 여름과 같은 시령이 나타나면, 그 백성은 화재를 입게 되며, 추위와 더위가 계절에 맞지 않아 사람들이 학질瘧疾에 많이 걸린다.

【58】 행동령行冬令

(7월에) 겨울과 같은 시령이 나타나면, 음기가 크게 성하여 갑각류의 곤충[介蟲]이 곡식을 손상시킨다.91)

【五十七】 行夏令: 則其民[8]火災,[9] 寒熱不節人多[10]瘧疾.

【五十八】 行冬令: 則陰氣大勝, 介蟲敗穀.[11]

✿ 교 기

[1] '야(也)': 【필사본】에는 '也'가 생략되어 있다.

[2] '모(洸)': 【중각본】과 【필사본】에서는 '浣'으로 적고 있다. '浣'는 『집운(集韻)』에서는 "大水貌"라고 하였는데, 이것을 본문과 대조해서 해석하면 내용이 매끄럽지 않다. 그렇기에 이 글자는 '洸'의 잘못으로 보인다.

[3] '단(博)': 【중각본】과 【필사본】에서는 '博'으로 적고 있다.

[4] '교맥(喬麥)': 【계미자본】과 【중각본】에는 '喬麥'으로 쓰고 있으나 【필사본】에는 '喬'를 '蕎'로 쓰고 있다. 하지만 '喬麥'이라는 단어는 없기에 '蕎麥', 즉 메밀로 보인다.

[5] '리(梨)': 【계미자본】에는 '蒺梨'로 표기하고 있다. 【중각본】에서는 '蒺藜', 【필

---

91) "介蟲敗穀"은 정현이 주석한 『예기』「월령」에서는 '갑각류 곤충의 무리[稻蟹之屬]'라고 하였다. 고유(高誘)가 주석한 『여씨춘추(呂氏春秋)』「맹추기(孟秋紀)」에서는 '거북류[龜屬]'라고 하였다. 『국어(國語)』「월어(越語)」에서 '도해(稻蟹)'에 대해 위소(韋昭)가 주석하기를 "게가 벼를 먹는 것이다.[蟹食稻也.]"라고 하였다.

사본】에는 '蒺藜'라고 쓰고 있다. '려(藜)'와 '려(黎)' 두 자는 서로 통용된다. '蒺梨'라는 식물은 없기 때문에 '蒺藜'인 것으로 보인다.

6 【필사본】에는 '孟秋行春令'이라는 항목이 독립된 항목으로 되어 있지 않고, 【55】 항목 뒤에 편입되어 있다. 다만 내용을 보면 '孟'자를 쓰려다가 그만둔 점으로 볼 때, 새로 시작하기 위해서 ○를 표기하지 않은 것은 실수로 보인다.

7 '음(陰)': 【필사본】에서는 '陽'으로 쓰고 있다.

8 "則其民": 【필사본】에서는 "則國多"로 표기하고 있다.

9 '재(灾)': 【중각본】과 【필사본】에서는 '災'자로 쓰고 있다. 이하 동일하기에 따로 교기를 달지 않겠다.

10 '인다(人多)': 【필사본】에서는 '民多'로 쓰고 있다.

11 【계미자본】과 【중각본】에서는 "介蟲敗穀"이 마지막 구절이지만, 【필사본】에는 "戎兵乃來"라는 구절이 추가되어 있다.

팔월八月

1. 점술·점후占候와 금기

【1】중추건유仲秋建酉

(8월[仲秋]은 건제建除상으로 건유建酉에 속한다.) 백로白露1)부터 바로 8월의 절기에 해당하며, 음양의 사용은 마땅히 8월 법에 따른다. 황혼에는 남두수南斗宿2)가 남중하고, 새벽에는 필수畢宿3)가 남중한다.

추분秋分은 8월 중순의 절기이다. 황혼에는 남두수南斗宿가 운행하여 정남방에 이르고, 새벽에는 동정수東井宿4)가 남중한다.

【一】仲秋建酉:
自白露即得八月節,
陰陽使用, 宜依八月
法. 昏南斗中, 曉畢
中.

秋分, 八月中氣.
昏, 南斗中, 曉, 東
井中.

---

1) 백로(白露)는 9월 8일 내지 9일이다.
2) 28수 중에서 제8수로서 두수(斗宿)라고도 일컫는다.
3) 28수 중에서 제19별자리이다.
4) 28수 중에서 제22별자리이다.

【2】 천도天道

이달은 천도가 동쪽으로 향하기 때문에 가옥을 수리하고 외출할 때는 마땅히 동쪽 방향이 길하다.

【3】 그믐과 초하루의 점 보기[晦朔占]

초하루에도 계속 비가 내리면 맥麥의 작황이 좋으며 포布가 귀해지고 삼씨는 10배 정도 비싸지는데, 그것을 점치는 것은 초삼일까지 한다. 초하루와 그믐날에 큰 바람이 불면 봄철이 가물고 여름에는 대수大水가 진다. 초하루에 하늘이 음침하고 비가 내리면 그해는 크게 풍년이 든다.

초하루에 구름이 없으면 맥麥의 낱알이 작다. 구름이 푸르고 흰색을 띠면서 물고기 비늘처럼 잇따라 동쪽에서 밀려오면 맥麥의 작황이 좋다. 양떼와 같이 누렇고 긴 구름이 보이면 맥麥의 작황이 좋다. 구름이 검은색을 띠면 맥麥의 수확이 좋지 않고 모두 빈 껍질5)만 남는다. 구름이 적색이면 맥麥은 말라서 죽게 된다. 이상은 모두 이듬해 여름 맥(麥)을 점친 것이다.

【4】 8월의 잡점[月內雜占]

이달에 비가 많이 내리면 소 값이 등귀한다.

【二】天道: 是月天道東行, 修造, 出行, 宜東方吉.

【三】晦朔占: 朔日陰雨, 宜麥, 而布貴, 麻子貴十倍, 占之直至三日止. 朔與晦大風[1], 春旱[2], 夏水. 朔陰雨, 年大熟.

朔無雲, 麥少實. 雲蒼白色如魚鱗相次東方來, 麥善. 有長雲正[3]黃如羊群, 麥善. 黑色, 麥不成, 皆空合. 赤色, 麥枯死. 已上並占來年夏麥者也.[4]

【四】月內雜占: 此月多雨, 牛貴.

---

5) '공합(空合)'은 빈 껍질을 뜻한다.

무지개가 나타나면 이듬해 봄 조[春粟]가 매우 귀하며 3월에는 더욱 심해진다.

이달에 비가 오고 번개가 치는 것은 그 내용을 「칠월」에 이미 서술하였다.

이달에 3개의 묘卯일이 없으면 맥을 파종할 수 없다.

【5】 추분의 잡점[秋分雜占]

추분秋分에 먼저 막대 하나를 세우는데 (이는) 이미 「정월」에 갖추어 서술하였다. 다음으로 8자[尺] 길이의 막대를 세워 그림자를 재는데, 그림자의 길이가 7자 3치[寸] 7푼[分]이 되면 삼의 작황이 좋다.

이날이 화火의 날이면 지진이 일어난다. 수水의 날이면 전염병[溫疫]이 돈다.6)

이날 맑으면 만물이 다시 자란다. 만약 비가 적게 오고 구름이 끼면 (작물에) 좋다.

【6】 구름의 기운으로 점 보기[占氣]

추분秋分에는 태兌의 괘로써 사물을 운용하는데, 해질 무렵 서쪽 방향에 양과 같은 흰 구름이 있으면 그것은 태의 기운이 이른 것으로 벼의 작황이 좋아서 그해는 풍년이 든다. 흰 구름과 검은 구름이 두텁게 섞여 있는 것이 있으면 삼[麻]의 작황이 좋다. 태의 기운이

虹出, 春粟大貴, 三月尤甚.

月內雨與雷, 事具七月門中.

此月無三卯, 不可種麥.

【五】秋分雜占: 秋分先立一表⑤, 注已具⑥正月門中. 次立八尺表度影, 得七尺三寸七分, 宜麻.

此日以火⑦, 地動. 以水, 溫疫.

此日晴明, 萬物更生. 若小雨, 天陰, 善.

【六】占氣: 秋分日兌卦用事, 日入西方有白雲如羊者, 謂之兌氣至, 宜稻, 年豐. 有白黑氣渾厚者, 麻善. 兌氣不至, 歲中多霜, 人多挤

---

6) 와타베 다케시[渡部 武]의 역주고에서는 화(火)는 병(丙)일과 정(丁)일이고, 수(水)는 임(壬)일과 계(癸)일이라고 한다.

이르지 못하면 그해에 서리가 많고 학질에 걸리는 사람이 많은데, 이것은 응당 (태기의 위치가 대항하는) 이듬해 2월에 있기 때문이다.

疾, 應在來年二月.

【7】 바람으로 점 보기[占風]7)

추분에 바람이 동[震]쪽에서 불어오면 만물의 결실이 좋지 않으며, 곡물이 귀한 것이 45일 동안 지속된다. 서[兌]쪽에서 불어오면 백성은 편안하고 그해 풍년이 든다. 서북[乾]쪽에서 불어오면 그해에 바람이 많이 불고 사람들은 서로 약탈한다. 바람이 남동[巽]쪽에 불면 (그해에) 바람이 많이 불며 북[坎]쪽에서 불어오면 혹한이 닥친다. 북동[艮]쪽에서 불어오면 12월에 구름이 많이 진다. 남[离]쪽에서 불어오면 흉해진다. 남서[坤]쪽에서 불어오면 토목 공사가 일어난다.

【七】占風: 秋分日風從震來, 萬物不實, 穀貴, 貴在四十五日中. 兌來, 民安而歲稔. 乾來, 歲多風, 人相掠. 巽來, 多風, 坎來, 冬酷寒. 艮來, 十二月多陰. 离來, 凶. 坤⑧來, 土工興.

【8】 8월 중에 지상의 길흉 점 보기[月內吉凶地]

천덕天德은 간艮의 방향에 있고, 월덕月德은 을乙의 방향에 있으며 월공月空은 갑甲의 방향에 있다. 월합月合은 을乙의 방향에 있으며 월염月猒은 묘卯의 방향에, 월살月殺은 진辰의 방향에 있다.

【八】月內吉凶地: 天德在艮, 月德在乙⑨, 月空在甲. 月合在乙, 月猒在卯, 月殺在辰.

---

7) 건(乾)·태(兌)·이(离)·진(震)·손(巽)·감(坎)·간(艮)·곤(坤)의 팔괘의 방위는 문왕팔괘도(文王八卦圖)에 근거한 것이다.

【9】 황도黃道

인寅일은 청룡靑龍의 자리에 위치하고, 묘卯일은 명당明堂의 자리에 위치한다. 오午일은 금궤金匱자리이고, 미未일은 천덕天德자리이며, 유酉일은 옥당玉堂의 자리이고, 자子일은 사명司命의 자리에 위치한다.

【10】 흑도黑道

진辰일은 천형天刑의 자리에 위치하고, 사巳일는 주작朱雀의 자리에 위치한다. 신申일은 백호白虎의 자리이고, 술戌일은 천뢰天牢의 자리이며, 해亥일은 현무玄武가 위치하고, 축丑일은 구진勾陳의 자리에 위치한다.

【11】 천사天赦

무신戊申일이 길하다.

【12】 출행일出行日

가을에는 서쪽으로 가서는 안 된다. 백로白露 후 18일째 되는 날은 외출해서는 안 된다. 인寅일은 돌아가는 것을 꺼리는 날[歸忌]이고, 또 자子일은 밖으로 나가서는 안 되며 토공신[土公]에게 제사를 지낸다. 또 18일·13일·5일·신해辛亥일·계묘癸卯일은 재앙[天羅]이 있어 결코 멀리가거나 장가들고 시집가서는 안 되며 (만약 그렇게 하게 되면) 흉하다.

【九】黃道: 寅爲青龍, 卯爲明堂. 午爲金匱, 未爲天德, 酉爲玉堂, 子爲司命.

【十】黑道: 辰爲天刑, 巳爲朱雀. 申爲白虎[10], 戌爲天牢, 亥爲玄武, 丑爲勾陳.

【十一】天赦: 戊申日是.[11]

【十二】出行日: 秋不西行. 自白露後十八日爲往亡. 寅爲歸忌, 又子爲往亡及土公. 又十八日、十三日、五日、辛亥日、癸卯爲天羅, 並不可遠行, 嫁娶, 凶.

【13】 대토시臺土時

이달에는 황혼黃昏의 술시戌時가 좋다.

【14】 살성을 피하는 네 시각[四煞沒時]

사계절의 중간 달[仲月]의 건乾의 날에는 술시(戌時: 오후 7-9시) 이후 해시(亥時: 오후 11시-오전 1시) 이전의 시각에 행하며, 간艮의 날에는 축시(丑時: 오전 1-3시) 이후 인시(寅時: 오전 3-5시) 이전에 행하며, 곤坤의 날에는 미시(未時: 오후 1-3시) 이후 신시(申時: 오후 3-5시) 이전에, 손巽의 날에는 진시(辰時: 오전 7-9시) 이후 사시(巳時: 오전 9-11시) 이전의 시간에 행한다. 이상의 네 시기는 무슨 일이든 할 수 있고, 집을 짓거나, 매장하거나, 관청에 나가는 것[上官] 모두 (그 시간을 이용하면) 길하다.

【15】 제흉일諸凶日

자子일에는 하괴河魁하고, 오午일에는 천강天剛; 天罡하며, 유酉일에 낭자狼籍한다. 오午일에 구초九焦하며, 술戌일에는 혈기血忌하고, 유酉일에는 천화天火하며, 자子일에는 지화地火한다.

【16】 장가들고 시집가는 날[嫁娶日]

신부를 구하는 날은 진辰일·사巳일이 길하다. 천웅天雄이 사巳, 지자地雌가 축丑이면 시집·장가를 갈 수 없다. 새신부가 가마에서 내리는 시간은 건시(乾時: 오후 8시 반-9시 반)가

【十三】臺土時: 是月黃昏戌時是.[12]

【十四】四煞沒時: 四仲月, 用乾時戌後亥前, 艮時丑後寅前, 坤時未後申前, 巽時辰後巳前. 已上四時, 可爲百事, 架屋、埋葬、上官, 皆吉.

【十五】諸凶日: 河魁在子, 天剛在午, 狼籍在酉. 九焦在午, 血忌在戌, 天火在酉, 地火在子.[13]

【十六】嫁娶日: 求婦辰巳日吉. 天雄巳, 地雌丑[14], 不可嫁娶. 新婦下車乾時吉.

길하다.

이달에 태어난 사람은 5월 · 11월에 태어난 여자에게 장가들 수 없다.

이달의 납재納財 상대가 금덕의 명[金命]을 받은 여자는 그런대로 평범하다. 토덕의 명[土命]을 받은 여자는 길하다. 수덕의 명[水命]을 받은 여자는 자손이 좋다. 화덕의 명[火命]을 받은 여자는 흉하다. 목덕의 명[木命]을 받은 여자는 과부가 되거나 자식이 고아가 된다. 납재가 길한 날은 병자丙子 · 을묘乙卯 · 경인庚寅 · 신묘辛卯 · 임인壬寅 · 계묘癸卯일이다.

이 달에 시집올 때는 인寅일 · 신申일에 시집온 여자는 길하다. 묘卯일 · 유酉일에 시집온 여자는 스스로 자신의 운을 막으며, 진辰일과 술戌일에 시집온 여자는 지아비에게 방해가 된다. 자子일 · 오午일에 시집온 여자는 시부모와의 관계가 좋지 않고, 사巳일과 해亥일에 시집온 여자는 장남과 중매인과 사이가 좋지 않다. 축丑일 · 미未일에 시집온 여자는 친정부모에게 걱정을 끼친다.

천지의 기가 빠져나가는 날인 무오戊午일 · 기미己未일 · 경진庚辰일, 다섯 개의 해일[五亥日]에 모두 장가들거나 시집갈 수 없는데, (그렇게 하면) 이별수[生離]가 생긴다. 경자庚子일 · 신해辛亥일은 구부九夫를 해친다.

음양이 서로 이기지 못하는 날은 무진戊

此月生人[15], 不可娶十一月、五月[16]生女.

此月納財, 金命女, 自如. 土命女, 吉. 水命女, 宜子孫. 火命女, 凶. 木命女, 孤寡. 納財吉日, 丙子、乙卯、庚寅、辛卯、壬寅、癸卯.

是月行嫁, 寅申女吉. 卯酉女妨自身, 辰戌女妨夫. 子午女妨舅姑, 巳亥女妨首子媒人. 丑未女[17]妨父母.

天地相去日, 戊午、己未、庚辰、五亥日, 並不可嫁娶, 主生離. 庚子、辛亥, 害九夫.

陰陽不將日, 戊

辰·신미辛未·임신壬申·임오壬午·계미癸未·
갑신甲申·임진壬辰·계사癸巳·갑오甲午·갑진
甲辰·무신戊申·무오戊午·신사辛巳일이다.

辰、辛未、壬申、壬午、癸未、甲申、壬辰、癸巳、甲午、甲辰、戊申、戊午、辛巳.[18]

【17】상장일喪葬日

이달에 죽은 자는 자子일·오午일·묘卯일·유酉일에 태어난 사람을 방해한다. 상복입는 시기[斬草日]는 병인丙寅·정묘丁卯·경오庚午·병자丙子·갑오甲午·병신丙申·임자壬子·갑인甲寅이다. 염하는 날[殯]은 경자庚子일·계묘癸卯일이 길하다. 매장하기[葬]는 임신壬申일·임오壬午일·갑신甲申일·경술庚戌일·임인壬寅일·경신庚申일·병오丙午일이 길하다.

【十七】喪葬日:[19] 此月死者, 妨子、午、卯、酉人. 斬草日[20], 丙寅、丁卯、庚午、丙子、甲午、丙申[21]、壬子、甲寅.[22] 殯日[23], 庚子、癸卯, 吉.[24] 葬日, 壬申、壬午、甲申、庚戌、壬寅、庚申、丙午, 吉.[25]

【18】육도의 추이[推六道]

사도死道는 을乙과 신辛의 방향에 있고, 천도天道는 건乾과 손巽의 방향에 있으며 지도地道는 병丙과 임壬의 방향에 있다. 병도兵道는 정丁과 계癸의 방향에 있으며, 인도人道는 곤坤과 간艮의 방향에 있고 귀도鬼道는 갑甲과 경庚의 방향에 있다.

【十八】推六道: 死道乙辛, 天道乾巽, 地道丙壬. 兵道丁癸, 人道坤艮, 鬼道甲庚.[26]

【19】 오성이 길한 달[五姓利月]

치성徵姓이 길한 해와 날은 축丑·인寅· 묘卯·사巳·오午·신申이 길하다. 우성羽姓이 길한 해와 날은 자子·인寅·묘卯·미未·신申·유酉가 길하다. 궁성宮姓이 크게 이로운 해와 날은 신申·유酉·축丑·미未가 길하다. 상성商姓이 크게 이로운 해와 날은 자子·묘卯· 진辰·사巳·신申·유酉 때가 길하다. 각성角姓은 흉하다.

【20】 기토起土

비렴살[飛廉]은 해亥의 방향에 위치하고, 토부土符는 미未의 방향에 있으며, 토공土公은 자子의 방향에 있고, 월형月刑은 유酉의 방향에 있다. 동쪽 방향을 크게 금한다. 흙을 다루기 꺼리는 날[地囊]은 정묘丁卯와 정해丁亥일이다. 이상의 방향에서는 흙을 일으켜서는 안 된다. 일진日辰 또한 흉하다.

월복덕月福德은 인寅의 방향에 있고, 월재지月財地는 을乙의 방향에 있다. 이상의 방향과 날에는 흙을 일으키면 길하다.

【21】 상량上樑하는 날[架屋]

기사己巳일·계묘癸卯일·경술庚戌일·임술

【十九】五姓利月:[27] 徵, 吉年與日利, 丑、寅、卯、巳、午、申[28], 吉. 羽, 吉年與日利, 子、寅、卯、未、申、酉, 吉. 宮, 大利年與日同[29]申、酉、丑、未, 吉. 商, 大利年日同[30], 子、卯、辰、巳、申、酉, 吉. 角, 凶.

【二十】起土: 飛廉在亥, 土符在未, 土公在子, 月刑在酉. 大禁東方. 地囊, 丁卯、丁亥.[31] 已上不可動土. 日辰亦凶.

月福德在寅, 月財地在乙. 已上取土吉.

【二十一】架屋: 己巳、癸卯、庚

壬戌일·신미辛未일·경진庚辰일·신사辛巳일·
무술戊戌일, 이상의 날에 상량하면 길하다.

戌、壬戌、辛未、
庚辰、辛巳、戊戌,
已上架屋吉.

【22】 이사移徙

　큰 손실[大耗]은 묘卯의 방향에 있고, 작은
손실[小耗]는 인寅의 방향에 있다. 오부五富는 신
申의 방향에 있으며, 오빈五貧은 인寅의 방향에
있다. 이사할 때는 빈貧과 모耗의 방향으로 가
서는 안 된다. 가을 경자庚子일·신해辛亥일에
는 이사해서는 안 되는데, 집에 들어가거나
장가들고 시집가면 흉하다.

【二十二】移徙:
大耗在卯, 小耗寅.[32]
五富在申, 　五貧在
寅. 移徙不可往貧耗
上.[33] 秋庚子、辛亥,
不可移徙入宅嫁娶,
凶.

【23】 주술로 재해·질병 진압하는 날[禳鎮]

　7일에 머리를 감으면 사람이 총명해지고
지혜가 많아진다. 3일·25일에 목욕한다. 「정
월」과 마찬가지이다.

　19일에 흰 털을 뽑으면, 영원히 나지 않
는다.

　4일에 며느리발톱8)이 있는 동물[附足物]을
사서는 안 되는데,9) 선가仙家에서 크게 꺼리기

【二十三】禳鎮:
七日沐, 令人聰明多
智. 三日、二十五日
沐浴. 同正月.
　十九日拔白, 永不
生.
　勿以四日市附足
物, 仙家大忌.[34]

---

8) '부족(附足)'은 '며느리발톱[距]'을 가리킨다. 『한서(漢書)』 권27 「오행지상(五
行志上)」에서 "암탉이 수탉이 되면, … 울지를 않고 생식력이 없으며, 며느리발
톱이 없다.[雌鷄化爲雄 … 而不鳴, 不將, 無距.]"라고 하였다. 안사고(顏師古)가
주석하기를 "거[距]는 닭의 발 뼈[足骨]에 붙어 있으며, 싸울 때 사용하여 그것으
로 찌른다."라고 하였다. 즉, 닭발의 뒤쪽에 손톱같이 뾰족하게 튀어나온 닭의
며느리발톱이다. '부족물(附足物)'은 바로 며느리발톱이 있는 가금(家禽)과 야금
(野禽)을 가리킨다.

때문이다.10)

【24】 음식 금기[食忌]

이달에는 생강과 마늘을 먹어서는 안 되는데, (먹게 되면) 수명이 단축되고 지혜가 줄어든다. 달걀을 먹어서는 안 되며, (먹게 되면) 정신이 피폐해진다.11)

【二十四】食忌: 此月勿食薑蒜, 損壽減智. 勿食鷄子, 傷神.

🌸 교 기

1 '대풍(大風)': 【필사본】에서는 '大雨'로 적고 있다.

2 '한(旱)': 【중각본】과 【필사본】에서는 '旱'로 쓰고 있다.

3 '정(正)': 【필사본】에서는 '正'자가 아닌 '匹'자와 유사한 글자를 쓰고 있다. 【필사본】에 보이는 이 글자가 명확하게 어떤 글자인지는 알기 어렵다.

4 "已上並占來年夏麥者也.": 【계미자본】과 【중각본】에서는 '이상(已上)'으로 쓰고 있는 데 반해 묘치위는 교석에서 '이상(以上)'으로 표기하고 있다. 그리고 【필사본】에서는 '者'자가 누락되어 있다.

5 '일표(一表)': 【중각본】과 【필사본】에서는 '一丈表'로 되어 있다.

6 '주이구(注已具)': 【필사본】에서는 '注具'로 적고 있다.

7 "此日以火": 【필사본】에서는 "秋分以火"로 적고 있다.

---

9) 와타베 다케시[渡部 武]의 역주고에서는 시장에서 물품을 조달해서는 안 된다고 해석하고 있다.

10) 류팡[劉芳], 「『四時纂要』的道敎傾向硏究」, 『관자학간(管子學刊)』1篇, 2015에 따르면『손진인섭양론(孫眞人攝養論)』에서 이 구절은 "勿以四日, 勿市鞋履附足之物, 仙家大忌."라고 되어 있는데, 이 문장을『사시찬요』와 대조하여 보면 '鞋履'와 '之'가 빠졌음을 알 수 있다.

11) 남송 주수충(周守忠)의『양생월람(養生月覽)』에는 "勿食鷄子. 傷補. 四時纂要"라는 구절이 있다. 위의 문장과『양생월람』의 구절과 비교해볼 때『양생월람』의 내용은『사시찬요』의 이 문장을 인용했음을 알 수 있다.

8 '곤(坤)': 【필사본】에서는 '神'자로 되어 있다.

9 '을(乙)': 【중각본】과 【필사본】에서는 '庚'로 표기되어 있다. 【계미자본】에서는 "月德在乙" 다음에 "月合在乙"이라는 구절이 있다. 여기서 '在乙'이 중복되어 있는 것을 보아 '乙'자 보다는 '庚'자가 옳은 것으로 보인다.

10 '호(虎)': 【필사본】에서는 '席'로 적고 있다.

11 "戊申日是": 【중각본】과 【필사본】에서는 '也'자를 붙여 "戊申日是也"로 쓰고 있다.

12 【중각본】과 【필사본】에는 '是'자 다음에 '也'자가 추가되어 있다.

13 '자(子)': 【필사본】에서는 '卯'로 적고 있다.

14 "天雄巳, 地雌丑": 【중각본】과 【필사본】에서는 '在'를 더하여 "天雄在巳, 地雌在丑"으로 쓰고 있다.

15 '인(人)': 【중각본】과 【필사본】에서는 '男'자로 적고 있다.

16 "十一月、五月": 【중각본】과 【필사본】에서는 "五月、十一月"로 되어 있다. 그러나 【계미자본】의 경우에는 각 월의 순서가 도치되어 있기 때문에 【중각본】과 【필사본】의 내용을 근거로 하여 해석했음을 밝혀 둔다.

17 '여(女)': 【중각본】에는 '여(女)'자가 없지만, 【계미자본】과 【필사본】에는 '女'자가 표기되어 있다.

18 【계미자본】과 【중각본】에서는 "戊午、辛巳"로 끝을 맺고 있다. 하지만 【필사본】에서는 이 문장에 약간의 수정과 내용을 덧붙여 "戊午、辛酉, 并吉"이라고 쓰고 있다.

19 【중각본】에는 '喪葬日'에서 '日'자가 빠져 있다.

20 【중각본】과 【필사본】에는 이 항목 중 '斬草日'과 '葬日'에서 '日'자가 빠져 있다.

21 '병신(丙申)': 【필사본】에는 이 글자가 없다.

22 【중각본】과 【필사본】에는 '甲寅' 뒤에 '日吉'이 추가되어 있다.

23 '빈일(殯日)': 【중각본】과 【필사본】에는 '日'자가 없다.

24 "癸卯, 吉": 【필사본】에는 "癸卯日, 吉"로 적고 있다.

25 "丙午, 吉": 【중각본】과 【필사본】에는 '日'자가 추가되어 "丙午日, 吉"로 쓰고 있다.

26 【계미자본】과 【중각본】에서는 "死道乙辛, 天道乾巽, 地道丙壬. 兵道丁癸, 人道坤艮, 鬼道甲庚."으로 적고 있으나, 【필사본】에는 "天道乾巽, 地道丙壬, 人道坤艮. 兵道丁癸, 死道乙辛, 鬼道甲庚."으로 도치되어 있다.

27 "五姓利月"에서 '利月'을 【중각본】에서는 '秋月'이라고 적고 있으나, 묘치위 교

석본에는 【계미자본】과 같이 '利月'로 고쳐 적고 있다.

28 '신(申)': 【필사본】에는 이 글자가 누락되어 있다.

29 "年與日同": 【중각본】에서는 "年與日利"로 적고 있다.

30 "年日同": 【중각본】에서는 "年與日利"로 쓰고 있으며, 【필사본】에서는 "年與日同"으로 표기하고 있다.

31 【필사본】에서는 '丁亥'를 '丁巳'로 쓰고 있다.

32 "小耗寅": 【중각본】과 【필사본】에서는 "小耗在寅"이라고 적고 있다.

33 "貧耗上": 【필사본】에서는 "貧耗方"으로 쓰고 있다.

34 "勿以四日市附足物, 仙家大忌": 【필사본】에는 이 구절이 누락되어 있다.

2. 농경과 생활

【25】 춘곡 땅 갈아엎기[煞春穀地]
「칠월」의 방법과 동일하다.

【二十五】 煞春
穀地: 同七月法.

【26】 보리 파종하기[種大麥]12)
이달 두 번째 무일[中戊] 전과 입추 후 5번

【二十六】 種大
麥: 此月中戊、社前

---

12) 이 내용은 『제민요술』 권2 「보리·밀[大小麥]」편에서 채록한 것이다. '中戊社前並上時'는 『제민요술』에서는 "中戊社前種者爲上時"라고 쓰여 있어 양자에서 요구하는 시간에 차이가 있다. 추사일(秋社日)은 입추 후 다섯 번째 무(戊)일이므로 8월 두 번째의 무(戊)일과 동일한 날이 될 수 없으며 『제민요술』에서는 '사일 전[社前]'에 파종하는 것을 중시하고, 이는 『진부농서(陳旉農書)』 「여섯 가지 주요 작물의 적합한 파종시기(六種之宜篇)」의 "8월에는 사일(社日) 전에 바로 맥을 파종하는 것이 좋다. … 맥은 양사[秋社와 春社]를 지나면 수확이 배가 되고 열매도 견실해진다.[八月社前卽可種麥. … 麥經兩社卽倍收而顆堅實.]"라는 정신과 동일하다. 『사시찬요』에는 '중무(中戊)'와 '사전(社前)'이 병렬되어 있는데, 곧 중무가 추사 뒤에 있을 때에도 좋은 시기를 잃지 않으며 『제민요술』이 반드시

째 무일[社日] 이전까지가[13] 모두 가장 좋은 시기이고, 무畝당 종자 2되[升] 반을 사용한다. 세 번째 무일[下戊] 전이 그다음으로 좋은 때이고, 무당 종자 3되를 사용한다. 하순 및 9월 초는 가장 좋지 않은 때이고, 무당 3되 반의 종자를 사용한다.

【27】 밀 파종하기[種小麥][14]

하전[下田]에 파종하는 것이 적합하다. 『제민요술』에서 노래하여 이르기를 "고전[高田]에 밀을 재배하면 이삭이 적게 달린다. 사내가 타향[他鄉]에 있으면 어찌 초췌[憔悴]하지 않겠는가."라고 하였다. 이달 첫 무일[上戊] 이전이 파종하기 가장 좋은 시기이고, 파종할 때는 무畝당에 종자를 한 되 반을 사용한다. 두 번째 무일[中戊] 전이 그다음 시기이며, 무당 종자 2되를 사용한다. 세 번째 무일[下戊] 전까지가 가장

並上時, 每畝用子二升半.　下戊前爲中時,　每畝用子三升.　下旬及九月初爲下時,　每畝用子三升半.

【二十七】種小麥: 宜下田. 齊民[1]要術歌云, 高田種小麥, 終久不成穗. 男兒在他鄉, 那[2]得不憔悴.　上戊前爲上時, 種者一畝用子一升半.　中戊前爲中時, 一畝二升. 下戊前爲下時, 一畝二升

'경양사(經兩社)' 전제하에 파종한다는 의미를 지니게 된다. '하순(下旬)'은 『제민요술』에서는 '8월말(八月末)'이라 쓰여 있는데, 이 또한 『사시찬요』와 비교하여 지극히 합리적이다. 왜냐하면 하순은 어쨌든 '하무(下戊)'를 포함하고 "하무 이전을 그다음 시기로 한다.[下戊前爲中時.]"것과 저촉되는데 '8월 말'에는 단지 하루 이틀밖에 없어 하무를 포함할 기회가 아주 적기 때문이다.

13) 추사일(秋社日)과 8월 중순의 무(戊)일 간의 시간차는 열흘 정도이다. 와타베의 역주고에서는 '中戊'를 '중순의 무일'로 해석하고 있다.

14) 본 항목은 『제민요술』권2 「보리·밀[大小麥]」편에서 채록한 것이다. '종구(終久)'는 『제민요술』에 '염삼(稐糝)'이라 쓰여 있다. '上戊前'은 『제민요술』에 여전히 '上戊社前'이라 쓰여 있다. '종자(種者)'는 『제민요술』에 '척자(擲者)'라 쓰여 있어 산파(散播)의 종자 사용량에 한정하고 있다. "이달 초 밀 파종의 시기를 서로 10일을 두고 차이가 나고,[此月初相爭十日]" 이하는 『사시찬요』에서 설명한 것이다.

좋지 않은 시기이며, (이때는) 무당 종자 2되 반을 사용한다. 이달 초 밀 파종의 시기를 서로 10일을 두고 차이가 나고, 종자의 사용량도 서로 이와 같이 다르니, 부지런히 농사에 임하는 자가 어찌 때맞추어 파종하지 않겠는가.

【28】 맥 종자 담그기[漬麥種][15]

만약 날이 가물어서 비가 오지 않으면 초장물[醋漿水]에 누에똥을 타서 연하게 하여 맥 종자를 그 속에 담근다. 한밤중에 담가서 노천에 두었다가 새벽녘에[16] 신속하게 건져 낸다. 그렇게 하면 (이를 파종하면) 맥이 가뭄에 잘 견딘다.

만약 맥의 싹이 누런색을 띤 것은 너무 조밀해서[17] 손상된 것이다. 조밀한 것은 호미질하여 듬성듬성하게 해 준다. 가시나무로 누리질하여 맥 뿌리를 배토하면 맥이 무성해진다.

보리와 밀은 모두 모름지기 5-6월 (먼저 갈이하여) 햇볕에 땅을 말린다. (땅을) 말리지 않으면 반드시 수확이 적어진다.

牛. 此月初相爭十日, 而用種便相違如此, 力田者, 得不務及時.

【二十八】 漬麥種: 若天旱無雨澤, 以醋漿水幷蚕矢薄漬麥種. 夜半漬, 露却, 向辰速收之. 令麥耐旱.

若麥生色黃者, 傷折太稠. 稠者鋤令稀. 以棘柴樓之, 以雍③麥根, 則麥茂.

大小麥皆須五六月暵地. 不暵, 收必薄.

---

15) 본 항목의 첫 번째·두 번째 단락은『범승지서』를 채록한 것이며, 세 번째 단락은『제문요술』권2「보리·밀」편을 인용하였는데,「오월」편【33】 항목과 중복된다. "가시나무로 누리질하여[以棘柴樓之]"의 앞 구절은『범승지서』에는 '추서(秋鋤)' 두 글자가 있다.

16)【계미자본】,【중각본】및【필사본】『사시찬요』에서는 '진(辰)'자로 쓰고 있는데, 묘치위의 교석본에는『범승지서』에 근거하여 '신(晨)'자로 고쳐 쓰고 있다.

17) 이 '절(折)'자는 억지스럽다. 묘치위는 교석에서『범승지서』에 근거하여 '어(於)'로 고쳐 표기하였다.

【29】 맥 파종하기 꺼리는 날[種麥忌日]

이미 「정월」에서 서술하였다.

【二十九】 種麥

忌日: 已具正月門中.

【30】 거여목 파종하기[苜蓿]18)

만약 이랑을 지어 파종하지 않는다면, 이는 곧 맥麥과 혼합하여 함께 파종하여도 방해되지 않는다.19) 동시에 성숙한다.

【三十】 苜蓿: 若
不作畦種, 即和麥種
之不妨. 一時熟.

【31】 파 · 염교 파종하기[葱薤]

파는 「오월」20)에 파종하는 방법과 동일하다. 염교는 「이월」에 파종하는 방법과 동일하다.

【三十一】 葱④
薤: 　葱同五月法⑤,
薤同二月法.

【32】 마늘 파종하기[種蒜]21)

부드러운 땅을 3번 갈이하여 누리[樓; 耬]를

【三十二】 種蒜:
良軟地, 耕三遍, 以

---

18) 본 항목은 『사시찬요』의 본문으로, 『농상집요』에서도 인용하여 기록하였으나 '일시숙(一時熟)'은 인용하지 않았다.

19) 이 문장은 맥과 거여목[苜蓿]을 간작(間作)하는지 아니면 혼작(混作)하는지 분명하지가 않다. 간작의 경우 이랑에는 맥을 심고 고랑에는 거여목을 심었을 것이며, 혼작의 경우는 두 종자를 함께 섞어서 파종했을 것이다. 그런데 혼작할 경우에는 동시에 수확했을 때 종자를 가려내는 작업이 매우 어렵다. 따라서 간작하는 것으로 해석하는 것이 합리적이다.

20) '오월(五月)': 묘치위는 교석에서 「칠월」편 【32】 항목을 근거로 하여 '칠월(七月)'로 고쳐 적고 있다.

21) 본 항목의 첫 번째 단락은 『제민요술』 권3 「마늘 재배[種蒜]」편에서 채록하였지만 오직 시간은 '구월초종(九月初種)'을 고쳐서 본월로 하였다. 또한 '불작과(不作窠)'는 『제민요술』에는 "마늘쪽이 작아진다.[科小.]"라고 쓰여 있다. 묘치위의 교석본에 따르면, 본문의 두 번째 단락은 다른 파종 방법으로 별도의 유래가 있다고 한다. 즉 『다능비사(多能鄙事)』 권7 「종산(種蒜)」에서는 "9월 초, 채소 이랑 속에 마늘쪽을 빽빽하게 심는다. 이듬해 봄 2월이 되면 (옮겨 심을 땅에) 먼저 여러 차례 쟁기와 호미로 땅을 부드럽게 하고, 무(畝)당 거름을 수십 단[擔]

이용해 갈면서 이랑을 따라 파종하는데, 5치[寸] 간격으로 한 그루씩 파종한다. 이듬해 2월 중순에 호미질하는데 3번이면 족하다. 풀이 없어도 또한 호미질을 해야 하며, 호미질을 하지 않으면 바로 마늘뿌리가 굵게 자라지 않는다.

줄을 지어 파종하며 거름을 주고 물을 준다. 1년 뒤 조밀한 정도를 보고 다시 옮겨 심는데 (이때) 모종의 굵기는 대략 큰 젓가락만 하게 된다. 3월 중순이 되면 곧 마늘종의 고개가 수그러질[22] 무렵 (이것을 뽑은 후에) 거름을 준다. (그렇게 하면) 그 해에 마늘이 계란만 해진다. 가뭄이 들면 물을 준다. 해마다 반드시 거름을 주어서 번갈아[23] 파종하면 계속해서 파종할 수 있다.

【33】 염교 파종하기[種薤]

「이월」과 마찬가지다. 이달에 종자를 파종하면 늦봄에 자란다.[24]

樓構, 逐壟下之, 五寸一株. 二月半鋤之, 滿[6]三遍止. 無草亦須鋤, 不鋤即不作窠.

作行, 上糞, 水澆之. 一年後, 看稀稠更移, 苗麤[7]如大筋. 三月中即折頭, 上糞. 當年如鷄子. 旱即澆. 年年須作糞次種, 不可令絕矣.

【三十三】種薤: 同二月. 此月下子, 即春末生.[8]

을 낸 후 다시 갈아엎고 고르게 써레질한다. 손에 나무 말뚝을 쥐고 구멍 하나를 내어 한 그루를 옮겨 심는다. 두루 옮겨 심고 간혹 비가 오지 않으면 항상 물을 대어 준다. 5월이 이르면 크기가 주먹만 해져서 매우 좋다.”라고 쓰여 있다. 『사시찬요』의 방법도 이와 서로 유사하다. 1년 후에는 “모종의 굵기가 큰 젓가락만 하다.[苗麤如大筋.]” (‘저(筯)’는 바로 ‘저(箸)’이다.)에 근거하면 실제로는 단지 이듬해 봄을 가리키는 것으로 완전한 1년은 아니라고 한다.

22) ‘절(折)’은 끊는다는 의미이다. ‘절두(折頭)’는 마늘종을 자르는 것으로 해석하기도 하지만, 이것은 마늘 종대가 고개가 수그러지는 것으로 해석하는 것이 좋을 듯하다.

23) ‘분차(糞次)’는 해석할 수 없는데 ‘번차(番次)’의 잘못인 듯하다. ‘번차(番次)’의 뜻은 즉 ‘번갈아[更番]’이다.

24) 『제민요술』 권3 「염교 재배[種䪥]」편에서는 “8-9월에 파종해도 좋다. 가을에

【34】 모든 채소 파종하기[諸菜]

상추[萵苣]·유채[芸薹; 芸薹]·고수[胡荽]는 모두 이 달이 파종하기 좋은 시기이다.

【35】 양귀비 파종하기[罌粟]25)

산언덕이 (파종하기에) 더욱 좋다. 또한 이랑에 파종할 수 있다.

【36】 외 줄기 부분 자르기[斷瓜梢]26)

정월에 구덩이를 파서 동과冬瓜를 파종하는데, 이달에 덩굴 끝을 따 준다.

【三十四】諸菜: 萵苣、芸薹⑨、胡荽, 並良時.

【三十五】罌粟: 尤宜山坡. 亦可畦種.

【三十六】斷瓜梢: 正月區種冬瓜⑩, 此月斷其梢.

파종한 것은 이듬해 늦봄에 자란다."라고 하였는데, 『사시찬요』본 조항에서 그 사실을 제시하고 있다.

25) 양귀비[罌粟]의 이 항목은 농서에 보이는 최초의 기록이며, 『농상집요』에서는 이것을 인용하여 쓰고 있다. 양귀비[罌粟]는 『본초서(本草書)』에 정식으로 기록되어 있는데 송나라 『개보본초(開寶本草)』에서 비롯되었다. 그러나 당대 진장기(陳藏器)의 『본초습유(本草拾遺)』에서 '숭양자(嵩陽子)'를 인용한 것에도 이미 '앵자속(罌子粟)'이라는 것을 제시하고 있다. 묘치위의 교석본에 의하면, 송대 『도경본초(圖經本草)』에서는 "지금 곳곳에 양귀비가 있는데 민가[人家]의 정원에는 대부분 심어서 관상용으로 사용한다."라고 하였다. 관상용뿐만 아니라 그 종자를 취해서 약으로도 사용하였다. 이시진은 『본초강목(本草綱目)』권23 「곡부(穀部)」편 '앵자속(罌子粟)'에서 "어린 싹을 채소로 사용하면 아주 좋다. … 양귀비[罌]의 줄기머리는 … 마치 술 호리병[酒罌]과 같다. 그 안에는 아주 작은 쌀알이 있어서 죽을 끓이거나 밥을 지을 수 있다. 물에 갈아 걸러 내고 녹두 가루와 같아서 두부[腐食]를 만들면 더욱 좋다. 또한 기름을 짤 수 있다. 그 껍질을 약에 넣어 사용하는 것이 매우 많지만 본초에는 기록되지 않아서, 옛 사람들은 그것을 사용하는 방법을 알지 못했다."라고 하였다. 『사시찬요』에서 양귀비를 파종하는 것은 주로 약으로 사용하기 위함이라고 한다.

26) 이 항목은 『제민요술』권2 「외 재배[種瓜]」편 '종동과법(種冬瓜法)'의 원문에는 "8월이 되면, 줄기의 끝을 잘라 내고 약간의 열매도 따내서, 한 덩굴에 5-6개만 남긴다."라고 적혀 있으며 원주(原注)에서는 "많이 남기면 열매가 잘 자라지 못한다."라고 하였다.

【37】 양하 밟기[踏蘘荷][27]

2월에 파종한 것은 이달 상순에 밟아서 싹을 죽게 한다. 그렇지 않으면 뿌리줄기가 크게 자라지 않는다.

【38】 염교 배토하기[構薤][28]

이달 상순에 갈아 배토한다. 배토하지 않으면 염교비늘줄기의 흰 부분이 짧아진다. 잎을 베어서는 안 되는데 비늘줄기의 흰 부분이 손실되기 때문이다. 수시로 먹으려고 하는 것은 따로 파종한다.

【39】 아욱 줄기[29] 자르기[梣葵]

(8월) 중순에 아욱 줄기를 자른다. 양 가닥의 가지[歧]를 남기되, 땅에서 1-2치[寸] 떨어진 부분을 자른다. 자르게 되면 아욱이 통통하고 연하게 자란다. 성장하여[30] (수확할 때는)

【三十七】踏蘘荷: 二月種者, 此月上旬踏令苗死, 不尓即窠不茂大.

【三十八】構薤: 此月上旬構. 不構則白短. 勿剪葉, 恐損白. 旋要食者, 別種之.

【三十九】梣葵: 中旬梣葵. 留歧, 去地一二寸梣之. 生肥嫩. 至老, 葉莖俱美.

---

27) '양하(蘘荷)'는 생강과에 속한 여러해살이 풀이다. 본 항목은 『제민요술』 권3 「양하·미나리·상추 재배[蘘荷芹蘆]」편에서 채록한 것이다. 그러나 '이월종자 (二月種者)'는 실제로는 「삼월(三月)」편 【40】 항목에 나열되어 있는데 후대 사람이 잘못 나열한 것이다.

28) '강(構)'은 『집운(集韻)』에 "古項切, 音講. 耕也. 與構同."라고 하였다. 본 항목은 『제민요술』 권3 「염교 재배[種薤]」편에서 채록하였다. '선요식자(旋要食者)'는 잎을 잘라서 먹는 것을 가리키며, 『제민요술』에서는 "일상의 채소로 먹으려고 하면 별도로 심는다.[供常食者, 別種.]"라고 쓰고 있다. '선(旋)'은 '수시로'의 의미이다.

29) '얼(梣)'은 '얼(蘗)'과 같다. '얼규(梣葵)'는 아욱의 중심 줄기를 잘라낸 이후에 아랫부분이 거듭 자라난 새로운 가지를 가리킨다.

30) 본 항목은 『제민요술』 권3 「아욱 재배[種葵]」편에서 채록하였다. '지로(至老)'는 『제민요술』에서는 '비지수시(比至收時)'라고 쓰고 있다.

잎과 줄기가 맛이 좋다.

【40】 엿기름 싹 틔우기[牙麥孽][31]

보리[32]를 깨끗이 일어 항아리 속에 담그는데, 물에 겨우 잠길 정도로 두었다가 태양 아래 두고 햇볕을 쬔다. 하루에 한 번씩 물을 바꾼다. 밀의 뿌리[脚生][33]가 내릴 때, 곧 평상 아래에 깐 자리[席][34] 위에 엿기름을 2치[寸] 두께 정도로 펴 준다. 하루에 한 번씩 물을 뿌려준다. 싹이 1치 정도 자라면 곧 햇볕에 쬐여 말린다.

만약 흰 엿[白餳]을 고을 경우, 싹이 밀 알갱이 크기만큼 자라면 바로[35] 햇볕에 말리는데, (뿌리가 너무 자라서) 얽혀 떡[餠]처럼 되어서

【四十】 牙麥孽: 大麥淨淘, 於瓮中浸, 令水纔淹得著[11], 日中曝之. 一日一度著水. 脚生, 即布於床下席上, 厚二寸許. 一日一度以水灑[12]之. 牙生寸長, 即曬乾.

若要煑白餳, 牙與麥身齊, 便曬乾, 勿令成餠. 即不堪矣.

---

31) 본 항목의 첫 번째 단락은 『제민요술』 권8 「황의 · 황증 및 맥아[黃衣黃蒸及孽]」편의 '작얼법(作孽法)'과 더불어 다소 다른 점이 있으며, 2 · 3 · 4단락은 전부 『제민요술』에서 채록한 것이다. 묘치위는 교석에서 '얼(孽)'을 '얼(蘖)'로 고쳐 표기하고 있다.

32) 이 부분의 '대맥(大麥)'은 '소맥(小麥)'의 잘못이며, 묘치위는 교석에서 『제민요술』에 근거하여 '소맥(小麥)'으로 고쳐 쓰고 있다.

33) '각생(脚生)'은 맥(麥)의 낟알이 발아할 때 자라는 어린 뿌리이다.

34) 가롯대[椽]와 자리[席]를 지탱하는 시렁을 '상(床)'이라고 부르며, 여기에서는 침대가 아니다. '床下席上'은 『제민요술』 권8 「황의 · 황증 및 맥아[黃衣黃蒸及孽]」편의 "시렁의 잠박 위에 자리를 편다.[槌箔上敷席.]"와 같다. '퇴(槌)'는 곧은 기둥이며, 기둥 위에 가롯대를 설치하여 시렁을 만들고 그런 가롯대 위에 자리를 깔아서 층을 약간 짓는다. '상하(床下)'는 맥(麥)을 아래층의 자리 위에 펴는 것을 가리킨다.(즉 위층에 깐 자리는 거두지 않는다.)

35) 【계미자본】과 묘치위의 교석에서는 '편(便)'으로 표기하였으나, 【중각본】에서는 '사(使)'자를 쓰고 있다. 『제민요술』에서는 이 구절을 "牙生便止, 即散收令乾."라고 하였다. 싹이 지나치게 자란 것은 적합하지 않음을 가리킨 것으로, 그 때문에 『사시찬요』에서는 "싹이 밀알갱이 크기만큼 자라면 바로 햇볕에 말린다.[牙與麥身齊, 便曬乾.]"라고 하였다.

는 안 된다. 그렇게 되면 (엿당을) 만들기에 적합하지 않다.

만약 검은 엿[黑餳]을 고려면 맥아가 푸른색이 되어서 뿌리가 얽혀 떡처럼 되기를 기다렸다가, 즉시 칼로 잘라서36) 햇볕에 말린다.

엿을 호박색[虎魄色; 琥珀色]으로 만들려고 한다면 밀37)로 맥아麥牙를 만든다. (이에 관한) 기록은 이미 「삼월」중에 기술하였다.

【41】 삼륵장 만들기[造三勒漿]

가려륵訶黎勒 · 비려륵毗黎勒 · 암마륵菴摩勒이상은 모두 씨째로 사용하는데,38) 각각 세

若竟黑餳, 即待牙青成餅[13], 即以刀子利開, 乾之.

要餳作虎魄[14]色者, 以小麥爲之. 術已具三月中.

【四十一】造三勒漿: 訶黎勒、毗黎勒、菴摩勒, 已上並

---

36) '리(利)'는 '리(离)'와 통하기는 하지만 『제민요술』에서는 자른다는 의미로 '쇄(�)'라고 쓰고 있다.

37) 【계미자본】과 같이 【중각본】 『사시찬요』에는 '소맥(小麥)'으로 적혀 있는데, 묘치위는 교석에서 이것을 '대맥(大麥)'의 잘못으로 보았다. 묘치위에 따르면, 「삼월」편 【42】 항목에서는 명백히 '대맥얼(大麥蘖)'로 쓰고 있으며, 『제민요술』에서도 '대맥(大麥)'이라 적고 있다. 게다가 갓 나온 밀 엿기름[白芽小麥蘖]을 이용해서로 만든 엿은 "물과 같이 맑은 색[如水精色]"이며, 보리 엿기름[大麥蘖]으로 만든 것은 호박색(琥珀色)이다. 『사시찬요』에서 대소맥(大小麥)을 거꾸로 잘못 쓴 것이기에, 이 때문에 아울러 고쳐 바로잡았다. 엄격히 말하자면, 이 구절은 마땅히 "以大麥蘖爲之" 혹은 "以大麥爲蘖"로 써야 한다고 보았다.

38) '가려륵(訶黎勒)'은 가자(訶子)라고 한다. '비려륵(毗黎勒)'은 『당본초(唐本草)』에서 처음 기록되었으며 "효능이 암마륵(菴摩勒)과 동일하다. … 북방인[戎人]들은 그것을 일러 삼과(三果)라 이른다."라고 하였다. 묘치위의 교석본에 의하면, 『본초강목(本草綱目)』 권31에서 당(唐)대 이순(李珣)의 『해약본초(海藥本草)』를 인용하여 "나무는 가려륵과 비슷하고, 열매 또한 서로 비슷하지만 둥글며 배꼽 모양이 있어 그 때문에 이름 붙인 것이다."라고 하였다. 이시진(李時珍)이 해석하여 말하길 "비(毗)는 배꼽[臍]이다."라고 하였다. 대개 가자(訶子)와 더불어 같은 속의 식물이다. '암마륵(菴摩勒)'은 또한 여감자(餘甘子) · 유감자(油甘子)라는 이름이 있으며 대극과(大戟科)로 학명은 *Phyllanthus emblica L.*이다. 세 종류는 모두 열대 · 아열대 계통의 식물이다.

냥[三大兩]39)을 찧어서 마두麻豆 크기 정도로 만들되, 너무 잘게 해서는 안 된다. 흰 꿀[白蜜] 1말[斗]과 새로 길어 온 물 2말을 잘 조합하여 깨끗한 5말들이 항아리 속에 넣고, 곧 위의 삼륵三勒 가루를 넣어 고르게 섞는다. 몇 겹의 종이로 항아리 주둥이를 밀봉한다. 3-4일이 되면 열어서 다시 고루 섞어 준다. 깨끗한 마른 명주로 (항아리 벽의) 물기를 닦는다. 완전히 발효되면40) 곧 (섞는 것은) 그만두지만, 밀봉상태로 둔다.

이달 초하루 날에 술을 담가, 30일이 다 차면 바로 완성된다. 맛이 지극히 달고 좋아 이것을 마시면 사람이 취하며, 소화를 돕고 마음을 진정시킨다. 모름지기 8월에 담가 완성해야지,41) 이달이 아니면 담그기에 좋지 않다.

【42】 양털 깎기[剪羊毛]42)

이달에 도꼬마리 열매[胡枲子]43)가 익지 않

和核用, (各三大兩, 搗如麻豆大, 不用細. 以白蜜一斗, 新汲水二斗, 熟調, 投乾淨五斗瓮中, 即下三勒末, 攪和勻. 數重紙密封. 三四日開, 更攪. 以乾淨帛拭去汗. 候發定, 即止, 但密封.

此月一日合, 滿三十日即成. 味至甘美, 飲之醉人, 消食下氣. 須是八月合即成,)⑮ 非此月不佳矣.

【四十二】 剪羊毛: 候枲子未成時剪

---

39)『양생월람(養生月覽)』에서는 '삼냥(三兩)'으로 적고 있다. 그런데 수당(隋唐)시대에는 3냥을 1대냥으로 하고 있다. 송대 조령치(趙令畤)의 『후청록(侯鯖錄)』 권4에서는 "藥方中一大, 即今之三兩, 隋合三兩爲一兩."이라고 하고 있다.

40) 여기서의 '발(發)'은 주정 발효를 가리킨다. 이 조항은 과실주(果子酒)를 만드는 구체적인 기록이다. 묘치위 교석본에서 이른바 '삼륵(三勒)'은 과실의 맛이 모두 시고 떫으며, 꿀 속에는 직접적으로 효모균에 의해 작용을 일으키는 주정(酒精)의 포도당(葡萄糖)과 과당(果糖)이 충분히 함유되어 있다고 한다.

41) ( )안의 내용은 원문의 낙장으로 인해서 【중각본】과 【필사본】에 근거하여 보충하고 주석하였음을 밝혀 둔다.

42) 본 항목은 『제민요술』 권6 「양 기르기[養羊]」 편에서 채록하였다.

43) 『사시찬요』에는 원래 빠지고 잘못되어 '엽자(葉子)'로 쓰여 있었으나, 『제민요술』에 의거하면 이는 '호시자(胡枲子)'이다. '호시자'는 바로 도꼬마리 열매[蒼耳

았을 때를 기다려 깎는데, 그렇지 않으면 곧 양털이 손상된다. 중순 이후 자를 때에는 곧 씻겨서는 안 되는데, 한기寒氣가 양을 손상시킬까 두렵기 때문이다.

之, 不尔則損毛. 中旬後剪, 則勿洗, 恐寒氣損羊.

【43】 돼지 방목[牧豕]44)

돼지를 이달에 들어 바로 방목하는데, 먹이를 줄 필요는 없으며 줄곧 10월까지 계속된다. 지게미와 쌀겨[糟糠]는 궁핍한 겨울 사료로 남겨 둔다. 돼지의 성질은 물풀[水生草]을 좋아하기에 부평초[浮萍]와 수조水藻를 거두어 먹이면 쉽게 살찐다.

또 다른 방법으로는 거세한 후45) 상처부위가 말라서 원상으로 복귀되기를 기다렸다가 파두46) 2알을 취하여 껍질을 벗기고 문드러지게 찧어서 깻묵[麻枾],47) 지게미, 쌀겨[糟糠]와 같은 것들을 섞어서 먹이면, 반나절이 지난 후에 크게 설사한다. 이후 살찌는 것을 볼

【四十三】 牧豕: 豕入此月即放, 不要餵, 直至十月. 所有糟糠, 留備窮冬飼之. 豕性便水生之草⑯, 收浮萍水藻飼之則易肥.

又法. 閹豬了, 待瘡口乾平復後, 取巴豆兩粒, 去殼, 爛搗, 和麻枾、糟糠之類飼之, 半日後當大瀉之. 後日見肥大.

子]이다.

44) 본 항목의 첫 번째 단락은 『제민요술』 권6 「돼지 기르기[養猪]」편에서 채록한 것이다. 두 번째 단락은 『사시찬요』 본문으로 『농상집요』에서 이를 인용하였다.

45) '료(了)'는 『농상집요』에서는 '자(子)'라고 표기하고 있다.

46) 펑훙첸[馮洪錢] 외 1명, 「唐・韓鄂編纂『四時纂要』獸藥方考證」, 79쪽에 따르면 돼지가 파두(巴豆)를 먹으면 설사를 해 속이 비게 되고 식욕이 증가되어 살찌우기에 유리하다. 그러나 독이 있어서 과다하게 복용할 경우 설사로 인한 탈수증상이 나타나 죽을 수도 있다고 한다.

47) '마신(麻枾)'은 깨를 짜서 기름을 낸 이후의 찌꺼기이다. 눌러서 떡[餅]의 형태로 만드는 것이 마병(麻餅)이다.

수 있다.

【44】 암퇘지 기르기[養彘]

돼지[48]는 주둥이가 짧고 부드러운 털이 (없는 것[49]이) 좋다. 주둥이가 길면 어금니가 많다. 한쪽 어금니가 3개 이상이면 번거롭게 양육할 가치가 없는데, 살찌기 어렵기 때문이다.

암퇘지는 새끼 돼지와 어미 돼지를 같은 우리에 두지 않는다. 같은 우리에 두면 서로 모이는 것을 좋아해 싸워서 상처를 입거나 죽게 된다. 또한 족히 먹기도 어려워, 새끼 돼지는 별도로 구분하여 사료를 주어야 한다. 그때문에 수레바퀴를 묻어서 공간을 만들어 (그곳에 사료를 두고) 새끼 돼지가 자유롭게 출입하면 (사료와 젖을 동시에 먹게 되어) 살찌고 건강해진다.[50]

【四十四】養彘:
猏猪喙短毛柔者良.
喙長牙多. 三牙已上
不煩養, 難肥故也.

牝者子母不同圈.
同圈之, 喜相傷死.
又食難足, 所以子宜
別飼之. 故宜埋車輪
爲場, 令豚子出入自
由, 則肥健.

---

48) '체(彘)'는 암퇘지를 가리킨다. '분(猏)'은 수퇘지를 가리킨다.

49) 『제민요술』권6 「돼지 기르기[養猪]」에서는 "毛柔者"를 "無柔毛者"라고 쓰고 있다.

50) 본 항목은 실제 『제민요술』권6 「돼지 기르기[養猪]」편에 나온 것이지만 약간 고쳤는데 예컨대 『사시찬요』의 본 조항에서는 "돼지는 주둥이가 짧고 부드러운 털이 (있는 것이) 좋다.[喙短毛柔者良.]"라고 하였지만, 『제민요술』에서는 "어미 돼지는 주둥이가 짧아야 하며 부드러운 털이 없는 것이 좋다.[母猪取短喙無柔毛者良.]"라고 적었다. 또한 『제민요술』에서는 돼지는 "서로 모이는 것을 좋아하지만 먹지 못하기 때문에 살찌지 않는다.[喜相聚不食, 則死傷.]"라고 적고 있다. "埋車輪爲場"의 목적은 새끼 돼지와 어미 돼지를 분리시켜 별도로 사료를 먹이는데 새끼 돼지는 여전히 바퀴 테두리를 통과하여 젖을 먹을 수 있으나 어미 돼지는 바퀴 테두리를 통과하지 못하여 새끼 돼지의 사료를 먹을 수가 없어서 (새끼 돼지가) 살찌기 쉽도록 하는 것이다. 『사시찬요』는 이 부분을 채록하여 간단하게 처리했기 때문에 반드시 『제민요술』과 대조해야 비로소 이해할 수 있다. '돈(豚)'은 '돈(豚)'과 동일하며, '돈자(豚子)'는 새끼 돼지이다. 와타베의 역주고에서

【45】 꼬리를 자르는 방법[掐尾法]51)

새끼 돼지가 태어난 지 3일이 되면 반드시 바로 꼬리를 자르는데, 그렇게 하면 파상풍52)을 염려할 필요가 없다. 거세한 돼지53)가 죽는 것은 모두 꼬리의 파상풍이 원인이 된 것이다. 어릴 때 거세한 돼지는 뼈가 가늘어 기르기 좋다.

【46】 돼지 살찌우는 법[肥豚法]54)

삼 씨 2되[升]를 공이로 10여55) 차례 찧어서 소금 한 되를 넣어 함께 삶은 후에 겨[糠] 3말[斗]과 섞어 먹이면 바로 살찐다.

【47】 건주 제조법[乾酒法]

건주로 온갖 병[百病]을 치료하는 처방이

【四十五】 掐尾法: 独生子⑰三日, 便須掐尾, 則不畏風. 揀猪死者, 皆尾風所致. 小小揀者骨細而易養.

【四十六】 肥豚法: 麻子二升, 搗十餘杵, 塩一升, 同煮後, 和糠三斗飼之, 立肥.

【四十七】 乾酒法: 乾酒治百病方.

는 묘치위의 교석본에서 "養彘猳猪"를 제목으로 표기한 것과는 달리 '저(猪)'자는 제목으로 넣지 않고 본문으로 옮겨 쓰고 있다. 반면 【계미자본】에서는 단지 '養彘'만 제목으로 사용하고 있다.

51) 본 항목은 『제민요술』 권6 「돼지 기르기[養猪]」편에서 채록한 것이다.

52) 스성한[石聲漢]은 『제민요술금석』에서 '풍(風)'을 파상풍으로 해석하고 있다.

53) 【계미자본】과 마찬가지로 【중각본】『사시찬요』에는 '건저(揀猪)'로 적혀 있는데, 묘치위는 교석에서 『제민요술』에 근거하여 '건저(犍猪)'로 표기하고 있다. 이때 '건(犍)'은 돼지를 거세한다는 의미이다.

54) 본 항목은 『제민요술』 권6 「돼지 기르기[養猪]」편에서 『회남만필술(淮南萬畢術)』의 주를 인용하여 채록한 것이다. '이승(二升)'은 『제민요술』에 '삼승(三升)'으로 쓰여 있고, '삼두(三斗)'는 『제민요술』에 '삼곡(三斛)'으로 쓰여 있다. 그러나 『농상집요』는 『사시찬요』의 본문을 채록한 것으로 여겨진다.

55) '십(十)'은 『농상집요』에서도 동일하게 인용하고 있으나 『제민요술』에서는 '천(千)'으로 쓰고 있다.

다. 차조쌀 5말[斗]로 밥을 짓는다. 좋은 누룩 7근 반, 부자附子 5개, 생오두生烏頭 5개, 말린 생강[生乾薑], 계심桂心·촉초蜀椒 각 5냥兩을 준비한다.

이상의 것을 모두 함께 찧어 가루 내고 술 빚는 방법과 같이 (고두밥을 항아리에 넣고) 7일간 주둥이를 봉해 주면 술이 된다. 눌러 지게미를 취해 꿀로 반죽하여 계란 크기의 환을 만든다. 한 말[斗]의 물에 넣으면 곧 좋은 술이 된다. 봄술[春酒]을 담글 때 만들면 더욱 좋다.

【48】 지황주 만들기[地黃酒]
지황주는 백발을 흑발로 변화시키는 데 빠른 효과가 있는 처방이다. 먼저 좋은 지황 큰 한 말[大斗]을 잘라 찧는다. 차조 5되[升]로 푹 익을 정도로 밥을 짓는다. 누룩 큰 한 되[大升]를 준비한다.

이상의 3가지를 동이에 넣고 고루 섞어 새지 않는56) 그릇에 담아서 진흙으로 입구를 봉한다. 봄·여름에는 21일, 가을·겨울에는 35일을 봉해 둔다. 날 수가 차서 열면 한 잔 분량의 맑은 액이 생기는데 이것이 바로 정화주[精華]로서 마땅히 먼저 마신다. 나머지 술은 생베[生布]로 걸러 저장한다. (맛은) 묽은 엿과

糯米五斗, 炊. 好麴七斤半, 附子五个, 生烏頭五个, 生乾薑、桂心、蜀椒各五兩.

右件搗合爲末, 如釀酒法, 封頭七日, 酒成. 壓取糟[18], 蜜溲爲丸, 如鷄子大. 投一斗水中, 立成美酒. 春酒時造, 更好.

【四十八】 地黃酒:[19] 地黃酒變白速效方. 肥地黃切一大斗, 搗碎. 糯米五升, 爛炊. 麴一大升.

右件三味, 於盆中熟揉相入, 內不津器中, 封泥. 春夏三七日, 秋冬五七日. 日滿開, 有一盞淥液, 是其精華, 宜先飲之. 餘用生布絞, 貯

---

56) 도기(陶器)에 물이 새거나 오래된 도기의 결로현상도 모두 '진(津)'이라 한다.

같으며 극히 달콤하고 맛이 좋다. 3제劑 넘게 복용하지 않아도 머리카락이 검어진다. 만약 쇠무릎[牛膝] 즙을 섞어 밥을 하면57) 더욱 신묘하다. (약을 먹을 때는) 3가지 흰 것은 절대 꺼린다.58)

之. 如稀餳, 極甘美. 不過三劑, 髮當如漆. 若以牛膝汁拌炊飯, 更妙.⑳ 切忌三白.

【49】 각종 가루 만들기[作諸粉]

연뿌리[藕]를 많고 적음에 제한 없이 깨끗이 씻는다. 찧어서 진한 즙을 취하여 생베[生布]에 거르고 침전시켜 맑은 물은 걸러 내고 가루를 취한다.

가시연[芡]·연꽃[蓮]·올방개[凫茈]59)·택사澤瀉·칡[葛]·남가새[蒺藜]·복령伏苓·서약薯藥·백합百合 모두 겉껍질을 벗겨60) 색깔별로 각각

【四十九】作諸粉: 藕不限多少㉑, 淨洗. 搗取濃汁, 生布濾, 澄取粉.

芡、蓮、凫茈、澤瀉、葛、蒺藜、伏苓㉒、薯㉓藥、百

---

57)【계미자본】,【중각본】 및【필사본】에는 '취반(炊餅)'으로 쓰고 있으나, 묘치위는 교석에서 현대적인 표현으로 '취반(炊飯)'으로 바꾸어 쓰고 있다.

58)『가우본초(嘉祐本草)』에서『약성론(藥性論)』을 인용하여 이르길 "생지황은 3가지 백색을 꺼린다.[生地黃忌三白.]"라고 하였지만, 어떤 물질인지 분명하게 지적하지 않았다. 오직『본초강목』 권16 '지황'조에서 당대 견권(甄權)의『약성본초(藥性本草)』를 인용한 것에 근거하면 "파·마늘·무, 각종 피[諸血]를 꺼리며 (이것을 복용하면) 사람에게서 … 수염과 머리카락이 희게 된다.[忌蔥蒜蘿蔔諸血令人 … 鬚髮白.]"라고 하였다. 묘치위의 교석본에 따르면, 지황은 머리카락을 검게 하는 데 효력이 있는데, 본 조항의 '지황주'는 바로 흰 머리카락[白髮]을 치료하는 것이다. 이른바 "3가지의 백색은 절대 꺼린다.[切忌三白.]"라는 것은 마땅히 파뿌리 부분, 마늘쪽과 염교의 비늘줄기 3가지의 백색의 훈채(葷菜)를 가리키며, 삼백초과(三白草科)의 삼백초(Saururus chinensis Baill.)는 아니다.

59) '부자(凫茈)'는 즉 올방개[荸薺]이다.

60) '거흑(去黑)'은 겉껍질[外皮] 혹은 겉껍데기[外殼]를 가리킨다. 이상의 각종 식물의 식용 부분(열매[果實]·알줄기[球莖]·덩이뿌리[块根]·균핵(菌核)·뿌리줄기[根莖] 혹은 비늘줄기[鱗莖])의 겉껍질이나 겉껍데기는 각각 흑갈색(黑褐色), 종갈색(棕褐色) 혹은 회갈색(灰褐色) 등의 색깔을 띤다.

찧어, 물에 담가 불순물을 침전시켜 맑은 물을 걸러 내고 (앙금을 햇볕에 말려) 가루를 취한다.

이상을 복용하면 신체를 보익하고 질병을 없애는 것은 말할 필요도 없다. 또한 조리에 사용하여도 무방하니 모두 유의해야 한다.

【50】 북지콩배나무잎 거두기[收棠梨葉]61)

날이 맑을 때 (잎을) 따고 엷게 펴서 햇볕에 쬐여 말린다. 마르면 곧 다시 따고 (건조시키는데) 많이 따도 무방하다. 비를 만나 젖어서 변질된 것은 붉은색으로 물들이기에 적당하지 않다.

【51】 지황 거두기[收地黃]

『요술要術』에서 이르길62) "지황을 심을 때에는 부드럽게 땅을 괭이질[斸]하여 판다. (지황을) 대나무 칼로 자르는데, 뿌리마다 한 치[寸] 정도로 잘라 이랑에 심고 거름을 주고 물을 준다. 1년이 지나면 이랑에 가득 차서

合24, 並皆去黑, 逐色各搗, 水浸, 澄取爲粉.

已上當25服, 補益去疾, 不可名言. 又不妨備廚, 饌悉宜留意.

【五十】 收棠梨葉: 天晴時採摘, 薄攤, 瞭乾. 乾即更摘26, 多收不妨. 遇雨淹27損, 不中染緋.

【五十一】 收地黃: 要術云, 種地黃, 熟斸28地. 取竹刀子斷之, 每根一寸餘, 畦種, 上糞, 下水. 經年後, 滿畦, 可愛.

---

61) 『제민요술』권5「콩배나무 재배[種棠]」편에서 "안(按): 오늘날[북위]의 콩배나무[棠]의 잎은 진홍색[絳]으로 염색할 수 있는 것이 있고 또 오직 남빛을 띤 붉은색[土紫]으로 염색할 수 있는 것도 있지만, 북지콩배나무[杜]의 잎은 염료로 사용하기에 전혀 적합하지 않다."라고 하였다. 팥배나무[棠]와 북지콩배나무[杜]는 서로 다른 두 종류이다. 『사시찬요』본 항목은 북지콩배나무 잎[棠梨葉]을 따서 붉은색의 염료로 만드는 구체적인 기록이다. '강(絳)'·'비(緋)'는 모두 붉은색이다.
62) 이 내용은 『제민요술』권5「벌목하기[伐木]」편의 '종지황법(種地黃法)'과 다르며, 묘치위는 여기의 『요술』은 『산거요술(山居要術)』을 가리킨다고 한다.

멋지다."라고 하였다.

"이 식물의 묵은 뿌리[宿根]는 캐면 (그 뿌리에서) 다시 싹이 튼다. (때문에) 가을에 이것을 거두어 겨울용으로 충당한다. 2월에 심으면 5월에 싹이 나고 8-9월에 뿌리를 수확하니, 무畝당 30섬[石]을 거둘 수 있다."라고 하였다.

【52】 생건지황 만들기63)[作生乾地黃]

지황地黃 100근을 취해서 좋은 것 20근을 가려 반半 치[寸] 길이로 잘라 매일 햇볕에 말리고 나머지는 묻어 둔다. 위의 20근이 완전히 마르면 맑은 날을 기다렸다가 묻어 둔 지황 5근, 혹은 10근을 꺼내어 찧어서 즙을 낸 후 앞서 말린 20근에 넣고 섞어서 햇볕에 말린다. 찧은 지황 즙은 반드시 앞서 절단하여 말린 줄기의 양을 헤아려 정하며,64) 당일에 담그기를 모두 끝내야 한다. (그렇지 않고) 하룻밤을 재우면 바로 신맛이 난다. 날씨가 흐려서 좋지 않을 때는 바로 멈춘다. 신중히 하여 먼지가 들어가지 않도록 한다. 80근을 모두 한번

此物宿根, 採却還生. 秋㉙收之, 以充冬用. 二㉚月種, 五月苗生, 八九月根成, 一畝可收三十石.

【五十二】作生乾地黃: 取地黃㉛一百斤, 揀取好者二十斤, 半寸長切, 每日曝令乾, 餘者埋之. 待前二十斤全乾, 即候晴明日出埋者五斤或十斤, 搗汁浸拌前乾二十斤, 曝之. 其汁每須支料令當日浸盡. 隔宿即醋惡. 天陰即停住. 愼勿令塵土入. 八十斤盡爲

---

63) 100근의 생지황을 취해서 (그중에서) 80근을 찧은 농축액을 20근에 넣고 마지막에는 햇볕에 말려 10근의 건지황을 만드는데, 마른 덩어리로 농축시키는 좋은 방법이다. 『본초강목』 권16에 기재된 건지황의 '가공[修治]'법은 본 항목과 유사하지만, 단지 40근의 찧은 농축액을 60근의 말린 (건지황) 덩어리에 부어 넣는다.

64) '지료(支料)'의 의미는 바로 헤아려서 처리한다는 의미이다. '매수(每須)'는 '필수(必須)'와 같다. '초악(醋惡)'은 지황즙이 산패되어 균이 침식되고 변질되는 것을 가리키므로, 반드시 당일에 담갔다가 꺼내야 한다.

에 (찧어) 담그기를 끝내면 10근의 건지황이 완성된다. (복용할 때) 무이薏苡65) · 돼지고기 · 달래[蒜] · 연뿌리[藕] · 무[蘿蔔]를 꺼린다.

度, 成一十32斤乾地黃. 忌薏苡、猪肉、蒜33、藕、蘿蔔.

【53】 쇠무릎 종자 수확하기[收牛膝子]

『요술』에 이르기를66) "가을에 종자를 수확하고 봄에 파종하는 것은 채소를 재배하는 법과 같다. 마땅히 습지에 파종하는 것이 좋다. 거름을 주고 물을 준다. 싹이 나면 잘라 먹는다."라고 하였다.

"평상시 모름지기 많은 종자를 남겨서 가을이 되어 한 차례 파종한다.67) 다만 잘라 내

【五十三】收牛膝子: 要術云, 秋間收子, 春間種之, 如生菜法. 宜下濕地. 上糞, 澆水. 苗生34, 剪食之.

常35須多留子, 直至秋中一遍種之.

---

65) 『본초강목』 권16 '지황(地黃)'조에는 북제(北齊) 서지재(徐之才)의 『약대(藥對)』를 인용하여 "무이를 꺼린다.[畏薏苡.]"라고 하였다. '무이(薏苡)'는 느릅나무과 대과유(大果楡; Ulmus macrocarpa Hance.)의 날개열매[翅果]이다. 송대 구종석(寇宗奭)의 『본초연의(本草衍義)』에서 처음으로 무이를 2종류로 나누어서 "무이에는 대소 2종류가 있다. 작은 무이는 유협이고 손으로 비벼서 씨 속 알맹이를 취하는데 빚어서 장을 만들며 맛은 더욱 맵다. 약에 넣는 것은 큰 무이를 사용하는데 다른 종류이다.[薏苡有大小二種. 小薏苡卽楡荚也, 採取仁, 醞爲醬, 味尤辛. 入藥當用大薏苡, 別有種.]"라고 하였다. 묘치위의 교석본을 보면, 큰 무이라 칭하는 바는 대과유의 과실로 오직 약으로 쓰이며, 작은 무이는 일반적인 느릅나무 꽃투리[楡荚]로 장(醬)을 만들어 평상시에 먹는다. 당연히 큰 무이도 장을 만들 수 있기 때문에 유인장(楡仁醬)을 두루 일컬어 '무이'라고도 한다. 오늘날 중의약[中藥]에서도 '무이홍(薏苡紅)'이라고 일컫는다.

66) 『제민요술』에는 쇠무릎 파종하는 방법이 없기 때문에 본 항목의 『요술』은 또한 『산거요술』을 가리킨다.

67) 쇠무릎의 파종은 현재에도 봄 파종과 가을 파종으로 나뉘는데 봄 파종은 생산량이 비교적 낮다. 쇠무릎 종자는 가을 이후에 성숙하므로 위의 것은 이미 가을 종자로 봄에 파종한 것이고, 여기에서 다시 "가을이 되면 한번에 파종한다. … 다시 파종하는 수고를 던다.[直至秋種一遍種之. … 不勞更種.]"라고 한 것은 마땅히 가을 파종을 가리키는 것이다. 그러나 문장이 갑자기 출현한 것 또한 『사시찬요』에서 줄이고 삭제함으로 인해서 생긴 현상일 것이다. 쇠무릎은 다년생 식

고 나면 즉시 거름을 주어야 다시 파종하는 수고를 던다."라고 하였다.

【54】쇠무릎 뿌리 수확하기[收牛膝根]

뿌리를 거두는 것은 별도로 쟁기로 깊고 부드럽게 간 이후에 종자를 파종하고, 누리로[68] 흙을 평평하게 해 준다. 잡초가 많으면 김매고 가물면 물을 준다.

이른 가을이 되면 줄기를 잘라 취하고 그 종자를 수확한다.

9월 말에서 10월 초에 괭이로 깊게 파서 뿌리를 취한다. 물에 담가 이틀 밤을 재웠다가 촘촘한 체에 올려 주물러 껍질을 벗겨 낸다. 그런 후에 머리를 가지런히 배열하여 햇볕에 말려 녹녹해졌을 때, 바로 손으로 잡아서 곧게 한다. 만일 기력을 돕는 약으로 쓰려고 한다면 껍질을 벗기지 않고 바로 햇볕에 말린다. 만일 껍질을 벗기면 주무를 때 흰 즙이 빠져나가 이내 약효가 떨어진다.[69]

但[36]割却即上糞, 不勞更種.

【五十四】收牛膝根: 收根者, 別宜深耕熟犁, 然後下子, 樓令土平. 荒則耘, 旱則澆.

至初秋, 刈取莖, 收其子.

九月末十月初, 用刃[37]鏊深掘, 取根. 水中浸二宿, 置密篩中, 挼去皮. 排齊頭, 瞧令浥浥, 即手握令直. 如要氣力, 不如勿去[38]皮, 便曝乾. 若去皮, 即挼出白汁, 便致力少矣.

물로서 본 항목은 싹을 잘라 푸성귀로 먹는다.

68) 본 항목은 뿌리를 거두어 약용으로 쓰기 때문에 반드시 깊이 갈아야 한다. 현재 쇠무릎을 파종할 때 깊이 갈고 파종하는데, 깊이가 1m에 달한다. '누(樓)'는 동사로 사용하며 써레로 평탄하게 한다는 의미이다.

69) 『본초강목』권16 '우슬(牛膝)' 항목에서 이시진이 이르기를 "9월 말 뿌리를 취해 물에 담가 두 밤을 재운 후 문질러 껍질을 벗겨 내고 싸서 햇볕에 말린다. 비록 흴지라도 값은 비싸다. 주물러서 흰 즙이 빠져 나가면 약에 넣더라도 껍질을 남겨서 약효가 큰 것만 같지 못하다."라고 하였다. 그 말은 『사시찬요』와 동일하다.

그림 18_ 비려륵毗黎勒과 건과乾果

그림 19_ 암마륵菴摩勒과 건과乾果

그림 20_ 올방개[鳧茈; 荸薺]와 뿌리덩이

🌸 교 기

1. '민(民)': 【필사본】에서는 '氏'로 적고 있다.
2. '나(邞)': 【중각본】과 【필사본】에서는 '那'로 표기되어 있다.
3. '옹(甕)': 【중각본】과 【필사본】에서는 '擁'으로 적고 있다.
4. '총(蔥)': 【중각본】과 【필사본】에서는 '葱'으로 쓰고 있다.
5. '법(法)': 【필사본】에는 이 글자가 누락되어 있다.
6. '만(滿)': 【필사본】에는 이 글자가 누락되어 있다.
7. '추(䉛)': 【중각본】에서는 '籧'자로 적고 있다.
8. "即春末生": 【중각본】에는 "即春末生矣"으로 표기되어 있다.
9. '대(薹)': 【중각본】과 【필사본】에서는 '薹'자로 적고 있다.
10. '동과(冬瓜)': 【필사본】에서는 '瓜冬'으로 쓰고 있다.
11. "令水纔淹得著": 【필사본】에서는 "令水纔淹即著"로 적고 있다.
12. '쇄(灑)': 【중각본】과 【필사본】에서는 '洒'자로 쓰고 있다.
13. "即待牙青成餅": 【필사본】에서는 "即待牙生青成餅"으로 적고 있다.
14. '호백(虎魄)': 【중각본】에서는 '虎珀', 【필사본】에는 '琥珀'으로 표기하고 있다. 그러나 문맥상으로 볼 때 【필사본】에서 쓰고 있는 '琥珀'이 합당한 것으로 보인다.

15 ( )로 진하게 표시한 부분은 원문이 낙장되어 【중각본】에 의거하여 원문을 보충한 것임을 밝혀 둔다.

16 "猪性便水生之草": 【필사본】에는 "猪性便好水生之草"로 쓰고 있다.

17 '생자(生子)': 【중각본】과 【필사본】에서는 '子生'으로 도치되어 있다.

18 '조(槽)': 【중각본】과 【필사본】에서는 '糟'자로 쓰고 있다. 그러나 【계미자본】에 따라 해석하면 문장이 맞지 않기 때문에 '槽'자로 해석하였다.

19 【필사본】에는 '地黄酒' 다음에 '法'자가 추가되어 있다.

20 '경묘(更妙)': 【필사본】에서는 '更炒'로 적고 있다.

21 【계미자본】에서는 '다소(多少)'라고 적고 있는데, 【중각본】에서는 '다소(多小)'라 표기하고 있다.

22 '대령(伏苓)': 【중각본】과 【필사본】에는 '茯苓'자로 쓰고 있다. 식물 중에 '伏苓'이라는 것은 없기에 '茯苓'으로 해석하였다.

23 '서(薯)': 【필사본】에는 '薯'자로 적고 있다.

24 '백합(百合)': 【필사본】에는 '百令'으로 표기하고 있다.

25 '당(當)': 【필사본】에는 '常'자로 쓰고 있다.

26 '경적(更摘)': 【필사본】에는 '更'자가 누락되어 있다.

27 '엄(淹)': 【필사본】에는 '掩'자로 적고 있다.

28 '촉(斸)': 【필사본】에서는 '斳'으로 쓰고 있다.

29 '추(秋)': 【필사본】에는 이 글자가 생략되어 있다.

30 '이(二)': 【중각본】과 【필사본】에는 '二三'으로 '三'자가 추가되었다.

31 "取地黄": 【필사본】에는 이 구절이 누락되어 있다.

32 '일십(一十)': 【필사본】에서는 '十'자로 쓰고 있다.

33 '산(蒜)': 【중각본】과 【필사본】에는 '蒜'자로 적고 있다.

34 '생(生)': 【필사본】에는 '長'자로 쓰고 있다.

35 '상(常)': 【필사본】에는 이 글자가 누락되어 있다.

36 '단(但)': 【필사본】에는 '即'자로 적고 있다.

37 '인(刃)': 【필사본】에는 '刀'자로 쓰여 있다.

38 '거(去)': 【필사본】에는 '令'자로 쓰고 있다.

3. 잡사와 시령불순

❧

【55】잡사雜事

이달에 율무[薏苡]를 거둔다. 남가새 열매
[蒺梨子]를 거둔다. 각호角蒿를 수확한다. 부
추70)꽃[韭花]을 거두어 장을 담그고 초를 만들
때 사용할 것을 준비한다.

책과 그림을 햇볕에 말린다. 아교를 곤
다.71)

호두[胡桃]72)와 대추[棗]를 거둔다.

꿀을 딴다.

맥의 종자를 내다 판다. 백일유百日油73)
를 내다 판다.

담을 쌓는다.

먹을 만든다. 붓을 만든다.

연지유年支油를 짠다. 하순에 비옷[油衣]을
만든다.

깨[油麻]·차조[秫]·강두江豆74)를 거둔다.

【五十五】 雜事:
是月收薏苡. 收蒺梨[1]
子. 收角蒿.[2] 收韭
花, 以備醬醋所用.

曝書畫. 瞭膠.

收胡桃、棗.
開蜜.
粜麥種. 貨百日油.

打墻.
造墨. 造筆[3]
墅年支油. 下旬造
油衣.
收油麻、秫、江

---

70) 【계미자본】과 【중각본】에서는 '구(韮)'라고 적고 있는데, 묘치위의 교석본은
   【중각본】을 근거로 했지만 '구(韭)'로 표기하고 있다.
71) 『사시찬요』에는 아교를 고는[煮膠] 법이 없는데, 원래는 있었으나 빠진 듯하
   다.
72) 『사시찬요』에는 호두 파종법이 없는데, 묘치위는 이 문장을 호두를 구매하는
   것으로 인식하고 있다.
73) 100일 정도 햇볕에 말린 건성유(乾性油)를 가리킨다.
74) 『사시찬요』에는 차조를 파종하는 내용이 없으며 강두(江豆; 豇豆)의 파종 역시
   제시되어 있지 않은데 아마 누락된 듯하다.

활쏘기를 익힌다. 동자를 학교에 입학시킨다.

겨울옷[冬衣]을 준비한다.

골풀[莞]과 갈대[葦]75)를 벤다.76) 땔나무와 목탄을 쌓아 놓는다.

또 이달 내에 (양어장에) 3마리의 자라[神守]를 방류한다. 방법은 「사월」 '상순 경일에 씨물고기 못에 풀기[上庚日種魚]'에 기술하였다.

【56】 8월 행춘령[仲秋行春令]

8월[仲秋]에 봄 같은 시령[時令]이 나타나면 가을비가 내리지 않고, 초목은 도리어 회생하여 무성해진다.

豆.

習射. 命童子入學.

備冬衣.
刈莞葦. 居柴炭.

又內三神守. 術具四月種魚門中.

【五十六】仲秋行春令: 則秋雨不降, 草木生榮. ④

---

75) '완(莞)'은 자리를 짜는 골풀을 가리킨다. '환(萑)'으로도 쓰는데, 이는 곧 화본과의 물억새[萑; *Miscanthus sacchariflorus Hack.*]를 가리킨다. 『한서』 권65 「동방삭전」에는 '莞蒲爲席'이라고 쓰고 있고 「화식열전」에서는 '萑蒲材幹'으로 쓰고 있다. 『예기(禮記)』 「예기(禮器)」에는 "莞簟之安"이라고 쓰여 있고 『회남자』 「전언훈(詮言訓)」에서는 "席之先菅簟"이라고 쓰고 있다. 묘치위 교석본에 따르면, 『사시찬요』의 이 부분은 실제 최식의 『사민월령』에서 나온 것으로, 이 책에서는 "刈萑, 葦"라고 쓰고 있는데 '완(莞)'은 '환(萑)'의 동음통가자로 쓰인 듯하다. '환(萑)'은 '환(萑)'으로 쓰여 있었으며 '환(萑)'은 '관(菅)'을 다르게 쓴 것이다. 옛날에는 물억새가 쇠면 '환(萑)'이 된다고 하였는데 같은 과의 '갈대[蘆; *Phrogmiter communis Trin.*]'가 쇠면 '위(葦)'라고 칭하였다.

76) 위 문장의 '習射'에서 "刈莞, 葦"에 이르기까지는 최식의 『사민월령』 「팔월」편에 보인다. 묘치위의 교석본에 의하면, 『사시찬요』에서는 각월의 '잡사(雜事)'의 배열이 매우 혼잡스러운데, 아마 여러 종류의 책에서 초사하고 한악 본인이 덧붙인 항목과 더불어 조리 있게 배열하지 않았기 때문일 것이라고 하였다.

【57】행하령行夏令

이달에 여름과 같은 시령이 나타나면 해당 지역에 가뭄이 들며, 겨울잠 자야 할 벌레[蟄蟲]가 땅속에 들어가지 않고, 오곡은 다시 자란다.

【58】행동령行冬令

이달에 겨울 같은 시령이 나타나면 바람의 재앙이 자주 일어나고, 때아닌 천둥이 치고77) 초목이 빨리 시든다.78)

【五十七】行夏令: 則其國乃旱, 蟄蟲不藏, 五穀復生.

【五十八】行冬令: 則風災數起, 收雷先行. 草木旱死.

❀ 교 기

1 '질리(蒺梨)': 【중각본】과 【필사본】에는 '蒺藜'라고 쓰고 있다.
2 '각호(角蒿)': 【필사본】에서는 '角藁'로 쓰고 있다.
3 "造墨造筆": 【필사본】에서는 "造黑筆"로 표기되어 있다.
4 "草木生榮": 【필사본】에는 "草木生榮" 뒤에 "國乃有恐" 구절이 추가되어 있다.

---

77) 고유(高誘)는 『여씨춘추』 「팔월기(八月紀)」의 '수뢰선행(收雷先行)'에 주석하여 이르기를 "때아닌 천둥이 나타났는데, 행위가 마땅히 나타나지 않아야 함에도 나타났기 때문에 선(先)이라고 하였다."라고 한다.
78) 【계미자본】과 【중각본】에는 '한(旱)'이라고 쓰여 있는데, 묘치위는 교석본에서 『예기』 「월령」 등에 의거하여 '조(早)'로 고쳐 쓰고 있다.

구월九月

四時纂要秋令卷第四

1. 점술·점후占候와 금기

【1】 계추건술季秋建戌

9월[季秋]은 건제建除상으로 건술建戌에 속한다. 한로寒露1)부터 9월의 절기가 되는데, 음양의 사용은 마땅히 9월의 법에 따른다. 이 시기 황혼에는 견우수牽牛宿2)가 운행하여 남중하고, 새벽에는 동정수東井宿가 남중한다.

상강霜降3)은 9월 중순의 절기이다. 황혼에는 여수女宿4)가 운행하여 남중하고, 새벽에는 유수柳宿5)가 남중한다.

【一】 季秋建戌: 自寒露即得九月節, 陰陽使用, 宜依九月法. 昏, 牽牛中, 曉, 東井中.

霜降, 九月中氣. 昏女中, 曉, 柳中.

---

1) 24절기의 17번째이다. 찬 이슬이 맺히는 시기로 양력 10월 8일이나 9일이다.
2) 28수 중 9번째 별자리이며 우수(牛宿)라고 칭하며 산양자리에 해당된다.
3) 24절기의 18번째이다. 양력 10월 24일이다.
4) 28수 중 10번째 별자리이며 북방칠수(北方七宿) 중에서 3번째 별자리에 해당한다.
5) 28수 중 24번째 별자리이다. 남쪽에 위치한다.

【2】천도天道

이달은 천도가 남쪽으로 향하기 때문에, 집을 짓거나 외출하려면 마땅히 남쪽방향이 길하다.

【3】그믐과 초하루의 점 보기[晦朔占]

초하룻날 비바람이 불면, 봄에 가뭄이 들고 여름에는 대수가 지며, 삼씨[麻子]가 10배로 귀해진다. 초이틀날 비가 내리면 5배로 귀해진다. 초하루에 바람이 동쪽에서 불어와 반나절이 되도록 그치지 않으면 조[穀]와 맥을 수확할 수 없다.

초하룻날이 한로寒露절이면 춥고 따뜻한 것이 불규칙적이다. 초하룻날이 상강霜降이면 그해 (흉년이 들어서) 굶주리게 된다.

【4】9월의 잡점[月內雜占]

이달에 비가 많이 내리면 소 값이 오른다.

이달에 월식이 일어나면 흉하다.

이달 상순 묘卯일에 바람이 북쪽에서 불어오면 사들이는 곡물이 3배나 귀해지는데, 귀한 것이 이듬해 3월과 10월까지 간다.6) 동쪽에서 불어오면 3배나 비싸지고 서쪽에서

【二】天道: 是月天道南行, 修造出行, 宜南方吉.

【三】晦朔占: 朔日風雨者, 春旱, 夏水, 麻子貴十倍. 二日雨, 五倍. 朔日風從東來半日不止者, 穀麥不收.

朔寒露, 寒溫不時. 朔霜降, 歲飢.

【四】月內雜占: 此月多雨, 牛貴.

此月月蝕, 凶.

此月上卯日, 風從北來, 粂三倍貴, 貴在來年三月十月. 東來, 三倍貴, 西來,

---

6) 다른 달에서는 곡물가격이 비싼 기간이 45일 정도였는데, 9월달에는 이듬해 3월과 10월까지 등귀하는 것이 특이하다. 생각건대 3월과 10월은 겨울작물과 여름작물의 수확기이기 때문에 그 시기까지 영향이 미치는 것이 아닌가 한다.

불어오면 싸진다.

9월에 천둥이 치면, 곡식이 크게 귀해진다. 그 나머지 천둥으로 점치는 것은 「칠월」에 점치는 것과 같다.

【5】 9월 중에 지상의 길흉 점 보기[月內吉凶地]

천덕天德은 병丙의 방향에 있고 월덕月德은 병丙의 방향이며, 월공月空은 임壬의 방향이다. 월합月合은 신辛의 방향에 있으며, 월염月猒은 인寅의 방향에 있고, 월살月煞은 축丑의 방향에 있다.

【6】 황도黃道

진辰일은 청룡靑龍의 자리에 위치하고, 사巳일은 명당明堂의 자리에 위치하며, 신申일은 금궤金匱의 자리에 위치한다. 유酉일은 천덕天德의 자리에 위치하며, 해亥일은 옥당玉堂의 자리에 위치하고, 인寅일은 사명司命의 자리에 위치한다.

【7】 흑도黑道

오午일은 천형天刑의 자리에 위치하고, 미未일은 주작朱雀에 위치하며, 술戌일은 백호白虎의 자리에 있다. 자子일은 천뢰天牢의 자리, 축丑일은 현무玄武의 자리에 있으며, 묘卯일은 구진勾陳의 자리에 위치한다.

賤.

九月雷, 穀大貴.
其餘占雷, 同七月占.

【五】月內吉凶地: 天德在丙, 月德在丙, 月空在壬. 月合在辛, 月猒在寅, 月煞在丑.

【六】黃道: 辰爲青龍, 巳爲明堂, 申爲金匱. 酉爲天德, 亥爲玉堂, 寅爲司命.

【七】黑道: 午爲天刑, 未爲朱雀. 戌爲白虎. 子爲天牢, 丑爲玄武, 卯爲勾陳.

【8】 천사天赦

무신(戊申)일이 길하다.

【9】 출행일出行日

가을 세 달은 서쪽으로 가서는 안 된다. 4계절의 마지막 달[季月]에는 또한 네 귀퉁이[7] 방향으로 가는 것은 좋지 않다. 한로寒露 이후 27일째 되는 날은 외출할 수 없다. 자子일은 돌아가기 꺼리는 날이고,[8] 미未일은 재앙이 있으며, 유酉일은 형옥刑獄이 있다. 진辰일 역시 나가서는 안 되며, 토공신[土公]에게 제사 지내는 날이다. 또한 11일과 14일은 궁핍한 날이다. 이상은 모두 멀리 나갈 수 없다. 이달 경인庚寅일은 행흔行佷일 · 요려了戾[9]일로서, 관청에 나가거나 외출할 수 없는데 막힘이 많기 때문이다.

【10】 대토시臺土時

이달에 해가 지는 유시酉時가 좋다. 밖으로 외출할 수 없는데, 가면 돌아올 수 없다.

【八】天赦: 戊申日是也.

【九】出行日: 秋三月, 不西行. 四季之月, 亦不宜往四維方. 自寒露後二十七日爲往亡日.① 子② 爲歸忌, 未③爲天羅, 酉爲刑④獄. 又辰爲往亡及土公. 又十一日、十四日爲窮日. 已上皆⑤不可遠行. 此月庚寅爲行佷⑥、了戾,　不可上官出行, 多窒塞.

【十】臺土時: 是月日入酉時是也. 不可出行往而不返.

---

7) '사유(四維)'는 동북 · 동남 · 서남 · 서북의 네 귀퉁이 방향을 뜻한다.

8) 『사시찬요』에서 말하는 돌아가기 꺼리는 날은 『음양서』「역법」의 내용과 전부 동일하다. 다만 이 부분에서 '축(丑)'일에 돌아가기를 꺼린다는 것은 잘못된 것으로 9월의 경우에는 '자(子)'일로 고쳐야 할 것이다.(『사시찬요』「정월」【22】 출행일(出行日)의 각주 참조.)

9) 행흔(行佷)은 '행한(行狠)'이라고도 하며, '요려(了戾)'와 더불어 음양가가 사용하는 역주의 용어로 『회남자』「원도훈(原道訓)」의 고유 주에 등장한다. 의미는 "만사가 잘 풀리지 않는다."는 뜻이다.

【11】 살성을 피하는 네 시각[四煞沒時]

사계절의 마지막 달[季月]에 을乙의 날은 인寅시 이후 묘卯시 이전10)의 시간에 행하고, 정丁의 날에는 오午시 이후 미未시 이전에, 신辛의 날에는 유酉시 이후 술戌시 이전의 시간, 계癸의 날에는 자子시 이후 축丑시 이전의 시간에 행한다. 이상의 네 시각은 온갖 일을 할 수 있으며, 상량·매장하기, 관청에 나가는 것 모두 길하다.

【12】 제흉일諸凶日

미未일은 하괴河魁하고, 축丑일은 천강天岡하며, 자子일에는 낭자狼藉한다. 인寅일은 구초九焦하고, 사巳일에는 혈기血忌하며, 자子일은 천화天火하고, 축丑일에는 지화地火한다.

【13】 장가들고 시집가는 날[嫁娶日]

신부를 구하려면 진辰일이 길하다. 새신부가 가마에서 내릴 때는 신辛시가 길하다.

이달에 태어난 사람은 12월·6월에 태어난 여자에게 장가들면 안 되는데, 지아비를 방해한다.

【十一】四煞沒時: 四季之月, 用乙時寅後卯前, 丁時午後未前, 辛時酉後戌前, 癸時子後丑前. 已上四時可爲百事, 架屋、埋葬、上官, 並吉.

【十二】諸凶日: 河魁在未[7], 天岡在丑, 狼藉在子. 九焦在寅, 血忌在巳, 天火在子, 地火在丑.[8]

【十三】嫁娶日: 求婦辰日吉. 新婦下車辛時吉.

此月生人, 不娶十二月、六月[9]生女, 妨夫.

---

10) '인후묘전(寅后卯前)': 「삼월」편【13】항목, 「유월」편【11】항목에서는 '묘후진전(卯後辰前)'으로, 「십이월」편【10】항목에서 '묘후인전(卯後寅前)'이라고 상호 표현을 달리 하고 있는데, 「정월」편의 '일출몰도(日出沒圖)'에서 동일한 열에 배열되어 있다. 이는 잘못이다. 나머지 4개의 맹월(孟月)과 중월(仲月)의 경우 각 맹월과 중월 간은 서로 동일하다.

이달에 납재納財를 받은 상대가 금덕의 명[金命]을 받은 여자라면 자식이 많다. 목덕의 명[木命]을 받은 자는 과부가 되거나 자식이 고아가 된다. 수덕의 명[水命]을 받은 여자는 크게 흉하다. 화덕의 명[火命]을 받은 여자는 크게 길하다. 토덕의 명[土命]을 받은 여자는 그런대로 평범하다. 납재 길일은 병자丙子일 · 기묘己卯일 · 임자壬子일 · 을묘乙卯일이 모두 길하다.

이달에 시집갈 때 사巳일 · 해亥일에 시집온 여자는 크게 길하다. 진辰일 · 술戌일에 시집온 여자는 스스로 자신의 운을 막으며,11) 묘卯일 · 유酉일에 시집온 여자는 남편과 관계가 좋지 않고, 인寅일 · 신申일에 시집온 여자는 장남과 중매인과의 관계가 좋지 않다. 축丑일 · 미未일에 시집온 여자는 시부모에게 방해가 되고, 자子일과 오午일에 시집온 여자는 친정 부모에게 걱정을 끼친다.

천지의 기가 빠져나가는 날인 술오戌午일 · 기미己未일 · 경진庚辰일, 다섯 개의 해[五亥]일에는 장가들거나 시집갈 수 없는데, (그렇게 하면) 생이별을 한다. 가을의 경자庚子일 · 신해辛亥일은 구부九夫에 해를 끼친다.

음양이 서로 이기지 못하는 날은 무진戊辰

此月納財, 金命女, 多子. 木命[10], 孤寡. 水命女, 大凶. 火命女, 大吉. 土命女, 自如. 納財吉日, 丙子 、 己卯 、 壬子 、 乙卯.

是月行嫁, 巳亥女大吉. 辰戌女妨身, 卯 、 酉女妨夫[11], 寅申女妨首子媒人. 丑未女妨舅姑, 子午女妨父母.

天地相去日, 戌[12]午、 己未、 庚辰、 五亥, 不可嫁娶, 主生離. 秋庚子、 辛亥、 害九夫.

陰陽不將日, 戊

---

11) 【계미자본】과 【중각본】에는 '방신(妨身)'으로 쓰여 있으나, 묘치위는 교석에서 '방자신(妨自身)'으로 표기하였다. 이후의 문장에서도 이와 동일하여 별도로 주석하지 않았다. 와타베 다케시의 역주고에서 이를 "자신에게 불행을 가져다준다."라고 해석하고 있다.

일·경오庚午일·신미辛未일·경진庚辰일·신사辛巳일·임오壬午일·계미癸未일·신묘辛卯일·임진壬辰일·계사癸巳일·계묘癸卯일·무오戊午일로 이상의 날에는 장가들고 시집가면 이롭다.

【14】 상장喪葬

이달에 죽은 자는 진辰일·술戌일·축丑일·미未일에 태어난 사람에게 방해가 된다. 상복 입는 시기[斬草]는 병인丙寅일·정묘丁卯일·병자丙子일·경인庚寅일·신묘辛卯일·경자庚子일·임오壬午일·갑인甲寅일이 길하다. 매장[葬]은 경오庚午일·계유癸酉일·임오壬午일·갑신甲申일·을유乙酉일·임인壬寅일·병오丙午일·경신庚申일·신유辛酉일이 길하다.

【15】 육도의 추이[推六道]

사도死道는 건乾과 손巽의 방향에 있고, 천도天道는 병丙과 임壬의 방향에 있으며, 지도地道는 정丁과 계癸의 방향에 있다. 병도兵道는 곤坤과 간艮의 방향에 있고, 인도人道는 갑甲과 경庚의 방향에 있으며, 귀도鬼道는 을乙과 신辛의 방향에 있다.

辰、庚午、辛未、庚辰、辛巳、壬午、癸未、辛卯、壬辰、癸巳、癸卯、戊午，已上日，利嫁娶.[13]

【十四】喪葬: 此月死者, 妨辰、戌、丑、未人. 斬草, 丙寅、丁卯、丙子、庚寅、辛卯、庚子、壬午、甲寅日, 吉. 葬[14], 庚午、癸酉、壬午、甲申、乙酉、壬寅、丙午、庚申、辛酉日, 吉.

【十五】推六道: 死道乾巽, 天道丙壬, 地道丁癸. 兵道坤艮, 人道甲庚, 鬼道乙辛.[15]

【16】오성이 길한 달[五姓利月]

치성徵姓은 병술丙戌일이 대묘大墓이다. 궁성宮姓은 무술戊戌일이 소묘小墓이다. 우성羽姓은 임술壬戌일이 소묘小墓이다. 각성角姓이 크게 이로운 해와 날은 이익을 같이 하며, 자子·인寅·묘卯·진辰·사巳·오午의 날이다. 상성商姓이 통용되어 이익을 같이 하는 해와 날은 자子·묘卯·진辰·사巳·신申·유酉의 날에 해당한다.

【17】기토起土

비렴살[飛廉]은 자子의 방향에 위치하고, 토부土符는 해亥의 방향에 있으며, 토공土公은 진辰의 방향에 있고, 월형月刑은 미未의 방향에 있다. 북쪽 방향을 크게 금한다. 흙을 다루기 꺼리는 날[地囊]은 무술戊戌과 무진戊辰일이다. 이상의 날에 기토起土해서는 안 된다. 일진日辰 역시 동일하다.

월복덕月福德은 오午의 방향에 있고 월재지月財地는 사巳의 방향에 있다. 이상에서 흙을 취하면 길하다.

【18】이사移徙

큰 손실[大耗]은 진辰의 방향에 있고, 작은 손실[小耗]은 묘卯의 방향에 있다. 오부五富는 해亥의 방향, 오빈五貧은 사巳의 방향에 있다. 이사는

【十六】五姓利月: 徵姓, 丙戌大墓. 宮姓, 戊戌小墓. 羽姓, 壬戌小墓. 角姓大利年與日同利[16], 用子、寅、卯、辰、巳、午. 商[17]姓[18]通用, 年與日利, 用子、卯、辰、巳、申[19]、酉.

【十七】起土: 飛廉在子, 土符在亥, 土公在辰, 月刑在未. 大禁北方. 地囊戊戌[20]、戊辰. 巳上不可動土. 日辰亦同.

月福德在午, 月財地在巳, 巳上取土吉.

【十八】移徙: 大耗在辰, 小耗在卯. 五富在亥, 五貧在巳. 移徙不可往貧耗

빈貧과 모耗의 방향으로 가면 안 되며, (가게 되면) 흉하다. 일진 또한 동일하다. 가을 경자庚子·신해辛亥일에는 장가들거나 시집갈 수 없으며 이사와 입택을 하면 흉하다.

方, 凶. 日辰亦同. 秋庚子、辛亥, 不可嫁娶移徙入宅, 凶.

【19】 상량上樑하는 날[架屋]

병인丙寅·정묘丁卯·경오庚午·경자庚子·병오丙午·무신戊申·기묘己卯·계묘癸卯일이 길하다.

【十九】架屋: 丙寅、丁卯、庚午、庚子、丙午、戊申、己卯、癸卯日, 吉.

【20】 주술로 재해·질병 진압하는 날[禳鎭]

20일에 머리를 감으면 병기를 피할 수 있다. 28일에는 목욕12)하면 좋다.

9일에 들깨 씨를 따서 닭에게 먹이는데,13) 빨리 살이 찌게 하면서도 뜰을 황폐시키지 않는 법은 마땅히 별도로 담장의 울타리를 쌓고 작은 문을 내어서14) 작은 우리를 만

【二十】禳鎭: 二十日沐, 辟兵. 二十八日浴.

九日採荏子餵鷄[21], 令速肥而不暴園法, 宜別築墻匡, 小開作, 小廠. 雌雄[22]皆

---

12) 【중각본】『사시찬요』에는 '욕(浴)'자만 쓰여 있는데, 묘치위의 교석본에는 송대 주수충(周守忠)의 『양생월람(養生月覽)』에서 『사시찬요』를 인용한 것에 의거하여 '의욕(宜浴)'으로 쓰고 있다. 그러나 【계미자본】에는 조선 【중각본】과 같이 '욕(浴)'자만 쓰여 있다.

13) 본 문장의 실제 내용은 『제민요술』 권6 「닭 기르기[養鷄]」 편의 "닭을 길러서 빨리 살찌우고 지붕 위에 올라가지 못하게 하며 채마밭에 들어가지 못하도록 한다."에 근거한 것이다. 그러나 『제민요술』의 사육방법은 합리적이고 조금도 '주술적인[禳鎭]' 색채가 없는데, 『사시찬요』에서 오히려 초아흐레에 들깨 씨를 따서 닭에게 먹이는 것은 『제민요술』의 사육법에 주술적인 방법을 더하여 쓴 것이다. 들깨를 따서 닭에게 먹이는 것에 관해 송대 진원정(陳元靚)의 『세시광기(歲時廣記)』 권36 '위비계(餧肥鷄)'조에서 『집정역(集正歷)』을 인용한 것에도 서로 같은 기록이 있는데 "9월 9일 들깨 씨를 따서 닭에게 먹여서 살을 찌운다."가 그것이다.

든다. 암탉과 수탉 모두 날개와 깃털을 잘라서 날 수 없게 한다. 피[稗穀]를 많이 거두고15) 작은 모이통에 물을 담아서 먹인다. 가시나무 울타리를 엮어 서식지를 만드는데16) 땅에서 한 자[尺] 떨어지게 한다. 자주 똥을 청소한다. 담장을 뚫어 둥지를 만들며 이 또한 땅에서 한 자 떨어지게 한다. 겨울에 풀을 깐다. 다른 시기에는 깔아 두지 않는다. 병아리가 나오면 밖으로 옮겨 대광주리에서 기른다. 집비둘기나 메추리만큼 커지면 다시 담장 안으로 넣어준다. 맥을 찐 밥을 먹인다. 21일이 되면 곧 살이 찌게 된다.

『용어하도龍魚河圖』에 이르길17) "닭 머리가 하얗고 발가락이 6개이며 오색을 띠고 있는 닭을 먹으면 반드시 사람이 죽는다."라고 하였다.

斬去翅翮, 不得令飛出. 多收稗穀, 及小槽子貯水以飼之. 荊蕃㉓爲棲, 去地一尺. 數掃其糞. 鑿墻爲窠, 亦去地一尺. 冬天着草.㉔ 他時不用. 生子則移出外, 籠養之. 如鴿鶉大, 却內墻中. 蒸麥飯㉕飼之. 三七日便肥大也.

河圖云, 雞㉖白首, 有六指, 鷄㉗有五色, 食之並煞人.

---

14) 【계미자본】, 【중각본】 및 【필사본】에는 '소개(小開)'로 쓰여 있으나, 『제민요술』에서는 '개소문(開小門)'이라고 적고 있다. 묘치위의 교석에는 이것이 더 합당하다고 보고 '소개문(小開門)'으로 표기하고 있다.

15) 제목의 첫머리에는 "採荏子餵鷄"라고 되어 있지만, 문장 속에는 전혀 들깨 씨를 언급하고 있지 않다. 그런 점에서 '급(及)' 다음에 '임자(荏子)' 2글자가 빠진 듯하다. 마땅히 "多收稗穀及荏子"라고 써야 할 것이다.

16) "荊蕃爲棲"는 가시나무를 엮어서 울타리를 만드는데, 땅에서 한 자[尺] 높이에 닭이 항상 서식하는 거처를 만드는 것이다. 다음 문장의 "鑿墻爲窠"는 알을 낳고 병아리를 품는 둥지이다.

17) 본 항목은 『제민요술』 권6 「닭 기르기[養鷄]」편에서 『용어하도(龍魚河圖)』를 인용하여 채록한 것인데, 원문에서는 "머리가 흰 검은 닭을 먹으면 사람이 병에 걸린다. 발가락이 6개인 닭을 먹으면 사람이 죽는다. 다섯 가지의 색깔을 가진 닭을 먹어도 사람이 죽는다."라고 하였다.

🌸 교 기

1 '일(日)': 【필사본】에는 '日'자가 생략되어 있다.

2 '자(子)': 【중각본】에는 '丑'자로 적고 있다.

3 '미(未)': 【필사본】에는 '寅'자로 쓰고 있다.

4 '형(刑)': 【필사본】에는 '天'자로 표기하고 있다.

5 '개(皆)': 【필사본】에는 '皆'자가 누락되어 있다.

6 '흔(很)': 【필사본】에는 '很'자로 적고 있다.

7 "河魁在未": 【필사본】에는 이 구절을 "未爲河魁"로 표기하고 있다.

8 "天岡在丑, 狼籍在子. 九焦在寅, 血忌在巳, 天火在子, 地火在丑.": 【중각본】은 '岡'을 '剛'으로 바꾼 것만 제외하면 동일하다. 그러나 【필사본】은 【계미자본】, 【중각본】과는 다르게 "丑爲天剛, 子爲狼籍, 寅爲九焦, 巳爲血忌, 子爲天火, 寅爲地火."로 쓰고 있다.

9 "此月生人, 不娶十二月、六月": 【중각본】과 【필사본】에서는 "此月生男, 不可娶六月、十二月"로 표기하고 있다.

10 '목명(木命)': 【중각본】과 【필사본】에서는 '木命女'로 쓰고 있다.

11 '부(夫)': 【필사본】에는 '母'로 적고 있다.

12 '술(戌)': 【중각본】에는 '戊'로 표기하고 있다.

13 "利嫁娶": 【중각본】에는 이 중 '娶'를 '姬'로 적고 있으며, 【필사본】에는 이 구절 대신 "幷吉"로 쓰고 있다.

14 '장(葬)': 【필사본】에는 '日'을 추가하여 '葬日'로 적고 있다.

15 【계미자본】과 【중각본】에는 【15】 육도의 추이[推六道]가 "死道乾巽, 天道丙壬, 地道丁癸. 兵道坤艮, 人道甲庚, 鬼道乙辛."으로 쓰고 있지만, 【필사본】에는 "天道丙壬, 地道丁癸, 人道甲庚, 兵道坤艮, 死道乾巽, 鬼道乙辛."으로 도치되어 있다.

16 '리(利)': 【필사본】에서는 '角姓'의 '姓'자와 '同利'의 '利'자가 누락되어 있다.

17 '상(商)': 【필사본】에는 '商'으로 표기하고 있다.

18 【필사본】에는 "徵, 宮, 羽, 角, 商" 이들 각 글자 뒤에 '姓'자가 누락되어 있다.

19 【계미자본】과 【중각본】에는 "子、卯、辰、巳、申"이라는 구절로 표기되어 있지만, 【필사본】에서는 글자를 쓰다가 지운 흔적이 있어 어떤 글자인지 알 수가 없다. 하지만 【필사본】에서 지워진 글자가 5자이며, 그 다음 글자가 '酉'자인 것을 보아 "子、卯、辰、巳、申"을 쓰다가 잘못 적혀 지운 것으로 추측된다.

20 '술(戌)': 【중각본】과 【필사본】에는 '子'로 쓰고 있다.

21 '위계(餵鷄)': 【중각본】에는 '喂雞', 【필사본】에는 '喂鷄'로 적고 있다.

22 '웅(雄)': 【필사본】에는 '碓'로 적고 있다.

23 '번(蕃)': 【중각본】과 【필사본】에는 '藩'자로 적고 있다.

24 '착초(着草)': 【필사본】에는 '著草'라고 쓰고 있다.

25 【계미자본】과 【중각본】『사시찬요』에는 '餰'으로 표기되어 있으나, 묘치위의 교석본에는 '飯'으로 수정하였다.

26 '계(雞)': 【필사본】에는 이 글자를 '鷄'자로 표기하고 있다.

27 '계(鷄)': 【중각본】에는 이 글자를 '雞'자로 적고 있다.

2. 농경과 생활

❀

【21】 오곡의 종자 저장하기[收五穀種]18)
이달에 오곡 중에서 좋은 이삭을 골라 베어서 높은 곳에 걸어 둔다. 별도로 타작하여 햇볕에 말려서 이것을 움에 짚을 깔고 덮어서 저장하되 용기 속에 저장해서는 안 된다.

【二十一】 收五穀種: 是月五穀, 擇好穗刈之, 高釣. 別打, 乾曒, 以①穰草窖之, 勿貯器中.

【22】 자방충 피하는 방법[辟子方虫法]19)
무릇 오곡의 종자를 선택할 때 말을 끌고

【二十二】 辟子方虫②法: 凡五穀

---

18) 이 내용은 실제『제민요술』권1「종자 거두기[收種]」편을 채록한 것이지만『제민요술』에서의 파종할 땅을 남겨서 단독으로 배양하는 합리적인 조치는 빠져 있다.

19) 본 항목은『제민요술』권1「종자 거두기[收種]」편에서『범승지서(氾胜之書)』를 인용한 것이나『사시찬요』에서는 확대하여 '오곡(五穀)'에까지 미치고, 이로 인해서 '자방충(子方虫; 蚜蚄蟲; 거염벌레[黏虫])'과 더불어 합리적이지 않은 것이 있

곡식을 쌓아 둔 곳에 가서 몇 차례 먹인 후, 말이 먹고 남은 것을 종자로 쓰면 자방충이 생기지 않는다.

【23】 저장용 겨울 채소 준비하기[備冬藏]20)

무릇 순무·여뀌21)·부추 등은 연하고 맛은 좋으나 오래 저장할 수 없다. 만약 건조한 밭에서 재배한 채소라면 다소 쇠어서 이듬해 2월까지 저장할 수 있다.

【24】 채소 종자 거두기[收菜子]

이달에 부추의 종자와 가지의 종자를 거둔다.22)

【25】 구기자 열매 거두기[收苟杞子]

초아흐레에 열매를 거두어 술에 담가 마시면 늙지 않고 흰 머리가 나지 않으며 모든 풍風을 제거할 수 있다.

種, 牽馬就穀堆食數口, 以馬殘③爲種, 無子方虫.④

【二十三】備冬藏: 凡藏蔓菁、茝韭⑤輩⑥, 脆美而不耐停. 若旱園菜, 稍硬, 停得直至二月.

【二十四】收菜子: 是月收韭⑦子茄子種.

【二十五】收苟⑧杞子: 九日收子, 浸酒飲, 不老, 不白, 去一切風.

다. 또한 '마잔(馬殘)'은『제민요술』에서 인용한 것에는 '마천과(馬踐過)'라고 쓰고 있다.

20) 본 항목은 살찌고 연한 채소를 말하고 있는데, 소금에 절여 저장하면 오랫동안 보관하지 못한다. 건조한 밭에서 재배한 채소는 비교적 오랫동안 두어도 괜찮다. 『제민요술』권9「작저·장생채법(作菹藏生菜法)」편에서도 "세상 사람들은 아욱절임[葵菹] 만들기를 좋아하지 않는데, 이는 모두 아욱이 너무 연하다고 생각하기 때문이다."라고 언급하였다.

21)『농상집요』'세용잡사(歲用雜事)' 항목에서『사시유요(四時類要)』(즉『사시찬요』이다.)를 인용한 것에는 '임(茝)'자 아래에 여전히 '료(蓼)'자가 있다.

22)『제민요술』권2「외 재배[種瓜]」편 '종가자법(種茄子法)'에는 9월에 가지 종자를 거둔다는 기록이 있다.

【26】개오동나무 열매 거두기[收梓實]23)

하순에 개오동나무 열매를 수확한다. 각진 것을 따서 햇볕에 말린다. 가을에 땅을 부드럽게 갈고 이랑을 만들어서 종자를 흩어 뿌린 후에 두 차례 끌개질[澇]한다. 이듬해 봄에 싹이 튼다. 풀을 뽑아 무성하게 묘목을 덮게 해서는 안 된다. 이듬해 정월에24) 옮겨 심는다.

『오행서』에 이르기를 "집[舍]의 서쪽에 개오동나무와 가래나무를 각각 5그루를 심으면, 자손이 효를 다하게 하고 구설수가 생기지 않게 한다."라고25) 하였다.

이 나무는 목재가 귀하고 또 잘 자란다.

【27】생밤 종자 저장하기[收栗種]26)

밤이 익어 갈라지면서 껍질27)을 벗고 떨

【二十六】收梓實: 下旬收梓實. 摘角, 曝乾. 秋耕地熟, 作壟, 漫撒, 再澇. 明年春生. 有草拔之, 勿令⑨蕪沒. 後年五月移之.

五行書云, 舍西種梓, 或云楸木, 各五株, 令子孫孝順, 消口舌.

此木貴材, 又易長.

【二十七】收栗種: 粟⑩初去殼, 即

---

23) 본 항목의 첫 번째 단락은『제민요술』권5「홰나무·버드나무·가래나무·개오동나무·오동나무·떡갈나무의 재배[種槐柳楸梓梧柞]」편에서 개오동나무 파종과 관계된 부분이다.『제민요술』에는 '폭건(曝乾)' 아래에 "타취자(打取子)"가 있어 의미가 확연하다.

24) 【계미자본】과【중각본】에서는 '오월(五月)'이라 쓰여 있으나 묘치위의 교석본에는『제민요술』과『사시찬요』의「정월(正月)」편【55】항목에서 "정월에 (개오동나무를) 옮겨 심는다."라고 한 것에 근거하여 '정월(正月)'로 표기하고 있다.

25) 이 단락은『제민요술』권5「홰나무·버드나무·가래나무·개오동나무·오동나무·떡갈나무의 재배[種槐柳楸梓梧柞]」편에서『잡오행서』를 인용한 것을 채록한 것이다.

26) 본 항목은『제민요술』권4「밤 재배[種栗]」편에서 채록한 것이다.『제민요술』에는 '초(初)' 다음에 '숙(熟)'자가 있고 '불용(不用)' 앞에는 '수년(數年)'의 두 글자가 있다. 묘치위의 교석본에는『사시찬요』의 작은 주석이 마땅히 '탱근(撑近)' 다음에 있어야 한다고 보았다.

27) '각(殼)'은 밤의 단단한 과실 외면을 모두 싸고 있는 껍질[總苞]을 가리킨다. 옛날에는 '구(毬)' 또는 '방휘(房彙)'라고도 하였으며 민간에서는 '포(蒲)'라고 하였

어질 때, 이를 수습하여 바로 처마 아래에 습한 땅속[28]에 묻어 두되, 반드시 깊이 묻어서 얼지 않게 해야 한다. 먼 길을 가는 자가 가죽 포대에 담아 가면 (묻어두지 않아도) 2개월은 보관할 수 있다. 바람을 맞으면 싹트지 않는다.

이듬해 봄 2월에 (묻어 둔 밤이) 모두 싹이 나면 파종한다. 묘목이 자라나면[29] 멧대추가지를 밭 주위에 둘러서 사람들이 가까이 접촉하여 상처입지 못하도록 한다. 3년 동안은 겨울에 항상 풀로 감싸 주어 얼지 않게 하고, 2월에는 제거한다. 무릇 나무는 접촉하여 상처 입는 것을 꺼리는데[30] 밤나무는 더욱 꺼린다.

於屋下埋着濕土, 必須深, 勿令凍徹. 路遠者可韋囊內盛, 可停二月.[11] 見風則不生.

春二月, 悉牙生而種之. 即生, 以棘圍, 年不用掌[12]近. 三年之內, 冬常須[13]草裹, 二月即解去. 凡木忌掌[14]近, 栗性尤忌之.

는데, 본월【28】항목의 '율포(栗蒲)'이다. '거각(去殼)'은 익은 후에 모두 싸고 있는 것이 갈라져서 밤 종자가 빠져나오는 것을 가리킨다.

28) 【계미자본】, 【중각본】 및 【필사본】에서는 '土'자 뒤에 '중(中)'자는 없으나, 묘치위 교석본에서는 『제민요술』에 근거하여 '중(中)'자를 보충하여 '토중(土中)'으로 적고 있다.

29) 【계미자본】, 【중각본】 및 【필사본】에서는 '즉(即)'이라 쓰여 있는데, 묘치위의 교석에는 『제민요술』에 근거하여 '기(旣)'로 고쳐 쓰고 있다.

30) '탱근(掌近)'은 마치 '접촉하다[觸近]'와 같은데, 의미는 사람이나 가축 등이 가까이 가서 부딪혀서 어린 싹이 다치는 것을 피하는 것이다. 【계미자본】에서는 '탱(掌)'으로 쓰고 있으나, 【중각본】『사시찬요』에는 '장(掌)'으로 쓰여 있다. 묘치위에 따르면, 『제민요술』 남송본에는 '장(掌)'으로 쓰여 있지만, 이 글자는 원래 '쟁(覺)'과 관련이 있으며 지금의 '탱(撑)' 혹은 '탱(撐)'자이다. 족(足)·수(手)·목(木)은 모두 지탱할 수 있기 때문에 또한 '수(手)'변을 차용한 '장(掌)'자나 혹은 목(木) 부수의 '당(棠)'(『제민요술』 권5 「느릅나무·사시나무 재배[種楡白楊]」편의 북송본에는 '당(棠)'으로 쓰여 있다.)으로 대체하였는데, 손바닥[手掌] 혹은 당리[棠梨]의 의미는 아니다. 그 때문에 '탱(掌)'과 '장(掌)'은 동일한 글자이나 이에 본문에서는 '탱(掌)'자로 썼다고 한다. 【중각본】에는 '천(穿)'으로 쓰여 있으나 묘치위의 교석본에는 형태가 손상되어 잘못된 글자로 판단하여 '탱(掌)'으로 고쳐 표기하였는데, 【계미자본】에 근거해서 보면 그의 견해가 맞았다는 것을 알 수 있다. 그러나 와타베 다케시의 역주고에서는 이 글자를 【중각

【28】 마른 밤 저장하는 법[收乾栗法]

『식경食經』에 이르길[31] "밤송이 밤의 껍질이다.를 태운 재즙에 밤을 담그고, 이틀 동안 재웠다가 꺼낸다. 또 1-2자[尺] 두께로 모래를 덮어 주면, 이후 바로 싹이 나더라도 벌레가 먹지 않는다."라고 하였다.

개암나무[榛][32]도 밤과 더불어 마찬가지이다.

【29】 또 다른 방법[又法]

밤 한 섬[石]에 소금 2근[斤]을 넣고 물을 부어 소금물을 만들어 밤을 하룻밤 담갔다가 햇볕에 말려 저장하면 벌레가 먹지 않고 딱딱해지지도 않는다.

밤의 성질은 사람의 근육과 뼈에 좋고, 신장의 기를 좋게 하며, 오랫동안 복용하면

【二十八】 收乾栗法: 食經云, 取栗蒲 殼也. 燒灰淋汁漬栗, 二宿出之. 又以沙覆之, 令厚一二尺, 至後牙生而不蛀.

榛與栗同.

【二十九】 又法:⑮ 栗一石, 塩二斤作水, 淹栗一宿, 瞭乾收之, 不蛀不硬.

栗性利筋骨, 生腎氣, 久服跛者皆差.

본】과 동일하게 '장(掌)'으로 표기하고 있다.

31) 『제민요술』 권4 「밤 재배[種栗]」편에서는 『식경(食經)』의 '장건율법(藏乾栗法)'과 '장생율법(藏生栗法)'을 인용하였다. 묘치위의 교석에 따르면, 앞의 방법은 재즙[灰汁]을 이용해 밤을 담근 후 햇볕에 쬐어 말려 저장하는 것이고, 뒤의 방법은 말리고 볶은 모래 속에 저장하는 것이다. 송(宋)대 구종석(寇宗奭)의 『본초연의(本草衍義)』에서는 "밤을 말리고자 하면 햇볕에 쬐이는 것만한 것이 없다. 생밤을 저장하고자 한다면 습기가 있는 모래 속에 저장하는 것만 못하며, 늦봄에서 초여름에 이르면 오히려 처음 딴 것과 같다."라고 하였다. 다만 『사시찬요』에서 『식경』의 앞의 방법을 인용한 것에는 '二宿出之' 뒤에 햇볕에 쬐어 말린다는 절차가 없으며, 뒤의 방법인 '以沙覆之'가 바로 이어지는데, 즉 두 방법을 합하여 하나로 하였다.

32) 개암나무[榛]는 자작나무과[樺木科]로 과실은 견과(堅果)로 상수리나 도토리와 비슷하며 식용으로 쓸 수 있고 또한 기름을 짤 수 있다. 학명은 *Corylus heterophylla Fisch.*이다.

절름발이에도 효험이 있다.33) 또한34) 부스럼과 등창의 치료에도 도움을 준다. 가루로 만들면 치질과 이질 등을 치료할 수 있다.

밤 밭을 가진 농가는 단지 밤송이째로 저장하면 벌레 먹지 않는다. 먹을 때마다 수시로 그 껍질을 벗긴다.

不益瘡疽. 作粉, 治痔疾血痢等.

有栗園者, 但和蒲收之, 不蛀. 要食, 旋出其蒲.▣

그림 21_ 개암나무[榛]와 열매

---

33) 『명의별록(名醫別錄)』에서 '율(栗)'에 대해 도홍경(陶弘景)이 주석하여 "전해져 내려오기를 어떤 사람이 다리가 약한 것을 근심하였는데, 밤나무 아래에 가서 몇 되[升]를 먹었더니 곧 걸을 수 있게 되었다고 하였다. 이는 신장을 튼튼히 한다는 의미이다."라고 하였다.

34) 【계미자본】과 【중각본】에는 '불(不)'자로 쓰여 있으나 뜻이 통하지 않는다. 묘치위의 교석본에 의하면, 송(宋)대 조밀(調密)의 『지아당잡초(志雅堂雜鈔)』(함분루배인(涵芬樓排印) 『설부(說郛)』본)에서 "쇠에 의해 다친 상처[金瘡] 및 칼이나 도끼로 생긴 상처에 오직 껍질이 큰 밤을 이용하는데, 갈아서 가루로 만들어 그곳에 바르면 즉시 낫는다. 혹은 갑작스러울 경우에는 생밤을 발라도 또한 괜찮다."라고 하였다. 밤으로 부스럼과 등창을 치료하는 것은 본초와 약을 조제하는 기록 중에 매우 많은데, 이 때문에 고쳐서 '우(又)'라 쓴다고 하였다.

✿ 교 기

1 '이(以)': 【필사본】에는 이 글자가 누락되어 있다.

2 '자방충(子方虫)': 【중각본】에는 '虸蚄蟲', 【필사본】에는 '虸蚄虫'으로 적고 있다.

3 '잔(殘)': 【필사본】에는 '残'으로 쓰고 있다.

4 '자방충(子方虫)': 위의 교기 2와 동일하다.

5 '구(韭)': 【필사본】에는 '韮'자로 쓰여 있다.

6 '배(輩)': 【중각본】과 【필사본】에는 '軰'자로 적혀 있다.

7 '구(韭)': 【필사본】에는 '韮'자로 쓰여 있다.

8 '구(苟)': 【중각본】과 【필사본】에는 '枸'자로 표기되어 있다.

9 '령(令)': 【필사본】에서는 '食'자로 적고 있다.

10 '속(粟)': 【중각본】에서는 '栗'로 적고 있다.

11 '월(月)': 【중각본】과 【필사본】에서는 '日'로 적고 있다. 그러나 【계미자본】에 따라 '月'자에 따라 해석하면 모순적인 부분이 나타나기 때문에, 본문에는 '日'자로 해석하여 두겠다.

12 "棘圍, 年不用挐": 【필사본】에는 "棘圍, 不用掌"으로 쓰고 있고, 【중각본】에는 "棘圍, 不用穿"으로 쓰고 있다.

13 '수(須)': 【필사본】에는 이 글자가 누락되어 있다.

14 '탱(挐)': 【중각본】과 【필사본】에서는 '掌'자로 적고 있다. 【계미자본】에 의거해서 해석하면 문장이 옳지 않기에 【중각본】과 【필사본】의 '掌'에 따라 해석하였음을 밝혀 둔다.

15 '법(法)': 【필사본】에는 이 글자가 누락되어 있다.

16 '포(蒲)': 【중각본】과 【필사본】에는 '觳'으로 표기하고 있다. 이 문장을 '蒲'자에 따라 해석하면 문맥이 맞지 않게 된다. 그래서 본문에서는 '觳'으로 해석했음을 밝혀 둔다.

3. 잡사와 시령불순

❧

【30】 잡사雜事

이달에 보리를 내다 판다.

대나무를 벤다.

칠기를 닦는다. 화로를 만든다.

아교를 곤다. 방법은 이월과 동일하다.35)

돼지를 친다.36)

오래된 모전을 판다.37)

읍의향裛衣香을 거둔다. 쥐엄나무[皂莢] 열매를 거둔다. 삼씨와 참깨를 저장한다.38) 국화꽃을 딴다. 모과를 거둔다.39) 난향蘭香40)을

【三十】 雜事: 是月粜大麥.

斫竹.

拭漆器. 造火爐.

煑膠. 同二月.

牧豕.

賣故氈.

收裛衣香. 收皂莢. 貯麻子、油麻. 採菊花. 收木瓜. 披蘭香.

---

35) 『제민요술』권9「자교(煮膠)」편에서는 "아교 끓이는 것은 2월과 3월, 9월과 10월에 하고 나머지 달에는 할 수 없다."라고 쓰고 있다. 『사시찬요』의 시간은『제민요술』과 서로 동일하며(『사시찬요』「시월」편【44】항목에도 '자교(煮膠)'가 들어 있다.), 빠진 자교법도『제민요술』을 채용했을 가능성을 미루어 짐작할 수 있다. 묘치위의 교석본에서는 다만「이월」편에 아교를 고는 방법이 없는 것은 분명 원문에는 있었으나 누락되었을 것이라고 한다.

36) 『제민요술』권6「돼지 기르기」편에서는 "8, 9, 10에는 단지 방목해서 먹이고 사료를 먹이지는 않는다."라고 하고 있다. 『사시찬요』「팔월」편【43】항목과 '9월' 편의 본 조항, 「시월」편의【44】항목의 '목시(牧豕)'는 모두『제민요술』에 근거하여 나온 것이다. (『농상집요』'세용잡사(歲用雜事)'에서 이를 인용한 것 역시 "수(收)"라고 잘못 쓰고 있다.)

37) 『제민요술』권6「양 기르기[養羊]」편 '작전법(作氈法)'에서는 "2년 동안 펴고 잠을 자게 되면 점차 더럽혀지고 검게 되니, 9월과 10월에 다른 사람들에게 팔아서 신발을 만드는 양탄자[鞾氈]로 사용한다."라고 쓰여 있다. 『사시찬요』「시월」편【44】항목에서도 마찬가지로 '매고전(賣故氈)'이 열거되어 있으며 모두『제민요술』에 근거해서 나온 것이다.

38) "貯麻子, 油麻"는『농상집요』'세용잡사(歲用雜事)'조에는 "貯麻子油"라고 인용하여 적고 있는데, 이는 응당『농상집요』에서 '마(麻)'자가 빠진 것이다.

말린다.

【31】 9월 행춘령[季秋行春令]

9월[季秋]에 봄과 같은 시령時令이 나타나면, 따뜻한 바람이 불어와 사람의 기운이 나태해진다.

【32】 행하령行夏令

이달에 여름 같은 시령이 나타나면 해당 지역에 큰물이 지고, 겨울을 위해 저장한 물품은 상하게 되며41) 사람들이 코 막히고42) 재채기를 많이 하게 된다.43)

【33】 행동령行冬令

이달에 겨울 같은 시령이 나타나면, 해당 지역에 도적이 많아진다.

【三十一】季秋行春令: 則暖風[2]來至, 人氣懈惰.[3]

【三十二】行夏令: 則其國大水, 冬藏殃敗, 人多鼽嚏賊.[4]

【三十三】行冬令: 則國多盜賊.[5]

---

39) 『사시찬요』에는 모과 파종하는 기록이 없다. 만약 빠져서 누락된 것이 아니라면 여기서의 '수(收)'는 또한 수매(收買)를 가리킨다.

40) '난향(蘭香)'은 즉 나륵이다. 『제민요술』권3「난향 재배[種蘭香]」편에서는 "소금에 절이거나 말린 채소로 쓸 것은 9월에 수확해야 한다."라고 쓰여 있다.

41) 고유(高誘)가 『회남자』「시칙훈(時則訓)」의 '冬藏殃敗'를 주석하여 이르길 "따뜻한 기운 때문에 겨울을 위해서 저장한 것이 해를 입어 손상된 것이다."라고 한다. 이는 절기가 서늘해져야 겨울에 사용할 물건을 저장하는데 지나치게 더워서 손상된 것이다.

42) 구(鼽)는 또한 '구(䶊)'로 쓰는데 『설문해자』에서는 "코가 막혀 숨쉬기 어려운 병이다.[病塞鼻室也.]"라고 하였다.

43) 【계미자본】, 【중각본】 및 【필사본】에서는 '삽(嗄)'자로 쓰고 있으나, 묘치위는 그의 교석본에서 『예기』「월령」등에 의거하여 '체(嚔)'자가 합당하다고 보고 있다.

그림 22_ 쥐엄나무[皂莢]와 열매

🌸 교 기

1 '목(牧)': 【중각본】과 【필사본】에는 이 글자를 '收'로 적고 있다.

2 '풍(風)': 【필사본】에는 이 글자를 '氣'로 쓰고 있다.

3 "人氣懈惰": 【필사본】에서는 "人氣懈惰" 뒤에 "師興不居."가 추가되어 있다.

4 '적(賊)': 【중각본】과 【필사본】에는 이 글자가 없다.

5 【필사본】에는 "則國多盜賊." 뒤에 "邊境不寧, 土地分裂."이 추가되어 있다.

사시찬요 동령 권 제5

四時纂要冬令卷第五

시월十月

四時纂要冬令卷第五

1. 점술·점후占候와 금기

❧

【1】 맹동건해孟冬建亥

(10월[孟冬]은 건제建除상으로 건해建亥에 속한다.) 입동立冬부터 10월의 절기가 되는데, 음양의 사용은 마땅히 10월의 법에 따른다. 이시기 황혼에는 허수虛宿[1]가 운행하여 남중南中하고, 새벽에는 장수張宿[2]가 남중한다.

소설小雪은 10월 중순의 절기이다. 이 시기 황혼에는 위수危宿[3]가 남중하고, 새벽에는 익수翼宿[4]가 남중한다.

【一】孟冬建亥:
自立冬即得十月節,
陰陽使用, 宜依十
月法. 昏, 虛中, 曉,
張中.

小雪爲十月中氣.
昏, 危中, 曉, 翼中.

---

1) '허(虛)'는 허성(虛星)으로 28수(宿) 가운데 11번째 별자리다.
2) '장(張)'은 28수 중의 26번째 별자리이다. 현재의 뱀자리의 일부이다.
3) '위(危)'는 28수 중의 12번째 자리이며, 물병자리로서 북방현무 7수 중 다섯 번째에 해당한다.
4) '익(翼)'은 28수 중의 27수이며, 컵자리와 큰물뱀자리 일부에 해당한다.

【2】 천도天道

이달은 (천도가) 동쪽으로 향하기 때문에 가옥을 수리하고 짓거나 외출할 때는 마땅히 동쪽방향이 길하다.

【3】 그믐과 초하루의 점 보기[晦朔占]

초하루에 비바람이 불면 여름이 가물거나, 홍수가 있으며 삼씨가 10배 비싸진다.[5] 초이튿날에 비가 오면 5배 비싸진다. 일설에 이르기를 "내년에는 맥의 작황이 좋다.[來年麥善.]"라고 하였다. 그믐날도 점이 동일하다.

초하룻날이 입동에 해당하면 붉은 비가 내리고 대지에서 털[毛]이 난다. 초하룻날이 소설小雪이면 흉하다.

초하룻날에 바람이 동쪽에서 불어오면 봄에 사들인 곡물값이 싸다. 바람이 서쪽에서 불어오면 봄에 사들인 곡물값이 비싸진다. 초하룻날 차가운 바람이 불면 정월에 쌀[6]값이 비싸진다.[7] 초하룻날에 큰비가 내리면 곡물

【二】 天道: 是月❶東行, 修造出行, 宜東方吉.

【三】 晦朔占: 朔日風雨者❷, 旱夏, 水, 麻子貴十倍. 二日雨, 貴五倍. 一云, 來年麥善. 晦日❸同.

朔立冬, 雨血, 地出❹毛. 朔小雪, 凶.

朔日風從東來, 春糴賤. 從❺西來, 春糴貴. 朔日風寒, 正月米貴. 朔大雨, 大貴, 小雨, 小貴.

---

5) 구담실달(瞿曇悉達)의 『당개원점경(唐開元占經)』(713-741?년)에는 "一日, 有風雨, 年內旱, 來年夏多水. 麻子貴."라고 서술되어 있다. 이것을 『사시찬요』의 문장과 대조해 볼 때 매우 흡사하다는 점에서 『사시찬요』가 당 초기에 편찬된 『당개원점경』을 인용했을 가능성이 크다.
6) '미(米)'가 '소미(小米)'인지 '대미(大米)'인지 사료만으로는 알 수 없다. 『사시찬요』가 화북지역을 중심으로 편찬된 책이기 때문에, 당시에 '미(米)'는 '소미(小米)'였을 가능성이 높다.
7) 『제민요술』 권3 「잡설」에서는 『사광점(師曠占)』을 인용하여 "五穀貴賤法. 常以十月朔日, 占春糴貴賤. 風從東來, 春賤. 逆此者, 貴."라고 하는데, 이 문장은 위 『사시찬요』의 문장과 닮아 있다.

값이 비싸지며 비가 적게 오면 곡물값이 약간 비싸진다.

【4】 10월의 잡점[月內雜占]

이달에 세 개의 묘卯일이 있으면 두豆[8]의 값이 싸다. 세 개의 묘일이 없으면 콩[大豆]의 가격이 비싸다. 이 달에 무지개가 나오면 삼의 값이 비싸고 아울러 (이듬해) 5월의 곡식 값이 비싸진다. 월식月蝕이 있으면 가을곡물의 가격이 싸다.

【5】 비로 점 보기[占雨]

겨울에 임인壬寅일·계묘癸卯일에 비가 내리면 (이듬해) 봄 곡식[春粟][9]이 아주 비싸진다. 갑신甲申일에서 기축己丑일에 이르기까지 비가 내렸다면, 사들이는 곡물이 비싸진다. 경인庚寅일에서 계사癸巳일에 이르기까지 비가 내리면 사들인 곡물을 (금전 등으로) 바꾼다. 모두 (막대기[表株]가) 땅속으로 5치[寸] 정도 들어가는 것을 징후로 삼는다.[10]

【四】月內雜占:
月內有三卯，豆賤.
無三卯，大豆貴. 月
內虹出，麻貴，兼五
月穀貴. 月蝕，秋穀
賤.

【五】占雨: 冬
雨壬寅、癸卯，春
粟大貴. 甲申至己
丑已來雨，糴貴. 庚
寅至癸巳雨，糴折.
皆以入地五寸爲候.

---

8) 이 문장 속에는 '두(豆)'와 '대두(大豆)'가 동시에 등장한다. 같은 종류의 곡물로 생각되지만 일반적으로 '두(豆)'에는 '대두(大豆)', '소두(小豆)'가 있으며 '대두(大豆)'는 보통 콩으로 인식되는 반면 '소두(小豆)'는 종류가 매우 다양하기 때문에 단순히 '팥' 혹은 '녹두'로 지칭해서는 곤란하다.

9) '속(粟)'은 '조'로서 그것을 도정한 것이 좁쌀[小米]이다. '속(粟)'은 당시 화북지역의 대표적인 곡물이었기 때문에 여기서의 '속(粟)'은 단일 작물이 아니라 곡물 전체를 뜻한다고 보아야 할 것이다.

10) 만력(萬曆) 18년(1590)의 조선 【중각본】『사시찬요』에서는 '후(侯)'자로 쓰고 있는데, 묘치위[繆啓愉](『사시찬요교석(四時纂要校釋)』, 農業出版社, 1981)의 교

겨울 경술庚戌일·신해辛亥일에 천둥이 치면 바로 이듬해 정월에 쌀값이 비싸진다는 것을 알 수 있다. 겨울밤의 점도 동일하다.

겨울비가 갑자甲子일에 내리면 눈이 날리는 것이 천리에 미친다.

【6】입동의 잡점[立冬雜占]

입동에 먼저 한 길[丈]의 막대기를 세워서 그림자를 점치는데, 그림자가 한 자[尺]가 되면 큰 역병[大疫]이 들고 큰 가뭄[大旱]이 들며 아주 무덥고[大暑] 큰 기근이 든다. (그림자가) 2자이면 천리에 재앙이 들어 토지가 황폐해진다.[11] 3자이면 심한 가뭄이 든다. 4자이면 약한 가뭄이 든다. 5자이면 하전下田에 풍년이 든다. 6자이면 고전高田·하전 모두 풍년이 든다. (그림자가) 7자이면 작황이 좋다. 8자이면 수해를 당한다. 9자나 한 길[丈]이 되면 대수大水가 진다. 만약 입동에 해가 보이지 않으면 (작황이) 가장 좋다.

【7】그림자로 점 보기[占影]

다음으로 8자[尺]의 막대[表株]를 세워서 그림자를 재어 (그림자가) 한 길[丈] 3자[尺] 7푼[分]이라면 삼을 재배하는 것이 좋다.

冬庚戌、辛亥雷[6]，
即知來年正月米貴。
冬夜同占。

冬雨甲子，　飛雪千里。

【六】立冬雜占：

立冬[7]日，先[8]立一丈表，得影一尺，大疫，大旱，大暑，大飢。二尺，赤地千里。三尺，大旱。四尺，小旱。五尺，下田熟。六尺，高下熟。七尺，善。八尺，潦。九尺一丈，大水。若不見日爲上。

【七】占影：[9]　次立八尺表度影，得丈[10]三尺七分，　宜麻。

석본에서는 '후(候)'자로 고쳐 쓰고 있다.
11) "赤地千里"는 천재로 인해 대량의 토지가 황폐화되어 불모지가 된다는 의미이다.

【8】 구름의 기운으로 점 보기[占氣]

　입동일에 건乾괘에 따라서 일을 처리한다. 잠자는 조용한 시간12)에 서북쪽에서 용이나 말과도 같은 흰 운기[白氣]가 있으면 건기乾氣가 도달한 것이기에 삼을 재배하기에 적당하다. 건기가 도달하지 않으면 매우 추워서 만물이 손상되고 사람들은 크게 역병에 걸리며 (건의 기운이) 이듬해 4월까지 간다. 사람이 잠자는 조용한 시간에 서북방향에서 흑색의 운기[黑氣]가 두터우면 삼씨가 비싸진다.

【9】 바람으로 점 보기[占風]

　입동일에 바람이 서북쪽에서 불면 오곡이 잘 익는다. 바람이 동남쪽에서 불면 밀의 값이 비싸지고 비싼 것이 45일에 이른다. 무릇 8절13)의 점은 모두 그 절기 전후의 하루는 그 점占이 동일하다. 입동일에 바람이 동[震]쪽에서 불어오고 천둥이 치면 흉하다. 바람이 동남[巽]쪽에서 불면 겨울이 따뜻하고 이듬해 여름은 가물게 된다. 북[坎]쪽에서 바람이 불어오면 겨울에 눈이 내려서 땅 위를 걸어 다니는 짐승이 죽는다. 바람이 남[离]쪽에서 불어오면 이듬해 5월에 큰 역병이 돈다. 북동[艮]쪽에서 불어오면 사람들에게 질병이 많으며, 땅의 기

【八】占氣：立冬之日, 乾卦用事. 人定時, 西北有白氣如龍如馬者, 乾氣至也, 宜麻. 乾氣不至, 大寒, 傷萬物, 人當大疫, 應在來年四月. 人定時西北方有黑氣渾厚者, 麻子貴.

【九】占風：立冬日風從西北來, 五穀熟. 東南[11], 小麥貴, 貴在四十五日中. 凡八節占, 皆前後一日同占之. 立冬日風從震來, 冬雷, 凶. 巽來, 冬溫, 來年夏旱. 坎來, 冬雪煞走獸. 离來, 來年五月大疫. 艮來, 人多病, 地氣洩. 坤來, 魚塩大

---

12) '인정(人定)'은 밤에 통행을 금하기 위해 종을 치던 일이다.

13) '8절'은 4입[입춘(立春)·입하(立夏)·입추(立秋)·입동(立冬)], 2분[춘분(春分)·추분(秋分)] 및 2지[하지(夏至)·동지(冬至)]를 가리킨다.

운이 새어나간다. 서남[坤]쪽에서 불어오면 생선과 소금의 값이 아주 비싸진다. 바람이 서[兌]쪽에서 불어오면 흉하다.

貴. 兌來, 凶.

【10】 10월 중에 지상의 길흉 점 보기[月內吉凶地]

천덕天德은 을乙의 방향에 있고, 월덕月德은 갑甲의 방향이며, 월공月空은 경庚의 방향에 있다. 월합月合은 사巳의 방향에 있으며, 월염月猒은 축丑의 방향에 있고, 월살月煞은 술戌의 방향에 있다.

【十】 月內吉凶地: 天德在乙, 月德在甲, 月空在庚. 月合在巳, 月猒[12]在丑, 月煞在戌.

【11】 황도黃道

오午일은 청룡靑龍의 자리에 위치하고, 미未일은 명당明堂의 자리에 있으며, 술戌일은 금궤金匱에 있다. 해亥일은 천덕天德에 있으며, 축丑일은 옥당玉堂의 자리에 위치하고, 진辰일에는 사명司命에 위치한다.

【十一】 黃道: 靑龍在午, 明堂在未, 金匱在戌. 天德在亥, 玉堂在丑, 司命在辰.

【12】 흑도黑道

신申일은 천형天刑의 자리에 있고, 유酉일은 주작朱雀의 자리에, 자子일은 백호白虎, 인寅일은 대뢰大牢, 묘卯일은 현무玄武이고, 사巳일은 구진勾陳에 위치한다.

【十二】 黑道: 天刑在申, 朱雀在酉, 白虎在子, 大牢[13]在寅, 玄武在卯, 勾陳在巳.

【13】 천사天赦

갑자일이 길하다.

【十三】 天赦: 甲子日是也.

【14】 출행일出行日

　겨울 세 달 동안에는 북쪽으로 가서는 안 되는데, (가게 되면) 천자의 길[王方]을 범하게 된다. 입동立冬 후 10일은 밖으로 나가서는 안 된다. 축丑일은 돌아가기를 꺼리는 날이며, 신申일에는 재앙이 있다. 유酉일은 형옥刑獄일이고, 미未일은 밖으로 나갈 수 없으며 토공신에게 제사 지내는 날이다. 이상의 날에는 결코 멀리 나가선 안 된다. 입동立冬 전 1일, 이달 10일, 20일은 궁한 날이다. 또한 계해癸亥일에는 모두 멀리 나가거나 장가들고 시집가거나, 관청에 나아가서는 안 되는데 (나아가면) 흉하기 때문이다. 또한 이달 신축辛丑일과 계축癸丑일에는 행혼行佷·요려了戾가 행해지기 때문에 밖으로 나가거나 관청에 출두할 수 없는데 이는 막힘이 많기 때문이다.

【15】 대토시臺土時

　매일 신申시가 이날이다. 행자行者가 가면 돌아오지 못한다.

【16】 살성을 피하는 네 시각[四煞沒時]

　사계절의 맹월[四孟]에 갑甲의 날에는 인시寅時 이후 묘시卯時 이전의 시각에 행하고, 병丙의 날에는 사시巳時 이후 오시午時 이전에 행하며, 경庚의 날에는 신시申時 이후 유시酉時 이전에 행하고, 임壬의 날에는 해시亥時 이후 자시子

【十四】出行日: 冬三月, 不可北行, 犯王方. 立冬後十日爲往亡. 丑爲歸忌, 申[14]爲天羅. 酉爲刑獄[15], 未爲往亡, 土公. 已上並[16]不可遠行. 又立冬前一日、此月十日、二十日, 爲窮日. 又[17]癸亥日, 皆不可出行、嫁娶、上官, 凶. 又[18]此月辛丑、癸丑爲行佷[19]、了戾, 不可出行上官, 多窒塞.

【十五】臺土時: 每日申時是也. 行者往而不返.

【十六】四煞沒時: 四孟之月, 甲時[20]寅後卯前, 丙時巳後午前, 庚時申後酉前, 壬時亥後子前. 已上四時, 可爲

時 이전에 행한다. 이상의 네 시간에는 각종 일을 할 수 있으며, 상량·매장·관청 출두를 하면 길하다.

【17】 제흉일諸凶日

인寅일에 하괴河魁하고, 신申일에 천강天罡;天岡하며, 묘卯일에 낭자狼籍한다. 해亥일에 구초九焦하고, 묘卯일 천화天火하며, 인寅일에 지화地火하고, 겨울에는 혈기血忌한다. 구초九焦·지화地火에는 파종하는 것이 합당하지 않다. 천화天火에는 상량할 수 없다. 혈기血忌에는 침을 놓고 뜸을 뜨거나, 출혈을 보이는 것은 합당하지 않다. 그 이외 나머지 날에는 온갖 일을 해도 안 된다. 다른 달도 이에 따른다.

【18】 장가들고 시집가는 날[嫁娶日]

아내를 구할 때는 성成14)일이 길하다.15) 천웅天雄이 해亥의 위치에 있고 지자地雌가 묘卯의 위치에 있으면 이날에는 장가들고 시집가서는 안 되는데, (하게 되면) 흉하기 때문이다. 신부가 가마에서 내리는 것은 을시乙時가 길하다.

이달에 태어난 남자는 마땅히 정월·7월

百事, 架屋、埋葬、上官, 吉.

【十七】諸凶日:
河魁在寅, 天罡21)在申, 狼籍在卯. 九焦在亥, 天火在卯, 地火在寅, 血忌在冬. 九焦地火22), 不宜種蒔. 天火, 不架23)屋. 血忌, 不宜針灸出血. 餘日不可爲百事. 他月倣24)此.

【十八】嫁娶日:
求婦成日吉. 天雄在亥, 地雌在25)卯, 不可嫁娶, 凶. 新婦下車乙時吉.

此月生男, 不宜

---

14) '성(成)'은 고대 건제가가 제시한 12지에 상당하는 것 중의 하나로서, 12지란 건(建)·제(除)·만(滿)·평(平)·정(定)·집(執)·파(破)·위(危)·성(成)·수(收)·개(開)·폐(閉)이다. 이날에 따라서 길흉을 점쳤다.
15) 【계미자본】과 같이 【중각본】에서도 '일길(日吉)'로 쓰여 있으나, 묘치위의 교석본에는 이 글자를 '길일(吉日)'로 봐야 한다고 지적하였다.

에 태어난 여자에게 장가들어선 안 된다.

이달16)에 납재를 받은 상대가 금덕의 명[金命]을 받은 여자라면 매우 길하다. 목덕의 명[木命]을 받은 여자라면 자식이 좋다. 수덕의 명[水命]을 받은 여자라면 그런대로 평범하다. 화덕의 명[火命]을 받은 여자라면 흉하다. 토덕의 명[土命]을 받은 여자라면 자식이 고아가 되거나 과부가 된다. 납재하기 좋은 날은 병자丙子·임자壬子·을묘乙卯일이다.

이달에 시집갈 때 진辰일과 술戌일에 시집간 여자는 매우 길하고, 사巳일과 해亥일에 시집간 여자는 자신의 운을 막으며,17) 자子일과 오午일에 시집간 여자는 남편을 방해한다. 축丑일과 미未일에 시집간 여자는 장남과 중매인과의 관계가 좋지 않으며, 인寅일과 신申일에 시집간 여자는 시부모를 방해하고, 묘卯일과 유酉일에 시집간 여자는 친정부모께 걱정을 끼친다.

천지의 기가 빠져나가는 무오戊午·기미己未·경진庚辰·오해五亥의 날에는 장가들고 시집가서는 안 되는데, 이별수가 생기기 때문이다. 겨울 임자壬子일은 구부九夫를 방해한다.

娶正月、七月生女.

此月納財、 金命女, 大吉. 木命女, 宜子. 水命女, 自如. 火命女, 凶. 土命女, 孤寡. 納財吉日、 丙子、 壬子、 乙卯.

是月行嫁, 辰戌女大吉, 巳亥女妨身, 子午女妨夫. 丑未女妨首子媒人, 寅申26妨舅姑, 卯酉女妨父母.

天地相去日、 戊午、己未、庚辰、五亥, 不可嫁娶, 主生離. 冬壬子, 妨九夫.

---

16) '월(月)': 조선【중각본】『사시찬요』에는 '용(用)'으로 쓰여 있으나, 이에 근거한 묘치위는 교석본에서【계미자본】과 같이 '월(月)'로 고쳐 쓰고 있다.

17) 묘치위의 교석에는 '자(自)'를 추가하여 '방자신(妨自身)'으로 표기하고 있지만,【계미자본】과【중각본】에는 '방신(妨身)'으로 쓰여 있다. 이 같은 현상은 이후의 월령에도 동일하다.

음양이 서로 이기지 못하는 날은 기사己巳·경오庚午·기묘己卯·경진庚辰·신사辛巳·임오壬午·경인庚寅·신묘辛卯·임진壬辰·계사癸巳·임인壬寅·계묘癸卯일이다.

陰陽不將日，　己巳、庚午、己卯、庚辰、辛巳、壬午、庚寅、辛卯、壬辰、癸巳、壬寅、癸卯.

【19】 상장喪葬

이달에 죽은 사람은 인寅·신申·사巳·해亥년에 태어난 사람에게 해를 끼친다. 상복 입는 날[斬草]은 정묘丁卯·경인庚寅·신묘辛卯·갑오甲午·경자庚子·계묘癸卯·갑인甲寅일이 길하다. 염하기[殯]는 을묘乙卯일이 길하다. 매장[葬]은 경오庚午·계유癸酉·갑신甲申·정유丁酉·경신庚申·신유辛酉일이 길하다.

【十九】喪葬：此月死者，　妨寅、申、巳、亥人.　斬草，　丁卯、庚寅、辛卯、甲午、庚子、癸卯、甲寅日，吉. 殯，乙卯. 葬，庚午、癸酉、甲申、丁酉、庚申、辛酉.[27]

【20】 육도의 추이[推六道]

사도死道는 병丙·임壬의 방향이고, 천도天道는 정丁·계癸의 방향이며, 지도地道는 갑甲·경庚의 방향이다. 인도人道는 을乙·신辛의 방향이며, 병도兵道는 곤坤·간艮의 방향이고, 귀도鬼道는 건乾·손巽의 방향이다. 천도天道와 귀도鬼道의 방향으로 장송葬送하고 왕래하는 것은 길하고, 나머지는 흉하다. 천도天道·인도人道의 방향으로 장가들고 시집가면 길하다.

【二十】推六道：死道丙壬[28], 天道丁癸, 地道甲庚. 人道乙辛, 兵道坤艮, 鬼道乾巽. 天[29]道、鬼道葬送往來吉，　餘凶. 天道、人道, 嫁娶往來吉.

【21】 오성이 길한 달[五姓利月]

　치성徵姓이 길한 해와 날은 축丑·인寅·묘卯·사巳·오午·신申의 때를 이용한다. 우성羽姓이 길한 해와 날은 자子·인寅·묘卯·미未·신申·유酉의 때를 이용한다. 궁성宮姓이 크게 이로운 해와 날은 신申·유酉·축丑·미未의 때를 이용한다. 상성商姓이 크게 길한 해와 날은 자子·묘卯·진辰·사巳·신申·유酉의 시기를 이용하면 길하다. 각성角姓이 크게 이로운 해와 날은 자子·인寅·묘卯·진辰·사巳·오午가 길하다.

【22】 기토起土

　비렴살[飛廉]은 축丑의 방향에 위치하고, 토부土符는 갑甲의 방향에 있으며, 토공土公은 미未의 방향에 있고, 월형月刑은 해亥의 방향에 있다. 서쪽 방향을 크게 금한다. 흙을 다루기 꺼리는 날[地囊]은 경오庚午·경자庚子일이다. 이상의 방향에는 기토起土할 수 없다.

　월덕月德은 진辰의 방향에 있고, 월재月財는 미未의 방향에 있다. 이상의 날에 흙을 취하면 길하다.

【二十一】五姓利月: 徵, 吉年與日利, 用丑、寅、卯、巳、午、申. 羽, 吉年與日利, 用子、寅、卯、未、申、酉. 宮, 大利年與日利, 用申、酉、丑、未. 商, 大利年與日利, 用子、卯、辰、巳、申、酉, 吉.[30] 角, 大利年與日利[31], 子、寅、卯、辰、巳、午, 吉.

【二十二】起土: 飛廉在丑, 土符在甲[32], 土公在未, 月刑在亥. 大禁西方. 地囊在庚午[33]、庚子. 已上不可動土.

月德[34]在辰, 月財[35]在未. 已上取土吉.

【23】 이사移徙

큰 손실大耗은 사巳의 방향이고, 작은 손실小耗은 진辰의 방향이다. 오부五富는 인寅의 방향이고, 오빈五貧은 신申의 방향에 있다. 이사는 빈貧과 모耗의 방향으로 가서는 안 되는데, (가면) 흉하다. 그 방향은 날과 시와 더불어 동일하다. 또한 겨울 임자壬子일·계해癸亥일에는 이사하고 입택을 하거나 장가·시집갈 수 없다.

【24】 상량上樑하는 날[架屋日]

계유癸酉·신묘辛卯·경오庚午·임진壬辰·계묘癸卯일이 길하다.

【25】 주술로 재해·질병 진압하는 날[禳鎭]

이달 4일에는 타인을 꾸짖거나 벌해서는 안 되는데, 선가仙家에서 크게 꺼리기 때문이다.

초하룻날에 목욕을 한다. 초열흘에 흰머리를 뽑으면 영원토록 나지 않는다.

【26】 음식 금기[食忌]

돼지고기를 먹어서는 안 되는데 (먹게 되면) 지병이 도진다. 산초[椒]를 먹어서는 안 되는데 (먹으면) 심장이 손상된다.

【二十三】移徙: 大耗在巳, 小耗在辰. 五富在寅, 五貧在申. 移徙不可往貧耗上[36], 凶. 方與日辰同. 又冬壬子、癸亥, 不可移徙、入宅、嫁娶.[37]

【二十四】架屋日: 癸酉、辛卯、庚午、壬辰、癸卯, 吉.

【二十五】禳鎭: 此月四日勿責罰人, 仙家大忌.[38] 一日沐浴. 十日拔白, 永不生.

【二十六】食忌: 勿食猪肉, 發宿疾. 勿食椒, 損心.

🌸 교 기

1. 【필사본】과 【중각본】에서는 '月'자 다음에 '天道'가 삽입되어 있다.

2. "風雨者": 【필사본】에서는 "風雨春"으로 되어 있다.

3. '회일(晦日)': 【필사본】에서는 '晦'로 표기되어 있다.

4. '지출(地出)': 【필사본】과 【중각본】에서는 '地生'으로 쓰고 있다.

5. '종(從)': 【필사본】에서만 이 글자가 누락되어 있다.

6. '뇌(雷)': 【필사본】에서는 '雨'로 표기되어 있다.

7. 【계미자본】과 【필사본】에서는 제목을 '立冬雜占'으로 하고 있으나 【중각본】에서는 '冬至雜占'으로 쓰고, 그 다음에 등장하는 '立冬'도 '冬至'로 쓰고 있다. 묘치위의 교석에서 '입동(立冬)'으로 고쳐 쓰면서 입동(立冬)에서 입춘(立春)에 이르기까지가 겨울로, 입동은 겨울의 시작이며 여기의 '동(冬)'은 바로 입동을 가리킨다고 한다.

8. '선(先)': 【필사본】에서는 이 글자가 누락되어 있다.

9. '점영(占影)': 【필사본】에서는 제목인 '占影'이 빠져 있다.

10. '장(丈)': 【필사본】에서는 '一丈'으로 표기하고 있다.

11. '동남(東南)': 【필사본】과 【중각본】에서는 '東南來'로 표기하고 있다.

12. '염(猒)': 【중각본】과 【필사본】에서는 '厭'으로 표기하고 있다.

13. '대뢰(大牢)': 【중각본】과 【필사본】에서는 '天牢'로 쓰고 있다.

14. '신(申)': 【필사본】에서는 '亥'로 표기하고 있다.

15. '형옥(刑獄)': 【중각본】과 【필사본】에서는 '天獄'으로 표기하고 있다.

16. '병(並)': 【필사본】에서는 이 글자가 누락되어 있다.

17. 【계미자본】에는 '又'자로 표기하고 있으나, 【중각본】에는 '人'자로 쓰고 있다. 묘치위의 교석본과 와타베 다케시의 역주고(『사시찬요역주고(四時纂要譯注稿): 中國古歲時記の研究 その二』, 大文堂印刷株式會社, 1982)에서는 【계미자본】이 발견되기 전부터 '又'자의 잘못으로 예견하였다.

18. '우(又)': 【필사본】에는 이 글자가 누락되어 있다.

19. '한(佷)': 【중각본】에서는 '很'자로 적고 있다.

20. 【필사본】에서는 '甲時' 앞에 '用'자가 한 자 더 추가되어 있다.

21. '강(罡)': 【중각본】과 【필사본】에서는 '剛'으로 표기되어 있다.

22. "血忌在冬. 九焦地火": 【필사본】과 【중각본】에서는 '在冬'을 '在亥'라고 쓰고 있고, 【필사본】에서는 '九焦'가 누락되어 있다.

23 '불가(不架)': 【필사본】에서는 '不架'의 사이에 '宜'가 추가되어 있다.

24 소주(小注) 중의 '방(倣)'에 대해 【계미자본】에는 '방(倣)'이라고 표기하고 있지만, 【중각본】과 와타베 다케시의 역주고에서는 '의(依)'로 보고 있다. 묘치위의 교석에서도 '방(倣)'으로 보고 있다.

25 【계미자본】에서 원래는 '文'자였는데, 오기를 수정하여 '在'를 필사해 써 넣었다.

26 【중각본】과 필사본】에는 '女'자가 추가되어 있다.

27 【필사본】에서는 '日吉'이 삽입되어 있다.

28 【필사본】에는 "死道丙壬"이 "兵道坤艮" 뒤에 삽입되어 있다.

29 '천(天)': 【중각본】과 필사본】에서는 '地'로 쓰고 있다.

30 '길(吉)': 【필사본】에서는 누락되어 있다.

31 【필사본】에서는 '用'자가 추가되어 있다.

32 '갑(甲)': 【필사본】에서는 '長'으로 쓰고 있다.

33 '오(午)': 【필사본】에서는 '戌'로 쓰고 있다.

34 '월덕(月德)': 【중각본】과 필사본】에서는 '月福德'으로 적고 있지만, 『계미자본』에서는 여기서만 '福'자가 빠져 있다.

35 '월재(月財)': 【중각본】과 필사본】에서는 '月財地'로 쓰고 있지만, 『계미자본』에서는 4월과 10월에서만 '地'자가 누락되어 있다.

36 '상(上)': 【필사본】에서는 '方'으로 표기하고 있다.

37 '가취(嫁娶)': 【필사본】에서는 '娶嫁'로 표기하고 있다.

38 "人仙家大忌": 【중각본】에서는 '人'이 빠져 있고, 【필사본】에서는 "人仙家大忌" 전체가 누락되어 있다.

2. 농경과 생활

❧

【27】 녹골주鹿骨酒

신체의 허약하고 체력이 떨어지고 대풍

【二十七】鹿骨
酒: 治百體虛劣、

大風[18)·여러 풍사風邪[19)와 쇠약한 모든 병들을 다스린다. 오랫동안 복용하면 뼈가 건강하고 늙지 않으며, 오래되면 스스로 그 효과를 알 수 있다.

구기자 20근斤을 깨끗하게 씻어서 말려[20) 잘게 부순다. 사슴 뼈 한 구具를 잘게 부순다. 이상 두 가지에 물 4섬[石]을 부어 졸여 1섬 5말[斗]을 만들고 찌꺼기는 버린다. 하룻밤을 재웠다가 뜬 기름 거품을 깨끗하게 제거하고 앙금을 가라앉힌 후 보통 물과 같은 것을 취해서 누룩을 담근다. 모두 찹쌀밥 2섬을 항아리에 넣는데, 다만 서너 번 나누어서 고두밥[酘][21)을 넣는다. 잘 익기를 기다렸다가 눌러 짜서 걸러서 마신다.

【28】 구기자술[苟杞子酒]

허한 것을 보충하고 피부가 건강해지며 안색이 좋고, 살이 붙고 건강해지며 수명을 늘이는 처방법으로, 구기자 2되[升]에 좋은 술 2말[斗]을 넣고 잘게 부수어서[22) 7일 동안 담

大風、諸風、虛損諸疾. 久服長骨留年, 久久自知.[2]

苟杞二十斤, 淨洗, 歇乾, 剉碎. 鹿骨一具, 剉碎. 右件以水四石, 煎取一石五斗, 去滓. 經宿, 淨掠去脂沫, 澄淀, 取如常水浸麴. 投糯米二石, 分爲三四酘. 候熟, 壓[3]取飮之.

【二十八】 苟杞子酒: 補虛長肌肉, 益顏色, 肥健, 延年方, 苟杞子二升, 好酒二斗, 搦碎[4], 浸

---

18) 한센병을 말하는데, 『황제내경(黃帝內經)』 「소문(素問)」편에는 "골절이 무겁고 수염과 눈썹이 빠지는 것은 대풍(大風)이다."라고 하였다.
19) 신체 각 부분에 병을 일으키는 무형의 사악한 기운이다.
20) '헐건(歇乾)'은 잠시 두어 말리는 것으로 해석할 수 있는데, 묘치위는 교석에서 '살건(煞乾)'의 잘못일 가능성이 있다고 보았다.
21) 밥을 항아리에 넣어서 양조하는 것을 '두(酘)'라고 한다.
22) 묘치위의 교석본에는 '닉쇄(搦碎)'가 마땅히 "好酒二斗" 앞에 있어야 한다고 보았다. 각 판본도 모두 위의 【계미자본】과 같은 문장배열이지만, 그의 견해는 합리적이라 생각된다.

근 뒤 찌꺼기를 걸러 낸다. 하루에 3홉[合]을 마신다.

七日, 漉去滓. 日飲 三合.

【29】 종유석술[鍾乳23)酒]

주로 골수를 보충하고 기력을 더하며, (병의 원인이 되는) 습한 것을 물리치는 처방이다. 방법은 건지황乾地黃 8푼[分], 볶아서24) 부드럽게 찧은 참깨[巨勝]25) 한 되[升], 쇠무릎[牛膝]·오가피五茄皮·지골피地骨皮 각각 4냥[兩], 계심桂心·방풍防風 각각 2냥, 선령비仙靈脾26) 3냥, 종유鍾乳 5냥과 감초를 끓인 즙에 종유석을 3일간 재웠다가 건져 내고, 우유 반 되[升]와 함께 항아리 속에 넣는다. 솥에 넣어 항아리를 물에 잠기게 한다.27) 취사한28) 밥 위에 다시 찐

【二十九】 鍾乳酒: 主補骨隨5益氣力逐濕方. 乾地黃 八分, 巨勝一升, 熬, 別爛搗, 牛膝、 五茄皮、 地骨皮 各四兩, 桂心、 防風 各二兩, 仙靈脾 三兩, 鍾乳 五兩, 甘草湯漫6三宿, 以半升7牛乳. 瓷瓶中沒炊. 於炊飯上

---

23) '종(鍾)'은 '종(鐘)'으로 통한다. '종유(鍾乳)'는 즉 종유석(鐘乳石)이며 석종유(石鐘乳)라고도 불린다.

24) 【계미자본】에서는 '오(熬)'로 표기하고 있으나, 【중각본】에는 '살(煞)'이라고 적혀 있다. 묘치위 교석본에는 남송 주수충(周守忠)의 『양생월람(養生月覽)』에서 『사시찬요』를 인용한 것에 근거하여 '오(熬)'로 고쳐 썼다. '오(熬)'는 '초(炒)'의 의미이다.

25) '거승(巨勝)'은 참깨[芝麻]이다.

26) '선령비(仙靈脾)'는 매자나무과의 삼지구엽초(*Epimedium macranthum Morr. et Decne.*)의 별명이다. 각지에서 생산되는 것은 서로 다르며 사용되는 것은 같은 속의 다른 식물이지만 약효는 서로 동일한데, 모두 주로 성 불능을 다스리거나, 류머티즘 등의 병을 치료하는 약으로 쓰인다.

27) 【계미자본】에서는 이 문장의 수량 부분을 소주(小注)로 취급한 데 반해 【중각본】에는 이 문장의 원문을 본문과 같은 큰 글자로 쓰고 있다. 와타베 다케시의 역주고에서도 【중각본】의 입장을 따르고 있다. 하지만 묘치위의 교석본에는 이 문장을 소주로 취급하면서 문장의 "於炊飯上蒸之"에서 "碎如麻豆"까지를 종유석(鐘乳石)술을 만드는 방법이라고 하고 있다.

28) 『본초강목』권9 「석종유(石鍾乳)」편에는 이보궐(李補闕: 補闕은 당대의 관명)의 종유를 복용하는 방법을 인용하여, "소주(韶州)의 종유(鍾乳)를 취해서, … 금은 그릇 속에 두고 큰 솥에 물을 붓고 그릇이 잠기게 하여 끓인다."라고 하였다.

다. 우유가 다 사라지면 꺼내어 따뜻한 물에 깨끗하게 일어 씻어 삼씨나 콩알만 한 크기로 부수어 준비한다.

위와 같은 모든 약재를 모두 잘게 부수어 함께 포대에 넣어 좋은 술 3말에 5일 동안 담갔다가 마시면 된다. 한 되 정도를 마시면 바로 한 되의 청주를 넣는데, 먹어 보고 약의 맛이 이미 묽어졌다고 여겨지면 술을 넣는 것을 그만두고, 바로 약제(포대)를 꺼낸다. 10월 1일부터 입춘까지 복용할 수 있다. 생파나 묵어서 악취 나는 음식은 꺼린다.

【30】 지황 달이기[地黃煎]

생지황 10근을 깨끗이 씻어 걸러 내고 하룻밤 재워 찧어 눌러 짜서 즙을 취한다. 녹각鹿角의 농축 아교 한 근, 자소紫蘇 씨 큰되로 2되, (거르지 않은) 들깨 기름29) 한 근 반, 짜서 즙을 낸 생강 반 근, 꿀 큰 되 2되, 좋은 술 4되를 준비한다.

蒸之. 牛乳盡, 出以暖水淨淘洗, 碎如麻豆.⑧

右件諸藥, 並細剉, 布袋子貯, 用好酒三斗浸五日後, 可取飲. 出一升, 即入一升清酒, 量其藥味減則止, 即出去⑨藥. 起十月一日, 服至立春止. 忌生葱陳臭物.

【三十】 地黃煎:

生地黃十斤, 淨洗, 漉出, 一宿後, 搗壁取汁. 鹿角膠一斤, 紫蘇子二大升, 好蘇一斤半, 生薑半斤 絞汁, 取⑩蜜二大升, 好

묘치위의 교석본에 따르면, 이것은 종유석을 담은 그릇을 끓고 있는 물속에 넣고 끓여서 정련하는 방법으로서, 이것이 바로 원문의 "瓷瓶中沒炊"인 것이다. 종유석을 굽는 방식으로 종종 한 차례 끓여서 정련하는데, 멈추지 않고 다음 문장의 "於炊飯上蒸之"와 같이 끓인 이후에 다시 찌는 것이다.

29) '호소(好蘇)'는 아래 문장의 "下蘇蜜同煎"과 "候稠如餳"에 근거하면 모두 찌꺼기를 걸러 내지 않은 것은 호소유(好蘇油)를 가리킨다.(『제민요술』 권9 「소식(素食)」편 '부균법(缹菌法)', '부가자법(缹茄子法)'에도 소유(蘇油)를 '소(蘇)'라 하였다) 「삼월」편 【34】 항목에도 "들깨[荏]는 일명 차조기[紫蘇]이다."라고 하였기에, 『사시찬요』에서 가리키는 들기름[荏油]도 소유(蘇油)라 부를 수 있다.

위의 재료는 먼저 세지도 약하지도 않은 불[文武火]로 지황즙을 달이되 아래위로 자주 휘저어 준다. 즉시 술과 함께 자소씨에 술을 부어 갈아 걸러서 즙을 취해 지황즙 속에 넣는다. 또 계속 달여서 20번 이상 끓어오르면 농축한 아교를 넣는다. 아교가 완전 용해되면 다시 (생강), 들기름과 꿀30)을 넣고 함께 달인다. 한참 후에 엿과 같이 되면 퍼서 깨끗한 그릇에 담아 저장한다.

매일 (새벽) 따뜻한 술에 한 숟가락을 타서 공복에 마신다. 달고 맛있으며 허虛를 보하고 안색이 좋아지며 흰 머리가 검어진다. 건강을 지키는 데 한없이 좋다.31) 3가지 백색32)을 꺼린다.

【31】 녹용환 만들기[麋茸丸]

허함을 보하고 심장을 보하며 의지를 강하게 한다. 처방법은 구운 녹용[麋茸] 8푼[分], 구기자 12푼, 복신(伏神)33) 인삼 각 6푼, 말린 생강 8푼, 계심(桂心) 2푼, 심을 제거한 원지(遠志34) 3푼

酒四升.

右⑪先以文武火煎地黃汁, 數揚. 即以酒研蘇子, 濾取汁, 下之. 又煎二十沸已來, 下膠. 膠消盡, 下蘇蜜同煎. 良久, 候稠如餳, 貯淨潔器中.

每日空心, 暖酒調一匙頭飲之. 甘美而補虛, 益顏色, 髮白更黑. 充健不極. 忌三白.

【三十一】 麋茸丸: 補虛益心強志. 麋茸八分 炙, 苟⑫杞子十二分, 伏神, 人參各六分, 乾薑 八分⑬,

---

30) 생강즙에 대한 언급이 없는데, 만약 '들깨기름과 꿀'을 동시에 넣는다면 여기서는 마땅히 '강즙(薑汁)'이란 글자가 빠진 것이다.
31) '불극(不極)'은 '무극(無極)'과 같다.
32) '삼백(三白)'은 3가지의 백색의 훈채(葷菜) 즉 파, 마늘과 염교의 흰 뿌리부분을 지칭한다. 「팔월」 '지황주(地黃酒)'를 참조하라.
33) '복신(伏神; 茯神)'은 소나무의 뿌리를 싸고 뭉키어서 생긴 복령(茯苓)이다. 한방(韓方)에서는 오줌을 잘 통하게 하는 이뇨제(利尿劑)로 사용한다.
34) '원지(遠志)'는 그 처리방법에 따라 원지통(遠志筒)·원지육(遠志肉) 및 원지곤

을 준비한다.

이상의 재료를 찧고 체질하여 가루로 만든 후 달인 지황을 절구 안에 넣고 함께 찧어 환을 만든다. 매일 식후에 10환을 복용하고 점차 늘여서 20환까지 먹는데, 따뜻한 술에 타서 먹는다. (복용할 때) 무이蕪夷·마늘·대초大醋·생파[生葱]를 꺼린다.

【32】 외밭 구덩이 갈아엎기[翻區瓜田]
외밭 구덩이 파는 방법은 「정월」중에 있다.35)

【33】 동규밭 갈기36)[耕冬葵地]
(9월에 수확한 후 갈이하여) 이달 중순에 3차례 갈이를 끝내고 하순에 종자를 흩어 뿌린다. 조밀하게 파종하는 것이 좋으며 무畝당

桂心二分, 遠志三分
去心.
　擣篩爲末, 取地黃
煎於臼中擣合爲丸.
每日食後服十丸, 加
至二十丸, 暖酒下.
忌蕪夷⑭、蒜、大
醋、生葱.

　【三十二】翻區
瓜田: 術具正月中.

　【三十三】耕冬葵
地: 是月中旬, 三遍
耕畢, 下旬漫撒種之.
宜稠, 每畝下子六升.

(遠志棍)으로 나눈다. 즉 3-4년 된 것을 봄과 가을에 채취하여 바깥 껍질이 쪼글쪼글해질 때까지 말리고 그대로 목심을 꺼낸 것을 원지통(遠志筒)이라 한다. 이를 가로로 자르고 목심을 꺼낸 것은 원지육(遠志肉)이라 하며, 너무 가늘어서 목심을 제거하지 못하고 그대로 말린 것을 원지곤(遠志棍)이라 한다.
35) 『제민요술』권2 「외 재배[種瓜]」편 '구종과법(區種瓜法)'에서도 "6월에 비가 내리면 녹두(菉豆)를 파종한다. 8월에 쟁기로 갈아엎어서 녹두를 땅속에 파묻는다. 10월에 또 한 번 갈아엎고 10월 중에 외를 파종한다.[六月雨后種綠豆. 八月中犂種殺之. 十月又一轉, 卽十月中種瓜.]"라고 하였다. 『사시찬요』의 본 조항은 『제민요술』에서 채록한 것이나 결코 이 방법을 그대로 인용하지 않고 있다.
36) 본 항목은 『제민요술』권3 「아욱 재배[種葵]」편의 '우동종규법(又冬種葵法)'에서 채록한 것이다. '一遍便蓋覆之'는 물을 댄 후에 얼음이 한 층 언 것을 가리키는데 『사시찬요』에서도 거듭 설명하고 있다. 또 「칠월」편【55】항목에도 '경동규(耕冬葵)'라는 말이 등장한다.

종자 6되를 뿌린다. 눈이 올 때마다 한 번 끌
개질[滂]하여 덮어 준다. 눈이 오지 않으면 12
월에 우물을 길어 두루 물을 주는데, 한 차례
물을 주어 한 층의 얼음으로 덮는다.

완두도 이달에 밭에 파종한다.[37]

每雪時, 一澇. 無雪,
即至臘月汲井[15]水澆
之, 一遍便蓋覆之.

豌豆是月種地.

【34】 표주박 구종법[區種瓠]

외[瓜]를 구종[38]하는 방법과 같다. (겨울
에) 눈을 구덩이 속에 쌓아 두면 봄에 파종하
는 것보다 낫다.

【三十四】 區 種
瓠: 如區瓜法. 聚雪
區中, 勝春種.

【35】 삼 파종[種麻]

이달에 땅을 네 차례 갈아엎어 주고,[39]

【三十五】種麻:
是月翻地四遍, 下旬

---

37) 이 항목은 '완두(豌豆)'를 파종한 가장 빠른 기록인 듯하다.

38) 묘치위 교석본에서는 【계미자본】,【중각본】 및 【필사본】과는 달리 '區種瓜
法'라고 하여 '種'자를 보충하여 넣었다. 이른바 '如區種瓜法'은 실제로 『제민요
술』권2 「외 재배[種瓜]」편의 '구종과법(區種瓜法)'을 가리킨다. 이에 근거할 때,
『사시찬요』에서 『제민요술』의 '구종과법(區種瓜法)'을 채록하였으나, 글자 한
자가 빠졌다고 보고 있다.

39) 원문의 "是月翻地四遍"이란 표현을 조선시대 『사시찬요초』(1655년) 「시월[十
月]」조에서는 "翻耕麻田二遍"이라고 기술하고 있으며, 뒤이어 "下旬種之"와 "以
糞厚覆, 春乃旱盛."이란 구절이 덧붙이고 있다. 겨울에 삼씨를 심는 것은 문헌상
에서는 단지 원(元)대 노명선(魯明善)의 『농상의식촬요(農桑衣食撮要)』에 기록
이 전한다. 이 책의 「정월」'종마(種麻)'조에서 이르길 "… 2-3월에 모두 그것을
심을 수 있는데, 일찍 심어야 하며 늦게 심어서는 안 된다. 섣달 8일 또한 괜찮
다."라고 하였다. 또 「십이월」'종마경(種麻檾)'조에서는 "기름진 땅을 부드럽게
쟁기질하는 것이 좋은데, 섣달 8일이 좋고 정월과 2월에 파종한 것도 동일하다."
라고 하였다. 전자는 대마(大麻)를 가리키며, 후자는 어저귀[苘麻]를 가리킨다.
이후 명(明)대 주권(朱權)의 『구선신은(臞仙神隱)』, 왕상진(王象晉)의 『군방보
(群芳譜)』 및 『양민월의(養民月宜)』,『치부기서광집(致富奇書廣集)』 등 역시 모
두 『농상의식촬요』를 이어받고 있다. 묘치위의 교석본에 의하면, 삼을 파종하는
시기는 삼의 종류와 지역에 따라 다르다고 한다. 절강(浙江)성에서는 1월에서 3

하순에 파종한다.

【36】 가지 구종법[區種茄]40)

외[瓜]의 방법과 동일하나 옮겨 심지 않으며, 또한 눈 쌓인 구덩이 속에 (종자를) 넣는다.

【37】 고수 덮기[覆胡荽]41)

이달에 서리가 내릴 때 거두어서 저장한다. (겨울에 신선하게 먹고자 한다면) 뿌리를 남겨서 풀을 덮어 주고 수시로 잘라 식용한다.

【38】 동과 덮기[冬瓜]

보리를 수확하고 생긴 보릿겨[麥麩]42)로

【三十六】區種茄: 如瓜法, 不移栽, 亦堆雪區中.

【三十七】覆胡荽: 是月霜降收藏. 留根, 草覆, 旋供食.

【三十八】冬瓜: 收麥麩蓋之. 蘘荷同

월까지 심고, 안휘(安徽)성 예컨대 육안현(六安縣)은 1월에 파종하며, 대약진 시기에는 일찍이 앞당겨서 12월에 파종하였는데 이것은 곧 음력 11월에 해당한다. 아마(亞麻)는 대만에서 11월에 심는데 이는 음력 10월에 해당한다. 『사시찬요』에서 음력 10월 하순에 파종하는 이 '삼[麻]'은 책의 다른 곳의 기록을 참조할 때 분명 대마를 가리키는 듯하다.

40) 『제민요술』권2 「외 재배[種瓜]」 '종가자법(種茄子法)'에서 채록했다.

41) 본 항목은 『제민요술』권3 「고수 재배[種胡荽]」편에서 채록하였다. 『제민요술』의 원문은 "10월에 서리가 충분히 내리면 곧 수확한다. (초겨울에 수확하여) 뿌리를 땅속에 남겨 두고 (일부만) 뽑아 내서 남겨진 것을 듬성듬성하게 해 준다." 라고 하며, 원주에서는 "덮은 것이 다시 자라게 되면 날로 먹을 수 있으며 또한 얼어 죽지도 않는다."라고 하였다. 또 이르길 "소금에 절인 채소로 만들려고 하는 것은 10월에 서리가 충분히 내릴 때 다시 거둔다. … 만약 겨울철에 남겨서 먹으려고 하는 것은 풀로 덮어두면 겨울 내내 먹을 수 있다."라고 하였다. 『사시찬요』는 삭제하고 줄여 지나치게 간소화되었기 때문에, 반드시 『제민요술』과 대조해야 비로소 명료해진다.

42) '익(麩)'은 여기서 '강각(糠殼)'으로 해석된다.(「삼월」【40】 항목에서 바로 "겨로 덮는다.[以糠覆之.]"라 쓰고 있다.)

덮어준다. 양하襄荷도 마찬가지로 덮어 준다.43) 그렇지 않으면 얼어 죽는다.

【39】 동과 거두기[收冬瓜]

구덩이에 파종한 동과는 이달 서리가 잔뜩 내린 후에 거두어서 연기가 피어오르는 곳 위에 두고 저장한다. 혹은 (따서) 바로 손질해서 저장하여도 좋다.44)

【40】 밤나무 밑동 감싸기[苞栗樹]45)

밤나무를 심은 지 3년 안에는 반드시 이달에 짚으로 감싸 어는 것을 방지한다.

【41】 백일유 만들기[造百日油]

이달에 삼씨 기름[大麻油]을 짜서, 대략 한 섬[石]을 질그릇 동이[窯盆] 16개에 고르게 나눠

蓋之. 不示⑯凍死.

【三十九】 收冬瓜: 區種者, 此月飽霜後收之, 於煙火⑰上安. 或便修藏亦得.

【四十】 苞栗樹: 栗樹⑱種經三年內, 並須此月穰草裹之.

【四十一】 造百日油: 是月取大麻油, 率一石以窯盆十

---

43) 이 구절은 원래 『제민요술』 권3 「양하·미나리·상추 재배[種襄荷芹蘧]」편을 인용하였다. 「삼월」【40】 항목 참고.

44) 『제민요술』 권2 「외 재배[種瓜]」편 '종동과법(種冬瓜法)'에는 "10월에 서리가 충분히 내리면 거두며, 껍질을 벗기고 씨를 걷어 내어 겨자장[芥子醬] 속에, 혹은 잘 담은 콩장[美豆醬] 속에 저장하면 좋다."라고 하였다. 또 권9 「작저·장생채법(作葅藏生菜法)」편에서 『식경(食經)』의 '장매과법(藏梅瓜法)'을 인용하여 "먼저 서리를 맞은 희고 익은 동아[冬瓜]를 따서 껍질을 벗기고 과육을 취해 네모지게 손바닥 모양처럼 얇게 자른다. (체에 친) 고운 재를 덮고 외를 재 위에 올리고 다시 재를 덮는다."라고 하였다. 묘치위 교석본에 의하면, 『사시찬요』의 방법은 "재 위에 두고 저장[于煙灰上安]"하는 것으로 다른 점이 있다. 특히 '변수장(便修藏)'은 바로 손질하고 소금에 절여 저장하는 방식으로, 이는 재에 저장하는 방법과는 다른데, 그 방식의 기원 역시 『제민요술』과 관련성이 있을 것이라고 한다.

45) 본 항목은 『제민요술』 권4 「밤 재배[種栗]」편에서 채록하였다. 「구월」【27】 항목과 「이월」【71】 항목 참조.

담아 시렁의 가로대[椽木]46) 위에 올려서 햇볕
에 말린다. 바람에 먼지가 날리고 연이어 비
가 내리면 그 동이를 포개어47) 놓는데, 가장
윗부분에는 빈 질그릇 동이 한 개를 엎어 덮
어 준다. 말릴 때 항상 끝이 여러 갈래로 갈
라진 대나무 막대[竹篦]로 동이 안의 기름을 휘
저어 준다. 이듬해 2월이 되어 완성되는데, 3
말[斗]의 기름이 소모된다. 3-5월에 팔면 되[升]
당 7백전[文]을 받을 수 있다. 3월에 만들기 시
작했다면 7월에 완성된다. (이것은) 되당 3백
전을 받을 수 있다.

　이 기름은 유칠油漆하는 상점에서 팔린다.
　기름을 발라 햇볕에 말린 동이는 크기가
소반[盤]만 하며, 깊이는 4-5치[寸]이고 밑은 평
평하고 넓으며, 형태는 대야[罍子]48)와 같다.
백지하百枝河 강변에서 다리 북쪽으로 나오면
다섯 개의 가마[窯]에서 생산된 새로운 동이49)

六个均盛, 日中以椽
木閣⑲匠⑳曝之. 風
塵陰雨㉑則墮㉒疊其
盆, 以一㉓窯盆蓋其
上.　時以竹篦攪之.
至二月成,　耗三斗.
三月、五月賣, 每升
直七百文.　三月造
者, 七月成. 每升直
三百文.

　其油入漆家用.
　其曝油盆,　大如
盤, 深四五寸, 底平
闊㉔, 形如罍子. 百
枝緣㉕出橋北五窯新
盆. 每底輕塗小㉖漆,

---

46) 시렁을 받치는 데 사용하는 기구를 '각(閣)'이라고 하며, '각상(閣上)'은 즉 시렁
　　위이다. '연목(椽木)'은 시렁 위에 가로로 놓인 나무이다.
47) '타첩(墮疊)'은 윗동이의 밑 부분을 아랫동이의 동이 입구에 포개어 놓는 것이
　　다.
48) '누자(罍子)'는 구체적으로 알 수 없다. 묘치위의 교석본에서는 '누자'가 아마도
　　당시에 일종의 도기(陶器) 이름이었을 것이며, 혹은 '루(罍)'는 '대야[罍]'의 잘못
　　인 듯하다고 하였다. 즉 일종의 밑바닥이 평평하고 넓은 그릇으로, 동이 밑 부분
　　이 편편하고 넓은 것이 술독[罍]의 밑바닥과 같은 것을 말한다.
49) 이 구절은 이해하기 어렵다. 묘치위의 교석본에 따르면, 글자를 비추어 볼 때
　　'백지연(百枝緣)'은 지명으로 해석할 수 있을 듯하며, 의미는 '백지연'에서 다리
　　북쪽의 '오요(五窯)'에서 만든 새로운 동이이다. '오요'는 대개 기와 굽는 가마[窯]의
　　이름으로, 또한 '오(五)'는 '오(伍)'자의 잘못인 듯하다. 그러나 아마 반드시 정확
　　하지는 않은 듯하며, 다른 탈자와 오자가 있는지 없는지 알 수 없어 의문점이 남

가 있다. 구입한 동이의 바닥에는 모두 약간의 칠을 하였는데, 그것은 물이 샐까 염려했기 때문이다.

慮其津矣.

【42】 항아리 기름칠하기[塗甕]50)

무릇 항아리는 7월에 만든 질그릇[坏]51)이 가장 좋으며, 8월이 그 다음이고, 다른 달의 항아리는 적당하지 않다. 무릇 항아리는 크든 작든 반드시 기름을 칠하는데, (기름을) 칠하지 않으면 물이 스며들어 어떤 물건을 가공할 때 대부분 변질되니 특별히 유의해야 한다. 새로 항아리를 구입할 때 먼저 물을 담거나 비를 맞아서는 안 된다.

칠하는 법으로 땅에 작은 구덩이를 파고, 구덩이 곁에 2개의 구멍을 뚫는다. 구멍 사이로 공기가 통하게 하고 불을 당겨 구덩이 속의 탄을 피운다. 항아리 주둥이를 거꾸로52) 하여 구덩이 위에 걸쳐 연기를 쐰다. 열기가

【四十二】塗甕:
凡甕, 七月坏爲上,
八月爲次, 他月者不
堪. 凡甕, 大小須塗
治㉗, 不塗則津滲,
所造物多壞, 特㉘宜
留意. 新買甕, 勿使
盛水及著雨.

塗法. 掘地爲小
坑, 傍開兩道. 以引
火, 生炭於坑中. 合
甕口於上, 披而薰
之. 火盛則破, 少則

는다고 하였다. 하지만 몇 년 후 묘치위, 『사시찬요선독(四時纂要選讀)』, 농업출판사, 1984, 56쪽.(이후에는 '묘치위 선독'이라 약칭한다.)에서 '백지'는 강의 이름이며, '오요'는 다섯 개의 가마로 해석하고 있다.

50) 본 항목은 『제민요술』 권7 「항아리 바르기[塗甕]」편을 채록한 것이다. 본 내용 중 '수식지(手拭之)'는 『제민요술』에서는 '수막지(手摸之)'라고 적었는데 그 의미가 더욱 명확하다. "俗以蒸甕"은 『제민요술』에서는 "俗人釜上蒸甕者"라고 적었는데, 만약 『사시찬요』에 빠진 글자가 없다면 이 또한 지나치게 간략하게 줄여서 뜻이 명백하지 않다. 마지막 구절의 "冬藏, 宜依此法" 역시 씻은 후에 "日中曝乾"을 가리키는 것인지 아닌지를 알 수 없다.

51) '배(坏)'자는 현재 '배(坯)'로 쓴다.

52) '피(披)'에는 '번(翻)'의 의미가 있는데, 책을 넘기면서 읽는 것을 '피람(披覽)'이라고 부르는 것처럼 이는 즉 뒤집는 것을 말한다.

강하면 깨지고 열기가 약하면 열을 받기가 어려우니 힘써 적당하게 조절해야 한다.

자주 손가락으로 항아리를 만져 보아 뜨거워 손이 붙을 정도가 되면 바로 그만둔다. (질그릇을 바로 세워) 즉시 뜨거운 기름을 항아리 속에 쏟아 붓고 돌려서 (기름이) 두루 스며들게 하되 기름이 식어서 더 이상 스며들지 않게 되면 이내 그만둔다. (사용하는 기름은) 양 기름이 제일 좋고 돼지기름이 그 다음이다. 민간에서 삼씨기름을 사용한다고 하는데 이는 크게 착각한 것이다. 만약 기름이 탁해서 (항아리 속의 틈새로) 스며들지 않는다고 하여53) 단지 그 속을 한 번만 닦아 주는 것은 좋지 않다. 민간에서는 항아리에 증기를 쐬기도 하는데 이는 물기가 생겨서 이 또한 좋지 않다. 기름을 칠해서 (옹기의) 결함을 해결한 후에54) 열탕 몇 되[升]로 씻은 후 도리어 차가운 물을 담아 둔다. 며칠 뒤에 사용한다. 사용할 때는 다시 깨끗이 씻어서 햇볕에 잘 말려 사용한다. 겨울에 물건을 저장할 때도 마땅히 이 방법에 따라 처리한다.

難熱, 務令調適.

數以手拭之㉙, 熱灼人手便下. 瀉熱脂於瓮中, 迴轉令極周遍, 脂冷不復滲乃止. 羊脂第一, 猪脂爲次. 俗云用麻子脂㉚, 大惧人. 若脂不濁流, 只一遍拭者, 亦不佳. 俗以蒸瓮, 水氣, 亦不佳. 脂煞訖, 以熱湯數升刷之, 却盛冷水. 數日後用. 用時更淨洗, 日中曝乾. 冬藏, 宜依此法.

---

53) '탁류(濁流)'는 불순물이 혼합되어 천천히 흐르고 있는 기름을 가리키는 것으로, 기름이 항아리의 빈 공간 속에 스며들게 하도록 만드는 것이다.

54) 어떤 물건을 처리할 때 변화를 발생케 해서 어떤 결함을 억제하거나 방지하는 것을 '살(煞)'이라고 한다.

【43】 구기자 수확하기[收苟杞子][55]

가을과 겨울 사이에 수확한 종자를 먼저 물을 넣은 동이 속에서 주물러 흩트려서 햇볕에 말린다.

봄이 되면 먼저 땅을 부드럽게 갈고 넓은 이랑[畦]을 만든다. 넓은 이랑에는 깊이 5치의 고랑을 파서 모두 5개의 작은 이랑[壟]을 만든다.[56] 작은 이랑 속에는 팔뚝 굵기 정도의 짚단을 묶어 깔되, 길이는 큰 이랑의 크기와 같이[57] 한다. 짚단 위에 진흙을 안쪽까지 두루 바른다. 진흙 위에 구기자를 파종하는데 조밀도는 적당하게 한다. 그 위에 고운 흙 한 층을 두루 덮고, 또 섞은 소똥을 한 층 덮고, 다시 흙을 한 층의 흙을 덮어서 큰 이랑을 평

【四十三】 收苟[31] 杞子: 秋冬間收得 子, 先於水盆中挼令 散[32], 曝乾.

候春, 先熟地, 作 畦. 畦中去却五寸 土, 勾作五壟. 壟中 縛草稕如臂, 長短 畦. 即以泥塗草稕 上, 裹令遍通. 即以 苟杞子布於泥上, 令 稀稠得所. 即以細土 蓋一重, 令遍, 又以 爛牛糞一重, 又以一

---

55) 본 항목은 『사시찬요』의 본문이다. 오름의 『종예필용』과 유정목(兪貞木)의 『종수서(種樹書)』에 모두 채록되어 있다. 그러나 『농상집요』에는 인용하지 않았고 도리어 『박문록(博聞錄)』에서 인용하여 기록하고 있다.

56) "넓은 이랑에는 깊이 5치의 고랑을 파서 모두 5개의 작은 이랑을 만든다.[畦中 去却五寸土, 勾作五壟.]"라고 하는 것은 『종예필용』·『종수서』에는 모두 간략하게 "畦中去五寸土, 勾作壟."(『종예필용』에는 '토(土)'가 '오(五)' 앞에 있다.)이라고 하였다. 실제 【계미자본】에서는 '勾'로 쓰여 있으나 【중각본】과 【필사본】에서는 '勺'으로 적혀 있다. 묘치위 교석본에 따르면, 큰 이랑 중에 5치 깊이의 고랑을 파서 작은 이랑을 만들었는데, 작은 이랑의 길이는 폭이 넓은 이랑의 너비와 같다고 해석하고 있다. 하지만 『사시찬요』에서 큰 이랑의 길이는 5개의 작은 이랑의 길이와 같다고 한다. 「삼월」【33】 항목에는 "큰 이랑[畦]은 폭 한 보(步), 길이는 지형에 맞게 만든다. (큰 이랑 위에) 가로로 (작은) 이랑[壟]을 만드는데 이랑 사이에 한 자[尺] 정도 거리를 띄우고, 깊이는 5-6치[寸]로 한다."라고 하여서 만드는 방법은 서로 비슷하다.

57) 풀(혹은 볏짚)을 묶어서 다발을 만드는 것을 '준(稕)'이라 한다. '여비(如臂)'는 팔뚝 굵기를 가리키며 '여휴(如畦)'는 폭이 넓은 이랑의 가로 폭을 가리킨다. 『격치총서(格致叢書)』본의 『종수서』에는 "長與壟等"이라 쓰여 좀 더 명확하다. 묘치위는 교석본에서 '여(如)'자를 추가하여 '長短如畦'라고 쓰고 있다.

평해지게 한다.

　싹이 나면 물을 준다. 먹기에 적당한 정도로 자라면 바로 자르는데, 부추를 자르는 법과 같다.

　매번 파종은 2월 초에 한다. 1년에 5차례 자를 수 있다.

　구기를 파종하고자 하면 단 것을 골라 파종하거나 혹은[58] 뿌리와 잎이 커고 두꺼우며 가시가 없는 것을 파종한다. 가시가 있고 잎이 작은 것은 구극苟棘[59]이라고 부르며 파종하기에 적합하지 않다.

重土, 令畦平.

　待苗出時, 以水澆之. 堪喫, 便剪, 如韭法.

　每種用二月初. 一年只可五度剪.

　欲種, 取甘者種之, 若種根葉厚大無刺者. 有刺葉小者, 名苟棘, 不堪.

---

58) '약(若)'은 '혹(或)'자로 해석된다.

59) 『도경본초』에서는 "지금 전하는 구기(枸杞)와 구자(枸棘)라고 하는 두 종류는 서로 유사하지만 열매 형태가 길고 가지에 가시가 없는 것이 진짜 구기(枸杞)이다. 둥글지만 가시가 있는 것은 구극이다. 구극은 약에 넣어서는 안 된다."라고 하였다. 심괄(沈括)의 『몽계필담(夢溪筆談)』권26에 이르길 "구기(枸杞)는 섬서의 변경지역에서 생산되는 것은 높이가 한 길 남짓이고 큰 것은 기둥을 만들 수 있으며 잎 길이는 수 치[寸]이고 가시가 없으며 뿌리껍질은 두툼하고 맛은 달콤하여서 다른 것과는 다르다. 살피건대 가지과의 구기(Lycium chinense Mill.)는 덩굴성 관목이고 통상 짧은 가시가 있으며 현재 하북(주로 천진)·하남·섬서와 사천 등지에서 생산되는 '진구기(津枸杞)'의 과실은 육질이 두껍고, 알갱이가 크며 맛은 더욱 달다. 그 외에 영하구기(Lycium chinense L.)가 있는데 또 '서구기(西枸杞)'라고도 한다. 본 종류는 심괄이 기록한 것과 『사시찬요』가 말한 "뿌리와 잎이 두껍고 커서 가시가 없는 것"과 더불어 비슷하다. 다만 남부 각지에서 생산되는 토종 구기는 대부분 과실이 작고 육질이 얇거나 없으며 씨가 많고 맛에 차이가 있다. 심지어는 써서 약용 효능 면에서도 차이가 있어서 어떤 것은 약으로 쓰지도 못한다. 이 종류가 바로 『사시찬요』에서 말한 '구극(枸棘)'에 해당한다.

그림 22_ 선령비仙靈脾와 말린 잎   그림 23_ 원지(遠志)와 뿌리

✿ 교 기

1 '열(劣)': 【중각본】과 【필사본】에서는 '勞'로 쓰고 있다.

2 '지(知)': 【필사본】에서는 '如'로 표기하고 있다.

3 '압(壓)': 【중각본】과 【필사본】에서는 '壓'으로 쓰고 있다. 이하 동일하여 별도로 교기하지 않는다.

4 '쇄(碎)': 【필사본】에서는 '破'로 쓰고 있다.

5 '수(隨)': 【중각본】과 【필사본】에서는 '髓'로 적고 있다.

6 '탕침(湯浸)': 【필사본】에서는 '浸湯'으로 도치하고 있다.

7 '승(升)': 【중각본】과 【필사본】에서는 '斤'으로 표기하고 있다.

8 【계미자본】과 【필사본】의 이 문단에 등장하는 小注 중 "熬, 別爛搗"와 "甘草湯浸三宿, 以半斤牛乳. 瓷瓶中沒炊."을 제외하고는 모두 본문과 같은 큰 글자로 되어 있다.

9 '출거(出去)': 【필사본】에서는 '去出'로 도치하고 있다.

10 【중각본】과 【필사본】에서는 '取'자를 小注에 포함시켜 작은 글자로 쓰고 있다.

11 【필사본】에서는 '右'자를 '石'자로 표기하고 있다.

12 '구(苟)': 【계미자본】의 '苟'는 【중각본】과 【필사본】에 근거할 때 '枸'가 합당해 보인다. 그리고 '苟' 앞의 '炙'가 【필사본】에서는 본문과 같은 큰 글자로 되어 있다.

13 '팔분(八分)': 【중각본】과 【필사본】에서는 본문과 같은 큰 글자로 쓰고 있다.

14 '무이(蕪夷)'는 느릅나무의 열매로 약용으로 사용된다. 따라서 【중각본】과 【필사본】에 의거하여 '蕑'자로 고쳐 쓰는 것이 합당해 보인다.

15 【필사본】에서는 '井'자 뒤에 '花'자를 추가하고 있다.

16 '불시(不示)': 【중각본】에서는 '不爾'로, 【필사본】에서는 '不甬'으로 표기하고 있다.

17 '연화(煙火)': 【중각본】과 【필사본】에서는 '烟灰'라고 표기하고 있다.

18 【필사본】에서는 '栗樹'를 '樹樹'로 적고 있다.

19 '각(閣)': 【필사본】에서는 '閣'로 표기하고 있다.

20 '장(匠)': 【중각본】과 【필사본】에서는 '上'으로 표기하고 있다.

21 '우(雨)': 【필사본】에는 글자를 고쳐 쓴 흔적이 있다.

22 '타(墮)': 【필사본】에서는 '隨'로 표기하고 있다.

23 '일(一)': 【필사본】에는 이 글자가 누락되어 있다.

24 '활(闊)': 【필사본】에서는 '濶'로 표기하고 있다.

25 '연(緣)': 【필사본】에서는 '椽'로 표기하고 있다.

26 '소(小)': 【중각본】과 【필사본】에서는 '少'로 쓰고 있다.

27 '치(治)': 【중각본】과 【필사본】에서는 '脂'로 쓰고 있다.

28 '특(特)': 【필사본】에서는 '時'로 쓰고 있다.

29 '지(之)': 【필사본】에는 이 글자가 누락되어 있다.

30 '지(脂)': 【필사본】에서는 '油'로 쓰고 있다.

31 '구(苟)': 【중각본】과 【필사본】에서는 '枸'라고 쓰고 있다.

32 '산(散)': 【필사본】에서는 '撒'로 쓰고 있다.

3. 잡사와 시령불순

❀

【44】 잡사雜事

담장을 쌓는다. 북쪽 창문 빈틈을 흙칠하여 메운다.

합사비단[縑帛] · 베[布] · 솜[絮]을 내다 판다.

조와 대소두大小豆 · 삼씨와 오곡 등을 시장에서 사들인다.

땔나무와 숯을 팔 수 있다.

거적을 짜서 (추위를 대비하기 위해) 소 · 마구간을 가린다.

회화나무 열매와 개오동나무 열매를 거둔다. 쇠무릎과 지황을 수확한다.

(짚 등으로 짜서) 소옷[牛衣]을 짓는다.

장안[京]에서 나귀와 말을 구입하는데 사려는 자가 적을 때는 가려 구입할 수 있다.

또 자홍색 비단 · 적삼 · 파초를 짠 베[蕉葛]60) · 명석을 구입한다.

오래된 양탄자와 면솜 등을 내다 판다.

포도나무 덩굴을 똬리 틀어 땅에 묻고,61)

【四十四】 雜事:

築垣墻. 墐北戶.

賣縑帛、布、絮.

粜粟及大小豆、麻子、五穀等.

可出薪炭.

可縛薦, 遮掩牛、馬屋.

收槐實梓實. 收牛膝地黃.

造牛衣.

可買驢馬京中, 選人少時, 有可揀.

又買緋紫帛、衫段②、蕉葛、簟席.

賣故氈、緜絮等.

盤廛③蒲桃, 包裹

---

60) '초갈(蕉葛)'은 파초[甘蕉]류의 섬유로 짜서 만든 베인데, 복건성[閩]과 광동성[粵] 등지에서 생산된다. 이 구절은 '경중(京中)'에서 자기가 쓸 것을 사들이거나 내다파는 것을 의미한다.

61) 『제민요술』 권4 「복숭아 · 사과 재배[種桃柰]」편에서는 포도덩굴을 묻는 것에 관하여 "10월 중에는 한 보(步) 간격으로 한 개의 구덩이를 파고 포도 덩굴을 모아서 말아 모두 구덩이 속에 묻어 둔다. …이듬해 2월 중에는 다시 꺼내서 깔끔하게 정리하여 바로 세우고 당겨서 시렁 위에 둘러 준다. 포도의 성질은 추위에

밤나무 · 석류나무 밑동을 감싸 주는데, 그렇지 않으면 얼어 죽게 된다.[62]

　모든 곡식 종자와 대소두 종자를 거둔다.

　아교를 곤다.
　돼지를 친다.

【45】 10월 행춘령[孟冬行春令]

　10월에 봄과 같은 시령時令이 나타나 그해 겨울에 저장[凍藏]한 것이 탄탄하지 못하여 땅기운이 위로 새어나오게 되며 떠도는 사람이 많아진다.

【46】 행하령行夏令

　이달에 여름 같은 시령이 나타나면 해당 지역에 세찬 바람이 많고, 바야흐로 겨울이 되어도 춥지 않아 잠자던[蟄][63] 벌레가 다시 나오게 된다.

栗樹, 石榴樹, 不尒即凍死.④

　收諸穀種、大小豆種.

　煮膠.
　牧豕.

【四十五】 孟冬行春令: 則凍閉不密, 地氣上洩, 人多流亡.⑤

【四十六】 行夏令: 則國多暴風, 方冬不寒, 蟄虫復出.

　잘 견디지 못하므로 덮어 주지 않으면 얼어 죽게 된다."라고 하였다. 『사시찬요』 「이월」편 【71】 항목의 "포도를 펴서 시렁위에 올린다."와 위 본문의 "포도나무 덩굴을 똬리 틀어 땅에 묻고[盤瘞蒲桃]"는 모두 『제민요술』에 근거한 것이다. ('예(瘞)'는 묻는다는 의미이다.) 그러나 『제민요술』에서 어떻게 포도를 번식시키는지에 대해서 언급하고 있지 않기 때문에 『사시찬요』에도 포도를 옮겨 심는 기록이 없다.

62) 【계미자본】과는 달리 【중각본】에는 밤나무를 감싸 준다는 내용이 '石榴樹'와 '栗樹'를 분리하여 '雜事'항목의 마지막 부분에 "石榴樹亦包裹, 不爾凍死."라고 별도로 삽입하고 있다.

63) 【계미자본】과 【중각본】에는 '칩(蟄)'자로 쓰고 있는데, 【필사본】과 묘치위의 교석에서는 '칩(蟄)'자로 고쳐 쓰고 있다.

【47】 행추령行秋令

이달에 가을 같은 시령이 나타나면 서리와 눈이 때 없이 내린다.

【四十七】 行秋令: 則霜雪不時.[6]

❀ 교 기

1 '엄(掩)': 【필사본】에서는 이 글자가 누락되어 있다.

2 【계미자본】은 '삼단(衫段)'으로 쓰고 있지만, 【중각본】에서는 '衽段'으로 표기되어 있다. 묘치위의 교석에는 '衽'은 '삼(衫)'의 이체자로 보고 있으며, '가(段)'는 '단(段)'의 잘못된 글자이며, 지금의 '단(緞)'자에 해당한다고 한다.

3 예(瘞): 【중각본】과 【필사본】에서는 '瘞'자로 쓰고 있다.

4 "石榴樹, 不爾即凍死.": 【중각본】에서는 위치를 바꾸어 본 항목의 끝 부분에 "石榴樹亦包裹, 不爾凍死."로 쓰고 있고, 【필사본】에서도 본 항목의 끝에 "石榴樹亦包, 不甬凍死."로 표기하여 다소 표현을 달리하고 있다.

5 "地氣上洩, 人多流亡.": 【필사본】에서는 "地氣上泄, 民多流亡."으로 적고 있다.

6 【필사본】에서는 본 항목의 마지막 부분에 "小兵時, 起土地侵削"이란 말이 삽입되어 있다.

십일월十一月

四時纂要冬令卷第五

1. 점술·점후占候와 금기

❧

【1】 중동건자仲冬建子

(11월[仲冬]은 건제建除상으로 건자建子에 속한다.) 대설大雪1)부터 11월의 절기가 시작되며, 음양의 사용은 모두 11월의 법에 따른다. 이 시기의 황혼[昏]에는 실수室宿2)가 운행하여 남중하고, 새벽에는 진수軫宿3)가 남중한다.

동지冬至는 11월 중순의 절기에 해당한다. 이 시기의 황혼[昏]에는 벽수壁宿4)가 남중하고, 새벽에는 각수角宿5)가 남중한다.

【一】仲冬建子:[1]
大雪即得十一月節, 陰陽使用, 宜依十一月法. 昏, 室中, 曉, 軫[2]中.

冬至, 十一月[3]中氣. 昏, 壁中, 曉, 角中.

---

1) 24절기 중의 하나로서 양력 12월 7-8일쯤이며, 소설(小雪)과 동지(冬至) 사이이다.
2) 28수(宿) 중 13번째 별자리이다.
3) 28수(宿) 중 28번째 별자리이다.
4) 28수(宿) 중 14번째 별자리이다.
5) 28수(宿) 중 첫 번째 별자리이다.

【2】 천도天道

이달은 천도가 남쪽으로 향하기 때문에 가옥을 수리하고 짓거나 외출하는 것은 마땅히 남쪽방향이 길하다.

【3】 그믐과 초하루의 점 보기[晦朔占]

초하루에 바람이 불면 맥麥의 작황이 좋다. 바람이 서쪽에서 불어와 한나절[半日] 동안 그치지 않으면 도적이 들끓는다. 그믐에 비바람이 치면 봄에 가문다.

초하룻날이 동지冬至에 해당되거나 초하루에 일식[蝕]이 있으며, 초하룻날이 대설大雪에 해당되면 모두 그해에 기근[飢]이 생기고 전염병이 발생하고 재난이 생겨서 흉흉해진다.

【4】 11월의 잡점[月內雜占]

이달에 눈이 오면 좁쌀[米]의 값이 떨어지는데, 떨어진 것이 이듬해 가을이나 또는 금년 겨울까지 간다. 무지개가 뜨면 콩[大豆]의 작황이 좋다.

【5】 비로 점 보기[占雨]6)

겨울 임인壬寅일·계묘癸卯일에 비가 내리면 봄 곡식의 값이 매우 비싸진다. 갑신甲申일에서 기축己丑일에 이르기까지 비가 오면, 사들

【二】天道: 是月天道南行, 修造出行, 宜南方吉.

【三】晦朔占: 朔日有風, 麥善. 風從西來半日不止, 賊起. 晦日風雨, 春旱.

朔冬至, 朔日蝕, 朔大雪[4], 並年飢, 有疾, 有災, 凶.

【四】月內雜占: 月內有雪, 米賤, 賤在來秋或今冬. 虹出, 大豆善.

【五】占雨: 冬雨壬寅、癸卯, 春穀大貴. 甲申至己丑已來雨, 皆粜貴.

---

6) 이 항목은 「시월」편【5】 항목과 중복된다.

이는 곡식은 모두 비싸진다. 경인庚寅일 · 계사癸巳일에 비바람이 치면 구입한 곡식을 매각하여 (돈 등으로) 바꾼다. 모두 (막대기가) 땅속으로 5치[寸] 정도 들어가는 것을 징후로 삼는다.

庚寅、癸巳風雨，皆糶折. 皆以入地五寸爲候.[5]

【6】 동지잡점冬至雜占

동짓날에 먼저 한 길[丈] 길이의 막대기[表株]를 세워 그림자가 한 자[尺]이면, 역병이 크게 일어나고, 큰 가뭄이 들며, 더위가 몹시 심해지고, 크게 굶주린다. (그림자의 길이가) 2자이면, 천리에 재앙이 들어 토지가 황폐해진다. (그림자의 길이가) 3자이면, 큰 가뭄이 든다. 4자이면, 조금 가물게 된다. 5자이면, 중전中田의 수확이 좋다. 6자이면, 고전高田과 하전下田의 수확이 좋다. 7자이면 작황이 좋다. 8자이면, 물이 넘친다. (그림자의 길이가) 9자에서 한 길에 달하면 큰 수해를 입는다. 만약 해가 보이지 않는다면 (작황이) 가장 좋다. 그다음은 8자 길이의 막대기[表]를 세워서 그림자를 재어 (그림자의 길이가) 한 길 3치가 되면, 마땅히 소두小豆의 재배가 좋다.

【六】冬至雜占: 冬至日, 先立一丈表, 得影一尺, 大疫, 大旱, 大暑, 大飢. 二尺, 赤地千里. 三尺, 大旱. 四尺, 小旱. 五尺, 中田熟. 六尺, 高下熟. 七尺, 善. 八尺, 澇. 九尺及一丈, 大水. 若不見日爲上. 又次[6]立八尺表度影, 得一丈三寸, 宜小豆.

【7】 구름의 기운으로 점 보기[占氣]

동짓날 감坎괘에 따라서 일을 처리하는데, 한밤중 북방에 검은 구름[黑氣]이 있는 것은 감坎괘의 기운이 도달한 것으로, 소두小豆의 가격이 싸진다. 감坎괘의 기운이 이르질 못하면

【七】占氣: 冬至日坎卦用事, 夜半時北方有黑氣者, 坎氣至也, 小豆賤. 坎氣不至, 夏大寒

여름에 큰 추위[大寒]와 큰 수해[大水]가 닥치는데, (감의 위치가 대항하는) 이듬해 5월에 있기 때문이다.

而大水, 應在來年五月.

【8】 구름으로 점 보기[占雲]7)

동짓날 푸른 구름이 북쪽에서부터 오면, 그해에 풍년이 들고 백성들이 편안하다. 구름이 없으면 흉하다. 붉은 구름이 나타나면 가뭄이 든다. 검은 구름이 들면 수재가 일어난다. 흰 구름이 나타나면 전쟁이 발생하고 역병이 돈다. 누런 구름이 생기면 토목 공사가 활발해진다. 자시(子時: 11-1시)에 그것을 살핀다.

【八】占雲: 冬至日有青雲從北方來者, 歲美, 人安. 無雲, 凶. 赤雲, 旱. 黑雲, 水. 白雲則⑦兵及疾. 黃雲, 土功興. 子時候⑧之.

【9】 동지 후의 점 보기[冬至後占]

동지 후 첫날이 임壬일이면, 천리에 폭염과 가뭄이 든다. 둘째 날이 임일이면, 가뭄이 조금 든다. 셋째 날이 임일이면, 평상시와 같다. 넷째 날이 임일이면, 오곡이 풍년이 든다. 다섯째 날이 임일이면, 약간의 수재가 든다. 여섯째 날이 임일이면, 대수大水가 진다. 일곱째 날이 임일이면, 강둑이 터져 물이 넘친다. 여덟째 날이 임일이면 바다가 뒤집힌다. 아홉째 날이 임일이면, 크게 풍년이 든다. 열한 번째, 열두 번째 날이 임8)일이면, 곡식이 잘 자

【九】冬至後占: 冬至後一日得壬, 炎旱千里. 二日壬, 小旱. 三日壬, 平.⑨ 四日壬, 五穀豐熟. 五日壬, 小水. 六日壬⑩, 大水. 七日壬, 河決. 八日壬, 海翻. 九日壬⑪, 大熟. 十一日、十二日壬, 穀不成.⑫

---

7) 본 항목은 『주례(周禮)』「춘관(春官)・보장씨(保章氏)」및 수나라 두대경(杜臺卿)의 『옥촉보전(玉燭宝典)』권11에서 『역통괘험(易通卦驗)』을 인용한 것과 서로 유사하거나 동일한 기록이 있다.

라지 않는다.

【10】 바람으로 점 보기[占風]

동짓날 바람이 차면, 소두의 값이 싸진다. (동짓날) 얼음이 단단해지면 길하다. 얼음이 단단하지 않으면 여름에 우박이 내린다. 천기가 청명晴明하면, 만물이 성장하지 못한다. 바람이 많고 차면, 그해에 풍년이 들고 백성들이 편안하다.

동짓날 바람이 남[离]쪽에서 불어오면, 곡식이 귀해지는데, 귀해진 것이 45일간 이어지며 소두도 귀해진다.

동지의 전·후 하루는 점괘가 같다. 절기에 들어서면 모두 (점괘가) 동일하다. 북[坎]쪽에서 불어오면, 백성들이 편안하고 그해 풍년이 든다. 동[震]쪽에서 불어오면, 유모乳母가 많이 죽으며, 수재와 한재가 수시로 일어나고, 겨울에 사람들이 전염병에 걸린다. 북동[艮]쪽에서 불어오면, 정월에 구름이 많아진다. 남서[坤]쪽에서 불어오면, 해충이 작물을 해쳐서 사람들의 거처가 편안하지 못하다. 서[兑]쪽에서 불어오면, 가을에 비가 많이 내려서 사람들이 크게 근심

【十】占風: 冬至日風寒者, 小豆賤. 冰堅者, 吉. 不堅者[13], 夏有雹. 天氣晴明, 物不成. 多[14]風寒, 則年豐人安.

冬至日風從离來, 穀貴, 貴在四十五日中, 而小豆貴.

前後一日同占. 入[15]節並同. 坎來, 人安歲稔. 震來, 乳母多死, 水旱不時, 冬人溫疫[16]. 艮來, 正月多陰. 坤來, 虫傷禾稼, 人民不安其處. 兑來, 秋多雨, 人大愁. 巽來, 虫生傷物. 乾來, 夏多寒.

---

8) 천간(天干)의 기록에 이르길 10일에 한 번 순환하기 때문에 "十一日, 十二日壬"은 바로 이미 말한 '一日壬'·'二日壬'인데, 여기에서는 모순되어 통하지 않는다. 송대 진원정(陣元靚) 『세시광기(歲時廣記)』 권38 '복임일(卜壬日)'에서 『청대점법(淸臺占法)』을 인용한 것에는 본 조항과 완전히 동일한 기록이 있지만 "十一日, 十二日壬"이란 말은 없다.

한다. 남동[巽]쪽에서 불어오면, 벌레가 생겨 작물에 피해를 준다. 서북[乾]쪽에서 불어오면, 여름에 추운 날이 많다.

동짓날이 (오행의) 수水에 해당하면, 전염병[溫疫]이 극성을 부린다. 토土에 해당하면, 천둥 치는 소리가 (이어져) 물 흐르는 소리와 같다.

무릇 8개의 절기9)에 바람과 구름, 해의 그림자로 점을 치며,10) 구름 끼고 어두운 날은 (동지) 전, 후 첫째 날과 점괘가 동일하다.

冬至以水, 溫疫盛行. 以土, 雷聲[17]如水流.

凡八節占風雲日影, 遇陰晦, 前後一日同占.

【11】 11월 중에 지상의 길흉 점 보기[月內吉凶地]

천덕天德은 손巽의 방향이고, 월덕月德은 임壬의 방향이며, 월공月空은 병丙의 방향이다. 월합月合은 정丁의 방향이며, 월염月壓은 자子 방향이고, 월살月煞은 미未의 방향에 있다.

【十一】 月內吉凶地: 天德在巽, 月德在壬, 月空在丙. 月合在丁, 月壓在子, 月煞在未.

---

9)【계미자본】에는 '팔절(八節)'이라 표기하고 있으나 【중각본】에서는 '입절(入節)'로 쓰고 있다. 묘치위의 교석본에 따르면, 팔절은 사물의 기색을 말한 것으로, 일찍이 『좌전(左傳)』「희공5년(僖公五年)」에는 (11월 초하루 동지) "희공이 이미 초하루의 기상을 보고 마침내 관대에 올라서 멀리 바라보았다. … 무릇 '분(分)'·'지(至)'·'계(啓)'·'폐(閉)'는 반드시 기색의 변화를 기록한 것으로 그에 대한 대비가 있었기 때문이다.[公旣視朔, 遂登觀台以望. … 凡分、至、啓、閉, 必書云物, 有備故也.]"라고 하였다. 두예가 주석하길 "분은 춘분·추분이다. 지는 동지·하지이다. 계는 입춘·입하이다. 폐는 입추·입동이다. '운물(云物)'은 기색에 따른 재이의 변화이다."라고 하였다. 『사시찬요』에는 8개의 절기에 구름과 해 그림자로서 점쳤음을 알 수 있다.

10) 이 부분은 묘치위의 교석본과 와타베 다케시[渡部 武]의 역주고는 문장의 구독 방식에서 차이가 있다. 묘치위는 "8절일에 바람과 구름을 점친다."라고 하는 데 반해, 와타베 다케시는 "절일에 들어서면서 바람·구름·해의 그림자로 점친다."라고 해석하며, '우음회(遇陰晦)'를 뒷문장과 연결시키고 있다.

【12】 황도黃道

신申일은 청룡靑龍자리에 위치하고, 유酉일은 명당明堂자리에, 자子일은 금궤金匱의 자리에 위치한다. 축丑일은 천덕天德의 자리에, 묘卯일은 옥당玉堂의 자리에, 오午일에는 사명司命의 자리에 위치한다.

【13】 흑도黑道

술戌일은 천형天刑의 자리에 위치하고, 해亥일은 주작朱雀의 자리에 위치하며, 인寅일은 백호白虎의 자리에 위치한다. 진辰일은 천뢰天牢의 자리에 위치하며, 사巳일은 현무玄武의 자리에 위치하고, 미未일은 구진勾陳자리에 위치한다.

【14】 천사天赦

갑자甲子일이 길하다.

【15】 출행일出行日

인寅일은 돌아가는 것을 꺼리는 날이고, 술戌일은 재앙[天羅]이 있다. 유酉일은 형옥刑獄이고, 20일은 궁窮일이다. 계해癸亥일에는 결코 멀리 나가거나, 장가들고 시집가거나, 관청에 나아갈 수 없으며 (하게 되면) 모두 흉하다.

【16】 대토시臺土時

이달 매일 해가 기우는 미시(未時: 오후 1-3시)11)가 이때이다. (이때) 나간 자는 가서 돌아

【十二】 黃道:
青龍在申, 明堂在酉, 金匱在子. 天德在丑, 玉堂在卯, 司命在午.

【十三】 黑道:
天刑在戌, 朱雀在亥, 白虎在寅. 天牢在辰, 玄武在巳, 勾陳在未.

【十四】 天赦:
甲子日是也.

【十五】 出行日:
寅爲歸忌, 戌[18]爲天羅. 酉[19]爲刑獄, 二十日爲[20]窮日. 癸亥日, 並不可遠行嫁娶上官, 皆凶.

【十六】 臺土時:
此月每日日昳未時是也. 行者[21]往而不

오지 못한다.

【17】살성을 피하는 네 시각[四煞沒時]

사계절의 중월[四仲]에 건乾의 날에는 술戌시 이후 해亥시 이전의 시간에 행하며, 간艮의 날에는 축丑시 이후 인寅시 이전의 시간에 행한다. 곤坤시의 날에는 미未시 이후 신申시 이전에, 손巽의 날에는 진辰시 이후 사巳시 이전에 행한다. 이상의 네 시각에는 온갖 일을 할 수 있으며, 상량과 매장하기 및 관청에 나가는 것 모두 길하다.

【18】제흉일諸凶日

유酉일은 하괴河魁하고, 묘卯일 천강天岡하며, 오午일은 낭자狼藉한다. 신申일은 구초九焦하고, 오午일은 혈기血忌하며, 오午일은 천화天火하고, 묘卯일은 지화地火한다. 주석은 「정월」에 서술하였다.

【19】장가들고 시집가는 날[嫁娶日]

아내를 구할 때는 미未일이 길하다. 천웅天雄이 신申의 위치에 있고 지자地雌가 술戌의 위

返.

【十七】四煞沒時: 四仲之月, 用乾時戌後亥前, 艮時丑後寅前. 坤時未後申前, 巽時辰後巳前. 巳上四時, 可爲百事, 架屋埋葬上官, 皆吉.

【十八】諸凶日: 河魁在酉, 天岡在卯, 狼藉在午. 九焦在申, 血忌在午, 天火在午, 地火在卯. [22] 注[23] 具正月門中.

【十九】嫁娶 [24] 日: 求婦未日吉. 天雄在申, 地雌在戌,

---

11) 해가 서쪽으로 기울기 시작하는 것을 '질(昳)'이라고 부른다. 『상서(尚書)』「무일(無逸)」편에서는 "아침부터 일중오에 이르는 것"이라고 적고 있다. 공영달(孔穎達)의 『소(疏)』에서 이르길 "'오(昊)' 또한 '질(昳)'이라고 칭하며 (해가 정오를) 넘어가는 것을 말하는데, 이것은 미시(未時)를 일컫는다."라고 하였다. 본서 「정월(正月)」편 주석 참조하라.

치에 있으면, 이날에는 장가들고 시집갈 수 없다. 신부가 가마에서 내릴 때는 건시乾時가 길하다.

이달에 태어난 남자는, 2월·8월에 태어난 여자에게 장가들 수 없다.

이달에 납재를 받은 상대가 금덕의 명[金命]을 받은 여자라면 집안사람들에게 좋으며 길하다. 목덕의 명[木命]을 받은 여자는 자식에게 좋다. 수덕의 명[水命]을 받은 여자라면 그런대로 평범하다. 화덕의 명[火命]을 받은 여자라면 흉하다. 토덕의 명[土命]을 받은 여자는 자식이 고아가 되거나 과부가 된다. 납재하기 좋은 날은 병자丙子·계묘癸卯·을묘乙卯일이다.

이달에 시집갈 때, 축丑 혹은 미未일에 시집간 여자는 길하다. 자子일 혹은 오午일에 시집간 여자는 스스로 자신의 운을 막으며, 사巳일과 해亥일에 시집간 여자는 남편을 방해한다. 묘卯일과 유酉일에 시집간 여자는 시부모를 방해하며, 진辰일과 오午일에 시집간 여자는 장남과의 관계가 좋지 않고, 인寅일과 신申일에 시집간 여자는 친정부모에게 걱정을 끼친다.

천지의 기가 빠져나가는 날인 무오戊午·기미己未·경진庚辰, 5개의 해亥일에는 장가들거나 시집가서는 안 되는데, (하게 되면) 생이별을 하게 된다. 겨울 임자일은 구부九夫에 해를 끼친다.

음양이 서로 이기지 못하는 날은 정묘丁

不可嫁娶. 新婦下車乾時吉.

此月生人, 不娶[25]二月、八月生女.

此月納財, 金命女, 宜家人, 吉. 木命女, 宜子. 水命女, 自如. 火命女, 凶. 土命女, 孤寡. 納財吉日, 丙子、癸卯、乙卯.

是月行嫁, 丑未女吉. 子午女妨身, 巳亥女妨夫. 卯酉女妨舅姑, 辰午[26]女妨首子, 寅申妨[27]父母.

天地相去日, 戊午、己未、庚辰、五亥日, 不可嫁娶, 主生離. 冬壬子, 害九夫.

陰陽不將日, 丁

卯・기사己巳・기묘己卯・경진庚辰・신사辛巳・경인庚寅・신묘辛卯・임진壬辰・신축辛丑・임인壬寅・정사丁巳일이다.

【20】 상장일喪葬日

이달에 죽은 사람은 자子년・오午년・묘卯년・유酉년에 태어난 사람을 방해한다. 상복 입는 시기[斬草]는 신묘辛卯・갑오甲午・갑인甲寅일이 좋다. 염殮하기는 병인丙寅・경자庚子・병신丙申・을묘乙卯・신유辛酉일이 길하다. 매장葬일은 임신壬申・갑신甲申・임오壬午・을유乙酉・경인庚寅・임인壬寅・병오丙午・경자庚子・기유己酉일이 길하다.

【21】 육도의 추이[推六道]

천도天道는 곤坤・간艮의 방향이고, 사도死道는 정丁・계癸의 방향이며, 지도地道는 갑甲・경庚의 방향이다. 병도兵道는 을乙・신辛의 방향이며, 인도人道는 건乾・손巽의 방향이고, 귀도鬼道는 병丙・임壬의 방향이다.

【22】 오성이 길한 달[五姓利月]

우성羽姓이 길한 해[年]와 날[日]은 자子・인寅・묘卯・미未・신申・유酉의 때를 이용한다.

卯、己巳、己卯、庚辰、辛巳、庚寅、辛卯、壬辰、辛丑、壬寅、丁巳.

【二十】喪葬日:[28] 此月死者, 妨子、午、卯、酉人. 斬草, 辛卯、甲午、甲寅. 殯, 丙寅、庚子、丙申、乙卯、辛酉. 葬日[29], 壬申、甲申、壬午、乙酉、庚寅、壬寅、丙午、庚子、己酉, 吉.

【二十一】推六道: 天道坤艮[30], 死道丁癸, 地道甲庚. 兵道乙辛, 人道乾巽[31], 鬼道丙壬.

【二十二】五姓利月: 羽, 吉年與日利, 用子、寅、卯、

상성商姓이 크게 길한 해와 날은 자子·묘卯·
진辰·사巳·신申·유酉 때를 이용하면 길하
다.12)

【23】 기토起土

비렴살[飛廉]은 신申의 방향에 위치하고, 토
부土符는 진辰의 방향에 있으며, 토공土公은 술戌
의 방향에 있고, 월형月刑은 묘卯의 방향에 있다.
남쪽방향을 크게 금한다. 흙을 다루기 꺼리는
날은 신유辛酉, 신묘辛卯일이다. 이상의 날에는
기토해서는 안 되는데, (하게 되면) 흉하다.

월복덕月福德은 사巳의 방향에 있고, 월재
지月財地는 유酉의 방향에 있다. 이상의 방향에
서 흙을 취하면 모두 길하다.

【24】 이사移徙

큰 손실[大耗]은 오午의 방향에 있고, 작은
손실[小耗]은 사巳의 방향에 있다. 오부五富는 사
巳의 방향, 오빈五貧은 해亥의 방향에 있다. 이
사는 빈貧과 모耗의 방향으로 갈 수 없는데, (가
게 되면) 흉하다. 일(日)·진(辰) 또한 마찬가지다. 임
자壬子일·계해癸亥일에는 이사移徙·입택入宅하
거나 시집·장가[嫁娶]가서는 안 되는데, (하게
되면) 흉하다.

未、申、酉. 商[32],
大利年與日利,　用
子、卯、辰、巳、
申、酉, 吉.

【二十三】起土:
飛廉在申, 土符在辰[33],
土公在戌,　月刑在
卯. 大禁南方. 地囊,
辛酉、辛卯.[34] 巳上
不[35]動土, 凶.

月福德在(巳, 月)[36]
財地在酉.　巳上取
土並吉.

【二十四】移徙:
大耗在午,　小耗在
巳. 五富在巳, 五貧
在亥.　移徙不可往
貧耗方, 凶. 日辰亦同.
[37]壬子、癸亥, 不可
移徙、入宅、嫁娶,
凶.

---

12) 본 항목에서 '궁(宮)'·'각(角)'·'치(徵)'에 대한 기록은 없는데, 분명 빠졌을 것
으로 보인다.

【25】 상량上樑하는 날[架屋]

갑자甲子일·기사己巳일·임신壬申일·경인庚寅일·신축辛丑일·신미辛未일·경진庚辰일·을해乙亥일·신사辛巳일·갑신甲申일이며, 이상의 날에 상량하면 길하다.

【26】 주술로 질병·재해 진압하는 날[禳鎭]

공공씨共工氏에게 재주 없는 아들이 있었는데, 동짓날에 죽어 역귀가 되었고, (생전에) 팥을 두려워하였다. 이러한 이유로 동짓날에는 팥죽을 쑤어서 역귀를 물리쳤다.[13]

16일에 목욕沐浴하면 길하다. 10일·11일에 흰머리를 뽑으면, 영원히 나지 않는다. 11일에 목욕을 하면 안 되는데, 선가에서 크게 꺼리기 때문이다.

【27】 음식 금기[食忌]

이달에는 거북이[龜], 자라[鱉]를 먹어서는 안 되는데, 먹으면 사람에게 수포[水病]가 생기게 한다. 오래된 마른 포[陳脯]를 먹어서는 안 된다.[14] 원앙鴛鴦을 먹어서는 안 되는데, (먹으

【二十五】架屋: 甲子、己巳、壬申、庚寅、辛丑、辛未、庚辰、乙亥、辛巳、甲申, 已上日架屋[38]吉.

【二十六】禳鎭: 共工氏有不才子, 以冬至日死, 爲疫鬼, 畏赤小豆. 故冬至日以赤小豆粥壓之.

十六日沐浴, 吉. 十日、十一日拔白髮, 永不生.[39] 勿以十一日沐浴, 仙家大忌.[40]

【二十七】食忌: 是月勿食[41]龜鱉, 令人水病. 勿食陳脯. 勿食鴛鴦, 令人惡心. 勿食生菜, 患同

---

13) 본 단락은 『옥촉보전』 권11에서 『형초기』를 인용한 것에도 동일한 기록이 있다.

14) 남송 주수충(周守忠)의 『양생월람(養生月覽)』 권하(卷下) 「십일월(十一月)」에서도 "十一月, 勿念陳脯."라고 한 것을 보면 『사시찬요』의 내용을 참고했음을 알

면) 사람에게 나쁜 마음[惡心]을 갖게 하기 때문 | 九月.
이다. 생채生菜를 먹어서는 안 되는데, (먹어서
생기는) 질환은 「구월」과 같다.15)

🌸 교 기

[1] 【중각본】과 【필사본】에서는 '大' 앞에 '自'자가 추가되어 있다.

[2] '진(軫)': '軫'의 속자(俗字)로 【중각본】과 【필사본】에서는 '軫'으로 쓰고 있다.

[3] 【필사본】에서는 '十一月'을 '爲十一月'로 표기하고 있다.

[4] "朔冬至, 朔日蝕, 朔大雪": 【필사본】에서는 "朔冬至, 朔大雪, 朔日蝕"의 순서로 표기되어 있으며, 【중각본】에는 "朔日冬至, 朔日蝕, 朔日大雪"로 적고 있다.

[5] '후(候)': 【중각본】에는 '侯'라고 쓰여 있는데, 묘치위의 교석에는 【중각본】을 근거로 하였지만, '候'로 바꾸어 표기하고 있다.

[6] "우차(又次)": 【중각본】에서는 '又'자가 누락되어 있다.

[7] '칙(則)': 【중각본】과 【필사본】에서는 이 글자가 보이지 않는다.

[8] '후(候)': 【필사본】에서는 '應'으로 쓰고 있다.

[9] '평(平)': 【중각본】에서는 '平常'으로 적고 있다.

[10] '임(壬)': 【중각본】에는 '壬'자가 없으나, 묘치위는 교석에서는 【계미자본】과 같이 이미 '壬'자의 필요성을 제기하였다.

[11] 【필사본】에서는 '九日壬' 다음에 '禾麥'이 추가되어 있다.

[12] "十一日、十二日壬, 穀不成.": 【중각본】에는 서두에 '十日'이 추가되고, '穀'은 '五穀'으로 표기되어 있는 데 반해, 【필사본】에서는 "十日壬五穀不成"으로 되어

수 있다.

15) 「구월(九月)」편에는 생채 먹는 것을 꺼린다는 기록은 없다. (다른 달도 또한 마찬가지다.) 남송 주수충(周守忠)의 『양생월람』에서 『사시찬요』를 인용한 것에는 "11월에는 생채(生菜)를 먹어선 안 되며, 사람에게 고질병이 생겨난다."라고 쓰여 있다. 이는 곧 「구월(九月)」편에도 마찬가지로 "생채를 먹어서는 안 되며 (먹으면) 사람이 고질병이 걸린다."라는 기록이 있었으나 빠진 것으로 보인다.

있다.

⑬ 【필사본】에서는 '不堅者'를 '不堅'으로 적고 있다.

⑭ '다(多)': 【필사본】에는 이 글자가 누락되어 있다.

⑮ 【계미자본】과 【중각본】에는 '입(入)'자로 표기하고 있으나 묘치위의 교석본에는 '팔(八)'로 고쳐 쓰고 있다.

⑯ "冬人溫疫": 【중각본】과 【필사본】에서는 "冬溫人疫"이라고 표기하고 있다.

⑰ 【필사본】에서만 '聲'자를 '聨'으로 표기하고 있다.

⑱ '술(戌)': 【중각본】과 【필사본】에서는 '巳'로 표기하고 있다.

⑲ '유(酉)': 【필사본】에서는 '寅'으로 표기하고 있다.

⑳ "刑獄, 二十日爲": 【중각본】에는 마지막 '爲'자가 누락되어 있고, 【필사본】에서는 '刑獄'을 '天獄'으로 쓰고 있으며, 마지막 '爲'자도 생략되어 있다.

㉑ '자(者)': 【필사본】에는 '遠'으로 표기하고 있다.

㉒ '묘(卯)': 【중각본】과 【필사본】에서는 '子'로 표기하고 있다.

㉓ 【필사본】에서는 '注'를 '註'로 적고 있다.

㉔ '추(婑)': 【계미자본】에서는 【중각본】, 【필사본】과는 달리 기본적으로 '娶'라 표기했으며, 본 항목의 내용 중에도 '娶'라고 표기한 것을 보면 인쇄 과정에서의 착오로 보인다.

㉕ "生人, 不娶": 【필사본】에서는 "生男, 不可娶"라 하고, 이 중 【중각본】에서는 "生男, 不可娶"에서 '娶'를 '婑'로 쓰고 있다.

㉖ '오(午)': 【중각본】과 【필사본】에서는 '戌'자로 표기하고 있다.

㉗ '신방(申妨)': 【중각본】과 【필사본】에서는 '申妨' 두 글자 사이에 '女'자가 있다.

㉘ '상장일(喪葬日)': 【중각본】에서는 '喪葬'으로 표기하였다.

㉙ '장일(葬日)': 【중각본】에서는 '葬'으로 표기하고 있다.

㉚ '곤간(坤艮)': 【중각본】에서는 '艮坤'으로 도치하고 있다.

㉛ 【필사본】에서는 "死道丁癸, 地道甲庚. 兵道乙辛, 人道乾巽."의 순서를 바꾸어 "地道甲庚, 人道乾巽. 兵道乙辛, 死道丁癸."라고 표기하고 있다.

㉜ 【필사본】에서는 '商'을 '商'으로 표기하고 있다.

㉝ '진(辰)': 【필사본】에서는 '申'으로 표기하고 있다.

㉞ '묘(卯)': 【필사본】에서는 '未'로 표기하고 있다.

㉟ 【필사본】에서는 '不' 다음에 '可'자가 한 자 더 추가되어 있다.

㊱ '巳月' 두 글자가 훼손되어 판독이 명확하지 않다. 【필사본】과 【중각본】에 근거하여 이 글자를 보충하였다.

2. 농경과 생활

【28】 곡물종자 선별하기[試穀種]¹⁶⁾

최식崔寔의 「종곡법種穀法」에서 "동짓날에 오곡五穀의 종자 각각 한 되[升]씩 고르게

【二十八】 試穀種: 崔寔種穀^①法, 以冬至日平勻^②五穀各

---

16) 『제민요술』 권1 「종자 거두기[收種]」편에서 『범승지서(氾勝之書)』를 인용한 것에 가장 먼저 언급되어 있으며, 동시에 또한 최식(崔寔)의 것도 인용하고 있는데, 『사시찬요』에 기록된 것과 약간 다른 점이 있다. 『제민요술』의 원문에는 "『범승지서』에서 이르길 '… 이듬해 수확이 가장 적합한 곡물을 알려고 하면 (동짓날에) 포대 속에 조와 같은 각종 곡물을 담아서 (담을 때는 동일한 용기를 사용하여) 고르게 저울질하여 응달에 묻어 둔다. 동지 후 50일이 되면 땅속에서 파내어 다시 달아 보아 종자가 가장 많이 불어난 것이 이듬해에 파종하기에 가장 적합한 것이다.'고 하였다. 최식(崔寔)이 이르길 '오곡의 종자 한 되씩을 고르게 달고 서로 구분하여 작은 옹기(甕器) 속에 담아 담장의 북측 그늘진 곳에 묻어 둔다. … 나머지 방법은 앞의 방법과 동일하다.'"라고 하였다. 이른바 '여법동상[余法同上]'은 즉 『범승지서』의 "동지 후 50일째 되는 날에, … 그해 파종하기 적합하다.[冬至后五十日, … 歲所宜也.]"를 가리킨다. 『제민요술』에는 묻는 시기를 명확히 지적하지 않았지만, 『사시찬요』는 곧 '동지일(冬至日)'이라고 분명히 가리키고 있다. 본 내용에 대해 묘치위는 그의 교석본에서 한악(韓鄂)이 특별히 「자서(自序)」 중에서 지적한 것으로 보아 중시한 듯하지만 실제로는 미신적인 설명이라고 한다.

달아서 포대에 담아 북쪽 담장의 그늘진 곳에 묻어 둔다. 동지 후 15일째 되는 날에 꺼내어 그것을 달아, 부피가 가장 많이 늘어난 것이 그해에 파종하기에 적합하다."라고 하였다. 일설에는 '오십일(五十日)'이라고도 한다.[17]

【29】눈 녹은 물 저장하기[貯雪水][18]

『요술』에서 이르길[19] "이달에 그릇에 눈을 저장하여 땅속에 묻는다. (이후) 눈 녹은 물[雪水]로 곡물을 담가 파종하면 곧 수확이 배[倍]가 된다."라고 하였다.

【30】양 종자 거두기[羔種][20]

이달에 태어난 양 새끼가 가장 좋으며,

一升, 布囊盛, 北墙陰下埋之. 冬至後十五日, 發取平均之, 最多者歲宜之. 一云五十日.

【二十九】貯雪水: 要術云, 是月以器貯雪埋地中. 以水澮穀種之, 則收倍.

【三十】羔種: 是月生者爲上時, 同二 ③

---

17) 조선시대 『농사직설(農事直說)』(1429년)과 『사시찬요초(四時纂要抄)』(1655년)에서 본문의 문장과 유사한 기록이 있으나 오곡을 묻어 두는 시기를 '50일'이라고 하고 있다. 이것은 『범승지서』의 "동지 후 50일째 되는 날에 꺼내어 부피를 단다."는 중국의 농서를 참고했음을 말해 준다.

18) 조선시대 『사시찬요초』에는 '貯雪水'라는 항목이 없으나, 『증보사시찬요(增補四時纂要)』(1766년)에는 『사시찬요』와 마찬가지로 「십일월」에 "貯雪水. 大甕埋高燥陰地. 雨雪鈉而, 堅葦之蓋口."라고 서술되어 있는 것에서 그 관련성을 살필 수 있다.

19) 이른바 "요술운(要術云)"은 실제로 『제민요술』 권1 「조의 파종[種穀]」편에서 『범승지서』의 자료를 인용한 것이다. 『범승지서』에서는 눈 녹은 물을 이용해 뼈를 곤 즙[骨汁]에 곡물의 종자를 반죽한 것을 대신하는 것을 가리키는데, 단지 '겨울에 눈 녹인 물을 저장하는 것[冬藏雪汁]'을 말했을 뿐, 확실히 「십일월」에서는 언급하지 않았다. 또 『사시찬요』의 '이수(以水)'의 실제 의미는 "파종할 때에 이르러 그 물로써 … [至種時以其水 …]"이다.

20) 본 항목은 『제민요술』 권6 「양 기르기[養羊]」편에서 채록한 것으로 『사시찬요』에서 「정월」편 【78】 항목의 달을 구분하여 거듭 설명한 것이다. 그러나 이 항목에서는 "12월과 정월에 태어난 것이 가장 좋고, 11월에 태어난 것은 그다음이다."라고 설명하여 『제민요술』과 서로 부합되지만 본 항목과는 모순되는데, 본

「이월」에 때어난 것도 마찬가지이다.

【31】 새끼 돼지 김 씌우기[蒸独子]21)

이달에 태어난 새끼 돼지는 김을 씌우지 않으면 곧 정강이22)가 얼어서 죽게 된다. 대바구니에 새끼 돼지를 담아 시루 속에 두고 약한 불로 김을 씌우는데, 땀이 나면 곧 그만둔다.

【32】 잠자리 달리하기[別寢]23)

이달은 음양이 다투므로, 동지 전후로 각각 5일은 부부가 따로 잔다.

月.

【三十一】 蒸独子: 是月生者, 不蒸則脛凍而死. 宜以籠盛独子, 置甑中, 微火蒸之, 汗出則止.

【三十二】 別寢: 是月陰陽爭, 冬至前後各五日別寢.

✿ 교 기

1 '종곡(種穀)': 【필사본】에서는 '穀種'이라 표기하고 있다.
2 '균(勻)': 【중각본】에서는 '均'으로 표기하고 있다.
3 '이(二)': 【중각본】과 【필사본】에서는 '正'이라고 표기하고 있다.

항목은 실제로 「십이월」편에 있어야 하므로, 본 달에 잘못 나열한 것으로 보인다.
21) 본 항목은 『제민요술』권6 「돼지 기르기[養猪]」편에서 채록하였다.
22) 【계미자본】과 【중각본】『사시찬요』에는 '경(脛)'으로 쓰어 있는데, 묘치위의 교석에서는 『제민요술』에 의거해 '뇌(腦)'자로 고쳐 쓰고 있다. 논리적인 측면에서 볼 때 정강이보다 뇌가 더욱 합리적일 듯하다.
23) 본 항목은 최식의 『사민월령(四民月令)』「십일월」편에 유사한 기록이 있다.

3. 잡사와 시령불순

【33】 잡사雜事

땔나무와 숯[薪炭]·솜[縣絮]을 사들인다.

메벼[粳稻]·조[粟]·대소두大小豆·삼씨[麻子]²⁴⁾·
참깨[胡麻] 등을 사들인다.

나무를 베고 대나무 화살대[竹箭]²⁵⁾를 취하
는데, 이달에 자란 것이 가장 야물다.²⁶⁾

집기와 농기구를 만든다.

삼을 수확하여 빌린 돈을 상환하고, 고리
를 대가로 삼을 빌려준다.²⁷⁾

【三十三】 雜
事: 貨薪炭縣絮.

粜粳稻、粟、
大小豆、麻子、
胡麻等.

伐木取竹箭, 此
月堅成.

造什物農具.

折麻放麻.

---

24) 위 원문의 "粜粳稻 … 麻子"는『사민월령』「십일월」편에도 동일한 기록이 있
다.

25) 고대에는 단단하고 질긴 대나무를 취해서 화살대를 만들었는데, 사용된 대나
무는 전죽(箭竹; *Sinarundinaria.*)류이나 혹은 강죽(剛竹; *Phyllostachys.*)류의 대
나무이다.

26)『예기(禮記)』「월령(月令)」'중동지월(仲冬之月)'에서는 "해가 가장 짧아지면
바로 벌목하고, 대나무 화살을 취한다."라고 하였는데 정현의 주에는 "이때가 가
장 야문 시기이다."라고 하였다. 또한 전한 유안(劉安)의『회남자』「시칙훈(時
則訓)」에서도 "11월에 … 수목(樹木)을 베고 화살대를 취한다[仲冬之月 … 則伐
樹木, 取竹箭.]"라고 한다. 이를 통해 볼 때 11월에 나무를 베고 화살대를 만든
것은 선진시기부터 시작되었으며, 한대를 거쳐 당대까지 이어져왔다는 것을 알
수 있다.

27) 이 물건으로 저 물건을 배상하거나 혹은 실물로써 돈을 보상하는 것을 모두 '절
(折)'이라고 부른다. 묘치위 교석본에 따르면 '절마(折麻)'는 바로 두 종류의 상황
이 있을 수 있다. 전호가 새 삼[新麻]으로 조미(租米)를 바꾸어서 납부하거나 혹
은 채무자가 새로운 삼으로 빌린 돈을 갚는 것이 그것이다. '방마(放麻)'는 거두
어들인 삼을 고가로 빈민에게 주고, 이듬해 삼이 나올 시기에 금년의 높은 가격
으로 상환하는 것이다. 이처럼 일절(一折)과 일방(一放)의 사이에서는 착취계급

쑥과 멧대추나무[棘]를 베어 내고, 빈 터에 매년 사용하는 땔나무[年支草]를 쌓아 두어 6월과 가을장마 때에 팔면 2배의 이익을 얻을 수 있다.

【34】 11월 행춘령[中冬行春令]

11월에 봄과 같은 시령[時令]이 나타나면, 벌레와 메뚜기의 재앙이 생겨나며,[28] 샘이 줄어들고 말라서[29] 사람들이 옴이나 부스럼에 많이 걸리게 된다.

【35】 행하령 行夏令

이달에 여름 같은 시령이 나타나면, 해당 지역은 이내 가물게 되고, 검은 안개가 자욱하며, 천둥은 이내 큰 소리를 낸다.

刈蒿棘, 貯年(支)[1]草於隙地, 至六月及秋霖時, 俱利倍.

【三十四】 仲冬行春令: 則虫蝗爲敗, 水泉減竭[2], 人多疥癘.

【三十五】 行夏令: 則其國乃旱, 氛霧冥冥, 雷乃聲發.[3]

이 부당한 이익을 많이 취하였다. 글자에 비추어서 이와 같은 해석이 가능하나 '절(折)'과 '석(析)'은 매우 비슷하고 '방(放)'과 '방(紡)'도 비슷하며 또한 음도 같다. 때문에 '잡사(雜事)'의 "折瓶放瓶"가 "析瓶, 紡瓶"의 오류일 가능성도 없지 않다고 한다.

28) 와타베의 역주고에서는 이 문장을 "메뚜기의 피해가 없다."라고 해석하였는데 겨울철에 봄의 절기가 행해지면 땅속의 해충이 절멸되지 않아서 이듬해 크게 번식하여 농작물의 피해를 입을 가능성이 크기 때문에 "위패(爲敗)"를 "재앙을 입는다."라고 해석하였다.

29) 【중각본】에는 '탕(湯)'으로 쓰어 있으나 『예기(禮記)』「월령(月令)」,『여씨춘추』「십일월기(十一月紀)」 및 『회남자(淮南子)』「시칙훈(時則訓)」 등에서는 【계미자본】과 같이 '갈(竭)'로 표기하고 있으며, 이것이 합당하다고 판단하였다. '감갈(減渴)'은 오직 『여씨춘추(呂氏春秋)』[『사부총간(四部叢刊)』 영인명간본(影印明刊本)]에만 이 문장과 동일하게 보이나, 「월령(月令)」·「시칙훈(時則訓)」에서는 모두 '함갈(咸竭)'로 적고 있다.

【36】 행추령行秋令

　이달에 가을 같은 시령이 나타나면 하늘에서 이따금 진눈깨비[30]가 내려 외[瓜]와 박[瓠]의 수확이 좋지 않게 된다.

【三十六】行秋令：　則天時雨汁, 瓜瓠不成.[4]

❀ 교 기

[1] '支'자는 판독이 불가하다. 【중각본】과 【필사본】에 의거하여 이 글자를 보충하였다.

[2] '감갈(減竭)': 【중각본】에서는 '減湯'으로, 【필사본】에서는 '咸竭'로 표기하고 있다.

[3] '성발(聲發)': 【필사본】에서 이 글자를 '荓獙'이라고 적고 있다.

[4] 【필사본】에서는 이 달의 마지막 부분에 "國有大兵"이란 말을 추가하고 있다.

---

30) 『예기』 「월령」 정현의 주에서 '우즙(雨汁)'을 설명하길 "비와 눈이 섞여서 내린다."라고 하였다. 고유(高誘)가 『여씨춘추』 「십일월기(十一月紀)」를 주석하여 이르길 "열매의 껍질이 단단해지는 추금(秋金)은 (오행상) 물의 어머니이다. 겨울 절기는 백로(白露)이기 때문에 우즙(雨汁)이라고 한다."라고 하였다.

십이월十二月

四時纂要冬令卷第五

1. 점술·점후占候와 금기

❦

【1】 계동건축季冬建丑

(12월[季冬]은 건제建除상으로 건축建丑에 속한다.) 소한小寒부터 바로 12월의 절기節氣가 시작되는데, 음양陰陽의 사용은 모두 12월의 법에 따른다. 이 시기 황혼에는 규수奎宿[1]가 운행하여 남중하고, 새벽에는 항수亢宿[2]가 남중한다.

대한大寒은 12월 중순의 절기이다. (이 시기의) 황혼에는 누수婁宿[3]가 남중하고, 새벽에는 저수氐宿[4]가 남중한다.

【一】 季冬建丑: 自小寒[1]即得十二月節, 陰陽使用[2], 宜依十二月法. 昏, 奎中, 曉, 亢中.

大寒, 十二月中氣. 昏, 婁中, 曉, 氐中.

---

1) 28수 중의 15번째 별자리이다. 문운(文運)을 담당하는 별로서, 이 별이 밝으면 천하가 태평하다고 한다.
2) 28수 중의 2번째 별자리이다.
3) 28수 중의 18번째 별자리이다.
4) 28수 중의 3번째 별자리이다.

【2】 천도天道

이달은 천도가 서쪽으로 향하기 때문에 가옥을 수리하고 짓거나 외출할 때는 마땅히 서쪽 방향이 길하다.

【3】 그믐과 초하루의 점 보기[晦朔占]

초하루와 그믐에 바람이 불고 비가 오면 봄에 가문다. 초하루에 바람이 서쪽방향에서 불어와서 한나절[半日] 동안 그치지 않으면 육축[六類]5)에 크게 역병이 생긴다.

초하룻날이 대한大寒이면 흰 토끼가 보인다.

【4】 12월의 잡점[月內雜占]

무지개가 보이면 기장[黍]이 비싸진다. 일설에 이르길 "8월에 곡식이 귀해진다."라고 하였다. 월식月蝕이 있으면 흉하다. 바람으로 잡다한 점을 치는 것은 10월과 같이 점친다.

【5】 12월 중에 지상의 길흉 점 보기[月內吉凶地]

천덕天德은 경庚의 방향이고, 월덕月德은 을乙의 방향이며, 월공月空은 갑甲의 방향이다. 월합月合은 을乙의 방향, 월염月壓은 해亥의 방향, 월살月煞은 진辰의 방향에 있다.

【二】天道: 是月天道西行, 修造出行宜西方吉.

【三】晦朔占: 朔晦風雨者, 春旱. 朔日風從西來半日不止者, 六類大疫.

朔大寒, 白兎見.

【四】月內雜占: 虹見, 黍貴. 一云, 八月穀貴. 月蝕, 凶. 雜占風, 同十月占之.③

【五】月內吉凶地: 天德在庚, 月德在乙④, 月空在甲. 月合在乙, 月壓在亥, 月煞在辰.

---

5) '육류(六類)'는 '육축(六畜)'을 가리킨다.

【6】 황도黃道

술戌일은 청룡靑龍의 자리에 위치하고 해亥일은 명당明堂의 자리에, 인寅일은 궤(匱: 금궤)의 자리에 위치한다. 묘卯일은 천덕天德의 자리에, 사巳일은 옥당玉堂의 자리에, 신申일은 사명司命의 자리에 위치한다.

【7】 흑도黑道

자子일은 천형天刑의 자리에 위치하고, 축丑일은 주작朱雀의 자리, 진辰일은 백호白虎의 자리에 있다. 오午일은 천뢰天牢의 자리에, 미未일은 현무玄武의 자리에, 유酉일은 구진勾陳자리에 위치한다.

【8】 천사天赦

갑자甲子일이 길하다. 소한小寒 후 30일째 되는 날은 나가서는 안 된다. 자子일은 돌아가기를 꺼리는 날이며, 유酉일은 천옥天獄일이다. 축丑일은 토공土公신에게 제사 지내는 날이며, 멀리 가거나 공사를 하거나, 사람을 죽여서는 안 된다. 기해己亥일과 30일은 궁한 날이며, 결코 멀리 나가서는 안 된다.

【9】 대토시臺土時

이달 매일 오午시가 그때이다.

【六】黃道: 靑龍在戌, 明堂在亥, 匱[5]在寅. 天德在卯, 玉堂在巳, 司命在申.

【七】黑道: 天刑在子, 朱雀在丑, 白虎在辰. 天牢在午, 玄武在未, 勾陳在酉.

【八】天赦: 甲子日是也.[6] 自小寒後三十日爲[7]往亡. 子爲歸忌, 酉爲天獄. 丑爲土公, 不可遠行動土殺人. 己亥日、三十日爲窮日, 並不可遠行.

【九】臺土時: 是月每日午時是.[8]

【10】 살성을 피하는 네 시각[四煞沒時]

을乙의 날에는 묘시卯時 이후 인시寅時 이전의 시각에 행하고, 정丁의 날은 오시午時 이후 미시未時 이전에 행하며, 신辛의 날은 유시酉時 이후 술시戌時 이전에, 계癸의 날에는 자시子時 이후 축시丑時 이전에 행한다. 이상의 네 시각은 온갖 일을 할 수 있으며, 상량과 매장하기 및 관청에 가는 것도 모두 길하다.

【11】 제흉일諸凶日

진辰일에 하괴河魁하고, 술戌일에는 천강天罡; 天岡하며, 유酉일에는 낭자狼籍한다. 사巳일에는 구초九焦하며, 자子일에는 혈기血忌하고 유酉일에는 천화天火하며, 진辰일에는 지화地火한다. 구초九焦와 지화地火의 날에는 마땅히 파종할 수 없으며, 천화天火일에는 상량해서는 안 된다. 혈기血忌일에는 침을 놓고 뜸을 뜨거나, 피를 보아서는 안 된다. 그 외 나머지 날에는 온갖 일을 할 수 없다.

【12】 장가들고 시집가는 날[嫁娶日]

아내를 구할 때는 인寅일·묘卯일이 길하다.

천웅天雄이 사巳의 자리에 위치하고, 지자地雌가 을乙의 자리에 위치하면 이날에는 장가들고 시집가서는 안 되는데, (가면) 흉하기 때문이다. 신부가 가마에서 내리는 때는 신시辛

【十】四煞沒時: [9] 乙時卯後寅[10]前, 丁時午後未前, 辛時酉後戌前, 癸時子後丑前. 已上四時, 可爲百事, 架屋、埋葬、上官, 並用[11]吉.

【十一】諸凶日: 河魁在辰, 天罡[12]在戌, 狼籍在酉. 九焦在巳, 血忌在子, 天火[13]在酉, 地火在辰.[14] 九焦地火不種蒔, 天火不架屋. 血忌不針灸出血. 餘日不可爲百事.

【十二】嫁娶日: 求婦寅卯日吉.

天雄在巳, 地雌在乙, 不可嫁娶, 凶. 新婦下車辛時吉.

時가 길하다.

이달에 태어난 사람은 3월·9월에 태어난 여자에게 장가들어서는 안 된다.

이달에 납재納財를 받은 상대가 금덕의 명[金命]을 받은 여자라면 길하다. 목덕의 명[木命](을 받은 여자는) 자식이 고아가 되거나, 과부가 된다. 수덕의 명[水命]을 받은 여자는 흉하다. 화덕의 명[火命]을 받은 여자는 자식에게 좋다. 토덕의 명[土命]을 받은 여자라면 그런대로 평범하다. 납재하기 좋은 날은 기묘己卯·임인壬寅·계묘癸卯·정묘丁卯일이다.

이달에 시집갈 때, 자子일과 오午일에 시집간 여자는 길하다. 축丑일과 미未일에 시집간 여자는 스스로 자신의 운을 막으며,6) 인寅일과 신申일에 시집간 여자는 남편을 방해하고, 사巳일과 해亥일에 시집간 여자는 친정부모에게 걱정을 끼친다. 묘卯일과 유酉일에 시집간 여자는 장남과 행인과의 관계가 좋지 않으며, 진辰일·술戌일에 시집간 여자는 시부모를 방해한다.

천지에 기가 빠져나가는 날로서 무오戊午·기미己未·경진庚辰, 다섯 개의 해[五亥]에는 장가들고 시집가서는 안 되는데, 생이별을 하기 때문이다. 겨울 임자일은 구부九夫를 해친다.

此月生人, 不取⑮三月、九月生女.

此月納財, 金命女, 吉. 木命, 孤寡. 水命女, 凶. 火命女, 宜子. 土命女, 自如. 納財吉日, 己卯、壬寅、癸卯、丁卯.

是月行嫁, 子午女吉. 丑未女妨身, 寅申女妨夫, 巳亥女妨父母. 卯酉女妨首子行⑯人, 辰戌女妨舅姑.

天地相去日, 戊午、己未、庚辰、五亥, 不可嫁娶⑰, 主生離. 冬壬子, 害九夫.

---

6) 【계미자본】, 【중각본】 및 【필사본】에는 '방신(妨身)'으로 쓰여 있으나, 묘치위의 교석본에서는 '방자신(妨自身)'으로 표기하고 있다.

음양이 서로 이기지 못하는 날은 병인丙寅 · 정묘丁卯 · 병자丙子 · 정축丁丑 · 기묘己卯 · 경진庚辰 · 기축己丑 · 경인庚寅 · 신묘辛卯 · 경자庚子 · 신축辛丑 · 병진丙辰일이 크게 길하다.

陰陽不將日,　丙寅、丁卯、丙子、丁丑、己卯、庚辰、己丑、庚寅、辛卯、庚子、辛丑、丙辰, 大吉.

【13】 상장喪葬

이달에 죽은 사람은 진辰년 · 술戌년 · 축丑년 · 미未년에 태어난 사람에게 해를 끼친다. 상복 입는 시기[斬草]는 병자丙子 · 신묘辛卯 · 경자庚子 · 계묘癸卯 · 갑인甲寅일이 길하다. 염[殯]하기는 정묘丁卯 · 경오庚午 · 정유丁酉 · 을묘乙卯일이 길하다. 매장은 병인丙寅 · 임오壬午 · 계유癸酉 · 임신壬申 · 갑신甲申 · 을유乙酉 · 경인庚寅 · 병신丙申 · 임인壬寅 · 병오丙午 · 경신庚申 · 신유辛酉일이 길하다.

【十三】喪葬: 此月死者,　妨辰、戌丑、未人. 斬草, 丙子、辛卯、庚子、癸卯、甲寅, 吉. 殯, 丁卯、庚午、丁酉、乙卯. 葬, 丙寅、壬午、癸酉、壬申[18]、甲申、乙酉、庚寅、丙申、壬寅、丙午、庚申、辛酉.[19]

【14】 육도의 추이[推六道]

천도天道는 갑甲 · 경庚의 방향이고, 사도死道는 곤坤 · 간艮의 방향이며, 지도地道는 을乙 · 신辛의 방향이다. 병도兵道는 건乾 · 손巽의 방향이며, 인도人道는 병丙 · 임壬의 방향이고, 귀도鬼道는 정丁 · 계癸의 방향이다. 지도 · 귀도의 방향으로 장사를 지낼 때 오고 가면 길하

【十四】推六道: 天道甲庚,　死道坤艮, 地道乙辛. 兵道乾巽, 人道丙壬[20], 鬼道丁癸.　地道鬼道、葬送往來吉. 天道人道、嫁娶往來

다. 천도·인도의 방향에 장가들고 시집가면 길하다.

【15】 오성이 길한 달[五姓利月]⁷⁾

상성商姓은 신축辛丑일이 대묘大墓일이다. 각성角性은 을축乙丑일이 소묘小墓일이다. 궁성宮性·우성羽性이 길하다. (그것은) 해[年]가 날[日]과 같기 때문이다.

【16】 기토起土

비렴살[飛廉]은 유酉의 방향에 위치하고, 토부土符는 자子의 방향에 있으며, 토공土公은 축丑의 방향에 있고, 월형月刑은 술戌의 방향에 있다. 동쪽 방향을 크게 금한다. 흙을 다루기 꺼리는 날은 을축乙丑·을미乙未일이다. 이상의 땅에서는 집을 짓고 수리하거나 또는 기토하여서는 안 되는데, 흉하기 때문이다. 일(日)·진(辰) 또한 같다.

월복덕月福德은 유酉의 방향에 있고, 월재지月財地는 해亥의 방향에 있다. 이상의 방향에서 흙을 취하면 모두 길하다.

【17】 이사移徙

큰 손실[大耗]은 미未의 방향에 있고, 작은 손실[小耗]은 오午의 방향에 있다. 오부五富는 신

吉.

【十五】 五姓利月: 商辛丑爲[21]大墓. 角[22]乙丑[23]小墓. 宮羽、姓[24]吉. 年與日同.[25]

【十六】 起土: 飛廉在酉, 土符在子, 土公在丑, 月刑在戌. 大禁東方. 地囊, 乙丑[26]、乙未. 已上地, 不可修造起土, 凶. 日辰亦同.[27]

月福德在酉, 月財地在亥. 已上取土吉.

【十七】 移徙: 大耗在未, 小耗在午. 五富在申, 五貧在

---

7) 본 항목에서는 '치성(徵姓)'이 언급되어 있지 않은데 아마 빠진 듯하다.

中의 방향에 있고, 오빈五貧은 인寅의 방향에 있다. 이사는 빈貧과 모耗의 방향으로 갈 수 없다. 겨울 임자壬子일·계해癸亥일에는 입택入宅하거나 장가들고 시집가는 것을 할 수 없는데, (하게 되면) 흉하기 때문이다.

【18】 상량上樑하는 날[架屋]

기사己巳·계사癸巳·갑오甲午·기해己亥·을사乙巳·을묘乙卯·갑자甲子·경오庚午·을해乙亥·신사辛巳일에 상량하면 길하다.

【19】 주술로 질병·재해 진압하기[禳8)鎭]

23일에 머리를 감고, 2일·13일·30일에 물로 몸을 씻으면 길하다. 또한 이르기를 "15일에 목욕하라."라고 하였는데 이상의 방법으로 재앙을 제거할 수 있다.

7일에 흰머리를 뽑으면[拔白], 영원히 나지 않는다.

【20】 조왕신에게 제사 지내기[祀竈]

『수신기搜神記』9)에서 이르길 "음자방10)이

寅. 移徙不可往貧耗上. ⓦ 冬壬子、癸亥, 不可入宅、嫁娶, 凶.

【十八】架屋: 己巳、癸巳、甲午、己亥、乙巳、乙卯、甲子、庚午、乙亥、辛巳, 吉.

【十九】禳鎭: (二)十三日沐, 二日、十三日、三十日浴, 吉. 又云ⓨ, 十五(日)沐浴, 已上去災.

七日拔白, 永不生.

【二十】祀竈: 搜神(記□)ⓩ, 陰子方

---

8)【계미자본】과【중각본】에는 '양(禳)'으로 쓰여 있으나,【필사본】과 묘치위 교석본에서는 '양(禳)'자로 고쳐서 표기하였다.

9)『수신기(搜神記)』는 진간보(晉干寶)의 찬술로서, 본 조항은 권4에서 보이며 기록은 비교적 상세하다.[『총서집성(叢書集成)』의『비책휘함(秘冊彙函)』집일본(輯佚本)에 근거]

10) 음자방(陰子方):『후한서(後漢書)』권32「음식전(陰識傳)」의 기록에 의하면

납일[11]에 조왕신을 만나 그로 인해서 누런 양으로 제사 지내자, 집안이 이내 엄청난 부를 얻었다."라고 하였다. 후대 사람들도 그것을 행하니 대부분 복을 얻었다.

【21】 음식 금기[食忌]

이달에는 생아욱[葵]을 먹으면 안 되는데, 먹으면 고질병이 도진다. 염교[薤]를 먹어서는 안 된다.[12] 게[蟹]를 먹어서는 안 된다. 온갖 동물의 지라[脾]를 먹어서는 안 된다. 거북이[龜]와 자라[鱉]를 먹어서는 안 된다.[13] (먹게 되

臘[31]日見竈神, 因以黃羊祀之, 家乃暴富. (後)人行之, 多獲吉焉.

【二十一】食忌: 是月(勿)食生[32]葵, 發痼疾. 勿食薤. 勿食蟹. 勿食諸脾. 勿食龜鱉. 必害人. 勿食牛肉. 凡烏牛自死

전한 선제(宣帝) 때 음자방이 어버이를 섬기고 효도를 다하여 덕을 쌓았다. 모(某)년 납일 새벽에 그가 부뚜막에 불을 피워서 밥을 지을 무렵에 조왕신을 만나 이에 무릎을 꿇고 은혜에 감사하면서 누런 양 한 마리를 잡아 제사를 지냈다. 이 이후 음자방은 재산을 축적하여 소문난 부자가 되었다. "황양제조(黃羊祭竈)"의 소문이 알려지자 많은 사람들이 납일에 희생물을 바쳐서 조왕신에게 제사 지냈다고 한다. 남조의 양나라 종름(宗懍)의 『형초세시기(荊楚歲時記)』중에는 납일에 "돼지와 술을 올려 조왕신에 제사를 지냈다."라는 기록이 있는데, 음자방이 조왕신에게 제사를 지내 부를 축적했다는 전설에서 이와 같은 습속이 유래되었다. 이러한 사실로 볼 때 한(漢)·진(晉)·남북조시대 납일에 조왕신에게 제사 지내는 것은 선진(先秦)·전한(前漢)시대에 여름철 조왕신에게 제사 지낸 것에서 나왔으며, 송(宋)대에 형성된 납월 24일 조왕신에 대한 제사는 납일에 제사 지낸 것에서 변천되어 나온 것이다.

11) 동지 후 3번째 술(戌)일이다.

12) 후한 장기(張機)의 『금궤요략(金匱要略)』권24 「금수어충금기병치(禽獸魚蟲 禁忌幷治)」에는 "11월과 12월에 염교를 먹어서는 안 되는데 (먹게 되면) 인체에서 눈물과 침이 많이 나온다.[十一月十二月, 勿食薤, 令人多涕唾.]"라고 한다. 12월에 염교를 먹지 말아야 하는 풍속은 이미 후한시기부터 있었던 것으로 추측된다.

13) 당대(唐代) 고종 때(652년) 손사막(孫思邈)이 찬술한 『비급천금요방(備急千金 要方)』권80 「식치(食治)·조수제오(鳥獸第五)」'해각(蟹殼)'에는 "12월에 게와 자라를 먹으면 안 되는데, 사람의 신경에 손상을 입힌다.[十二月, 勿食蟹鱉, 損人 神氣.]"라고 되어 있다. 또한 송대 주수충(周守忠)의 『양생월람(養生月覽)』권하

면) 반드시 사람에게 해가 된다. 소고기를 먹어서도 안 된다. 무릇 새와 소가 저절로 죽은 것은 머리가 북쪽으로 향해14) 있는데, 이것을 (먹으면) 사람에게 해를 입힌다. 닥나무 가지와 뽕나무 가지로 소고기를 구운 것은 사람에게 기생충이 생기게 한다. 스스로 죽은 돼지고기를 먹으면 사람 몸에 부스럼이 생긴다.

者, 若北首死者, 害人. 構枝㉝及桑柴炙牛肉者, 並令人生䖝. 食自死豕肉, 令人體痒.

🌸 교 기

1 【계미자본】과【필사본】에는 '小寒'으로 되어 있으나【중각본】에는 '小雪'로 쓰여 있다. 묘치위의 교석에서는 12월의 '節'은 '小寒'이기 때문에, '소한'으로 고쳐 쓴다는 지적은 합당하다.

2 '사용(使用)':【필사본】에는 이 글자가 누락되어 있다.

3 '지(之)':【필사본】에는 이 글자가 없다.

4 '을(乙)':【중각본】과【필사본】에서는 '庚'으로 표기하고 있다.

5 '궤(匱)':【중각본】과【필사본】에서는 '金櫃'로 표기하고 있다. 전후 문장과의 형평성으로 볼 때 원래 두 단어였다가 한 단어가 누락된 듯하다.

6 【중각본】과【필사본】에서는 "甲子日是也." 다음에【出行日】이란 독립된 제목이 있지만,【계미자본】에서는【天赦】란 항목 아래 통합되어 있다.

7 '위(爲)':【필사본】에는 이 글자가 누락되어 있다.

(卷下)「십이월」에는 "12월에 게와 자라를 먹으면 안 된다. (먹으면) 사람의 신경에 손상을 입힌다.[十二月, 勿食蟹鱉. 損人神氣.]"라고 한다. 두 사료와 위의 『사시찬요』 문장을 비교해 보면 이러한 습속이 최소한 당대부터 전승되었음을 알 수 있다.

14) 『한서(漢書)』 권70 「한신전(韓信傳)」의 '북수연로(北首燕路)'에 대해 안사고(顏師古)가 "'수(首)'는 방향으로 나아간다."라고 주석한 것을 가리킨다. 여기서의 '북수(北首)'는 곧 북향의 의미로서, 머리가 북쪽으로 향한다는 의미이다.

8 【중각본】과 【필사본】에서는 '是'자 다음에 '也'자가 보인다.

9 【중각본】과 【필사본】에서는 본 항목의 제목 다음 첫머리에 "四季之月用"이 추가되어 있다.

10 '인(寅)': 【중각본】과 【필사본】에서는 '辰'으로 쓰고 있다.

11 '용(用)': 【중각본】과 【필사본】에서는 이 글자가 누락되어 있다.

12 '강(罡)': 【중각본】과 【필사본】에서는 '剛'으로 쓰고 있다.

13 '화(火)': 【필사본】에서는 '水'로 쓰고 있다.

14 '진(辰)': 【중각본】과 【필사본】에서는 '亥'로 적고 있다.

15 "生人不取": 【중각본】과 【필사본】에서는 "生男不可娶"로 표기하고 있다.

16 '행(行)': 【중각본】과 【필사본】에서는 '媒'로 쓰고 있다.

17 '가취(嫁娶)': 【중각본】에는 한자가 '嫁娵'로 적고 있고, 【필사본】에서는 '娵嫁'로 도치되어 있다.

18 "癸酉、壬申": 【필사본】에서는 "壬申、癸酉" 순으로 적고 있다.

19 【필사본】에는 '辛酉' 다음에 '吉'자를 추가하고 있다.

20 【계미자본】과 【중각본】의 "天道甲庚, 死道坤艮, 地道乙辛. 兵道乾巽, 人道丙壬."을 【필사본】에서 "天道甲庚, 地道乙辛, 人道丙壬, 兵道乾巽, 死道坤艮"으로 순서를 바꾸어 표기하고 있다.

21 "商辛丑爲": 【중각본】에서는 "商姓辛丑爲"라 적고, 【필사본】에서는 "商辛丑"이라고 표기하고 있다.

22 '각(角)': 【중각본】에는 '角姓'으로 적고 있다.

23 '축(丑)': 【중각본】과 【필사본】에는 '丑爲'라고 표기하고 있다.

24 '성(姓)': 【필사본】에는 이 글자가 없다.

25 "연여일동(年與日同)": 【중각본】과 【필사본】에는 이것을 본문과 같은 큰 글자로 표기하고 있다.

26 '을축(乙丑)': 【필사본】에서는 '乙酉'로 쓰고 있다.

27 【중각본】과 【필사본】에는 소주(小注)가 아닌 본문과 같은 큰 글자로 쓰고 있다.

28 '상(上)': 【필사본】에서는 '方'으로 쓰고 있다.

29 "又云": 【필사본】에서는 '云又'로 도치되어 있다.

30 【필사본】에서는 "搜神記" 다음에 '之'가 추가되어 있다.

31 '랍(臘)': 【중각본】과 【필사본】에서는 '臈'으로 쓰고 있다.

32 '식생(食生)': 【중각본】에서는 '食生'에서 '生'자가 빠져 있다.

'구지(構枝)': 【필사본】에서는 '構枝'를 '構板'이라고 적고 있다.

2. 농경과 생활15)

【22】 납주 만들기[造臘酒]

납일(臘日; 臘日: 동지 후 세 번째 술일)에 물 한 섬[石]을 취해 새지 않는 그릇 속에 넣고, 누룩 가루 3말[斗]을 담근 뒤, 곧 4말의 고두밥 [米飯]을 넣는다. 이듬해 정월 15일이 되면 또 3말의 고두밥을 넣는다. 또 2월 2일이 되면, 다시 3말의 고두밥을 넣는다. 4월 28일이 되면 밖으로 꺼내어 개봉한다. 그 술항아리에 이슬을 맞히고 짚과 풀로 감싸 보온하지 않으면 삼복[三伏]까지 두더라도 상하지 않는다.

【二十二】 造臘①
酒: 臘日取水一石,
置不津器中, 浸麴末
三斗, 便下四斗米飯.
至來年正月十五日,
又三②斗米飯. 又至
二月二日, 又下三斗
米飯. 至四月二十八
日外開之. 其瓮但露
着, 不用穰草, 則三
伏停之, 不敗.

【23】 장 만들기[造醬]

볶은 두황[炒黃]16)을 하룻밤 담가서 재워 둔 후에 가마솥에 넣고 끓여 적당하게 물러지

【二十三】 造醬:
將炒黃浸一宿後, 入
釜中煑令軟硬得所,

---

15) 【24】부터 【73】 항목까지의 「농경과 생활」 및 「잡사와 시령불순」의 항목은 【계미자본】의 ( ) 부분은 일부 또는 전부가 훼손되거나 낙장되어 원문 확인이 쉽지 않다. 따라서 원문은 조선 【중각본】에 의거하여 보충하였음을 밝혀 둔다.

16) '초황(炒黃)'은 볶은 두황(豆黃)을 가리키는 것으로, 아마 '두(豆)'자가 빠진 듯하다.

면 걸러 낸다. 두황豆黄을 끓인 탕을 맑게 걸러 낸다. (배합방식은) 두황 한 말[斗]당 황의黄衣가 루 6되[升], 신국神麴가루 4되, 소금 5되 반을 사용하여, 두황을 끓인 탕과 고루 섞은 후에 항아리를 밀봉한다. 만약 (담근 장이) 걸쭉해지면 곧 뜨거운 물을 넣어 서로 섞어 준다.

【24】 또 장 만드는 법[又造醬]

두황豆黄을 키질하여 부서지고 좋지 않은 것을 가려 낸다. 누런 곰팡이[黄衣]가 슨 콩 한 섬[石]을 부드럽게 간다. 두황 한 섬을 (깨끗하게 키질하여) 한 번 깨끗이 일고, 또다시 인다.17) 재차 두황을 인 즙을 취해 항아리 속에 담고, 곧 두황을 넣고 다음으로 황의를 넣는다. 저어 부드럽게 잘 섞어18) 밀봉해 둔다. 3일 후에 소금 한 말[斗]을 넣는다. 소금을 햇볕에 쬐어 말리고, 체질하여 흙을 제거한다. 정월 이후에 점차 나누어 여러 가지의 제법 중에서 말하고 있는 황의는 맥(麥)에 곰팡이를 띄운 것이다.19) 소금을 더 넣어 주는데, 4월이 되어 장醬이 익을

漉出. 將煮黄水澄取. 每豆黄一斗, 用黄衣末六升, 神麴四升, 塩五升半, 煮黄水調和勻後, 封閉. 如飢③厚, 即入熟水相添.

【二十四】又造醬: 豆黄簸去碎惡者. 磨細一石黄衣. 一石豆黄, 淨淘一遍, 又淘之. (取再淘豆水)④, 盛於瓮中, 即入豆黄, 次下黄衣. 熟打, 封(閉. 三日後,)入塩一斗. 其塩曝乾, 篩去泥土. 正月已後, 漸漸, 諸法內所言黄衣是以麥罷黄子.⑤ 更入塩, 直至四月醬熟, 都入塩九

---

17) 두황(豆黄)을 푹 삶는다는 내용이 없는 것으로 보아, '도지(淘之)' 아래에 분명 빠진 문장이 있을 것이다.

18) '타(打)'는 저어 섞는 것을 가리킨다.

19) 이 문단의 소주인 "諸法內所言黄衣是以麥罷黄子."는 '황의'에 대한 내용이기 때문에, 묘치위의 교석에는 이 항목 소주의 위치가 적절하지 않다고 하여, 앞의 문장인 "次下黄衣" 뒤에 옮겨 배열하고 있다. 하지만 【계미자본】, 【중각본】에서는 '漸漸' 다음에 소주를 위치하여 해석하고 있다. 본서에서는 묘치위의 교석이 타당하다고 판단하지만 원문에 의거하여 처리했음을 밝혀 둔다.

때까지 모두[20] 9말의 소금을 넣어 주면 충분하다. 한식寒食 때 정제한 기름과 임두餤頭[21]와 같은 것을 (장 속에) 넣어 주면 더욱 좋다.

斗, 即足矣. 寒食時, 入熟油及餤頭之類, 甚佳.

【25】 어장魚醬

숙어[鯔魚]·망둥어[鯊魚][22]가 제일 좋고 잉어[鯉]·붕어[鯽]·가물치[鱧魚]는 그 다음이다. 회鱠같이 길게 썬 것[23] 1말[斗]을 펴서 햇볕에

【二十五】魚醬: 鯔魚、鯊魚第一, 鯉、鯽、鱧魚次之. 切如鱠條子一斗,

---

20) '도(都)'는 처음 양조할 때부터 푹 익을 때까지 모두 소금 9말[斗]을 넣는 것을 가리키는데, 소금의 용량은 장(醬)을 만드는 재료의 45%(의 용량)를 차지한다.

21) 당대 범터(范攄)의 『운계우의(雲溪友議)』 권11에 이일신(李日新)의 「제선아역(題仙娥驛)」이라는 시가 실려 있는데 "상산의 음식점이 너무 멀고 아득하여, 검은 떡과 오래된 산자 튀김이라도 펼쳐야겠네.[商山食店太悠悠, 陳黯餶䬧古餤頭.]"라고 하였다. 묘치위의 교석본에 따르면, '염두(捻頭)'라고도 불리는 이 '임두(餤頭)'는 '한구(寒具)'로, 바로 현재의 기름에 튀긴 산자(饊子)류의 음식이라고 한다. 옛날 한식절(寒食節: 청명(淸明)전 1-2일)에 냄비에 불을 지피는 것을 금지하고 오로지 찬 음식을 먹는 풍속이 있었는데, 기름에 튀긴 산자는 한식절의 음식 중 하나로, 이 때문에 '한구'라고 불렀다. 청명절 전에 식구가 많은 집에서는 기름에 튀긴 음식을 많이 튀겨 둬야 했기에 이를 일러 '개유과(開油鍋)'라고 하였는데, 『사시찬요』의 '정제한 기름[熟油]'와 '임두(餤頭)'는 더욱이 이러한 정황을 반영한 것이라고 한다. 묘치위와 와타베는 '입(入)'을 장(醬) 속에 넣거나 가미하는 것으로 해석하고 있다.

22) '사어(鯊魚)'는 2종류로 해석된다. 하나는 망둥어[鯊魚] 또는 하호(鰕虎)라고도 하며 길이 5-6치에서 7-8치로 바닷물과 민물이 서로 섞이는 곳에 많이 서식한다. 다른 하나는 상어[鮫]로 사어(沙魚)라고도 불리며 큰 것은 능히 사람을 해치는데, '어시(魚翅)'는 바로 그것의 지느러미이다. 『사시찬요』에서 가리키는 바는 당연히 전자이다.

23) 이른바 '회(膾)'는 고기[肉]를 가늘고 길게 썰어 채소를 곁들여서 반찬으로 썼는데, 그것은 큰 덩어리의 '연(臠)'과 납작한 조각의 '헌(軒)'은 자르는 방법이 다르다. 생선을 육고기와 같이 가늘고 길게 자른 것이 바로 '어회(魚膾)'이다. 당대(唐代) 단공로(段公路)의 『북호록(北戶錄)』 권1 '유혈어(乳穴魚)'에는 "오나라 왕[闔廬]이 강가에서 노닐다가 회를 먹었는데 먹다 남은 것을 강에 버리니 물고기가 되었다. 지금 강 속의 물고기 이름 중에서 '오왕여회(吳王餘膾)'가 있는데 길이가 수 치[寸]로 크기는 비녀와 같은 것이 이것이다."라고 하였는데, 가리

말려 물기를 제거한다. 황의黃衣 가루 5되, 소금 5되를 넣고 좋은 술 약간과 함께 잘 섞는데, 육장肉醬 만드는 방법과 같다. 배 폭살 부위24)를 가장 아래쪽에 둔다. 추우면 햇볕을 쬐이고 뜨거우면 바로25) 서늘한 곳에 둔다. (이와 같이 하면) 여름이 지나서도 먹을 수 있다. 『월록月錄』에 이르기를 "누룩 가루를 사용하면 오래 저장하지 못할까를 두려워하니 마땅히 줄이는 것이 좋다."라고26) 하였다.

【26】 토끼 장[兎醬]

토끼를 해체해서 고기를 취하되, 생선회 치듯 썬다. 등과 목뼈는 작게 쪼개어 고기와 섞는다. (고기와 뼈) 한 말[斗]당 황의黃衣 가루

(攤)曝, 令去水脉. 即入黃衣末五升, 塩五升, 好酒少[6]許和, 如肉醬法. 腹腴之處最居下. 寒即曝之, 熟[7]即(涼處.[8] 可以經夏食之. 月錄云, 用麯末, 恐不停久, 宜減之.

【二十六】 兎醬:

剉[9]兎取肉, 切如鱠. 脊及頸骨, 細剉, 相和肉. 每一斗, 黃衣

키는 바는 바로 은어(銀魚)이다. 은어의 또 다른 이름인 '회잔어(膾殘魚)'는 바로 여기에서 온 것이다. 묘치위는 『사시찬요』의 '회조자(膾條子)'는 여전히 길게 잘린 회(鱠)의 함의(涵義)이라고 하였다. 중국고대 생선회의 보급에 대해서는 최덕경 외 2인, 『려 · 원대의 농정과 농상집요』, 동강, 2017 참조.

24) '유(腴)'는 배 아래에 살찌고 부드러운 부분을 가리킨다.

25) 묘치위는 교석에서 '즉(即)' 다음에는 마땅히 '치(置)'자와 같은 글자가 있어야 한다고 보았다.

26) 술누룩의 가장 마지막 작용은 전분에서 생성된 당류를 주화함에 있다. 육류와 콩류 중에는 다량의 단백질이 함유되어 있는데, 단백질은 주정(酒精)으로 변화될 수 없다. 따라서 묘치위의 교석본에 의하면, 육장(肉醬) · 콩장[豆醬]을 만들 때 술누룩을 사용하지 않고 특별히 만든 장(醬) 누룩을 사용해야 한다고 한다. '황의(黃衣)'는 장 누룩의 일종으로, 바로 장 누룩균류의 도움을 빌려 전분 당화와 단백질을 분해해서 아미노산 생성을 촉진시키고, 마지막에는 장료(醬醪)의 생화학반응을 거쳐서 장이 만들어진다. 『사시찬요』에서 『월록』[당대 위행규(韋行規)가 찬한 『보생월록(保生月錄)』]을 인용하여 술누룩의 용량을 줄여야 한다는 의견을 제시한 것은 합리적이지만, 『월록』에는 도대체 어느 정도의 누룩 가루를 사용해야 하는지에 대한 설명은 없다.

5되, 소금 5되, 씨를 제거한 한초漢椒 5홉[合]을 준비한다. 소금은 모름지기 마른 것이어야 한다. 양조하는 방법은 좋은 술을 넣고, 앞의 방식과 같이 섞어서, 항아리 속에 넣고, 그 위에 황의 가루로 덮어서 항아리 주둥이를 진흙으로 봉한다. 5월이 되면 익는다. 뼈와 고기를 각각 나누어 양조해도 좋다.

【27】 담포澹脯[27]

노루·사슴고기를 구해서 일반적인 포脯와 같이 두껍게 조각을 내어, 그늘에서 말리는데 소금을 치지 않으면 바로 연한 포가 되어 아주 맛이 좋다.

【28】 백포白脯[28]

12월 중에 만든 것이 가장 좋다. 소·양·노루·사슴 등의 정육精肉을 잘라 조각을 내어 찬 물에 하룻밤 재웠다가 꺼내어 문질러 씻어 피를 빼내고, 물이 맑아지면 그만둔다. 곧 소금과 산초가루를 써서 배게 하여[29] 이틀 밤을 재우고 꺼내어 그늘에서 말린다. (반쯤 마르면) 막대기로 두드려서 견실하게 한다. 자연사한 소·양 또한 이것을 만

末五升, 塩五升, 漢椒五合, 去子. 塩須乾. 方, 下好酒, 和如前法, 入⑩瓮甕子中, 又以黃衣末蓋之, 封泥. 五月熟. 骨與肉各別作, 亦得.

【二十七】 澹脯:
取麞⑪鹿肉, 如常脯, 厚作片, 陰乾, 勿著塩, 即成脆脯, 至佳.

【二十八】白脯:
此月中造者爲上時. 牛、羊、麞⑫鹿等精肉, 破作片, 冷水浸一宿, 出, 搦)之, 去血, (候水清乃. 止即用塩和椒末, 淹經再宿, 出陰)乾. 棒打, 踏令(緊. 自死牛羊亦

---

27) 본 항목은 『제민요술』 권8 「포석(脯腊)」편 '작첨취포법(作甛脆脯法)'과 서로 비슷하다. '담(澹)'자는 즉 '담(淡)'자이다.
28) 본 항목은 『제민요술』 권8 「포석(脯腊)」편 '작도하백포법(作度夏白脯法)'과 서로 비슷하다.
29) '읍(浥)'은 '읍(裛)'과 동일한데 여기서는 '절인다'는 의미로 사용되었다.

들 수 있다.

【29】 토끼 포 만들기[兔脯]30)

먼저 흰 소금을 물에 넣고 끓여 탕을 만들고 다시 (토끼 고기를 넣고) 푹 끓인 후 뜬 거품을 제거한다. 가마솥에서 꺼낼 때는 화력이 더욱 세야 한다. 화력이 세면 건조하기 쉽다. 광주리 위에 올려놓고 그늘에서 말리면 바로 완성된다. 연하고 맛이 좋아 다른 것과 견줄 바가 없다.

만약 날것으로 포를 만들려면, 포 만드는 방법을 따른다.

오미포五味脯31)를 만들려면 먼저 모름지기 소금에 절여32) 2-3일 재운 뒤 세찬 불에 쬐어 익혀서 그늘에 말리면 맛이 아주 좋다.

【30】 말린 육포 만들기[乾腊肉]

소·양·노루[麞]·사슴 고기를 취해 오미五味의 맛을 내는 재료와 함께 이틀 밤을 재워 둔다. 또한 파와 산초를 소금 탕 속에 넣고 아주 센 불로 고기를 삶은 후에는 그늘진 곳에 걸어 둔다. 여름이 지나도 상하지 않는

得.

【二十九】兔脯:[13]
先作白塩湯,) 煑熱[14],
去浮沫. 欲出釜(時,
尤急火. 火急乾易.
置箔)上, 陰乾即成.
脆美無比.

若造(生者, 即依脯
法.

如[15])五味者, 先須
塩鮨兩三宿後, 猛火
焙熟, (乾, 味甚佳)矣.

【三十】乾腊肉:
取牛、羊、麞、鹿
肉, 五味淹(二宿. 又
以葱椒塩湯中)猛火
煑之, 令熟後, 掛(著
陰處. 經暑不敗. 遠

---

30) 본 항목은 첫 번째 문단과 『제민요술』 권8 「포석(脯腊)」편 '작취포법(作脆脯法)'과 서로 비슷하다.

31) 『제민요술』의 주에 의하면 오미포(五味脯)의 재료는 소·양·노루·사슴·돼지(猪; 豚) 등의 고기이며, 오미는 시(豉)·파·산초·생강·귤 등을 뜻한다.

32) '엄(鮨)'은 원래는 절인 생선을 가리키지만 여기서는 '엄(醃)' 혹은 '엄(腌)'자와 통용된다.

다. 먼 길을 갈 때는 보릿가루를 휴대하면 좋다.[33]

【31】 영분 만들기[造英粉][34]

가장 좋은 것은 (좁쌀) 정미[粱[35]米]이고, 두 번째로는 좁쌀[粟米]이다. 반드시 한 종류로만 하되 다른 쌀과 섞지 말고 부스러진 것은 제거하며 기장쌀은 가려 낸다. 이것을 나무구유[木槽]에 넣고 물을 붓는데, 10번 정도 물을 바꾸어 가며 밟아 물이 맑아지면 이내 그만둔다. 큰 항아리 속에 많은 물을 채워 여름에는 30일, 봄에는 60일을 담가 두는데, 물을 바꿀 필요가 없으며 쉰 냄새가 나거나 문드러져도 괜찮다. 햇볕을 쬐어서는 안 된다. 일수가 차면 물을 길어서 항아리 속에 (바꾸어) 넣고, 저어서 신 기운이 없어지면 이내 그만둔다. 쌀을 조금씩 꺼내어 갈아서 가루를 내어 물을 넣고 저어서 흰 쌀 즙을 취해 비단 자루에 넣어 걸러[36] 별도의 항아리에 담아 둔다. 거친 쌀가루는 다시 갈아서 다 사

行即致麨.

【三十一】 造英粉: 第一粱米, 第二粟米. 須一色, 不得令雜, 去碎者, 揀去黍米. 木槽中, 下水踏十遍, 水清乃止. 大瓮中, 多以水浸, 夏三十日[16], 春六十日, 不用易水, 臭爛乃佳. 勿令日炙著. 日滿, 汲水就瓮中沃之, 攪令酸氣盡, 乃止. 稍稍出, 研之, 水攪, 挼取白汁, 絹袋濾著別瓮. 麁者更研, 令盡. 以小杷子瓮中打良久, 抒澄之. 去

---

33) '초(麨)'는 쌀을 볶아서 가루를 낸 것과 같은 건량면(乾糧麵)이다. '치초(致麨)'는 익힌 포육에 요리를 만들 때 보릿가루를 넣어 먹는 것이다.

34) 본 항목은 『제민요술』 권5 「잇꽃·치자 재배[種紅藍花梔子]」편 '작미분법(作米粉法)'에서 채록한 것이다. 본 항목 끝부분의 "隔油衣中使"와 마지막 작은 단락은 『사시찬요』 본문이다.

35) '양(粱)'은 조[粟]의 우량 품종이다.

36) 뇌(挼)자는 잘못된 글자로 묘치위 교석본에서는 『제민요술』에 근거하여 '접(接)'으로 고쳐 쓰고 있다. 여기서 '접(接)'은 전분을 퍼내서 액체와 섞고 여과한 것을 가리킨다.

용한다. 작은 갈퀴를 항아리 속에 넣고 오랫동안 치면서 저어 맑게 침전시킨다.37) 위에 있는 맑은 물을 제거하고, 진한 즙은 동이에 담아서 막대기를 한 방향으로 3백 번 돌려 젓고 이내 그만둔다. 동이 뚜껑을 닫아서 먼지나 더러운 것들이 들어가지 못하게 한다. 한참이 지나 맑게 가라앉으면 위의 물은 천천히 다 따라 낸다. 3겹으로 된 베[布]를 전분 위에 붙이고, 베 위에38) 좁쌀 겨를 얇게 깔고 겨 위에 재를 덮어 준다. 재39)가 젖으면 다시 바꾸고 (재에 물기가 완전히) 묻지 않으면 그만둔다. 이후 (灰布는 들어내고) 쌀가루 주위에 거칠고 윤기가 없는 것은 깎아 제거한다.40) 중심에 사발 모양으로 둥글고 윤기와 광택이 있는

清水, 以濃汁著盆中, 以杖一向旋之三百轉, 乃止. 盆蓋, 勿令塵污. 良久, 抨澄清, 徐徐去水盡. 以三重布帖粉上, 薄著[17]粟糠, 糠上安灰. 灰灰濕更易, 乾乃止. 然後削去四畔麁無光者. 用中心圓如鉢形光潤者, 以布鋪床上, 刀劙如梳[18]大, 曝乾, 碎挼, 收之. 入用, 擬客食及隔油衣中使,

---

37) 이 구절은 『제민요술』에서는 "良久痛抨, 然後澄之."라고 적혀 있는데, '평(抨)'은 '저어 섞는다'는 의미로 해석하고, 『제민요술』에서 매우 많이 사용되고 있다. 따라서 『사시찬요』에서 '평(抨)'자는 마땅히 '타(打)' 다음에 있어야 하기에 "打抨良久, 澄之."라고 적어야 한다. 그러나 다음 문장 '抨澄清'의(이때 재차 저을 수 없어서 『제민요술』에서는 단지 '良久清澄'이라고 적고 있다.) '평(抨)'자는 다르게 해석해야 될 듯하다. 『이아(爾雅)』「석고하(釋詁下)」에서 "평(抨)은 사(使)이다."라고 한 것에 근거하여 『사시찬요』에서도 마땅히 '사(使)'자로 표기하는 것이 좋을 것이다.

38) 조선【중각본】(1590년)『사시찬요』에는 "박저속강(薄著粟糠)"만 쓰여 있으나, 묘치위의 교석에는 의미를 명확하게 하기 위해서 『제민요술』에 근거하여 그 앞에 '포상(布上)'을 덧붙였다.

39) 묘치위의 교석본에서는 '회회(灰灰)' 중 한 글자를 군더더기로 보고, 『제민요술』에 근거하여 한 글자를 삭제하고 있다.

40) 동이의 가장자리에 있는 거친 가루를 제거한 후에, 『제민요술』에서는 "별도로 담아 두고, 메조미쌀[䵷]의 용도로 사용한다."라는 방법으로 처리하였으나 『사시찬요』에서는 이것이 제시되지 않았다. 오직 『제민요술』에는 곳곳에 폐물을 이용하거나 혹은 부산품(副産品)을 이용한 정신이 있지만, 『사시찬요』 중에는 구체적으로 드러나고 있지 않다.

것은 취해서 사용하는데, 베를 평상 위에 펴서 (바닥에 붙은 전분을) 머리 빗듯이 칼로 깎아내어 햇볕에 말리고 주물러 부수어서 보관한다. 용도는 손님을 위해 음식을 만들거나[客食] 비옷의 틈새에 (접착을 막기 위해) 사용하며[41] 향분을 만들어서 몸에 바르기도 한다.

及作香粉摩身.

　　12월에 만들기 시작하여 한식寒食 때에 완성한 것이 다른 달에 만든 것보다 훨씬 낫다.

　　是月作, 寒食出之, 勝他月.

【32】 홍설紅雪[42]

　　박소朴消[43] 10근斤, 마아초[馬牙者]가 더욱 좋으며, 모두 모름지기 깨끗하게 정련해야 한다. 승마升麻·대청大青[44]·상근백피桑[45]根白皮·회화나무 꽃[槐花]을 각각 3냥兩, 가루로 된 무소뿔[犀角] 한 냥,

【三十二】紅雪: 朴消十斤, 馬牙者尤佳, 並須精鍊. 升麻、大青、桑根白皮、槐花各三兩, 犀角屑 一兩, 淡

---

41) "隔油衣中使"는 가루를 비옷 사이에 넣으면 여름이 지나도 달라붙지 않는 현상을 가리킨다. 묘치위의 교석에 따르면, 이것은 심한 낭비로『제민요술』에는 이러한 사용법이 없다. 앞의 주에서 언급한 바와 같이『사시찬요』에는『제민요술』의 절약정신이 나타나지 않는 것을 여기에서 다시 증명할 수 있다. 이와 같은 상황은『사시찬요』중에서 이 사료에만 국한되지 않는다고 한다.

42) '홍설(紅雪)'은 조제하는 약제 이름이다. 박소(朴消)를 약즙으로 만들어 달일 때 수분이 마른 후에도 여전히 결정의 형태를 유지하는데(즉, 본초에서 이른바 "물이 없어지고, 하룻밤 지나면 결정이 된다."이다.), 중간에 주사(朱砂)를 넣으면 붉은색으로 변하기 때문에 이 이름이 붙여졌다.

43) 이것은 다른 이름으로 박초(朴硝)라고도 한다. 주성분은 황산나트륨이며, 배가 가득 차서 변이 굳어 있을 때 변을 잘 나오게 하는 효과가 있다.

44) '대청(大靑)'은 본초서상에서 가장 빠른 것은『명의별록(名醫別錄)』에 보이며, 이후의 본초서상에 기록된 것은 실제로 한 종류에 그치지 않지만, 대부분은 여뀌과의 요람(蓼藍; *Polygonum tinctorium Lour.*)이다. 약효는 기본적으로 서로 같으며, 모두 피를 맑게 하고[涼血] 열을 내리는[淸熱] 해독약으로도 쓰인다.

45) 【중각본】에서 '상(桑)'은 거의 '상(桒)'자를 쓰고 있는데, 오직 이 부분만 '상(桑)'을 쓰고 있다.

솜대 잎[淡竹葉] 한 움큼[握], 소목蘇木46) 3냥, 쇠망치로 부수어 특별히 달인다. 가려륵訶黎勒 30개, 빈랑檳榔 20개, 주사朱砂 1냥을 준비한다. 먼저 곱게 갈아, 약을 달인 후에 넣는다.

이상의 승마 등 7종류47)의 약재를 부수어, 물 2말[斗]에 넣어 하룻밤 담가 재워 둔다. 달여서 큰 한 말[大斗]로 만들어 비틀어 짜서 찌꺼기를 제거하고 걸러 앙금[淀]을 없앤다.48) 곧 박소朴消를 약재 즙 속에 넣고 달여 국자[杓]로 젓는데 손을 멈추어서는 안 된다. 졸아서 즙이 없어지면 곧 소목즙蘇木汁과 주사朱砂를 넣고 함께 고루 섞어 동이 속에 넣는다.49) 박소가 식어서 굳으면 거둔다. 모든 찬 성질의 냉병[病冷]50)을 치료할 때에는 냉수

竹葉一握, 蘇木三兩, 鎚碎別煎. 訶黎勒三十介, 檳榔二十介, 朱砂一兩. 先細研, 藥成乃下.

右件升麻等七味剉, 以水二斗浸一宿. 煎取一大斗, 絞去滓, 去淀. 即下朴消於藥汁中煎, 以杓揚, 不得停手. 候無水, 即下蘇木汁, 朱砂, 攪和, 致於盆中.) 冷硬, 收成. 療一切(病冷), 以水調下⑲之. 産後

---

46) 소목(蘇木)은 콩과이며, 또한 소방목(蘇方木)이라고도 한다. 약용으로는 그 나무줄기의 중심부[心材]를 사용하며 지혈약으로 사용된다. 학명은 *Caesalpinia sappan L.*이다.

47) 이 처방 뒤의 약재는 단지 박소 등 3종류만 있는데, 모든 처방 약재는 11가지이다. 여기서 묘치위는 '칠미(七味)는 마땅히 '팔미(八味)'라고 써야 한다고 하지만, '소목'은 별도로 처리한 것으로 볼 때, 칠미가 합당한 것으로 보인다. 그렇지 않으면 뒤의 약재에서 한 가지가 빠져 나열되지 못한 것이다.

48) '거정(去淀)'은 비틀어 짜서 찌꺼기를 거른 후에 다시 앙금을 침전시키는 것을 가리키며, 『본초강목(本草綱目)』 권11 '박소(朴消)'에서 『화제방(和劑方)』 '홍설(紅雪)'의 조제법에서 인용한, 이른바 "찌꺼기를 제거하고 거른다.[去滓, 濾過.]"의 방법과 서로 같다.

49) 다시 원래 있던 곳에 갖다 놓는 것을 '치(致)'라고 부른다. "치어분중(致於盆中)"은 꺼내서 다시 원래 담가 두었던 약물의 동이 속에 돌려놓는 것을 말한다.

50) '홍설(紅雪)'은 찬 성질의 약이기에, 여기서 "모든 찬 성질의 병을 치료한다.[療一切病冷.]"라고 말할 수 없다. 『본초강목(本草綱目)』 권11 '박소(朴消)' 이하에서 『화제방(和劑方)』 '홍설(紅雪)'의 복용법을 인용하여 설명한 것에 의하면, "매번 1-2전(錢; 1냥의 1/10)을 복용하되, 새로 길어 온 물에 조제한다. 약효를 내고자 한다면 즉, 뜨거운 물에 1냥(兩)을 복용한다."라고 하였다. 묘치위 교석본에

[물]에 그것을 탄다. 산후병에는 술에 섞어서 복용하고, 복용 후에는 뜨거운 물[湯]을 마셔 진정시킨다. 뜨거운 고기[熱肉], 밀가루·마늘[蒜] 등을 꺼린다.

病以酒調服之, 以湯(投之. 忌熱)肉、麵、蒜等.

【33】 무소뿔로 만든 환[犀角丸]51)

악창·부스럼과 등에 나는 온갖 독창을 치료하며, 이를 복용하면 고름이 물로 변하는 신험한 효과가 있다. 그 처방법은 무소뿔[犀角] 가루 12푼[分], 촉승마蜀升麻·황금黃芩·방풍防風·인삼人參·당귀當歸·황시黃蓍52)·마른 생강[乾薑]·요람蓼藍, 털을 제거한 황련黃連, 구운 감초甘草, 치자씨[梔53)子仁], 이상을 각 4냥兩과 대황大黃 3푼, 파두巴豆 20개를 준비한다. 파두는 초를 넣고 노랗게 볶아54) 중심부분과 막을 제거한다.

【三十三】犀角丸: 療癰腫幷發(背一切毒腫, 服之腫化爲水)神驗. 方, 犀角一十[20](二分屑, 蜀升麻、黃芩、防風、人參、當歸、黃蓍[21])、乾薑、(蓼藍、黃連去毛, 甘草灸, 梔子仁, 已上各四兩, 大黃三分, 巴豆二十介. 醋熬令黃, 去心膜.

따르면 그 복용법은 찬물에 넣는 것과 뜨거운 물에 넣는 두 가지 종류가 있는데, 이는 『사시찬요』와 서로 같다. 여기서의 '냉(冷)'자는 분명 '이(以)'자와 더불어 순서가 뒤바뀐 것으로, 마땅히 "療一切病, 以冷水下之."라고 써야 한다고 한다.

51) 이 내용은 당(唐)대 왕도(王燾)의 『외대비요(外臺秘要)』권31「근효방(近效方)」의 '서각환(犀角丸)'을 인용한 것과 더불어 기본적으로 동일하다. 조선 세종 15년 (1433년)에 저술된 『의방유취(醫方類聚)』권173에는 이 단락을 인용하였지만, '서각환(犀角丸)'을 '서골환(犀骨丸)'으로 고쳐 쓰고 있다.

52) '시(蓍)'는 '기(耆)'의 의미로, 민간에서 쓰던 글자이다.

53) 【중각본】과 【필사본】에는 '괴(槐)'로 되어 있으나, 묘치위의 교석에서는 '치(梔)'의 잘못으로 보았는데, 『의방유취(醫方類聚)』에서는 '괴자인(槐子仁)'으로 쓰고 있다.

54) 【중각본】에는 '오(熬)'로 쓰여 있지만, 【필사본】과 묘치위의 교석본에서는 '오(熱)'로 표기하고 있다.

이상의 재료에서 먼저 파두를 진흙과 같이 찧고, 또 아주 부드럽게 간다. 나머지 13가지는 모두 갈아 분말로 만들어서 파두 간 것에 넣고 다시 갈아서 고루 섞는다. 정제된 꿀을 함께 넣고 찧어서 파두를 곱게 섞는다. 환은 오동나무 씨 크기만 하게 만든다.

환자에게 3개의 환을 복용하게 한다. 설사를 2-3번 하게 되면,[55] 시원한 장수와 죽[漿水粥]을 먹이면 멈춘다. 만약 설사를 하지 않으면, 환을 4-5개로 늘린다. 다만 처음 복용할 때 바로 설사를 하게 되면 이후에는 점차 환약의 수를 줄이는데, 대변의 묽은 정도를[56] 척도로 삼는다. 노인과 어린이는 상황에 따라 약의 양을 증감[增減]한다. 붓기가 사라지고 피부에 주름이 생긴다거나 가늘고 누런 설사가 나오면 복용을 중단한다. 따뜻한 면[熱麵]과 생선, 마늘·돼지고기·배추[蔏菜], 날 것과 찬 것, 차진 음식 등을 금한다.

【34】 온백환溫白丸

가슴속에 쌓여 있는 뭉친 덩어리 등과 가슴의 통증, 소화불량[喫食不消], 부인의 대하[帶下]와 오줌소태[淋瀝], 여위고 지치고 답답하

右先搗巴豆如泥, 又研令極細. 餘十三味並爲散, 入巴豆膏同研, 令至勻. 鍊蜜同搗, 令巴豆勻細. 爲丸如梧桐子大.

患者飮服三丸. 通利三兩行, 喫冷漿水粥止之. 如不利, 加至四五丸. 唯初服快利, 後漸減丸[22]數, 取溏痢爲度. 老少以意增減. 腫消, 皮皺, 痢黃水盡, 乃止. 忌[23]熱麵、魚、蒜、猪肉、蔏菜、生、冷、粘食等.

【三十四】 溫白丸: 治癖塊等心腹積聚, 心胷痛, 喫食不消, 婦人帶下淋瀝,

---

55) 이것은 중의학에서 말하는 설사제로, '통리(通利)'는 곧 설사를 가리키는데, '삼량행(三兩行)'은 설사를 2-3번 한다는 의미이다.
56) '당(溏)'의 뜻은 원래 진창인데, 이 때문에 대변이 묽고 부드러운 것이 진창과 같아서 '당리(溏痢)'라고 불렀다.

여 무력한 증상을 치료한다. 그 처방법은 구운 천오두川烏頭 10푼, 자완紫菀57)·오수유吳茱萸·창포菖蒲·시호柴胡58)·후박厚薄,59) 구운 생강, 도라지[菩梗], 껍질과 씨를 뺀 쥐엄나무[皂角], 복령茯苓·말린 생강, 털을 제거한 황련黃連, 볶아서 수분을 뺀60) 촉초蜀椒, 인삼人參·파두巴豆 식초를 넣고 누렇게 되도록 볶고 껍질과 중심부분을 제거한다.를 준비한다.

이상의 14가지를 같은 분량으로 찧고 체질하여 가루를 낸 뒤 파두를 넣어 아주 곱고 균일하게 간다. 흰 꿀[白蜜]을 섞는데, 2천 번을 찧어 오동나무 씨61) 크기의 환약을 만든다.

羸瘦困悶無力.　方. 川烏頭十分炮[24]，　紫菀[25]、吳茱萸、菖蒲、柴胡、厚薄[26]、薑炙、菩梗、皂角去及子[27]、茯苓、乾薑、黃連去毛，蜀椒出汗. 人參、巴豆，醋熬黃，去皮心.[28]

右件十四味等分，搗，羅，入巴豆，研令極細勻.　以白蜜和，搗二千杵，丸如梧桐大.[29]

---

57) 국화과 식물인 개미취(Aster tataricus L. fil.)의 뿌리를 말린 것이다. 각 지역의 산에서 널리 자란다. 가을에 뿌리를 캐 줄기를 잘라 버리고 물에 씻어 햇볕에 말린다. 맛은 쓰고 매우며 성질은 따뜻하다. 폐경(肺經)에 작용한다. 가래를 삭이고 기침을 멎게 하며 소변이 잘 나오게 한다.

58) 미나리과의 여러해살이풀이다. 줄기는 높이 1m 가량이고 잎은 길고 좁은 것이 어긋맞게 나며 평행맥이 있다. 8-9월에 노란 다섯잎꽃이 겹산형 꽃차례로 줄기 끝이나 가지 끝에 피고 길둥근 모양의 열매는 9-10월에 익는다. 산지나 들에 나는데, 한국의 각지 및 일본·중국·시베리아 등지에 분포한다.

59) 『사시찬요』에는 옛 글자는 동음 혹은 음이 가까운 것을 임시로 빌려 쓴 것이 많은데, '박(薄)'은 '복(僕)'과 서로 통한다. 묘치위의 교석본에 의하면, 여기서는 '박(樸)'자를 빌려 썼는데, '후박(厚薄)'은 바로 후박(厚樸) 즉 후박(厚朴)이라고 한다.

60) 『본초강목』 권32 「촉초(蜀椒)」의 '수치(修治)'조에는 구종석(寇宗奭)의 설명을 인용하여 "무릇 진초·촉초를 사용할 때 모두 약간 볶으면 수분[땀]이 나온다.[凡用秦椒、蜀椒, 并微炒使出汗.]"라고 한다. 오늘날에는 단지 햇볕에 말려 수분을 제거하고 바로 약에 넣어 사용한다.

61) 이 문장은 '오동대(梧桐大)' 뒤에 '자(子)'자가 빠져 있는데, '자(子)'자가 있어야 해석이 매끄럽다.

(처음에) 2환을 먹고 설사하지 않으면 10환까지 늘린다. 15일 후 닭의 간과 같이 죽은 핏덩어리 등이 빠져나와도 놀랄 필요가 없다. 날것과 찬 것, 시고 미끄러운 음식, 돼지·생선·닭·개·소·말·거위 등의 고기와 다섯 가지 매운 것[五辛], 기름진 것[油膩], 더운 면[熱麵], 콩·찹쌀, 오래되어서 악취가 나는[陳臭] 음식물을 꺼린다.

【35】 구급환[備急丸]62)

배 안의 모든 급성 증상의 병을 치료한다. 처방법은 대황大黃·말린 생강·파두, 이상의 것들을 같은 분량으로 준비한다. 파두는 심지와 껍질을 제거하고 초를 넣고 볶아서 누레지면 진흙처럼 찧고 갈아서 곱고 균일하게 한다.

이상의 대황·말린 생강을 곱게 찧고 체질하여 가루로 만들고 찧은 파두와 함께 섞어 고르게 간다. 정제한 꿀을 넣고 다시 3천 번을 찧어 환약을 만든다.

만약 외부에서 악성 객오客忤63)로 인해 가슴과 배가 더부룩하고 찌르는 통증이 있으며, 호흡이 급하여 입을 다물고 갑자기 인사

一服二丸. 不痢加至十丸. 十五日後, 惡濃血如雞[30]肝等下, 勿[31]怪. 忌生、冷、醋滑、猪、魚、雞[32]、犬、牛、馬、鵝、五辛、油膩、熱麵、豆、糯米、陳臭等物.

【三十五】 備急丸:[33] 治腹內諸卒暴百病. 方, 大黃、乾薑、巴豆、已上等分. 巴豆去心皮, 醋熬[34]令黃, 搗如泥, 又研令細勻.

右件大黃、乾薑, 搗羅爲散. 和巴豆膏, 研至勻. 鍊蜜爲丸, 更搗三千杵.

若)中惡客忤, 心腹脹滿刺痛, 氣急口噤, (停屍死者, 以)煖水或酒服如大豆許大三

---

62) 본 항목은 원래 장중경(張仲景)의 '삼물비급환(三物備急丸)'에서 나왔으며 『외대비요』 권31에서도 보인다.
63) '객오(客忤)'는 중악(中惡)의 일종으로, 대부분 집 밖의 거리에서 병이 걸린다. 사기(邪氣)가 육체를 침범하여 심복부(心腹部)가 꼬이듯 아프며 더부룩하고 기가 가슴으로 치받히는 병증이다.

불성의 상태에 빠지면[64] 따뜻한 물 혹은 술과 함께 콩알[大豆]의 크기만 한 환약 3-4개를 복용하게 하고, 머리를 들어 올려 아래로 내려가게 하면 바로 차도가 있다. 만약 입이 다 물어져 있으면 환을 갈아서 즙을 만들어 입 속으로 기울여 넣는데, 치아 사이에서 배 속으로 들어가면서 효험이 있다. 갈대순[蘆笋], 돼지고기나 찬물은 금한다.

【36】 인진환 만들기[茵陳丸]

장역[瘴疫][65]・전염병[時氣][66]・열병[溫]・황달[黃][67] 등을 치료한다. 만약 영남지역을 가게 되면 이 약을 항상 반드시 몸에 지닌다.

인진[茵陳] 4냥兩, 대황[大黃] 5냥, 시심[豉心][68] 5홉

四枚, 捧頭起, 令得(下), 即愈. 若口噤定, 研丸成汁, 乃傾口中, 令從齒間入至腹, 良驗. 忌蘆笋、猪肉、冷水.

【三十六】茵陳丸:治瘴疫、時氣、溫、黃等. 若嶺表行往, 此藥常須隨身.[35]

茵陳[36]四兩, 大黃 五

---

64) 【중각본】과 【필사본】에서는 '졸(屌)'로 쓰는데, 묘치위의 교석에는 이 글자는 없으며 잘못된 것으로 보고 '시졸(尸卒)'로 쓰고 있다. 묘치위에 따르면, '졸(卒)'은 민간에서는 '졸(卆)'로 쓰는데 이것은 '시졸(尸卒)' 두 자를 잘못 합해서 '졸(屌)'자 한 자가 된 것이라고 한다. 이는 밖으로는 사악한 기운을 느끼며, 속의 장기와 더불어 서로 어긋나서 갑자기 답답해 죽을 지경이 되고, 손발이 갑자기 차가워지는 것을 중의학에서는 '시궐(尸厥)'이라 한다. 여기서의 '停屌卒死'에서 '졸(卒)'은 곧 '졸(猝)'자로, 즉 '갑자기 가사 상태에 빠진 것[尸厥暴死]'을 의미한다. 후에 본 조항의 원 출처가 장중경(張仲景)의 '삼물비급환(三物備急丸)'이라는 것이 밝혀져, 이 구절과 대조해서 "氣急口噤, 停尸卒死者."라고 고쳐 썼다.
65) 산천의 좋지 않은 기로 인해 생긴 열병으로 풍토병이다.
66) 사계절의 기운에 역행하여 생기는 전염성이 강한 병이다.
67) '온황(溫黃)'은 열병과 황달[黃病]을 가리킨다.
68) '시심(豉心)'은 메주[豉]를 만들 때 중심부분이 되는 두시(豆豉)를 가리킨다. 『명의별록』의 '시(豉)'에서 도홍경이 주석하길 "시(豉)는 … 중심부분을 취하는 것이 더욱 좋다."라고 하였다. 『본초강목』 권25 '대두시(大豆豉)' 조항에서는 "그 시심(豉心)은 시를 배합할 때 그 중심부분에서 취하는 것으로, 껍질을 벗겨서 가운데 것[心]을 취하는 것은 아니다."라고 명확히 지적하고 있다.

[合], 항산恒山,[69] 볶은 치자씨, 망소芒消,[70] 살구씨[杏仁], 껍질과 뾰족한 부분을 제거하고 부드럽게 간 후 넣는다. 이상 각 3냥씩 준비하고, 자라 껍데기 2냥을 얇은 막을 제거하고 술 및 초를 발라 굽는다. 파두巴豆 1냥을 볶아서 별도로 갈아서 사용한다. 위의 9가지 약재를 찧고 체를 처 가루로 만든 후 정제한 꿀을 넣어서 환약을 만든다.

처음 전염병[時氣]에 걸리면, 3일째 되는 날 아침에 오동나무 열매 크기만 한 환약 다섯 알을 복용한다. 만약 십리를 가는 시간이 되면 (그 사이에) 간혹 설사를 하거나 땀이 나거나 구토 증상이 생길 수 있다. 만약 구토를 하지 않고 땀이 나지 않으며 설사를 하지 않으면 다시 한 알을 복용한다. 또 5리를 가는 시간에 여전히 자각증세가 없으면, 바로 뜨거운 물을 마셔 그것을 토해 내게 한다. 노인

兩, 豉心 五合[37], 恒山, 梔子仁 熬[38], 芒消[39], 杏仁, 去皮尖, 熟研後入之. 已上各三兩, 鼈甲 二兩[40], 去膜, 酒及醋塗炙. 巴豆 一兩[41], 熬, 別研入用. 右件九味, 搗羅爲末, 鍊蜜爲丸.[42]

初得時氣, 三日旦, 飲服五丸, 如梧桐子大.[43] 如行十里許, 或痢或汗或吐. 如不吐不(汗)不(痢), 更服一丸. 五里久不覺, 即以熱飲促(之. 老少以意)酌度. 凡黃病、痰癖、時氣、傷寒、

---

69) '항산(恒山)'은 항 말라리아의 중요한 약재인 상산(常山)의 다른 이름이다. 묘치위의 교석본에 따르면, 과거 식물학 책에서는 일본상산(Orixa japonica Thunb., 운향과)을 중국상산이라고 잘못 기록하고 있으며 그 효과도 믿을 수 없다. 중국이 이전부터 사용한 것은 황상산(黃常山; Dichroa febrifuga Lour.)이다. 여기에는 항 말라리아에 매우 유효한 성분이 함유되어 있는데, 인도산 항산보다 뛰어나며 그것이 함유하는 두 가지 상산참(常山鹼)의 약효는 '키니네(quinine)'보다 148배 뛰어날 뿐만 아니라, 열을 물리치는 항의 약효는 키니네의 100배를 초과한다. 예부터 말라리아를 치료하는 주요한 약재로 사용하였으며, 아울러 열을 해소하는 작용이 있다. 그 잎은 '촉칠(蜀漆)'이라고 부르는데 뿌리와 효능이 동일하며, 효력은 뿌리보다 더 높다.

70) '망소(芒消)'의 다른 이름은 박초(朴硝)·마아초(馬牙硝)·피초(皮硝)·분소(盆消)이다. 천연 황산나트륨 광석을 정제한 것으로, 주성분은 황산나트륨(Na$_2$SO$_4$ · 10H$_2$O)이다. 맛은 짜고 성질은 몹시 차다.

과 아이는 상황을 살펴서 약의 용량을 정한
다. 무릇 황달·가래[痰癖]·전염병·상한[傷
寒]·학질[瘧疾]과 어린아이가 열이 나서 경기[癇]
가 일어나려고 할 때 그것을 복용하면 차도
가 없는 것이 없다. 장역을 치료하는 데 신통
한 효험이 있다. 붉거나 흰 설사에도 효험이
있다. 봄에 처음 한 번 복용하면 일 년 동안
병에 걸리지 않는다. 인현[人莧]71)·갈대순[蘆
筍]·돼지고기는 피해야 한다.

앞의 각종 약재는 12월에 조제하여 병
속에 넣어서 밀랍지[蠟紙]로 입구를 봉해72) 높
은 곳에 두고, 수시로 사용한다.73) 2-3년에 한
번 조제하면 된다.

【37】 면지面脂74)

향부자[香附子] 큰 것 10개, 백지[白芷] 3냥(兩),
영릉향[零陵香]75) 2냥, 백복령[白茯苓] 한 냥 모두 반
드시 신선하고 좋은 것을 준비한다. 가늘게

瘟(疾、小兒熱欲發
癇, 服之)無不差. 療
瘴神驗. 赤白痢亦妙.
春初一服, 一年不病.
忌人莧、蘆笋、猪
肉.

已前諸藥, (臘月
合,) 收瓶中, 以蠟紙
固口, 置高處, 逐時
減出. (可二三年)一合.

【三十七】(面脂):
香附子大者十个, 白芷
三兩, 零陵香二兩, 白
茯苓一兩, (並須新)好

---

71) '인현(人莧)'는 또한 '세현(細莧)'라고 하는데, 비름의 한 종류이다. 일선에서는
'야현(野莧)'이라고도 한다.
72) "以蠟紙固口": 송대 주수충(周守忠)의 『양생월람(養生月覽)』에서 『사시찬요』
를 인용한 것에서는 "以蠟固瓶口"라고 적혀 있다.
73) 일정한 용기 속에서 꺼낸 내용물의 용량이 줄어드는 것을 일러 '감출(減出)'이
라고 한다.
74) 본 항목은 『외대비요(外臺秘要)』 권32에서 『천금익방(千金翼方)』의 '면고방
(面膏方)'조의 약재와 서로 동일하다.
75) 콩과의 두해살이풀이다. 줄기는 높이가 70cm 정도이며, 잎은 어긋나고 겹잎이
다. 여름에 잎겨드랑이에서 꽃줄기가 나와서 작은 나비 모양의 꽃이 피며 약재
로 쓴다. 유럽이 원산지로 한국에도 분포한다.

쪼개고 갈아, 좋은 술을 넣고 섞어서 물기가 있게 한다. 순무기름 두 되[升]를 먼저 병 속에 넣고 강한 불과 약한 불로 하루 동안 달인다. 다음으로 (앞의) 약재를 넣고 또한 하루 동안 끓인다. 백지의 색이 누렇게 변하면 면綿에 걸러 찌꺼기를 제거하고, 소와 양의 골수 각각 한 되, 하얀 밀랍 8냥, 백랍은 꿀을 담고 있는 밀랍이다. 을 넣고, 사향麝香 두 푼을 매우 부드럽게 갈아 모두 열기가 있을 때[76] 고르게 섞는다. 식어서 응고되면 바로 완성된다.

【38】 세안분[澡豆][77]

찹쌀[糯米] 두 되를 물에 담근 후 찧어서 가루로 만들어 햇볕에 바싹 말린다. 만약 약간 습기가 있으면 향이 손실된다. 황명교黃明膠[78] 한 근을 구워 연하게 한 후, 절구에 넣고 빻아서 체에 쳐서 가루를 취한다. 나머지는

者. 細剉研, 以好酒
拌令浥浥. 蔓菁油二
升, (先文)武火於瓶
器(中)養油一日. 次
下藥, 又煑一日. 候
白芷黃色, 綿濾去滓,
入牛羊(髓)各一升,
白蠟八兩, 白蠟是蜜中
膩. 麝香二分, 先研令
極細, 又都煖相和,
合熱攪勻. 冷凝即成.

【三十八】 澡豆: ㊹
糯米二升, 浸搗爲粉,
曝令(極)乾. 若(微)
濕, 即損香. 黃明膠
一斤, 炙令通(起, 搗
篩. 餘者炒作)珠子,

---

76) '합열(合熱)'은 열을 띠거나 열이 있을 때를 일컫는 것으로, 고체의 밀랍 등은 열이 있을 때 용해해야만 고르게 섞기 쉽다. 그러나 묘치위의 교석본에는 '열(熱)'은 '숙(熟)'의 잘못일 가능성이 있기에, 이 구절은 마땅히 "又都暖相和, 熟攪均."이라고 끊어 읽어야 한다고 보았다.

77) '조두(澡豆)'는 일종의 세면분(혹은 크림)으로, 원래 콩가루와 여러 약제(藥製)로 만들었기에 이름 지어졌다. 『외대비요(外臺秘要)』 권32에서 『천금익방(千金翼方)』을 인용한 것에는 "얼굴 크림·핸드크림[手膏], 의향(衣香)·세안제는 존귀한 사인(士人)들에게 모두 필요한 것이었다."라고 하였다. 고대의 지체 높은 부녀자들은 항상 화장 전에 조두 세면분으로 손과 얼굴을 씻었다. 제조하는 약제가 서로 다른데, 어떤 것은 주근깨와 기미[䵟面] 등을 치료하는 데 효능이 있다.

78) '우피교(牛皮膠)'의 별명은 '황명교(黃明膠)'이다.

(절구에 부수어) 구워 진주가루처럼 만들어 반
드시 다시 완전하게 구워서 체로 쳐서 가루로
만든다.[79) 껍질을 벗긴 후에 저울에 단 조각白角[80)
한 근, 백급白芨[81) · 백지白芷[82) · 백렴白蘞[83) ·
백출白朮 · 호본蒿本 · 천궁[芎藭] · 세신細辛[84) ·
감송향甘松香[85) · 영릉향零陵香 · 백단향白檀香[86)
등 10가지를 각각 큰 한 냥大兩과 마른 구자
일명 닥나무 씨이다. 한 되를 준비한다.

　　위의 것들을 찧은 후 체에 쳐서 가루를

又搗取,　盡須過熟.
皂角(一斤, 去皮後秤.[45]
白芨、白芷、白蘞、
白朮、蒿本、芎藭、
細辛、甘松香、零陵
香、白檀香,　十味,
各一大兩,　乾構子一
升, 一名楮子.

　　右件搗篩,　細羅都

---

79) "모름지기 지나치게 부드럽게 만든다.[盡須過熟.]"라는 것은 우피교(동물성 단
　　백질)를 번갈아 볶은 후에, 번갈아 찧고 체를 쳐서 그 바깥층을 구울 때 열에 의
　　해서 팽창된 탄가루로, 완전히 볶은 후에 체질을 끝내면 전부 탄 상태의 분말 가
　　루가 된다.
80) 이후 12월의 끝까지 원문은 【계미자본】에 전하지 않는다. 모두 낙장되어 조선
　　【중각본】에 의거하여 보충하였음을 밝혀 둔다.
81) '백급(白芨)'은 난(蘭)과의 백급(白及; Bletilla striata (Thunb) Reichenb, f.)이
　　다. 묘치위의 교석에 의하면, 중의약상에서는 육질과 덩어리 줄기를 사용하는
　　데, 다량의 점액질을 함유하고 있어 풀의 원료로 사용된다. 과거에는 벼루 위에
　　서 주사(朱砂)를 가는 데 이용되었으며, 이것은 바로 그 점액질을 이용한 것이
　　다.
82) 구릿대의 뿌리로, 감기로 인한 두통 · 요통 · 비연 따위에 쓰며, 외과약으로도
　　쓰인다.
83) 가위톱의 뿌리로서 어린아이의 학질(瘧疾) · 경간(驚癎) 및 대하(帶下) · 음통
　　(陰通) · 창독(瘡毒)에 쓰인다.
84) 족두리풀이나 민족두리풀의 뿌리이다. 성질은 더우며 말려서 두통, 발한(發
　　汗), 거담(祛痰) 등의 약재로 쓰인다.
85) 중국의 귀주, 사천 등지에서 나는 향기 좋은 풀로 높이 15cm 가량이고, 잎이 가
　　늘어 떡잎 비슷하며 뿌리는 단맛이 있고 뿌리를 볕에 말리어 태우면 향기가 좋
　　다.
86) 단향과에 딸린 늘푸른큰키나무이다. 높이는 6-10m이고, 줄기는 청백색(靑白
　　色)에 광택이 나며 잎은 마주나고 알꼴이다. 목재는 누르스름하고 좋은 향기가
　　나는데 특히 뿌리부분에서 짙은 향기가 나며, 향료 · 약품 · 불상 · 조각 · 세공품
　　에 쓰인다. 백단향의 목 질부는 가슴앓이, 배앓이, 곽란(癨亂) 따위에 약재로 쓰
　　인다.

취해 앞의 가루(참쌀가루와 황명교 가루)와 서로 합하면 바로 완성된다. 이렇게 하면 세안 분이 많아지니 가장 좋은 방식이다. 이것은 이정李定이 전한 것이다.

【39】향유香油

두풍頭風87) · 백설白屑 · 두양頭痒88) · 어지럼증[頭旋] · 방민妨悶89) 등을 치료하는 방법이다. 순비기나무 열매[蔓荊子] 큰 3홉[大合], 향부자香附子90) 30개, 북쪽 땅에서 생산되는 것이 좋다. 효력이 아주 강한91) 촉부자蜀附子 · 양척촉羊躑躅92)의 꽃 각각 큰 한 냥[大兩], 한련자초旱蓮子

匀, 相合成. 澡豆[46]方甚衆, 此方最[47]佳. 李定所傳.

【三十九】香油: 療頭風、白屑、頭痒、頭旋、妨悶等方. 蔓荊子三[48]大合, 香附子三十介, 此地者佳. 蜀附子大猛, 羊躑躅花各一大[49]兩, 旱

---

87) '두풍(頭風)'은 머리가 늘 아프거나 자꾸 부스럼이 나는 병으로, 백설풍(白屑風)이라고도 한다.

88) '두양(頭痒)'은 두피 세균의 균형이 깨져서 유해세균이 대량으로 증식되는 것이다. 치료하지 않으면, 머릿기름이 생기고 대사가 균형을 잃어서 두피의 건강상태가 매우 나빠진다.

89) '방민(妨悶)'은 가슴에 기운이 막혀 답답해 하는 것을 가리킨다.

90) 『도경본초(圖經本草)』에서 "사초(莎草) 뿌리를 또한 향부자(香附子)라고도 한다. …『천보단방도(天寶單方圖)』에 기록하길 '… 성인 남자의 마음속에 허풍과 열이 났다 안 났다 하는 객열(客熱)은 방광 사이에서 옆구리 아래까지 이어져, 때때로 기운을 방해하는 것을 치료한다. …'"라고 한다. 사초는 방동사니과[莎草科]이고, 학명은 *Cypeyus rotundus L.*이다. 그 뿌리줄기가 곧 향부자인데, 방향성(芳香性)을 지닌 기를 다스리고 위를 건강하게 하는 약으로, 옛날에도 향료를 배합하는 데 사용하였다.

91) '대맹(大猛)'은 사천(四川)에서 나는 부자(附子)로, 효력이 가장 강한 것을 가리킨다. 『당본초(唐本草)』에서 "천웅(天雄) · 부자 · 오두(烏頭) 등은 모두 촉도(蜀道)의 면주(綿州) · 용주(龍州)에서 난 것이 좋으며, 다른 곳에서 자의대로 만든 것은 힘이 약하고 모두 (사천 것과) 비슷하지 않다."라고 하였다.

92) '양척촉(羊躑躅)'은 두견화과(杜鵑花科)로, 다른 이름으로는 '양불식초(羊不食草)' · '황두견(黃杜鵑)'이라고 한다. 약용으로는 그 꽃차례[花序]를 사용하며, 독이 있어 마취약으로도 쓰이는데 소량으로 사용하면 진통과 진정 작용이 있다. 학명은 *Rhododendron molle G. Don.*이다.

草93)·영릉향零陵香 각각 큰 한 냥, 두루미냉
이 씨[葶藶子] 큰 한 냥 반, 이상의 6가지94)를
곱게 부수어 면으로 싼다. 깨부순 오래된 쇠보
습[鏵鐵] 반 근斤을 준비한다.

　이상의 것들을 모두 큰 한 되[大升]의 생
마유生麻油 속에 담가 둔다. 7일 후에 머리에
바를 수 있다. 머리 어지러움증[頭旋]의 경우
에는 기름을 더욱 첨가한다. 만약 약의 기운
이 다하면 즉시 바꾼다.

【40】 훈의향薰衣香95)

　처방은 매우 많지만, 이 방식이 가장 효
험이 있다. 침향沉香 한 근斤, 곤륜崑崙에서 생
산된96) 갑향甲香 두 냥兩 반, 소합향蘇合香 한
냥 반, 가루로 된 백단향白檀香, 정향丁香 각각 한
냥, 사향麝香 반 냥을 준비한다.

　이상은 모두 반드시 신선하고 좋은 것이
어야 하는데, 한 가지라도 나쁘면 곧 모든 향

蓮子草, 零陵香各一
大兩, 葶藶子一大兩
半, 已上六味細剉, 綿
裹. 故鏵鐵半斤 碎.⁵⁰

　右都浸於一大升生
麻油中. 七日後, 塗.
頭旋添油. 如藥氣盡,
即換.

【四十】⁵¹薰衣香:
方甚衆, 此最妙. 沉
香一斤, 崑崙者甲香
二兩半, 蘇合香一兩
半, 白檀香 屑⁵², 丁香
各一兩, 麝香半兩.

　右件並須新好, 一
味惡即損諸香. 並搗,

---

93) '한련자초(旱蓮子草)'는 국화과의 예장초[鱧腸; *Eclipta prosrata L*.]의 다른 이
　름으로, '묵한련(墨旱蓮)'이라고도 부른다. 검은 수염과 머리카락[烏鬚髮]을 잘
　자라게 하여, 옛날에는 모두 모발을 잘 자라게 하는 효능이 있었다는 기록이 있
　다.
94) 원문의 내용상으로 '육미(六味)'는 마땅히 '칠미(七味)'로 써야 할 것이다.
95) 『사시찬요』에서는 항목과 항목 사이에 한 글자 자리만큼 동그라미를 그려 간
　격으로 삼는다. 본 항목의 '훈(薰)'자 위에는 동그라미가 없고 다만 한 칸이 비워
　져 있는데, 다른 한 항목이 동그라미를 빠트린 것을 볼 수 있기 때문에 열을 나누
　었다.
96) 「삼월」편 【69】 항목 '수갑향(收甲香)'에서 "곤륜노의 귀 크기만 한 큰 갑향을
　취한다.[取大甲香如崑崙耳者.]"라고 한 것과 여기서 '곤륜자(崑崙者)'라고 쓴 것
　은 같지 않다.

을 손상시킨다. 모두 합하여 찧어서 거친 비단으로 체질하여 가루를 취한다. 6월에 거두어 정제한 꿀 큰 2되[大升]에 박소朴消 한 냥을 넣고 가열 정제하며 위의 거품을 제거한다. 식힌 후에 향 가루를 섞어서 반죽하여 조제하면 환丸을 만들 수 있다. 자기로 만든 기름병에 담고 주둥이를 밀봉하여 지하실에 넣어둔다. 1개월 후에 꺼내는데, 저장기간이 길수록 더욱 좋다. 오직 (향 가루와 섞을 때) 거칠고 곱고, 건조하고 습한 정도에 따라서 반죽하며, 건조한 것은 환약을 만들기 어렵다. 향을 때울 때는 모름지기 향기로운 연기는 모두 다 쓰지만, 냄새가 고약한 것은 태울 수 없다.

【41】 오금고烏金膏

모든 악창과 종기를 치료할 수 있다. 그 방법은 참기름[油麻油] 한 근斤, 황단黃丹 4냥兩 겨울에는 6냥, 밀랍[蠟] 4냥, 계란 크기만 한 머리털[頭髮] 한 뭉치[團]를 준비한다.

먼저 황단을 볶아 검게 하고 이어서 참기름과 머리털을 넣어 손이 멈추지 않게 젓는데, 아침부터 낮까지 한다. (막대에 묻혀) 한 점을 물속에 떨어뜨려 응축되면 바로 된 것이다. 이내 밀랍을 넣는다. 밀랍이 녹은 후에 한두 번 끓여 곧 병 속에 담아 저장한다.

以篦紗羅篩之. 蜜二大升, 六月收者, 煉之, 入朴消[53]一兩同煉, 掠去沫. 候冷, 和香, 作劑, 令可丸. 瓷油瓶盛, 密封, 入地窖. 一月出之, 收貯, 久尤佳. 唯在篦細乾濕得所, 乾則難丸. 燒[54]須與香煙共盡, 不可焦臭香氣.[55]

【四十一】烏金膏: 治一切惡瘡腫. 方, 油麻油一斤, 黃丹四兩, 冬月六兩, 蠟四兩, 頭髮一團. 雞子大.

右先炒黃丹令黑, 即下油及髮, 手不住攪之, 從旦[56]至午. 取一點, 滴於水中, 候可丸, 便即成也. 乃下蠟. 蠟消後, 一兩佛[57], 即盛於瓶中.

【42】 오사고烏蛇膏

악창惡瘡을 치료하고, 새살이 돋게 하며, 고름97)·풍독風毒과 기종氣腫을 제거한다. 처방법은 참기름[油麻油]98) 한 근, 황단黃丹 큰 두 냥大兩, 누룩뱀[烏蛇] 가루 큰 두 냥, 굽고, 찧어 가루를 낸다. 쥐[鼠] 한 마리[介], 12월 것이 가장 좋다. 밀랍 네 냥을 준비한다.

이상의 것에서 먼저 참기름으로 쥐를 지져 용해되면 찌꺼기는 버린다. 황단과 누룩뱀 가루를 넣고 약한 불로 다시 지져서 섞는다.

한 번 끓인 후, 밀랍을 넣고 다시 열 번 끓어오르게 달이면 고약[膏]이 완성된다. 자기 항아리 속에 담아서 밀봉한다. 악창[瘡]에 바르며, 하루에 한 번 고약을 바꾼다.

【43】 전염병을 피하는 법[辟瘟法]99)

『양생술養生術』에서 이르기를100) "납일의 밤[臘夜]101)에 산초나무 열매 21알을 가지

【四十二】烏蛇膏: 療惡瘡, 生好肉, 去濃水、風毒、氣腫. 方, 油麻油一斤, 黃丹二大兩, 烏蛇二大兩, 炙, 搗末. 鼠一介, 臘月者佳. 蠟四兩.

右先以油煎鼠, 令消, 去滓. 入黃丹并蛇末, 以微火更煎, 攪.

沸後, 下蠟, 更煎十沸, 膏即成. 下入瓷器中盛封. 塗瘡, 一日一易爾.

【四十三】辟瘟法:58
養生術云, 臘夜持椒三七粒, 臥井傍, 勿

---

97) 【중각본】 및 【필사본】에는 '농(濃)'이라 쓰여 있는데, 묘치위의 교석에는 '농(膿)'으로 고쳐 쓰고 있다.

98) '유마(油麻)'는 '호마(胡麻)'와 같다.

99) 당 초기 구양순(歐陽詢)의 『예문유취(藝文類聚)』에서도 "양생요(술)에서 말하길, 12월 납(臘)일 밤 (사람들이) 산초열매를 가지고 우물가에서 누워서 말을 하지 않고 가지고 있는 산초열매를 우물 속에 넣으면 전염병을 피할 수 있다.[養生要曰, 十二月臘夜, 令人持椒臥井旁, 無與人言, 內椒井中, 除溫病.]"라고 하였다. 이를 통해 볼 때 당대 초부터 이와 같은 풍속이 있었음을 알 수 있다.

100) 『제민요술(齊民要術)』 권4 「산초 재배[種椒]」편에서 『양생요론(養生要論)』을 인용한 것에 비슷한 기록이 있다.

101) 납일의 밤은 동지 후 3번째 술(戌)일인데, 일반적으로 12월 8일을 말한다. 이 날을 '라빠지에[臘八節]'라고 일컫는다.

고 우물곁에 누워서 다른 사람과 더불어 말하지 않고, 산초나무 열매를 우물 속에 던져 넣으면 온역병[瘟疫病]을 물리칠 수 있다."라고 하였다.

與人言, 投椒井中, 除瘟疫病.

【44】 이달에 정미하기[是月碾米]

식구의 수를 헤아려서, 찧을 쌀을 말렸다가 새 항아리에 담아 두고,102) 항아리 뚜껑을 닫아서 진흙으로 단단하게 봉한다. 항아리를 열 때는 1년이 지나도 좋다. 항아리 아래쪽은 벽돌을 괴어서, 공기가 통하게 한다.

【四十四】 是月碾米: 數人口, 乾碾米, 貯于新瓦[59]瓮中, 盆蓋, 泥封一瓮. 瓮開, 可終一年. 瓮下側塼[60]支, 令通風.[61]

【45】 쥐꼬리 자르기[斷鼠尾]

『잡술雜術』에서 이르기를 "12월[臘月]에 쥐를 잡아서 그 꼬리를 자르고, 이듬해 정월이 되어서 죽이면 쥐가 들끓는 것을 막을 수 있다."라고 한다.

【四十五】 斷鼠尾: 雜術云, 臘月捕鼠, 斷其尾, 至來年正月斬之, 制鼠暴也.

【46】 납제 때 구운 고기 이용[臘炙]103)

이달 납제[臘祀] 때 남은 구운 고기를 거두어 들여 장대 끝에 끼워서 외밭[瓜田]에 세우면 벌레를 물리칠 수 있다.

【四十六】 臘炙: 是月收臘祀餘炙, 以杖頭穿, 豎[62]瓜田角, 去蟲.

---

102) 【중각본】과 【필사본】에는 "항아리에 담다"에서 조사를 '우(于)'라고 쓰여 있는데 반해, 묘치위의 교석에는 '어(於)'로 표기하였다.

103) 본 항목은 원래 최식의 『사민월령(四民月令)』에서 나왔다. 묘치위의 교석에 의하면, 『사민월령』에는 하나라도 올바르게 해결할 수 없는 의심스러운 것이 있지만, 『사시찬요』의 기록에 의해서 해결할 수 있다고 한다.

【47】 돼지 귀 걸기[掛猪耳]

이달에 돼지 귀를 구해서 집 대들보 위에 걸어 두면 사람이 부자가 된다.

【48】 돼지비계 거두기[收猪脂]

납일[臘日]104)에 돼지비계를 구입한다. 물에 씻지 말고 새 항아리에 담아 북북서[亥] 방향의 땅속에 100일 동안 묻어 놓으면, 악성 종기[癰疽]를 치료할 수 있다. 이달 중에 거두어들인 것도 좋다.

【49】 찹쌀 저장하기[貯糯米]

이달에 저장한다. 여름에 내다 판다. 『식금(食禁)』에서 이르기를 "임신부[孕婦]가 찹쌀을 먹으면, 태어난 자식은 백충(白蟲)105)이 많이 생긴다."라고 한다.

【50】 양 종자 고르기[留羊種]

「정월」106)과 같다.

【四十七】挂猪耳: 是月收猪耳釣堂梁⁶³上, 令人致富.

【四十八】收猪脂: 臘日收買猪脂. 勿令經水, 新瓷⁶⁴器盛, 埋亥地百日, 治療癰疽. 此月中收者亦得.

【四十九】貯糯米: 是月貯之. 夏中粜之. 食禁云, 孕婦食糯米, 令子多白蟲.⁶⁵

【五十】留羊種: 同正月.

---

104) 납일(臘日)에 대해【중각본】과【필사본】에서는 모두 이 글자로 쓰고 있으나 묘치위의 교석본에서는 '臘月'로 표기하고 있다. '臘日'은 민간이나 조정에서 조상이나 종묘 또는 사직에 제사 지내던 날로서 동지 뒤의 셋째 술(戌)일에 지냈다.

105) 한국의 민담에는 흰쌀을 먹으면 회충이 많이 생긴다는 말이 있다. 아마 백충(白蟲)은 회충일 가능성이 있다. 이런 측면에서 소주(小注)의 내용은 다소 합리적이지 않다. 『동의보감』권10「잡병편십(雜病篇十)」에는 "닭고기나 계란을 찹쌀밥과 함께 먹으면 아이에게 촌백충이 생긴다.[食雞肉及卵, 合糯米食, 令子生寸白蟲.]"라는 말이 있다.

106)「정월(正月)」편【78】항목에 보인다.

【51】 새끼돼지 김 씌우기[蒸㹠子]

「십일월」[107]과 같다.

【五十一】 蒸㹠子: 同十一月.

【52】 대와 나무를 벌목하기[務斬伐竹木]

이달에 (벌목하면) 나무좀이 생기지 않는다.[108]

【五十二】 務斬伐竹木: 此月不蛀.

【53】 농기구 만들기[造農器]

도리깨[連加][109] · 쟁기 · 누거[耬車] · 맷돌 · 보습[鏵] · 끌[鑿] · 호미 · 낫[110] · 칼 · 도끼를 수리한다.[111] 봄이 되면 사람들이 바쁘기 때문에 미리 준비해 두면 좋다.

【五十三】 造農器: 收連加、犂、耬、磨、鏵、鑿、鋤、鎌、刀、斧. 向春人忙, 宜先備之.

【54】 신명산神明散

창출蒼朮 · 도라지[苦梗], 구운 부자附子 각 두 냥, 구운 오두烏頭 네 냥, 세신細辛 한 냥을 준비한다.

위의 재료를 찧고 체에 걸러 가루로 만들어, 사방 한 치[寸] 비匕의 용량을 진홍색 주머니에 담아서 몸에 지닌다. 한 사람만 지녀도 집안 전체가 병에 걸리지 않는다.

이상의 약재를 (계절성) 전염병[時氣]에 감

【五十四】 神明散: 蒼朮、苦梗、附子 炮 各二兩, 烏頭四兩 炮[66], 細辛一兩.

右擣篩爲散, 絳囊盛帶之方寸匕. 一人帶, 一家不病.

右[67]染時氣者, 新

107) 「십일월」편 【31】 항목에 보인다.

108) 이 항목은 『사시찬요』의 본문으로, 『농상집요』 권6 '벌목(伐木)'조에서 인용하고 있다.

109) '연가(連加)'는 현재에는 '연가(連枷)'라고 쓰고 있다.

110) '겸(鎌)'은 '겸(鐮)'과 같다.

111) '수(收)'는 마땅히 "손질한다", "수리한다[修]"로 사용해야 할 것이다.

염된 사람이 새로 물을 길러 사방 1치 匕의
용량을 조제하여 복용하고 땀을 내면 곧 차
도가 생긴다.

춘분 이후에 조제해도 좋다.[112]

汲水調方寸匕服之,
取汗, 便差.

春分後, 宜施之.)

그림 24_ 항산恒山; 黃常山과 뿌리

그림 25_ 백급白芨과 덩이줄기

그림 26_ 백렴白蘞과 말린 뿌리

그림 27_ 감송향甘松香과 말린 뿌리

그림 28_ 세신細辛과 뿌리

그림 29_ 양척촉羊躑躅과 말린 꽃

---

112) 이 내용은 「이월」편【70】항목에도 보인다.

🌸 교 기

1 '랍(臘)': 【중각본】과 【필사본】에서는 '臈'으로 쓰고 있다. 이후 동일하여 별도로 교기하지 않는다.

2 【중각본】과 【필사본】에서는 "又三"을 "又下三"으로 적고 있다.

3 '건(乹)': 【중각본】과 【필사본】에서는 '乾'으로 쓰고 있다.

4 본 조항의 ( ) 속의 진한 부분은 책이 접혀 원문의 판독이 불가능하다. 따라서 이 부분은 【중각본】에 의거하여 보충했다. 이후의 내용 일부분 역시 낙장과 훼손이 많아 동일하게 처리했음을 밝혀 둔다.

5 이 소주(小注)를 【중각본】과 【필사본】에서는 "諸法內所言黃衣者, 卽是以麥罨黃衣者, 見六月內罨黃衣法."이라고 쓰고 있지만, 다만 이 주의 중간 부분의 '罨黃衣者'에서 【필사본】은 '衣'자가 빠져 있다.

6 '소(少)': 【중각본】에서는 이 글자를 '小'로 적고 있다.

7 '숙(熟)': 【중각본】과 【필사본】에서는 '熱'자로 쓰고 있다.

8 【필사본】에는 '涼處' 뒤에 '之'자가 추가되어 있다.

9 '좌(剉)': 【필사본】에서는 '剉'으로 쓰고 있다.

10 '입(入)': 【필사본】에서는 '下'로 쓰고 있다.

11 '장(鬂)': 【필사본】에서는 '獐'으로 쓰고 있다. 최근 발견된 본월의 【계미자본】【30】 항목[乾腊肉]에는 '鬂'자로 쓰고 있는데, 【중각본】과 【필사본】 모두 '獐'자를 쓰고 있다. 【중각본】과 【필사본】에는 '獐'자로 쓰고 있다. 이하 동일하다.

12 '장(獐)': 【필사본】에서는 '樟'으로 적고 있다.

13 '포(脯)': 【필사본】에서는 '䐈'로 쓰고 있다.

14 '열(熱)': 【중각본】에서는 '熟'으로 쓰고 있다.

15 '여(如)': 【필사본】에서는 '加'로 표기하고 있다.

16 '삼십일(三十日)': 【필사본】에서는 '二十日'로 적고 있다.

17 '저(著)': 【필사본】에서는 '着'으로 쓰고 있다.

18 '소(梳)': 【필사본】에서는 '标'로 표기하고 있다.

19 【중각본】에서는 '水下'의 사이에 '調'자가 빠져 있다.

20 '일십(一十)': 【필사본】에서는 '十'이라 표현하고 있다.

21 '시(著)': 【필사본】에서는 '苉'자로 표기하고 있다.

22 '환(丸)': 【필사본】에는 이 글자가 누락되어 있다.

23 '지기(止㤥)': 【필사본】에서는 '㤥止'라고 도치하고 있다.

24 【필사본】에서는 '炮'를 본문과 같은 큰 글자로 쓰고 있다.

25 '완(菀)': 【필사본】에서는 '莞'으로 쓰고 있다.

26 '박(薄)': 【필사본】에서는 '朴'으로 쓰고 있다.

27 【중각본】의 소주의 '去及子'를, 【필사본】에서는 '及'을 '皮'로 표기하고 있다. 묘치위도 【필사본】과 같은 견해를 취하여 '皮'자로 고쳐 적고 있다.

28 【필사본】에서는 '去皮心'이 '去心皮'로 되어 있다.

29 '동대(桐大)': 【필사본】에서는 '桐子大'로 쓰고 있다.

30 '계(雞)': 【필사본】에서는 '鷄'자로 적고 있다.

31 '물(勿)': 【필사본】에서는 '忽'자로 표기하고 있다.

32 '계(雞)': 【필사본】에서는 '鷄'자로 적고 있다.

33 【35】 구급환[備急丸]의 【계미자본】 원본은 극히 일부분만 전해지며, 그것도 중간 중간 빠진 부분이 적지 않다. 따라서 【중각본】에 의거하여 보충하였음을 밝혀 둔다.

34 '초오(醋熬)': 【필사본】에서는 '熬醋'로 도치하고 있다.

35 "須隨身": 【필사본】에서는 대신 "常須隨爲"로, 【중각본】에서는 "常隨身"으로 표기하고 있다.

36 '진(陳)': 【필사본】에서는 '陳'으로 표기하고 있다.

37 【중각본】과 【필사본】에서는 '五兩', '五合'이 모두 본문과 같은 큰 글자로 쓰고 있다.

38 【필사본】에서는 이 小注의 글자가 본문과 같은 큰 글자로 쓰여 있다.

39 '소(消)': 【필사본】에서는 '硝'로 쓰고 있다.

40 '이량(二兩)': 【중각본】과 【필사본】에서는 본문과 같은 큰 글자로 쓰며, 특히 【중각본】에는 '三兩'으로 쓰고 있다.

41 【중각본】과 【필사본】에서는 '一兩'을 본문과 같은 큰 글자로 쓰고 있다.

42 【필사본】에는 "丸如梧桐子大"라는 구절이 추가되어 있다.

43 "初得時氣, 三日旦, 飮服五丸, 如梧桐子大"를 【필사본】에서는 순서를 도치하여 "如梧桐子大, 初得時氣, 三日旦, 飮服五丸"으로 표기하고 있다.

44 '조두(澡豆)': 【필사본】에는 이 항목이 없고 앞의 '面脂' 항목에 덧붙여 서술되어 있다.

45 【필사본】에는 '後秤'이 '秤後'로 도치되어 있다.

46 '두(豆)': 【필사본】에는 이 글자가 누락되어 있다.

47 '최(最)': 【필사본】에서는 '甚'으로 표기하고 있다.

48 '삼(三)': 【필사본】에서는 '二'로 적고 있다.

49 '대(大)': 【필사본】에는 이 글자가 누락되어 있다.

50 '쇄(碎)': 【필사본】에서는 본문과 같은 큰 글자로 쓰고 있다.

51 【중각본】에는 제목을 표시하는 ○표시 없이 한 칸이 비어 있다.

52 【필사본】에는 '屑'이 본문과 같은 큰 글자로 되어 있다.

53 '소(消)': 【필사본】에서는 '消' 대신 ○표시를 하고 있다.

54 '소(燒)': 【필사본】에는 이 글자가 누락되어 있다.

55 "焦臭香氣": 【필사본】에서는 "焦臭無香氣"으로 표기하고 있다.

56 '단(旦)': 【필사본】에는 이 글자가 '朝'로 되어 있다.

57 '불(佛)': 【필사본】에서는 이 글자를 '沸'로 쓰고 있다.

58 '벽온법(辟瘟法)': 【필사본】에서는 '辟瘟方'으로 적고 있다.

59 '와(瓦)': 【필사본】에서는 이 글자를 '反'으로 쓰고 있다.

60 '전(塼)': 【필사본】에서는 이 글자를 '磚'으로 쓰고 있다.

61 '풍(風)': 【필사본】에서는 이 글자를 '氣'로 쓰고 있다.

62 '수(竪)': 【필사본】에서는 이 글자를 '堅'자로 표기하고 있다.

63 '양(梁)': 【필사본】에서는 이 글자를 '樑'으로 쓰고 있다.

64 '자(瓷)': 【필사본】에서는 '瓮'으로 표기하고 있다.

65 '충(蟲)': 【필사본】에는 '蟲'자가 누락되어 있고 빈 공간만 남아 있다.

66 【필사본】에는 이 항목 중 소주인 두 개의 '炮'자가 모두 본문과 같은 큰 글자로 되어 있다.

67 '우(右)': 【필사본】에는 이 글자가 '有'로 되어 있다.

3. 잡사와 시령불순

✤

【55】잡사雜事113)

수레를 만든다.

눈을 저장한다.114) 12월의 술[臘酒]지게미를 거둔다.

대나무 용기 · 디딜방아 · 연자방아를 만든다.

땅에 거름을 준다.

엿과 누룩115)을 만든다.

멧대추나무를 벤다.

담장을 보강한다.116)

【五十五】雜事:

造車.

貯雪. 收臘糟.

造竹器、碓、磑.

糞地.

造餳蘗.

刈棘.

屯墻.

---

113) 본 [잡사] 항목이【필사본】에는 끝에서 4번째 부분에 삽입되어 있다.

114)『농상집요』'세용잡사(歲用雜事)'조에서『사시유요』(즉『사시찬요』)의 '설(雪)'을 인용한 것에는 항상 '수(水)'자가 함께 있다. 또 마지막에 '收牛糞'이라는 말도 본서에는 없다.

115)【중각본】과【필사본】에는 '이얼(餳蘗)'로 쓰여 있으나, 묘치위의 교석에는 '당얼(餳蘗)'로 고쳐 표기하였다.

116) "刈棘屯墻"에 대해서 묘치위의 교석에는 '예극'과 '둔장'을 분리시켜서 '둔장(屯墻)'은 곧 '축장(築墻)'이라고 하여 두 사건으로 본 것에 반해, 와타베 다케시의 역주고에서는 합하여 "멧대추나무를 베어서 담장을 보호한다."라고 해석하고 있다. 이것은 와타베의 역주고에서는 '둔(屯)'을【중각본】과 동일한 '둔(屯)'으로 보고 있다는 말이다. 쟝신[張鑫],「唐代農書『四時纂要』釋讀札記六題」,『농업고고(農業考古)』2013年 第6期, 268쪽에서 '둔(屯)'은 축장의 의미가 아니라 보강의 의미이므로 둔장은 십이월에 담벼락을 튼튼하게 손질하는 것을 가리킨다고 한다. '둔'은 고문헌에서 축조의 의미는 보이지 않고 대체로 튼튼하게 한다는 의미이다.『역경(易經)』의 "屯其膏"에 혜동(惠棟)이 주를 달아 "둔은 견고하다는 뜻이다[屯者, 固也.]"라고 하였다.『좌전』「민공원년(閔公元年)」의 "屯固比入"에 두예가 주를 달아 "둔은 위험하기 때문에 견고하다.[屯, 限險, 所以爲堅固.]"라고 하였다. 이처럼 '둔'은 고문헌 중에서 건축한다는 뜻은 없다.

풀을 저장한다. 쥐엄나무의 꼬투리[皁莢]117)를 저장한다.

貯草. 貯皁莢.

빗자루[筥篘]118)를 묶는다.

縛筥篘.

【56】 거친 밭 가꾸기[藝田]119)

『요술』에서 이르길120) "이달에 잡초가 우거진 밭에 불을 지르고, (이듬해) 정월에 개간한다."라고 하였다.

【五十六】 藝田: 要術云, 是月燒荒, 正月開②之.

【57】 동규에 물대기[漑冬葵]121)

물을 길어 동규에 물을 준다. 눈이 있으면 줄 필요가 없다.

【五十七】 漑冬葵: 汲水澆之. 有雪即不用.

【58】 거여목 태우기[燒苜蓿]122)

거여목을 심은 땅을 이달에 (마른 잎을) 태운다. 태우기를 끝내면 2년에 한 차례 이랑

【五十八】 燒苜蓿: 苜蓿之地, 此月燒之, 訖, 二年一度,

---

117) 한국에서는 콩과의 주엽나무(Gleditsia japonica Miquel var. koraiensisNakai.)의 열매를 말하지만, 중국에서는 조각자나무(Gleditsia sinensis Lamarck: 저아조(豬牙皁))의 열매를 말한다.

118) '소추(筥篘)'는 가는 대나무 가지나 곡식을 털어 낸 고량이나 기장대 등을 묶어서 마당을 쓰는 빗자루로 만든 것이다.

119) 【중각본】과는 달리 【필사본】에는 본월 【56】의 "藝田要術云"의 부분이 누락되어 있다.

120) 『제민요술』권1 「밭갈이[耕田]」편의 황무지를 개간하는 법[開荒法]은, 『사시찬요』에서는 이미 「칠월」편 【29】 항목에서 채록하였으며, 본 항목의 '잡초가 우거진 밭에 불을 지르는 법[燒荒法]'과는 다르다. 본 조항의 『요술』은 바로 『산거요술(山居要術)』을 가리킨다.

121) 본 항목은 『제민요술』권3 「아욱 재배[種葵]」편 '우동종규법(又冬種葵法)'에서 채록한 것으로, 본 조항 「시월」편 【33】 항목 참조.

122) 본 항목은 『사시찬요』의 본문으로, 『농상집요』권6 '목숙(苜蓿)'조항에서 채록하였다.

밖을 가는데, (그때) 뿌리가 잘릴 경우 흙으로 덮어 주면 더 이상 손상되지 않는다.

무릇 거여목은 봄에 먹으며 마른 나물로 만들면 사람에게 아주 유익하다. 자색꽃[123] 이 필 때 말에게 (먹이면) 매우 이롭다. 6월이 지난 뒤에는 말의 사료로 쓸 수 없다. 말이 (거여목에 걸려 있는) 거미줄을 먹으면 물을 토 하면서 말이 손상을 입는다.

【59】 파밭 청소하기[掃葱][124]

마른 잎[枯葉]을 제거한다. 제거하지 않으 면 봄이 되어도 무성해지지 않는다.

【60】 과일나무 접붙이기[嫁果樹]

「정월」과 동일하다.

【61】 과일 씨를 묻어 옮겨심기[瘞果栽][125]

복숭아나무와 자두나무의 씨를 저장하 여, 이달에 땅에 묻는다. 봄이 완연할 때 싹이

耕壠外, 根斬, 覆土掩之, 即不衰.

凡苜蓿, 春食, 作乾菜, 至[3]益人. 紫花時, 大益馬. 六月已後, 勿用餵[4]馬. 馬喫著蛛網, 吐水損馬.

【五十九】掃葱: 去其枯葉. 不去則至春不茂.

【六十】嫁果樹: 同正月.

【六十一】瘞果栽: 貯桃李之核, 此月瘞之. 至春深芽生

---

123) '자화(紫花)': 묘치위 교석본에 따르면, 『사시찬요』에서 설명하고 있는 자주색 꽃의 거여목(*Medicago sativa L.*)은 비교적 추위와 가뭄에 강하며 북방 지방에서 재배하는데, 이는 곧 장건(張騫)이 서역을 다녀온 후에 가져와서 재배한 것이다. 그 외에 황색의 거여목(*Medicago hispida Gaertner.*)이 있다. 남방지역에서 재 배되는데, 또한 '남거여목[南苜蓿]'이라 칭하며, 현재는 점점 서회(徐淮)지구를 향해서 확산되고 있다고 한다.

124) 본 항목은 『제민요술(齊民要術)』권3 「파 재배[種葱]」편에서 채록하였다.

125) 이 항목은 「칠월」편 【36】 항목과 서로 유사하지만, 씨를 묻는 달은 같지 않 다. 「칠월」편 【36】 항목은 『제민요술』에서 채록하였으나 이 조항은 분명 별도 의 유래가 있을 것 같다.

난 이후에 옮겨 심는다.

【62】나무를 파서 옮겨심기[劚樹栽]
이달이 가장 좋다.

【63】뽕나무를 베서 껍질 벗기기[斫桒樹剝桒皮]
(뽕나무를 베어서 뽕나무 껍질을 벗기는 것은)126) 이달이 가장 좋은 때이다.127)

【64】닥나무를 베서 껍질 벗기기[斬構取皮]128)
(닥나무를 베서 껍질을 벗기는 것은) 이달이 가장 좋으며, 4월이 그다음 시기이다. 이 두 달이 아니면 나무가 바로 말라죽게 된다. 정월이 되면 나무를 태운다.

【六十二】劚樹栽: 此月爲佳.

【六十三】斫桒樹剝桒皮: ⑤ 此月爲上時.

【六十四】斬構取皮: 此月爲上時, 四月爲中時. 非此兩月, 即枯死. 至正⑥月燒之.

---

126) "뽕나무를 베어서, 뽕나무 껍질을 벗기는 것"은 모든 가지를 잘라 껍질을 벗긴 것을 가리킨다. 묘치위의 교석본에 의하면, 뽕나무 껍질은 종이 제작 등에 사용된다고 한다. 『농상집요(農桑輯要)』권3에는 뽕나무를 '과작(科斫)'할 때 『사농필용(士農必用)』 '과조법(科条法)'을 인용하여 "12월이 가장 좋으며, 정월은 그 다음으로 좋다."라고 하였다. 이에 대해 주석하길 "12월은 수액이 아직 올라오지 않고, 또한 농한기이다. (물이 오르는) 봄에는 그루의 껍질이 쉽게 벗겨지나, 수액이 손상된다."라고 하였다. 12월에는 뽕나무가지의 껍질은 쉽게 벗겨지지 않는다. 그래서 『사농필용(士農必用)』에서 다음과 같은 처리를 하여 자연스럽게 벗겼는데, 즉 "뽕나무 껍질을 사용하기 위해서는 12월과 정월 그루 아래의 가지를 태양을 향하도록 묻어 두고, 2월 중에 꺼내면 자연스럽게 껍질을 벗길 수 있다."라고 한다.

127) 【중각본】에서는 【62】, 【63】을 하나의 항목으로 합쳐서 쓰고 있다. 반면 묘치위의 교석에 따르면 【62】 항목은 나무를 옮겨 심는 것이고 【63】 항목은 뽕나무 껍질을 벗기기에 적당한 시기이므로 두 항목을 별도의 것으로 보고 있다. 묘치위의 견해가 타당하다고 생각되어 이를 따랐다.

128) 본 항목은 『제민요술(齊民要術)』권5 「닥나무 재배[種穀楮]」편에서 채록하였는데, 목적은 닥나무 껍질을 취해서 종이를 만드는 데 있다.

【65】 도소주屠蘇酒[129]

대황大黃·촉초蜀椒·도라지[苦梗]·계심桂心·방풍防風 각 반 냥, 백출白朮·호장虎杖[130]각 한 냥, 오두烏頭 반 냥을 준비한다.

위의 8가지를 부수어 진홍색 주머니에 넣어 둔다. 그믐날 초저녁 우물 중에 걸어 두어 진흙처럼 만든다. 정월 원단에 꺼내어 주머니째로 술에 담가 동쪽을 향해서 마신다. 어린 아기부터 어른까지 사람마다 각각 조금씩 마시면 집안 전체에 병이 없어진다. 3일이 지나 우물 속에 주머니와 약을 던져 넣는다. 이는 황제 헌원씨軒轅氏의 신묘한 처방이다.

【66】 정료庭燎

그믐날 밤 뜰에 땔나무를 쌓아서 불을 피우면, 재앙을 피하고 양기를 북돋는다.

【67】 주술로써 질병을 진압하기[禳鎭]

삼씨와 콩을 던져서 전염병을 피하는 법

【六十五】屠蘇酒: 大黃、蜀椒、菩梗、桂心、防風各半兩, 白朮、虎杖各一兩, 烏頭半分.

右八味, 剉, 以絳囊貯. 歲除日薄晚, 掛井中, 令至泥. 正旦出之, 和囊浸於酒中, 東向飲之, 從少起至大, 逐人各飲小許, 則一家無病. 候三日, 棄囊并藥於井中. 此軒轅黃帝之神方矣.

【六十六】庭燎: 歲除夜, 積柴於庭, 燎火, 辟災而助陽氣.

【六十七】禳鎭: 投麻豆辟溫法, 魚龍河圖云, 除夜四更,

---

129) 본 항목은 원래 당(唐)대 손사막(孫思邈) '도소음(屠蘇飮)'처방에서 나온 것이며, 송대 진원정(陳元靚)의 『세시광기』 권5에서도 인용한 것이 보인다.

130) 호장(虎杖)은 여뀌[蓼]과에 속한다. 뿌리와 줄기는 배뇨를 좋게 하며 혈액순환을 촉진시키는 약으로 쓰인다. 학명은 *Polygonum cuspidatum Sieb. et Zucc.* (*P. Reynautuia Makino.*)이다.

에 대해 『어용하도』에서 이르길131) "그믐날 밤 1-3시[四更]에 삼씨와 소두를 각 14알을 취하고 가족의 머리카락을 약간 넣어서 우물 속에 던져 넣으면, 1년 동안 오환[傷寒]과 역병[溫病]에 걸리지 않는다."라고 하였다.

取麻子小豆各二七粒, 家人髮小許, 投井中, 終歲不遭傷寒溫疫.

【68】 재계齋戒
이달 그믐 전 이틀과 그믐을 포함한 3일간 재계하고, 향을 피워서 정갈하게 경문經文을 읽는 것을 선가에서 중히 여긴다.

【六十八】齋戒:[7] 是月晦日前兩日, 通晦日三日, 齋戒, 燒香, 淨念經文, 仙家重之.

【69】 12월 행춘령[季冬行春令]132)
12월에 봄과 같은 시령時令이 나타나면, 갓 태어난 어린 동물이 상해를 입게 되며, 사람들에게도 고질병[痼疾]이 많아진다.

【六十九】季冬行春令:[8] 則胎夭多傷, 人多[9]痼疾.[10]

【70】 행하령行夏令
이달에 여름 같은 시령이 나타나면, 수해가 일어나 피해를 입게 되며, 때맞춰 눈이 내리지 않고 얼음이 일찍 녹는다.

【七十】行夏令: 則水潦爲敗, 時[11]雪不降, 冰凍消釋.

【71】 행추령行秋令
이달에 가을 같은 시령이 타나나면, 백로

【七十一】行秋令: 則白露早降, 介

---

131) 『제민요술』 권2 「소두(小豆)」편에서 『용어하도』를 인용한 것에도 동일하게 기재되어 있는데, '어룡(魚龍)'은 마땅히 '용어(龍魚)'라고 뒤집어 써야 한다.

132) 이 항목에서 끝까지의 내용순서가 【중각본】과 【필사본】이 판이하다. 【필사본】의 항목 순서는 "[臘日] → [又此月] → [雜事] → [季冬行春令] → [行夏令] → [行秋令]"의 순으로 되어 있다.

白露가 일찍 내리고 깍지벌레[介殼蟲]가 해를 일으킨다.

蟲爲妖.[12]

【72】 납일에 쥐엄나무 꼬투리 취하기[又臘日取皂角]

또 (이달 납일에 쥐엄나무 꼬투리[皂角]를 구해) 태워서 가루로 만든다. 때때로 병에 걸렸을 때, 새벽에 정화수에 일전비一錢匕 용량을 조제해서 복용하면 반드시 차도가 있다.

【七十二】 又臘日取皂角: 燒爲末. 遇時疾, 晨旦以井花水調一錢匕服之, 必差.

【73】 12월에 약식 조제하기[合藥餌]

(또 이달에 잘 조제한 약식[藥餌]은) 오랫동안 상하지 않는다.

【七十三】 又此月好合藥餌:[13] 經久不喝耳.)

🌸 교 기

[1] 【필사본】에는 '잡사(雜事)' 조항의 위치가 끝부분인 '이 달에 제조한 약 먹기[又此月好合藥餌]'와 '12월 행춘령[季冬行春令]' 조항 사이에 들어 있다.

[2] 【필사본】에는 '開'를 '闢'으로 표기하고 있다.

[3] '지(至)': 【필사본】에서는 '云'으로 적고 있다.

[4] '위(餧)': 【필사본】에서 이 글자를 '喂'로 적고 있다.

[5] 본월의 【63】 [斫桑樹剝桑皮] 항목을 【중각본】과 【필사본】에서는 위 조항 【62】 [斸樹栽]에 포함시켜 서술했으나 묘치위의 지적처럼 내용이 상호 다르기 때문에 독립항목으로 분리시켰음을 밝혀 둔다.

6 '정(正)': 【필사본】에는 이 글자가 누락되어 있다.

7 【필사본】에는 【68】 '齋戒' 항목의 전체 내용이 누락되어 있다.

8 이 항목에서 끝까지의 내용 순서가 【필사본】과 판이하다. 본서는 【중각본】의 순서에 의거했다. 참고로 이후 【필사본】 「잡사와 시령불순」의 순서는 '주술로써 질병을 진압하기[禳鎭]' → '납일에 쥐엄나무 꼬투리 취하기[臘日取皂角]' → '이달에 제조한 약 먹기[又此月好合藥餌]' → '잡사(雜事)' → '12월 행춘령[季冬行春令]' → '행하령(行夏令)' → '행추령(行秋令)' 순으로 되어 있다.

9 '인다(人多)': 【필사본】에서는 '國多'로 표기하고 있다.

10 【필사본】에서는 '疾' 뒤에 '令之曰逆'의 구절이 추가되어 있다.

11 "爲敗時": 【필사본】에서는 "敗國時"로 표기하고 있다.

12 【필사본】에서는 '爲妖' 다음에 "四鄙入保"라는 구절이 추가되어 있다.

13 "又此月好合藥餌": 이 항목은 【필사본】에서는 "臘日取皂角"와 '雜事' 항목 사이에 위치하고 있다.

발문[題跋]

1. 북송 지도至道2년(996) 각본의 제기題記와 음주音注[1]

내가 지금 이 책을 새겨 인쇄하는 것은 대개 세상에 널리 전하여 사람들을 널리 이롭게 하고, 국가의 권농에 보탬을 주어 만백성이 모두 부유하고 장수하기를 바라는 것이다. 무릇 군자들이 이에 의지하여 행한다면, 아들과 손자 대까지 반드시 굶주리고 추위에 떨면서 갑자기 횡사[橫夭]하는 걱정은 없을 것이다.

대송 지도至道년 태세太歲 병신 9월 15일에 기록한다.

시원길施元吉[2]이 글자를 새기다.

余今彫印此書, 蓋欲盛傳於世, 廣利於人, 助國勸農, 冀萬姓同躋富壽者也. 凡百君子, 依而行之, 則乃子乃孫, 定無飢凍橫夭之患.

大宋至道大歲丙申九月十五日記.

施元吉彫字.

찬(纂)作管反 변(胼)部田反 지(胝)于[3]尼反 초(燋)昨焦反 췌(悴)秦醉反 직

---

1) 본문의 '발문'이란 단어와 다음의 1-3 항목의 제목은 본래 【중각본】의 원문에는 없다. 이것은 묘치위의 교석본에 의거하여 첨가했음을 밝혀 둔다.

2) 모리야 미쓰오의 해제본[조선중각본영인(朝鮮重刻本影印), 『사시찬요(四時纂要): 中國古農書·古歲時記の新資料』, 山本書店, 1961](이후 모리야 해제본)에서는 시원길(施元吉)에 관한 사료는 전해지지 않는다고 한다. 따라서 시원길이 글자를 새겼다는 것이 아니라 인쇄하여 출판했다는 의미로도 볼 수 있을 것이다.

3) 묘치위의 교석본에 따르면, '우(于)'는 마땅히 '정(丁)'자의 잘못이다. 또한 '변

(稷)子力反 앙(鞅)於兩 려(蠡)音禮 검(黔)巨淹 희(羲)許羈 공(龔)音恭 혜(醯)[4]呼雞 해(醢)呼改 체(彘)直例 폐(蔽)必袂 구(溝)古侯 독(瀆)徒谷 비(蜚)扶沸 충(衝)尺容 폭(爆)北敎 삽(插)楚洽 울(鬱)紆物 루(㔷)力軏[5] 제(薺)[6]祖雞 시(塒)[7]音侍 낭(囊)奴當 액(腋)羊益 박(駮)北角 해(薤)胡介[8] 롱(曨)力種 추(椎)直追打也. 벌(茷)音伐. 春也.[9] 양(釀)女亮 분(糞)方問 파(爬)蒲巴 겹(袷)苦洽 희(晞)音希 눈(嫩)奴困 저(柢)都禮 촉(觸)尺玉 총(叢)祖紅 간(揀)音簡 재(滓)阻史 탄(攤)他干 교(攪)古巧 견(繭)古典 용(蛹)音勇 내(耐)奴代 수(溲)疎有 동(瞳)音同 뇨(尿)奴弔 고(尻)苦刀 와(窊)烏瓜 여(膂)音呂 창(廠)尺亮 함(鹹)[10]音咸 칩(蟄)[11]直立 예(刈)魚肺 구(韭)音九 알(揠)烏拔 엄(罨)烏合 학(臛)呼各 누(樓)奴

<hr>

(胼)'·'지(胝)' 두 자는 한약의 자서에 보이지만 '지변(胝胼)'으로 거꾸로 적혀 있으므로, 유희잠(柳希潛)이 『사시찬요』부본을 초사할 때 거꾸로 새겼을 것으로 의심된다. 음주(音注)의 글자와 원서(原書) 중의 글자가 서로 다른 부분이 적지 않다. 이것은 조선각본으로, 조선인 박선(朴宣)이 유희잠이 초사한 부본에 근거하여 재차 판각한 것인데, 이처럼 다른 것은 새기는 과정 속에서의 착오일 것이다.

4) '혜(醯)'는 초(醋)이다. 이 자는 '혜(兮)'음에 따르며 원래는 '혜(醯)'로 적혀 있는데 이는 잘못된 것이다. 이 글자는 한약의 자서에 보이는데, 여기서도 '혜(醢)'로 잘못 적혀 있다. 본서에서는 모두 고쳐 바로잡았다.

5) '울루(鬱㔷)'는 「정월」편 【15】 항목에 보이는데 '루(㔷)'의 음은 률(律)이기 때문에 '울률(鬱㔷)'을 '울률(鬱律)'로 적고 있으며, 당대 이전부터 이미 이러하였다. 여기서 '역궤(力軏)'의 반절음은 판각한 사람이 그것을 통상적인 '루(㔷)'자로 잘못 새긴 것이다.

6) '제(薺)'는 「정월」편 【15】 항목에 보이며 여기서도 '제(薺)'자와 같이 쓰고 있다.

7) 『사시찬요』의 책 전체에 '시(塒)'가 없는데, 이는 조선에서 다시 판각할 때[翻刻]에 북송 지도(至道) 2년(996) 원각본에서 원래 있었던 내용이 빠져 있음을 반영한다.(음주부분은 지도(至道) 연간의 각본을 근거해서 추가한 것이다.)

8) '호개(胡介)'는 원래 '개호(介胡)'로 적혀 있었으나 뒤바뀌어 잘못된 것을 고쳐 바로잡았다.

9) 이러한 음과 뜻에 대한 주해는 본서 「유월」편 【31】 항목에도 이미 있다.

10) 『사시찬요』에서 '함(鹹)'자는 모두 '함(醎)'으로 적혀 있으나 글자는 동일하다. 이 역시 북송 원각본과 조선 【중각본】의 상이한 부분이다.

11) '칩(蟄)'은 원래는 '칩(蟄)'으로 잘못 적혀 있다. 책 속에 있는 것과 같기에 이에 고쳐 바로잡는다.

豆　폭(曝)薄報　괘(喎)苦媧　제(劑)在細　삭(爍)書勹　독(禿)他各　편(褊)方免　교
(窖)古孝　패(粺)皮賣　혁(核)下革　기(概)居致　간(赶)音罕12)　비(痹)13)必至　곽
(癨)14)虛郭　취(脆)淸歲　박(剝)15)北角　천(圖)16)市緣　파(簸)補過　삽(芟)音衫　례
(劙)郎計　점(磹)定念　지(漬)姒賜　핵(翮)下革　구(觓)17)渠牛　삽(啑)18)音帝　질
(窒)陟栗　파(跛)布火　두(酘)音豆　당(餳)19)徐盈　요(窯)音遙　준(稕)20)之閏

항주杭州　반가조潘家彫21)

---

12) '음한(音罕)'은 '간(赶)'자(「삼월」편 【67】 항목에 있다.)가 다르게 읽히는 방언
일 가능성이 있지만 그러나 이 또한 '가한(哥罕)'의 반절음을 잘못 새겼었을 수도
있다.

13) '비(痹)'는 원래는 '비(痺)'로 잘못 적혀 있으며 「오월」편 【23】 항목과 같아서
이에 고쳐 바로잡았다.

14) '곽(癨)'자는 「오월」편 【29】 항목에 보이며, 【계미자본】에는 '곽(癨)'으로 적혀
있다. 또한 「칠월」편 【25】 항목에서도 마찬가지로 '곽(癨)'으로 적혀 있지만
【중각본】에서는 '곽란(霍亂)'으로 적고 있다.

15) 『사시찬요』에서는 단지 「십이월」편 【63】 항목에서 '박(剝)'자 1개만 보이며,
다른 곳의 '박(剝)'자는 '천(劖)'의 잘못이다. 음주자의 배열에서는 대체로 책의
원래 글자가 전후 출현하는 순서에 따르지만 여기에서는 12월까지 배열했으나
'박(剝)'자가 출현하지 않았다. 만약 순서가 잘못된 것이 아니라면 책을 판각한
사람이 '천(劖)'자를 '박(剝)'자로 잘못 써서 음주를 달았을 것이다.

16) '천(圖)'자는 「유월」편 【36】 항목에 보이는데, 【계미자본】에서는 여기서도 '천
(圖)'자로 적고 있다. 다만 중각본에서는 글자가 '圖'인지 '圗'인지 분명하지 않다.

17) '구(觓)'자는 「구월」편 【32】 항목에 보이지만, 【계미자본】과 달리 【중각본】에
는 '구(觩)'로 적혀 있는데 글자는 동일하다.

18) 【계미자본】과 【중각본】에는 '삽(啑)'으로 적혀 있으며, 「구월」편 【32】 항목
에도 마찬가지인데, 묘치위의 교석에는 '체(嚏)'자로 고쳐 표기하였다.

19) '당(餳)'은 당대 이전에는 음이 당(唐)이었는데 당대 이후에는 "서와 영의 반절
음[徐盈切]"인 '셩'으로 발음된다.

20) '준(稕)'자는 「시월」편 【43】 항목에 보이는데, 책 전체 중 마지막에 한 자의 음
주(音注)가 있으나 「십일월」·「십이월」편의 글자에는 음주가 없다.

21) 모리야의 해제본에서는 음의(音義)가 북송 지도(至道) 2년본이 그 당시에 새겨
진 것인지 아니면 별도로 널리 유포되었던 것인지, 혹은 뒤에 추가로 이루어진
것인지에 대해 알기가 어렵다고 한다. 또한 '반가조(潘家彫)'의 의미도 불명확하
여 글을 새긴 사람보다는 판각하여 인쇄한 책임자로 보고 있다.

576

2. 명 만력5년(A.D. 1577) 조선 유희잠 초본 발문

[二. 明萬曆五年(公元 1577) 朝鮮柳希潛抄本跋]

내가 일찍이 객지에 있을 때 『사시찬요』를 구했는데, 항상 틈틈이 구부려서 읽고 우러러 생각해본 즉, 이 책은 실로 농가의 책이도다! 밭을 갈고 씨를 뿌리며, 김매고 수확하는 징후22)나, 비바람치고 서리와 이슬이 내리는 절기와 더불어 잠상蠶桑·의약醫藥, 집안의 금기[家忌]와 풍속에서 꺼리는 것 등이 기술되지 않는 것이 없으니, 나는 심히 이 책을 좋아하여 비록 백금을 준다 하여도 바꾸기를 원하지 않는다. 그러나 단지 책을 인쇄해서 전할 수 없는 것이 한스럽다. (이 책에 대해) 아는 자가 적지만, 마침내 온갖 노력을 다해 책을 구했다. 가래나무에 글자를 새겨 그것을 오래도록 전하여 온 나라 사람들과 함께 공유하고자 한다. 그러나 책 속에 이따금씩 황당무계하고 개탄스러운 말과 이치에 맞지 않는 허위의 말도 있기 때문에 중요한 말들만 찬술하여 편하게 보려고 한다. 바다와 같은 마음을 헤아려서 비록 시비의 분간에 밝고, 말[馬]을 감별하는 혜안이 있을지라도, 오히려 표면상의 분별에는 어두워, 뜻은 있었

余嘗得四時纂要於客中, 尋常間俯而讀, 仰而思, 則實是農家書也. 其耕種耘穫之侯, 風雨霜露之節, 與夫蚕桒, 醫藥, 家忌, 俗諱, 無不備載, 余甚愛之, 以爲雖百金不願易也. 而第恨印本無傳. 知者蓋寡, 遂絶人事而書得之. 欲入其梓, 壽其傳, 與一國公共之. 而間或有無稽怪誕之說, 不經虛僞之言, 故欲撰抄要語, 以便考覽. 而測海之心, 雖明於涇渭之分, 相馬之眼, 尙暗於驪黃之辨, 則有志未就者, 日月多矣.

---

22)【중각본】에는 '후(侯)'로 쓰여 있으나, 묘치위의 교석본에는 '후(候)'로 표기하였다.

으나 행하지 못한 세월이 많았다.

동료 박선朴宣은 삭주23)에서 근무하였는데, (내가 준) 이 책을 얻고서 행랑에 넣고 다녔다. 나는 박후朴侯가 성실하고 착하고 좋은 사람인 것을 알기에, 그것을 집에 몰래 감추어 두지 않고 세상에 간행할 것을 알고 있다. 스스로 신실한 것에 경하하며, 이제야 도와서 함께하는 마음이 생기니 출판되기를 희망한다. 만력 5년 정축 중원일, 유주24) 후예 80세 늙은이 통훈대부 행선공감부정 유희잠이 삼가 발문을 쓰다.25)

僚友朴宣氏, 分憂朔州, 求得書本, 以充行橐. 余知朴侯謹愨, 好善人也, 其不秘于家而刊行於世, 可知矣. 自慶其夙好之篤, 於是乎副而公共之心, 庶幾伸矣. 萬曆五年丁丑中元日, 儒州後裔八十歲老翁, 通訓大夫行繕工監副正柳希潛謹跋.

---

23) '삭주(朔州)'는 조선 압록강 남쪽이다. '분우(分憂)'는 나가서 삭주를 주관하였음을 가리킨다.

24) '유주(儒州)'는 3곳이 있다. 하나는 당(唐) 말에 설치한 것으로, 옛 치소는 곧 지금의 하북성(河北省) 연경현(延慶縣)이다. 또 하나는 당대에 설치한 것으로, 지금 감숙(甘肅)에 있다. 또 다른 하나는 송(宋)대에 설치한 것으로 바로 현재 귀주(貴州)의 경계에 있다. '유주후예(儒州後裔)'에서 유희잠(柳希潛)의 선조가 중국에서 조선으로 이주하였음을 알 수 있다.

25) 【중각본】에는 '희잠(希潛)'을 작은 글자로 쓰고 있지만, 묘치위의 교석에는 이 글자를 본문과 같은 큰 글자로 쓰고 있다.

3. 명 만력18년(1590) 조선 박선이 유희잠 초본을 번각한 발문

[三. 明萬曆十八年(公元 1590年) 朝鮮朴宣翻刻柳希潛抄本跋]

정축년(1577)에 나는 선공감(繕工監: 토목과 건축물의 신축 및 수리)의 판관(判官: 종5품)으로 제수되어 삭주朔州에 가게 되었는데,[26] 같은 부서 관리인 유희잠[27]이 소매에서 책 한 권을 꺼내 나에게 주며 말하기를 "자네가 이것을 후대에 전한다면 한 나라의 공공자산이 될 것이오."라고 하였다. 내가 이 책을 보니 실로 농가에 아주 필요한 말들을 모은 것이다. 옛날에 맹자가 말하기를[28] "비록 호미가 있어도 때를 기다림만 못하다."라고 하였다. 무릇 춥고 더운 기운을 살피고 바람과 서리의 징후[29]를 점쳐서 갈고 파종하는 것을 때에 맞추며, 호미질하고 김매는 것을 절기에 따른다면, 삼농[30]에 보탬이 되는 일이니 어찌 중요치 않겠는가? 더불어 무릇 나무를 심

住在丁丑歲, 余以繕工判官, 授朔州之歸, 同官柳正希潛氏, 袖一書屬余曰, 君其壽傳, 爲一國公共之資. 吾觀是書, 信農家纂要之說也. 昔孟軻氏曰, 雖有鎡基, 不如乘時. 夫察寒暑之氣, 占風霜之侯, 耕種及時, 鋤耘有節, 其有補於三農之事, 豈不大哉. 與夫樹植畜牧卜筮忌諱, 微不俱載, 最所切於

---

26) 『후한서(後漢書)』 권10 「순제기(順帝紀)」에서는 "歸任三司"라고 하였다. 이현 (李賢)의 주에 "귀는 임무를 맡은 것과 같다.[歸, 猶委任也.]"라고 하였다.

27) 【중각본】『사시찬요』에는 "정희잠씨(正希潛氏)"라고 쓰고 있지만, 묘치위의 교석본에는 '씨(氏)'자를 생략하고 있다.

28) 『맹자(孟子)』 「공손축장구상(公孫丑章句上)」에서는 "비록 호미가 있어도 때를 기다림만 못하다.[雖有鎡基 不如待時.]"라고 하였는데, '자기(鎡基)'는 호미에 붙어 있는 (쇠붙이) 농기구이다.

29) 묘치위 교석본에서는 '侯'를 '候'의 잘못으로 보고 '候'로 고쳐 쓰고 있다.

30) 중국에서는 흔히 삼농(三農)을 농촌·농업·농민이라고 하는데, 오늘날 한국의 『국어사전』에서는 삼농을 봄에 논밭을 갈고, 여름에 김매고, 가을에 추수하는 세 가지 농사를 가리킨다.

고, 가축을 기르며, 점치고 꺼리고 금하는 것 등이 조금씩 기록되지 않은 것이 없으니 일상에서 가장 요긴한 것이다. 내가 삼가 받아 돌아와 귀중하게 여기고 아껴 세상에 유포되기를 약속하며, 선생께서 실현하고자 하는 뜻을 행할 것이다. 그런데 단지 삭주가 낙후되어 출판할 수가 없었다. 그 후에 변방의 장수로 연임하게 되어 당시에는 준비할 겨를이 없었다. 매번 선생께서 부탁한 뜻을 보답하지 못한 것이 한이 되어서 항상 마음에 두고 있었으며 잠시도[31] 잊지 않았다.

얼마 되지 않아 유 선생께서 또한 세상을 떠났으니 아! 가슴 아프도다! 지금에서야 다행히 전쟁이 그치고, 임금께서는 선정하시고, 전쟁도 일어나지 아니하며 변방도 여유롭다. 녹봉 일부를 헐어 장인에게 주어서 가래나무에 새기니 한 달이 되지 않아서 일이 끝났다. 이에 평생 동안 귀히 보관해 왔던 책을 간행하게 되어 스스로 기쁘고, 선생의 혼 또한 지하에서 위로가 될 것이다. 때는 만력 18년 경인 2월[仲春] 경상 좌병사 박선이 삼가 발문을 쓰다.

경상좌병영에서 간행함

日用之中者也. 余謹授而歸, 寶而愛之, 期布于世, 以售吾君不秘之志也. 第以朔邑凋弊, 無以爲措. 厥後連任邊帥, 時備無暇. 每恨未酬吾君付託之意, 尋常耿耿于懷, 蹔不忘心.

未幾柳君亦捐世, 嗚呼痛哉. 今者幸忝授鉞于玆, 聖明在上, 不見兵革, 籌邊之餘. 捐俸鳩工, 以鋟于榟, 不月而訖功. 於是自喜其平生寶藏之書, 得以刊行, 而吾君地下之魂, 亦可以慰矣. 時萬曆十八年庚寅仲春, 慶尙左兵使朴宣謹跋.

慶尙左兵營開刊

---

31) '잠(蹔)'은 '잠(暫)'과 동일하다.

부 록附錄

본서에 기록되지 않은 자료[本書未載資料][1)]

정월

도소屠蘇는 손사막의 초막[菴]의 이름이다. 일설에서는 "도屠는 가르는 것이며 소蘇는 부패한 것이다."라고 한다. (『사문유취(事文類聚)』권6 '원일(元日)'에서 인용.)[2)]

正月

屠蘇, 孫思邈菴名. 一云, 屠, 割也, 蘇, 腐也.

---

1) 본 내용은 묘치위 교석본의 「부록」의 「본서미재자료(本書未載資料)」와 모리야 해제본의 「영인본미재사료(影印本未載史料)」를 근거로 월별로 재구성하여 편집한 것임을 밝혀 둔다. 내용 중 주석에서 모리야 해제본을 밝힌 부분을 제외하고는 모두 묘치위의 교석본에 근거하였다.

2) 동명인 한악의 『세화기려(歲華紀麗)』[청대 도정(陶珽)이 『설부(說郛)』본 120권을 중집하였다. 청나라 왕사정(王士禎)은 이 책을 호진형(胡震亨)의 위조본이라고 생각하여 『사고전서총목제요(四庫全書總目提要)』에서는 왕씨의 견해를 따랐는데, 다만 여가석(余嘉錫)의 『사고제요변증(四庫提要辨證)』에서는 그것이 위조가 아니라고 고증하였다.] 권1 '원일(元日)' '진도소(進屠蘇)' 아래의 주에 이르길 "민간에서 도소(屠蘇)는 곧 초막[草菴]의 이름이라고 하였다. 묘치위 교석본에 의하면, 옛날에 어떤 이가 초막에 거주하면서 매년 그믐날 밤에 마을에서 약 1첩을 남겨서 주머니에 싸서 우물에 담그게 하고, 다음날 초하룻날 아침에 술동이에 물을 길어 모든 집안사람들이 마시면 역병에 걸리지 않았다고 한다. 현재 사람들은 그 처방법은 알지만 그 사람의 이름은 알지 못한다. 단지 '도소'라고 말할 뿐이다."라고 하였다. 또한 남송 진원정의 『세시광기(歲時廣記)』권5 '도소산(屠蘇散)'에서 손진인[孫眞人: 즉 손사막(孫思邈)]의 '도소음(屠蘇飮)'을 인용하여 일컫기를 "도(屠)라는 것은 그 귀신의 기운을 자른 것을 말하고,(생각건대 이는 곧 '기(氣)'자이다.) 소(蘇)는 사람의 혼이 소생함을 말하는 것이다. 그 처방법은 8품을 사용하여 합해서 조제하였기 때문에, 이 또한 이름을 '팔신산(八神散)'

부 록附錄　581

이달 … 인寅일에 흰머리를 뽑는 것이 좋다. (원대 구우(瞿祐)의 『사시의기(四時宜忌)』 '정월사의(正月事宜)'에서 인용.)

2월

이달 … 14일, 28일에 흰 수염과 머리를 뽑으면 좋다. (『사시의기』 '이월사의(二月事宜)'에서 인용.)

4월

매화가 익을 때 내리는 비를 매우梅雨라고 일컫는다. 또 복건성[閩] 사람들은 입하立夏 후 경庚일에 맞는 비를 장마가 내리기 시작하는 시기라고 여겼으며, 망종芒種 후 임壬일에 맞는 비를 장마가 그치는 시기라고 하였다.3) 농사는 매우가 내리면 이내 김매고 가는 것이 좋다. 따라서 농언에서 이르기를 "매우가 내리지 않으면, 쌀로 밥을 지을 수 없다."라고 하였다. (남송 진원정의 『세시광기(歲時廣記)』 권2 '황매우(黃梅雨)'

是月 … 寅日, 宜
拔白.

二月

是月 … 十四日,
二十八日, 拔白鬚
髮, 良.

四月

梅熟而雨曰梅雨.
又閩人以立夏後逢
庚日爲入梅, 芒種
後逢壬爲出梅. 農
以得梅雨, 乃宜耕
耨. 故諺云, 梅不
雨, 無米炊.

이라고 하였다."라고 하였다. 이 처방이 바로 『사시찬요(四時纂要)』 「십이월」편 【65】 항목의 '도소주(屠蘇酒)'에 따른 방법이다.

3) 명대 방이지(方以智)의 『통아(通雅)』 권12에서는 "음습의 색깔을 일러 거무튀튀한 곰팡이라고 한다.[陰濕之色曰黴黯.]"라는 조항에서 『사시찬요(四時纂要)』를 인용하여 "복건성[閩] 사람들은 입하(立夏) 이후 경(庚)일에 맞는 비를 매우가 내리기 시작하는 시기라고 여기며, 망종(芒種)후 임(壬)일에 맞는 비를 매우가 그치는 시기라고 한다."라고 하였다. 이 문장에 대해서 모리야 미쓰오[守屋美都雄], 『四時纂要: 中國古農書·古歲時期의 新資料』의 「영인본미재사료(影印本未載史料)」에서는 이 문장과 달리 "閩人以夏逢庚入梅, 芒種逢壬出梅."라고 하였다.(『통아(通雅)』 권12 「천문(天文)」을 인용하고 있다.)

조에서 인용.)

5월[4)]

5일에 박쥐를 잡아 거꾸로 매달아 햇볕에 쬐어 말리고, 품질이 좋은 육계[肉桂[5)]]의 훈향을 섞어 그을리면, 모기와 벌레를 물리칠 수 있다. (『양여월령(養餘月令)』 권9 「오월(五月)」)

5일에 칡뿌리를 구해 가루로 만들어 두면 쇠로 인해 입은 상처의 부스럼을 치료하고,[6)] 지혈하며, 학질을 구제한다. 돼지 이빨을 구해 태워서 가루를 만들면 아이의 경기를 치료하며, 아울러 뱀에 물린 상처에도 바르면 효과가 있다. (『양여월령(養餘月令)』 권10 「오월(五月)」)

6월

무[蘿蔔] 파종하기에 관해 농언에 이르길 "초복[頭伏]에 무를 파종하고 말복에는 겨자를 파종한다."라고 하였다. 마땅히 비옥한 땅이 좋으며, 모래땅은 더욱 좋다. 척박한 땅에는 거름을 주고 이랑을 만든다. 먼저 5월 안에 5-6차례 빈 누리로 밭을 갈고, 이달 6일이 되면

五月

五日, 取蝙蝠倒掛曬乾, 和官桂薰香燒之, 可辟蚊蟲.

五日, 取葛根爲末, 療金瘡、斷血、除瘧. 取猪牙燒灰, 治小兒驚癇, 幷塗蛇傷.

六月

種蘿蔔, 諺云, 頭伏蘿蔔末伏芥. 宜肥地,沙土尤佳, 瘦地用糞, 作壟. 先於五月內耕樓五六次, 至是月六日種

---

4) 모리야 미쓰오[守屋美都雄], 『四時纂要: 中國古農書・古歲時期의 新資料』(山本書店, 1961)의 「영인본미재사료(影印本未載史料)」에 수록되어 있다.

5) '관계(官桂)'는 5-6년 이상 자란 계수나무의 두꺼운 껍질[肉桂]을 말하며, 신경을 흥분시켜서 혈액순환을 촉진시키고 몸을 따뜻하게 하며 장내의 이상발효를 억제하는 방부효과도 있다.

6) '금창(金瘡)'에 대해서는 본 『사시찬요』 「오월」 【24】 '금창약(金瘡藥)'을 참고하라.

파종한다. 자주 호미질해 주면 좋다. 드물게 파종하는 것이 더욱 좋으며, (그렇게 하면) 뿌리가 크고 실해진다. 묵은 종자는 더욱 좋다. (명대 대희(戴羲) 『양여월령(養餘月令)』 권11 「유월[六月]」조에서 인용.[7])

삼을 담근다. (『농상집요』 권7 「세사잡용(歲時雜用)」조를 인용하였다.)

삼복 날에는 장가들고 시집가지 못하는데, (가게 되면) 부부가 상해를 입어 길하지 않게 된다. (『준생팔전(遵生八牋)』 권4 「사시조섭(四時調攝)」, 『양여월령(養餘月令)』 권11)[8]

7월

입추에 가을철 맑은 물[秋水]로써 팥[赤小豆] 49알을 삼키면, 희고 붉은 설사를 멈출 수 있다. (『세시광기』 권25 '복적두(服赤豆)'조를 인용하였다.)[9]

7월 15일, 불좌佛座 아래 흙을 취해서 명확히 배꼽 속에 붙이면, … 불의 재앙[火災]을 막을 수 있다. (『세시광기』 권30 '취불토(取佛土)'조를 인용.)

8월

『사시찬요』와 제가諸家의 파종[種藝]에 관련된 책에 따르면, 8월 3개의 묘卯일에 맥麥을 파

之. 鋤不厭頻. 尤宜稀, 則根大而實. 子陳尤佳.

漚麻.

三伏日, 不可嫁娶, 傷夫婦不吉.

七月

立秋日以秋水吞赤小豆七七粒, 止赤白痢疾.

七月十五日, 取佛座下土著臍中, … 厭火災.

八月

按四時纂要及諸家種藝之書, 八月

---

7) 이 자료는 「유월」편 【38】 항목 '무 파종하기[種蘿蔔]'와 큰 차이가 있다.

8) 이 부분은 묘치위 교석의 부록에는 보이지 않고, 모리야 미쓰오[守屋美都雄], 『四時纂要: 中國古農書·古歲時期の新資料』, 「영인본미재사료(影印本未載史料)」, 67쪽에 수록되어 있다.

9) 이 조항은 「칠월」편 【27】 항목과는 내용이 같지 않다.

종하면 10배를 오롯이 거둔다.10) (남송 동위(董煟)의 『구황활민서(救荒活民書)』 권2 '권종이맥(勸種二麥)'조를 인용.)

三卯日種麥， 十倍全收.

11월

생채를 먹어서는 안 되는데, (먹으면) 사람에게 고질병이 생긴다. (송대 주수충(周守忠)의 『양생월람(養生月覽)』을 인용.)

생부추를 먹어서는 안 된다. 먹으면 눈물과 침이 많아진다. 족제비 고기를 먹어서는 안 된다. 먹게 되면 신기神氣가 손상된다. 노루고기를 먹어서는 안 된다. (먹게 되면) 기氣가 발동한다. (『양여월령(養餘月令)』 권19 「십일월(十一月)」)11)

동지에서 원단元旦까지 50일이면 백성들의 식량은 풍족하다. 만약 50일이 차지 않으면 하루에 한 되씩 양식이 줄어들고, 넘으면 매일 한 되씩 양식이 늘어난다.12) 가장 좋은 검사법으로는 동지 이전에는 쌀값이 좋고 동지 이후가 되면 반드시 값이 떨어지는 것이다. 떨어지

十一月

勿食生菜， 令人發宿疾.

勿食生韭， 多涕唾. 勿食黃鼠. 損神氣. 勿食獐肉. 動氣.

冬至日， 數至元旦， 五十日者， 民食足. 若不滿五十日， 一日減一升有餘日益一升. 最驗， 至前， 米價長， 至後，

---

10) 남송 동위(董煟)의 『구황활민서(救荒活民書)』 권2 '권종이맥(勸種二麥)'조에서 인용한 내용은 『사시찬요』 「팔월」【4】 '8월의 잡점[月內雜占]'의 내용 즉, "이 달에 3개의 묘(卯)일이 없으면 맥을 파종할 수 없다.[此月無三卯, 不可種麥.]"과 동일하다. 아울러 『구황활민서』에는 "8월 3개의 묘일에 맥을 파종하면 10배를 오롯이 거둔다.[八月三卯日種麥, 十倍全收.]"라는 내용도 등장한다.

11) 모리야 미쓰오[守屋美都雄], 『四時纂要: 中國古農書·古歲時期の新資料』, 「영인본미재사료(影印本未載史料)」, 68쪽에 수록되어 있다.

12) 이 내용은 본 『사시찬요』 「정월」 '이달의 잡점[月內雜占]'에도 전해지는데, 그 근거는 『회남자(淮南子)』 「천문훈(天文訓)」 "以日冬至數來歲正月朔日, 五十日者, 民食足. 不滿五十日, 日減一升, 有餘, 日日益一升. 有其歲司也."에 등장한다.

면 다시 오르지만 추워지면 내려가지 않는다.
5월에 천둥번개가 치면 초하루는 동지와 같아
그해 흉년이 들고 흉측한 일이 생긴다. 옛 점
서占書에 초하루가 동지이면 길일[令辰]이 된다고
한다. (『광군방보(廣群芳譜)』 권6 「천시보(天時譜)」 십일월
(十一月))13)

12월

소똥을 거둔다. (『농상집요』 권7 '세용잡사(歲用
雜事)'를 인용.)

必賤. 落則反貴, 寒
不降. 五月雷電. 朔
日, 值冬至, 主年荒
歲凶. 古占書, 以朔
日冬至, 爲令辰.

十二月

收牛糞.

---

13) 모리야 미쓰오[守屋美都雄], 위의 책, 68쪽에 수록되어 있다.

中文介绍

　　本书是对唐代韩鄂以月令的形式记述农民生活和民俗的『四时纂要』进行译注。 本书译注的原本是在2017年六月发掘、介绍的朝鲜太宗时期的【癸未字本】。【癸未字本】是1403-1420年印刷的珍本， 早在1590年在朝鲜发行， 比1961年在日本出版的『四时纂要』早了180多年。【癸未字本】的『四时纂要』是通过本书第一次向世界介绍，所以意义重大。

　　不仅如此， 本书还一起介绍了几年前新发现的手抄本『四时纂要』。 这个【手抄本】虽然不清楚谁是什么时候写的， 但从「四時纂要序」到十二月的内容都很完好。 在本书中， 通过【校記】对【重刻本】，【癸未字本】和【手抄本】分别进行比较，显示内容的差异。

　　事实上，『四时纂要』虽是唐代书籍，但迄今为止在中国唐代以后发现的只有印刷的记录，实物还未发现。 1961年在日本的山本书店和守屋美都雄的题解一起首次公诸于众。 但这本书原本不是在中国发现的， 而是在万历十八年(1590)， 朝鲜用木板重刻的版本。『四时纂要』虽然是唐代出版的书籍，但在朝鲜被版刻，在日本被流传并公诸于世。 从这一点看，『四时纂要』是在东亚三国都备受瞩目的农书。

　　本稿将到目前为止发现的三种『四时纂要』一次性地进行介绍，因此可判断其意义非凡。[1] 事实上，朝鲜的【重刻本】在日本被影印后，1981年缪啓愉依据其出版了『四时纂要校释』。 一年后日本的渡部武推出了『四时纂要译注稿』。 这本书虽然在朝鲜重刻， 但是在韩国译注本还没有被出版过的

---

1)　2002年上海古籍出版社出版的 『续修四时纂要』中的『四时纂要』确认结果是体制和形式与朝鲜【重刻本】一致，甚至，符号标记的部分也在相同的位置出现。 由此可知，这是根据【重刻本】影印的版本。

事实，让我感到有些负担。所以，从几年前开始就开始了翻译工作。但有其他要做事情，而没能迅速地完成。直到去年才完成所有翻译工作，然后进行修改、整理，并于七月份将其转交给出版社。但是，在内心深处的角落里始终有比中国和日本晚出版的愧疚感，而且除了综合研究成果之外，没有其他新的研究成果的事实，也让人不免感到有些遗憾。

在此过程中，庆北大学的南權熙教授在整理醴泉郡南嶽宗宅的时候，发现了金属活字本的『四时纂要』。验证的结果是这本书是在朝鲜太宗时期用癸未字(1403-1420年)印制的。【癸未字本】在韩国国内是唯一尚存的一本罕见的国宝级珍本，同时确认了【癸未字本】『四时纂要』是一本与其相同版式的书。听到消息后我立刻找到南教授并告诉他我正在翻译『四时纂要』，而且已经收到【癸未字本】和【手抄本】。在那天深夜，我将本书的底本【重刻本】改为【癸未字本】，并解决了由此引发的各种问题。与此同时，加上【手抄本】将三本书一起研究，其中词语选择或内容差，以【校记】的形式进行增加补充。将【癸未字本】和【手抄本】添加在校释本中，而出版推迟了，但以译者的角度，感情多少得到了些许安慰。并借此机会感谢南教授的关怀。

守屋美都雄对【重刻本】已经进行了详细的解释，无需再赘述。因此我简单介绍一下【癸未字本】和【手抄本】。首先，【癸未字本】像流逝的岁月一样，有不少内容已经落张。特别是，在正月和十二月的毁损程度严重，在重刻本中可以看到的「四时纂要序」、北宋至道二年(996)的「刻本题记」、音注和「初期的跋文[抄本跋]」都无法找到。从落张的比率来看，正月篇为84.6%、三月为5%、七月为12%、八月为3.4%、十二月为57%，原文被毁损。除此之外，还有不少书的边角部位破损。但是，剩下的部分大体上印刷鲜明，在内容的把握上没有任何问题。字体形态也像【重刻本】一样，没有厚重感，很灵动，字的间隔也比较宽。

『四时纂要』的主要内容，与版本无关，大体以月别占卜和占候 → 农耕和生活 → 家畜和疾病 → 杂事和时令不顺为顺序。该书的最大特点是，在全体703个项目中，与占术和禁忌等民俗相关的项目有303件，高达43%。

这可能是由于唐代流行的道教和南北的多样性地区文化融合带来的结果。
剩余的400件和杂事中的内容是有关当时农村日常生活, 其中农桑和家畜及
果树最多, 其次是以农副产品的加工、医药卫生、日用杂器、商业和高利
贷以及教育文化等为顺序而介绍了日常生活中的各种项目。

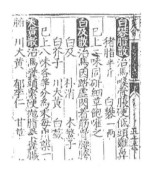

圖1_ 唐『司牧安骥集』— 元『居家必用事项』—【癸未字本】(1403-1420年)

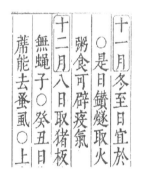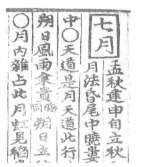

圖2_ 明『便民图纂』—【重刻本】(1590年)—【手抄本】(17世纪 以后)

　　从结合文字和标记的方式来看,【癸未字本】的特点是将各月和项目的
主题用方形黑色背景和白色的文字, 以此来区分项目的题目。 这种标记方
式可以在唐代李石的『司牧安骥集』中看到, 元代的『居家必用事项』也以同
样的方式进行标记。 但有趣的是, 明朝邝璠(1465~1505)编纂万历年间版

刻的『便民图纂』中，各月和题目的标记方式以方形的白色背景黑色字体标记，各项目分别以○标记，与以北宋本为底本的1590年发行的【重刻本】相似。从这一点上看，可以知道【癸未字本】至少是以唐代到元代版本为对象制作了铜版。【手抄本】的形式没有在长方形内添加月明，只是用○标明了项目名称。从这种形式来看，【手抄本】可能比1590年编撰的【重刻本】更晚的17世纪以后编撰而成的。

　　【癸未字本】『四时纂要』的编排方式是所有五卷，春天正月卷一、二、三月由卷2构成，其余每卷由各季节构成。虽然前后有落张不能确定出版时间，但这像在唐末的著作目录，被编成了五册。有趣的是，【重刻本】在正文结束的「四時纂要冬令卷之五終」之后，附加了与次书彫印有关的「题记」和「音注」，并在最后写有"大宋至道太歲丙申九月十五日記。施元吉彫字"。以此推断，北宋本『四时纂要』很有可能在北宋至道二年(996)，由施元吉版刻，并在部分地区为中心传播开来。「音注」仅仅是杭州潘家彫在这一点上很有意义。而且根据『宋会要』「食货、农田杂录」，在北宋真宗天禧4年(1020)八月，利州路转运使李昉的上言为贯彻劝农的方针将『四时纂要』雕印，并向各路的劝农史颁布，广泛流传于各处。但是朝鲜【重刻本】是以什么为底本无法得知。仅仅可以判断【癸未字本】以北宋本为底本，比【重刻本】的时期更早。从由五卷编成这点来看，至少在至道二年版刻或者以唐末刊行的原本为底本的可能性不能完全排除。这是因为两者之间有180年的间隔，在内容上也存在不少差异。

　　首先，实际使用的文字形态有不少差别。各版本各自反复使用了一些独特的文字。即【癸未字本】中，使用了桑、昬、煞、壓、乱、軟、臈、着、浸；【重刻本】中，使用了莱、昏、殺、壓、乾、軫、臘、著、浸，此外，【癸未字本】和【手抄本】写有䖝、婆、虫、土，【重刻本】写有娵、蟲、土，而且【癸未字本】和【重刻本】中使用的並、余、縣、鱉在【手抄本】中被写为并、翟、綿、鼈。因此，仅凭文字形态很难判断各版本的先后出版顺序。此外，与正文中的【校记】的不同之处可有很多，如文字、"干支"

的排列倒置，即使用相似的文字，又使用完全不同的文字，有时还会增加或减少一两个字。比如，把小注作为正文或其角色的事例非常多。另外，【癸未字本】也经常会把独立的项目纳入前面或后面的项目中。特别是【手抄本】和【重刻本】比【癸未字本】的差异程度更为严重。

特别是【手抄本】中遗漏和增加的程度更为严重。例如，「諸凶日」或「推六道」，项目倒置的问题很严重，而且还有不少位置的移动。还有诸如"仙家大忌"之类的句子经常遗漏或者排列顺序不同的情况也被发现。而且每个季节最后部分的时令不纯中，上天的惩戒和教训'國有大恐'、'國乃大飢'、'戎兵乃來'、'道路不通暴兵来至'、'邊境不寧，土地分裂'、'小兵時，起土地侵削'、'國有大兵'等之类的方式被附带。这些内容比起是抄写过程中的失误，更像是抄写者根据『礼记』「月令」的方式附加的，从文字上看，大恐、邊境、戎兵、暴兵、大兵"等表现，可以判断【手抄本】可能是兩難之后即十七世纪中期以后国难状态下比较时令的重要性的意图被附加。各版本的排列和文字的差异，在内容上也引起了相当大的差异。

朝鲜【癸未字本】与【重刻本】和【手抄本】相比较时，首先现有的研究者们关心的三月的「行冬令」之后，与【重刻本】不同的「種木綿法」被漏掉的问题。一般的月令中「行冬令」是最后一个项目，然而该版本再次增加了「種木綿法」之类农业项目，违反了基本形式。因此，韩中日学者们都认为「種木綿法」是朝鲜故意增加的项目。还有研究者表明'尿灰'之类的朝鲜特有的施肥方法在中国没有，将其插入朝鲜的'木綿法'。因此贬低了『四时纂要』的史料价值。【手抄本】也同样出现了「種木綿法」的遗漏，可见『四时纂要』原来就没有「種木綿法」。虽然十二月的「杂事」以后【重刻本】中出现了不同月不同的各样项目，甚至出现了「行秋令」以后与三月的「種木綿法」相似的「臘日取皀角」和「合藥餌」。【癸未字本】十二月篇中，有很多落张具体情况无法知道。只有【手抄本】与【重刻本】顺序不同以'杂事'→'季冬行春令'→'行夏令'→'行秋令'收尾，可以推断【重刻本】的这个部分也在刻印时进行了修改。这样在顺序上无法理解的部分也在【癸未字本】中出现。即，在六月最后「行冬令」的后面出现了「種蕎麥」这种项目。这种情况与【重刻本】的「種木綿法」不同，并非故意插入，而是变更了位置。【重刻本】和【手抄本】中「種蕎麥」在六月的【32】和【33】之间的位置，内容也相同。问题是为什么只有【癸未字本】在最后一项插入了这个项目呢？

【癸未字本】「種蕎麥」的内容只是说立秋是播种时期，没有特别的内容。但是，1429年在朝鲜编纂的『农事直说』的「種蕎麥」中「油麻」和「水蘇子」都位于书的最后一部分，但其内容包括播种时期、播种量、土壤和施肥以及收获等等，非常详细。特别是在朝鲜，荞麦的乡名被称为"木麦"，可见从很早之前就被栽培。如果朝鲜想要故意插入，就会加入更详细的『农事直说』的内容。但是，并没有那样做，可以判断仅仅是在印刷过程中遗漏后，最后进行追加。

如上面所说，在朝鲜时代，多种版本的『四时纂要』编纂，是因为『四时纂要』的内容与现存的不同，而且因遵照月令的形式，而劝农官或农民可以更高效地利用。特别是，原有的中国农书内容庞杂，使用起来非常不便。但是，由于『四时纂要』根据时期不同，要点整理得恰到好处，所以实际意义上的帮助应该很大。【手抄本】『四时纂要』没有的北宋至道二年(996)「音注」在【重刻本】『四时纂要』中被增加。这说明在北宋时，这种农书也不容易被理解。再说，虽然已经过去了400多年，朝鲜『世宗实录』从很多方面记载了中国农书难懂，很难引入先进的农业技术。由此更能体会。实际上，朝鲜『太宗实录』也指出中国『农桑辑要』技术的优越性和对百姓有益的事实的同时，还提出了内容太难，并请求提供翻译或者夹注释。这样的事实在重视农业的世宗时期也是一样。

『世宗实录』中提到『农桑辑要』、『齐民要术』、『四时纂要』等中国农书，并要求根据节气多种农耕方式守令们熟悉并试验后将技术进行普及，唤醒农民的懒惰。但是这些技术并没有被充分接受。其主要原因是没有积极地应对气候和习俗之类的风土不能完全适用于本土的环境所产生的问题。所以朝鲜颁布了『农事直说』，"想要让愚昧的老百姓更容易了解，却忽视了劝课并没有实效。"[2]

　　但在朝鲜时代，【癸未字本】和【重刻本】被刊行，以至【手抄本】『四时纂要』的登场，十七世纪『四時纂要抄』和十八世纪『增補四時纂要』等模仿了『四時纂要』名字的农书，可以看出朝鲜为了提高农业生产所做的努力，其积极性可想而知。特别是国初用【癸未字】铜板印刷的『四时纂要』，凸显了想要解决经济问题的愿望。从这一点看，【癸未字本】『四时纂要』超越了接近唐代的新农书发现的层面，朝鲜初期的农政和克服现实的意志，其意义更加重大。有趣的是，【手抄本】中代替「音注」或跋文的是收获后首先纳税、奉养父母、祭拜先祖、迎接宾客、以及为了储备种子和粮食，以一年为单位计算每月的支出。如果有时间，就提前准备好的必要物品，以应对困窘的状况之类的要求被增加在「治家要诀」[3]的最后部分，大概有一页半的内容。这种农业生产并非单纯地为了解决衣食问题，而是注重对保持传统和家庭风俗道理的认识。

　　正如上文所看到的，各版本之间的出入和比较需要不少的时间。对文章进行推敲、修改、校对、编辑、插图编辑等工作得到了朴喜眞老师和在读博士安玹徹老师的无私帮助。此外，在接到【癸未字本】之后，原文对照和照片编辑以及"中文介绍"得到了硕士生丁油的帮助，在此表达感激之情。

2017年 10月 5日

國立釜山大学校 歷史系 教授 崔德卿

2) 『世宗实录』78卷 世宗19年(1437) 7月 23日 辛亥, "撮爲農事直說, 頒于各道, 使愚民亦得明白易知, 第因勸課未盡, 書雖頒而未見其効."

3) 此「治家要诀」的内容, 根据农业生产, 家庭运营和支出与『四时纂要』的内容密切相关。是笔者在抄写后领悟到了『四时纂要』的现实意义后插入的本人的作品, 还是把别人的作品放在了末尾, 现在还不得而知。在1577年为初学教育, 李珥(1536~84)编写了『擊蒙要訣』。'要诀'有'秘诀'的意思, 在『高丽史』上虽然也出现了这个单词, 但是以作品名登场, 还是第一次。因此, 「治家要诀」可能是抄写人的作品。中国的「治家要诀」是清代抄写本, 但其内容却完全不同, 除此之外还有晚晴期曾国藩的「治家要诀」, 但在时间和内容上却与此截然不同。

찾 아 보 기
四時纂要譯註

四 時 纂 要 譯 註

Sasichanyou